WERKSTATTBAU

ANORDNUNG, GESTALTUNG UND EINRICHTUNG VON WERKANLAGEN NACH MASSGABE DER BETRIEBSERFORDERNISSE

VON

DR.-ING. CARL THEODOR BUFF

ZWEITE, DURCHGESEHENE AUFLAGE

MIT 219 TEXTABBILDUNGEN
UND EINER TAFEL

BERLIN
VERLAG VON JULIUS SPRINGER
1923

Softcover reprint of the hardcover 2nd edition 1923

ISBN-13: 978-3-642-47143-8 e-ISBN-13: 978-3-642-47428-6
DOI: 10.1007/978-3-642-47428-6

Vorwort zur ersten und zweiten Auflage.

Unter den mir bekannt gewordenen Veröffentlichungen über Werkstattbau sind nur wenige, die den Betriebsfachmann voll zu befriedigen vermögen. Eine Anzahl beschränken sich auf die bautechnische oder auf die organisatorische Seite des Gebietes, andere auf Sonderfragen oder auf Einzelausführungen; die Darstellung ist vielfach rein beschreibend, ohne die Gründe und Zusammenhänge hinreichend zu beleuchten. Als Ausnahmen sind wegen ihres Eingehens auf Betriebsgesichtspunkte hervorzuheben „Die Hütte" mit dem knapp gehaltenen aber vorzüglichen Abschnitt „Fabrikanlagen", sowie die Bücher von L. Utz „Moderne Fabrikanlagen" und von H. Tyrrell „Engineering of shops and factories". Aber obwohl diese viel Wertvolles bieten, schien es mir doch an einem Werk zu fehlen, das den Gegenstand vom Betriebsstandpunkt aus wirklich planmäßig durchdringt und das Für und Wider der verschiedenen Möglichkeiten eingehend abwägt. Mit dem vorliegenden Buch habe ich versucht, diese Lücke auszufüllen.

Hauptsächlich ist das Buch für Werkbesitzer und Betriebsleiter bestimmt. Es will ihnen Gesichtspunkte für die Anordnung und Gestaltung ihrer Werke und für die Einrichtung der Arbeitsstätten und Büroräumlichkeiten geben. Außerdem wird es vielleicht geeignet sein, den im Industriebau tätigen Bauingenieuren und Architekten Einblick in die Betriebsbedürfnisse zu vermitteln und ihnen dadurch das Zusammenarbeiten mit den Betriebsingenieuren zu erleichtern.

Fremdwörter habe ich nach Möglichkeit vermieden; Reinheit der Sprache ist nach meiner Ansicht einfach eine Forderung des guten Geschmackes. Die Erfahrung beweist, daß anfänglich ungewohnt klingende deutsche Wörter schnell in das Sprachgefühl eingehen und in der Gedankentätigkeit den Sinn der von ihnen verdrängten Fremdwörter annehmen.

Durch das Entgegenkommen der verfügungsberechtigten Stellen wurde es mir möglich, eine Anzahl Bildstöcke von älteren Veröffentlichungen zu verwenden. Verschiedene Unternehmungen haben mir in dankenswerter Weise ihre Erfahrungen mitgeteilt. Auch der Verlag hat durch mancherlei Anregungen wesentlich zum Zustandekommen des Buches beigetragen.

In der zweiten Auflage sind Umfang und Aufbau meines Buches unverändert geblieben, doch habe ich eine Anzahl kleiner Verbesserungen und Ergänzungen vorgenommen. Den Herren und den Firmen, die mir durch Besprechung in Zeitschriften, durch briefliche Vorschläge und durch Überlassung von Unterlagen behilflich gewesen sind, spreche ich meinen besten Dank aus.

Auch weiterhin werde ich für Berichtigungen, Ergänzungen und Vorschläge jeder Art zur Verwertung bei etwaigen Neuauflagen dankbar sein. Insbesondere ist mir Bekanntgabe von Betriebserfahrungen und Überlassung von Zeichnungen und sonstigen Unterlagen über bemerkenswerte Neubauten erwünscht. Zusendungen erbitte ich entweder an meine jeweilige aus dem Mitgliederverzeichnis des Vereines Deutscher Ingenieure zu ersehende Anschrift oder an die Verlagsbuchhandlung Julius Springer, Berlin W 9, Linkstraße 23/24, welche sie an mich weiterleiten wird.

Stuttgart, August 1923.

Carl Theodor Buff.

Inhaltsübersicht.

Einleitung.

Das Buch setzt die technischen Kenntnisse voraus, welche der Hochschulingenieur in den Beruf mitbringt. Es gibt keine Beschreibungen ausgeführter Anlagen und auch keine Gebrauchsanweisungen für künftige Bauten; ein sich lediglich auf Faustregeln und Vorbilder stützendes Arbeiten kann im Werkstattbau ebensowenig zum vollen Erfolge führen wie auf anderen Gebieten der Technik. Als Ziel schwebte dem Verfasser vielmehr vor, den Werks- oder Betriebsleiter, der zum ersten Male einen Neubau durchzuführen hat, für diese Aufgabe gewissermaßen vorzubereiten, ihm die wesentlichsten Gesichtspunkte vertraut zu machen und die Auswahl zweckentsprechender Anordnungen zu erleichtern.

Als reines Nachschlagewerk ist das Buch nicht geeignet. Es muß — wenigstens bei der ersten Benutzung — im Zusammenhang gelesen werden. Die Behandlung des Stoffes bewegt sich, abweichend von der Reihenfolge bei der Entwurfstätigkeit, vom einzelnen zum allgemeinen, weil das Verständnis für die Gesamtanlage die Kenntnis der Einzelerfordernisse voraussetzt.

Am Schluß des Buches befinden sich ein Quellennachweis und ein alphabetisches Sachverzeichnis. Im Quellennachweis sind einerseits die Veröffentlichungen angeführt, welche dem Verfasser als Unterlagen für die Bearbeitung gedient haben, andererseits auch solche, die dem Leser weitere Hinweise für seine Entwurfstätigkeit geben können. An der Spitze eines jeden Hauptabschnittes ist auf die dort in Betracht kommenden Nummern des Quellennachweises aufmerksam gemacht. Diejenigen Bücher und Abhandlungen, deren Durcharbeitung für den mit Werkstattbau beschäftigten Ingenieur besonders lohnend erscheint, sind durch Sterne * hervorgehoben. Es sei hierzu ausdrücklich bemerkt, daß damit nur eine engere Abgrenzung des für dies Sondergebiet ergiebigsten Stoffes beabsichtigt ist, um dem Leser mit beschränkter Zeit die Auswahl zu erleichtern, aber keineswegs ein zurücksetzendes Urteil über die nicht so gekennzeichneten Veröffentlichungen.

Alle Abbildungen tragen die Nummern der Seiten, auf welchen sie zu finden sind. In den Vermerken über die Herkunft übernommener Abbildungen bedeutet die Abkürzung Z. die „Zeitschrift des Vereines deutscher Ingenieure“, W. T. die Zeitschrift „Werkstattstechnik“, Q. den Quellennachweis am Ende des Buches.

Beförderungsmittel und Hebezeuge.

(Siehe hierzu Quellennachweis 1c, *1m, 5, 6, 32, 33, 103, 111, 114, 116, 118, 119, 123, 211, 216, 224, 304, 305, 306, 307, 315).

Allgemeine Gesichtspunkte für Beförderungsmittel. Die Ausgestaltung des Beförderungswesens ist von außerordentlicher Bedeutung für die Leistungsfähigkeit und Wirtschaftlichkeit eines Werkes. Ungenügende Außenverkehrseinrichtungen für die Zufuhr der Rohstoffe und die Abfuhr der Erzeugnisse vermögen bei größeren Unternehmungen die Entwicklungsmöglichkeit vorzeitig zu beschränken. Unzureichende Vorkehrungen für den inneren Verkehr können zu Überfüllungen von Werkstätten und Lagerräumen, Störungen der Übersicht und Verzögerungen im Bearbeitungsfortgang Veranlassung geben. Die Folgen sind dann Verzugsstrafen infolge von Fristüberschreitungen und unvollständige Ausnutzung der Gebäude und Betriebsmittel; letzteres wiegt besonders schwer, denn mehr als je kommt es heute darauf an, aus den gegebenen Einrichtungen das äußerst mögliche herauszuholen.

Die Ausarbeitung der Beförderungseinrichtungen erfordert somit ganz besondere Sorgfalt und Voraussicht. Da ihre zweckmäßige Durchbildung stets günstige Lageverhältnisse des ganzen Werkes zur Umgebung und seiner Einzelteile zueinander wie auch zweckmäßige Raumgestaltung

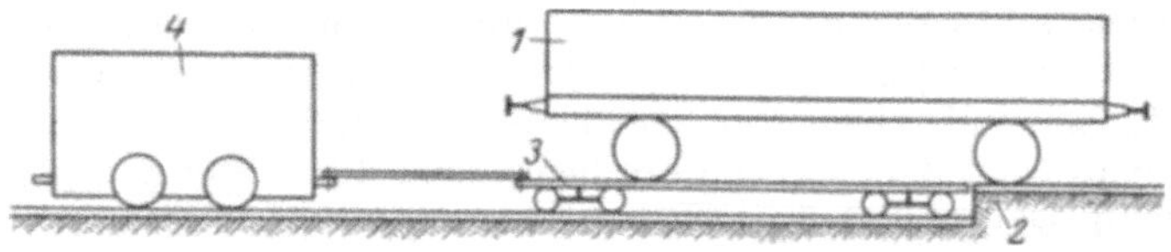

1 Vollbahnwagen.
2 Rampe mit Vollbahngeleis.
3 Rollbock mit Drehgestellen für Meterspur.
4 Schlepper für Meterspur.

Abb. 2. Rollbockanlage.

der einzelnen Gebäude zur Voraussetzung hat, gehört die Planung der Verkehrsanlagen, Hebezeuge usw. zu den allerersten und wichtigsten Aufgaben bei der Entwurfsbearbeitung. Bei nachträglicher Einfügung der Beförderungseinrichtungen in einen im übrigen festgelegten Entwurf läßt sich selten etwas Brauchbares schaffen. Bereits bei der Wahl des Grundstückes ist eingehend zu untersuchen, ob Form und Lage desselben befriedigende Verkehrsanlagen auszubilden gestatten. Die Ausnutzbarkeit namentlich kleinerer Grundstücke von unvorteilhafter Gestalt kann durch die Notwendigkeit, Geleisstränge hindurchzuführen, sehr beeinträchtigt werden; oft wird sich daher auf einem günstig zugeschnittenen Grundstück von geringen Abmessungen viel mehr Gebäudegrundfläche unterbringen lassen als auf einem erheblich größeren ungünstig gestalteten.

Die Beförderungseinrichtungen sollen in Einklang mit der Gesamtanordnung der Werkstätten einen glatten Durchgang der Erzeugnisse von den Rohstoffankunftsstellen bis zur Versandabteilung, ebenso der Hilfsstoffe bis zu den Verbrauchsstellen und der Abfallstoffe bis zu den Abfuhrplätzen ermöglichen, wobei Um- und Rückwege und vor allem Umladungen von einem Beförderungsmittel auf ein anderes tunlichst zu vermeiden sind. Auf Beförderung und Hebezeugbetrieb entfällt ein recht erheblicher Teil der jährlichen Gesamtlöhne und -Unkosten; durch Wegfall aller überflüssigen Wege und Aufenthalte ergeben sich daher beachtliche Ersparnisse. Dabei ist nicht allein an die Bedienungsmannschaften der Beförderungsmittel und Hebezeuge zu denken, sondern auch an die in der eigentlichen Erzeugung tätigen Leute, deren Leistungen durch Wartezeiten vermindert werden. Um- und Rückwege sind zur Not erträglich, soweit es sich um Verschiebungen im Bereiche ein und desselben Fahr- oder Hebezeuges handelt; den Hauptzeitverlust verursacht in der Regel das Auf- und Absetzen bzw. das An- und Abschlagen der Lasten, und ob dazwischen ein paar Meter mehr oder weniger zu fahren sind, spielt keine so große Rolle. Besonders langwierig sind Beförderungen, die mehrere Beförderungsmittel in Anspruch nehmen, wie es z. B. bei Verschiebungen schwerer Teile von einem Werkstattschiff in ein anderes meist der Fall ist; außer dem mehrmaligen An- und Abschlagen fallen hierbei die Wartezeiten stark ins Gewicht, weil das nächste zu benutzende Beförderungsmittel oft gerade anderweitig beansprucht wird und dann erst herangeholt werden muß.

Grundsätzlich sind daher Beförderungseinrichtungen erwünscht, bei welchen die Fahr- und Hebezeuge nicht an einzelne Werkstattschiffe gebunden sind, sondern auch nach anderen Schiffen und Gebäuden zu verkehren vermögen. Derartige Einrichtungen können jedoch in Werkstattanlagen nur in Ausnahmefällen durchgeführt werden und genügen selten allen Bedürfnissen. Häufig wechseln Art, Gewicht und Größe der zu befördernden Teile zu sehr; auch sind die Anforderungen bezüglich Hubhöhe, Tragkraft und sonstiger Eigenschaften der Hebezeuge usw. in den einzelnen Arbeits- und Lagerräumen oft recht verschieden. Dann wird die einheitliche Ausgestaltung der gesamten Beförderungseinrichtungen nach Maßgabe der irgendwo vorkommenden Höchstwerte aus Platz- und Wirtschaftlichkeitsgründen zu einer Unmöglichkeit. Umladungen sind also in vielen Fällen nicht zu vermeiden. Sie lassen sich jedoch häufig vereinfachen durch Verwendung zweckmäßiger Behälter oder Tragrahmen für besonders oft vorkommende Gegenstände, die nach Bedarf auf Schmalspurloren oder Kraftwagen gesetzt bzw. an Krane oder Laufwinden gehängt werden können; die Handhabung solcher Behälter oder Tragrahmen (für Rohrbündel, Maschinenteile vom Zwischenlager, fertige Kleinmaschinen usw.) geht natürlich viel schneller und sicherer vor sich als die Einzelumladung ihres Inhaltes. Ein besonders anschauliches Beispiel hierfür, das allerdings dem Gebiet der Fernbeförderung entnommen ist, bietet die Ziegelzufuhr nach Berlin. Die Ziegel werden dort in neuerer Zeit nicht mehr unmittelbar in den Kähnen aufgeschichtet, sondern in eisernen Behältern; diese Behälter lassen sich zu mehreren in die Kähne einsetzen und passen auch wieder genau auf die Plattformen von Lastkraftwagen. Im Abgangs- und Ankunftshafen setzt man sie mittels Kran vom Kraftwagen auf den Kahn und umgekehrt, wodurch gegenüber dem früheren Verfahren erheblich an Arbeitslohn und Zeit gespart und eine bedeutend höhere Fahrtenzahl der Kähne und Kraftwagen ermöglicht wird.

Abb. 3a.

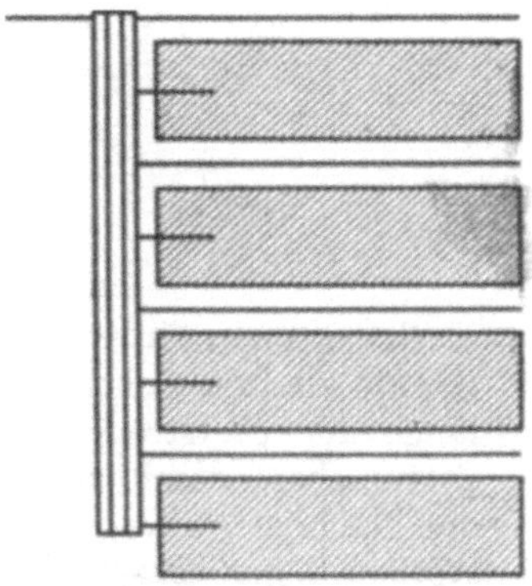

Abb. 3b.

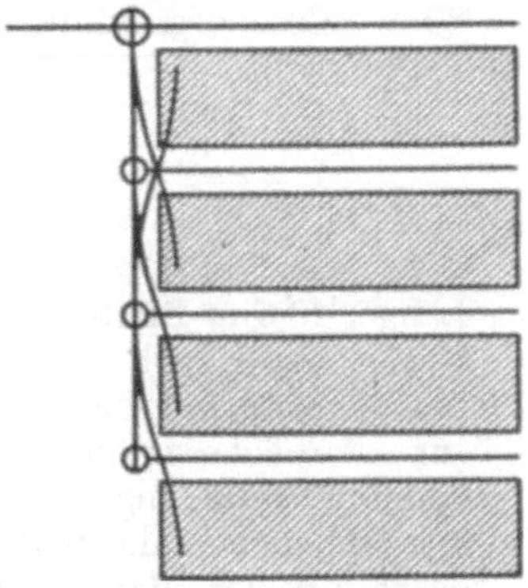

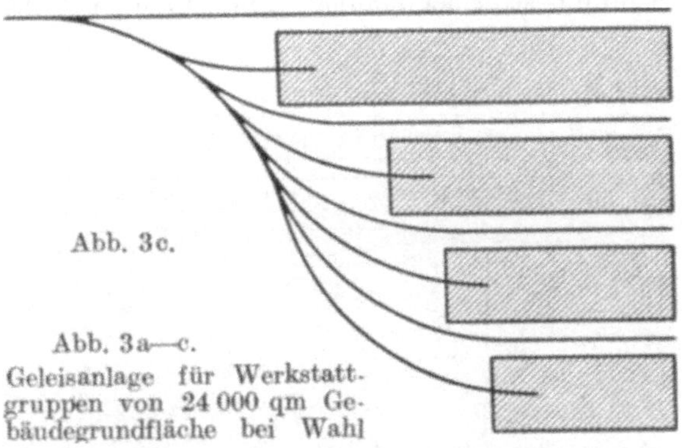

Abb. 3a—c. Geleisanlage für Werkstattgruppen von 24 000 qm Gebäudegrundfläche bei Wahl von Schiebebühne, Drehscheiben und Weichen. Krümmungshalbmesser 140 m. M. 1 : 5000.

Wasserverkehr. Für den äußeren Verkehr der Werke kommen Wasserwege, Landstraßen, Geleisbahnen und Drahtseilbahnen in Betracht.

Die Zufuhr größerer Gütermengen stellt sich auf dem Wasserwege wegen der niedrigeren Frachten weit billiger als auf dem Bahnwege. Für die Errichtung von Werken an Wasserstraßen wird häufig mitbestimmend sein, daß die Nähe von Gewässern noch aus sonstigen Gründen, z. B. wegen des Kühlwasserbedarfes von Kraftmaschinen, erwünscht ist. Die Schaffung der kostspieligen Schiffsliegeplätze und -Entladeeinrichtungen verlohnt sich jedoch nur bei entsprechender Ausnutzung. In erster Linie wird dies bei Verarbeitung oder Erzeugung von Massengütern der Fall sein. In größeren Werken kann sich der Wasserstraßenanschluß schon allein durch Ersparnisse bei der Kohlenversorgung bezahlt machen.

Dabei darf aber nicht übersehen werden, daß der Schiffsweg je nach den klimatischen Verhältnissen kürzere oder längere Zeit durch niedrigen Wasserstand oder Frost unbenutzbar werden kann. In Deutschland muß im Durchschnitt mit der Möglichkeit von Verkehrsunterbrechungen bis zu 3 Monaten gerechnet werden. Selten werden es die Betriebsverhältnisse gestatten, so lange Pausen einfach hinzunehmen; können die Rohstofflager nicht ausreichend groß gemacht werden, so ist außer dem Wasserweg auch noch ein Bahnanschluß mit den erforderlichen Vorkehrungen zur Entleerung der Wagen vorzusehen.

Wegen der hohen Kosten einzelner Liegeplätze wie auch ganzer Gewerbehäfen mit den zugehörigen Ladeeinrichtungen werden die Gewerbe-Grundstücke meist in der Uferrichtung kurz, in der Richtung quer zum Ufer tief bemessen, damit möglichst viele Unternehmungen an der Uferfläche Anteil bekommen.

Die Liegeplätze bemißt man in der Regel so, daß wenigstens zwei Fahrzeuge nebeneinander Platz haben, ohne das Fahrwasser zu beeinträchtigen; ein neu hinzukommendes kann dann schon festmachen, wenn das zuerst dagewesene noch nicht vollständig gelöscht hat. Die

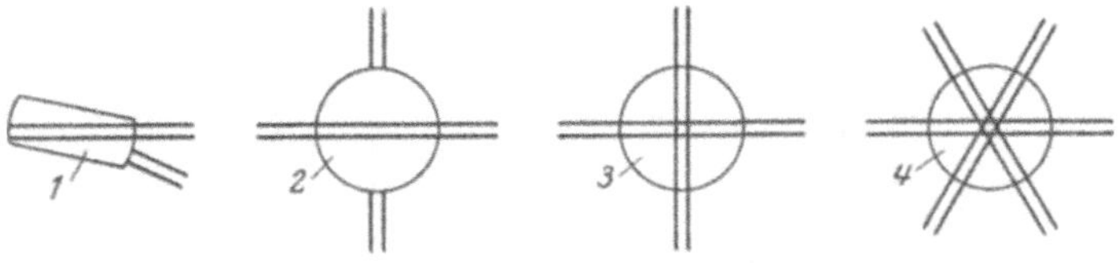

1 Eingeleisdrehscheibe für kleinen Drehwinkel als Ersatz für Weiche bei beschränktem Platz.
2 Eingeleisdrehscheibe für volle Kreisdrehung.
3 Kreuzdrehscheibe.
4 Sterndrehscheibe für 6 Geleise.

Abb. 4a. Drehscheiben.

Entladekrane müssen genügend weit ausladen, um beide und gegebenenfalls auch noch weitere Schiffe zu bestreichen. Sollen die Schiffe längs der Uferfläche anlegen, so muß die Mindestlänge der Uferstreifen der einzelnen Werkgrundstücke möglichst der Länge der Fahrzeuge entsprechen, damit sich der Schiffsverkehr eines jeden Unternehmens unabhängig von dem der Nachbarn abwickeln kann. Die zulässigen Fahrzeuglängen von deutschen Binnenwasserstraßen liegen entsprechend den Abmessungen der Schleusen überwiegend zwischen 40 m und 80 m. Besonders häufig waren bisher etwa 65 m; neuerdings sind öfters Fahrzeuge von 80 m

1 Einschnittschiebebühne.
2 Aufsatzschiebebühne.
3 Auflaufzungen von 2.

Abb. 4b. Schiebebühnen.

Länge, 10,5 m Breite und 2,5 m Tiefgang, entsprechend 1200 t Wasserverdrängung, den Entwürfen der Kanäle und Schleusen zugrunde gelegt worden. Häfen mit starkem Verkehr und besonders teuren Uferflächen hat man bisweilen so ausgestaltet, daß die Fahrzeuge senkrecht zur Uferfläche zu liegen kommen und „stevenrecht" entladen werden; allerdings erfahren dadurch Ausladung und Kosten der Löschkrane eine wesentliche Steigerung.

In jedem Falle muß man möglichst gute Ausnutzung der Uferfläche anstreben; es sind deshalb in der Uferrichtung verschiebbare Hebezeuge zu wählen, welche die ganze Länge der Schiffe bestreichen können, ohne daß ein Verholen derselben erforderlich wird. Die Verschiebung

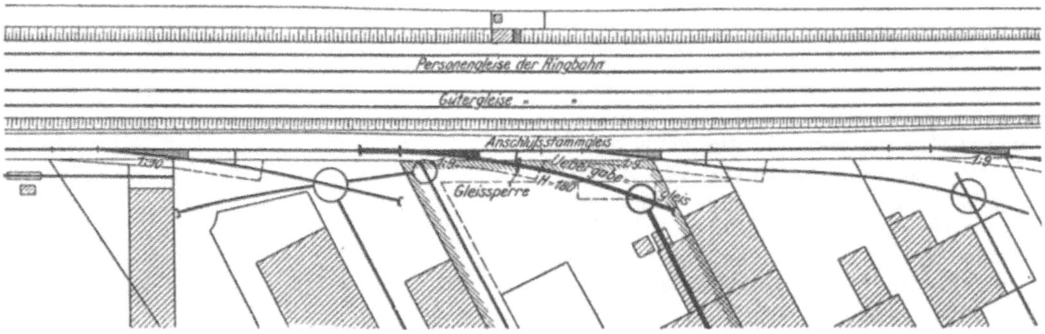

Abb. 4c. Geleiszuführung für Fabrikgrundstücke in Berlin-Tempelhof, Germaniastraße. M. 1 : 1650. (Aus Z. 1912, S. 1144, K. Bernhard. Q. 114).

soll leicht und sicher vorzunehmen sein, da die Schiffskörper flachgehender Flußfahrzeuge keine starken Biegungsbeanspruchungen aushalten und deshalb über die ganze Länge gleichmäßig be- und entladen werden müssen. Schleppkabel geben bei Hebezeugen, die im Betriebe häufig verfahren werden, zu vielen Störungen Veranlassung; es sei auf den später folgenden Abschnitt „Eltversorgung", Unterabschnitt „Ausführung von Eltanlagen" verwiesen (in diesem Buche wird an Stelle des Wortes „Elektrizität" stets das vom Kriegsamt eingeführte und sehr bewährte Kürzungswort „Elt" gebraucht, das auch die Zustimmung des Allgemeinen deutschen Sprachvereins gefunden hat). Durch genügend hohe Leistungsfähigkeit der Uferkrane hat man schnelle Abfertigung der Fahrzeuge sicherzustellen.

Zweckmäßig verlegt man unmittelbar an der Kaifläche ein oder bei größeren Werken zwei bis drei Bahngeleise, die von den Uferkranen mit bestrichen werden. Dadurch wird es möglich, auf dem Wasserwege ankommende schwere Stücke gleich auf Bahnwagen abzusetzen und auf diesen an die Bestimmungsstellen zu fahren; ferner lassen sich dann die Schiffsentladeeinrichtungen bei Stilliegen der Schiffahrt ohne weiteres auch für die mit der Bahn ankommenden Güter benutzen. Wo der hohe Wert der Uferflächen die Anlage größerer Lager für Massengüter wie Kohlen in unmittelbarer Nähe verbietet, ermöglichen es Hängebahnen mit Eltlaufwinden, die dem Schiff entnommenen Güter ohne Umladung an weiter entfernt liegende Plätze zu befördern.

Für Gruppen zusammenliegender kleinerer Werke an Gewerbehäfen kommt häufig aus Ersparnisgründen die Schaffung gemeinsamer Liegeplätze und Entladeeinrichtungen in Betracht; die Zuführung der angekommenen Stück- und Massengüter zu den einzelnen Empfängern kann dann mit Bahnwagen, Kraftwagen oder mit Hängebahnen erfolgen. Hierzu gibt der Aufsatz Quellennachweis 119 verschiedene Anregungen.

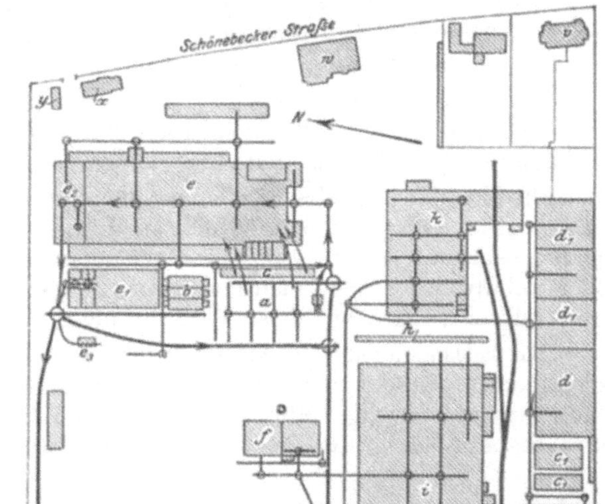
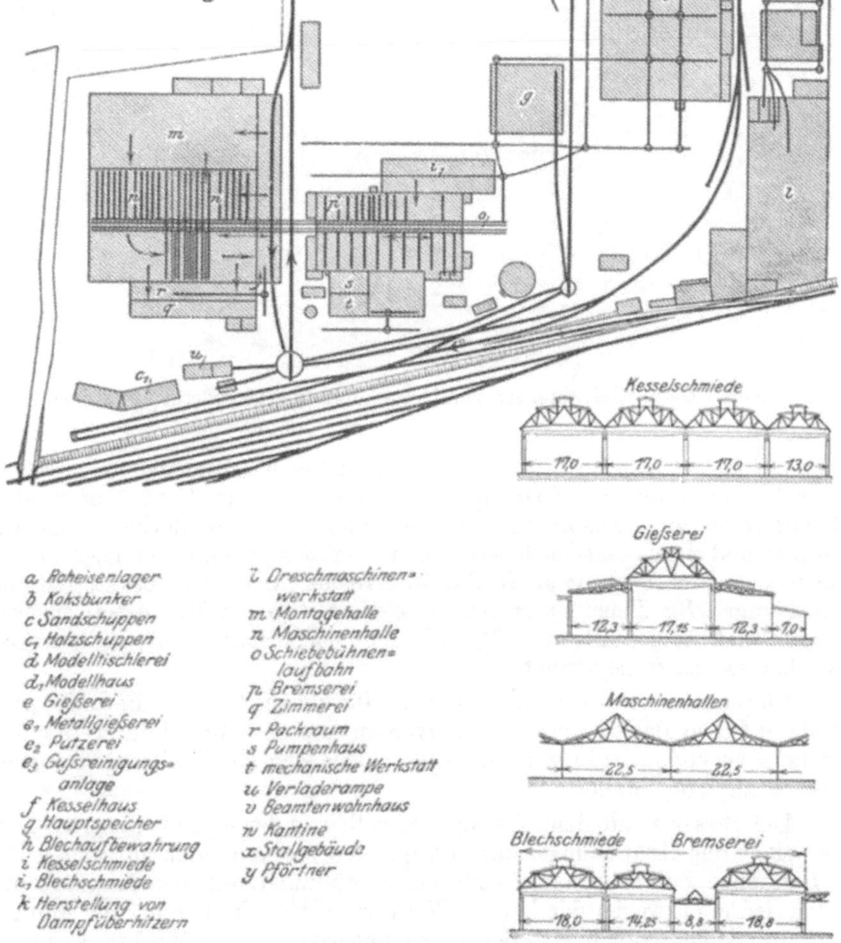

Abb. 5a—b. Lageplan und Werkstättenquerschnitte der Maschinenfabrik von R. Wolf in Salbke bei Magdeburg. M. 1 : 3000 und 1 : 1550. (Aus Z. 1912, S. 1187, K. Bernhard. Q. 114).

Straßenverkehr. Ist kein Bahnanschluß da oder wird der Bahnweg für die Nahbeförderung von Einzelsendungen und für den Stückgutverkehr nach den Güterbahnhöfen zu umständlich, so kommt Lastwagenbetrieb in Frage. Bei Beförderung großer Mengen ist der Kraftwagen weniger wirtschaftlich als die Eisenbahn; Ursachen hierfür sind erstens der höhere Energieverbrauch und der teurere Brennstoff, zweitens der Mehrbedarf an Bedienungsmannschaft, bedingt durch die Kürze der Züge und durch die geringe Belastbarkeit der einzelnen Fahrzeuge (2 bis höchstens 3 Wagen zu je 4—6 t), und drittens die hohen laufenden Ausgaben für Bereifung. Mit abnehmender Verkehrsziffer sinken jedoch die Betriebskosten des Kraftwagens unter die eines auf größere Entfernung hergestellten Bahnanschlusses hinab, bei welchem der Anteil der Kapitalkosten die Hauptrolle spielt. Wesentlich beim Wirtschaftlichkeitsvergleich ist die Länge der Anfahrtgeleise und die Frage, ob der Anschluß selbst hergestellt werden muß oder zu mieten ist. Verzicht auf einen schwer durchführbaren oder besonders kostspieligen Bahnanschluß und Beschränkung auf Kraftwagenverkehr wird um so eher angängig sein, je kleiner das Werk und je geringer das jährliche Gesamtgewicht der Rohstoff- und Fertigwarenmengen ist, und kann natürlich durch die Möglichkeit der Zufuhr von Kohlen und sonstigen Massengütern auf dem Wasserwege erleichtert werden.

Wahl von Kraftwagen auch für den Innenverkehr erlaubt mitunter bessere Ausnutzung der Grundstücke, da Vollbahngeleisanlagen viel Platz verbrauchen und oft einer vorteilhaften Bebauung des Geländes hinderlich sind.

Die Höhe der Ladefläche aller Straßenfahrzeuge ist einheitlich und mit der der Laderampen übereinstimmend zu etwa 1250 mm zu wählen. Mitunter wird es, wie schon erwähnt, zweckmäßig sein, die Wagen zur Aufnahme austauschbarer Behälter einzurichten, welche in den Lagerschuppen fertig beladen und dann mit Hebezeugen auf die Wagen gesetzt werden; Wagen und Führer werden auf diese Weise weniger aufgehalten und besser ausgenutzt.

Für Eltlastwagen ist Gelegenheit zum Laden der Eltsammler vorzusehen; am besten werden dieselben austauschbar gemacht, so daß sie nach Erschöpfung nur ausgewechselt zu werden brauchen, was wenige Minuten in Anspruch nimmt. Eltwagen erfordern weniger Wartung und Instandsetzung als Benzin- und Benzol-Wagen, stellen sich jedoch in Anschaffung und

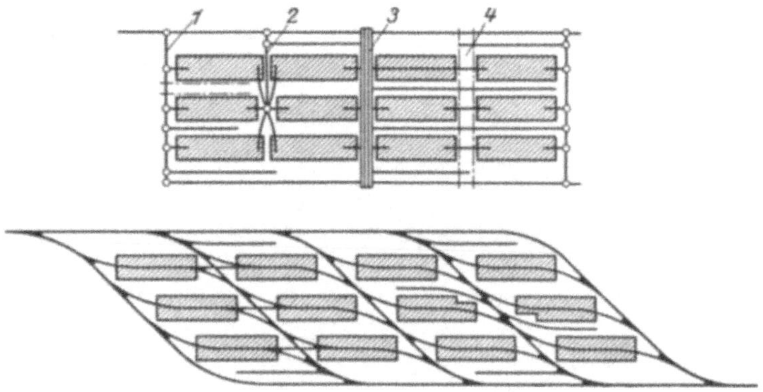

——— Geleise.
— · — Kranbahnen.
1, 2 } Abzweige mit Drehscheiben.
3 Schiebebühne.
4 Hoflaufkran für Querbeförderung.

Abb. 6a—b. Geleisanlagen zur Längs- und Querbeförderung schwerer Stücke. M. 1 : 10 000.

Betrieb meist teuer. Ihr Hauptnachteil ist die beschränkte Reichweite und die Abhängigkeit von den Ladestellen. Normung der Eltsammler und Einrichtung zahlreicher Ladestellen an Landstraßen zum Austauschen und Aufladen der Sammlerketten ist zwar angestrebt worden, wird sich aber aus verschiedenen Gründen schwer durchführen lassen und auch kaum verlohnen; denn wenn der Verkehr große Stärke erreicht, wird, wie gesagt, Bahnbetrieb wirtschaftlicher. Kraftwagen für Benzin und Benzol können dagegen Brennstoff für weite Fahrstrecken mitführen und nötigenfalls auch überall leicht nacherhalten; wegen ihrer größeren Unabhängigkeit werden sie meist bevorzugt.

Pferdefuhrwerk wird ausnahmsweise für kleine Werke in Betracht zu ziehen sein, wo schwere Teile auf dem Bahnwege befördert werden, und leichtere Fuhren nur dann und wann im Ortsverkehr vorkommen; in solchen Fällen würde sich ein Kraftwagen wegen der größeren Kapitalkosten zu teuer stellen.

Die Straßen auf dem Werkgebiet sollen in bezug auf Unterbau, Pflasterung, Breite und Sanftheit der Krümmungen und Steigungen nicht minder gut angelegt sein als die außerhalb befindlichen Zufahrtstraßen; andernfalls müßten Länge der Lastzüge und Beladung der Fahrzeuge lediglich wegen der kurzen Werkstrecken mehr beschränkt werden, als es die Rücksicht auf die Außenstraßen erfordert, was natürlich eine schlechte Ausnutzung bedeuten würde.

Vollbahngeleisanlagen. Bahnanschluß ist bei größerem Verkehr und bei Vorkommen schwerer Stücke fast immer notwendig, jedoch auch sonst dringend zu empfehlen, wenn die Kosten nicht unverhältnismäßig hoch werden. Auch bei Lage des Werkes an Wasserstraßen ist Bahnanschluß aus den bereits erwähnten Gründen als Rückhalt anzuraten. Bau und Einrichtung des Werkes und die spätere Heranbeförderung neuer Bearbeitungs- und Betriebsmaschinen werden bei Vorhandensein von Geleiswegen wesentlich einfacher und billiger.

Geleisanlagen für Verkehr von Vollbahnfahrzeugen sind sehr platzraubend und machen die zweckmäßige Ausgestaltung der Werkgrundrisse oft recht schwierig. Bei vollspurigen Anschlußgeleisen gewerblicher Anlagen muß in Deutschland der Krümmungshalbmesser mindestens 180 m betragen für Hauptbahnlokomotiven, mindestens 140 m für Wagen mit über 4,5 m Radstand, mindestens 100 m für Wagen mit Radständen bis zu 4,5 m aufwärts und Nebenbahnlokomotiven bis höchstens 3 m Radstand. Da der Radstand vieler deutscher Güterwagen 4,5 m überschreitet, ist für Werkgeleise in der Regel als kleinster Krümmungshalbmesser 140 m zugrunde zu legen. In den Vereinigten Staaten von Amerika ermöglicht die allgemeine Verwendung von Drehgestellwagen einen kleinsten Krümmungshalbmesser von nur 72 m, was für die Werkentwürfe eine erhebliche Erleichterung bedeutet. Amerikanische Werkpläne lassen sich wegen dieses Unterschiedes für europäische Anlagen nicht ohne weiteres als Vorbilder übernehmen.

Für die Anschlußgeleise von Bezirks-(Lokal-)Bahnen gestatten die behördlichen Vorschriften in Deutschland geringere Krümmungshalbmesser, nämlich bei Vollspur 60 m, bei 1000 mm-Spur 50 m, bei 750 mm-Spur 40 m, bei 600 mm-Spur 25 m; sind die Fahrzeuge entsprechend gebaut, so können diese Maße unter Umständen auch noch unterschritten werden.

Vollspur-Weichenanlagen erfordern besonders viel Platz. Z. B. benötigt eine Weichenverbindung zwischen zwei gleichlaufenden dicht nebeneinander (mit 4 m Mittelabstand) verlegten Vollspur-Geleisen etwa 50 m Länge, bei besseren Ausführungen sogar noch erheblich mehr.

Um die Schwierigkeiten mit den großen Krümmungshalbmessern und Weichenlängen bei Vollspur zu umgehen, kann man die Einrichtung treffen, daß die Vollbahnwagen nicht auf ihren eigenen Rädern durch das Werk gefahren werden, sondern auf niedrigen Drehgestell-Unterwagen mit Schmalspur ruhend, auch Rollböcken genannt (Abb. 2). Die Schmalspurgeleise lassen sich dann in scharfen Krümmungen zwischen den Gebäuden hindurch und auch in dieselben hineinführen und nehmen dabei wenig Platz in Anspruch. Allerdings müssen dann die Werkstattore, die Krane usw. entsprechend erhöht werden. Das Auffahren der Vollbahnwagen auf die Rollböcke kann entweder mit Hilfe von an den Rollböcken selbst angebrachten Winden an beliebigen Stellen oder von festen Rampen aus erfolgen. In der Regel dürfte letzteres billiger werden. Bei der Rollbockanlage der Farbenfabriken vorm. Friedr. Bayer & Co. in Leverkusen bei Köln, die sich gut bewährt haben soll, beträgt die Spurweite 1000 mm, der kleinste Krümmungshalbmesser 15 m, die Höhe der Rollbocktragschienen über Schienen-Oberkante 500 mm. Die auf den Rollböcken stehenden Vollbahnwagen können zu kurzen Zügen zusammengestellt werden; der für 3000 kg Zugkraft bemessene Schlepper befährt mit 5 beladenen Wagen Steigungen bis zu 1 : 75.

Bei großer täglicher Wagenzahl wirkt der etwas umständliche Übergang zwischen Vollbahn- und Schmalspurnetz natürlich hindernd; auch können Unfälle durch Absturz von Wagen vorkommen. Zweifellos hat das Verfahren aber wesentliche Vorzüge und verdient sicher größere Verbreitung, als es bisher gefunden hat.

Ein weiteres Mittel zur Vermeidung der erwähnten Schwierigkeiten bildet die Verwendung von Schiebebühnen zur Verbindung gleichlaufender und von Drehscheiben zur Verbindung winklig aufeinander treffender oder sich kreuzender Geleise. Das für alle Verhältnisse ausreichende Längen- bzw. Durchmessermaß von 21 m wird in Werkgeleisanlagen selten benötigt; 16 m genügt für die meisten Drehgestellwagen, 7—8 m für die Mehrzahl der zwei- und dreiachsigen Wagen, 5 m für kurze Güterwagen zur Kohlenbeförderung und dgl. Für lebhafteren Verkehr empfiehlt sich jedoch so reichliche Bemessung, daß ein Güterwagen gemeinsam mit einer Verschiebelokomotive darauf fahren kann. Drehscheiben und Schiebebühnen sind kostspielig, ersparen aber einen erheblichen Teil des bei Wahl von Weichenanlagen auftretenden Geländeverlustes (vgl. Unterschied von Abb. 3a, b und c) und bilden oft das einzige Mittel, Geleise an schwer erreichbare Stellen des Grundstückes heranzuführen (Abb. 4c). Kreuz- und Sterndrehscheiben sind leistungsfähiger als Eingeleisdrehscheiben, weil sie nach beendeter Drehung sofort von einem nachfolgenden Wagen befahren werden können, ohne erst zurückgedreht werden zu müssen (Abb. 4a). Die Drehscheiben-Plattformen sollen die Gruben zur Verhütung von Unfällen vollständig bedecken. Bei Einschnittschiebebühnen ist Abdeckung der Gruben unmöglich, so daß bei unvorsichtiger Handhabung Wagenabstürze nicht ganz ausgeschlossen sind (Abb. 4b). Der von ihnen beanspruchte Geländestreifen ist für den anderweitigen Verkehr mit Kraftwagen, Karren usw. nicht oder nur schlecht benutzbar. Recht störend wirkt ferner, daß auch Bahnwagen, die ohne Querverschiebung nur über die Grube hinwegfahren sollen, stets von der Schiebebühne abhängig sind. Aufsatzschiebebühnen, die sich ganz oberhalb der Geleisanlage befinden, sind deshalb vorzuziehen. Man hat diese allerdings bisher nur für mäßige Tragfähigkeit gebaut, da die geringe zur Verfügung stehende Bauhöhe den Entwurf erschwert; auch bedeutet das Ablaufenlassen der Wagen von den schrägen Auflaufzungen (Abb. 4b) eine gewisse Gefahrerhöhung. Schiebebühnen erhalten stets Eltantrieb; Drehscheiben sollten ihn in allen Fällen erhalten, wo sie viel und von schwereren Fahrzeugen beansprucht werden, weil sonst das häufige Heranholen von Leuten zuviel Arbeitslohn verschlingt.

Schiebebühnen und Drehscheiben sind weniger betriebssicher als Weichenanlagen und insbesondere Störungen durch Vereisung ausgesetzt. Man strebt deshalb an, sie zum mindesten in den Hauptzufahrtgeleisen, von deren Betriebsfähigkeit das ganze Werkgeleisnetz abhängt, zu vermeiden. Zur Bewältigung stärkeren Verkehrs eignen sie sich nicht, da die Fahrzeuge sie nur einzeln nacheinander benutzen können. Vielen Werkanlagen hat man daher Bebauungspläne zugrunde gelegt, welche völligen Ausschluß von Schiebebühnen und Drehscheiben gestatten (vgl. Abb. 176). Erleichtert wird dies, wenn es die Grundstückform ermöglicht, die Werkstättengeleise von schräg dazu (etwa unter 45^0) verlaufenden Speisegeleisen abzuzweigen; die Kurven der Abzweige werden dann durch Achtelkreise gebildet, welche das Gelände weniger zerschneiden als die bei senkrechter Lage der Speisegeleise entstehenden Viertelkreiskurven. Der Erfolg dieser Maßnahme ist jedoch, wie aus der Gegenüberstellung von Abb. 6a und b hervorgeht, nur ein teilweiser. Die erst angeführte Abbildung zeigt verschiedene Lösungen für den Fall der Senkrechtstellung der Querwege zu den Werkstattachsen, nämlich Geleise mit Drehscheiben, mit Schiebebühnen, und solche im Zusammenarbeiten mit Laufkranen. Bei dem Entwurf von Abb. 6b sind ausschließlich Weichen verwandt. Trotz der Schrägführung der Quergeleise bei Abb. 6b werden die Längsabstände der Werkstätten erheblich größer als bei Abb. 6a, und die

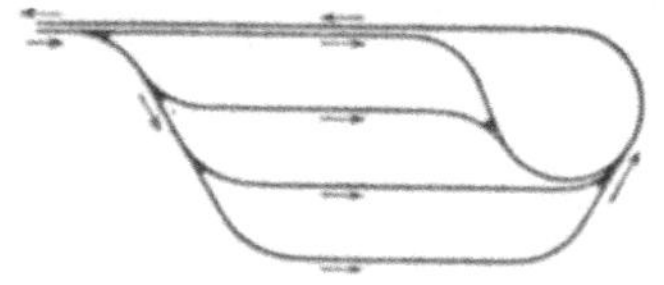

Abb 8a Geleisnetz trapezförmiger Werkanlage mit Umkehrschleife

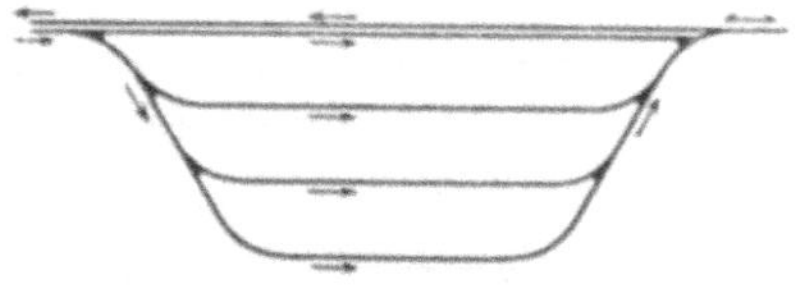

Abb. 8b. Geleisnetz trapezförmiger Werkanlage mit Umkehrkopfgeleis.

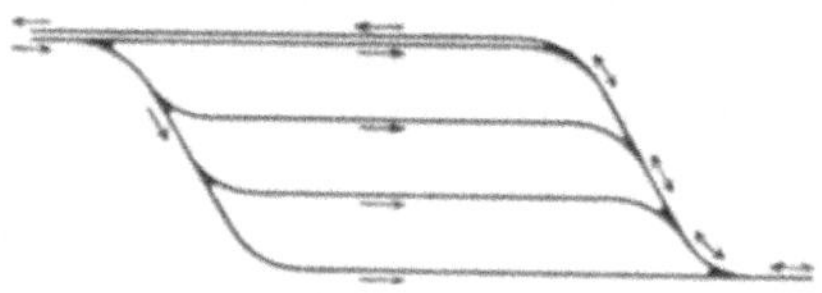

Abb. 8c. Geleisnetz parallelogrammförmiger Werkanlage mit Umkehrkopfgeleis.

Geländeausnutzung ist weniger günstig. Näher wird das Für und Wider schräg abgeschnittener Grundstücke in dem späteren Abschnitt „Gesamtanordnung" besprochen werden.

Ein Geleisanschluß einfachster Art für einzelne Wagen besteht aus einem kurzen Abzweig von einem der Eisenbahnverwaltung gehörigen Stammgeleise. Die Grundstücke kleiner Werke sind oft trotz Schrägstellung zum Stammgeleise nicht breit genug, um die Kurve eines drehscheibenfreien Geleises aufzunehmen; es bleibt dann nichts anderes übrig, als sich mit dem Einbau einer Drehscheibe abzufinden (Abb. 4c). Erwünscht ist es, wie in Abb. 4c erkennbar, wenigstens eines der zur Drehscheibe führenden Geleise über diese hinaus zu verlängern, um ein Ausweichen und Umstellen von Wagen und Schleppern (Verschiebelokomotiven) zu ermöglichen. An das Werkgeleise werden in solchen Fällen hauptsächlich die Rohstoff- und Brennstofflager und die Versandabteilung anzugliedern sein.

Für große Werke, in denen täglich ganze Züge ein- und auslaufen, sind weit umfangreichere Vorkehrungen erforderlich. Abb. 9a veranschaulicht die grundsätzliche Anordnung einer Geleisanlage für ziemlich hohe Leistungsfähigkeit. An das Stammgeleise der Eisenbahnverwaltung schließt sich zunächst ein „Übergabegeleis", auf welchem die Übergabe der einlaufenden Wagen an die Werkbeamten und der auslaufenden an die Eisenbahnbeamten erfolgt. Am werkseitigen Ende des Übergabegeleises wird eine Geleiswage zur Feststellung der Gewichte der vollen und lereen Wagen eingebaut. An das Übergabegeleis schließen sich zweckmäßig drei gleichlaufende Ordnungsgeleise, die am anderen Ende wieder Weichenverbindung miteinander haben; eines davon dient zum Abstellen und Zerlegen der einlaufenden Züge, ein zweites zum Sammeln der Wagen für die ausgehenden Züge und das dritte als frei zu haltendes Durchfahrtgeleis für den Verschiebebetrieb. Vor oder hinter diesen Ordnungsgeleisen gehen die Verteilungsgeleise nach den einzelnen Werkbezirken und Werkstätten ab. Erwünscht sind noch ein oder mehrere Abstellgeleise.

Zwischen dieser und der vorher beschriebenen allereinfachsten Anordnung lassen sich je nach Verkehrsstärke und Platzverhältnissen natürlich noch mancherlei Zwischenformen wählen (vgl. z. B. Abb. 5a). Andererseits können bei sehr großen Verhältnissen auch noch viel ausgedehntere Anlagen notwendig werden.

Die nach den Werkbezirken führenden Verteilungsgeleise können bei schwachem Verkehr für die Hin- und Rückfahrt gemeinsam benutzt werden; bei stärkerem Verkehr ist es zur Vermeidung von Stockungen erwünscht, daß der Wagendurchgang im wesentlichen in einer Richtung vor sich geht. Das vollkommenste Mittel für diesen Zweck sind Schleifengeleise, welche den Verschiebelokomotiven Vorwärtsfahrt durch das ganze Werk ermöglichen (Abb. 8a). Solche Umkehrschleifen sind namentlich in amerikanischen Lokomotiv- und Eisenbahnwerkstätten

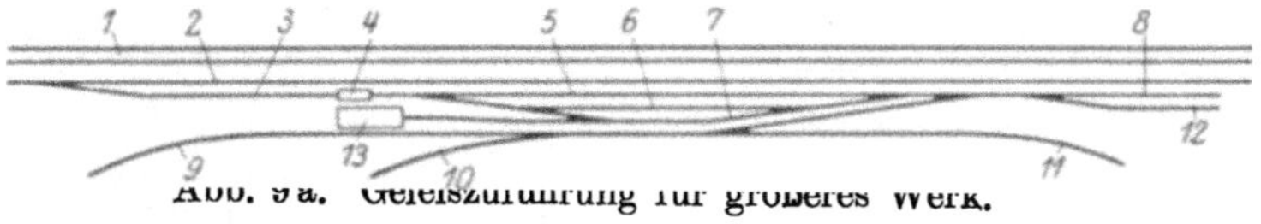

Abb. 9a. Geleiszuführung für größeres Werk.

1 Zweigeleisige Staatsbahnstrecke.
2 Gewerbestammgeleis der Staatsbahn.
3 Übergabegeleis des Werkes.
4 Geleiswage.
5, 6, 7 Zugordnungsgeleise.
8 Umkehrkopfgeleis.
9, 10, 11 Geleise nach den Werkstätten.
12 Abstellgeleis.
13 Lokomotivschuppen.

angeordnet worden; in Europa stehen ihrer Anwendung meist die größeren Krümmungshalbmesser entgegen. Die Geleisführungen nach Abb. 8b und c sind weniger leistungsfähig, genügen aber für geringere Ansprüche; sie zerschneiden das Gelände nicht so stark und erlauben daher eine bessere Ausnutzung der Grundstücke.

Die Werkstättengeleise verlegt man mitunter ganz außerhalb der Gebäude und läßt dann Laufkrane oder Hängebahnwinden zur Entladung der Eisenbahnwagen ins Freie fahren (Abb 10a und b). Dabei werden sehr weite Tore erforderlich, deren Öffnung Zeit kostet und im Winter die Innenräume stark durchkältet. Meist zieht man es deshalb vor, die Geleise in die Werkstätten einzuführen, und zwar entweder quer oder längs zur Hallenachse (Abb. 3a—c). Bei Queranordnung kommt hauptsächlich Verlegung dicht am Kopfende in Frage, um den Werkstattbetrieb tunlichst nicht zu durchschneiden. Dabei können Geleiseinführungstaschen nach Art von Abb. 9b von Nutzen sein, um gedrängte Gebäudeanordnung zu ermöglichen. Die Längsbeförderung muß

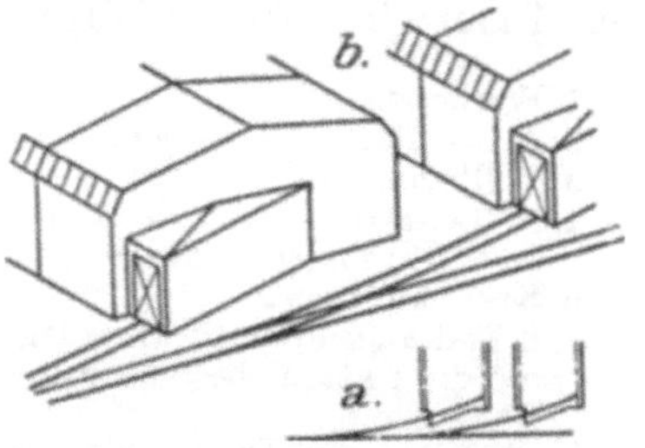

a) Grundriß (Strichpunktlinien = Kranbahnen in den Hallen).
b) Perspektivische Ansicht.

Abb. 9b. Geleiseinführungstaschen an Werkstattgebäuden.

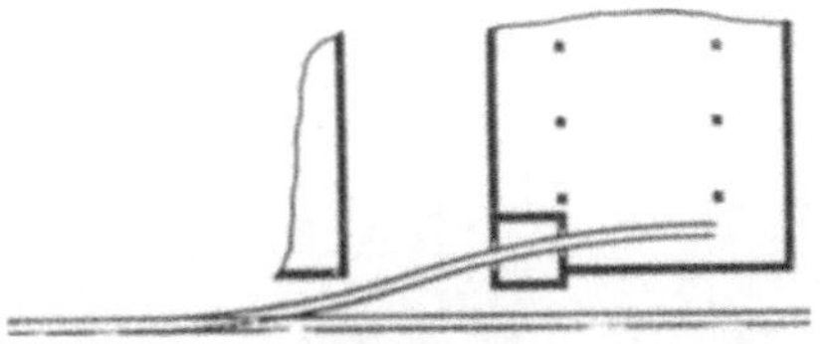

Abb. 9c. Windschleuse für Eisenbahnwagen in dreischiffiger Werkstatthalle eingebaut. M. 1 : 2000.

dann mittels der Laufkrane erfolgen. Durchführung von Längsgeleisen durch die ganze Werkstattlänge (Abb. 179), kann in manchen Fällen die Laufkrane entlasten, die dann bei Zusammenbauarbeiten weniger oft gestört werden; dafür bilden die Güterwagen aber auch häufig ein lästiges Hindernis für den Verkehr in dem Mittelgang der Werkstatt. Vielfach führt man die Geleise deshalb nur ein kurzes Stück in die Werkstattkopfenden ein. Längsgeleise haben den Vorteil, daß sie bei vorläufigem Ausbau einer Teillänge der Halle bereits entsprechend dem endgültigen Ausbauzustand angelegt werden können. Jodoch lassen sie sich bei senkrechter Lage des außen befindlichen Verteilungsgeleises zu den Hallenachsen schlecht abzweigen, gewöhnlich nur mit Hilfe von Drehscheiben. Meist gibt man Quergeleisen den Vorzug; diese werden dann oft auch als Mittel zur Querbeförderung von Schiff zu Schiff ausgenutzt. Bei häufiger Einfahrt von Wagen kann die Anordnung von Windschleusen erforderlich werden (Abb. 9c). Wo mehrere Werkstätten von einem Verteilungsgeleise abhängen, soll man dasselbe möglichst nicht selbst als Ladegeleis durch die Werkstätten hindurchlaufen lassen, sondern dafür Abzweigegeleise vorsehen (Abb. 3b und 9c), um den Durchgangsverkehr auf dem Verteilungsgeleise nicht zu behindern. Sackgeleise (blind endigende Geleise) sind möglichst sämtlich in der gleichen Fahrtrichtung vom Verteilungsgeleise abzuzweigen; andernfalls muß beim Verschieben von Wagen aus einem Gebäude in das andere der Schlepper unterwegs von vorn nach hinten umgestellt werden, was Zeitverlust bedeutet und Anordnung von Ausweichstellen nötig machen kann. Diese Forderung ist beispielsweise in Abb. 174e beim linken Verteilungsgeleise erfüllt, beim rechten hingegen nicht. Bei lebhaftem Ladebetrieb werden die Werkstattladegeleise mit dem Verteilungsgeleise zweckmäßig an beiden Enden durch Weichen verbunden, um die fortlaufende Zuführung und Abführung der Wagen zu erleichtern.

Bei Kohlen, Formsand und anderen Massengütern ist bisweilen unmittelbare Entleerung der Eisenbahnwagen in hoch gelegenen Behältern erwünscht, um Arbeitskräfte zu sparen und besondere Vorrichtungen zur Aufwärtsbeförderung und Verteilung des entleerten Gutes oder

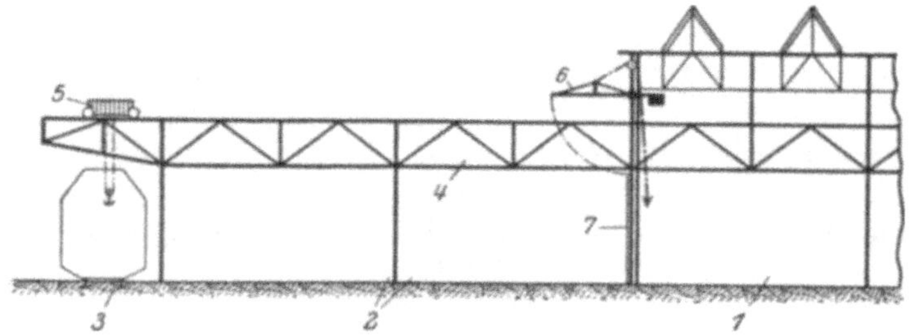

1 Werkstatthalle.
2 Lagerplatz.
3 Vollbahngeleis.
4 Kranbahn.
5 Laufkran.
6 Kranklappe mit Gegengewicht für Eltantrieb.
7 Schiebetor unterhalb der Kranklappe.

Abb. 10a. Durchführung einer Werkstätten-Laufkranbahn ins Freie. M. 1 : 500.

auch tiefe Ausschachtungen für unterirdische Behälter zu vermeiden. Ansteigenlassen der Geleise zu den Entleerungsstellen wird wegen der Länge der Anfahrrampen nur ausnahmsweise in Betracht kommen. Meist werden fest eingebaute oder auf Vollspurgeleisen verfahrbare Wagenkipper zu wählen sein. Derartige Kipper gestatten jedoch nur Entleerung unmittelbar neben den Geleisen. Zur Bestreichung ausgedehnter Lagerflächen eignen sich Wagenkipper-Laufkatzen an Laufkranen. Bei diesen werden die Wagen mit Hilfe eines Spills auf den Kippbehälter gezogen, alsdann vom Kran angehoben und an die Entleerungsstellen getragen; nach beendeter Entleerung werden sie zurückbefördert und abgesetzt. Diese Einrichtung kommt jedoch in Anbetracht ihrer Kosten nur für sehr große Verhältnisse in Betracht.

Wo wegen des Wertes oder der Empfindlichkeit der Güter gedeckte Güterwagen benutzt werden, sind zu ihrer Be- und Entladung feste oder auch versetzbare Laderampen vorzusehen. Häufig hat man die ganzen Erdgeschoßflächen von Werkstätten und Lagern in Höhe der Wagen-

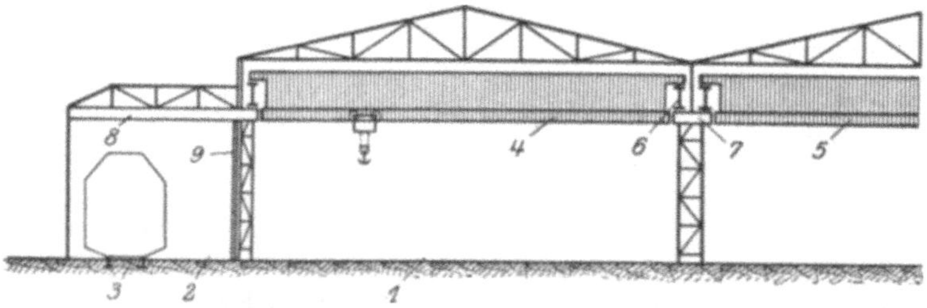

1 Werkstatthalle.
2 Abstellfläche im Freien.
3 Vollbahngeleis.
4, 5 Laufkrane mit Katze auf dem I-förmigen Untergurt.
6 Kranbahnträger.
7, 8 Fest angeordnete Fahrstücke für die Katzen, bestehend aus I-Trägern.
9 Flügeltor für Durchfahrt der Katzen.

Abb. 10b. Laufkrananlage mit Querübergang der Katzen von Schiff zu Schiff. M. 1 : 500.

böden gelegt (1,2 m über Schienenoberkante). Gelegentlich sind auch Geleise in 1,2 m tiefen Einschnitten angeordnet worden, um die Wagenböden in Geländehöhe zu haben. Der Ladebetrieb bei gedeckten Wagen kann unter Umständen durch Laufwinden-Gestelle, die sich in die Wagen hineinschieben lassen, erleichtert werden; hierbei ist natürlich Vorsorge zu treffen, daß nicht durch unzeitiges Verfahren der Wagen Unfälle entstehen.

Gefälle sind bei Geleisen im Werkstättenbereich tunlichst zu vermeiden, da durch ins Rollen kommende Wagen schwere Schäden angerichtet werden können.

Betriebsmittel zum Verschieben von Eisenbahnwagen. Das Verschieben der Eisenbahnwagen auf dem Werkgebiet kann bei kurzen Entfernungen und geringer täglicher Wagenzahl durch Menschenkraft erfolgen. Es sind verschiedene Hebelvorrichtungen im Handel, welche langsame Fortbewegung auch schwerbeladener Wagen durch einen einzelnen Mann ermöglichen. Zum Heranholen der Kohlenwagen zu den Entleerungsstellen und zu ähnlichen Aufgaben eignen sich Spille mit Eltantrieb. Dieselben lassen sich unter Umständen auch zum Drehen von Drehscheiben mit ausnutzen. In einzelnen Werken schleppt man die Güterwagen mit nebenherfahrenden Straßenkraftwagen; diese Arbeitsweise dürfte aber wegen des starken Reifenverschleißes recht kostspielig sein, und hat auch zur Voraussetzung, daß überall neben den Geleisen genügend breite gepflasterte Wege angelegt sind.

In größeren Werken benötigt man in der Regel Schlepper (Schlepplokomotiven), die auf Geleisen fahren. Dampflokomotiven mit Feuerung sind nur bei guter Ausnutzung wirtschaftlich; sonst fällt der Kohlenverbrauch für Anheizen und Feuerhalten während der Betriebspausen zu sehr ins Gewicht. Für den Verkehr im Bereiche von Holzlagern, leicht entzündlichen Gebäuden usw. sind sie wenig geeignet, weil sie durch Funkenflug Brände verursachen können. Zum mindesten müssen sie mit zuverlässigen Funkenfängern ausgerüstet werden. Die feuerlosen Lokomotiven haben geringere Energieverluste während der Betriebspausen, da durch die Wandungen des gut umhüllten Speicherkessels nur wenig Wärme verloren geht; Brandgefahr besteht bei ihnen nicht. Ihre Schwäche ist die Abhängigkeit vom Kesselhaus, das sie von Zeit zu Zeit zur Neuauffüllung aufsuchen müssen.

Bei Benzin- und Benzolschleppern wird während der Pausen der Treiber abgestellt und überhaupt keine Energie verbraucht. Sie sind stets innerhalb weniger Minuten verwendungsbereit, in der kalten Jahreszeit allerdings nur, wenn eine sicher wirkende Anwärmeeinrichtung zur Vergasung des Brennstoffes bei Betriebsbeginn vorhanden ist. Ungünstig ist beim Benzolschlepper gegenüber den Dampflokomotiven der schnelläufige Treiber (Motor), der während

Abb. 11. Vollspur-Benzolschlepper „Lokomotor" der Maschinen- und Armaturenfabrik H. Breuer & Co., Höchst a. M.

des Hin- und Herfahrens durchlaufen muß und stark der Abnutzung unterworfene Wechselrädergetriebe für weitgehende Übersetzung ins Langsame notwendig macht. Benzolschlepper sind deshalb vorwiegend für nur zeitweilige Benutzung in Betracht zu ziehen.

Eltschlepper mit Sammler-(Akkumulatoren-)Betrieb zeichnen sich durch besonders einfache Handhabung, sofortige Verwendungsbereitschaft und geringen Bedarf an Wartung aus. Auch bei ihnen wird während der Pausen keine Energie verbraucht; trotzdem stellt sich ihr Betrieb keineswegs billig, da bei der Ladung und Entladung etwa 30 v. H. und bei der meist auch noch erforderlichen Umformung aus Drehstrom weitere 15 v. H. der vom Netz entnommenen Eltenergie verloren gehen, und da ferner die Instandsetzungs- und Erneuerungskosten für die Eltsammler sehr hoch sind. Das große Gewicht der Eltsammler ist für den Schleppbetrieb vorteilhaft, weil es das Anhaftungs- (Adhäsions-) Gewicht und damit die Anzugskraft erhöht. Die Eltsammler werden zweckmäßig austauschbar gemacht, damit die Schlepper nicht während der Ladezeit stillzuliegen brauchen. Stromzuführung durch Oberleitung, die für den städtischen Straßen- und Überlandbahnverkehr unbedingte Überlegenheit besitzt, ist für Werkanlagen sehr oft ungeeignet, weil die Stromdrähte bei der Einführung der Geleise in geschlossene Gebäude Schwierigkeiten verursachen und sich nicht unter Hebezeugen hindurch verlegen lassen.

Eine bemerkenswerte Sonderausführung ist der von der Maschinen- und Armaturenfabrik H. Breuer & Co. in Höchst a. M. gebaute „Lokomotor", ein sehr kleiner billiger Vollspurschlepper mit Benzin- oder Benzolantrieb zur langsamen Verschiebung einzelner Güterwagen (Abb. 11). Da sein eigenes Anhaftungsgewicht nicht ausreicht, wird er unter den Überhang des zu befördernden Wagens gefahren und durch Anziehen von Winden mit einem Teil von dessen Gewicht belastet. Die Kürze dieses Schleppers ermöglicht es, ihn zusammen mit dem Güterwagen auch über kürzere Drehscheiben und Schiebebühnen gehen zu lassen. Durchfahren scharfer Kurven ist jedoch nicht möglich, da der Lokomotor eine starre Verlängerung des Wagenrahmens bildet und seitlich nicht auszuweichen vermag. Gelegentlich hat man auch Seitenschlepper mit Eltsammlern angewandt, die auf einem Schmalspurgeleis neben den Güterwagen fahren und gleichfalls mit ihnen gemeinsam über die Drehscheiben gehen können; nachteilig ist dabei die umständliche Anlage und der große Platzbedarf der Gleise.

Drahtseilbahnen. Für die Zuführung von Massengütern von abgelegenen Gewinnungsorten nach den Werken kommen mitunter Drahtseilbahnen in Betracht, wenn die Anlage von Geleisbahnen aus irgendwelchen Gründen zu schwierig oder zu kostspielig wird. Umstände, die sich der Anlage von Geleisbahnen entgegenstellen können, sind z. B. starkes Gefälle, tiefe Taleinschnitte, Flußläufe und Sümpfe und sonstige Geländehindernisse, Vorhandensein störender Gebäude oder zu hohe Grunderwerbs- und Enteignungskosten. Drahtseilbahnen ermöglichen es

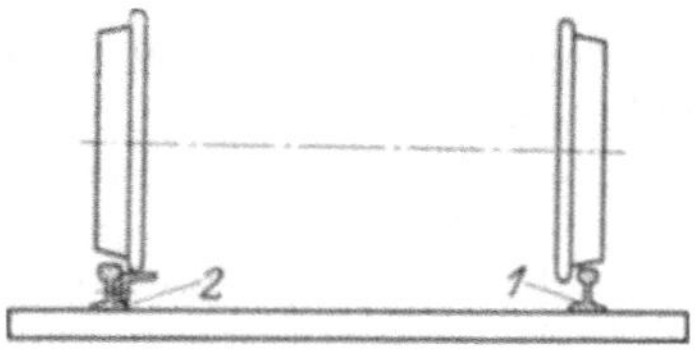

1 Innere Schiene.
2 Äußere Schiene mit ┌-Eisen zur Aufnahme des Radflansches.

Abb. 12a. Schienenanordnung für scharfe Kurven bei Schmalspurgeleisanlagen.

in solchen Fällen, die Hindernisse zu überbrücken; die Aufwendungen für die verhältnismäßig geringe Zahl von Traggerüsten — nach Bedarf mit Schutznetzen versehen — und für den Erwerb der nötigen Rechte werden oft eher erträglich sein. Beim Vergleich von Drahtseilbahnen und Geleisbahnen fällt bisweilen zugunsten der ersteren ins Gewicht, daß die Entleerung der Wagen in beliebiger Höhe erfolgen kann; dadurch werden unter Umständen Becherwerke und dgl., wie sie zur Hochbeförderung der mit ebenerdigen Bahnen anlangenden Güter notwendig sein können, gespart. Die Geleisbahn wird in der Regel wirtschaftlicher, wenn einigermaßen geradlinige Streckenführung ohne erhebliche Steigungen möglich ist.

Schmalspurgeleisanlagen für Innenverkehr. Für den Innenverkehr der Werke empfehlen sich außer den Vollspurgeleisen häufig noch besondere Schmalspurgeleisnetze. Die Beförderung kleiner und mittelgroßer Lasten mit Rollwagen oder Karren auf gepflasterten Wegen beansprucht nämlich wegen des weit höheren Fahrwiderstandes mehr Arbeitskräfte, und Handwagen mit größeren Rädern, die sich leichter verfahren lassen, sind in vielen Fällen zu hoch und zu sperrig. Dagegen lassen sich Schmalspurwagen mit Lasten bis zu etwa 1 t noch bequem von einem

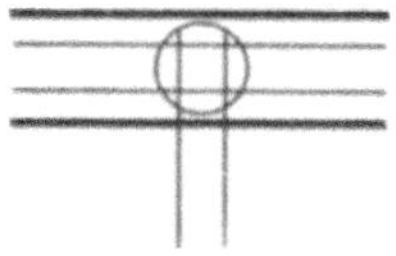

Abb. 12b. Einbau von 600 mm-Schmalspurgeleis zwischen Vollspurschienen.

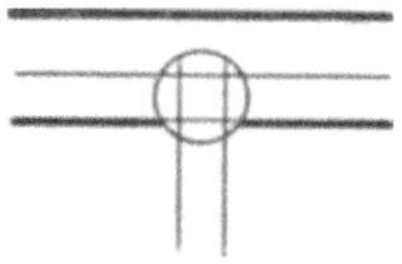

Abb. 12c. Vereinigung von Vollspur- und Schmalspurgeleis unter gemeinsamer Benutzung einer Schiene.

Mann verfahren. Trotzdem finden auch für Schmalspuranlagen in Sonderfällen Benzol- oder Eltschlepper Verwendung, um Menschenkräfte zu sparen, wenn es sich um die Beförderung schwerer Stücke oder ganzer Züge von Wagen handelt. Im Gegensatz zu Vollbahngeleisanlagen bestehen bei Schmalspurgeleisen keine Bedenken gegen Drehscheiben, da sich dieselben — gute Wartung vorausgesetzt — mit Leichtigkeit von einem einzelnen Mann drehen lassen. Man baut deshalb Schmalspur-Werkgeleise meist nur mit Drehscheiben, ohne Weichen; nur wo besonders reger Verkehr herrscht oder wo ganze Züge mit Schlepper fahren sollen, sind Geleisnetze mit Weichen erforderlich.

Übliche Spurweiten sind 1000, 750 und 600 mm. Die Spurweite muß der Größe und dem Gewicht der hauptsächlich vorkommenden Stücke entsprechend gewählt werden. Mit dem Krümmungshalbmesser kann bei Werkbahnanlagen, die keine Fahrzeuge des Außenverkehrs aufzunehmen brauchen, äußerstenfalls bis auf das 15fache der Spurweite heruntergegangen werden, doch sollte dies nicht ohne zwingende Notwendigkeit geschehen, da hierbei der Fahrwiderstand recht hoch wird, so daß die Arbeiter mit schwerer beladenen Wagen in den Kurven leicht steckenbleiben und dann viel Zeit versäumen, bis Verstärkung zur Stelle ist. Zur Erleichterung des Durchfahrens scharfer Kurven empfehlen sich Anordnungen nach Art von Abb. 12a, welche bewirken, daß nur die inneren Räder auf dem Laufkreis, die äußeren dagegen auf dem Flanschkreis laufen. Die Drehscheibendurchmesser werden ungefähr doppelt so groß wie die Spurweite. Wahl von 600 mm-Spur bietet den Vorteil, daß sich die Schmalspur-Drehscheiben bequem innerhalb der Vollspurweite von 1435 mm einbauen lassen; die Schmalspurschienen können dann in den Werkstätten zwischen den Vollspurschienen verlegt werden, woraus sich unter Umständen Platzersparnisse ergeben. Die Vierschienenanordnung nach Abb. 12b verdient vor der Dreischienenanordnung nach Abb. 12c den Vorzug, weil die Schmalspurdrehscheiben für die Befahrung mit Vollspurwagen meist zu schwach sind.

Die Schmalspurschienen werden üblicher weise für einenRaddruck von 1 t bemessen; die gewöhnlichen zweiachsigen Loren lassen sich also mit 4 t belasten. Zur Beförderung ausnahmsweise langer und schwerer Werkstücke kann man auch vierachsige Loren mit Drehgestellen anschaffen. Die Überführung derselben über die Drehscheiben macht keine Schwierigkeiten; man läßt zunächst das eine Drehgestell auf die Drehscheibe fahren und schwenkt es herum, und hierauf das andere. Allerdings ist für solche Drehgestelloren hinreichender Schwenkraum rings um die Drehscheiben vorzusehen.

Abb. 13. Ankerwickelei einer Instandsetzwerkstatt. Viergeschossiges Gebäude mit zwei Stützenreihen, Weite 27 m, Geschoßhöhe 6 m, freie Lage. Außenansicht siehe Abb. 218b. Im Vordergrund Hubwagen „Schildkröte" von Ernst Wagner, Reutlingen.

Das Schmalspurnetz muß genügend Ausweichstellen und Abstellstränge für unbenutzte Loren erhalten. Bei lebhaftem Verkehr ist Anordnung von Ringstrecken und Befahren jedes Geleises in nur einer Richtung angebracht; noch besser ist zweigeleisiger Ausbau der besonders stark befahrenen Strecken, um Begegnungen und Überholungen an beliebigen Stellen zu ermöglichen.

Die Schienen sind überall, tunlichst auch auf den Höfen, in den Boden einzulassen, um Unfällen bei Dunkelheit vorzubeugen. Aus dem gleichen Grunde verdienen auch Drehscheiben mit völlig glatter Oberfläche vor anderen Ausführungen den Vorzug.

Wo sich der innere Verkehr einer Werkstatt wesentlich auf das Schmalspurnetz stützen soll, empfiehlt es sich, die Höhen der Lorenplattformen und der Ablegebänke zur Aufnahme von Werkstücken übereinstimmend zu wählen, damit die Lasten ohne Zuhilfenahme von Hebezeugen hinübergeschoben werden können. Vorteilhaft wird 550 mm Höhe über Schienenoberkante genommen, wobei auch kleinere Leute die Lasten anzuheben vermögen, ohne die Arme beugen zu müssen. Aus dem vorerwähnten Grunde kann es auch nützlich sein, die ganze Fußbodenfläche von Lagern oder Arbeitsräumen in Plattformhöhe zu legen und für die Geleise Einschnitte zu machen; zur Verhütung von Unfällen sind dann aber fortnehmbare Geländer vorzusehen.

In Mehrgeschoßbauten lassen sich auch die oberen Geschosse an das Schmalspurnetz anschließen; die Schienen werden dann in die Fahrzellen der Aufzüge hineingeführt. Die Möglichkeit, die Werkstücke auf den Loren von beliebigen Stellen des Werkes ohne Umladung in alle

Geschosse befördern zu können, hat natürlich viel für sich; indes verlangt die im Verhältnis zur Stärke des Fußbodenbelages beträchtliche Bauhöhe der Schienen und Drehscheiben besondere Berücksichtigung beim Bauentwurf.

Eine grundsätzliche Schwäche der Geleisbahnen für den inneren Werkverkehr liegt darin, daß die Beförderung auf den Bereich der Geleise beschränkt ist, daß also nicht die ganzen Flächen der Arbeits- und Lagerräume, sondern nur einzelne Linien beherrscht werden; es ist also überall Weiterbeförderung von Hand oder mit Hebezeugen notwendig. Ferner hat das Bestehen des Geleisnetzes, das sich innerhalb der Gebäude nachträglich nur unter hohen Kosten verschieben läßt, eine oft recht unerwünschte Gebundenheit bezüglich der Platzausnutzung in den Werkstätten zur Folge.

Rollwagen. Bei Verwendung von Rollwagen und Karren ist man in dieser Hinsicht unabhängig; auch kann man sie durch enge und gewundene Gänge hindurch an jeden beliebigen Arbeitsplatz heranbringen. Beförderung auf Rollwagen wird deshalb bei nicht zu schweren Lasten häufig vor Schmalspuranlagen den Vorzug verdienen, namentlich in Mehrgeschoßbauten, wo sich der Verkehr ganz überwiegend auf dem guten Fußboden der Innenräume oder dem Asphalt der Höfe abspielt. Auf den gepflasterten Verbindungsstraßen weitläufiger Flachbau-Werkanlagen wird allerdings der Fahrwiderstand für Handbetrieb leicht zu groß sein; dann lassen

Abb. 14. Rollwagenschlepper mit Eltsammlerantrieb, Ausführung der Automatic Transportation Co., Buffalo.

sich unter Umständen Schlepper zum Ziehen der Rollwagen verwenden. Abb. 14 zeigt eine amerikanische Ausführung; in Deutschland werden ähnliche Schlepper gebaut von der A.E.G. Berlin und der Akkumulatorenfabrik A.G. Berlin-Hagen. Oder man benutzt außerhalb der Gebäude Schmalspurloren und lädt die Lasten zur Weiterbeförderung innerhalb der einzelnen Werkstätten auf Rollwagen um; zu diesem Zweck können kleine Umschlagstellen mit Eltflaschenzügen oder dgl. eingerichtet werden.

Eine besonders zweckmäßige Art von Rollwagen sind die Hubwagen mit getrennten Tischen, wie sie von Ernst Wagner in Reutlingen unter dem Namen „Schildkröte" bis zu 1500 kg Tragkraft geliefert werden (Abb. 13). Die Last wird dabei nicht auf die Wagen selbst, sondern auf die mit vier Füßen versehenen Tische gesetzt; alsdann wird die „Schildkröte" unter den Tisch gefahren und ihre Plattform mitsamt dem Tisch durch Niederdrücken der Deichsel angehoben. Nach Verfahren an den Bestimmungsort läßt man den Tisch wieder auf seine Füße nieder, worauf die Schildkröte zur Beförderung eines anderen Tisches frei ist. Außer den niedrigen nur zum Befördern und Abstellen dienenden Tischen kommen auch höhere Arbeitstische in Betracht, auf denen man größere Werkstücke zur Vornahme verschiedener Verrichtungen der Reihe nach an mehrere Arbeitsplätze fahren kann, ohne sie herunternehmen zu müssen. Durch Verwendung von Hubwagen lassen sich gelegentlich auch die Beförderungsschwierigkeiten in älteren nicht mit Kranen ausgestatteten Räumen beheben, unter Umständen sogar Krane in Neubauten umgehen; jedoch soll mit diesem Hinweis übertriebener Sparsamkeit in Hinsicht auf Beförderungsmittel nicht das Wort geredet sein. Eine Abart der Schildkröten ist eine Ausführungsform, die sich abwechselnd als Rollwagen auf dem Fußboden und als Schmalspurwagen auf Geleisen verfahren läßt; durch ihre Verwendung werden die erwähnten Umschlagstellen in den einzelnen Werkstätten unter Umständen überflüssig. Voraussetzung für befriedigendes Arbeiten von Hubwagen ist sehr kräftige Bauart und genaue Übereinstimmung der Höhen aller Wagen wie auch aller Hubtische. Auch Hubwagen mit Eltantrieb sind zur Einführung gekommen (Abb. 15).

Allgemeines über Hebezeuge. Den Hebezeugen in Werkstätten fallen zwei Aufgaben zu, nämlich erstens Beförderung von Gegenständen vom einen Arbeitsplatz, Lagerort oder Verkehrsmittel nach einem anderen, und zweitens Hilfeleistung bei Arbeiten an Werkstücken oder Betriebsmitteln, wie z. B. Abheben von Formkästen, Halten großer Schmiedestücke, Einspannen schwerer Teile auf Drehbänken, Zusammenbau von Maschinen. In kleineren Arbeitsräumen, in denen schwerere Werkstücke nur eine Ausnahme bilden, können dieselben Hebezeuge beide Aufgaben übernehmen. Es werden dann häufig solche mit Handbetrieb ausreichen; gelegentlich wird man auch nur dem Hubwerk Eltantrieb geben oder nach Bedarf einen Eltflaschenzug daran hängen. In größeren Werkstätten mit zahlreichen schweren Arbeitsstücken muß eine Trennung vorgenommen werden; für die Beförderung finden dann in der Regel schnelle Oberoder Seitenlaufkrane mit Eltantrieb für Hubwerk, Katzfahrwerk und Kranfahrwerk Verwendung, während für

Abb. 15. Hubwagen mit Eltsammlerantrieb, Ausführung der Automatic Transportation Co., Buffalo.

die örtliche Arbeitsunterstützung langsamere Laufkrane, Laufwinden oder feste Schwenkkrane vorgesehen werden (Abb. 16, 18 und 26a). Bei der Anordnung der Arbeitshilfskrane ist Wert darauf zu legen, daß der Verkehr der Hauptbeförderungskrane möglichst wenig gestört wird.

Bei großen Lasten muß man zur Beschränkung der Stöße auf das Eltnetz mit mäßigen Geschwindigkeiten arbeiten, die beim Aufnehmen leichterer Stücke als hemmend empfunden werden. Es empfehlen sich deshalb bei starken Kranen Hilfshubwerke für schnelleres Heben kleiner Lasten. Auch bei Hebezeugen mit Handantrieb sind Umschalteinrichtungen für langsamen Gang bei großer Last und schnellen Gang bei kleiner Last oft von Vorteil.

In Betrieben, in welchen viel mit Druckluft gearbeitet wird, wie in Brückenbauwerkstätten, hat man gelegentlich auch kleinere Drucklufthebezeuge verwandt. Wo es auf Genauigkeit und sichere Beherrschung der Bewegungen ankommt, eignen sich dieselben jedoch nicht.

Die Anordnung der Krane muß im engsten Zusammenhang mit der Gebäudegestaltung sehr eingehend durchdacht werden. Nachträglicher Einbau von Kranen und Kranbahnen, auch solcher für geringe Tragkraft, verursacht meist erhebliche Schwierigkeiten und Kosten und erweist sich oft als überhaupt unmöglich. Man hat im Auge zu behalten, daß häufig schon nach wenigen Jahren durchgreifende Änderungen in der Benutzung der Räume eintreten und daß dadurch in manchen Gebäudeteilen Hebezeuge erforderlich werden, wo sie zunächst entbehrlich schienen. In kleineren Räumen wird es mitunter schon von Wert sein, wenn sich wenigstens ein I-Träger zur Aufnahme einer Laufkatze befestigen läßt; will man in der Lage sein, nicht nur eine Linie, sondern eine ganze Fläche zu bestreichen, so kann man die Anbringungsmöglichkeit von zwei I-Trägern zum Anhängen eines Deckenkranes (Abb. 17b, Anordnung 1) sicherstellen, oder Tragarme (Konsolen) zur späteren Aufnahme von Kranbahnen vorsehen (Abb. 17b, Anordnung 2 und 3).

Die Festsetzung der Tragkraft und der Hubhöhe erfordert besonders sorgfältige Überlegung. Der Platzbedarf von Ausgleichhebeln und von Tauen zum Anschlagen langer Lasten darf nicht übersehen werden. Auf den meisten Gebieten der Technik werden die Erzeugnisse wie auch die Betriebsmittel von Jahr zu Jahr größer; Mangel an Voraussicht in dieser Beziehung kann zur Folge haben, daß im übrigen gut durchdachte Werkstattsanlagen nach kurzer Zeit für ihre Bestimmung nicht mehr genügen.

Wo Eisenbahnverkehr unter Hebezeugen nur hindurchgehen soll, muß sich die Unterkante der Kranhaken auf mindestens 4800 mm über S.-O. (Schienen-Oberkante) heben lassen.

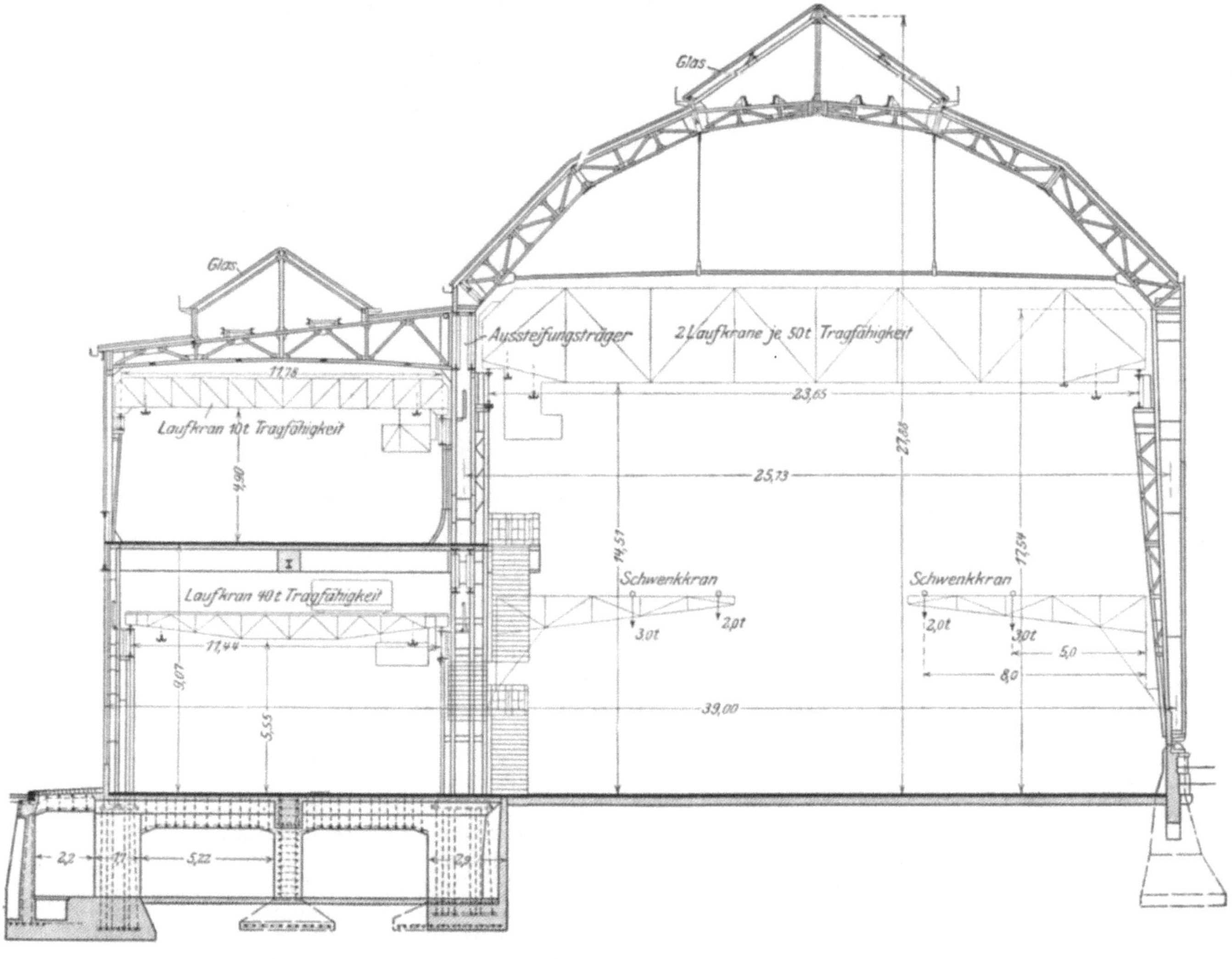

Abb. 16. Große Turbinenbauhalle der A. E. G., Berlin, Werk Huttenstraße. M. 1 : 250. (Aus Z. 1912, S. 1230, K. Bernhard. Q. 114).

Zum Laden von Eisenbahnwagen ist größere Hakenerhebung nötig, wie sich aus den nachstehenden für deutsche Verhältnisse gültigen Überlegungen ergibt. Die Fußbodenfläche der gewöhnlichen Güterwagen liegt in 1200—1300 mm Höhe über S.-O. Das Lademaß begrenzt die Ladehöhe in der Mitte auf 4280 mm über S.-O. Somit würde die Oberkante der höchstmöglichen Last beim Abheben nach Entfernung der Kastenwände etwa 4500 mm Höhe erreichen; dazu kommt noch ein Zuschlag für schräg nach oben gehende Kranstroppe oder sonstige Aufhängemittel. Man wird also als Höchststellung von Unterkante Kranhaken allermindestens 5000 mm über S.-O. vorzusehen haben, wenn mit dem Laden von Lasten zu rechnen ist, welche das Bahnlademaß voll ausnutzen. Müssen die Lasten ohne Entfernung von Teilen der Wagenwände über den Kastenrand hinweggehoben werden, so wird unter Umständen noch größerer Hub benötigt. Der Kastenrand liegt bei offenen Güterwagen meist etwa 2350 mm, ausnahmsweise bis 3200 mm über S.-O.; bei Sonderausführungen geschlossener Güterwagen mit abhebbarem Dach sind bis 3400 mm vorgekommen. Nähere Angaben enthält die „Hütte", Abschnitt „Eisenbahnbetriebsmittel". Berücksichtigung erfordern auch noch etwa in Betracht kommende Sonderwagen für große Maschinen usw. Soll das Abheben schwerer Teile durch mehrere zusammenarbeitende Krane erfolgen, so ist ein weiterer Höhenzuschlag für die Lastverteilungshebel zu machen (Abb. 20a und 23d).

Im übrigen sind bei Festsetzung der höchsten Hakenstände der Hebezeuge natürlich auch die besonderen Betriebsverhältnisse und die beabsichtigte Bneutzungsweise zu berücksichtigen. Mitunter wird es möglich sein, beim Verfahren der Lasten im Wege befindliche Hindernisse zu umgehen, in anderen Fällen wird gefordert, die größten vorkommenden Stücke übereinander hinweg befördern zu können. In jedem Falle sind reichliche Sicherheitszuschläge am Platze.

Bei gegebenem höchsten Hakenstand läßt sich an Raumhöhe sparen oder bei gegebener Raumhöhe eine besonders große Hubhöhe erreichen, wenn Hebezeuge Verwendung finden, die geringe Eigenhöhe haben und sich den Raumverhältnissen zweckmäßig einfügen. Bei Hallen wird oft zwischen Laufkranen mit Untergurt- und Obergurtkatzen zu unterscheiden sein. Bei den ersteren fällt im allgemeinen die Länge in Richtung der Hallenachse etwas geringer aus, so daß die Lasten ein wenig näher an die Stirnwände herangebracht werden können. Dagegen wird, wie die Gegenüberstellung in Abb. 17a erkennen läßt, die Stützen- und Dachtraufenhöhe bei Anordnung von Obergurtlaufkatzen etwas geringer, wodurch an Baukosten gespart wird; meist verdienen daher Obergurt-Laufkatzen den Vorzug. In Mehrgeschoßbauten erscheint für Laufkrane geringer Tragkraft die Befestigung der Kranbahnen nach Abb. 17b, Anordnung 1, besonders einfach. Trotzdem werden oft Anordnung 2 oder 3 zu wählen sein, um die Räume

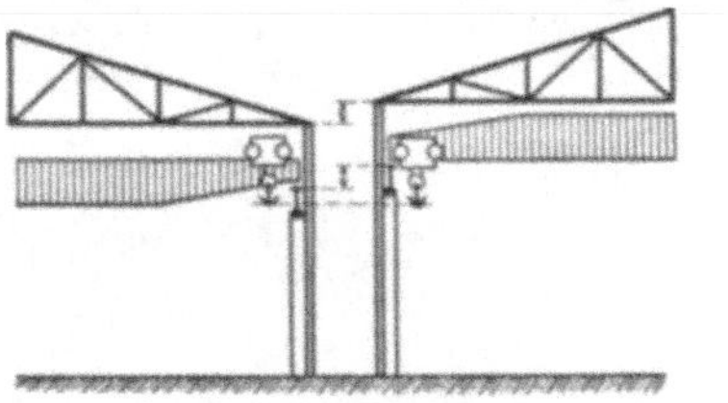

Abb. 17a. Einfluß der Wahl von Obergurt- und Untergurtlaufkranen auf die Höhe einer Halle unter Voraussetzung gleicher Hubhöhe. M. etwa 1 : 250.

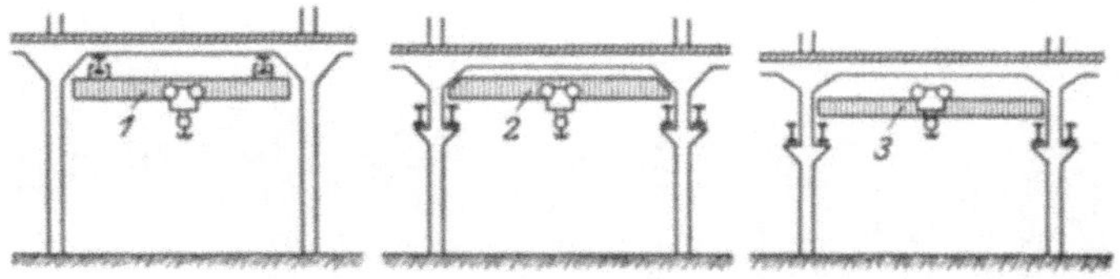

Abb. 17b. Einfluß der Wahl von Hängelaufkran (1), Brückenlaufkran mit Untergurtkatze (2) und mit Obergurtkatze (3) auf die Geschoßhöhe eines Mehrgeschoßbaues unter Voraussetzung gleicher Hubhöhe. M. etwa 1 : 250.

niedriger halten zu können; die etwas größeren Befestigungskosten werden durch die Ersparnisse am Gebäude weit übertroffen. Bei derartigen Vergleichen sind übrigens stets die Beleuchtungsbedürfnisse im Auge zu behalten; z. B. können im Falle von Abb. 17b die Vorteile der Anordnungen 2 und 3 verloren gehen, wenn Deckenlampen erforderlich sind, die wesentlich unterhalb der Unterzüge vorspringen.

Für Kranhaken empfiehlt sich weitgehende Verwendung von Kugellagern. Wenn solche vorgesehen sind, kann man die schwebende Last leicht in jede beliebige Richtung einstellen. Bei Kranhaken ohne Kugellager ist eine sperrige Last oft nur unter Verdrillung der Tragseile mit großem Kraftaufwand in der gewünschten Lage zu halten; verliert der hiermit beschäftigte Mann aus irgend einem Grunde die Gewalt über die Last, so kann sie plötzlich herumschwingen und Schaden anrichten.

Bei allen Werkstattbauten ist auf tadellose Ausrichtung der Kranbahnen und genaue Einhaltung der Spurweiten zu achten, damit Klemmungen und Entgleisungen ausgeschlossen sind. Schwere Unzuträglichkeiten können entstehen, wenn beim Bauentwurf Mißverständnisse über die einzuhaltenden Umgrenzungsrisse (Umgrenzungsprofile) unterlaufen. Laufkranbrücken werden meist mit Hilfe eines Pfahles in einem Winkel von etwa 60—70° zur Werkstattachse bis über die Kranbahnen hochgezogen, dann in ihre richtige Lage, 90° zur Werkstattachse, herumgeschwenkt und auf die Kranbahnschienen abgesetzt. Beim Herumschwenken springen die Ecken der Brücke beträchtlich über die Kranbahnen vor, wofür genügend Spielraum vorgesehen sein muß; ist dies versäumt worden, so werden zum mindesten kostspielige Zerlegungsarbeiten erforderlich. Man soll deshalb für die Gebäudeentwürfe nicht einfach die Werk- oder Zusammenstellungszeichnungen der Krane benutzen, aus welchen derartige Schwierigkeiten oft nicht klar hervorgehen, sondern eine besondere Umrißzeichnung für den bauseitig freizuhaltenden lichten Raum vom Lieferer des Kranes einfordern. Die gleichen Vorsichtsmaßregeln sind auch bei Hängebahnträgern und in vielen anderen Fällen am Platze.

Bei Bestellung aller Hebezeuge ist eine Probebelastung vom 1,25fachen der zugelassenen Nutzlast vorzuschreiben. Es ist jedoch durchaus unstatthaft, diese Überlastbarkeit im Betriebe auszunutzen und womöglich die Krane in Hinblick hierauf schwächer zu wählen. Bei Übermittlung der Unterlagen an die bautechnischen Stellen darf nicht übersehen werden, auf die beabsichtigte Probelast wie auch auf eine etwa mögliche gleichzeitige Belastung bestimmter Kran- oder Hängebahnteile durch zwei oder noch mehr Fahrzeuge hinzuweisen.

Flaschenzüge und Laufwinden. Das einfachste Hebezeug, der Flaschenzug, ermöglicht nur eine Senkrechtbewegung der Last. Trotzdem kann man mit ihm einen gewissen Umkreis bestreichen, in dem man die schwebende Last seitwärts drückt oder zieht, wozu freilich unter Umständen mehrere Mann erforderlich sind. Allgemein, namentlich aber für niedrige Räume, sind solche Flaschenzüge vorteilhaft, die bei geringer Eigenhöhe den Haken bis dicht unter den Aufhängungspunkt zu heben gestatten. Für länger dauernde Benutzung mit größerem Hub, z. B.

Abb. 18. Schwenkkrane mit Eltflaschenzügen in der Bearbeitungswerkstatt einer Werft, Ausführung der Deutschen Maschinenfabrik A. G., Duisburg.

zum Hochziehen von Lasten auf Galerien von Lagerhäusern empfehlen sich Flaschenzüge mit Eltantrieb; sehr geringe Bauhöhe haben die von der Deutschen Maschinenfabrik A. G. in Duisburg für 0,5 bis etwa 5,0 t Tragkraft gebauten „Elektro-Flaschenzüge“ (Abb. 18).

Wagerechte Beweglichkeit in einer Richtung ergibt sich bei Verwendung von Laufwinden. Meist hängt man sie an den Unterflanschen von I-Trägern auf; dabei geht aber ziemlich viel Raumhöhe verloren, weil das Hubwerk unterhalb des Trägers untergebracht werden muß (Abb. 19a). In niedrigen Räumen bevorzugt man deshalb Laufwinden, die auf den Unterflanschen zweier sich mit den offenen Seiten gegenüber stehenden [ ]-Träger laufen und sich zwischen denselben hauptsächlich in der Breitenrichtung entwickeln (Abb. 19b). Diese Anordnung wird jedoch teurer, namentlich bei längerer Fahrstrecke, wo der Kostenanteil von Walzeisengewicht und Richtarbeit stärker bemerkbar wird. In der einfachsten Ausführungsart erhalten die Laufwinden keinen Fahrantrieb und werden lediglich durch Schieben an der Last in Gang gesetzt. Ist dabei die Reibung groß, so erfolgt der Anlauf erst bei einer erheblichen Winkelabweichung des Seiles von der Senkrechten; die Last schießt dann leicht mit der Winde über die gewünschte

Stellung hinaus und gerät in Schwingungen, was die Einstellung auf bestimmte Punkte erschwert. Es ist deshalb vorteilhaft, durch Verwendung von Kugellagern für die Rollen und saubere Verlegung der Hängebahnträger die Reibung möglichst gering zu halten. Besseres Arbeiten gestatten die Laufwinden mit besonderem Fahrwerkantrieb für die Laufrollen, der meist durch Haspelketten betätigt wird (Abb. 18).

Schwenkkrane. Zur Einstellung einer Last über beliebigen Punkten einer Fläche sind zwei Bewegungsmöglichkeiten in der Wagerechten erforderlich. Bei den Schwenkkranen ergeben sich diese durch die Schwenkbewegung des Armes und das Aus- und Einfahren der Katze, bei den Laufkranen durch die Fahrbewegungen von Kranbrücke und Katze. In älteren Werkstätten haben überwiegend Schwenkkrane Verwendung gefunden, wohl weil sie sich ohne großen Eisenaufwand und ohne besondere bauliche Vorkehrungen bequem an vorhandenen Pfeilern und Stützen anbringen lassen, auch nachträglich und nach Bedarf allmählich angeschafft werden können. Schwenkkrane mit seitlich von den Stützen angeordneter Achse haben je nach der Ausführung Bestreichungswinkel von etwa 170° bis 270°; solche, die einen vollen Kreis bestreichen sollen, baut man um die Stützen herum.

Der Vorteil der Schwenkkrane liegt darin, daß man mit verhältnismäßig geringen Mitteln eine große Anzahl voneinander unabhängiger Hebezeuge zur ununterbrochenen Bedienung der einzelnen Bezirke schaffen kann; sie sind deshalb auch heute noch in vielen Fällen zweckmäßig, z. B. für Formereien und Schmieden, ferner auch für einzelne größere Werkzeugmaschinen. Unter Umständen kommt die Möglichkeit in Betracht, eine größere Anzahl von Stützen für Auf-

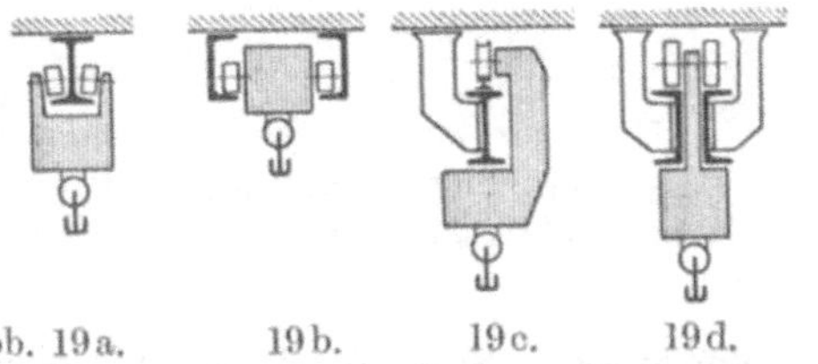

Abb. 19a. 19b. 19c. 19d.

Abb. 19a. Einschienen-Untergurtlaufwinde.
Abb. 19b. Zweischienen-Untergurtlaufwinde.
Abb. 19c. Einschienen-Obergurtlaufwinde.
Abb. 19d. Zweischienen-Obergurtlaufwinde.

Abb. 19e. 19f. 19g.

Abb. 19e—g. Einfache Weiche, Weichendreieck und vereinigtes Weichen- und Kreuzungsstück für Zweischienen-Obergurthängebahnen.

Abb. 19h. Zweischienen-Obergurtlaufwinde mit Gießpfanne an Hubspindel von Kaiser & Co., Maschinenfabrik A.-G., Kassel.

nahme von Schwenkkranen einzurichten, aber zur Verminderung der Kosten nur wenige versetzbare Krane anzuschaffen. Ist dabei Heben mit Eltkraft erwünscht, so hängt man am besten Eltflaschenzüge an die Krane (Abb. 18). Ungünstig bei den Schwenkkranen ist, daß die zur Einstellung des Kranhakens über einen bestimmten Punkt erforderlichen Schwenk- und Ausfahrbewegungen in schräger Richtung weniger leicht abzuschätzen sind als die winkelrecht zueinander erfolgenden Verschiebungen von Brücke und Katze beim Laufkran, namentlich da sich die Lasten beim Schwenken mit drehen. Für den Zusammenbau schwierigerer Maschinen, bei welchem genaues Aufsetzen der Teile notwendig ist, verdienen daher Laufkrane unbedingt den Vorzug. Ferner sind die Schwenkkrane auf Arbeiten innerhalb ihrer einzelnen Bezirke beschränkt, eignen sich also nicht zur Heranschaffung von Werkstücken an die Arbeitsplätze; ein Weitergeben derselben von Kran zu Kran ist ebenso mühselig wie störend und kann nur als Behelf angesehen werden. Es wird sich also auch da, wo Schwenkkrane für die besonderen Verhältnisse nützlich erscheinen, meist empfehlen, neben ihnen noch einzelne Laufkrane oder

Laufwindenbahnen anzuordnen, welche die Zubringung der Baustoffe und Werkstücke übernehmen. Kleine Schwenkkrane ohne Katzen finden gern Verwendung für sich stets wiederholende einfache Bewegungen, wie z. B. das Abheben und Zurseiteschwenken von Gefäßdeckeln.

Hängebahnen. Zur Versorgung größerer Flächen kann Anordnung mehrerer gleichlaufender Hängebahnen mit Laufwinden (Abb. 20a) in Betracht kommen. Werden die Werkstücke auf einem quer durch die Halle geführten Voll- oder Schmalspurbahngeleis angefahren, so brauchen die einzelnen Hängebahnstränge keine Verbindung miteinander zu haben. Größere Bedeutung hat die Verwendung von Hängebahnen für die Beförderung zwischen verschiedenen Hallenschiffen und Gebäuden zur Vermeidung wiederholter Umladungen; dann kommt ein zusammenhängendes Netz von Hängebahngeleisen in Betracht, so daß die Laufwinden von jeder Teilstrecke auf die anderen übergehen können.

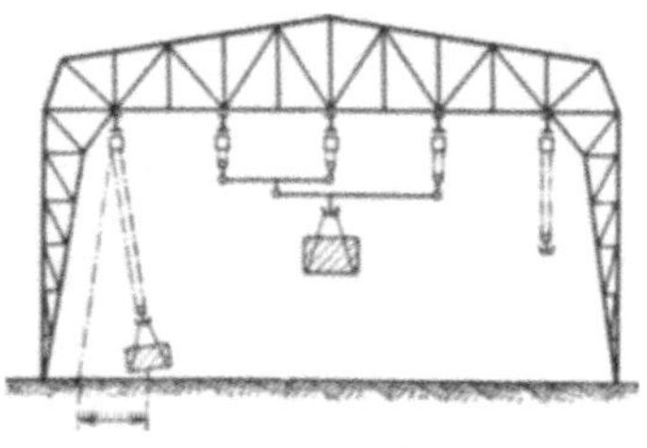

Bei leichteren Lasten Beherrschung von Flächenstreifen mäßiger Breite (durch Maßlinie angedeutet).

Abb. 20a. Werkstatt mit 5 Laufwinden von 10 t. Hochheben einer Last von 30 t mit Hilfe von Ausgleichhebeln. M. etwa 1 : 500.

Die Winden kleinerer Anlagen werden von Hand gezogen oder bei Eltantrieb mittels Zugketten von unten gesteuert. Wo wegen der Größe der Entfernungen höhere Fahrgeschwindigkeiten gewählt werden müssen, oder wo der Verlauf der Strecke das Mitgehen eines Begleitmannes unmöglich macht, kann man entweder von festen Punkten aus durch Beeinflussung des den Schleifleitungen zugeführten Stromes steuern, oder Laufwinden mit angehängter Führerzelle verwenden; die erstere Lösung eignet sich vorwiegend für solche Güter, die in Menge den gleichen Weg zurückzulegen haben und eine große Anzahl gleichartiger Lasten abgeben, die letztere für die unregelmäßige Beförderung von Einzelladungen verschiedener Art nach verschiedenen Bestimmungsorten. In beiden Fällen sind zuverlässige Verblockungen zur Verhütung von Entgleisungen und Zusammenstößen erforderlich.

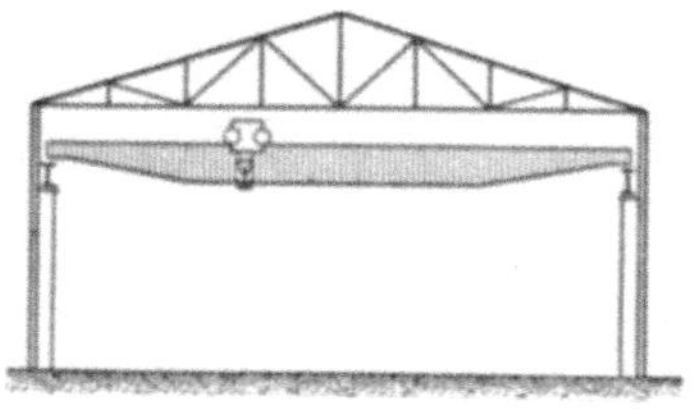

Abb. 20b. Gebräuchlichste Anordnung von Oberlaufkranen für Werkstätten und Lagerhallen. M. etwa 1 : 500.

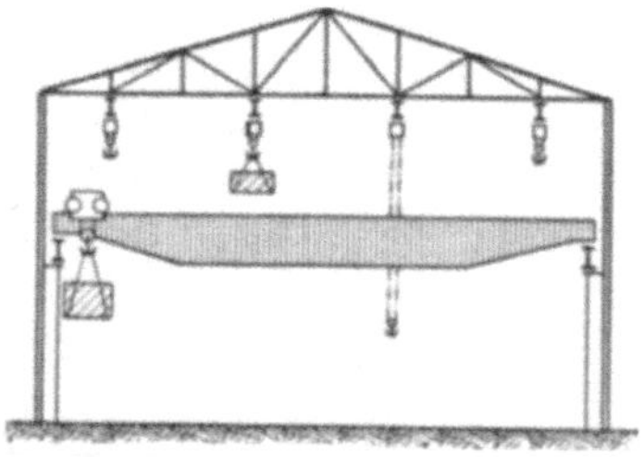

Abb. 20c. Werkstatt mit 4 Laufwinden von 5 t und Laufkran von 30 t. M. etwa 1 : 500.

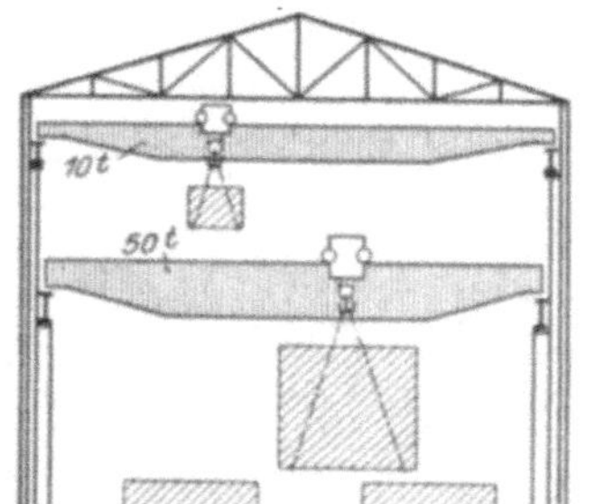

Abb. 20d. Werkstatt mit zwei Oberlaufkranen übereinander, leichterer Kran zuoberst. M. etwa 1 : 500.

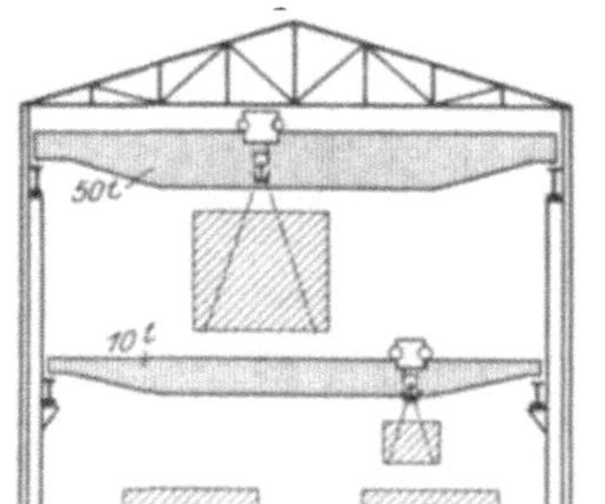

Abb. 20e. Werkstatt mit zwei Oberlaufkranen übereinander, schwererer Kran zuoberst. M. etwa 1 : 500.

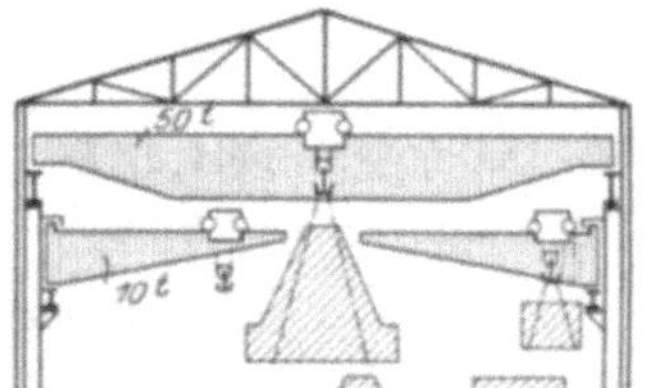

Abb. 20f. Werkstatt mit einem schweren Oberlaufkran und zwei leichteren Seitenlaufkranen. M. etwa 1 : 500.

Für Lagerplätze von Massengütern sind Obergurt-Einschienen-Hängebahnen nach Abb. 19c vorteilhaft, weil sie die Verwendung von Kletterweichen und damit den Übergang der

Laufwinden von den festen Strecken auf bewegliche Kranbrücken an beliebigen Stellen gestatten. Dagegen eignen sich für den Werkstattbetrieb wegen der einfacheren Befestigung der I-förmigen Hängebahnträger und wegen der geringeren Gesamtbauhöhe meist Untergurt-Hängebahnen nach Abb. 19a mit Schleppweichen oder Drehscheiben; die Möglichkeit des Überganges auf Kranbrücken usw. ist dabei aber auf bestimmte Stellen beschränkt. Zweischienige Obergurthängebahnen nach Abb. 19d—h ermöglichen die Verwendung fest eingebauter Gabelungs- und Kreuzungsstücke und sind wegen der Vermeidung von Weichen und Drehscheiben für Anlagen mit Handbetrieb besonders bequem. Nachteilig sind die etwas umständliche Befestigung der beiden][oder II-Träger und die verhältnismäßig große Bauhöhe. Die Anordnungen nach Abb. 19 a, b und d arbeiten gegenüber der nach Abb. 19c mit erheblich größerer Reibung, bieten dafür aber höhere Sicherheit gegen Absturz.

Übliche Tragfähigkeiten von Hängebahnlaufwinden sind 1000—5000 kg.

Wahl zwischen Hängebahnen und Laufkranen. Häufig wird die Frage auftreten, ob die Anordnung mehrerer gleichlaufender Hängebahnen nach Abb. 20a oder die Verwendung eines Laufkranes nach Abb. 20b den Vorzug verdient. Die Antwort wird je nach den Umständen verschieden lauten. Bei mäßiger Spannweite und mäßiger Tragkraft dürften die Kosten für drei bis vier Hängebahnen etwa ebenso hoch ausfallen wie für einen Laufkran, wenn die bei ersteren notwendige Verstärkung der Dachbinder mit berücksichtigt wird. Die Beherrschung der Grundfläche durch den Laufkran ist vollständiger und sicherer. Bei Hängebahnen ist zwar ein schräges Anheben und Absetzen der Lasten möglich, so daß man immerhin bei mäßigen Lastgewichten und reichlichem Abstand der Laufschienen vom Fußboden Flächenstreifen von einiger Breite zu versorgen vermag (Abb. 20a); bei schweren Lasten kann jedoch nur von einer Beherrschung von Linien gesprochen werden. Der Laufkran vermag hingegen seine Last an beliebigen Stellen senkrecht zu heben und zu senken und in der Längs- und Querrichtung der Werkstatt genau nach Wunsch zu verschieben, was für Zusammenbauarbeiten an größeren Maschinen (Aufsetzen von Dampfturbinengehäusen, Zusammenbau liegender Kolbenmaschinen usw.) unumgänglich notwendig ist. Anderseits gestattet die Anordnung einer Anzahl von Hängebahnstrecken ununterbrochene Zuführung von Baustoffen und ungestörte Arbeitshilfe auf jedem einzelnen Flächenstreifen, unabhängig von den Bedürfnissen auf den übrigen Streifen. Dieser Vorteil spricht für ihre Wahl z. B. in Eisenbauwerkstätten, wo Brückenträger usw. aus verhältnismäßig leichten Einzelteilen zusammengebaut werden; die fertigen schweren Stücke läßt man dann durch mehrere Laufwinden zusammen befördern, wobei die Last mit Hilfe von Ausgleichhebeln in statisch bestimmter Weise auf die Laufwinden nach Maßgabe ihrer Tragkraft verteilt wird (Abb. 20a), oder man sieht hierfür einen einzelnen starken Laufkran vor, der allerdings größere Raumhöhe verlangt und gelegentliche Stillsetzung der übrigen Hebezeuge nötig macht (Abb. 20c). Für Räume, in welchen zweckmäßige Laufkrananordnungen wegen Behinderung durch Stützenreihen (Lagerschuppen), Rauchabzüge (Schmieden) usw. nicht durchführbar sind, bietet bisweilen der Einbau mehrerer längs- und querlaufender Hängebahnstränge mit Drehscheiben oder Weichen nach Art von Abb. 19e—g die einzige Möglichkeit einer zusammenhängenden Hebezeuganlage.

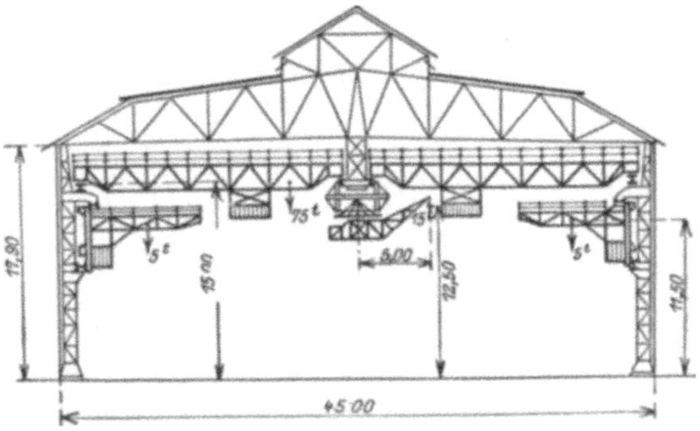

Abb. 21a. Krananordnung im Hauptschiff einer Eisengießerei. M. etwa 1 : 715.
(Aus „Hütte", Abschnitt Fabrikanlagen. Q. 1 m.)

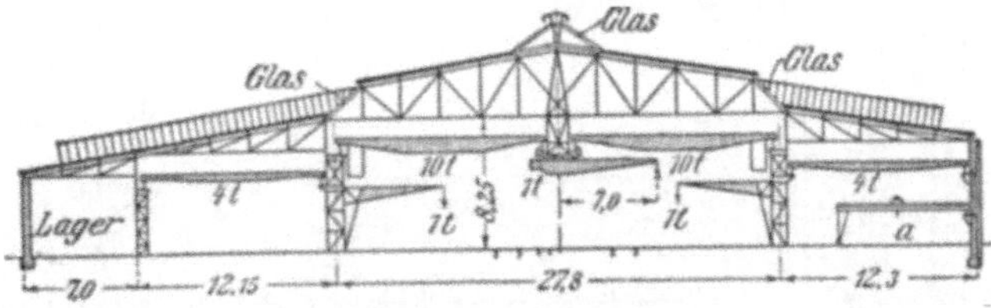

Abb. 21b. Querschnitt der Brückenbauhalle der Hilgerswerke, Rheinbrohl. M. 1 : 750.
(Aus „Hütte", Abschnitt Fabrikanlagen. Q. 1 m).

Laufkrananordnungen. Die gebräuchlichste Laufkrananordnung zeigt Abb. 20b. In dieser Art sind Werkstättenkrane von jeder Tragkraft zwischen etwa 0,5 t und 100 t und mit Spannweiten zwischen etwa 5 m und 30 m ausgeführt worden. In Fertigungsbetrieben, wo es auf gute Ausnutzung der Arbeitskräfte und Einrichtungen ankommt, verwendet man auch für sehr geringe Tragkraft meist Krane mit Eltantrieb für Hubwerk, Brückenfahrwerk und Katzfahrwerk.

Für kleine Verhältnisse und seltene Benutzung, so in Betriebsmaschinenräumen oder in Instandsetzwerkstätten, in denen schwerere Werkstücke nur vereinzelt auftreten, werden Krane mit Handbetätigung häufig genügen, doch ist im Auge zu behalten, daß auch dort Fälle eintreten können, in denen die Beschleunigung einer Instandsetzarbeit durch flott arbeitende Hebezeuge die Dauer einer Betriebsstörung stark abzukürzen und dadurch große Ausfälle zu ersparen vermag.

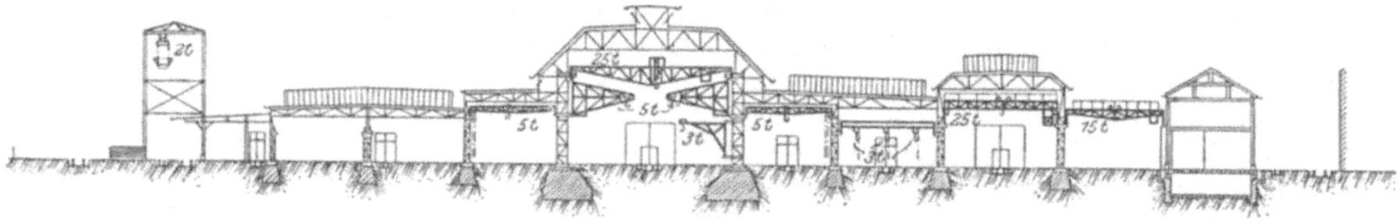

Querschnitt bei A.

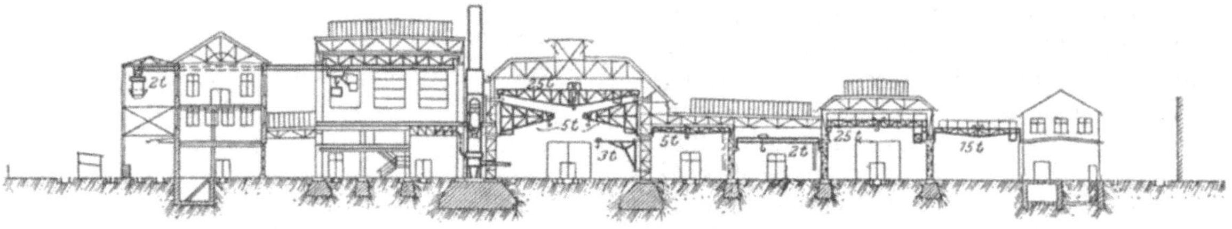

Querschnitt bei B.

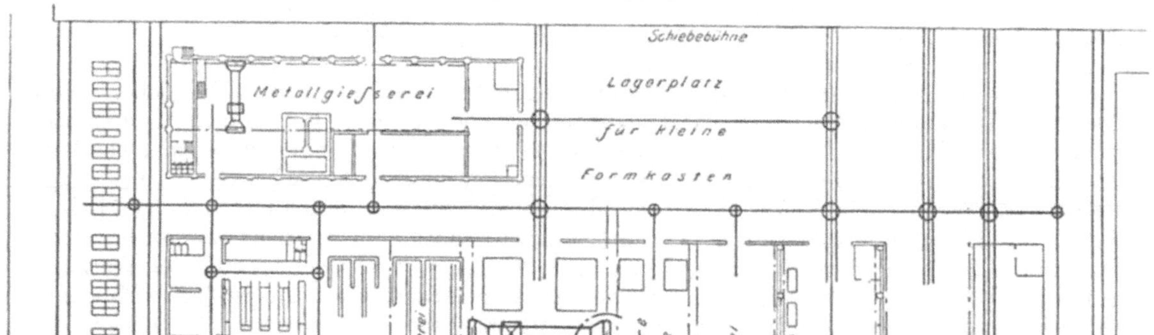

Grundriß.

Abb. 22a—c. Krananlagen und Geleise in der Gießerei der Maschinenfabrik Eßlingen, Werk Mettingen. M. 1 : 1100. (Aus Z. 1912, S. 907. A. Widmaier. Q. 111.)

Mit einem Kran auf der Kranbahn ist unter durchschnittlichen Verhältnissen bis zu etwa 100 m Fahrlänge auszukommen. Oft trifft man schon in erheblich kürzeren Werkstattschiffen zwei Krane an, mitunter von verschiedener Tragkraft. Dabei übernimmt meist der leichtere schnellere vorwiegend die Heranschaffung der Einzelteile und gelegentliche Hilfeleistungen an den verschiedenen Arbeitsplätzen, während der stärkere zu größeren Zusammenbauarbeiten und zur Abbeförderung der fertigen Maschinen gebraucht wird. Allerdings müssen dann die Zusammenbauarbeiten möglichst nur am einen Ende der Werkstatt vorgenommen werden, um allzu häufige gegenseitige Störungen zu vermeiden. Wo die Halle über die ganze Länge gleichmäßig für schwere Arbeiten ausnutzbar sein soll, sind Krane von gleicher Tragkraft vorzuziehen. Besonders schwere Lasten können unter Umständen von den beiden Kranen gemeinsam befördert werden, wobei wiederum Ausgleichhebel von der in Abb. 20a gezeigten Art benutzt werden; die Tragkraft des einzelnen Kranes läßt sich dann niedriger wählen, was auch den Eltverbrauch bei Leerfahrten und beim Befördern kleinerer Lasten günstig beeinflußt. Bei Betrieb zweier Krane auf einer Kranbahn wirkt mitunter störend, daß die Durchbeförderung von Lasten vom Anfang zum Ende der Halle nur unter Weitergabe vom ersten Kran an den zweiten möglich ist.

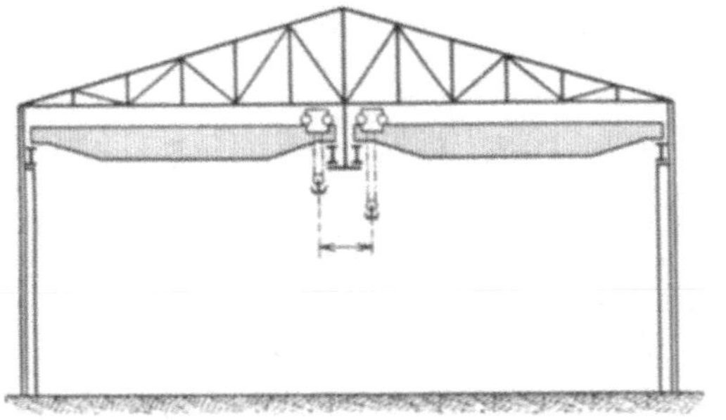

Abb. 23a. Werkstattschiff mit zwei gewöhnlichen Laufkranen nebeneinander.

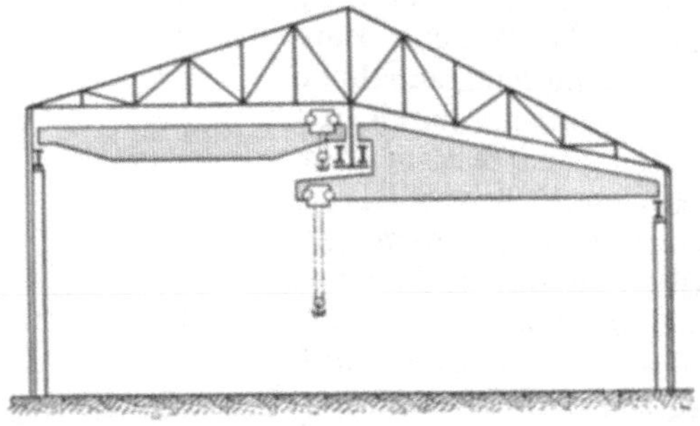

Abb. 23b. Werkstattschiff mit einem gewöhnlichen und einem Kraglaufkran nebeneinander.

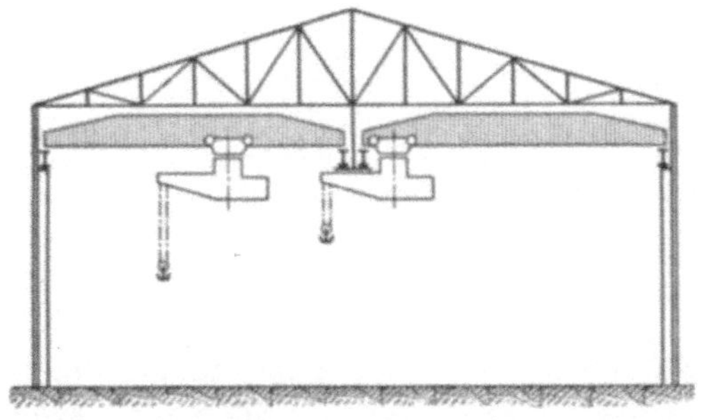

Abb. 23c. Werkstattschiff mit zwei Schwenkkatzenlaufkranen nebeneinander.

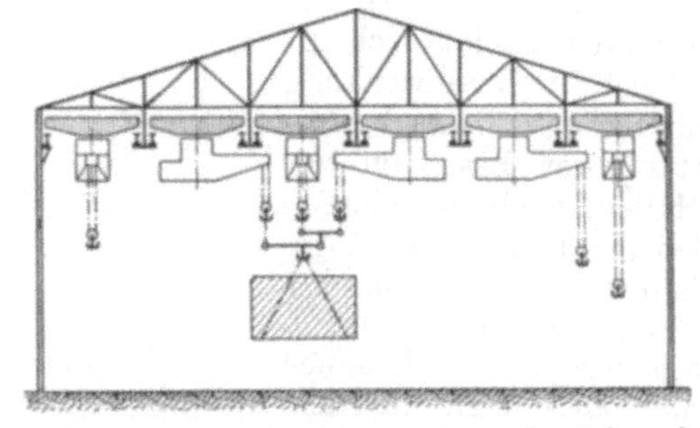

Abb. 23d. Werkstattschiff mit sechs Schwenklaufkranen nebeneinander.

Abb. 23a—d. M. 1 : 500.

Vollkommener ist die Anordnung von Laufkranen auf übereinanderliegenden Kranbahnen (Abb. 20d und e), bei welcher gleichfalls eine gemeinsame Beförderung besonders schwerer Lasten möglich ist. Werden die Krane verschieden stark gewählt, so spricht für die Anordnung des schwächeren Kranes über dem stärkeren (Abb. 20d) der Gesichtspunkt, die Bedienung aller Arbeitsplätze auch während längerer Inanspruchnahme des stärkeren Kranes durch Zusammenbauarbeiten ungestört fortsetzen zu können. Für die umgekehrte Anordnung (Abb. 20e) kann geltend gemacht werden, daß oft gerade der schwächere Kran längere Zeit zur Hilfeleistung bei Einzelarbeiten an einen bestimmten Platz gebunden ist, und daß dann der stärkere Kran imstande sein soll, die fertigen Maschinen über ihn hinwegzubefördern; auch wird dabei an Energie gespart, weil der wesentlich häufiger gebrauchte kleine Kran im Durchschnitt mit geringerem Hub zu arbeiten braucht. Nachteilig in baulicher Hinsicht ist dabei die stärkere Beanspruchung der Stützen. Die Hallenhöhe wird in beiden Fällen ungefähr gleich werden. Die Frage, was zweckmäßiger ist, läßt sich kaum allgemein beantworten. Oft sind oberer und unterer Kran auch gleich stark gewählt worden, z. B. zu je 50 t Tragkraft in Lokomotivwerkstätten; dabei erhält vorteilhaft jeder Kran unter sich so viel freie Höhe, daß die größten vorkommenden Lasten über die am Boden stehenden Werkstücke bzw. über den unteren Kran hinwegbefördert werden können.

Eine neuerdings öfters verwandte Anordnung veranschaulicht Abb. 20f. Ähnliche Ausführungen zeigen Abb. 21a, 22a—c, 24a—b, 26a—d. Dort sind an Stelle des unteren Brückenlaufkranes der soeben besprochenen Anordnungen zwei Seitenlaufkrane (Veloziped- oder Konsol-Krane) verwandt worden, deren jeder etwa 25—45 v. H. der Werkstattweite bestreicht. In der Mitte bleibt zwischen ihnen genügend Spielraum, daß der darüber befindliche Brückenlaufkran mit der Last am Tragseil hindurchfahren kann. Die Hallenhöhe wird dabei geringer als bei zwei Brückenlaufkranen übereinander. Vorteilhaft ist die geringe gegenseitige Behinderung der drei Krane, nachteilig die starke Biegungsbeanspruchung der Kranbahnen und Stützen durch die Seitenkrane, bei denen deshalb nur mäßig große Tragkraft gewählt werden darf. Die Seitenkrane können mit quer zur Werkstattachse verfahrbaren Laufkatzen auf festen Armen (Abb. 24a—b) oder auch mit Schwenkarmen ohne Katzen ausgeführt werden (Abb. 26a—d). Bei der letzteren Art läßt sich zunächst durch Schwenkung des Schwenkarmes der Abstand der Last von der Hallenmittellinie einstellen und dann durch Längsfahren der gewünschte Punkt erreichen. Einstellschwierigkeiten kommen hier also nicht in dem Maße in Betracht wie bei festen Schwenkkranen; doch sind die Seitenkrane mit festen Armen und Laufkatzen immerhin leichter zu handhaben. Die Seitenkrane mit Schwenkarmen haben die Vorteile, daß sie bei Durchfahrt des großen Laufkranes mit sperrigen Stücken beigeklappt werden können, und daß sie ihre Lasten auch in nächster Nähe der Stirnwände abzusetzen vermögen.

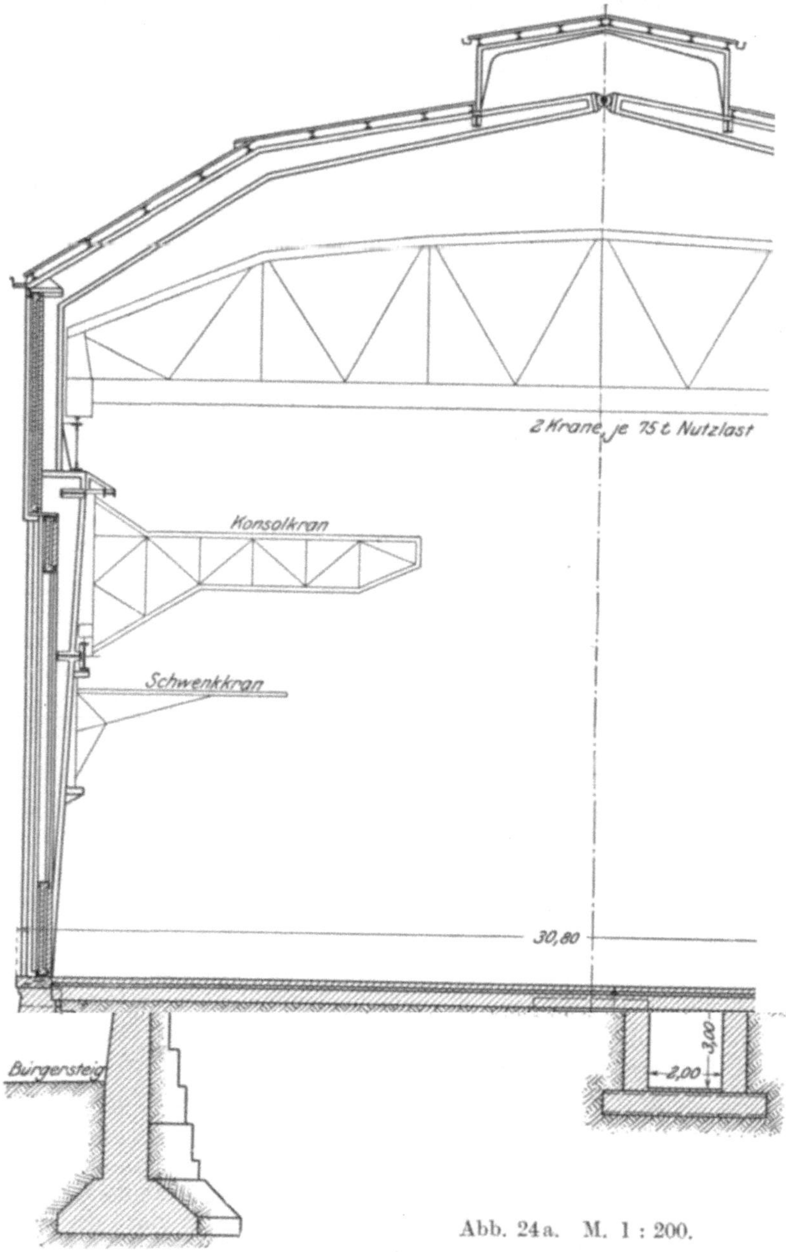

Abb. 24a. M. 1 : 200.

Abb. 24a—b. Querschnitt und Innenansicht der Großmaschinenbauhalle der A. E. G., Berlin, Werk Hussitenstraße (Außenansicht siehe Abb. 217). (Aus Z. 1913, S. 1199—1200. Q. 116.)

Das Streben, für große Arbeitsstücke, wie sie in Gießereien, Maschinenbau- und Brückenbau-Werkstätten vorkommen, möglichst ausgedehnte nicht durch Stützen behinderte Flächen zu schaffen, führt zur Anordnung weniger sehr breiter anstatt einer größeren Anzahl schmaler Schiffe. Die Verwendung von Laufkranen, welche die ganze Hallenweite überspannen, wird dann oft nicht mehr zweckmäßig sein, weil dabei keine genügend rasche Bedienung der vielen

Arbeitsplätze möglich wäre, und weil die Beschleunigung der großen Kranbrücken übermäßige Kräfte erfordern würde. Man ordnet daher bei großer Hallenweite besser zwei oder mehrere Laufkrane nebeneinander an, deren jeder einen bestimmten Flächenstreifen zu versorgen hat (Abb. 21a). Allerdings muß dann bei Wahl starker Krane das Dachtragwerk sehr kräftig ausgebildet werden und wird dementsprechend teuer. Die Laufkrane lassen sich verschieden ausgestalten. Zunächst kommen solche mit einfachen Laufkatzen mit den Bewegungsmöglichkeiten Heben, Brückefahren und Katzefahren in Betracht (Abb. 23a). Bei gleichartiger Ausbildung und gleicher Höhenlage bleiben dabei unbeherrschte Streifen zwischen den Arbeitsfeldern der einzelnen Krane übrig, welche nur für kleine Lasten durch ein Zurseitedrücken erreichbar sind (siehe die Maßlinie in Abb. 23a). Durch die Anordnung von Abb. 23b erreicht man eine Überlappung der Arbeitsbereiche. Abb. 23c zeigt Laufkrane mit Schwenklaufkatzen mit den Bewegungsmöglichkeiten Heben, Brückefahren, Katzefahren und Auslegerschwenken. Hierbei erhält man gleichfalls Überlappung sämtlicher Laufkranbereiche und außerdem Bestreichung der ganzen Werkstattfläche bis an die Seiten- und Stirnwände und in alle Ecken hinein. Dafür

Abb. 24b.

werden aber die Krane wegen des schweren Schwenkauslegers mit Gegengewicht und der dadurch bedingten stärkeren Ausbildung der Brücke nicht unerheblich teurer und belasten auch das Dachtragwerk höher. In Brückenbauwerkstätten, wie übrigens auch bei Helgen von Werften, wo möglichst viele Einzelkrane nebeneinander erwünscht sind, wird die Spannweite der einzelnen Krane gering, so daß die Vereinfachung nahe liegt, die erforderlichen Querbewegungen lediglich mit dem Schwenkarm vorzunehmen und denselben statt an einer Laufkatze unmittelbar an der Kranbrücke anzubringen. Abb. 23d zeigt die so entstandenen Schwenklaufkrane, die auch als Hängeschwenkkrane bezeichnet werden könnten, mit den Bewegungsmöglichkeiten Heben, Fahren und Auslegerschwenken. Abb. 21a und b lassen gleichfalls derartige Hebezeuge erkennen, die in der Hallenmitte hängend den Mittelstreifen bestreichen und den Austausch von Teilen zwischen der rechten und linken Hallenhälfte vorzunehmen vermögen. Auch bei allen diesen Anordnungen ist es möglich, die einzelnen Hebezeuge für geringe Tragkraft zu bemessen, um sie leicht und beweglich zu machen, und für ausnahmsweise vorkommende größere Lasten mehrere gemeinsam zu benutzen (Abb. 23d).

Laufkrane finden auch häufig für Höfe Verwendung. Besonders billig wird ihre Anlage bei rechteckigen Hofflächen zwischen parallelen Gebäudewänden (Abb. 179). Zweckmäßig befestigt man dann die Hofkranbahnen mit an den Pfeilern der Werkstattkranbahnen oder an sonstigen Wandstützen. Wo solche Anlehnungsmöglichkeiten ganz oder teilweise fehlen, oder wo die Spannweiten zu groß werden, kann außer der Anordnung freistehender Kranbahnen auch die Verwendung von Bock- (Portal-) oder Halbbocklaufkranen in Frage kommen. Man wird dann zu untersuchen haben, ob sich Brückenlaufkrane auf hohen Fahrbahnen, Bock- bzw. Halbbockkrane, oder auch Zwischenformen, etwa halbhohe Bockkrane auf halbhohen Fahrbahnen am vorteilhaftesten stellen. Bei großen Fahrlängen erfordert der Bockkran den geringsten, der Brückenlaufkran mit hohen freistehenden Kranbahnen den größten Aufwand an Baustoffen. Anderseits kann man beim Bockkran die bestrichene Fläche weniger gut ausnutzen weil Streifen längs der Fahrschienen freigehalten werden müssen, was namentlich beim Aufschütten von Kohlen und dergleichen wegen des geringen Böschungswinkels einen erheblichen Ausfall bedingt; durch Einfassung des Lagerplatzes mit Stützwänden läßt sich dieser Mangel nur teilweise beheben. Ein Umstand, der beim Vergleich zugunsten der Hochbahnlaufkrane spricht, ist ihre geringere Masse; die Stromstöße und Eltverluste beim Anfahren werden bei ihnen deshalb am kleinsten.

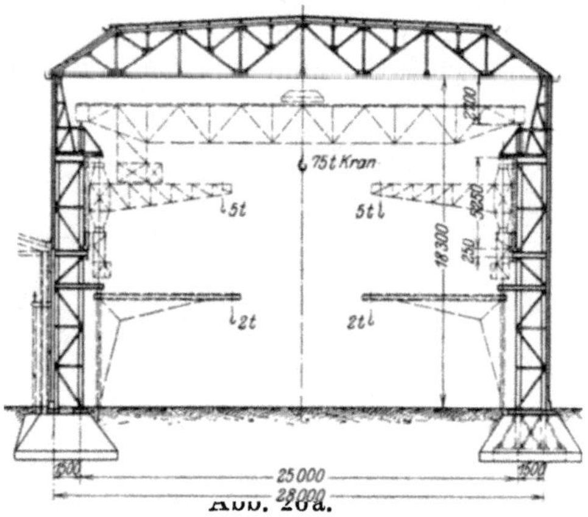

Abb. 26a.

Zur Bestreichung kreisausschnitt-(sektor-)förmiger Lagerplätze eignen sich Bock- oder Halbbockkrane, die mit dem einen Ende auf einer gekrümmten Kranschiene fahren und sich mit dem anderen Ende um einen festen Punkt drehen. Derartige Kreisbahnlaufkrane beherrschen günstigstenfalls einen Vollkreis mit der Kranlänge als Halbmesser, während gleich teure Geradbahnlaufkrane Rechtecke von erheblich größerem Flächeninhalt zu bestreichen vermögen. Ungünstig bei den Kreisbahnlaufkranen ist auch die Langsamkeit der Fahrbewegung beim Arbeiten in der Nähe des Drehpunktes; um diesen Übelstand zu vermeiden, gibt man ihnen häufig Schwenkarmkatzen.

Beförderung durch die Umgrenzungen der Gebäude und Hallenschiffe. Die Vorsorge für die Beförderung von Werkstücken aus einem Gebäude oder Hallenschiff in ein anderes ist bei Schwerbetrieben eine besonders heikle Aufgabe und läßt eine etwas ausführlichere Besprechung angebracht erscheinen.

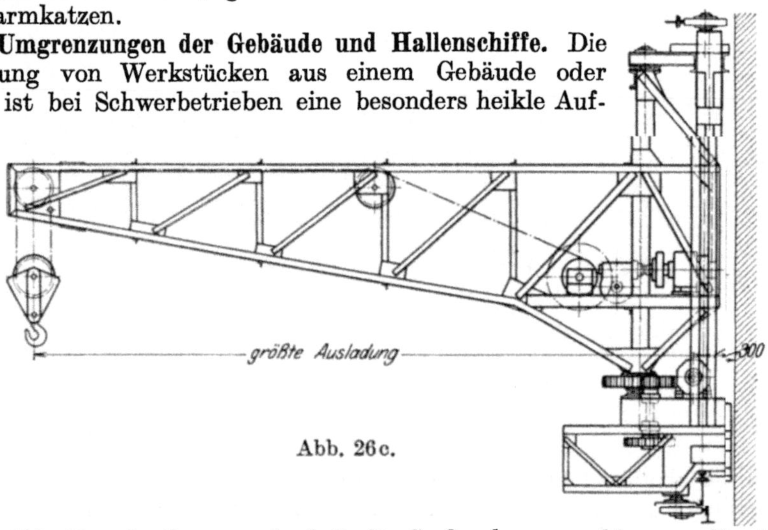

Abb. 26c.

Abb. 26a—d. Zusammenbauhalle für Großwerkzeugmaschinen von Ernst Oberlaufkran, Seitenlaufkranen mit Schwenkarmen und festen Schwenk- S. 557.

Abb. 10a veranschaulicht die Durchführung einer Werkstattkranbahn durch eine Hallenstirnwand, die gelegentlich vorgesehen wird, um die Werkstücke zur Weiterbearbeitung in Nachbarwerkstätten oder zum Verladen auf im Freien stehende Eisenbahnwagen mit Hilfe des Hallen-Laufkrans hinausbefördern zu können. Unter Umständen spart man hierdurch auch an Anschaffungskosten für weitere Krane. Dabei verwendet man entweder ein Fahrtor, das auf Rollen auf der Kranbahn ruht und dem Kran vorausgefahren werden kann, oder eine Kranklappe, die sich nach Hinausfahrt des Kranes sofort wieder schließen läßt (Abb. 10a); ersteres ist weniger günstig, weil die Öffnung ungeschützt bleibt, bis der Kran in die Werkstatt zurückgekehrt ist. Unterhalb der Durchfahrtöffnung für den Kran selbst wird meist ein Schiebetor eingebaut, das nur so breit zu sein braucht, wie die breiteste vorkommende Last.

Wichtiger sind die Anordnungen für die Beförderung von Werkstücken aus einem Schiff in ein anderes. Das einfachste Verfahren ist die Übergabe der Last vom Laufkran des einen Schiffes an den des Nachbarschiffes in der Weise, daß man die Katzen möglichst nahe zusammenfahren läßt, die an der ersten Katze hängende Last auch an die zweite Katze anschlägt und nun so lange mit letzterer hebt und mit ersterer senkt, bis die Last ganz von der zweiten Katze getragen wird (Abb. 28a). Diese Arbeitsweise ist aber nur bei mäßig großen Lasten möglich und auch nur dann, wenn die Kranbahnen dicht zusammenliegen und die Achsen der Seiltrommeln gleichlaufend mit den Hallenachsen angeordnet sind. Schwerere Lasten lassen sich noch gut überführen, wenn sie wie im Brückenbau große Länge haben; mitunter werden in Hinblick hierauf bei jedem Laufkran zwei Katzen vorgesehen (Abb. 28b). In Abb. 28c ist die Benutzung eines festen Schwenkkranes zur Überführung von Lasten von Schiff zu Schiff dargestellt. Abb. 28d gibt ein Beispiel für Laufkrane mit geradlinig verschiebbarem Ausleger, der sich in den Bereich von Nachbarschiffen oder Hofflächen ausfahren läßt und dort Lasten ablegen und aufnehmen kann. Ein ähnliches Arbeiten ist auch mit Schwenkkatzenlaufkranen, die schon früher besprochen sind, möglich (Abb. 23c und 28e). Die in Abb. 10b dargestellte Anordnung erlaubt

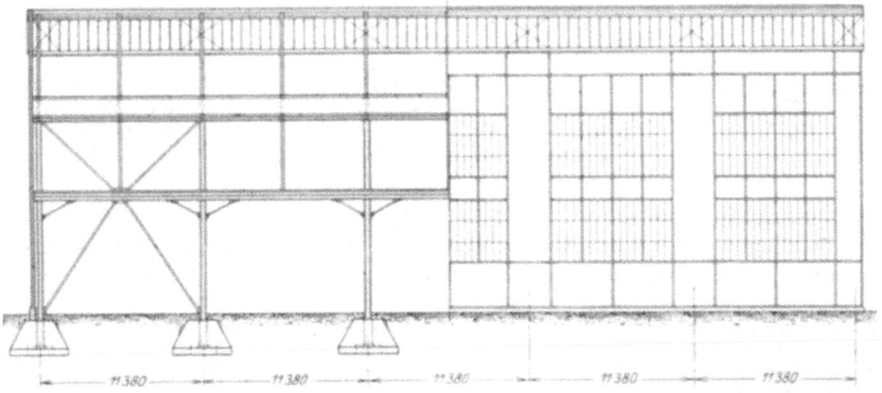

Abb. 26b.

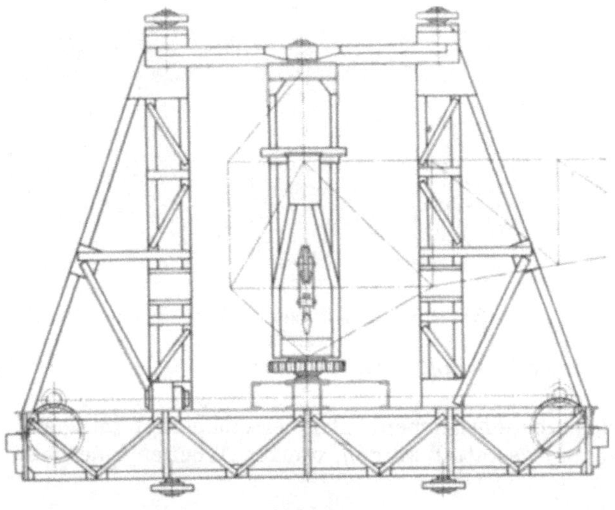

Abb. 26d.

Schieß, Werkzeugmaschinenfabrik A. G., Düsseldorf, mit kranen. M. etwa 1 : 530 und 1 : 85. (Aus W. T. 1914, Q. 211.)

den Übergang der auf den Untergurten der Krane laufenden Katzen auf die Krane der Nachbarschiffe; an bestimmten Stellen sind unterhalb der Kranbahnen feste Überführungsstücke, gewissermaßen Teile einer Hängebahn, angebracht, mit welchen die Krane zur Vornahme des Katzenüberganges in Deckung stehen müssen. Dabei empfiehlt es sich, mehr Katzen vorzusehen als Krane vorhanden sind, damit die einzelnen Krane auch nach Abgabe einer Katze noch benutzbar bleiben.

Weitere in manchen Fällen sehr zweckmäßige Anordnungen für die Überführung von Lasten aus und nach einzelnen Schiffen ergeben sich, wenn man Längs- und Querschiffe aufeinanderstoßen läßt. Abb. 29a und b geben Beispiele hierfür. Man kann dabei die Beförderungsschiffe entweder nur zum Zubringen und Abbefördern der Werkstücke verwenden, die in den senkrecht dazu stehenden Schiffen bearbeitet werden, oder sie auch mit für Arbeitszwecke ausnutzen, z. B. zur Unterbringung von Zusammenbau und Prüffeld, wobei dann die Bearbeitungsschiffe nur die Einzelbearbeitung übernehmen und ihre Teilerzeugnisse den Beförderungsschiffen zuliefern. Bei den in Abb. 29a und b gezeigten Ausführungen ragen die Kranbahnen der Längsschiffe eine Strecke weit frei in das Querschiff hinein und können dort ihre Lasten im Bereiche des Querschifflaufkrans aufnehmen und ablegen. Zwei andere Anordnungen deutet Abb. 28f an; das Zubringequerschiff am einen Ende der Längsschiffe hat einen Seitenkran erhalten, das Versandquerschiff am andern Ende Halbbockkrane. Vorteilhaft ist hierbei die Möglichkeit vollständiger Durchführung der Längsschiffkranbahnen durch die Querschiffe. Ungünstig ist beim Seitenkran die aus baulichen Rücksichten gebotene Beschränkung der Tragkraft, bei den Halbbockkranen die Störung des Fußbodenverkehrs, und bei beiden Kranarten die verhältnismäßig geringe Hubhöhe. Diese Mängel würden bei Anordnung hoch über die Längskrane hinweggehender Brückenlaufkrane für die Querbeförderung vermieden werden, was aber Querschiffe von beträchtlicher Höhe bedingen würde.

Eine weitere Möglichkeit besteht darin, nach Art von Abb. 30a (D.R.P. 340628 des Verfassers) einen Verschiebekran anzuordnen, mit Hilfe dessen sich die Laufkrane der Längsschiffe mitsamt

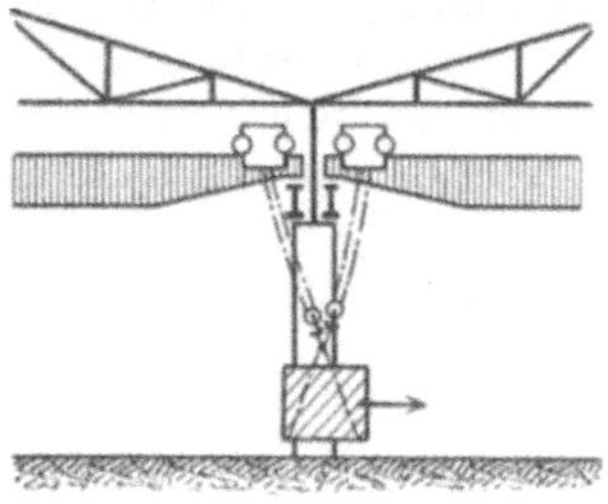

Abb. 28a. Überführung einer kleineren Last in ein Nachbarschiff mit Hilfe der Laufkrane.

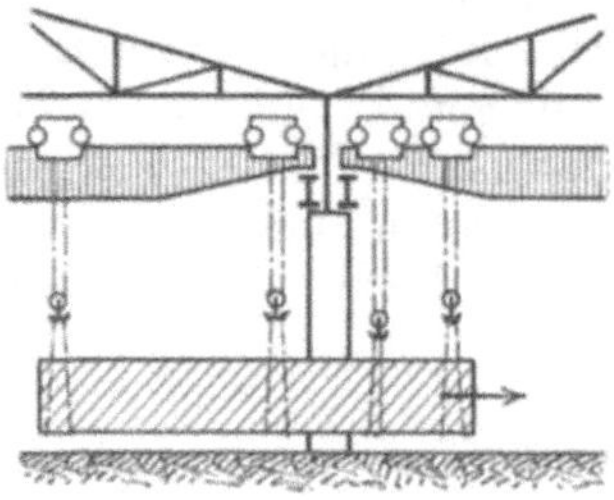

Abb. 28b. Überführung einer größeren langen Last in ein Nachbarschiff bei Vorhandensein von 2 Katzen auf jedem Kran.

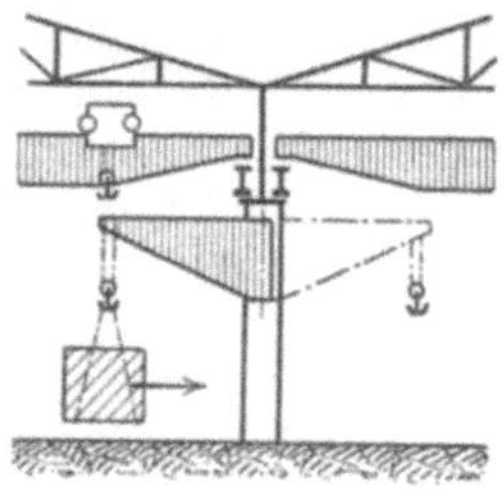

Abb. 28c. Überführung einer Last in ein Nachbarschiff mit Hilfe eines festen Schwenkkranes.

ihrer Last in der Querrichtung verfahren lassen, so daß die aus einem Längsschiff stammenden Werkstücke nach beliebigen Stellen des Querschiffes oder eines anderen Längsschiffes befördert werden können, ohne unterwegs abgesetzt werden zu brauchen; hierbei müssen die Kranbahn-

Abb. 28d. Auslegerlaufkran in einer Stahlgießerei.

Abb. 28e. Schwenkkatzenlaufkran in einer Stahlgießerei.

(Ausführungen der Deutschen Maschinenfabrik A. G., Duisburg.)

höhen und -spurweiten der Längsschiffe natürlich übereinstimmen. Der Verschiebekran im Querschiff kann gleichzeitig mit eigenen Laufkatzen ausgestattet werden, um für Arbeiten innerhalb

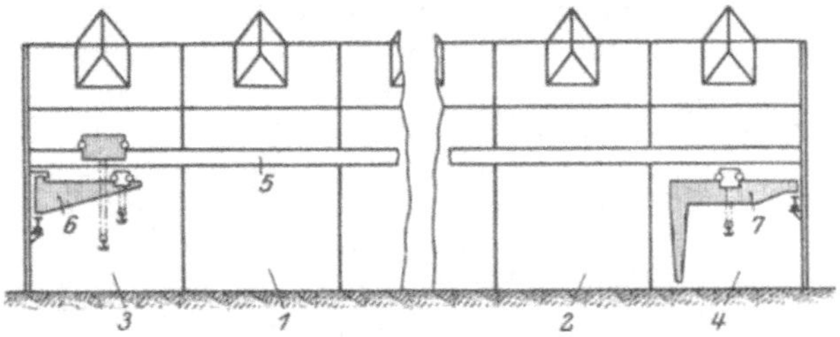

1—2 Längsschnitt durch eines der Bearbeitungsschiffe.
3 Zubringefeld im Querschnitt.
4 Versandfeld im Querschnitt.
5 Kranbahnen der Längs-Laufkrane.
6 Seitenlaufkran für Querbeförderung.
7 Halbbocklaufkran für Querbeförderung.

Abb. 28f. Skizze der Krananordnung in der Haupthalle der Maschinenfabrik J. M. Voith in Heidenheim an der Brenz.

des Querschiffes auch dann benutzbar zu sein, wenn sich gerade keiner der Längsschifflaufkrane auf ihm befindet.

Wohl am gebräuchlichsten ist die Zuhilfenahme von Loren für Voll- und Schmalspur; man setzt die Werkstücke mit dem Kran des einen Schiffes darauf, verschiebt sie und nimmt sie mit dem Kran des andern Schiffes herunter. Diese Arbeitsweise ist namentlich dann am Platze, wenn innerhalb oder außerhalb der Hallen längere Strecken zurückzulegen sind, so daß ohnedies

Geleise erforderlich werden. Bei kurzen Wegen fällt der Zeitverlust durch das Absenken und Losnehmen und das nachherige Neuanschlagen und Anheben dor Last stärker ins Gewicht; auch entstehen häufig dadurch weitere Verzögerungen, daß Loren gerade nicht zur Hand sind und erst herangeholt werden müssen. In Betrieben mit großer Ausbringung haben solche sich täglich so und so oft wiederholenden Aufenthalte eine nennenswerte Erhöhung der Beförderungs-

Abb. 29a. Beförderungslängsschiff mit einmündenden Kranbahnen der Bearbeitungsquerschiffe in der mechanischen Werkstatt der Maschinenfabrik Eßlingen, Werk Mettingen.
(Aus Z. 1912, S. 903, A. Widmaier. Q. 111.)

Abb. 29b. Verladequerschiff mit einmündenden Kranbahnen der Bearbeitungslängsschiffe in der Mühlenbauanstalt und Maschinenfabrik vorm. Gebr. Seck in Sporbitz.
(Aus Z. 1919, S. 797, G. Luther. Q. 126.)

unkosten zur Folge. Ferner können auf den Geleisen lästige Verstopfungen entstehen, die bei Querbeförderung mittels Kran vermieden werden.

Allgemein haben die Verfahren, bei denen die Last unterwegs nicht abgesetzt werden muß, vor den anderen das voraus, daß der Übergang schneller und mit weniger Energieverbrauch vor sich geht und daß keine Bodenfläche zum Absetzen frei gehalten zu werden braucht; dafür ist aber mit Aufenthalten zu rechnen, wenn einer der beteiligten Krane gerade nicht frei ist, während bei Anordnungen nach Abb. 29a und b und bei Zuhilfenahme von Loren die Krane zeitlich unabhängig voneinander arbeiten können.

Die Verwendung von Hängebahnen bietet den Vorteil, daß sich das ganze Beförderungswesen sehr einheitlich und übersichtlich gestalten läßt. In erster Linie wird die Anlage fester Strecken

Schnitt durch das Beförderungsquerschiff. Schnitt A—B in Richtung C gesehen.

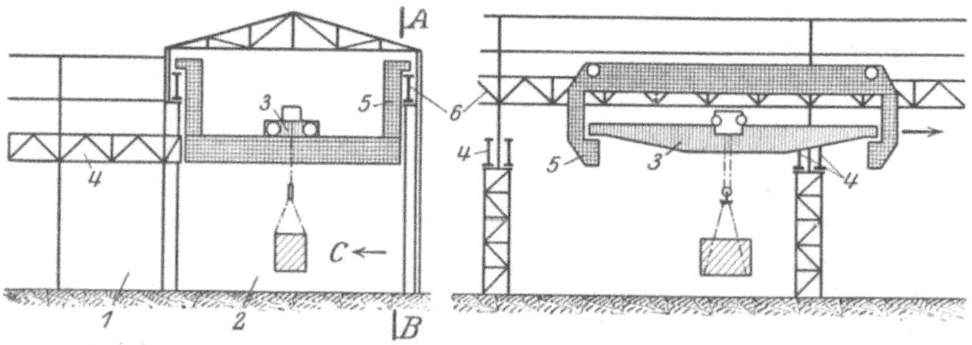

Abb. 30a. Verschiebekrananlage zur Querbeförderung von Laufkranen mit daranhängender Last. D.R.P. 340628.

1 Längsschiffe.
2 Querschiff.
3 Längsschiff-Laufkran.
4 Kranbahnen desselben.
5 Verschiebekran beim Befördern eines hineingefahrenen Längsschiffkrans innerhalb des Querschiffes.
6 Kranbahn desselben.

zwischen den Lagerhäusern und den verschiedenen Werkstätten in Betracht kommen. Es ist jedoch auch möglich, die Laufwinden auf Laufkranbrücken und Schwenkkranarme zu überführen, und damit alle wichtigeren Krananlagen in den Hängebahnbetrieb einzubeziehen. Nur muß dann dafür vorgesorgt werden, daß sich die festen Hängebahnträger und die Krane überein-

Abb. 30b. Wagenschwenkkran mit Dampfantrieb, Bauart der Deutschen Maschinenfabrik A.G., Duisburg.

stimmend in der höchsten irgendwo benötigten Lage anordnen lassen. Das wird aber in vielen Fällen bedeuten, daß man genötigt ist, die Räume in einer Anzahl von Gebäuden unnötig hoch zu machen. Es entsteht dann die Frage, ob die Vorteile der einheitlichen Beförderungsanlage die nicht unerheblichen Mehrkosten tatsächlich rechtfertigen; andernfalls wird es richtiger, einzelne Gebäude auszunehmen und mit Umladestellen zu versehen. Unter Umständen ist auch daran zu denken, die Laufwinden mit Hilfe von Aufzügen nach Bahnstrecken abweichender Höhenlage zu überführen. Im allgemeinen wird mit Hängebahnbetrieb als einzigem Beförderungsmittel nur auszukommen sein, wenn es sich um Lasten von nicht allzugroßen und einigermaßen gleichbleibenden Maßen und Gewichten handelt, die sich dem zugrunde gelegten Querschnittsumriß der Hängebahnanlage durchweg gut einfügen.

Wagenschwenkkrane. Eine für manche Verhältnisse vorteilhafte Vereinigung von Hebezeug und Schlepper sind die fahrbaren Schwenkkrane mit Dampf- oder Eltsammlerbetrieb. Das Unterteil bildet ein zwei- oder bei ausnahmsweise schweren Ausführungen vierachsiger Vollspurwagen; darauf ruht der Schwenkaufsatz mit Führerhaus, welcher einen aufrichtbaren Ausleger trägt (Abb. 30b). Die Bewegungsmöglichkeiten sind Fahren, Schwenkaufsatz schwenken, Ausleger aufrichten, Lastheben und -senken und dazu noch bei Greiferbetrieb Greifer öffnen und schließen. Die Tragkraft verändert sich mit der Ausleger-Stellung; bei einer häufig ausgeführten Bauart ist sie 6 t bei 4 m Ausladung und sinkt auf 1,5 t bei 9 m Ausladung. Die Wagenschwenkkrane finden häufig Anwendung zum Laden von Blechen, Trägern und dergleichen und zu Greiferarbeiten auf Kohlenlagerplätzen. Sie eignen sich vornehmlich für ausgedehnte oder unregelmäßig gestaltete Lagerflächen mit nicht sehr lebhaftem Ladebetrieb, deren vollständige Beherrschung mit Laufkrananlagen nur unter unverhältnismäßig hohen Kosten möglich wäre. Auch können sie bei Bauarbeiten, Umzügen und sonstigen Vorkommnissen gute Dienste leisten. Dabei darf aber nicht übersehen werden, daß sie im gewöhnlichen Ladebetrieb schwerfälliger und langsamer arbeiten als Laufkrane, und wegen des oft hinderlichen schrägen Auslegers im Durchschnitt keine so gute Ausnutzung der Lagerflächen gestatten (weniger ungünstig als der in Abb. 30b gezeigte gerade Ausleger ist in letzterer Hinsicht ein neuerdings in Aufnahme gekommener Ausleger in der Form eines stumpfen Winkels). Auch können bei Zuweisung mehrerer Arbeitsfelder an einen einzigen Kran lästige Wartepausen vorkommen. Die Raddrucke werden beim seitlichen Herausschwenken des vollbelasteten Auslegers sehr groß, worauf bei der Verlegung der Werkgeleise besonders Rücksicht zu nehmen ist.

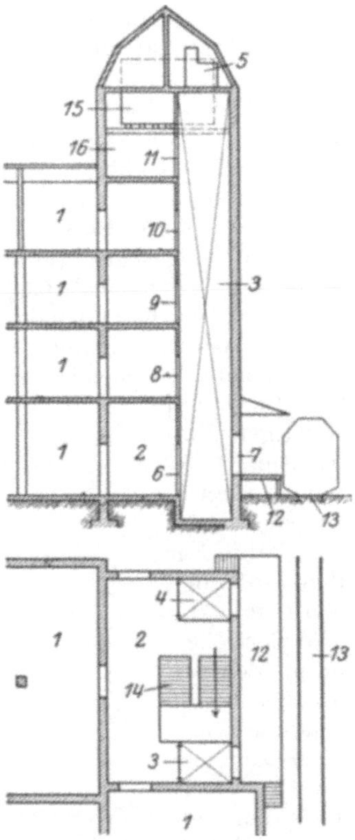

1 Werkstattsäle.
2 Treppenhaus.
3, 4 Aufzugschächte.
5 Aufzugmaschinen.
6, 7, 8, 9, 10, 11 Türen der Aufzughaltestellen.
12 Laderampe.
13 Vollspurgeleis.
14 Treppe.
15 Wasserbehälter oberhalb der Treppe.
16 Lagerraum oder Nebenwerkstatt, wegen geringen Brandwasserdrucks nur für nicht brennbare Gegenstände.

Abb. 31. Aufzuganordnung eines mehrgeschossigen Werkgebäudes. M. etwa 1 : 500.

Die Wagenschwenkkrane vermögen die von ihnen beladenen Wagen selbst mitzuschleppen (Abb. 30b) und lassen sich auch zum Verschiebedienst mit heranziehen. Von letzterer Möglichkeit sollte jedoch namentlich bei Dampfkranen nicht zu viel Gebrauch gemacht werden, da diese im Fahrbetrieb weit weniger wirtschaftlich arbeiten als reine Schlepper.

Senkrechtbeförderung. Die einfachste Anordnung zur Senkrechtbeförderung von Gütern und Werkstücken von Geschoß zu Geschoß sind Luken mit darüber gehängten Hand- oder Eltflaschenzügen. Sie kommen höchstens für seltene Benutzung in Frage und sind unbedingt zu vermeiden, wo feuersichere Trennung der Geschosse gefordert werden muß. Besser ist Hochbeförderung der Lasten im Freien; man kann sie dann mit Eltflaschenzügen, die an Armen an der Außenseite der Gebäude fest aufgehängt sind, hochwinden, nach dem Gebäude zu ziehen und im Innern oder auf vorgebauten Balkonen absetzen. Das Heranziehen kann bei größeren Gewichten einen zweiten Bedienungsmann erforderlich machen; es ist daher meist wirtschaftlicher, den Flaschenzug nicht fest anzuschlagen, sondern mit Laufrollen an einem I-Träger aufzuhängen, so daß er mitsamt seiner Last in das Gebäude hinein verschoben werden kann. Auch Laufwinden ohnedies benötigter Hängebahnen in den oberen Geschossen können in dieser Weise benutzt werden. In Werkstätten mit hohem Hauptschiff und daranstoßenden offenen Zwischengeschossen (Galerien) verwendet man mitunter den hochangebrachten Laufkran des Hauptschiffes zum Absetzen von Teilen auf Vorsprünge der Zwischengeschosse. Alle diese Beförderungsverfahren sind jedoch umständlich und zeitraubend, weil die Hubgeschwindigkeiten der Eigenart der Hebezeuge entsprechend und auch aus Sicherheitsgründen nur gering gewählt werden können. Man hat sie daher mehr oder weniger als Behelf für nur gelegentliche Benutzung anzusehen. Bei lebhaftem Senkrechtverkehr müssen leistungsfähige Aufzüge eingebaut werden.

Für die Planung von Aufzugsanlagen ist beachtenswert, daß die Lichtmaße und Hubhöhen hauptsächlich auf die Kosten des mechanischen Teils von Einfluß sind, die Fahrgeschwindigkeiten auf die Kosten des Eltantriebes, und die Tragkraft auf die Kosten von allen beiden.

Ausreichende Bemessung der Aufzüge in bezug auf Grundfläche, Höhe und Tragkraft ist von so großer Bedeutung für die Ausnutzbarkeit und Leistungsfähigkeit der ganzen Gebäudeanlage, und der Preisunterschied zwischen reichlich und knapp gewählten Aufzügen fällt für die Gesamtkosten so wenig ins Gewicht, daß an dieser Stelle nicht gespart werden sollte. Wenn möglich ist wenigstens einer der Aufzüge so groß zu bemessen, daß er außer den Gegenständen der Herstellung auch die vorläufig und bei späteren Erweiterungen für die oberen Geschosse in Betracht kommenden Bearbeitungsmaschinen, Geräte, Werktische und sonstigen Einrichtungsteile ohne Schwierigkeit befördern kann. Für den laufenden Verkehr der Werkstücke empfehlen sich von vornherein mindestens zwei Aufzüge, damit nicht bei den unvermeidlichen kleinen Betriebsstörungen und Instandsetzarbeiten gleich Stockungen im Werkstattbetrieb eintreten. Die beiden Aufzüge werden zweckmäßig nahe zusammengelegt, um die Wartezeiten zu verkürzen. Werden mehr als zwei Aufzüge angeordnet, so verteilt man sie

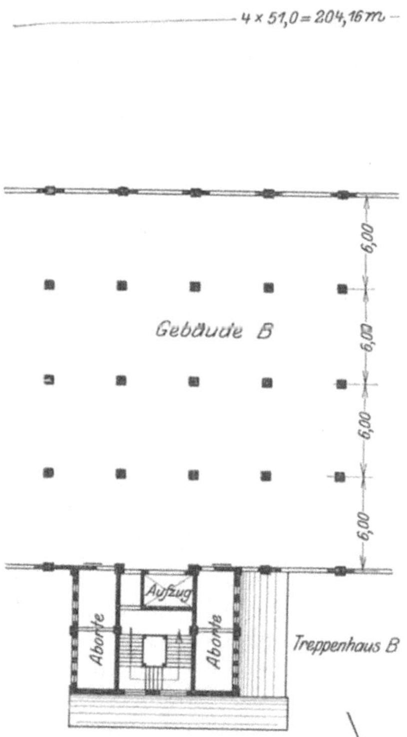

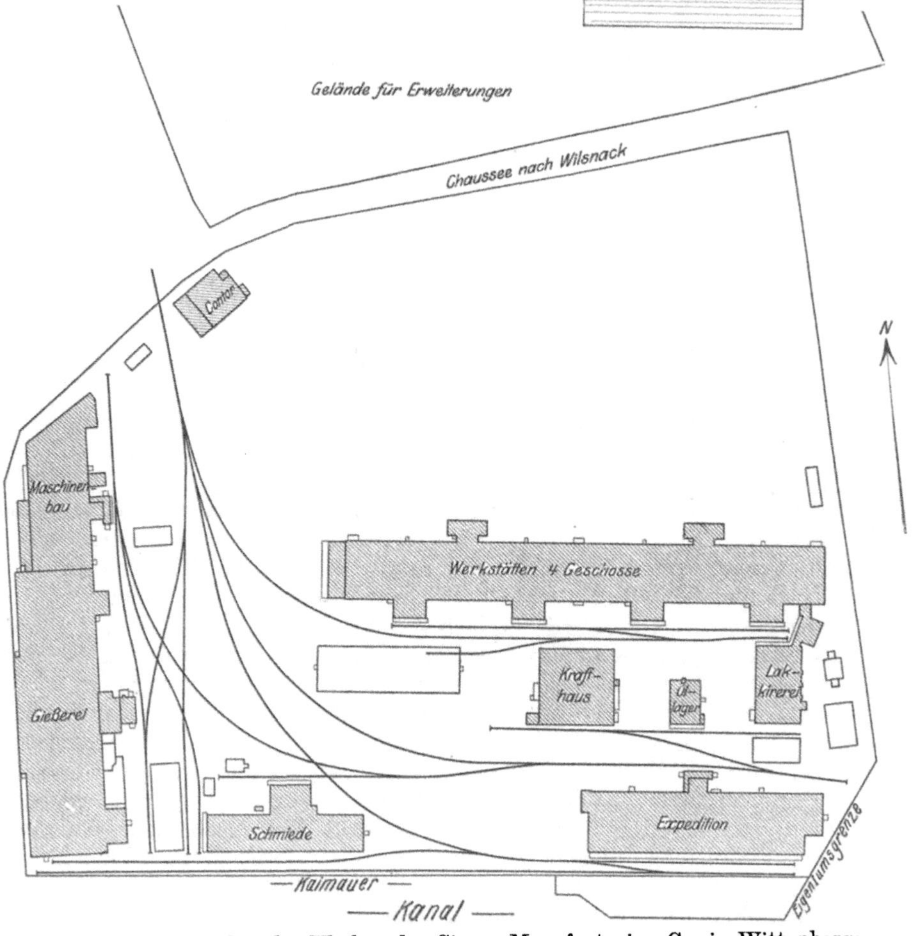

Abb. 32. Lageplan des Werkes der Singer Manufacturing Co. in Wittenberge. M. etwa 1 : 3200. (Aus W. T. 1913, S. 576. W. Franz. Q. 205.)

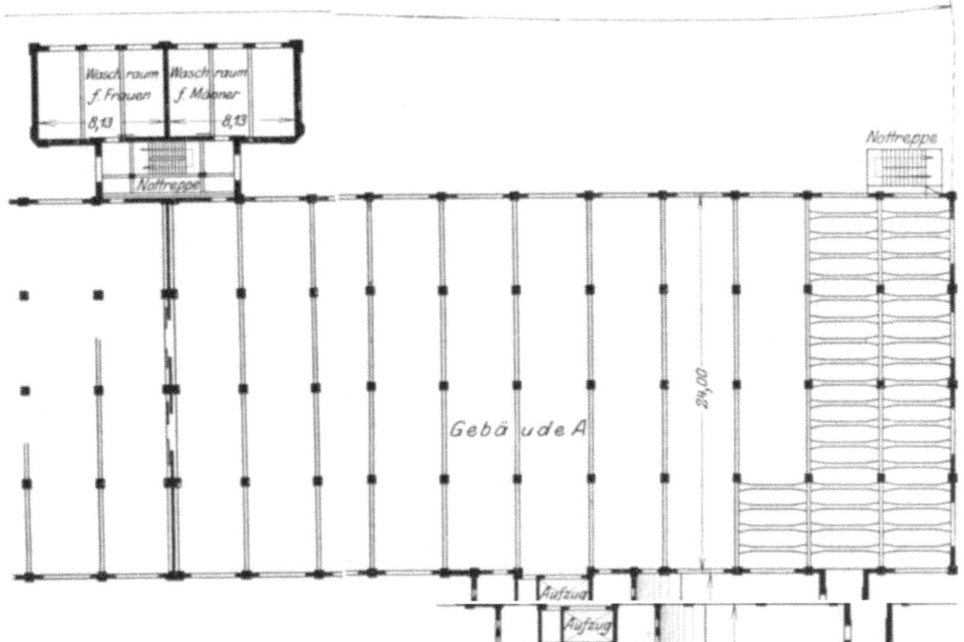
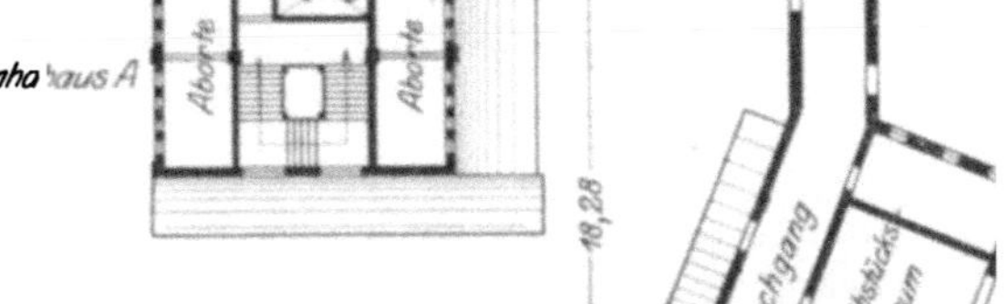

Abb. 33. Grundriß des viergeschossigen Werkstattgebäudes der Singer Manufacturing Co. in Wittenberge. M. etwa 1 : 485. (Aus W. T. 1913, S. 577, W. Franz. Q. 205.)

vorteilhaft etwa zu zweien und zweien auf verschiedene Stellen des Gebäudes; Vereinigung einer größeren Zahl von Aufzügen würde den Verkehr übermäßig zusammendrängen und die Gefahr des gleichzeitigen Ausfalles bei Bränden oder Fliegerangriffen erhöhen.

Da der Einfluß der Hubhöhe auf die Kosten der Aufzugsanlage nicht sehr groß ist, empfiehlt es sich stets, die Aufzugsschächte ganz von unten nach oben durchzubauen und sämtlichen Geschossen einschließlich Dachgeschoß Aufzughaltestellen zu geben, auch wenn vielleicht die obersten Geschosse zunächst nur für leichte Teile Verwendung finden. Die Aufzugsmaschinen werden dann in turmartigen Aufbauten angeordnet, die gleichzeitig zur Aufnahme von Wasserhochbehältern nutzbar gemacht werden können (Abb. 31 und 218b). Anordnung der Maschinen über dem Aufzugsschacht verdient gegenüber Aufstellung im Erdgeschoß in der Regel den Vorzug wegen der Ersparnis an Erdgeschoßgrundfläche und Seillänge und wegen der Vereinfachung der Seilführung. Für Lagerhäuser und sonstige Gebäude, bei denen Laderampen angeordnet sind oder ein Teil der Erdgeschoßfußbodenfläche in Rampenhöhe gelegt ist, gibt man den Aufzügen zweckmäßig auch Haltestellen in Rampenhöhe; die Fahrschächte erhalten dann meistens Türen auf der Vorderseite und Rückseite (Abb. 31).

Übertrieben hohe Fahrgeschwindigkeit bei Lastenaufzügen vermindert die Genauigkeit des Einfahrens in die Haltestellen, beeinträchtigt die Betriebssicherheit, und bewirkt unnötig große Anfahrstöße auf das Eltnetz, ohne die Leistungsfähigkeit in entsprechendem Maße zu steigern namentlich wenn es sich um geringe Hubhöhen handelt; denn die stündliche Fahrtenzahl nimmt keineswegs in gleichem Verhältnis mit der Fahrgeschwindigkeit zu, da ja an der Gesamtzeit von Fahrtbeginn bis Fahrtbeginn die Dauer der Ein- und Ausladung erheblichen Anteil hat. In Zusammenhang hiermit hat auch Wahl zu niedriger Fahrgeschwindigkeit bei weitem nicht so schwerwiegende Folgen wie Fehlgriffe in der Festsetzung der lichten Maße und der Tragkraft. Zur Beschränkung der toten Zeiten ist zweckmäßige Anordnung und leichte Bedienbarkeit der Türen wesentlich; herausschlagende Flügeltüren können Stockungen verursachen, wenn die zum Hineinfahren bereitstehenden Rollwagen versehentlich zu dicht herangeschoben worden sind.

Unterbringung der Aufzugschächte innerhalb von Werkstattlängswänden nach Abb. **34**a ist nur möglich, wenn die Beeinträchtigung der etwa erforderlichen Laufkrananlagen in Kauf genommen werden kann. Aber auch dann bleibt die Zerschneidung des Innenraumes durch die Schächte unerwünscht, weil sie die Übersicht schädigt. Schächte in Vorbauten außerhalb der Werkstattlängswände (Abb. **33**) sind für die Ausnutzung der Innenräume besser, namentlich in Hinblick auf den Laufkranverkehr, können jedoch gleichfalls stören, wenn sich auf den Hofräumen längs der Werkstätten Lagerplätze befinden, die mit Laufkranen bestrichen werden sollen (Abb. **34**b), oder wenn an die Mehrgeschoßbauten noch Flachbauten angegliedert werden (Abb. **189**b). Am besten werden sie in Stirnwänden eingefügt (Abb. **34**c) oder in den Treppenhäusern der die Werkstattlängsbauten verbindenden Querbauten untergebracht (Abb. **31**, **183**a, **186**). Nach den Innenräumen offene Schächte sind in allen Fällen nur zulässig, wenn es sich um Verkehr mit nicht abgeschlossenen Obergeschossen oder Galerien in feuerungefährlichen Betrieben handelt. Sind die Geschosse aus Feuersicherheitsgründen geschlossen ausgeführt,

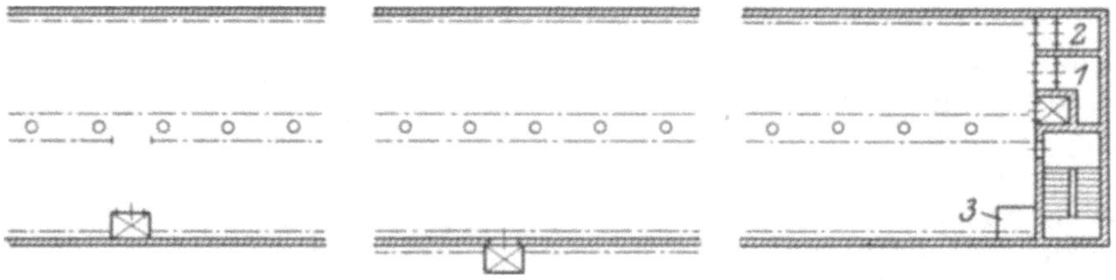

1 Männerabort mit Luftschleuse.
2 Frauenabort mit Luftschleuse.
3 Meisterbude.

Abb. 34a. Mehrgeschoßbau mit Aufzug an der Innenseite einer Längswand. Innenkranbahn durch Aufzug zerschnitten

Abb. 34b. Mehrgeschoßbau mit Aufzug an der Außenseite einer Längswand im Freien. Hofkranbahn durch Aufzug zerschnitten.

Abb. 34c. Mehrgeschoßbau mit Aufzug in einer Stirnwand.

M. etwa 1 : 750.

so müssen auch die Aufzugsschächte geschlossen hergestellt werden und feuerfeste Türen erhalten. Da die Verriegelungen gleichzeitige Öffnung mehrerer Türen verhindern, so ist ein Durchschlagen der Flammen von Geschoß zu Geschoß dann kaum zu befürchten. Größere Sicherheit läßt sich in feuergefährlichen Betrieben durch die schon erwähnte Unterbringung in Treppenhäusern oder durch Anordnung von Vorräumen zwischen Aufzugsschächten und Werkstattsälen erzielen. Bei Verwendung offener Aufzugsschächte außerhalb der Raumumwandlung bleibt die Aufzugsanlage auf die Brandübertragungs- und Verqualmungsgefahr ganz ohne Einfluß. Diese Lösung bietet noch den Vorteil, daß Kellergeschosse mit brennbarem Inhalt, die keine Verbindung mit den übrigen Geschossen innerhalb des geschlossenen Gebäudes, sondern nur getrennte Zugänge von den Höfen aus erhalten sollen, mit an die bis zum Dachgeschoß verkehrenden Aufzüge angeschlossen werden können, so daß besondere Aufzüge von den Höfen nach den Kellern unnötig werden. Ein gewisser Nachteil der nach dem Freien offenen Schächte ist die Durchkältung der Fahrzellen im Winter. Ihr äußerer Anblick wirkt bei vielen Werken sehr unschön, weil sie in die Gesamtanlage nicht richtig eingegliedert sind und den Eindruck des Nachträglichen, Behelfsmäßigen hervorrufen.

Um die Hereinbeförderung von Schmalspurloren, Karren oder Hängebahnlaufwinden in die Fahrzellen zu erleichtern, ist auf die Möglichkeit genauen Einfahrens in die Haltestellen zu achten. Z. B. darf bei Benutzung der früher erwähnten Schildkröten die Abweichung von der Sollstellung keinesfalls mehr als 20 mm betragen, um ein Hängenbleiben der Hubtischfüße zu vermeiden. Diese Forderung ist mit Druckknopfsteuerungen schwer zu erfüllen, namentlich bei großen Schachthöhen, wo die Federung der Tragseile bei Belastungsänderungen stark bemerkbar wird. Hebelsteuerungen gestatten dagegen genaues Einfahren unabhängig von der Belastung. Der unter sonstigen Verhältnissen wesentliche Vorzug der Druckknopfsteuerung gegenüber der Hebelsteuerung, daß sie von beliebigen ungeübten Leuten bedient werden kann, hat für Werkstätten mit lebhaftem Verkehr keine Bedeutung, da dort aus Ordnungsgründen auf verantwortliche Führer nicht verzichtet werden kann. Namentlich gilt dies für Fälle, wo die Lastenaufzüge auch gleichzeitig für den Personenverkehr gebraucht werden. Druckknopfsteuerungen kommen deshalb mehr für Aufzüge mit oder ohne Führerbegleitung in Lagergebäuden usw. in Betracht, wo nur einige wenige Leute sie benutzen. Dabei können nötigenfalls zur Ausgleichung der unvermeidlichen Höhenunterschiede beim Einfahren an sämtlichen Haltestellen Übergangsplatten in den Fußboden eingehängt werden, deren Vorderkanten sich nach dem Halten der Fahrzelle mittels Handradantrieb schnell in gleiche Höhe mit dem Fahrzellenboden einstellen lassen.

Für Sonderzwecke können noch eine Reihe weiterer Fördereinrichtungen in Frage kommen, die teilweise außer zum Heben und Senken der Lasten auch zur wagerechten Verschiebung oder zur Beförderung in allen drei Raumrichtungen dienen. An Einrichtungen für stückige und körnige Stoffe wie Kohle, Asche, Sand usw. seien die Förderbänder, Heber (Elevatoren) und Becherwerke erwähnt, an solchen für Stückgüter von annähernd gleichbleibenden Abmessungen, wie z. B. gepackte Kisten, die Schlepp- und Rollenförderer. Auf die verschiedenen Ausführungsformen derselben und ihre Vor- und Nachteile soll hier nicht näher eingegangen werden; es sei auf das Buch Quellennachweis 6 verwiesen.

Um Säcke, Kisten und sonstige nicht allzu schwere Teile aufzustapeln oder nach hochgelegenen Fächern zu heben, werden innerhalb der einzelnen Lagerräume oft fahrbare „Sackaufzüge“ genannte Windengestelle verwandt.

Verkehrseinrichtungen für Personen. Während die Güterbeförderungseinrichtungen in neuzeitlich angelegten Werken in der Regel gut durchdacht sind, läßt die Vorsorge für den Per-

Abb. 35. Außenansicht des vierstöckigen Werkstättengebäudes der Singer Manufacturing Co., Wittenberge, Abb. 33. (Aus W.T. 1913, S. 577, W. Franz. Q. 205.)

sonenverkehr oft zu wünschen übrig. Dadurch wird leicht der Personalbedarf gesteigert und die Leistungsfähigkeit und Wirtschaftlichkeit des ganzen Betriebes in nicht zu unterschätzendem Maße beeinträchtigt. Die weitgehende Arbeitsteilung in großen Werken bringt es mit sich, daß die Aufgaben der Verwaltung und Leitung nicht durchweg in einem räumlich beschränkten Bezirk erledigt werden können, daß vielmehr weit auseinander liegende Büros und Betriebe zusammenwirken müssen; hierbei sind — auch wenn man durch gute Organisation einer möglichst selbsttätigen Abwicklung aller Angelegenheiten die Wege geebnet hat — häufige mündliche Aussprachen der verschiedenen Stellen nicht zu umgehen. Diese Fühlungnahme, wie auch die persönliche Einwirkung der höheren Leitung auf die Betriebsabteilungen ist aber in ausgedehnten Werken nur bei günstigen Verkehrsverhältnissen genügend gewährleistet. Sind zum Aufsuchen abgelegener Abteilungen weite Strecken im Freien zurückzulegen und entstehen außerdem noch durch den Verschiebebetrieb von Eisenbahnzügen auf den Werkstraßen oftmals längere Aufenthalte, so wird manche notwendige Besprechung wegen des Zeitverlustes und der Unbequemlichkeit unterbleiben und die Überwachung der Werkstätten darunter leiden.

Man sollte deshalb bei größeren Neuanlagen auch der Verbindung aller wichtigeren Werkabteilungen untereinander und mit dem Hauptverwaltungsgebäude Beachtung schenken. Mitunter empfehlen sich Verkehrsgänge in Tunneln oder in hoch angeordneten überdeckten Laufbrücken, die über Eisenbahngeleise und Kranbahnen hinweggehen. Die Diensträume der Betriebsleitungen der einzelnen Werkstätten wären dann in der Nähe dieser Gänge unterzubringen. In manchen Werken, namentlich in Amerika, erfolgt bereits der Botendienst zwischen den Betriebsabteilungen durch Radfahrer, was zweifellos erhebliche Personalersparnisse ermöglicht. Bei genügender Breite könnte man die erwähnten Gänge für Fahrradverkehr einrichten, nach Bedarf auch für die Beamten. Auch die Anordnung von Laufbändern (trottoir roulant), die bei einer Eigengeschwindigkeit von vielleicht 7 km/St. darauf vorwärts schreitenden Fußgängern eine Beförderungsgeschwindigkeit von 12 km/St. zu geben vermöchten, wäre vielleicht hier und da in Erwägung zu ziehen, wenngleich sich Anlage und Betrieb nicht gerade billig stellen dürften.

Für die Senkrechtbeförderung von Personen kommen Einzelaufzüge mit Hebel- oder Druckknopfsteuerung, mit oder ohne Führerbegleitung, und ferner Paternosteraufzüge in Betracht. Letztere haben Fahrzellen für 2 Personen, deren Aufhängpunkte mit 3—4 m Abstand aufeinander folgen. Infolge der Kürze der Wartezeiten ermöglichen sie trotz ihrer geringen Fahrgeschwindigkeit (0,25 m/sek.) rasche Beförderung einer großen Personenzahl (von einer Haltestelle aus in jeder Fahrtrichtung etwa 8—10 Personen in der Minute). Sie sind ziemlich kostspielig in der Anlage und haben verhältnismäßig hohen Leerlauf-Eltverbrauch, sparen aber den Führer, der bei Einzelaufzügen auch mit Druckknopfsteuerung nicht zu entbehren ist, wenn eine größere Zahl von Personen den Aufzug benutzen soll. Im allgemeinen werden Einzelaufzüge ohne Führer bei schwachem Verkehr und beschränkter Personenzahl wirtschaftlicher sein, sonst Paternosteraufzüge. Bei Anordnung der oben erwähnten Verkehrsgänge sind die Aufzugsanlagen natürlich in deren Nähe zu legen.

Kraftantrieb.

(Siehe hierzu Quellennachweis 1a, 1c, *1m, 7, 8, 9, 10, 11, 23, 37, 126, 219, 220, 225, 303, 308, 309.)

Kraftübertragung nach den Verbrauchsbezirken. Zur Kraftübertragung nach den Verbrauchsbezirken sind hauptsächlich fünf Arten von Energieträgern in Betracht zu ziehen, nämlich Dampf, Preßluft, Preßwasser, Elt- und Wellenleitungen. Für jeden derselben gibt es bestimmte Anwendungsgebiete, auf denen er ausschlaggebende betriebstechnische oder wirtschaftliche Vorteile besitzt, und in größeren Werken kann es sich daher verlohnen, mehrere von ihnen nebeneinander zu verwenden. Zuleitung von Gas in die einzelnen Werkstattbezirke zur Speisung unmittelbar zu Antriebszwecken dienender Gasmaschinen kann außer Betracht gelassen werden, da Gasmaschinen wegen ihrer Ungeeignetheit zur Aufnahme von Belastungsstößen besser nur zur Elterzeugung in Kraftwerken Verwendung finden, wo sie geringeren Schwankungen ausgesetzt sind.

Die Maschinen für Dampf, Preßluft und Preßwasser haben vor den Eltmaschinen die geringere mechanische Empfindlichkeit gegen Erschütterungen und Überlastungen voraus. Der oft für sie geltend gemachte kinematische Vorzug, daß sie geradlinige Bewegungen unmittelbar durch die Kolbenverschiebung ohne den Umweg über Drehbewegungen zu erzeugen vermögen, hat für den Betrieb natürlich nur dann Bedeutung, wenn er sich in erhöhter Handlichkeit, Billigkeit Lebensdauer, in geringerem Betriebs- und Schmierstoffverbrauch oder in sonstigen wertvollen Eigenschaften äußert.

Dampf kommt als Kraftübertragungsmittel in Betracht für den Antrieb größerer Maschineneinheiten, insbesondere von Walzenzugmaschinen, Schmiedehämmern und Pressen. Gute Wirtschaftlichkeit ist namentlich dann zu erwarten, wenn die Maschinen stark ausgenutzt sind, und Nachverwertung der im Abdampf enthaltenen Wärme möglich ist. In Fällen geringer Benutzungsdauer, langer Zuleitungen und weitverzweigter Rohrnetze für die Versorgung zahlreicher kleiner Maschinen fallen dagegen die Verluste durch Undichtheiten und durch Niederschlag an den großen Rohrwandungsoberflächen übermäßig ins Gewicht. Hinsichtlich der Höhenlage der Maschinen ist man bei Auspuffbetrieb einigermaßen unabhängig, sofern die Entwässerung der tiefst gelegenen Punkte keine Schwierigkeiten macht; bei Niederschlagsbetrieb (Kondensationsbetrieb) oder Abdampfverwertung mit Rückleitung des Dampfwassers verlangen die Hilfseinrichtungen und Rohrleitungen für das Kühl- und Dampfwasser größere Rücksichtnahme. Die Zweckmäßigkeit des Dampfbetriebes muß in jedem Falle im Zusammenhang mit der gesamten Wärmewirtschaft des Werkes untersucht werden. Am gebräuchlichsten für Kraft-Dampfnetze ist auf etwa 300—350° überhitzter Dampf von etwa 12—15 Atm.

Preßluft ist besonders für tragbare kleine Maschinen, die starken Erschütterungen und rauher Behandlung ausgesetzt sind, wie Meißel, Niethämmer, Stampfer usw. geeignet. Nachteilig sind die verhältnismäßig großen Verluste in Form von Wärme, welche die Energieumwandlung bei der Preßlufterzeugung verursacht. Weitere Verluste in der Größenordnung von 15—20%, in schlecht gehaltenen Anlagen noch bedeutend mehr, entstehen durch Undichtheiten im Rohrnetz, an den Anschlüssen, in den Luftschläuchen und Werkzeugen. In manchen Werkstätten, in denen ohnedies Preßluftleitungen verlegt sind, wie in Eisenbauhallen wegen der Niethämmer, in Formereien wegen der Stampfer, wird Preßluft auch für Betrieb von Handbohrmaschinen und kleinen Hebezeugen bis zu einigen 100 kg Tragkraft benutzt. Solche Preßlufthebezeuge gestatten rasches und bequemes Arbeiten und sind recht billig, lassen sich jedoch wegen der starken Federung des Luftinhaltes im Zylinder nur anwenden, wo es auf genaue Einstellung nicht ankommt; auch erlauben die Luftzuführungsschläuche nur geringe Verschiebungswege. Der Betriebsdruck an den Verbraucherstellen beträgt üblicherweise 7 Atm. abs.; der Druck an den Verdichtern ist entsprechend den Druckabfällen in den Rohrleitungen höher zu wählen. Der Einfachheit wegen werden oft auch Schmiedefeuer, Härteöfen und andere Verbraucher von Luft geringer Pressung an das Druckluftnetz angeschlossen; doch sollte man dies, da hierbei in den Druckminderventilen viel Energie vergeudet wird, nur in Einzelfällen bei sehr kleinem Luftbedarf tun und im übrigen für die benötigte niedrige Pressung besondere Gebläse vorsehen.

Bei Vorhandensein eigner Kraftanlagen tritt häufig die Frage auf, ob die Luftverdichter unmittelbar von Kraftmaschinen oder eltisch betrieben werden sollen. Handelt es sich um kleine und vom Krafthaus entfernt liegende Preßluftnetze, so verdient Eltübertragung wegen der Vereinfachung der Anlage den Vorzug. Bei größerem Luftbedarf und geringen Entfernungen ist dagegen unmittelbarer Antrieb durch Kraftmaschinen richtiger, weil dadurch die Verluste der zweimaligen Energieumwandlung, mechanisch in eltisch und eltisch in mechanisch, vermieden werden. Die Wirtschaftlichkeit der letzteren Anordnung wird allerdings oft dadurch beeinträchtigt, daß die Luftentnahme stark schwankt, so daß die Kraftmaschinen einen Teil des Tages leer laufen. Diesem Übelstand wird man mitunter durch Ankupplung eines Elterzeugers an den Verdichter entgegenwirken können; in Zeiten geringer Luftentnahme beteiligt sich die Kraftmaschine dann in entsprechend höherem Maße an der Elterzeugung. Die Anordnung gestattet auch Abkupplung der Kraftmaschine und reinen Eltbetrieb des Verdichters.

Preßwasser ist für Bearbeitungsmaschinen und Hebezeuge für große Kräfte bei kurzem Hub zweckmäßig, wie sie namentlich in Schmieden, Eisenbauwerkstätten und Formereien vorkommen, insbesondere für manche Pressen, Scheren, Nietmaschinen, Festhaltevorrichtungen für Blechbearbeitung, Formmaschinen und Krane. Vorteilhaft ist gegenüber Preßluft und Dampfantrieb die Starrheit des Betriebsmittels, gegenüber Eltantrieb der Fortfall größerer Massenkräfte. Der Preßwasserantrieb ist daher gekennzeichnet durch die äußerst genaue Beherrschung der Bewegungen; ein Durchgehen der Kolben nach Aufhören des Widerstandes beim Arbeitsvorgang ist bei gutem Zustand der Steuerung unmöglich. In manchen Werken erfolgt die Versorgung der Verbrauchsbezirke mit Preßwasser von einer Stelle aus auf Entfernungen von mehr als 500 m und mit Drücken von etwa 200 Atm. Je höher der Druck gewählt wird, desto geringere Wassermengen und desto kleinere Rohrquerschnitte kommen in Frage und um so weniger fallen die Druckverluste in der Leitung verhältnismäßig ins Gewicht; dafür steigen aber mit zunehmendem Druck die an sich schon recht großen Dichtungsschwierigkeiten.

Beachtung verdienen die klimatischen Verhältnisse; die Gefahr von Betriebsunterbrechungen und Rohrsprengungen durch Frost ist z. B. in Deutschland erheblich größer als in England. Vorbeugungsmittel hiergegen sind Anwärmen des Wassers, was aber nur bei mäßigen Entfernungen und regem Betrieb Erfolg bringt, und Zusatz von Glyzerin, wodurch sich allerdings die Betriebskosten in Anbetracht der auch bei ständiger Wiederverwendung der Flüssigkeit unvermeidlichen Verluste erhöhen. Um den Verschleiß der Kolben und Steuerventile gering zu halten, ist einwandfreie Reinheit der Betriebsflüssigkeit erforderlich; es ist deshalb geschlossener Kreislauf anzustreben und dauernde Reinigung durch feine Siebe von großer Durchgangsfläche sicher zu stellen.

Eine grundsätzliche Schwäche des Preßwasserbetriebes ist, daß der Arbeitsverbrauch bei jedem Kolbenhub dem Produkt aus verbrauchter Wassermenge und Betriebsdruck entspricht, also derselbe bleibt, gleichgültig, ob der zu überwindende Widerstand groß oder klein ist; der jeweils nicht benötigte Drucküberschuß wird durch Drosselung in den Steuerventilen vernichtet. Dieser Übelstand läßt sich zwar durch Unterteilung und Gegenschaltung der Kolben und durch Einrichtungen zur Vorfüllung mit Abwasser mildern, bleibt aber trotzdem für den Energieverbrauch von großer Bedeutung. Neuerdings wird Kraftübertragung mit Elt wegen der größeren Wirtschaftlichkeit fast immer bevorzugt, und Preßwasser in den Fällen, wo die Betriebseigenschaften seine Anwendung erwünscht machen, nur innerhalb kleiner Verbrauchsbezirke erzeugt.

Kraftübertragung durch Elt kommt überall dort in Betracht, wo nicht die erwähnten betriebstechnischen oder wärmewirtschaftlichen Gesichtspunkte für Preßluft- oder Dampfbetrieb sprechen. Die größere Empfindlichkeit der Eltanlagen gegen die Folgen schlechter Behandlung ist mitunter lästig, schließt aber auch einen entschiedenen Vorzug in sich. Denn während Dampf-, Preßluft- oder Preßwassernetze auch bei schlechtem Zustand und mangelhafter Überwachung noch benutzbar bleiben, so daß unbeachtet große dauernde Energieverluste vorkommen können, ist dies bei Eltnetzen unmöglich; ein Auftreten nennenswerter Energieverluste durch mangelhafte Isolierung ist hier gleichbedeutend mit Unbrauchbarwerden des betreffenden Teiles der Anlage. Bei Eltbetrieb kann daher mit annäherndem Bestehenbleiben der dem Entwurf zugrunde gelegten oder durch Versuch bestimmten Wirkungsgrade gerechnet werden, während man bei Dampf und Preßluft in dieser Hinsicht ganz von der Sorgfalt der Instandhaltung abhängt. Die Übertragungsentfernungen sind bei Eltbetrieb völlig unbegrenzt.

Wellenleitungen (Transmissionen) zur Kraftübertragung nach entfernt liegenden Verbrauchsbezirken verursachen mancherlei Umständlichkeiten bei der Anlage und beträchtliche Energieverluste durch Reibung in den Seil- oder Riementrieben und Lagern. Mechanische Kraftübertragung kommt deshalb nur noch in Werken von geringer Ausdehnung und mäßigem Leistungsbedarf in Betracht, in erster Linie bei Vorhandensein von Wasserturbinen, an welchen die Energie von vornherein in mechanischer Form zur Verfügung steht, sodann bei Wahl von Dampf-Kraftanlagen mit Abdampfverwertung, wo sich häufig Kolbenmaschinen besser eignen als Turbinen und wo dann die Energieumwandlung in Elt mit Hilfe kostspieliger langsamlaufender Elterzeuger unvorteilhaft sein würde.

Wo die Wellenstränge mehrerer Geschosse und Säle von der Hauptwelle aus angetrieben werden sollen, ist die Notwendigkeit feuer- und unfallsicherer Ausgestaltung der Decken- und Wanddurchbrüche zu beachten. Ausgedehnte Seilübertragungen, wie sie z. B. in Spinnereien und Webereien zum Antrieb einer größeren Anzahl von Wellensträngen vorkommen, werden zweckmäßig in Seilgängen oder -schächten mit gemauerter Umwandung untergebracht (Abb. 178); die Trennmauern brauchen dann nur verhältnismäßig leicht abdichtbare Durchbrüche für die Wellen zu erhalten, nicht auch solche für Seile. Für Seilantrieb mehrerer Stränge von einer Hauptwelle aus verwendet man häufig die Kreisseilanordnung, bei der ein endloses Seil immer abwechselnd über die treibende und eine der getriebenen Scheiben geführt und mit Hilfe eines Spannwagens durch Gewichtbelastung gleichbleibend gespannt gehalten wird; bei Seiltrieben mit Einzelseilen treten, namentlich nach Auflegen neuer Seile, leicht übermäßige Lagerbeanspruchungen auf, und außerdem ist das Nachspleißen der sich allmählich reckenden Seile mitunter recht lästig. Anderseits hat die Kreisseilanordnung den Nachteil, daß bei einem Seilbruch alle angetriebenen Stränge auf einmal ausfallen.

Für stärkere Riementriebe empfehlen sich häufig Spannrollen, weil sie die vielen Zeitverluste durch Riemenkürzungen und auch Überlastungen der Lager bei zu starker Anspannung vermeiden. Die Leistungsfähigkeit der Riementriebe ist im letzten Jahrzehnt außerordentlich entwickelt worden. Stahlbänder zeichnen sich durch geringe Breite aus; unangenehm ist ihr starkes Geräusch. Die Urteile über ihre Bewährung lauten verschieden.

Kegelräder, Schraubenräder, halbgeschränkte Riementriebe usw. für größere Leistungen sind möglichst zu vermeiden; in Fällen, wo ausschließlich mechanische Kraftübertragung beabsichtigt wird, sollen daher Gebäudeformen gewählt werden, welche die Anordnung durchweg gleichlaufender (paralleler) Wellen in mäßigen Abständen gestatten.

Kraftverteilung innerhalb der Verbrauchsbezirke. Dampf oder Preßluft erzeugt man in der Regel an einer oder wenigen Stellen unter möglichster Zusammenfassung aller Krafterzeugungsanlagen und führt sie von dort aus allen Verbrauchsbezirken zu. Nur ausnahmsweise empfiehlt sich Erzeugung innerhalb einzelner Verbrauchsbezirke selbst, z. B. wenn in einer kleinen Maschinenfabrik Preßluft ausschließlich für die Stampfer in der Gießerei benötigt wird, oder in Fällen nachträglicher Einführung.

Häufig ist dagegen die örtliche Erzeugung von Preßwasser innerhalb einzelner Verbrauchsbezirke. Die Gefahr des Einfrierens hat in diesem Falle weniger Bedeutung. Wegen der Kürze der Rohrleitungen kann man die Drucke wesentlich höher wählen als bei Herleitung von entfernten Haupterzeugungsstellen; örtliche Preßwasseranlagen sind bis zu 600 Atm. ausgeführt worden. Derartig hohe Drucke ermöglichen den Bau sehr starker Pressen von mäßigen Abmessungen. Tunlichst ist für die Maschinen eines jeden Bezirkes einheitlicher Wasserdruck zu wählen, damit sie an eine gemeinsame Pumpen- und Speicher-(Akkumulator-)Anlage angeschlossen werden können.

Bei Verwendung von Elt für Antriebszwecke hat man sich häufig zwischen Gruppenantrieb und Einzelantrieb zu entscheiden, wobei die Gesichtspunkte der nachfolgenden Absätze Beachtung verdienen.

Die bei Einzelantrieb erforderlichen vielen kleinen Elttreiber mit ihren Zuleitungen und Schaltkästen werden erheblich teurer als ein großer Treiber für eine ganze Gruppe von Maschinen. Dabei ist auch von Einfluß, daß jeder Einzeltreiber für die Höchstleistung der von ihm angetriebenen Maschine zu bemessen ist, während der Gruppentreiber je nach den Betriebsverhältnissen um etwa 10—50% schwächer gewählt werden kann, als der Summe der Einzelhöchstleistungen entsprechen würde, weil die Einzelhöchstleistungen selten oder nie gleichzeitig auftreten. Anderseits entstehen bei Gruppenantrieb Mehraufwendungen für die Wellenstränge und Vorgelege, für ihre Unterbringung und Befestigung sowie für Treibriemen. Die Verwendung von Werkzeugmaschinen mit sog. Einscheibenantrieb, bei denen die Geschwindigkeitsabstufung lediglich innerhalb der Maschine erfolgt, ermöglicht den Wegfall der Vorgelege; dabei werden die Maschinen etwas teurer, aber die Aufwendungen für die Wellenanlagen und Treibriemen niedriger. Der Einscheibenantrieb ist für die Gesamtanlage der Werkstatt somit recht bequem, jedoch kann sich bei unzweckmäßiger Ausgestaltung der Rädergetriebe innerhalb der Maschinen der Energieverbrauch wesentlich erhöhen, wie in einem Aufsatz von W. Jonen, „Vergleichende Versuche mit Einscheiben- und Stufenscheibenantrieb an Drehbank von 225 mm Spitzenhöhe und 1200 mm Spitzenweite" in „Werkstattstechnik" 1915, Seite 129, an einem Beispiel gezeigt ist. Im großen und ganzen werden die Anschaffungskosten bei Einzelantrieb höher ausfallen als bei Gruppenantrieb.

Bei den laufenden Kosten ist auf Seiten des Einzelantriebs zu berücksichtigen, daß mit den Werkzeugmaschinen zusammengebaute Elttreiber trotz an sich hoher Lebensdauer oft schlecht wieder zu verwerten sind, wenn die Maschinen selbst nach einer beschränkten Zahl von Jahren wegen Abnutzung oder Veraltung ausgemustert werden; Einheitlichkeit in den Abmessungen der Fußlöcher, Wellenhöhen usw. besteht ja bedauerlicherweise noch nicht, und die Werkzeugmaschinenfabriken sind nicht in der Lage, bei ihrer Reihenfertigung auf Wünsche der Kunden hinsichtlich Wiederverwendung alter Elttreiber einzugehen. Die Treiber müssen also im allgemeinen ebenso schnell abgeschrieben werden wie die Maschinen. Hingegen werden Treiber für Gruppenantrieb auch bei einschneidenden Änderungen der Werkstattanlage und Maschinenausstattung immer wieder verwertbar sein. Man rechnet gewöhnlich mit einer Lebensdauer von etwa 25 Jahren, doch ist bei den an sich recht hohen Wirkungsgraden von Elttreibern die Verschlechterung durch die Blechermüdung nicht schwerwiegend, so daß man die Treiber vermutlich noch weit länger im Betrieb lassen wird. Treibriemen werden unter durchschnittlichen Verhältnissen etwa nach 5 Jahren zu erneuern sein. Die Hauptursache für ihr Unbrauchbarwerden ist die Ermüdung durch das vielmalige Umbiegen und Wiederausstrecken der gespannten Riementeile beim Übergang über die Scheiben; Wahl großer Scheibendurchmesser entsprechend Riemengeschwindigkeiten von 30 m/sec. und mehr vermindert die Riemenbelastung und die Schärfe der Umbiegungen und erhöht daher die Lebensdauer. Ungleichmäßigkeiten durch die Verbindungsstellen werden bei kurzen Riemen wegen der geringeren Federung weniger gut ausgeglichen als bei langen; allzu kurze Riemen recken sich daher schnell und bedürfen häufiger Nachspannung. Große Scheibenentfernungen erhöhen zwar die erstmaligen Ausgaben, sind jedoch ohne wesentlichen Einfluß auf die Erneuerungskosten, da die Zahl der Übergänge über die Scheiben im umgekehrten Verhältnis zur Riemenlänge steht, so daß die Lebensdauer der Riemen mit zunehmender Länge wächst. Im allgemeinen dürften die Instandhaltungskosten bei Einzelantrieb dann geringer ausfallen als bei Gruppenantrieb, wenn die Einzelleistungen der Treiber im Durchschnitt nicht kleiner sind als etwa 5 kW.

Im Eltverbrauch wird sich bei schwacher und unregelmäßiger Ausnutzung der Maschinen Einzelantrieb oft günstiger stellen als Gruppenantrieb, bei welchem die Wellenstränge während der ganzen Arbeitszeit durchlaufen und Energie verzehren. In Fällen dauernder Ausnutzung ist dagegen bei Einzelantrieb höherer Eltverbrauch zu erwarten, weil die kleinen Elttreiber an sich einen niedrigeren Wirkungsgrad haben als große, und außerdem infolge ihrer Bemessung für die ausnahmsweise vorkommende Höchstleistung häufig nicht voll belastet und somit in einem Bereiche ungünstigen Wirkungsgrades laufen. Bei Drehstrombetrieb hat geringe durchschnittliche Belastung der Einzeltreiber zudem eine Verschlechterung des Leistungsfaktors des Netzes zur Folge; das bedeutet, daß zur Erzeugung und Übertragung der erforderlichen Leistung unnötig starke Leitungsquerschnitte und unnötig große Elterzeuger und Umspanner in den Kraftwerken und Verteilungsstellen vorgesehen werden müssen, weshalb die Eltwerke für Energieentnahme mit niedrigem Leistungsfaktor vielfach einschränkende Vorschriften machen oder wenigstens höhere Preissätze berechnen.

Gruppenantrieb läßt sich besonders gut bei größeren Reihen ähnlicher Maschinen mit einigermaßen übereinstimmenden Antriebsdrehzahlen durchführen. Für ausnahmsweise schnell- oder langsamlaufende Maschinen ist dagegen Einzelantrieb bequemer. Bei manchen Maschinen führt Einzelantrieb zu größerer Ausbringung und höherer Arbeitsgüte infolge der Möglichkeit besonders feinstufiger Geschwindigkeitsregelung; dieser Vorzug kommt in erster Linie in Gleichstromanlagen zur Geltung, wie in Abschnitt „Eltversorgung" näher ausgeführt wird. Weitere Vorzüge des Einzelantriebs sind die größere Unabhängigkeit bei der erstmaligen Aufstellung und späteren Neuanordnungen der Maschinen, die Freihaltung des Raumes oberhalb der Maschinen für sperrige Werkstücke, die bessere Zugänglichkeit der Arbeitsplätze für Hebezeuge, die geringere Staubentwicklung und endlich die höhere Übersichtlichkeit der Werkstätten.

Zusammenfassend kann man als Vorbedingungen für die Eignung von Gruppenantrieb aufführen Vorhandensein einer größeren Anzahl gleichartiger Maschinen, die sich räumlich gut vereinigen lassen, ferner übereinstimmende Geschwindigkeitsbedürfnisse, mäßige Einzelleistungen, günstige Benutzungsdauer (Spitzen- und Revolverdrehbänke), dagegen für Überlegenheit von Einzelantrieb ungewöhnlich hohe oder niedrige Geschwindigkeiten (Holzhobelmaschinen, Plandrehbänke),)vereinzeltes Vorkommen oder Sperrigkeit der Maschinen (Karusselldrehbänke), sodann hohe Ansprüche an die Gleichmäßigkeit des Ganges (Spinnmaschinen) und an die Regelfähigkeit (Radsatz-Drehbänke für Nachdrehen hartgebremster Eisenbahnräder), ferner hohe Einzelleistung (größere Werkzeugmaschinen jeder Art) und endlich unregelmäßige Benutzung (Bohrmaschinen in Zusammenbauabteilungen).

Abb. 40a. Vorgelegeschwinge an einer Drehbank, mit Stufenscheiben und Einrichtung zum Umsteuern, Ausführung von Schuchardt & Schütte, Berlin.

Bei Einrichtung einer Werkstatt für Gruppenantrieb macht es selten Schwierigkeiten, diejenigen Maschinen, für welche Einzelantrieb ausschlaggebende Vorteile bietet, besonders anzutreiben. Ist umgekehrt die Gesamtanlage auf Einzelantrieb zugeschnitten, so können sich für einzelne Maschinen, bei welchen sich das Triebwerk schlecht anbauen läßt, größere Umständlichkeiten ergeben. Z. B. werden Drehbänke und Schleifmaschinen, die besonders saubere Arbeit liefern sollen, gern für Riemenantrieb eingerichtet, um Erschütterungen durch die umlaufenden Massen des Treibers und durch die Zähne von schnelläufigen Rädergetrieben zu vermeiden. Ferner wird gelegentlich die Neuaufstellung aus anderen Werkstätten übernommener älterer Maschinen, die nur für Riemenantrieb von oben oder schräg oben gebaut sind, Berücksichtigung erfordern. In solchen Fällen muß man dann den betreffenden Maschinen einzeln oder zu mehreren gemeinsam Vorgelege-Gestelle geben, um die Drehzahlen der kleinen Einzeltreiber herabzumindern. Da die Scheibenabstände nicht zu klein werden dürfen, fallen diese Anordnungen oft recht hoch und sperrig aus; auch benötigen sie viel Grundfläche. In größerer Anzahl verwandt beeinträchtigen sie die Ausnutzung der Werkstatt und lassen die vom Einzelantrieb erhofften Vorzüge, wie Übersichtlichkeit, Riemenersparnis usw. nicht zur Geltung kommen. Verhältnismäßig günstig in dieser Hinsicht sind Vorgelegeschwingen, bei denen die Stufenscheiben auf nachgiebig gelagerten Wellen laufen (Abb. 40a), so daß man einigermaßen kurze Scheibenabstände anwenden kann; aber auch bei ihnen ist keine einwandfreie Platzaus-

Abb. 40b. Gruppenantriebe in den Eisenbahnwerkstätten der Eisenbahndirektion Danzig. Ausführung von Eisenwerk Wülfel, Hannover-Wülfel.

nutzung erreichbar. Diese Umstände sind mit in Erwägung zu ziehen, bevor man sich zum gänzlichen Verzicht auf Wellenstränge für Gruppenantrieb entschließt.

Aus allem geht hervor, daß es in der Frage „Gruppenantrieb oder Einzelantrieb" ein starres Entweder — Oder nicht gibt. Die bis ins letzte gehende Durchführung von Einzelantrieb in manchen Eltbauanstalten dürfte wohl nicht ausschließlich auf betriebswirtschaftliche Vorteile, sondern auch mit auf den verständlichen Wunsch der Verkaufsabteilungen zurückzuführen sein, die Kunden durch Vorführung von Musteranlagen für Einzelantrieb zu gewinnen, bei welchem für den Eltbau reichlichere Aufträge abfallen. Man hat also die Eigenschaften von Gruppen- und Einzelantrieb von Fall zu Fall nüchtern gegeneinander abzuwägen und sich den jeweiligen Erfordernissen ohne grundsätzliche Voreingenommenheit anzupassen.

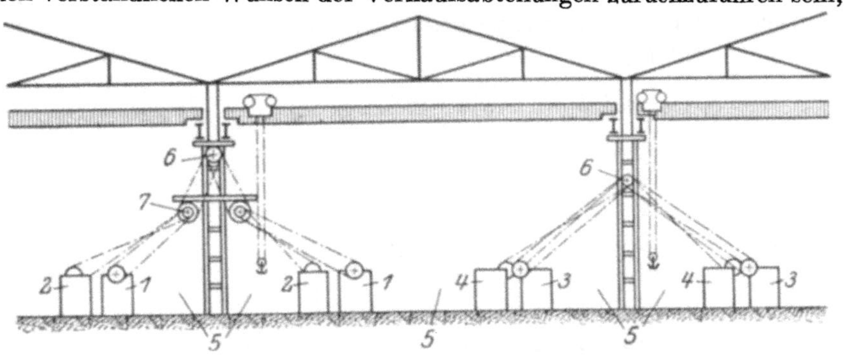

Abb. 41a. Hoch angeordneter Riemenantrieb für Drehbänke mit besonderem Vorgelege (links) und für Einscheibendrehbänke (rechts). M. etwa 1 : 250.

1 Drehbänke mit besonderem Vorgelege, offener Riemen.
2 Desgl., 1 gegenübergestellt, gekreuzter Riemen.
3 Einscheibendrehbänke, offener Riemen.
4 Desgl., 3 gegenübergestellt, gekreuzter Riemen.
5 Bedienungs- und Verkehrsgänge.
7 Wellenstränge.
6 Vorgelege.

Ausgestaltung von Gruppenantrieben. Bei Gruppenantrieb bedürfen die Abstände zwischen Wellenstrang, Vorgelegen und Maschinen sorgfältiger Überlegung. Sind sie zu klein, so haben die Riemen, wie schon erwähnt, nicht genügend Federung und müssen übermäßig angespannt werden. Sie überlasten dann leicht die Lager und recken sich schnell. Spannrollen ergeben zwar Abhilfe, bedeuten aber für die vielen kleinen Riementriebe nach den einzelnen Vorgelegen und Maschinen eine erhebliche Verumständlichung und Verteuerung. Sind die Abstände zu groß, so wird unnötig viel Riemenleder festgelegt; die Knappheit daran wird in den Ländern, die auf Einfuhr angewiesen sind, voraussichtlich noch längere Zeit andauern. Die Elttreiber für die Wellenstränge sind zum mindesten auf Spannschienen zu setzen, besser aber mit Spannrollen zu versehen, deren Kosten hier in Anbetracht der größeren Leistungen weniger ins Gewicht fallen (Abb. 40b).

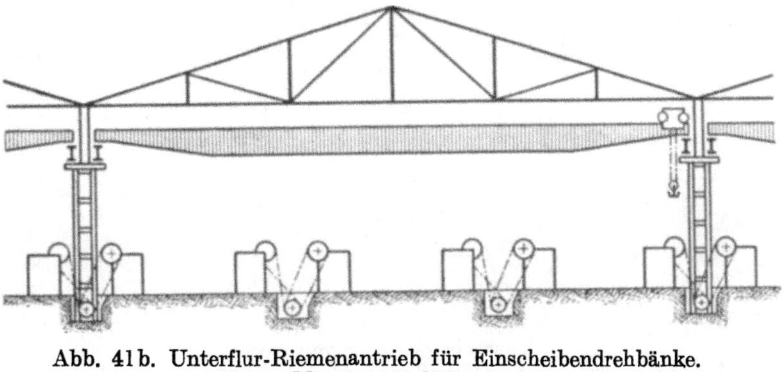

Abb. 41b. Unterflur-Riemenantrieb für Einscheibendrehbänke. M. etwa 1 : 250.

Die bei Einscheiben-Maschinen erreichbare Vereinfachung der Wellenleitungsanlage geht aus Vergleich der Anordnung in Abb. 41a hervor; bei der rechts gezeichneten erfolgt der Antrieb unmittelbar vom Wellenstrang ohne den Umweg über besondere Zwischenvorgelege, da Ausrückung und Geschwindigkeitswechsel in die Maschine selbst verlegt sind.

Für die Unterbringung der Wellenstränge und der etwaigen Vorgelege bestehen drei Möglichkeiten. Am gebräuchlichsten ist es, sie so hoch anzuordnen, daß der Menschen- und Lasten-Verkehr sich unter ihnen abspielen kann. Die Wellenstränge werden dann an den Wänden und Gebäudestützen, unter Dachbindern oder Deckenunterzügen befestigt, oder auch von besonderen innerhalb der Werkstattschiffe stehenden Stützgerüsten getragen. Beim Gebäudeentwurf ist auf gute Anbringungsmöglichkeit für die von vornherein vorgesehenen und die etwaigen künftigen Wellenstranggerüste Rücksicht zu nehmen (vgl. u. a. Abb. 168). Bei Eisenbetonbauten kann man in die Deckenunterzüge wagerecht liegende Eisenrohrstücke einstampfen, durch welche sich später Befestigungsbolzen hindurchstecken lassen. Eine andere Befestigungsart wird durch Abb. 42a veranschaulicht. Von der Deutschen Kahn-Eisen-Gesellschaft Jordahl & Co., Berlin, werden eigens für die Anbringung von Wellenstranggerüsten gestaltete Eisenträger vertrieben. Zur Verbindung der Längs- und Querträger sowie der Träger und Lagerböcke sind Klemmbefestigungen zu empfehlen, weil sie bequemes Ausrichten beim Zusammenbau und leichte Abänderung und Ergänzung bei Neuaufstellung von Maschinen gestatten (siehe Abb. 42b); die Verbindungsbolzen müssen dabei gut gesichert sein, weil sie sich sonst durch die Erschütterungen leicht lockern. Ein Anbohren der Eisenteile des Gebäudetragwerkes soll möglichst unterbleiben, zum mindesten aber nicht ohne Zustimmung der für die Bauunterhaltung maßgeblichen Stellen erfolgen. Beim Entwurf hochangeordneter Welllenstranganlagen ist die Heranschaffung schwerer

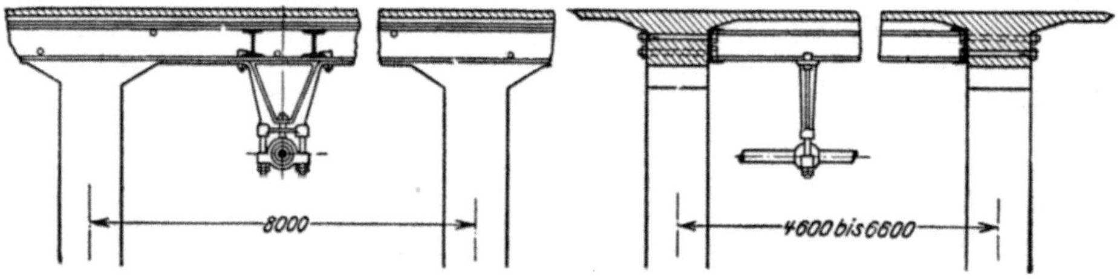

Abb. 42a. Befestigung von Wellenleitungen in Eisenbetongebäuden. (Aus Z. 1914, S. 286. Wanderer-Werke A.G. Q. 118.)

Teile an die Arbeitsplätze mit Hebezeugen im Auge zu behalten. Bei Anordnungen nach Art von Abb. 41a können die Werkstücke den einzelnen Bänken mit den Laufkranen der Schiffe leidlich bequem zugeführt werden. In weiteren Hallen, die auch noch in der Mitte Maschinenreihen aufzunehmen haben und hierfür ausgedehnte Wellentraggerüste erhalten müssen, sind oft besondere Hebezeuge auf den Wellengerüsten notwendig.

Zweitens kann die Verlegung der Wellenstränge und Vorgelege versenkt in abgedeckten Gruben im Fußboden (Abb. 41b) oder in Unterkellerungen erfolgen. Dadurch erhalten die Werkstätten große Übersichtlichkeit und die Maschinen besonders gute Zugänglichkeit für Hebezeuge, ähnlich wie bei Wahl von Einzelantrieb. Voraussetzung bildet jedoch, daß die Lage der Antriebsscheiben der in Frage kommenden Maschinen die Heraufführung der Riemen von unten gestattet. Unterfluranordnung läßt sich am leichtesten für Einscheiben-Maschinen durchführen bei welchen die Riemenscheiben wohl immer frei über das Bett hinausragend angebracht sind und besondere Vorgelege entfallen. Eine Hauptschwäche der Unterfluranordnung liegt in der geringen Anpassungsfähigkeit an die wechselnden Bedürfnisse des Betriebes; der Platz für die Wellen muß beim Bau frühzeitig festgelegt werden und läßt sich später nur noch unter großen Umständlichkeiten und Kosten ändern. Bei mangelhafter Abdichtung gegen das Grundwasser oder bei ungenügender Ableitung der Sturzregenwässer können die Gruben unter Umständen vollaufen, weshalb die Elttreiber möglichst über Flur stehen sollen. Ein weiterer, allerdings weniger schwerwiegender Übelstand ist, daß die Gruben sich wegen der Durchbrüche für die Riemen nach oben nicht dicht abschließen lassen und infolgedessen Ratten und Mäusen Unterschlupf gewähren. Wellenstränge unterhalb von Raumdecken zum Antrieb von Maschinen in den darüber befindlichen Obergeschossen sind wegen Erhöhung der Feuergefahr durch die Deckendurchbrüche tunlichst zu vermeiden. Versenkte Wellenstränge kommen daher lediglich für Erdgeschosse in Betracht. Im allgemeinen sind sie nur dort zu empfehlen, wo eine größere Anzahl von Maschinen von annähernd gleichen Ansprüchen an Aufstellungs- und Bedienungsfläche zusammen angeordnet werden können, und wo nachträgliche Änderungen der Maschinenaufstellung nicht zu erwarten sind. Auch in Fällen, wo sowieso schon durch andere Erfordernisse umfangreiche Einschnitte im Fußboden oder ganze Unterkellerungen bedingt werden (wie z. B. für die Spanabsaugung in Tischlereien, in denen der Raum oberhalb der Maschinen für die Be-

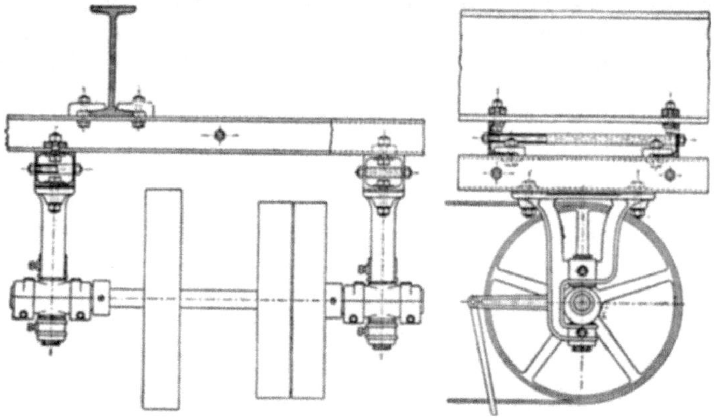

Abb. 42b. Klemmbefestigung von Vorgelegen. (Aus Schuchardt & Schütte „Technisches Hilfsbuch". Q. 10.)

arbeitung sperriger Bretter frei zu halten ist), liegt es nahe, die Wellenstränge versenkt unterzubringen. Bei größeren Leistungen macht Unterfluranordnung wegen der Kürze der Riemen stets Spannrollen erforderlich.

Die dritte Anordnung der Wellenstränge in geringer Höhe über dem Fußboden steht hinsichtlich der Anpassungsfähigkeit zwischen den beiden anderen. Sie hat für die Gruppenbildung größere Beschränkungen zur Folge, weil die Wellenstränge an allen Verkehrswegen unterbrochen werden müssen. Gute Zugänglichkeit der Arbeitsplätze für Hebezeuge besteht auch hier. Die Abstände zwischen Wellenstrang, Vorgelege und Maschinenscheiben werden jedoch besonders klein, weshalb diese Anordnung nur für kleinere Leistungen, z. B. bei Drehbankreihen in feinmechanischen Werkstätten, in Betracht kommt.

Weitgehende Unterteilung der Gruppen beschränkt Betriebsstörungen an den Treibern auf kleine Bezirke und spart Energie, wenn bei Überstunden und Nachtschichten nur ein Teil der Maschinen arbeitet; anderseits sprechen Preis und Wirkungsgrad der Treiber für Bildung weniger großer Gruppen. Zwischen diesen Forderungen ist zu vermitteln; üblich sind Gruppen von etwa 20—100 kW Gesamt-Leistung. Nach Möglichkeit sollen in jeder Gruppe gleichartige Maschinen zusammengefaßt werden, wodurch man übereinstimmende Geschwindigkeitsbedürfnisse erhält. Die Wellendrehzahlen der einzelnen Gruppenstränge sind dann so hoch zu wählen, wie es die Rücksicht auf die Maschinendrehzahlen und die zulässigen Übersetzungsverhältnisse irgend gestattet; man erhält dadurch leichte billige Wellen, bequemen Zusammenbau und geringe Abnutzung bei etwaigen Ungenauigkeiten der Lagerung. Übliche Wellendrehzahlen sind 100 bis 500. Kugellager haben sich gut bewährt und sparen Energie. Um die Riemenscheiben herum wird zweckmäßig etwas Spielraum gelassen, um die Möglichkeit zu nachträglichen Drehzahländerungen durch Vergrößerung der Scheiben offen zu halten, für den Fall, daß Verschiebungen in der Erzeugung oder Einführung leistungsfähigerer Werkzeuge (Schnelldrehstähle für höhere Schnittgeschwindigkeiten als bisher?) dies wünschenswert machen sollten. Die Elttreiber werden zweckmäßig nicht an ein Ende, sondern in die Mitte der Wellenstränge gesetzt, damit diese nur für die Hälfte der Gesamtleistung bemessen zu werden brauchen. Manche Treiber mit Ringschmierlagern vertragen keinen nach oben gerichteten Riemenzug, weil sich dabei der Wellenzapfen an die obere Lagerschale preßt und dadurch die Schmierung zum Versagen bringt. Bei Bestellung der Treiber ist hierauf zu achten; unter Umständen sind Kugellager zu verwenden.

Als Rückhalt für Störungsfälle ist Kupplungsmöglichkeit benachbarter Wellenstränge erwünscht, damit bei vorübergehendem Ausfall eines Treibers seine Gruppe behelfsmäßig von einem andern Treiber mit in Gang gehalten werden kann.

Ausgestaltung von Einzelantrieben. Für die Heranführung der Leitungen an die Elttreiber bei Einzelantrieben bestehen in ähnlicher Weise wie für die Riemenzuführung bei Gruppenantrieben verschiedene Möglichkeiten. Mitunter lassen sich die Abzweige von der Raumdecke senkrecht auf die einzelnen Maschinen herunterleiten. Bei größerer Raumhöhe wird hierdurch ziemlich viel Leitungsbaustoff verbraucht; auch ist ein Verkehr von Laufkranen dabei ausgeschlossen. In hohen oder von Laufkranen bestrichenen Räumen kommt als Ausweg in Betracht, oberhalb der Maschinen Traggerüste oder Spanndrähte anordnen, an denen die Verteilungsleitungen in etwa 2200 mm Höhe hängen; die Abzweige zu den einzelnen Treibern werden dabei wieder senkrecht nach unten geführt. Der Verkehr der Arbeiter und Rollwagen geht dann unter den Leitungen hindurch; die Laufkrane müssen dagegen ihre Lasten entweder darüber hinwegheben oder ganz um die Enden der hochverlegten Leitungsstränge herumfahren, wobei gelegentliche Schäden durch Unachtsamkeit unvermeidlich sind.

Diesem Übelstand geht man aus dem Wege, wenn man die Verteilungsleitungen für kleine Gruppen von Maschinen zusammengefaßt im Inneren etwa 800—1000 mm hoher Standsäulen vom Fußboden aus heraufzieht und von dort in wagerechten Rohren von Maschine zu Maschine weiterführt. Der Leitungsverlauf muß dann allerdings jedesmal unterbrochen werden, wenn zwischen benachbarten Maschinen ein Durchgang freibleiben soll; doch kann diese Verlegungsart für die Versorgung von einer oder auch zwei gegeneinander gestellten Reihen nahe zusammenstehender gleichartiger Maschinen, z. B. von Drehbänken, recht zweckmäßig sein.

Leitungsverlegung unmittelbar über dem Fußboden ist unter denselben Verhältnissen anwendbar, setzt die Anlage aber in gesteigertem Maße Beschädigungen und Nässe aus. Sie ist im allgemeinen wenig zu empfehlen.

Alle diese Verlegungsarten sind besonders dann leicht durchzuführen, wenn sich die anzuschließenden Maschinenreihen nicht als ringsum freistehende Inseln inmitten der Werkstatt befinden, sondern an einem Ende an Pfeiler oder Wandflächen anlehnen. Sie ermöglichen bei Erweiterungen und Änderungen der Werkstatteinteilung bequeme Ausdehnung und Umgestaltung.

Unterflurverlegung der Leitungen ist hierin weniger günstig, hat jedoch den Vorzug, daß jede Behinderung des Verkehrs entfällt. In Erdgeschossen werden im Fußboden Kanäle ausgespart; als Leitungen sind dort nur Kabel mit Bleimantel zu empfehlen, weil sich in den Kanälen Wasser ansammeln kann. In Obergeschossen ist die Bauhöhe des Fußbodenbelages in der Regel nicht groß genug, um genügend tiefe Aussparungen für Kraftleitungskanäle zu ermöglichen; Unterflurverlegung ist dort also nur in der Weise ausführbar, daß die Leitungen unterhalb der Decken angebracht und die Abzweige für die einzelnen Maschinen durch die Decke hindurch nach oben geführt werden. Umstellungen von Maschinen sind weniger einfach als bei hochverlegten Leitungen. Den Annehmlichkeiten der Unterflurverlegung im Betriebe stehen demnach größere Umständlichkeiten und Kosten bei der Anlage und geringere Bewegungsfreiheit in bezug auf Änderungen gegenüber. Man wird daher diese Verlegungsart im allgemeinen nur dort anwenden, wo große einzeln stehende Maschinen anzutreiben sind, deren Umgebung für den Verkehr und für das Ablegen schwerer Teile frei sein muß, ferner wo die Einrichtung von Kabelkanälen wegen gleichzeitiger Anlage sonstiger Kanäle und Aussparungen für Kühlluft, Entstaubung u. dgl. billig erfolgen kann, und wo außerdem größere Umgestaltungen der Werkstatteinrichtung unwahrscheinlich sind.

Daß man in Werkstätten, die für Einzelantrieb eingerichtet sind, gezwungen sein kann, einzelne Maschinen von getrennt angeordneten Treibern und Vorgelegen aus mittels Riemen anzutreiben, hat bereits in dem Unterabschnitt „Kraftverteilung innerhalb der Verbrauchsbezirke“ Erwähnung gefunden.

Winke für Eltantriebe. Abmessungen, Gewichte und Kosten von Elttreibern hängen in erster Linie ab von der Größe der Drehkraft, also dem Verhältnis von Leistung zu Drehzahl. Bei einer bestimmten Leistung werden die Treiber demnach um so schwerer und teuerer, je niedriger ihre Drehzahl gewählt wird; bei Drehzahlregelung mit gleichbleibendem Leistungsbedarf im ganzen Regelbereich ist die niedrigste Drehzahl für Gewicht und Preis bestimmend. Innerhalb gewisser Grenzen wird durch Wahl eines schnelläufigen Treibers an diesem mehr gespart, als beim Getriebe für ein dadurch notwendiges weiteres Vorgelege zugesetzt werden muß; den erhöhten Reibungsverlust im Getriebe gleicht der bessere Wirkungsgrad des schnelläufigen Treibers wenigstens teilweise wieder aus. Aus dem Gesagten folgt einerseits, daß man schnelläufige Treiber anzustreben hat, soweit dadurch nicht allzu große Schwierigkeiten für den Getriebeentwurf oder übermäßige Mehrverluste entstehen, und andererseits, daß der Regelbereich der Treiber nicht beliebig ausgedehnt werden darf. Gleichstrom-Nebenschluß-Treiber mit Feldregelung erhalten für gewöhnlich einen Regelbereich von 1 : 3, mitunter bis 1 : 5; bei Drehstrom-Nebenschlußtreibern liegen die Verhältnisse ähnlich, doch ist hier wegen des viel höheren Preises noch größere Beschränkung am Platze. Wo die angetriebene Maschine weiten Regelbereich verlangt, ist derselbe auf den Eltantrieb und auf geeignete Vorgelege zu verteilen, dergestalt, daß mit letzteren mehrere grob abgestufte Bereiche eingestellt werden, innerhalb deren der Eltantrieb die feinstufige Einregelung übernimmt. In dem Buch Quellennachweis 9 sind diese Verhältnisse für verschiedene Anwendungsgebiete näher erörtert. Maschinen mit angebautem Einzelantrieb sollten nach Möglichkeit als Gesamtgegenstand in Auftrag gegeben werden, damit der Lieferer gezwungen ist, den Antrieb nach Maßgabe der Gesamtwirtschaftlichkeit der Anlage auszugestalten und für richtiges Zusammenarbeiten des Eltteiles mit dem mechanischen Teil verantwortlich gemacht werden kann.

Für sehr weitgehende und besonders feinstufige Regelung, sowie für häufige Umsteuerung kommt Antrieb mit Steuerumformern (Leonard-Antrieb) in Frage. Der Gleichstrom-Treiber erhält dabei seinen Strom nicht unmittelbar vom Netz, sondern vom Stromerzeuger des vom Netz betriebenen Umformers. Durch Einflußnahme auf die Erregung des Stromerzeugers wird Richtung und Spannung des zum Treiber fließenden Hauptstromes und damit Drehsinn und Drehzahl des Treibers beeinflußt. Der Umformer kann mit beliebigen Stromarten betrieben werden, benötigt aber, wenn kein Gleichstrom vorhanden ist, eine kleine Erregermaschine. Größe und Preis des Treibers sind wie sonst von der höchsten im Regelbereich vorkommenden Drehkraft abhängig. Der geringe Wirkungsgrad (etwa 70 $^0/_0$), der erhebliche Platzbedarf und die hohen Kosten gestatten die Anwendung von Steuerumformern nur in Sonderfällen, wo außergewöhnlich scharfe Anforderungen hinsichtlich Regelfähigkeit und schneller Umsteuerbarkeit sie unbedingt notwendig machen.

Schalter und Regler muß der Arbeiter von seinem Hauptstandort aus gut handhaben können; andernfalls wird er den Treiber beim Umspannen von Werkstücken und Werkzeugen aus Bequemlichkeit leerlaufen lassen und von der Geschwindigkeitsregelung nicht den erwünschten Gebrauch machen, so daß die Vorteile des Einzelantriebes verloren gehen. Bei manchen größeren Bearbeitungsmaschinen wird Schaltung und Regelung von verschiedenen Stellen, mitunter vom beweglichen Schlitten aus, verlangt. Druckknopfsteuerungen am Schlitten sind kostspielig und geben zu Störungen infolge Verschleißes der beweglichen Zuleitungen Veranlassung; im allgemeinen verdienen festangeordnete Eltgeräte mit geeignetem Gestängeantrieb den Vorzug.

Starken Stromstößen, welche die Treiber und die Leitungen kurzzeitig überlasten und die Sicherungen oder Selbstschalter zum Ansprechen bringen würden, kann durch Schwungmassen vorgebeugt werden. Die Zunahme der Widerstände in der angetriebenen Maschine vermindert die Geschwindigkeit, und hierbei geben die Schwungmassen Bewegungsenergie ab. Sie kommen also als Überlastungsschutz nur zur Wirkung, wenn der Treiber bei Belastungsstößen in der Drehzahl genügend nachgibt, und nicht etwa die erhöhte Belastung ohne nennenswerte Drehzahlverminderung durchzieht; Schwungmassen können ihre Aufgabe somit nur bei Wahl von Gleichstrom-Verbundtreibern (Compound-Motoren) oder von Drehstromtreibern mit Schlupfwiderständen erfüllen. Auch Steuerumformer lassen sich mit Schwungmassen kuppeln (Ilgner-Umformer).

Einige weitere Gesichtspunkte, die mehr für die allgemeine Beurteilung von Eltanlagen als für Antriebsfragen im besonderen Bedeutung haben, gibt der Abschnitt „Eltversorgung“.

Energiebedarf. Preßluftwerkzeuge benötigen etwa folgende Mengen angesaugter Luft von 1 Atm., wobei die durchschnittlich auftretenden Verluste eingerechnet sind:

Meißelhämmer	0,25 m³/min.
Niethämmer	0,50 ,,
Stampfer	0,35 ,,
Bohrmaschinen	1,00 ,,

Für Überschlagsrechnungen kann man als Durchschnittswert mit 0,35—0,50 m³/min. für jedes angeschlossene Werkzeug annehmen. Die Erzeugungsanlage braucht, weil die angeschlossenen Werkzeuge mehr oder weniger aussetzend arbeiten, nur für 90—50% ihres Summenbedarfes bemessen zu werden.

Der Leistungsverbrauch mancher Arten von Bearbeitungsmaschinen schwankt innerhalb sehr weiter Grenzen; die nachstehende Zusammenstellung, welche nur bezweckt, die Größenanordnungen vor Augen zu führen, zeigt dies.

Stangenreibhämmer in Schmieden	2 — 5 kW.
Blechrichtmaschinen	5 —120 ,,
Lochmaschinen und Scheren	3 — 40 ,,
Sägemaschinen	5 — 60 ,,
Spitzendrehbänke	0,5— 30 ,,
Revolverdrehbänke	1 — 10 ,,
Karussell- und Plandrehbänke	2 —100 ,,
Radsatzdrehbänke	8 — 20 ,,
Bohrmaschinen	0,5— 25 ,,
Fräsmaschinen	1 — 6 ,,
Fräs- und Wagerecht-Bohrwerke	5 — 25 ,,
Tischhobelmaschinen	3 — 60 ,,
Rundschleifmaschinen	5 — 15 ,,
Holzhobelmaschinen	3 — 15 ,,
Spinnmaschinen	1 — 10 ,,
Webstühle	0,3— 3 ,,

Nähere Angaben für überschlägliche Berechnungen finden sich u. a. in den Büchern Quellennachweis 1c, 8 und 23. Auch die Preislisten der Werkzeugmaschinenfabriken enthalten manche Unterlagen. Umfangreiche Erfahrungszahlen besitzen die Büros der Eltbauunternehmungen; dieselben übernehmen auch vielfach bei Auftragserteilung die Gewähr dafür, daß die Eltantriebe dem zu erwartenden Kraftbedarf entsprechend richtig bemessen sind.

Will man Unterlagen durch Messungen an ausgeführten Anlagen gewinnen, so hat man sorgfältig auf alle Begleitumstände zu achten. Z. B. hängt der Kraftbedarf in vielen Betrieben sehr von Art und Zustand des Arbeitsgutes, von der Güte und dem Wärmegrad des Schmieröles usw. ab. Bekannt ist der bedeutende Mehrverbrauch der Spinnereien am Montag vormittag; in schwächerem Maße ist diese Erscheinung auch bei Maschinenbauanstalten festzustellen.

Für die Bemessung der Gruppentreiber und Elterzeugungsanlagen ist zu beachten, daß kaum jemals sämtliche angetriebenen Maschinen zusammen mit ihrer Nennleistung laufen werden; bei den verschiedenen Arten von Betrieben liegt die Gleichzeitigkeitsziffer meist zwischen 90% und 50%.

Allgemein verlangen die Wellenleitungen mit Zubehör nicht unerhebliche Zuschläge. Beispielsweise wurde vom Verfasser in einer größeren für Gruppenantrieb eingerichteten Maschinenbauanstalt an einem Sonnabend unmittelbar nach Arbeitsschluß, also bei gut durchwärmten

Lagern, der Leerlaufverbrauch der Wellenleitungen, Vorgelege und Treibriemen zu 20 % des gewöhnlichen Volllastverbrauches gemessen. Die Anlagen waren dabei in ordentlichem Zustand, wenngleich nicht mit besonders gutem Öl geschmiert. In anderen Fällen hat man noch weit höhere Ziffern festgestellt.

Es ist nicht mehr als folgerichtig und bei der heutigen Brennstoffnot unerläßlich, die bisher ganz überwiegend den Erzeugungsanlagen zugewandte Wirtschaftlichkeitsüberwachung künftig in entsprechendem Maße auf alle Energie verbrauchenden Werkteile auszudehnen. Die von den eigentlichen Bearbeitungsvorgängen verzehrte Nutzenergie (Formänderung an Werkstoffen usw.) beträgt vielfach nur einen bescheidenen Bruchteil der dafür erzeugten Energie; der Rest geht in Lagern, Riemen, Getrieben usw. verloren. Hier bietet sich der Technik noch ein weites Feld für Verbesserungen. Es wäre sehr erwünscht, wenn der Brauch aufkäme, bei allen Übertragungsanlagen und Arbeitsmaschinen Gewährziffern für den Kraftverbrauch bei bestimmten Normleistungen zu fordern.

Beleuchtung.

(Siehe hierzu Quellennachweis 1m, *4, 12, 128, 312, 401.)

Allgemeines über Lichtbemessung. Ungenügende Beleuchtung der Werkstätten mit Tageslicht und Kunstlicht beeinträchtigt die Arbeitsausführung, erschwert die Aufsicht, begünstigt Unregelmäßigkeiten und Diebstähle und kann zu Unfällen führen. Anderseits bedeutet über den Bedarf hinausgehende Beleuchtung eine unnötige Erhöhung der Anlagekosten (Fenster, Oberlichter und Eltanlage), sowie der Betriebskosten (gesteigerter Verlust an Heizwärme durch die Fensterflächen, übermäßiger Eltverbrauch, Mehrausgaben für Reinigung und Wartung). Ein Zuviel an Licht ist jedoch der kleinere Fehler. Wie in dem Buch Quellennachweis 12 näher ausgeführt, geht bei Herabminderung der Beleuchtungsstärke unter einen angemessenen Mindestwert die Arbeitsleistung sowohl der Menge wie auch der Güte nach sehr zurück. Gegenüber dem hieraus zu befürchtenden wirtschaftlichen Ausfall spielen die durch knappe Beleuchtung erzielbaren Ersparnisse eine untergeordnete Rolle. Man tut daher im Zweifelsfalle besser daran, eine möglicherweise zu reichliche Beleuchtung zu wählen, als den Gesichtspunkt der Eltersparnis in den Vordergrund zu stellen.

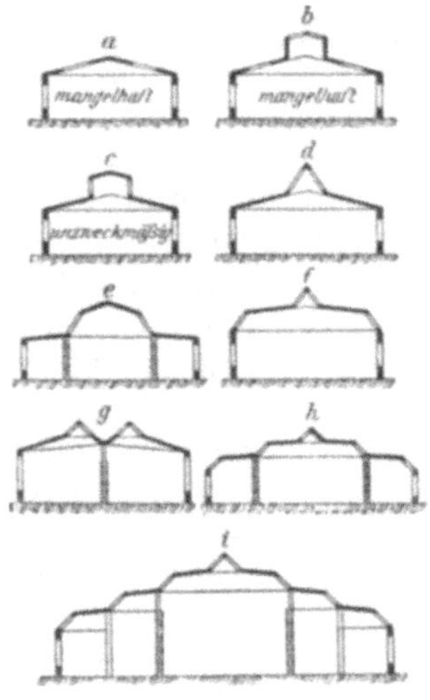

Abb. 46. Werkstatthallen mit längslaufenden Oberlichtbändern.

(Abb. 46—47 aus „Hütte“

Der Lichtbedarf ist je nach dem Verwendungszweck der Räume recht verschieden. Dieser Umstand erschwert bisweilen die nachträgliche Andersverwendung für bestimmte Zwecke hergestellter Gebäude. Wo solche Änderungen im Bereich der Möglichkeit liegen, ist beim Entwurf der Tages- und Kunstbeleuchtung von vornherein auf die zu erwartenden Höchstansprüche Rücksicht zu nehmen. Unter Umständen kann man dann, solange der Lichtbedarf gering ist, die Heizkosten durch vorläufiges Vermauern oder Verschalen der Fenster und den Eltverbrauch durch Fortlassen eines Teiles der Lampen zunächst beschränken.

Oberlichter. Richtig verteilte Oberlichter geben gleichmäßigeres Licht als Wandfenster und ermöglichen größere Unabhängigkeit in der Aufstellung der Maschinen und Werktische, weil nicht mit einseitigem Lichteinfall und störenden Schattenbildungen gerechnet zu werden braucht. Für Flachbauten und für die obersten Geschosse von Mehrgeschoßbauten sollten daher bei Bedürfnis nach besonders gut belichteten Räumen stets Oberlichter angeordnet werden, auch wenn daneben Wandfenster vorgesehen sind. Allerdings muß die Ausführung der Oberlichter ein Durchregnen und Herabtropfen von Schweißwasser ausschließen, um Belästigungen der Arbeiter und Schäden an den Betriebsmitteln und Erzeugnissen zu vermeiden.

Die Neigung der Oberlichtscheiben gegen die Wagerechte soll wenigstens 50^0 betragen, damit der Schnee abrutschen kann. Bei Sägedächern, welche den Eintritt unmittelbaren Sonnenlichtes verhindern sollen, und deren Glasflächen dementsprechend auf der nördlichen Halbkugel nach Norden gerichtet werden, bedingt die Rücksicht auf den höchsten Sonnenstand je nach der geographischen Breite des Ortes eine steilere Stellung (Abb. 168).

Die gebräuchlichsten Anordnungen von Oberlichtdächern zeigt die Zusammenstellung in Abb. 46—47. Häufig vorkommende Werte für die Grundrißflächen der Oberlichter sind bei Werkstätten etwa 20—50 v. H., bei Lagerräumen etwa 10—15 v. H. der Gesamtgrundrißfläche des Daches. Für die richtige Beurteilung der Lichtverhältnisse genügen diese Verhältnisziffern allein nicht; verschiedene Anordnungen mit gleicher Oberlichtgrundrißfläche werden unter Umständen stark abweichende Lichtmengen und Lichtverteilungen im Rauminneren ergeben. Es kann daher angebracht sein, die Wirksamkeit der Oberlichter in der nachstehend besprochenen Weise näher zu untersuchen.

Die größtmögliche Menge Tageslicht erhält ein Punkt über der Erdoberfläche dann, wenn sein ganzes Gesichtsfeld frei ist, also nicht durch Bodenerhebungen, Bauten oder Bäume eingeschränkt wird. Die von dem Punkt aus gesehene Himmelsfläche bildet dann eine vollständige Halbkugel. In Straßen, Hofräumen, geschlossenen Gebäuden usw. ist nur ein Teil dieser Halbkugelfläche sichtbar. Das Verhältnis der an einem beliebigen Punkte sichtbaren Himmelsfläche zur ganzen Halbkugelfläche sei als Himmelsflächenbruch hb bezeichnet. Der Himmelsflächenbruch vermag einen gewissen Anhalt für die Beurteilung der Tagesbelichtung eines Raumes zu geben. Verschiedene Umstände sind hierbei allerdings nicht berücksichtigt. Zunächst sind auch bei bedecktem Himmel — unmittelbares Sonnenlicht ist für Arbeitszwecke im allgemeinen unerwünscht, wird nach Möglichkeit abgeschirmt und kann daher für die Lichtbewertung außer Betracht bleiben — nicht alle Teile der Himmelsfläche gleich hell. Sodann ist für die Ausnutzbarkeit des zu einem Punkt gelangenden Lichtes nicht nur die Menge, sondern auch die Einfallsrichtung von Bedeutung; je nachdem, ob auf wagerechten Flächen gearbeitet wird (Werktische, liegende Zeichenbretter) oder an senkrechten (Schalttafelbau, stehende Zeichenbretter) ist vorwiegender Lichteinfall von oben oder auch von der Seite erwünscht. Die Vernachlässigung dieser Umstände erscheint jedoch im Rahmen der begonnenen allgemeinen Betrachtung zulässig.

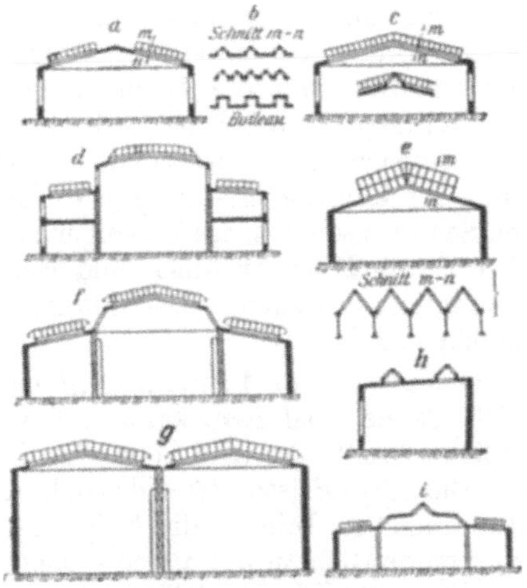

Abb. 47. Werkstatthallen mit querlaufenden Raupenoberlichtern.
(Abb. 47 d, f, i und die in Abb. 47 c eingezeichnete Spielart haben gleichzeitig Raupenoberlichter und Längslichtbänder.)
Abschnitt Fabrikanlagen. Q. 1 m.)

Die tatsächliche Ausrechnung des Himmelsflächenbruches als Verhältnis der sichtbaren Himmelsfläche zur ganzen Halbkugelfläche würde nun aber die Anwendung der sphärischen Trigonometrie notwendig machen und wäre für den Gebrauch etwas umständlich. Es empfiehlt sich deshalb ein bequemeres Verfahren. Da bei Werkstatthallen und -Sälen die Länge in der Regel die Weite erheblich übertrifft, kann man ohne allzu großen Fehler statt von der Belichtung bestimmter Punkte durch die Himmelshalbkugelfläche auch von der Belichtung unendlich langer in der Raumlängsrichtung verlaufender Linien durch eine gleichfalls unendlich lange Himmelshalbzylinderfläche den Ausgang nehmen. Der Himmelsflächenbruch stellt sich bei dieser geänderten Betrachtungsweise dar als das Verhältnis des von der betreffenden Linie aus durchsichtig erscheinenden Teiles der sie überwölbenden Halbzylinderfläche zur ganzen Halbzylinderfläche. In Abb. 48a bezeichnen λ_1 und λ_2 die Winkelweiten des Lichteinfalls von verschiedenen Oberlichtfenstern für eine durch den Punkt x verlaufende Linie, L_{f_1}, L_{f_2} usw. die Längen der Oberlichtfenster in der Werkstattachsrichtung, L_g die Gesamtlänge der Werkstatt; es wird dann für die betrachtete durch x gehende Linie der Himmelsflächenbruch $hb = \frac{\Sigma\lambda}{\pi} \cdot \frac{\Sigma L_f}{L_g}$.

Bei langen Werkstätten mit gut verteilten Oberlichtern wird der Himmelsflächenbruch für alle Punkte einer betrachteten Linie ziemlich gleichmäßig ausfallen. Nur an den Stirnwänden ist eine Abweichung zu erwarten; einer wesentlichen Verschlechterung kann man aber dort entgegenwirken, indem man den Stirnwänden Fenster oder, wo dies nicht durchführbar, wenigstens weißen Anstrich gibt.

Der Himmelsflächenbruch muß um so größer sein, je höhere Lichtansprüche mit Rücksicht auf die vorzunehmenden Arbeiten gestellt werden, und je stärkere Verschmutzung der Fenster zu erwarten ist. Der Verfasser hält unter Voraussetzung guter Reinhaltung der Scheiben folgende Mindestwerte für erwünscht — Messungsergebnisse stehen ihm nicht zur Verfügung, so daß diese Zahlen nur als Schätzung gelten können —:

Sehr feine Arbeiten (Uhrmacherei, anstrengende Zeichenarbeiten)	hb = 0,30
Feinarbeiten (Feinmechanik, gewöhnliche Zeichenarbeiten)	0,20
Mittelfeine Arbeiten (Maschinenbau, Eltbau, Betriebsanlagen, Schreibbüros)	0,10

Grobarbeiten, geringe Verschmutzung (Eisenbauwerkstätten)	hb =	0,06
Grobarbeiten, starke Verschmutzung (Gießereien, Schmieden)		0,10
Lagerräume (unmittelbares Himmelslicht hier nicht unbedingt nötig) . .		0,02

An Orten, wo besonders schnelle Verrußung eintritt, sind die Werte zweckmäßig zu erhöhen. Anderseits wird mitunter in Schmieden, Preßwerken und Härtereien gedämpftes Licht gewünscht, um die Glutfarbe des Eisens besser beobachten zu können.

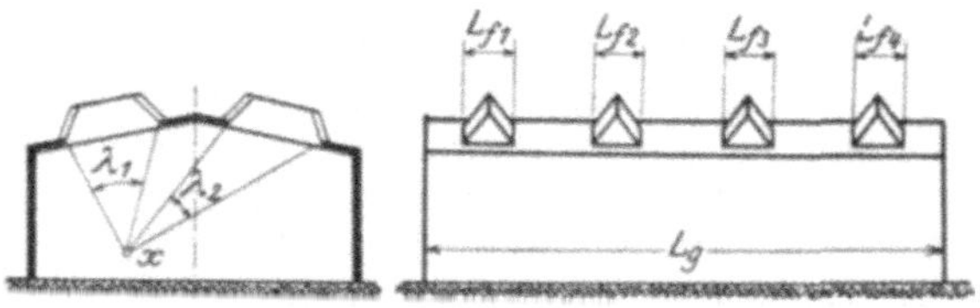

x gewählter Beobachtungspunkt.
λ_1, λ_2 Winkel des Lichteinfalls durch die beiden Raupenoberlichter, im Querschnitt der Halle betrachtet.
L_{f_1}, L_{f_2}, L_{f_3}, L_{f_4} Längen der Oberlichtfenster.
L_g Gesamtlänge der Halle.

Abb. 48a. Skizze zur Erläuterung des Himmelsflächenbruches.

Es sei noch besonders betont, daß der Himmelsflächenbruch in seiner oben festgesetzten Bedeutung eine rein geometrische und auch nur angenäherte Bewertung von Oberlichtern gestattet; um von ihm zu dem vielfach gebrauchten „Tageslicht-Quotienten", dem Verhältnis der tatsächlich meßbaren Lichtstärke im Rauminneren zur Lichtstärke unter freiem Himmel bei unbeschränktem Gesichtskreis, zu gelangen, müßte man die besprochenen Vereinfachungen aufgeben und noch verschiedene Einflüsse berücksichtigen, insbesondere die Verschluckung eines Teiles der Lichtmenge durch das Glas und die darauf befindliche Schmutzschicht, die Verringerung der durchsichtigen Flächen durch Fensterrahmen und Einkittung, die Schattenwirkungen von Stützen, Dachbindern, Wellensträngen, Treibriemen usw.

Um zu zeigen, wie verschieden die Lichtwirkung bei gleichem Aufwand an Glasfläche ausfallen kann, ist in Abb. 48b der Himmelsflächenbruch für drei abweichende Anordnungen ermittelt. Die Grundrisse der Oberlichter haben in allen drei Fällen gleichen Inhalt; die Neigungswinkel der Glasflächen sind einheitlich zu 50° angenommen. In Fall 2 und 3 sind über die ganze Werkstattlänge durchlaufende Lichtbänder vorausgesetzt, in Fall 1 liegt zwischen je zwei Raupenoberlichtern ein ebenso breiter Zwischenraum. Die errechneten Himmelsflächenbrüche für die in 1 m Höhe über dem Boden angenommene hauptsächliche Arbeitsebene sind in ihrem Verlauf von Wand bis Wand durch die Kurven gezeigt; das Schaubild läßt erkennen,

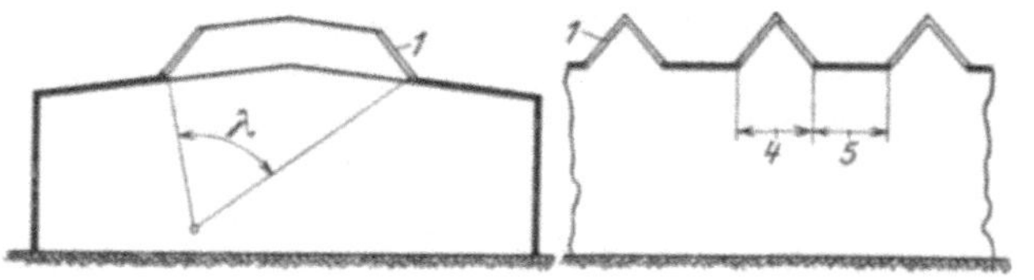

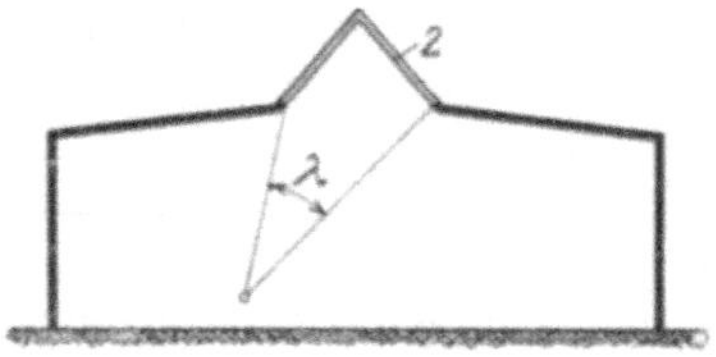

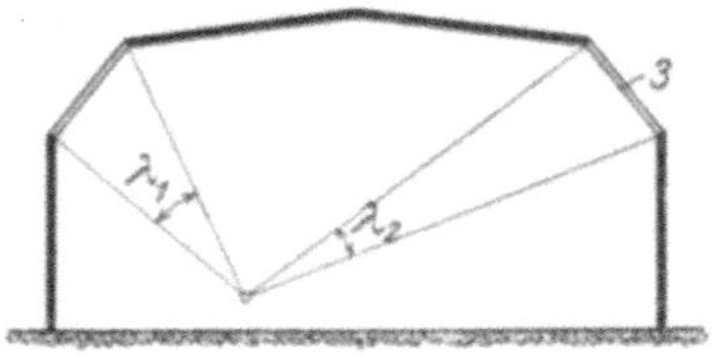

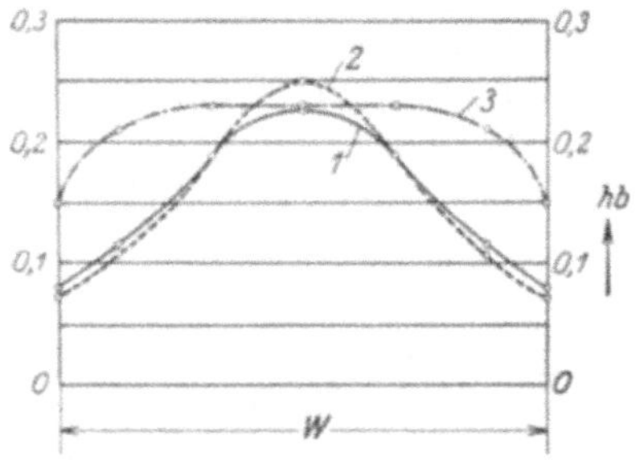

1 Halle mit Raupenoberlichtern, Maß 4 = Maß 5.
2 Halle mit durchgehendem Längsoberlicht in der Mitte.
3 Halle mit durchgehenden Längsoberlichtern an den Seiten.
λ Winkel des Lichteinfalls für einen Beobachtungspunkt.
Kurven 1, 2, 3 im Schaubild: Verlauf des Himmelsflächenbruches hb in der Weitenrichtung der Werkstatt W für Fall 1, 2 und 3.

Abb. 48b. Verlauf des Himmelsflächenbruches bei verschiedenen Oberlichtarten.

daß Entwurf 3 in bezug auf Lichtstärke und Lichtverteilung entschieden überlegen ist.

Bedürfnis nach großer Raumhöhe und viel Licht wird im allgemeinen Gebäudeformen mit durchlaufenden Lichtbändern vorteilhaft machen; wo mäßige Höhe in Betracht kommt, oder wo bei geringem Lichtbedarf eine weitgehende Unterteilung der knapp bemessenen Glasfläche erwünscht ist, werden Raupenoberlichter günstiger. Sägedächer sind wegen ihrer steilen Stellung und einseitigen Anordnung weniger lichtergiebig und daher nur dort am Platze, wo auf Sonnenschutz besonderer Wert gelegt wird.

Weitere Punkte bei der Beurteilung der verschiedenen Oberlichtformen sind die Baukosten und die Aufwendungen für Instandhaltung und Reinigung. Anordnungen, die bequeme und darum häufigere Reinigung von innen und außen gestatten, ermöglichen unter Umständen, die Glasfläche von vornherein kleiner anzunehmen und dadurch an Heizwärmeverbrauch zu sparen.

Bei Auswahl der Oberlichtanordnungen darf nicht übersehen werden, welche Wirkung auf die Lichtverhältnisse spätere Erweiterungen des Gebäudes selbst oder Hinzukommen von Nachbarbauten haben können. Zum Beispiel würde Anbau eines zweiten gleichen Schiffes an die in Abb. 48b, Entwurf 3, dargestellte Hallenanordnung eine gewisse Verschlechterung zur Folge haben; Hallenquerschnitte dieser Art setzt man deshalb oft nicht unmittelbar Schiff neben Schiff zusammen, sondern unter Einfügung geeigneter Zwischenformen von geringerer Höhe.

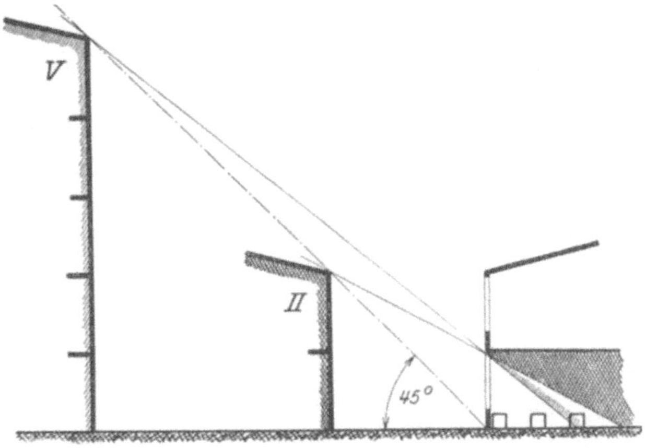

Abb. 49a. Schattenwirkung verschieden hoher Nachbargebäude.

Wandfenster und Gebäudemaße. In ausschließlich oder vorwiegend durch Wandfenster erhellten Räumen läßt man bei großem Lichtbedarf auf die Fenster etwa 65—80 v. H. der gesamten Wandlänge entfallen. Die zwischen den Fenstern verbleibenden Pfeiler dürfen nicht zu breit werden, möglichst nicht über 1200 mm, um ungünstige Beschattung einzelner Arbeitsplätze zu vermeiden. Vom Betriebsstandpunkt ist Verteilung der Gesamtglasfläche auf eine große Zahl von Fenstern mit schmalen Zwischenpfeilern erwünscht; dem stehen aber bis zu einem gewissen Grade bauliche Rücksichten entgegen, namentlich auf die Steifigkeit des Gebäudeverbandes.

Der oberste Teil der Fensterfläche ist für die tief im Rauminneren liegenden Arbeitsplätze der wertvollste. Die Fenster sollen daher grundsätzlich bis dicht unter die Decke geführt werden. Wo mit mäßig großen Fensterflächen auszukommen ist, sind zur Erzielung genügender Helligkeit bis ganz nach innen hohe schmale Fenster, welche die ganze Raumhöhe ausnutzen, niedrigen breiten Fenstern vorzuziehen. In Lagerräumen, in denen hell belichtete Arbeitsplätze an der Fensterwand nicht notwendig sind, und nur eine mittelgute in die Tiefe wirkende Allgemeinbeleuchtung angestrebt wird, ordnet man zweckmäßig nur im oberen Teil der Seitenwände Fenster an; hierdurch wird an wärmeabgebender Glasfläche gespart und es werden beim Befördern sperriger Stücke weniger leicht Scheiben zerstoßen.

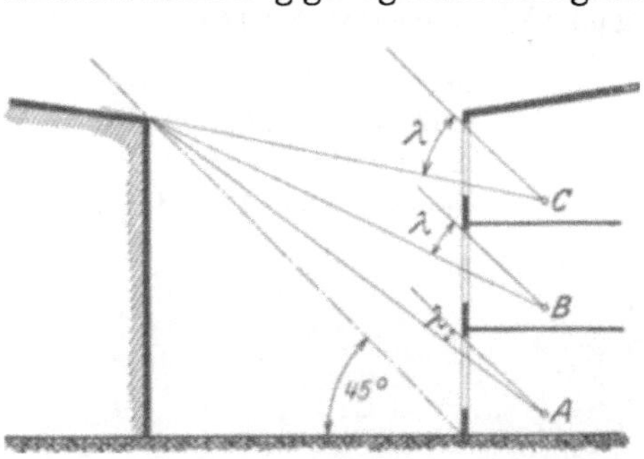

Abb. 49b. Abhängigkeit des Lichteinfallwinkels λ von der Höhenlage der Geschosse bei Beschattung durch Nachbarbauten.

Arbeitsplätze A, B und C gleich weit vom Fenster.

Für die Anordnung und Bemessung von durch Wandfenster belichteten Werkstattgebäuden werden vielfach zwei Faustregeln angewandt. Nach der ersten soll, wenn die Höhe des oberen Fensterrandes über Werkstattflur mit H_f, die Weite von Wand bis Wand (oft auch Tiefe genannt) mit W bezeichnet wird, bei zweiseitiger Belichtung $W \leqq 4\,H_f$ gemacht werden, bei einseitiger Belichtung $W \leqq 2\,H_f$; dabei hat man W im Verhältnis zu H_f um so kleiner zu wählen, je feiner die Arbeit ist. Nach der zweiten darf kein Nachbarbau über die mit 45° Neigung durch die Wandfußlinie (oder auch durch die Fensterbanklinie) des Erdgeschoßes gelegte Ebene hinausragen (Abb. 49a).

Beide Regeln mögen im Durchschnitt der Fälle richtig sein, führen aber im Einzelfalle keineswegs immer zu befriedigenden Ergebnissen.

Abb. 49a zeigt beispielsweise, daß zwei verschieden hohe Gebäude, die beide gerade an die erwähnte 45°-Ebene heranreichen, das Erdgeschoß des rechts gezeichneten Baues durchaus nicht gleich stark beschatten. Bei Vorhandensein des zweistöckigen Gebäudes II erhalten drei hintereinanderstehende Werktischreihen noch unmittelbares Himmelslicht, bei Vorhandensein des fünfstöckigen Gebäudes V dagegen nur zwei. Da feinere Arbeiten, sofern nicht Kunstbeleuchtung zu Hilfe genommen wird, nur im Bereiche unmittelbaren Himmelslichtes ausführbar sind, kann die Ausnutzbarkeit des Erdgeschoßraumes je nach der Höhe des Nachbargebäudes recht verschieden ausfallen. Abb. 49b zeigt die Lichteinfallwinkel λ für drei Arbeitsplätze A, B und C, die sich in verschieden hoch gelegenen Geschossen in gleicher Entfernung von der Fensterfront befinden, und läßt erkennen, wie sehr die Helligkeit durch die Höhenlage der Geschosse und auch durch die verhältnismäßige Erhebung der Nachbarbauten beeinflußt wird.

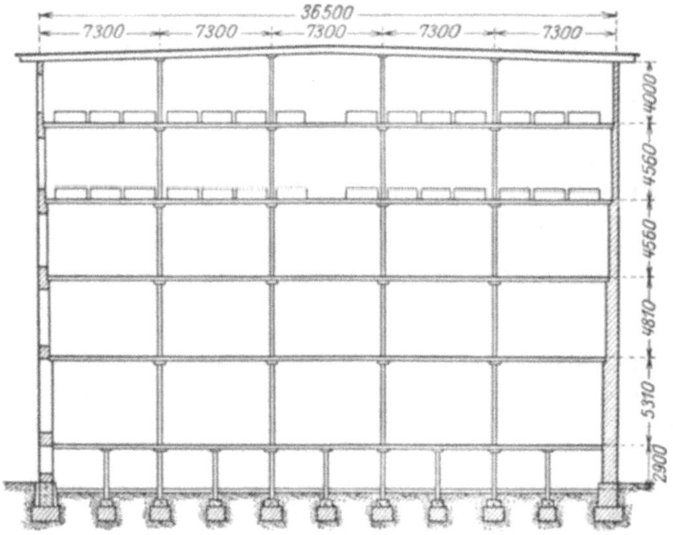

Abb. 50a. Mehrstöckiges Baumwollwebereigebäude der Berkshire Manufacturing Co., Oldham. M. 1 : 480. (Aus B. Utz, Moderne Fabrikanlagen. Q. 3.)

Auch bei Wandfensterbeleuchtung empfiehlt sich daher eine genauere Untersuchung der Lichtverhältnisse mit Hilfe des Himmelsflächenbruches, wie im vorhergegangenen Unterabschnitt besprochen. Für unendlich lange Gebäude würde wiederum gelten

$$hb = \frac{\Sigma \lambda}{\pi} \cdot \frac{\Sigma L_f}{L_g}.$$

Von diesem Werte wird man mit Rücksicht auf Querbauten, eingezogene Brandmauern usw., welche den Lichteinfall an den Saalenden beeinträchtigen, gewisse Abzüge zu machen haben.

Tatsächlich lassen sich bei freier Lage Werkstattgebäude ausführen, die für W : H_f viel größere Verhältnisziffern aufweisen als 4 gemäß der oben erwähnten Faustregel. Tyrrell nennt afu S. 25 seines Buches „Engineering of shops and factories" (Quellennachweis 4) für neuzeitliche, allerdings mit sehr reichlichen Fensterflächen versehene Werkstattbauten in den Vereinigten Staaten einige Zahlen, aus denen sich folgendes ergibt:

Geschoßhöhe	3,90 m	4,25 m	4,60 m
Zulässige Gebäudeweite . . .	16,40 m	24,60 m	32,80 m
H_f geschätzt auf	3,50 m	3,85 m	4,20 m
Danach wird W : H_f etwa . .	4,7	6,4	7,8

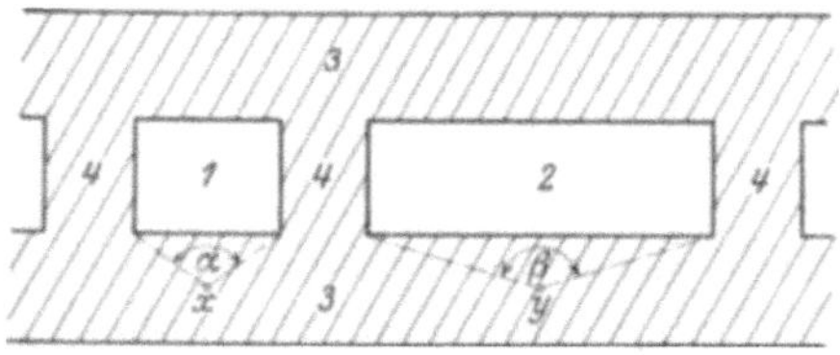

x, y Beobachtungspunkte.
1 Kurzer Hof.
2 Längerer Hof.
3 Längsbauten.
4 Querverbindungsbauten.
α, β Winkelweite des Lichteinfalls nach Punkt x und y.

Abb. 50b. Einfluß der Hoflänge auf die Belichtung von Werkstattsälen.

Auch das in Abb. 50a dargestellte Werkstattgebäude bildet ein Beispiel für die Anwendbarkeit großer Weite bei freier Lage.

Die Möglichkeit, W stärker zunehmen zu lassen als H_f, hängt erstens damit zusammen, daß die meisten Arbeiten in etwa 1 m über Flur vorgenommen werden, so daß die Lichtverhältnisse dieser Höhenlage, nicht die des Fußbodens in Betracht zu ziehen sind. Die Faustregel $W \leqq 4\ H_f$ vernachlässigt dies. Zweitens sind bei größerer Raumhöhe die Schatten höherer Gegenstände (Maschinenständer, Krane, Wellenleitungsgerüste) vergleichsweise weniger störend.

Beachtung verdient der Einfluß etwaiger Querbauten, welche die hauptsächlich für Arbeitszwecke benutzten Längsbauten verbinden (Abb. 183a). Je dichter die Querbauten stehen, je kürzer also die zwischen ihnen verbleibenden Hofräume werden, um so schmäler wird der für die hinteren Arbeitsplätze sichtbar bleibende Himmelsausschnitt. In Abb. 50b ist dies ersichtlich gemacht; α und β sind die verschieden großen Grundriß-Winkelweiten von den Punkten x und y aus durch die Hofräume 1 und 2 sichtbaren Himmelsteile.

Auf umständliche Genauigkeit kommt es bei diesen Untersuchungen nicht an, weil einerseits die Tageslichtstärke je nach Jahreszeit, Stunde und Witterung außerordentlich verschieden und anderseits das menschliche Auge innerhalb gewisser Grenzen sehr anpassungsfähig ist; es handelt sich nur darum, Unzweckmäßigkeiten im Entwurf zu erkennen und rechtzeitig auszumerzen.

Sehr erwünscht wäre es, wenn die erforderlichen Werte des Himmelsflächenbruches durch planmäßige Messungen an ausgeführten Gebäuden ermittelt und der Allgemeinheit zugänglich gemacht würden, damit für künftige Entwurfsarbeiten Erfahrungszahlen zur Verfügung stehen.

Stellt sich bei Prüfung von Bauentwürfen nach den besprochenen Gesichtspunkten heraus, daß die verfügbaren Räume eine dem Lichtbedarf entsprechende Unterbringung aller Werkabteilungen nicht ermöglichen, so kann zu überlegen sein, ob durch Anwendung lichtstreuender oder -brechender Verglasungen, unter Umständen auch durch Anordnung heller Flächen an benachbarten Gebäuden ausreichende Besserung erzielbar ist.

Streuglas (Sammelname für Mattglas, Milchglas, Eisglas, Drahtglas, Glasbausteine) bewirkt eine Zerstreuung der auftreffenden Lichtstrahlen, dergestalt, daß das Licht nach dem Durchgang durch die Scheiben nicht mehr die ursprüngliche Richtung hat, sondern von der ganzen Scheibenfläche aus nach allen Richtungen in das Rauminnere strahlt, vermag daher die Tiefenwirkung von Fenstern unterer Geschosse zu erhöhen. Die Kurven des Himmelsflächenbruches in Abb. 51 veranschaulichen die etwa zu erwartende Wirkung derartiger Verglasungen. Die Strichpunkt-Kurve für Klarglas ist in der bereits früher behandelten Weise errechnet. Für Verglasung mit Streuglas läßt sich so vorgehen, daß man als Lichtquelle für das Rauminnere an Stelle der Himmelsfläche die erhellte Scheibenfläche ansieht und für die zu untersuchenden Arbeitsstellen die Winkelweiten λ_{II} des Lichteinfalls von der Scheibe her ermittelt. Würde die Scheibe wagerecht im Dach liegen und das volle Licht der Himmelshalbkugel erhalten, so ließe sie annähernd die gleiche Lichtmenge nach innen gelangen, wie die durch eine gleich große Klarglasscheibe sichtbare Himmelsfläche; in diesem Sonderfalle würde also gelten

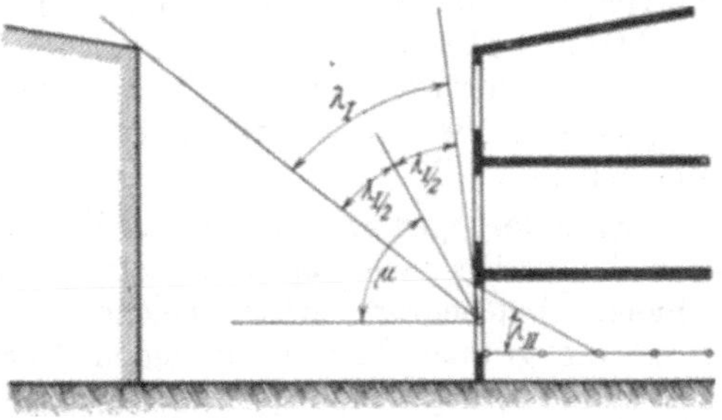

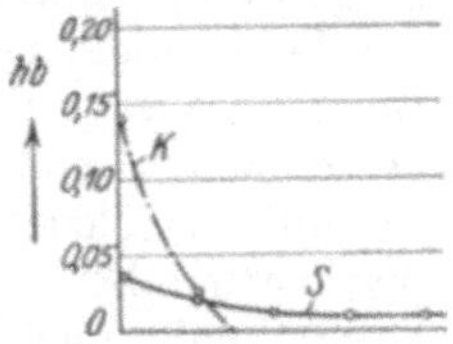

Summe der Fensterlängen angenommen zu 0,65 mal Gebäudelänge.

Abb. 51. Verlauf des Himmeslflächenbruches bei Klarglas (Kurve K) und Streuglas (Kurve S).

$$hb = \frac{\lambda_{II}}{\pi} \cdot \frac{\Sigma L_f}{L_g}$$

Ist dagegen die Erhellung der Streuglasscheibe durch Einengung der von ihr aus sichtbaren Himmelsfläche und durch schrägen Einfall des Lichtes beeinträchtigt, wie im Falle der Abb. 51, so kann man dies dadurch berücksichtigen, daß man für den Scheibenmittelpunkt dessen Himmelsflächenbruch λ_I/π sowie den Cosinus des mittleren Lichtauftreffwinkels μ ermittelt, und den Himmelsflächenbruch für die Punkte des Innenraumes berechnet aus

$$hb = \frac{\lambda_I}{\pi} \cdot \cos\mu \cdot \frac{\lambda_{II}}{\pi} \cdot \frac{\Sigma L_f}{L_g}.$$

Die ausgezogene Kurve läßt die geänderte Lichtverteilung erkennen, Verbesserung der Belichtung der von den Fenstern entfernter gelegenen Plätze auf Kosten der in Fensternähe befindlichen. Die vorgeschlagene Berechnungsweise ist selbstverständlich nicht wissenschaftlich genau, dürfte aber ein angenähertes Bild der tatsächlichen Verhältnisse liefern.

Auch das Bedürfnis nach Zerstreuung unmittelbaren Sonnenlichtes kann zur Anwendung von Streuglas Veranlassung geben, namentlich bei Oberlichtern; die Wahl von Drahtglas bietet hierbei gleichzeitig Schutz gegen Unfälle durch Glasscherben. Wo Ablenkung von Arbeitern oder Bürobeamten durch Hinaus- oder Hineinsehen vermieden werden soll, verwendet man gerne lichtstreuende Scheiben nur bis in Kopfhöhe.

Im Gegensatz zu den lichtstreuenden Verglasungen, die nach allen Richtungen einigermaßen gleichmäßig Licht geben, ermöglichen lichtbrechende Verglasungen (Rippenglas und Luxfer-Prismen) Umlenkung der auftreffenden Lichtmenge in bestimmte bevorzugte Richtungen. Sie finden namentlich für Seiten- und Deckenfenster von Kellerräumen Anwendung, bei denen genügende Belichtung in den von den Fenstern abgelegenen Teilen besonders schwer zu erreichen ist.

Da Scheiben aus lichtstreuendem und -brechendem Glas etwas mehr Licht verschlucken, leichter verschmutzen und schwerer zu reinigen sind als Klarglasscheiben, sollten sie nicht ohne Notwendigkeit vorgesehen werden. Die Lichtdurchlässigkeit von Glasbausteinen ist ziemlich dürftig, so daß man mit ihnen höchstens Verkehrsgänge und sonstige Räume, in denen nicht gearbeitet wird, ausreichend erhellen kann.

Auch weißer Anstrich oder Anbringung weißer Verblendziegel an den Nachbarbauten wird oft dazu beitragen, die Helligkeit unterer Geschosse zu erhöhen; unmittelbares Himmelslicht läßt sich dadurch jedoch nicht ersetzen, namentlich dort, wo schnelle Verschmutzung eintritt.

Versprechen diese Hilfsmittel keine wirksame Abhilfe, und will man dauernde Benutzung von Kunstlicht vermeiden, so muß der Gebäudeentwurf geändert werden. Übermäßige Helligkeitsunterschiede zwischen oberen und unteren Geschossen nicht frei gelegener Gebäude (Abb. 49b) lassen sich durch Erhöhung der unteren Geschosse auf Kosten der oberen mildern. Diese Maßnahme wird oft auch dem Bedürfnis nach Kranen in den Erdgeschossen entsprechen. Als einschneidendere Änderungen kommen Erhöhung sämtlicher Geschosse, erforderlichenfalls unter Verringerung der Geschoßzahl, ferner Herabsetzung der Gebäudeweite und Beschränkung der Dachtraufenhöhe der Nachbarbauten in Betracht; Verbindungsquerbauten sind unter Umständen auseinanderzurücken. Es sei hier auch auf die im späteren Hauptabschnitt „Gesamtanordnung" besprochenen Bebauungsformen nach Abb. 189b und 192k, l und m hingewiesen, welche reichliche gut belichtete Räume bei verhältnismäßig hoher Geländeausnutzung liefern.

Anforderungen an Kunstlicht. Kunstlicht ist für das menschliche Auge um so angenehmer, je mehr es sich nach Zusammensetzung, Lichtstärke und Art des Lichteinfalls dem Tageslicht nähert. Beleuchtungsarten, welche vom Tageslicht stark abweichende Färbung aufweisen, z. B. die grünlich-blau leuchtenden Quarzlampen, verursachen vielen Menschen Unbehagen und Beschwerden und bleiben daher für Arbeitsräume besser außer Betracht. Im Hinblick auf Lichtfarbe und betriebstechnische Eigenschaften ist Glühlichtbeleuchtung mit luftleeren oder gasgefüllten Metalldrahtlampen am vollkommensten. Besonders weitgehende Annäherung an das Sonnenlicht oder auch an das zerstreute Tageslicht ist mit Hilfe von Gläsern zu erzielen, welche die verschiedenfarbigen Strahlen in willkürlich gewählter Abstufung verschieden stark verschlucken und das Licht also in einer berichtigten Zusammensetzung durchlassen (sog. „Reinlicht-Beleuchtung"). Diese Lichtfilterung ist jedoch mit einem nicht unerheblichen Verlust verbunden. Neben dem Eltglühlicht kommen noch Bogenlampen und ausnahmsweise Gasglühlicht und Azetylen in Frage. Der überragenden Bedeutung der Eltbeleuchtung entsprechend ist bei den nachstehenden Erörterungen stets diese zugrunde gelegt.

Die Lichtstärke des Kunstlichtes der Größenordnung des vollen Tageslichtes anzunähern, ist in der Regel nicht notwendig und wäre daher aus wirtschaftlichen Gründen unzweckmäßig. Bei der Auslegung von Beleuchtungsanlagen können folgende Werte für die Flächenhelle angenommen werden:

Sehr feine Arbeiten (Uhrmacherei, anstrengende Zeichenarbeiten)	120—180	Lux
Feinarbeiten (Feinmechanik, Zeichnen)	70—100	„
Mittelfeine Arbeiten (Maschinenbau, Eltbau, Betriebsanlagen, Schreibbüros)	50— 60	„
Grobarbeiten (Eisenbauwerkstätten, Schmieden, Gießereien usw.)	20— 40	„
Lagerräume, in denen nur vorübergehend gearbeitet wird	6— 10	„
Mindestwert für beliebige Stellen in Werkstattbezirken, in denen Leute tätig sind, ferner für Treppen und Gänge	3— 5	„
Mindestwert für Werkstattbezirke, die nur gelegentlich betreten werden	1— 3	„
Mindestwert für unbebaute Werkhöfe usw.	0,6	„

Bekanntlich ist die in Lux gemessene Flächenhelle das Verhältnis des auf die Fläche gerichteten Lichtstromes in Lumen zu dem Inhalt der Fläche in m^2.

Überschläglich kann man den voraussichtlichen Eltverbrauch danach abschätzen, daß in Innenräumen bei gut durchgebildeten Beleuchtungsanlagen mit Gasfüllungs-Glühlampen (sog. Halbwattlampen) für 1 Lux etwa 0,2 Watt für den m^2 Bodenfläche erforderlich sind.

Für Räume, in welchen an senkrechten Flächen gearbeitet wird (Zusammenbau von Maschinen, Schalttafeln usw.) soll die auf der senkrechten Ebene gemessene Flächenhelligkeit mindestens die Hälfte der für die wagerechte Ebene festgesetzten Werte betragen.

Außer von der Lichtfarbe und Helligkeit hängt die Güte der Beleuchtung noch wesentlich von der Art des Lichteinfalls auf die Arbeitsplätze ab. Ausgesprochenes Punktlicht (Beleuchtung durch eine oder wenige punktförmige Lichtquellen) bewirkt scharfe Schlagschatten und lästige Spiegelungen auf blanken Fächen von Werkstücken und Maschinen; auch wird durch die übermäßigen Gegensätze zwischen hell und dunkel das Betrachten der in verschiedener Lage befindlichen Flächen und Gegenstände erschwert. Bei unzweckmäßiger Anbringung der Lampen können noch Störungen durch Blendung infolge zu hohen Glanzes (Flächenhelle) der Lichtquellen hinzukommen. Anderseits läßt vollkommenes Streulicht (gleichmäßig starker Einfall zerstreuten Lichtes aus allen Richtungen des umgebenden Raumes) die Gegensätze der Flächen auf den betrachteten Körpern zu sehr verschwinden und verursacht weiche verschwommene Bilder, beeinträchtigt daher gleichfalls das klare Erkennen. Das Richtige liegt in der Mitte; es ist deshalb ein Streulicht anzustreben, das ähnlich wie das Tageslicht von großen lichtgebenden Flächen unter weitem Raumwinkel einfällt, aber noch hinreichend ausgeprägte Hauptrichtungen und Schattenwirkungen hat, um die Flächengegensätze genügend hervortreten zu lassen.

Geradwegige, mittelbare und halbmittelbare Beleuchtung. Bei der geradwegigen (direkten) Beleuchtung gelangt ein Teil der erzeugten Gesamtlichtmenge geradwegig auf die Arbeitsplätze,

Geradwegige Beleuchtung.

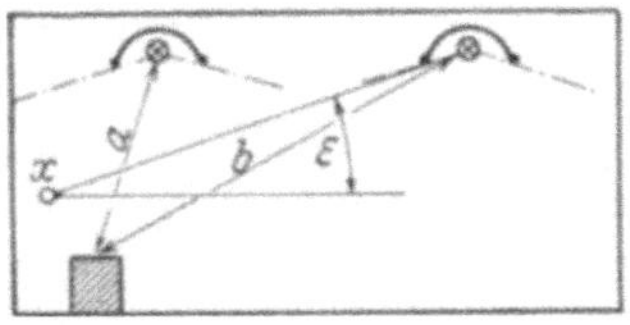

Abb. 53a. Lampen hoch. ε groß, Unterschied zwischen a und b gering. Gut.

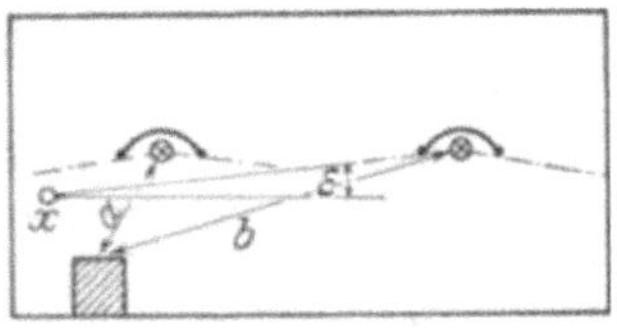

Abb. 53b. Lampen tief. ε klein (Blendung!), a viel kleiner als b (starke Schlagschatten!). Ungünstig.

Mittelbare Beleuchtung.

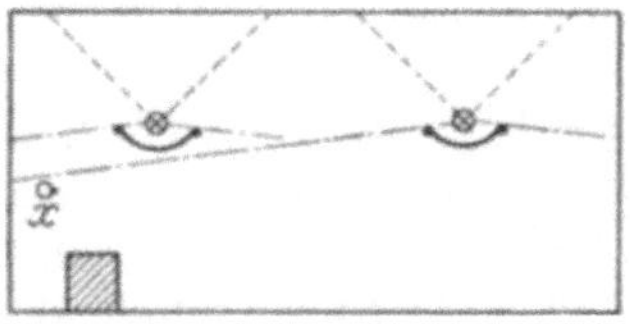

Abb. 53c. Lampen tief. Decke gleichmäßig erhellt, großer Teil der Wände beleuchtet, Blendung vermieden. Gut.

Abb. 53d. Lampen hoch. Decke ungleichmäßig beleuchtet, nur geringer Teil der Wände erhellt. Ungünstig.

Halbmittelbare Beleuchtung.

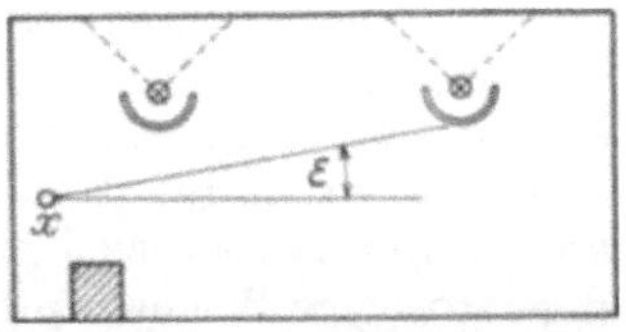

x = Augenpunkt.

Abb. 53e. Lampen nicht zu tief, um Blendung zu vermeiden, nicht zu hoch, um Decke gleichmäßig zu erhellen. Gut.

Abb. 53a—e. Geradwegige, mittelbare und halbmittelbare Beleuchtung.

ein weiterer kleinerer Teil auf Umwegen über die Rückstrahler (Reflektoren) der Lampen und über zufällig getroffene Gebäude- und Einrichtungsteile. Dagegen erhalten die Arbeitsplätze bei der mittelbaren (indirekten) Beleuchtung nur das zurückgeworfene Streulicht planmäßig bestrahlter Flächen von Rückstrahlern oder von Decken und Wänden; der abwärts auf die Arbeitsplätze gerichtete Teil des Lichtstromes wird abgeschirmt und durch Umlenkung nach oben mit zur Erhellung der Streulicht gebenden Flächen nutzbar gemacht. Die halbmittelbare (halbindirekte) Beleuchtung steht zwischen beiden in der Mitte; ein Teil des Lichtstromes gelangt durch Rückstrahlung von den oben liegenden hellen Flächen, ein anderer Teil unmittelbar auf die Arbeitsplätze, letzterer jedoch meist durch weite lichtstreuende Glocken gedämpft und zerstreut. In Abb. 53a—e sind die drei verschiedenen Beleuchtungsarten zusammengestellt.

Zur Berechnung der Beleuchtungsanlagen kommt zunächst das bekannte physikalische Gesetz in Betracht, nach welchem die Helligkeit eines auf einer beleuchteten Fläche befindlichen Punktes in Lux sich errechnet aus Kerzenstärke der Lichtquelle geteilt durch das Quadrat ihrer Entfernung in Meter, multipliziert mit dem Sinus des Auftreffwinkels des Lichtstrahls. Sind mehrere Lichtquellen vorhanden, so hat man die nach vorstehendem ermittelten Einzelwerte zusammenzuzählen. Dieses Verfahren ist jedoch nur für Hofräume und Straßen, allenfalls auch noch für hohe Hallen von Großbetrieben angebracht, die durch starke weit auseinanderliegende Einzellampen beleuchtet werden und bei denen die Rückstrahlung von Wandflächen usw. keine nennenswerte Rolle spielt. In Werkstätten mit zahlreichen Lichtquellen und vielfachen Rückstrahlwirkungen lassen sich die Verhältnisse damit schwer erfassen.

Dort benutzt man besser das Verfahren von Halbertsma (Quellennachweis 12). Diesem liegt die Überlegung zugrunde, daß bei gleicher Beleuchtungsart und einigermaßen ähnlichen Raumverhältnissen und Lampenverteilungen stets ungefähr derselbe Bruchteil des erzeugten Gesamtlichtstroms nutzbar auf die Arbeitsebene gelangen muß, daß die Beleuchtungsanlage also mit einem auf Grund von Erfahrungsziffern im voraus abschätzbaren Wirkungsgrad arbeiten wird (Halbertsma nennt seine Berechnungsweise deshalb „Wirkungsgradverfahren"). Man ermittelt hiernach unter Einsetzung der in Frage kommenden Wirkungsgrade den für den ganzen Raum zur Erzielung der verlangten Flächenhelle erforderlichen Lichtstrom in Lumen. Beiläufig bemerkt beträgt der von einer Lampe nach allen Raumrichtungen insgesamt ausgesandte Lichtstrom in Lumen gemessen im günstigsten Grenzfalle das 4 πfache, bei den üblichen Glühlampen in der Regel etwa das 10fache der meist für eine bevorzugte Richtung angegebenen Kerzenstärkenzahl.

Unter den Verlustursachen ist zunächst die Verschluckung in den Glasglocken, Rückstrahlern, Decken und Wandflächen zu nennen. Als Anhalt für die Größenordnung dieser Verluste möge dienen, daß schon durch Klargläser nur etwa 90—95 v. H. der eintretenden Lichtmenge hindurch gelangen, und von frischgestrichenen weißen Deckenflächen bestenfalls bis 80 v. H. zurückstrahlen; mit Fortschreiten der unvermeidlichen Verschmutzung oder Nachdunkelung werden die Zahlen viel ungünstiger. Teile des Lichtstromes gelangen auch erst nach mehrmaligen stets mit neuen Verlusten verbundenen Rückstrahlungen auf die Arbeitsfläche. Weitere Teile treffen auf Treibriemen, dunkle Maschinenteile usw. oder auf die Fenster und Oberlichter, und gehen dort infolge Verschluckung oder Austritt ins Freie so gut wie vollständig verloren. Alle diese Umstände sind bei der Schätzung des Wirkungsgrades von Belang.

Unter durchschnittlichen Verhältnissen kann man nach den Angaben von Halbertsma bei geradwegiger Beleuchtung in Räumen mit hellen rückstrahlenden Decken und Wänden etwa 45 v. H. Wirkungsgrad erwarten in Räumen nur mit rückstrahlenden Decken, ohne rückstrahlende Wände etwa 35 v. H., in Räumen ohne rückstrahlende Decken und Wände etwa 25 v. H. Bei halbmittelbarer und rein mittelbarer Beleuchtung sind die v. H.-Ziffern noch je um 5 bzw. um 10 niedriger anzunehmen; bei ihnen würde dementsprechend zur Erzielung gleicher Beleuchtungsstärke auf der Arbeitsfläche ein Mehraufwand an Lichterzeugung von 15 bzw. 30 v. H. erforderlich sein. Jedoch kommt man bei halbmittelbarer und reinmittelbarer Beleuchtung wegen ihrer überlegenen Güteeigenschaften meist mit geringerer Lichtstärke aus als bei geradwegiger Beleuchtung. Bei letzterer stören die starken Gegensätze zwischen den Lampen und beleuchteten Flächen einerseits und dem dunklen Hintergrund (Fenster, Oberlichter, dunkle Deckenflächen) andererseits, ferner auch die scharfen Schlagschatten; durch diese Ungleichmäßigkeiten werden die Augen stärker angestrengt und das Bedürfnis ausgelöst, die Zahl und Stärke der Lampen zu erhöhen. Unter Mitberücksichtigung dieses Umstandes wird der Eltverbrauch für halbmittelbare und geradwegige Beleuchtung etwa gleich hoch zu veranschlagen sein; für rein mittelbare dürfte er sich etwas höher stellen. Im allgemeinen wird für die Raumbeleuchtung von Werkstätten halbmittelbare Beleuchtung den Vorzug verdienen, sofern zur Rückstrahlung geeignete Decken und Wandflächen vorhanden sind; wo dies nicht der Fall ist, also bei Hallen mit besonders reichlichen Oberlichtglasflächen und im Freien kommt geradwegige Beleuchtung in Betracht.

Raumbeleuchtung und Einzelplatzbeleuchtung. Oft wird zu untersuchen sein, ob neben der allgemeinen Erhellung durch die Raumbeleuchtung noch eine Einzelplatzbeleuchtung vorzusehen ist und welchen Anteil an der Deckung des gesamten Lichtbedarfes man gegebenenfalls den beiden Teilen der Beleuchtungsanlage zuzuweisen hat.

Für die Entscheidung dieser Fragen spielen wirtschaftliche Gesichtspunkte nicht unerheblich mit, wie an einem Beispiel gezeigt werden möge. Für eine Werkstatt für feine mechanische Arbeiten seien 100 Lux Flächenhelle gefordert. Bei Wahl einer reinen Raumbeleuchtungsanlage hat man unter Annahme eines Wirkungsgrades von 0,30 für 1 m^2 Werkstattfläche etwa 330 Lumen zu erzeugen. Hierfür sind unter Voraussetzung von Gasfüllungsglühlampen etwa 20 Watt für 1 m^2 Werkstattfläche erforderlich. Bei Einzelbeleuchtung der Arbeitsplätze, deren einer auf je etwa 5 m^2 Werkstattfläche entfallen möge, wird die auf den kleinen Arbeitsflächen notwendige Helligkeit leicht mit Lampen von etwa 160 Lumen (16 Kerzen) und etwa 20 Watt Eltverbrauch zu erzielen sein, was 4 Watt für 1 m^2 Werkstattfläche ergibt. Die Raumbeleuchtung kann im letzteren Falle, da sie ja nur noch Übersichts- und Verkehrszwecken dient, auf etwa 20 Lux herabgemindert werden, wofür noch weitere 4 Watt aufzubringen sind. Es werden demnach für den m² 20 Watt bei ausschließlicher Raumbeleuchtung, 8 Watt bei Anwendung von Einzelbeleuchtung gebraucht. Bei 3000 Jahresbrennstunden (Betrieb mit Nachtschicht) würden somit in einem Werkstattsaal von 1000 m² Bodenfläche durch Anwendung der Einzelplatzbeleuchtung jährlich 36000 Kilowattstunden erspart werden.

Beschränkung der Raumbeleuchtung auf das für Übersichtszwecke erforderliche Maß und Deckung des Lichtbedarfes für Bearbeitungszwecke durch Einzelplatzlampen wird sich namentlich dann empfehlen, wenn sehr große Flächenhelle auf Arbeitsplätzen von beschränkter Ausdehnung benötigt wird (feine mechanische Arbeiten) oder wenn nur einzelne verhältnismäßig weit auseinander liegende Bearbeitungsstellen besonders guter Beleuchtung bedürfen (Drehereien). Dagegen ist starke Raumbeleuchtung erforderlich, wo ausgedehnte Maschinenanlagen oder Arbeitsplätze (Spinnereien, Ankerwickeleien, Zusammenbau großer Maschinen) in ihrer ganzen Erstreckung gut erhellt sein müssen. Jedoch kann auch bei sehr reichlicher Raumbeleuchtung

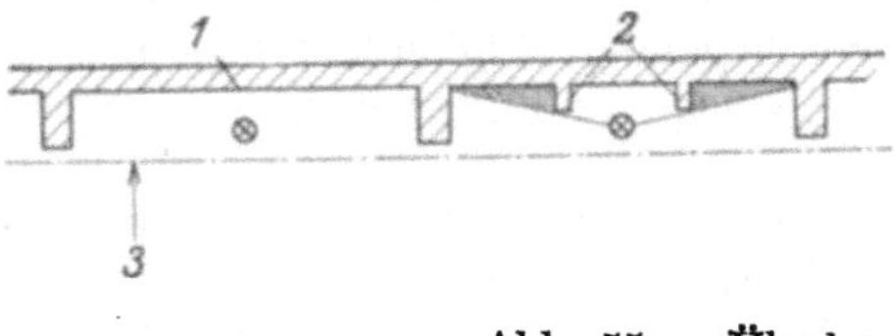

1 Deckenfeld glatt, gut.
2 Balken im Deckenfeld, ungünstige dunkle Flächen.
3 Platzbedarf des Laufkrans.

Abb. 55a. Überlegenheit glatter Decken bei Kunstlicht.

auf Zuhilfenahme von Einzelplatzlampen nicht überall verzichtet werden, sei es zur dauernden Beleuchtung sonst im Schatten liegender Bearbeitungsstellen an Werkzeugmaschinen, sei es zum vorübergehenden Hineinleuchten in Betriebsmaschinen, Werkstücke usw.; hierauf ist beim Entwurf neuer Beleuchtungsanlagen von vornherein zu achten, um Mehrkosten durch nachträgliche Leitungsverlegung zu vermeiden.

Raumlampen. Von Vorteil ist es, wenn sich die Raumlampen so anbringen lassen, daß das Kunstlicht im wesentlichen aus derselben Richtung zu den Arbeitsplätzen gelangt wie das Tageslicht, damit die entsprechend dem Lichteinfall bei Tage aufgestellten Maschinen nicht bei Kunstlicht beschattet sind.

Zusammenfassung der Lichterzeugung in wenigen starken Lampen stellt sich in Anlage und Betrieb billiger als Verteilung auf zahlreiche schwache Lampen, im Betrieb namentlich wegen des geringeren auf die Lichteinheit bezogenen Eltverbrauches starker Glühbirnen und wegen des niedrigeren Aufwandes für Wartung und Birnenersatz. Anderseits leidet bei ungenügender Unterteilung die Gleichmäßigkeit der Beleuchtung. Bei geradwegiger Beleuchtung

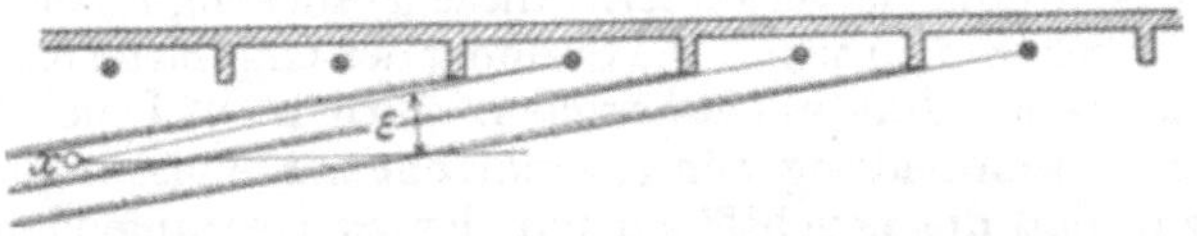

x = Augenpunkt. Auge kann um Winkel ε über die Wagerechte erhoben werden, bevor es geradwegiges Lampenlicht erhält.

Abb. 55b. Blendungsschutz durch Unterzüge.

ist weitergehende Unterteilung nötig als bei mittelbarer oder halbmittelbarer, wo die Decken und Wandflächen die Ausbreitung der erzeugten Lichtmenge begünstigen. Durch die Aufhängehöhe wird die Gesamtlichtmenge, welche nutzbar auf die Arbeitsflächen gelangt, nur wenig beeinflußt, dagegen die Güte der Lichtverteilung sehr erheblich. Im allgemeinen ist für geradwegige Beleuchtung hohe Aufhängung vorteilhaft, um gleichmäßige Lichtverteilung zu erhalten und Blendung zu vermeiden (Abb. 53a—b). Für mittelbare Beleuchtung empfiehlt sich niedrige Aufhängung, um mit wenigen Lampen weite Flächen der Decken und Wände gleichmäßig zu erhellen (Abb. 53c—d). Halbmittelbare Beleuchtung wird am besten in mittlerer Höhe angeordnet (Abb. 53e). In Abb. 53a—e bedeutet ε den Winkel, um den die Augen über die Wagerechte erhoben werden können, bevor sie den unmittelbaren Lichtstrahlen einer Lampe ausgesetzt sind. Bei Ausarbeitung der Lampenanordnung hat man von vornherein darauf zu achten, ob Einbau von Laufkranen und sonstigen Hebezeugen in Betracht kommt, und auf schattenverursachende Wellenstränge, Vorgelege und größere Einrichtungsstücke Rücksicht zu nehmen.

Als Hilfsmittel zur Verbesserung der Lichtverteilung und Milderung der Blendung sind noch anzuführen Mattätzung der Birnen (wenig wirksam, schnelleres Verschmutzen), Verwendung von weiten lichtstreuenden Opalglasglocken, Anbringung von Glocken mit lichtbrechenden Gläsern zur Verstärkung der Lichtstrahlung in den weiteren Umkreis, Nutzbarmachung aller Flächen an Decken, Wänden, Pfeilern usw. für die Rückstrahlung durch weißen Anstrich,

Anbringung innenseitig heller Vorhänge vor Fenstern und Oberlichtern. Die für die Rückstrahlung benutzten Decken sollen möglichst glatt sein, um ununterbrochene leuchtende Flächen zu liefern, wie auf Abb 55a deutlich gemacht ist. Die Opalglasglocken bei Beleuchtung verursachen einen gewissen Lichtverlust durch Verschluckung; hier und da hat man deshalb versucht, eine Art halbmittelbarer Beleuchtung mit nackten Lampen zu schaffen, bei welcher der untere Teil des Lichtstromes jeder Lampe unabgeschirmt nach unten gelangt, während der obere Teil die Decke erhellt. Man hat dabei die Beleuchtung ausreichend zu unterteilen und die Lampen unter den Deckenfeldern, wie auf Abb. 55b gezeigt, so aufzuhängen, daß ihre annähernd wagerechten Lichtstrahlen, die auf weiter abgelegenen Arbeitsplätzen Blendung verursachen würden, durch die Deckenunterzüge abgeschirmt werden. Es ist zwar auf diese Weise ein befriedigendes Ergebnis zu erzielen, doch bleibt zu bedenken, daß der Ersparnis durch Fortlassung der lichtverschluckenden Glocken und Schirme Mehrkosten infolge der starken Unterteilung gegenüberstehen.

Die Beleuchtungsanlagen vieler auch neuerer Werkstätten lassen noch sehr zu wünschen übrig und überraschen durch die Nichtausnutzung der nächstliegenden Möglichkeiten; eine wirklich fachmännische Bearbeitung würde in vielen Fällen dle Anlage- und Betriebskosten vermindern und die Ausbringung günstig beeinflussen.

Räume mit leicht entzündlichen Stoffen bedürfen besonderer Vorkehrungen, um Gefahren durch Warmwerden oder Zerplatzen von Glühlampen vorzubeugen. Die wirksamste, wenngleich oft unbequeme und auch nicht in allen Fällen erforderliche Schutzmaßnahme ist Beleuchtung derartiger Räume von außen durch Fenster, wobei das Rauminnere vom stromführenden Teil ganz frei bleibt.

Nach dem gegenwärtigen Stande der Beleuchtungstechnik kommen Bogenlampen nur noch in Ausnahmefällen für die Beleuchtung von Hofräumen und weiten hohen Hallen in Betracht, wo sich sehr starke Einzellichtquellen anwenden lassen. Sie sind dort wegen ihres etwas niedrigeren Eltverbrauches namentlich bei hohem Eltpreis wirtschaftlich überlegen. Bei geringeren Einzellichtstärken und niedrigerem Eltpreis verschieben sich die Ziffern zugunsten der Starklicht-Glühlampen, da die Eltersparnis auf seiten der Bogenlampen die Mehrausgaben für Kohlenstifte, Wartung, Reinigung und Instandsetzung dann nicht mehr aufwiegt. Jedoch gibt man häufig auch in Fällen, wo die Bogenlampen rein rechnungsmäßig sparsamer wären, der Glühlampenbeleuchtung wegen ihres ruhigeren Lichtes und ihrer bequemeren Anlage und Bedienung den Vorzug. Bei knappem Zwischenraum zwischen Decke und Hebezeugen wird die Wahl von Bogenlampen oft von vornherein durch die Bauhöhe ihrer Gehäuse ausgeschlossen.

Einzelplatzlampen. Einzelplatzlampen müssen so angebracht und abgeschirmt werden, daß sie den Arbeitsvorgang gut beleuchten, ohne den beteiligten Arbeiter oder seine Platznachbarn zu blenden. Die Formgebung des Schirmes soll Bestrahlung der Augen durch das Licht der Glühbirne oder der hellen inneren Schirmfläche verhindern; diese Forderung scheint in einer sehr großen Zahl von Betrieben noch unbekannt zu sein. Die Stellung der Glühbirne und die Form des Schirmes muß der Anordnung des Leuchtdrahtes entsprechen. Birnen mit Leuchtfäden parallel zur Lampenachse geben in der Achsenrichtung wenig, senkrecht zur Achsenrichtung viel Licht; sie sind also so zu benutzen, daß die Leuchtfäden mit der zu bestrahlenden Fläche gleich gerichtet liegen, und erhalten zweckmäßig Schirme von etwa halbzylindrischer Form (Horax-Lampe von Dr.-Ing. Schneider & Cie. in Frankfurt a. M.). In kegelförmige Schirme gehören dagegen Birnen mit Leuchtfäden, welche die Achse ringförmig umgeben. Lampen mit Halbzylinderschirm sind denen mit Kegelschirm überlegen, weil bei ihnen die innere Schirmfläche von der Glühbirne gleichmäßiger beleuchtet wird und das Licht daher auch gleichmäßiger weiter gibt. Sie werden jedoch teurer, namentlich bei Verwendung als Pendellampen, wo die Art der Aufhängung Sicherheit gegen Verdrehung geben muß, was bei Kegelschirmen nicht erforderlich ist. Wie bei der Raumbeleuchtung wirkt auch bei der Einzelplatzbeleuchtung das Hinzutreten von Streulicht unter weitem Raumwinkel mildernd auf die Schatten und Spiegelungen, welche die geradwegigen Strahlen des Leuchtdrahtes hervorrufen; deshalb sind weite Schirme zu bevorzugen, soweit sie sich an den Arbeitsplätzen (Reißbrettern, Drehbänken) unterbringen lassen. Unzweckmäßige Anordnung von Rückstrahlschirmen und Glühbirnen hat ungenügende Ausnutzung der erzeugten Lichtmenge zur Folge und führt zum Einsetzen unnötig starker Glühbirnen; bei richtiger Auswahl ist es in vielen Fällen möglich, statt der besonders beliebten Lampen von 250 Lumen (25 Kerzen) solche von 160—100 Lumen zu verwenden und dadurch an Leitungsquerschnitten und Eltenergie zu sparen.

Wo keine Behinderung durch Hebezeuge und Wellenstränge vorliegt, also in Büroräumen und Arbeitssälen für leichte Teile, werden die Einzelplatzlampen vorteilhaft an Rohr- oder Schnurpendeln, nötigenfalls mit Rollenzug, aufgehängt. Häufig ist Verstellungsmöglichkeit in der Längen- und Weitenrichtung der Räume erwünscht, damit man die Lampen an beliebige

Stellen über Schreibtischen usw. hinschieben kann. Am einfachsten bringt man zu diesem Zweck unter der Decke Flacheisenschienen an, legt auf diese verschiebbare Querschienen und hängt an letzteren wiederum verschiebbar die Lampenpendel auf. In größeren Werkstätten werden die Pendel vielfach an wagerecht ausgespannten Tragdrähten befestigt, welche in geringer Höhe über den Arbeitsplätzen entlang verlaufen. Der obere Teil des Raumes bleibt dabei für den Kranverkehr frei; trotzdem werden nicht selten infolge unvorsichtiger Bedienung der Krane Teile der Beleuchtungsanlage herunter gerissen. Wo Pendelaufhängung nicht durchführbar ist oder dauernde Verstellung der Lampen und Schirme während der einzelnen Arbeiten möglich sein soll, muß die Befestigung der Lampe am Arbeitsplatz selbst erfolgen. Oft wird weitgehende Verschiebbarkeit von vorn nach hinten, von rechts nach links, von oben nach unten und außerdem Verstellbarkeit der Lichtaustrittsrichtung gefordert (z. B. für das Ausschaben von Lagern). Am einfachsten und bequemsten sind Halter aus biegsamen Metallschläuchen; dieselben sinken jedoch unter Einwirkung von Stößen abwärts und sind daher nur in geringer Länge und auf einigermaßen erschütterungsfreien Arbeitsplätzen anwendbar (Befestigung auf Schlitten von Drehbänken usw.). Wo gehämmert wird (Schraubstockplätze), empfehlen sich Gelenkhalter mit Raststellungen; bei der Auswahl ist auf ausgiebige Verstellbarkeit nach allen Richtungen und Sicherheit gegen Durchscheuern und Abreißen der Eltleitungen zu achten.

Oft wird es angebracht sein, die Einzelplatzlampen mit loser Leitungsschnur und Anschlußstecker zu versehen und leicht abnehmbar einzurichten, damit die Arbeiter die Möglichkeit haben, sie während des Nichtgebrauches einzuschließen. Man kann dann die Lampen gegen Quittung oder Werkzeugmarke verabfolgen lassen und die Entleiher für Rückgabe in gutem Zustande verantwortlich machen.

Anordnung der Stromkreise. Sparsamkeit ist beim Eltverbrauch wie bei allen anderen Dingen ohne dauernde Einwirkung der Betriebsleitung auf die Beamten und Arbeiter nicht zu erreichen, wird aber durch gut durchdachte Unterteilung der Stromkreise und zweckmäßige Anbringung der Schalter wesentlich begünstigt.

Bei der Einzelplatzbeleuchtung ist jede Lampe besonders abschaltbar zu machen. Die Raumlampen sind derart zusammentzufassen, daß ein in Überstunden arbeitender Werkstattbezirk volle Beleuchtung erhalten kann, ohne daß Lampen anderer Bezirke unnötig mitzubrennen brauchen. Abwechselnder Anschluß aufeinander folgender Lampen an zwei verschiedene Stromkreise nach Vorbild von Straßenbeleuchtungen ist nicht zu empfehlen, da bei Ausfall des einen Stromkreises die halbe Beleuchtung für den Arbeitszweck doch nicht ausreichen würde, zur Verhütung von Unfällen jedoch das von Nachbarbezirken herüberkommende Licht genügt. In weiten Werkstattsälen mit Seitenfenstern, in denen sich die Tagesbelichtung von den Wänden nach dem Inneren zu stark verschlechtert, kann eine Trennung der nächst den Fenstern befindlichen von den weiter im Innern angebrachten Lampen vorteilhaft sein, damit sich in der Dämmerung und an trüben Tagen die letzteren allein einschalten lassen.

Die verschiedenartige Ausnutzung der Werkstatträume, die sich vielfach beim Bauentwurf noch nicht endgültig übersehen läßt und sich auch nach Inbetriebnahme öfters ändern wird, führt zu großen Verschiedenheiten im Lichtbedarf. Die Anlage soll diesen wechselnden Anforderungen gegenüber einigermaßen anpassungsfähig sein, damit umständliche Änderungsarbeiten bei Steigerung oder Abnahme des Lichtbedürfnisses möglichst vermieden bleiben. Es kann sich empfehlen, die Zahl und Stärke der Brennstellen und ihrer Zuleitungen für das in Betracht kommende Höchstmaß einzurichten und dann in Bezirken geringeren Lichtbedarfes entweder nur einen Teil der Brennstellen auszunutzen oder schwächere Lampen einzusetzen; oft werden die hierdurch bedingten anfänglichen Mehraufwendungen weit niedriger sein, als die sich im Laufe der Zeit stark aufsummenden Kosten für nachträgliche Änderungen eines zunächst möglichst billig angelegten Netzes.

Übersichts- und Notbeleuchtung. Neben der den eigentlichen Erzeugungszwecken dienenden Hauptbeleuchtung durch Raumlampen und Einzelplatzlampen wird zweckmäßig noch eine schwache Übersichtsbeleuchtung durch wenige weit verteilte Raumlampen vorgesehen. Zu Zeiten, wo die Hauptbeleuchtung nicht oder nur in einzelnen Bezirken benötigt wird, kann man dann zu Ordnungs-und Unfallverhütungszwecken diese Lampen einschalten, um möglichst wenig Strom zu gebrauchen. Die Übersichtsbeleuchtung soll insbesondere den Leuten einzelner in Überstunden arbeitender Bezirke das Zurechtfinden nach den Ausgängen, Werkzeugausgaben usw. ermöglichen und den Aufsichtsbeamten die Überwachung erleichtern. Die Stromkreise der Übersichtslampen werden so eingerichtet, daß ihre Ein- und Ausschaltung von allen Zugangstüren aus erfolgen kann, was die Rundgänge der Nachtwächter abkürzt und für das Eingreifen in Brandfällen von Wert ist. Es steht dann nichts im Wege, die Lampenstromkreise der Hauptbeleuchtung bezirksweise auf Verteilungsschalttafeln zusammenzufassen, deren Lage lediglich mit Rücksicht auf die Leitungskosten gewählt wird, also bei diesen auf Schaltbarkeit von mehreren Stellen aus zu verzichten.

Wo gänzliches Versagen der Beleuchtung nach der Eigenart des Betriebes großen wirtschaftlichen Schaden oder erhebliche Unfallgefahr mit sich bringen würde, ist eine Notbeleuchtung vorzusehen. Zur Speisung derselben lassen sich etwa vorhandene Eltsammler (Akkumulatoren) mit heranziehen. Man kann die Einrichtung nun so treffen, daß bei Ausbleiben der Hauptnetz-Spannung entweder besondere Notlampenstromkreise oder auch die Stromkreise der Übersichtslampen des Hauptnetzes auf die Sammlerleitungen geschaltet werden. Jedoch geht bei Vornahme dieser Schaltung von Hand kostbare Zeit verloren, und Selbstschalter für derartige Zwecke versagen leicht, wenn ihre Wirkungsbereitschaft nicht dauernd überwacht wird. Die größte Sicherheit bietet ständiges Brennenlassen der am Sammlernetz liegenden Notlampen während der Dunkelheit, was auch für die Sammler vorteilhaft sein kann, wenn sonst keine Veranlassung zu regelmäßiger Entladung besteht; doch ist dann Beschränkung der Lampenzahl und -Stärke angebracht, um die Kosten der Eltsammler nicht zu hoch werden zu lassen. Steht keine ausreichende Sammleranlage zur Verfügung, so kommt Notbeleuchtung mit Hilfe von tragbaren Eltsammlerlampen oder von Öl- und Kerzenlampen in Betracht. Derartige Lampen müssen gut zugänglich, aber zugleich diebstahlsicher befestigt sein.

Abblendung. In Hinblick auf Luftangriffe im Kriegsfalle verdient bei Werkstattneubauten die Abblendungsfrage Beachtung. Am meisten empfehlen sich lichtundurchlässige Vorhänge oder Läden, die innen weiß sind, um das Lampenlicht zurückzustrahlen und dadurch den Wirkungsgrad der Kunstbeleuchtung zu erhöhen. Außenlampen zur Beleuchtung von Straßen, Höfen usw. müssen sich so abschirmen lassen, daß keine Lichtstrahlen höher als wagrecht auftreten können; auch darf wegen der Spiegelung kein Licht in Wasserflächen fallen. Für die gesamte Außenbeleuchtung wird vorteilhaft ein besonderes von der Innenbeleuchtung getrenntes Leitungsnetz angeordnet, das bei Luftangriffsgefahr abgeschaltet oder an verminderte Spannung gelegt werden kann, wobei die Lampen nur noch soviel Licht geben, wie zum notdürftigen Zurechtfinden unbedingt erforderlich ist. Abblendungseinrichtungen sollten bereits im Frieden so weit vorbereitet und erprobt sein, daß sie in kürzester Zeit benutzbar gemacht werden können, da bei Kriegsausbruch sofortige Luftangriffe größten Maßstabes auf Verkehrs- und Erzeugungsanlagen zu erwarten sind. Blauanstrich von Fenstern und Lampen ist ein unvollkommener Behelf und verschlechtert die Lichtverhältnisse. Für die Anbringung von Vorhängen oder Läden müssen die Fensterflächen nach Möglichkeit von Kranbahnen, Wellensträngen, Rohren und Eltleitungen freigehalten werden. Auch bei der Anordnung von Lüftungsflügeln mitsamt ihren Antriebsgestängen ist hierauf Rücksicht zu nehmen.

Vorhänge zum Schutz gegen Sonnenlicht können mit Vorteil in der Höhe unterteilt werden; alsdann lassen sich je nach dem Sonnenstand unter Umständen nur die Unterteile oder nur die Oberteile vorziehen, so daß durch die freibleibenden Scheiben noch genügend Licht zu den der Sonnenstrahlung nicht ausgesetzten Stellen des Werkstattraumes gelangt.

Lüftung und Heizung.

(Siehe hierzu Quellennachweis 1f, *1m, 4, 13, *14, 15, 36, 103, 108, 109, 111, 112, 117, 127, 132, 311, *313.)

Anforderungen an die Lüftung. Zur Erneuerung der Luft können verschiedene Umstände zwingen, erstens die Verschlechterung durch die Atmung, zweitens übermäßige Erwärmung oder Feuchtigkeitszunahme durch die menschliche Körperwärme und Ausdünstung oder infolge technischer Ursachen, drittens das Auftreten von Gerüchen, Dünsten, Rauch und Staub. Der nachteilige Einfluß der beiden zuerst angeführten Erscheinungen auf Gesundheit und Wohlbefinden ist allgemeiner bekannt als der der zuletzt genannten, auf deren Bedeutung für die Leistungsfähigkeit und Ausdauer der Arbeiter deshalb ganz besonders hingewiesen sei. Die Art der Lüftung soll in allen mit Leuten besetzten Teilen der Werkstatt genügende Wirkung erzielen, dabei aber Zugerscheinungen wie auch lästige Wärmegradschwankungen ausschließen. Jeder einzelne der erwähnten Umstände muß beim Entwurf der Lüftungsanlagen sorgfältig berücksichtigt werden.

Die Gewerbeordnung schreibt in § 120 einerseits genügenden Luftraum, anderseits ausreichenden Luftwechsel vor. Zahlenmäßige Angaben sind nur in Sonderverordnungen für einzelne Gewerbe gemacht, z. B. 7 m^3 Luftraum je Kopf in Zigarrenfabriken, 10 m^3 in Phosphor-Zündholzfabriken. Da Werkstätten wegen des für Arbeitstische, Maschinen, Stapelflächen und Verkehrswege benötigten Platzes kaum dichter als mit durchschnittlich 1 Kopf auf 2,5 m^2 Bodenfläche besetzt werden können, wird der Vorschrift genügenden Luftraumes in der Regel auch bei den geringsten vorkommenden Raumhöhen entsprochen sein, doch sollte man aus gesundheitlichen Gründen über die oben genannten Zahlenwerte hinausgehend möglichst etwa 15 m^3 Luftraum je Kopf vorsehen. Als stündlicher Luftwechsel ist etwa 60 m^3 je Kopf anzustreben. Das würde bei 15 m^3 Luftraum je Kopf viermalige Lufterneuerung in der Stunde bedeuten. Je kleiner der Luftraum ist, um so häufigere Lufterneuerung muß stattfinden, um so schneller ist also die Bewegung der durch die Lüftung veranlaßten Luftströmungen. Zu große Luftgeschwindigkeiten verursachen Zugempfindung und zwar auch bei warmer Luft; denn bei dem in den gemäßigten Zonen stets vorhandenen Unterschied von Körperwärmegrad und Luftwärmegrad wird den luftberührten Körperteilen um so mehr Wärme entzogen, je größere Luftmengen in der Zeiteinheit mit ihnen in Berührung kommen. Als zulässiger Höchstwert zur Erzielung zugfreier Lüftung wird stündlich fünfmalige Lufterneuerung angegeben. Muß in Ausnahmefällen wegen besonders beschränkter Raumverhältnisse darüber hinausgegangen werden, so ist sorgfältige Unterteilung der Luftströmungen mit Hilfe von fein verzweigten Lüftungsleitungen mit vielen kleinen Öffnungen notwendig.

Die Frischluftentnahme soll an Stellen erfolgen, wo Luft von einwandfreier Beschaffenheit zur Verfügung steht, die Entfernung der Abluft an solchen Stellen und unter solchen Vorsichtsmaßregeln, daß ihre schädlichen Beimengungen keine Unzuträglichkeiten verursachen. Dabei darf nicht übersehen werden, daß Zu- und Abfluß der Luft durch die Wahl der Luftentnahme- und -abgabestelle nicht restlos beherrscht werden, daß vielmehr nebenher noch ein recht merklicher Luftaustausch durch Mauerfugen in Außen- und Zwischenwänden, Undichtheiten bei Fenstern und Türen usw. vor sich gehen kann. Deshalb sind solche Räume, in denen starker Bedarf an reiner Atmungsluft besteht und keine erhebliche Luftverunreinigung zu erwarten ist, mit Überdruck zu lüften, dagegen Räume, in denen sich viel Staub und Rauch, Dämpfe, Gase, Gerüche usw. entwickeln und wo sich nur wenige Menschen aufzuhalten haben, mit Unterdruck. Dadurch wird vermieden, daß in Räumen mit großem Atmungsluftbedarf auf Nebenwegen Luft von zweifelhafter Herkunft und Beschaffenheit eingesaugt wird, bzw. aus Räumen mit starker Luftverunreinigung Gerüche, Staub usw. an Stellen gelangen, wo sie Belästigungen verursachen. Ausnahmen sind höchstens bei völlig freier Lage zulässig.

Auftriebslüftung. Unter Auftriebslüftung (auch natürliche Lüftung genannt) sollen im Gegensatz zur Kraftlüftung mittels kraftgetriebenen Lüftern solche Lüftungsarten verstanden sein, bei welchen die Luftbewegung durch den Gewichtsunterschied zwischen der verschieden warmen Innen- und Außenluft, also durch Wirkung des Auftriebs zustande kommt.

Die einfachste Art der Lüftung durch Aufmachen der Fenster hat viele Unvollkommenheiten. Öffnung gleich hochliegender Flügel oder Klappen ergibt bei Windstille nur eine langsame Vermischung der Raumluft mit der äußeren Frischluft, aber keine eigentliche Luftströmung; an den von den Fenstern abgelegenen Stellen wird daher die verbrauchte Luft nicht genügend ersetzt. Eine gerichtete Luftbewegung und zwar, wenn die Innenluft wärmer ist als die Außenluft, von unten nach oben entsteht erst bei verschieden hoher Lage der Öffnungen; dabei nimmt die Geschwindigkeit mit dem Höhenunterschied der Öffnungen und dem Wärmegefälle zwischen innen und außen zu. Auch hierbei beschränkt sich die Luftströmung im wesentlichen auf die Verbindungswege zwischen Eintritts- und Austrittsstellen. Wind kann den Luftaustausch verstärken, wirkt aber meist stoßweise und verursacht Zugbelästigungen. Zur gründlichen Durchlüftung ist gleichzeitiges Öffnen der Fenster an verschiedenen Wandflächen erforderlich, um die Luft mit Hilfe des Winddruckes wagerecht durch die Räume zu treiben; wegen des starken Zuges an den Fensterplätzen kann dies nur während der Arbeitspausen geschehen.

Reine Fensterlüftung ist somit gekennzeichnet durch ihre örtlich beschränkte Wirksamkeit, durch das Fehlen einer geordneten Durchspülung der Räume, durch die Abhängigkeit vom Wärmegrad der Außenluft und durch Zugbelästigung. Sie ist deshalb für stark besetzte und der Dunstbildung ausgesetzte Räume, die ständiger Lüftung bedürfen, unzweckmäßig, und eignet sich nur für mäßig besetzte Bürozimmer und sonstige Räume, die geringer Frischluftmengen bedürfen und deshalb mit gelegentlicher Durchlüftung auszukommen gestatten

Stärkere Wirkungen erhält man, wenn der senkrechte Abstand zwischen Ein- und Austrittsstellen unter Zuhilfenahme von hohen Dächern, Firstaufbauten, Schächten usw. vergrößert wird. Gleichmäßige Zu- und Abführung der Luft an allen Verbrauchspunkten, also geordnete Durchspülung der Räume läßt sich mit Hilfe von Röhren oder Kanälen erreichen. Auch bei derartigen Anordnungen hängt die Stärke der Lüftung vom Wärmeunterschied zwischen Innen- und Außenluft und vom Höhenunterschied der Eintritts- und Austrittsstellen ab.

Zuluftschächte und -kanäle werden hauptsächlich als Teile von Heizanlagen angewandt; für reine Lüftungszwecke haben überwiegende Bedeutung Schächte und sonstige Aufbauten zur Entfernung der Abluft. Vor allem ist die Entlüftung von Hallen durch Klappen in Firstaufbauten und Raupenoberlichtern und durch besondere Schächte zu erwähnen, wobei der Lufteintritt durch tiefgelegene Fenster und Türen oder bei geschlossenem Zustand derselben durch Fugen und sonstige Undichtheiten im unteren Teile des Raumes erfolgt. Die Ausgestaltung der Dächer und Decken soll glatten Abfluß der Luft nach den Abzugsschächten ermöglichen; tief einschneidende Unterzüge und dergleichen können hindernd wirken und Bildung von „toter Luft" verursachen. Entlüftungsschächte müssen meist mit Saugköpfen versehen werden, damit der Wind die Lüftung nicht stört, sondern unterstützt. Ihre Wirksamkeit kann durch Anbau an etwa in der Nähe befindliche wärmende Schornsteine erhöht werden.

Beachtung verdient das Querschnittsverhältnis der Eintritts- und Austrittsöffnungen. Sind beide gleich weit, so herrscht in der unteren Hälfte des — in dieser ganzen Betrachtung als wärmer angenommenen — Rauminneren Unterdruck, in der oberen Hälfte Überdruck, und in der mittleren Höhenlage zwischen Eintritts- und Austrittsöffnung Druckgleichheit mit der Außenluft. Im oberen Teile der Umwandung strömt warme Innenluft durch die Undichtheiten nach außen ab, im unteren Teil dringt kalte Außenluft herein, beides mit wachsendem Abstand von der Druckgleichheitszone (auch neutrale Zone genannt) in steigendem Maße. Macht man dagegen Eintritts- und Austrittsöffnungen verschieden weit, so verschiebt sich die Druckgleichheitszone nach dem weiteren Querschnitt hin. Bei Verschließen der Fenster und Türen unter gleichzeitigem Offenlassen der hoch gelegenen Entlüftungsöffnungen steigt die Druckgleichheitszone bis in die Nähe der letzteren, wobei der Unterdruck im unteren Teil des Raumes namentlich bei strenger Kälte stark zunimmt; in hohen Räumen kann dieser Unterdruck infolge Ansaugens kalter Luft durch die Tür- und Fensterfugen und die Wandporen sehr unangenehme Zugerscheinungen hervorrufen und beim Öffnen von Türen heftige Windstöße verursachen. Dieser Übelstand tritt bei Anordnung enger Austritts- und weiter Eintrittsöffnungen nicht auf. Die Druckgleichheitszone verschiebt sich in diesem Falle nach unten und die Umwandung steht bis in die Nähe des Fußbodens herab unter innerem Überdruck; die nunmehr ausschließlich auf den vorbestimmten Wegen eintretende Außenluft läßt sich zur Vermeidung von Fußkälte vorwärmen. In Werkstattbauten wird die Durchführung dieser Anordnung jedoch oft an der schwierigen Eingliederung der platzraubenden Kanäle und Anwärmkammern in die Fußbodenfläche scheitern.

Die besprochenen Anordnungen werden daher im allgemeinen nur bei Grobbetreiben befriedigen, wo die Arbeiter viel Bewegung haben und sich nicht ständig an bestimmten Plätzen in Wandnähe aufzuhalten brauchen (Gießereien, Eisenbauwerkstätten usw.). Allen Auftriebslüftungen ist der Mangel gemeinsam, daß sie vom Wärmeunterschied zwischen Außen- und Innenluft abhängig sind, daß also ihre Wirkung an warmen Tagen versagt.

Kraftlüftung. Eine unter allen Umständen wirksame, von Wind- und Wärmeverhältnissen unabhängige Lüftung ist nur durch Kraftantrieb zu erreichen. In Betracht kommen Schraubenlüfter zur Bewegung mäßig großer Luftmengen bei kleinen Widerständen, Schleuderlüfter für beliebige Luftmengen bei größeren Widerständen. Jeder Lüfter leistet nur dann das Verlangte und arbeitet auch nur dann mit erträglich gutem Wirkungsgrad, wenn er für die zu fördernde Luftmenge und die dabei in der Lüftungsanlage auftretenden Widerstände genau passend gewählt ist; schon geringe Unstimmigkeiten in dieser Hinsicht haben eine außerordentliche Verschlechterung der Wirtschaftlichkeit zur Folge. Für die Wahl der Lüfter und den Entwurf des ruhenden Teiles der Lüftungsanlage (Schächte, Kanäle usw.) wird daher die Gesamtverantwortung zweckmäßig in eine Hand gelegt.

Die einfachste Form der Kraftlüftung ist die Anordnung von Schraubenlüftern in Öffnungen der Außenwände. Wirken dieselben saugend (von innen nach außen fördernd), so kann man die Außenseite der Öffnung mit einem Klappgitterverschluß (Jalousieverschluß) versehen, der sich bei Ingangsetzung des Lüfters selbsttätig öffnet und bei Stillsetzung oder starken Windstößen wieder schließt; der Raum steht in diesem Falle unter Unterdruck, was wie oben dargelegt, je nach den Umständen zweckmäßig oder unzweckmäßig sein kann. Arbeiten die Lüfter hingegen drückend (von außen nach innen fördernd), so steht der Innenraum unter Überdruck; hierbei müssen statt Klappgittern andere Verschlußarten, z. B. Irisverschlüsse, Anwendung finden, weil sich Klappgitter bei Windstößen öffnen würden. Drückende Lüfter können Zugbelästigung verursachen, wenn die kalte Frischluft nicht genügend verteilt wird und in der Nähe der Wandöffnung in geschlossenem Strom nach unten sinkt. Bei Wahl saugender oder drückender Wandlüfter werden besondere Vorkehrungen für das Nachströmen bzw. Abfließen der Luft in der Regel nicht getroffen; beides erfolgt von selbst durch Fenster, Türen und Wandfugen. Größere Werkstattsäle benötigen stets eine ganze Anzahl Wandlüfter, damit gleichmäßige Wirkung erzielt und Zug infolge übermäßiger Luftgeschwindigkeiten an einzelnen Stellen vermieden wird.

Vollkommner sind Sammellüftungen, bei denen die Luftbewegung für größere Bezirke zusammengefaßt durch einen gemeinsamen Lüfter bewirkt wird, und die Zuführung oder Abführung der Luft an den Bedarfsstellen durch eine große Zahl gut verteilter feiner Öffnungen erfolgt. Als Ausführungsbeispiel hierfür zeigt Abb. 61 eine Unterdrucklüftung Wirkart Schreider, die sich gut bewährt haben soll. Ein großer in einem Schacht über dem Treppenhaus eingebauter Schraubenlüfter fördert Luft aus dem Treppenhaus nach außen. Aus den Arbeitssälen dringt Luft durch Öffnungen ins Treppenhaus nach. Die aus dem Freien kommende Frischluft strömt durch unterhalb der Decke verlaufende Rohre mit feinen Öffnungen in die Arbeitssäle. Infolge der guten Unterteilung sinkt sie nicht in geschlossener Masse zu Boden, sondern vermischt sich mit den von den Fenster-Heizkörpern her aufsteigenden warmen Luftströmen, so daß kein Zuggefühl entsteht. Bei warmem Wetter können, wie aus dem Bilde ersichtlich, zur Verstärkung der Luftansaugung die Fenster geöffnet werden, die mit drei Flügeln übereinander versehen sind. Als Gegenbeispiel zeigt Abb. 61a—c eine Überdruck-Lüftung. Die Lüftungsanlage dient hier gleichzeitig zur Heizung. Die durch Filter gereinigte und erwärmte Luft wird mittels Schleuderlüfter durch Kanäle, Steigschacht und Verteilungsrohre in die Werkstattsäle gedrückt. Ein Teil des Luftinhalts der Säle entweicht durch Undichtheiten ins Freie, ein anderer Teil wird, um die Wärmeverluste zu beschränken, als sogenannte Umluft durch Fallrohre und Kanäle dem Filtervorraum wieder zugeführt und dort der aus dem Freien kommenden Frischluft beigemischt.

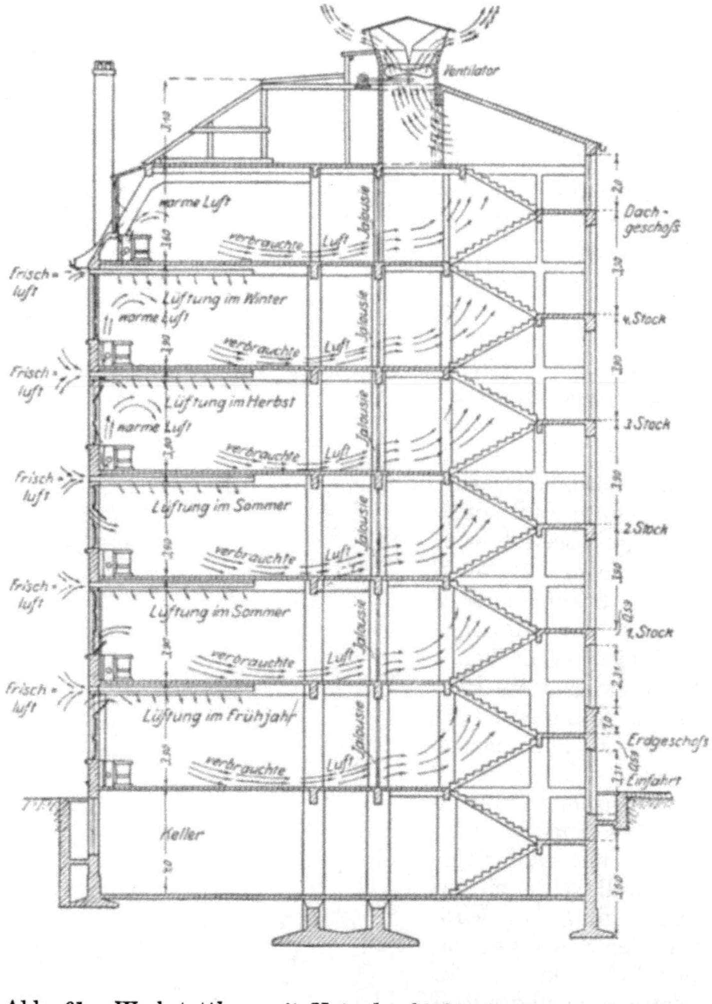

Abb. 61. Werkstattbau mit Unterdrucklüftungsanlage und Niederdruckdampfheizung an den Fensterwänden in der Elektrotechnischen Fabrik von Robert Bosch, Stuttgart. Anordnung nach Schreider. (Aus Z. 1912, S. 988, A. Widmaier. Q. 112.)

Für den Entwurf der Luftwege ist zu beachten, daß große Widerstände hohe Pressung nötig machen und beträchtlichen Mehrverbrauch an Energie zur Folge haben. Plötzliche Querschnitts-Übergänge und scharfe Richtungsänderungen im Verlaufe der einzelnen Stränge wie auch an den Abzweigpunkten verursachen Druckverluste durch Wirbelbildung und sind deshalb zu vermeiden. Alle Querschnitte soll man so reichlich bemessen, wie es mit Rücksicht auf die baulichen und betrieblichen Verhältnisse und die Anlagekosten möglich ist, denn mit zunehmender Luftgeschwindigkeit wachsen die Widerstände stark an. Bei ausgedehnten Luftleitungsnetzen ist es erforderlich, die dem Lüfter zunächst liegenden Abzweige zu drosseln, oder die Luftgeschwindigkeit in den langen Hauptleitungen wesentlich niedriger zu wählen als in den kurzen Abzweigleitungen, damit die Widerstände überwiegend auf letztere entfallen und alle Abzweigpunkte unter einigermaßen gleichem Druck stehen; dadurch werden Ungleichmäßigkeiten der Lüftung zum Nachteil der entfernt liegenden Luftbedarfsstellen vermieden.

Eine gewisse Ersparnis an Pressung und Energie wird zu erwarten sein, wenn die Eintrittsstelle der Frischluft aus dem Freien tiefer als die Austrittsstelle liegt, so daß während der Heizzeit die Wirkung des Lüfters durch den Auftrieb der warmen Innenluft unterstützt wird. Auch innerhalb der einzelnen Räume ergibt sich die glatteste und wirksamste Durchspülung, wenn die Luft durch Öffnungen im Fußboden eintritt, und unter der Decke abgeleitet wird. Umständlichkeit und Kosten der Anlage, gesundheitliche Bedenken wegen der Verschmutzung der Lufteintrittsöffnungen und Rücksichten auf Platzausnutzung und Fußbodenbelastbarkeit werden diese Anordnung für Werkstätten aber nur selten zulassen. Bei stark verunreinigter Luft muß das Gewicht der Beimengungen beachtet werden, damit die zu entfernenden Fremdstoffe nicht abseits der Luftströmung hängen bleiben und die angestrebte Spülwirkung tatsächlich zustande kommt. Z. B. sinken die Säuredämpfe von Eltsammlern infolge ihres hohen Gewichtes nach unten; zur Lüftung von Sammlerräumen leitet man deshalb zweckmäßig die Frischluft am einen Raumende hoch ein und saugt die Abluft am anderen Ende über dem Fußboden ab.

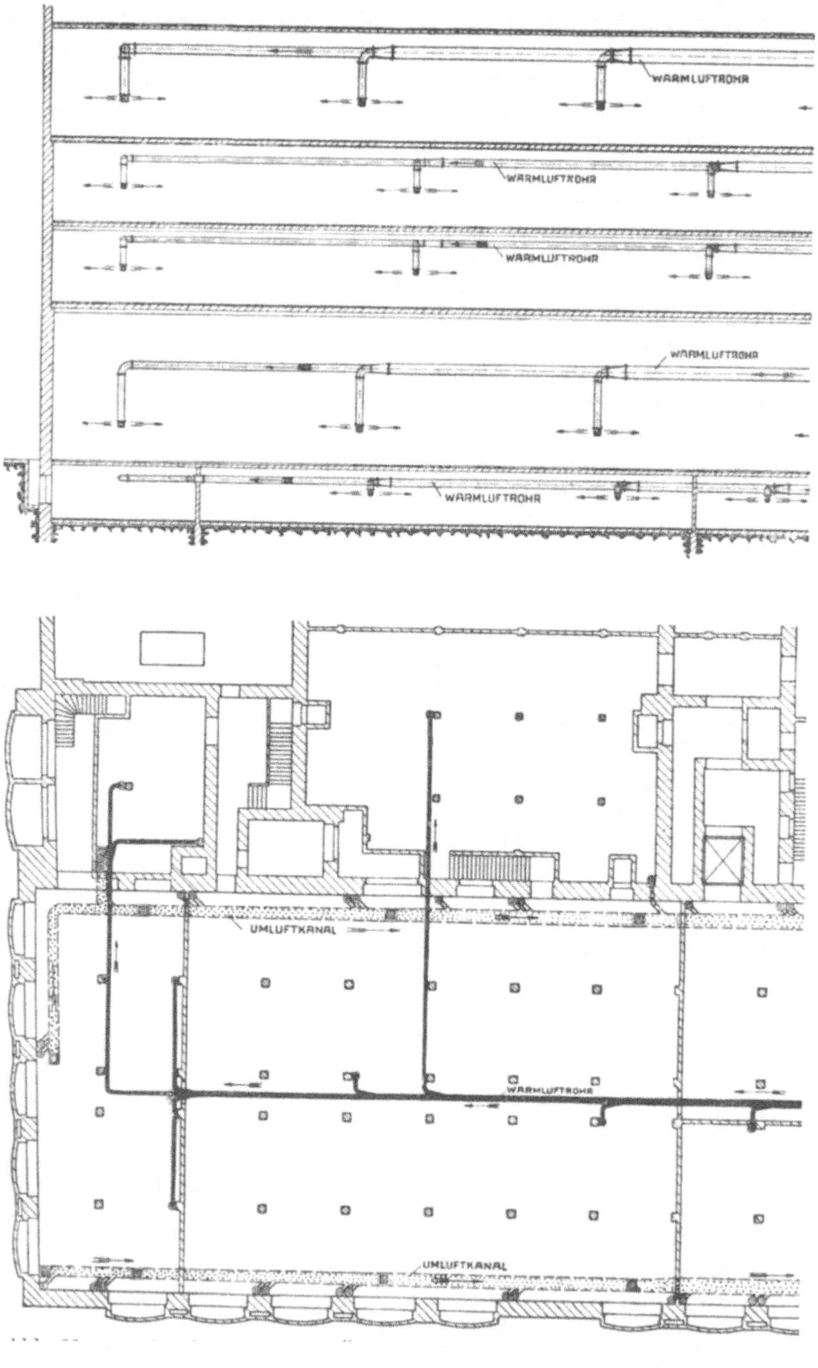

Abb. 62a—c. Werkstattbau mit Überdrucklüftung, zugleich Luftstromheizung. Ausführung der Maschinenfabrik

Reinigung und Befeuchtung der Luft. Bei Überdruck-Kraftlüftungen, die für Aufenthaltsräume aus den früher besprochenen Gründen die vollkommenste Anordnung darstellen, vermag man Reinheit, Wärmegrad und Feuchtigkeitsgehalt der ganzen Luftmenge ständig zu beeinflussen. Für größere Anlagen finden Staubkammern Verwendung, auf deren Ablagerungsflächen beim langsamen Hindurchstreichen der Luft die Staubteilchen hängen bleiben. Die Staubkammern müssen reichlich bemessen werden, damit die Luftgeschwindigkeit hierfür genügend gering wird, und zur Säuberung zugänglich sein. Als Hauptreinigungsmittel für die Luft kommen Filter in Betracht, die zur Vermeidung übermäßigen Druckverlustes nicht zu klein sein dürfen und sich leicht auswechseln und reinigen lassen müssen, weil sie sich im Laufe der Zeit zusetzen. Weit geringere Widerstände haben Sprühreiniger (Wascheinrichtungen), in denen die Staubteilchen durch einen Wassersprühregen abgefangen werden; zu ihrem Betrieb sind Umlaufanlagen mit Pumpen erforderlich, wenn man nicht einen ständigen großen Leitungswasserverbrauch in Kauf nehmen will.

In Werkstätten besteht im allgemeinen kein starkes Bedürfnis nach Luftbefeuchtung, soweit das menschliche Wohlbefinden in Frage kommt; Trockenheitsgefühl in den Atmungswegen während der Heizzeit ist in der Regel nicht auf ungenügenden Feuchtigkeitsgehalt der Luft zurückzuführen, sondern auf versengte und verdampfte Staubteile, die infolge zu starker Erhitzung oder mangelhafter Reinhaltung der Heizkörper in die Luft gelangen und die Schleimhäute reizen. Vielfach verlangen aber technische Erfordernisse höheren Feuchtigkeitsgehalt,

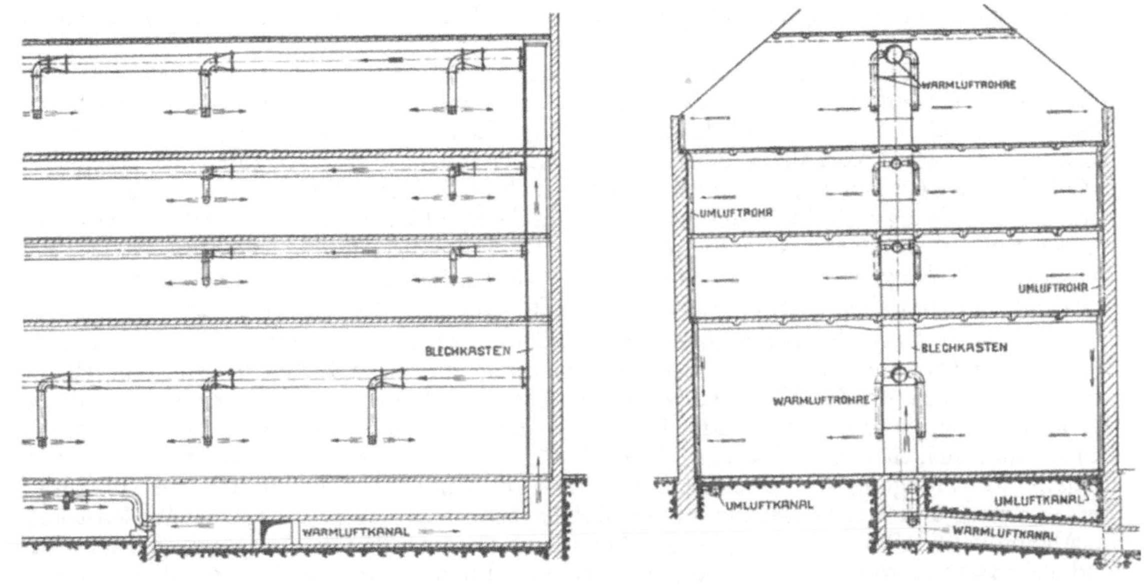

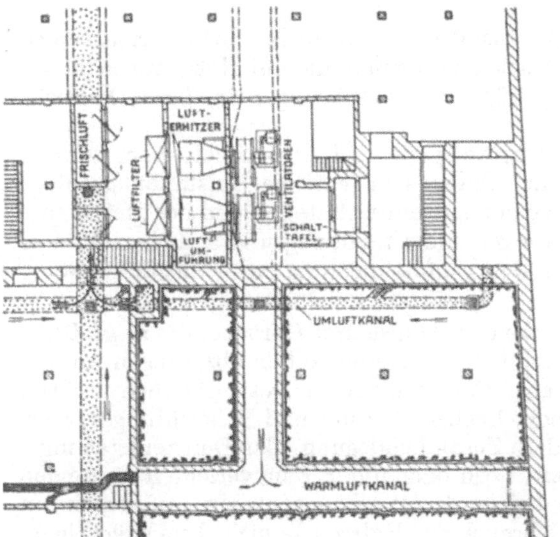

in der Maschinenfabrik Ludwig Loewe & Co. A.G. Berlin, Augsburg-Nürnberg. (Q. 15.)

z. B. in Spinnereien und Webereien. Die Befeuchtung erfolgt bei kleinen Anlagen durch unmittelbaren Zusatz von Dampf aus Heizleitungen, was der Luft einen etwas unangenehmen Geruch gibt, oder besser durch Verdampfung von Wasser in besonderen mit Dampf oder sonstwie geheizten Gefäßen; bei größeren finden Sprüheinrichtungen zur Erzeugung feinen Wasserstaubes Verwendung, deren Wirksamkeit durch Zu- und Abschalten von Düsen geregelt werden kann. Wird Luft, die eine bestimmte Feuchtigkeitsmenge enthält, erwärmt, so nimmt bekanntlich die Sättigung ab, und umgekehrt. Die Befeuchtung der Frischluft muß daher, wenn nach Erwärmung auf den Wärmegrad der Arbeitssäle ein vorgeschriebener Sättigungswert bestehen soll, bei einem bestimmten Mindestwärmegrad erfolgen. Winterluft von 0^{0}. vermag z. B. nicht genügend Feuchtigkeit aufzunehmen, um nach Erwärmung auf 20^{0} halbe Sättigung zu haben, sondern muß, wenn diese erreicht werden soll, erst auf mindestens 9^{0} erwärmt werden, da voller Sättigung bei 9^{0} halbe Sättigung bei 20^{0} entspricht. Der Befeuchtung hat also unter Umständen eine gewisse Erwärmung vorauszugehen.

Entstaubung. Die Beseitigung der überall auftretenden geringen Staubmengen, die bei jeder Werkstattarbeit und durch das Begehen und Befahren der Fußböden entstehen, gehört mit zu den Aufgaben der allgemeinen Lüftungseinrichtungen. Wo jedoch die Bearbeitungsverfahren Staub von gesundheitsschädlicher Art und lästiger Menge verursachen, werden besondere Entstaubungsvorkehrungen notwendig, um den Staub gleich am Entstehungsort zu erfassen, abzuleiten, unschädlich zu machen und gegebenenfalls die Weiterausnutzung seiner wertvollen Bestandteile vorzubereiten. Die

Eingliederung von Entstaubungseinrichtungen in die Gesamtanlage ist oft nicht leicht und kann namentlich bei nachträglichem Einbau infolge Inanspruchnahme wertvollen Arbeitsraumes und Durchkreuzung anderer Teile der Werkstätteneinrichtung größere Umstände und Kosten verursachen. Ihre Notwendigkeit ist deshalb bei Anschaffung und Aufstellung von Bearbeitungsmaschinen jeder Art von vornherein im Auge zu behalten. Häufig wird Zusammenlegung entstaubungsbedürftiger Maschinen und Arbeitsplätze die Entstaubungsanlage verbilligen.

Einzelnen schwachen Stauberzeugern, die aus Betriebsgründen über die Werkstatt verteilt werden müssen, wie Schmirgelsteinen, gibt man zweckmäßig einen eigenen angebauten Entstaubungslüfter mit Staubfangkasten, um lange Leitungen zu sparen; dabei gelangt also die Staubluft nach Entstaubung ohne weiteres wieder in den Werkstattraum. Wo infolge der Stärke der Staubentwicklung — Sandstrahlgebläse, Gußputzereien, Tischlereien — eine genügend wirksame Reinigung schlecht durchführbar ist, wird die Staubluft ins Freie geleitet. Auch hierbei müssen Staubabscheider angewandt werden, um Rücktritt des Staubes durch die Fenster und Belästigung der Umgebung zu vermeiden; nur in Ausnahmefällen, wie etwa bei hohen und starkem Wind ausgesetzten Gebäuden ohne Nachbarschaft, kann davon abgesehen werden.

Für das Netz der Entstaubungsleitungen sind wieder große Krümmungshalbmesser, sanfte Weiten- und Formänderungen und spitze Einmündungswinkel der Nebenstränge in die Hauptstränge wesentlich, um die Widerstände und den Energieverbrauch zu beschränken. Anordnung der Entstaubungsleitungen unter Flur ist zwar für den Betrieb das bequemste, macht aber den Einbau umständlich und beeinträchtigt die Umstellmöglichkeit für die Maschinen; meist wird deshalb Hochverlegung der Leitungen den Vorzug verdienen. Das Für und Wider von Unterfluranordnung und Hochverlegung ist im übrigen bereits bei Besprechung der Wellenstränge im Abschnitt „Kraftantrieb“ eingehend behandelt worden; da die Gesichtspunkte hier dieselben sind, sei darauf verwiesen. Durchgang hochverlegter Entstaubungsleitungen durch die Arbeitsbereiche von Hebezeugen muß nach Möglichkeit durch Aufstellung aller Stauberzeuger an Wänden oder Stützenreihen vermieden werden.

Entstaubungsanlagen von Holzbearbeitungswerkstätten, welche in Späneverfeuerungseinrichtungen münden, hat man sorgfältig gegen Rückzündungen in die mit Holzstaub erfüllten Leitungen zu sichern; wiederholt sind durch ungenügende Vorkehrungen in dieser Hinsicht Brände entstanden.

In Werkstätten mit ausgedehnten Entstaubungsanlagen, z. B. in Tischlereien, werden besondere Einrichtungen zur Raumlüftung meist überflüssig sein, weil die Entstaubungsanlage genügenden Luftwechsel schafft; doch muß die Lage der Lufteintrittsstellen und der Heizkörper so gewählt werden, daß die den Unterdrucklüftungen anhaftenden grundsätzlichen Mängel — Ansaugung unreiner Luft, Zug und Fußkälte an den Umfassungswänden — möglichst wenig in Erscheinung treten.

Absaugung von Rauch, Dunst und Gerüchen. Rauch, Dunst und Gerüche, die in größerer Stärke auftreten, sind gleichfalls tunlichst schon an den Enstehungsstellen abzusaugen, so daß sie sich gar nicht erst mit der Raumluft vermengen. Das ist nicht nur gesundheitlich wichtig, sondern erleichtert auch die Reinhaltung der Wände, Decken, Fenster und Beleuchtungskörper. Hinsichtlich der räumlichen Anordnung, insbesondere Zusammenlegung aller Dunstentstehungsstellen, Schaffung von Sammel-Absaugeanlagen mit hoch oder unter Flur verlegten Leitungen usw. gelten wieder die gleichen Gesichtspunkte wie bei den Entstaubungsanlagen. In Schmieden für schwere Stücke dürfen die Rauchabzüge den Gebrauch der Hebezeuge nicht beeinträchtigen, worauf vielfach nicht genügend Rüchsicht genommen ist. Bei Dämpfen ist darauf zu achten, ob sie schwerer oder leichter als Luft sind; Säuredämpfe sinken, wie schon erwähnt, nach unten. Für Leitungen und Lüfter hat man Baustoffe zu wählen, die von den zu fördernden Gasen oder Luft-Verunreinigungen nicht angegriffen werden; die Niederschläge derselben sind unschädlich abzuführen oder für etwaige Wiederverwertung zu sammeln. Für größere Abortanlagen ist Entlüftung der Becken durch Saugstutzen zur Anwendung gekommen, wobei die Räume ziemlich geruchfrei bleiben.

Anforderungen an die Heizung. Das Wärmebedürfnis der Menschen hängt von der Art der zu verrichtenden Arbeit ab. Erfahrungsgemäß empfehlen sich folgende Wärmegrade:

für Grobarbeiten (Kesselschmieden, Eisenbau, Schraubstockarbeiten)	12^0
für Arbeiten mit geringer körperlicher Anstrengung (Drehereien, Tischlereien, Eltbau)	15^0
für Feinarbeiten (Instrumentenbau) und Büros	18^0

Diese Wärmegrade sind nicht nur für das Wohlbefinden, sondern auch für die Leistungsfähigkeit der Arbeitenden notwendig, da Kältegefühl die Beweglichkeit der Gliedmaßen und die Arbeitsfrische beeinträchtigt. Die erforderlichen Werte müssen bereits zu Beginn der Arbeitszeit wenigstens annähernd erreicht sein; anzustreben ist, daß die im Verlaufe der Schicht unvermeidlich eintretenden Abweichungen nicht mehr als höchstens $\pm 2^0$ ausmachen.

In manchen Betrieben richtet sich die Wahl des Wärmegrades nicht lediglich nach den menschlichen Bedürfnissen, sondern auch nach den Erfordernissen der Fertigung. In Spinnereien und Webereien wird die Luft bei kalter Witterung auf 20—22^0 erwärmt, an heißen Tagen auf 25^0 abgekühlt. Trockenanlagen, in denen sich keine Menschen aufzuhalten brauchen, werden auf weit höhere Wärmegrade erhitzt.

Für Waschräume, die nur kurzzeitig betreten werden, dürften gewöhnlich etwa 6—8^0 ausreichen; auch für Abortanlagen sind höhere Wärmegrade nicht erwünscht, weil die Leute sonst gern zu längeren Unterhaltungen darin verweilen. Nur solche Wasch- und Bedürfnisräume, welche starker Hitze oder Durchnässung ausgesetzte Leute zu benutzen haben, müssen zur Verhütung von Erkältungen besser erwärmt werden. Für Gänge und Treppenhäuser werden 6—8^0 gleichfalls meist genügen. Alle Räume, in denen wasserführende Rohrleitungen liegen, die bei Frost nicht entleert werden können, müssen mindestens über dem Gefrierpunkt gehalten werden, um Rohrsprengungen auszuschließen Lager, die nicht zum dauernden Aufenthalt von Menschen dienen, sind je nach der Eigenart der gelagerten Gegenstände zu heizen. Hierbei ist nicht nur der Wärmegrad an sich von Bedeutung, sondern auch die Verhütung von Schweißwasserbildung, durch welche Rost- und Frostschäden entstehen können, wie z. B. an Werkzeugmaschinen und Elttreibern. Erwärmung auf etwa 5^0 dürfte hierfür in der Regel ausreichen.

Bei Sammelheizungen kann in Zusammenhang mit der nicht sehr feinen Abstufung der handelsüblichen Leitungsdurchmesser oder auch infolge von Entwurfsfehlern oder nachträglichen Änderungen der Raumbenutzung der Fall eintreten, daß die Heizanlage auf den Wärmebedarf der verschiedenen Räume nicht hinreichend genau abgestimmt ist; es werden dann beim vollen Anstellen der Heizung leicht einzelne Räume überheizt. Die Insassen pflegen sich in solchen Fällen durch Öffnen der Fenster zu helfen. Um dieser Energieverschwendung vorzubeugen, empfiehlt sich Anordnung von zwei hintereinander geschalteten Hähnen, von denen der erste für eine bestimmte Drosselung ein für allemal fest eingestellt wird, während der zweite zum Öffnen und Schließen dient. Viele der gebräuchlichen Regelhähne haben eine Einrichtung zur sogenannten Voreinstellung, bilden also eine verbilligende Vereinigung der beiden soeben besprochenen Hähne; doch ist bei ihrer Auswahl einige Vorsicht am Platze, weil manche Ausführungen ihren Zweck in keiner Weise erfüllen. Beiläufig bemerkt darf aber die Ursache ungenügender Abstell- und Regelmöglichkeit bei Dampfheizkörpern nicht ausschließlich in den Zudampfhähnen gesucht werden, sondern liegt oft auch in mangelhaftem Abschließen der Niederschlagtöpfe, was dazu Veranlassung geben kann, daß ein abgestellter Heizkörper von anderen angestellten her auf dem Wege über die Abwasserleitungen durchblasenden Abdampf erhält.

Um in einem geheizten Raum den vorgeschriebenen Wärmegrad aufrecht zu erhalten, muß erstens die Wärmemenge aufgebracht werden, welche die beim Luftwechsel aus dem Freien eintretende Frischluft benötigt, um den Wärmegrad des Innenraumes anzunehmen. Zweitens ist die Wärmemenge zu ersetzen, welche durch die Oberflächen des Raumes an die freie Außenluft, an den Erdboden und an kältere Nachbarräume verloren geht. Unterlagen für die Berechnung beider Wärmemengen finden sich in Quellennachweis 1 m und ausführlicher in Quellennachweis 14. Beim Anstellen der Heizung wird zeitweilig eine erhebliche Mehrleistung benötigt, um die Massen des Gebäudes mitsamt seinem ganzen Inhalt einschließlich der Raumluft in angemessener Zeit auf den verlangten Wärmegrad zu bringen; diese Anheizleistung ist von wesentlichem Einfluß auf die Bemessung der Anlage.

Da im Durchschnitt auf jedes Jahr nur wenige sehr kalte Tage entfallen, wird es in den meisten Fällen zulässig sein, bei strenger Kälte ausnahmsweise den Luftwechsel herabzusetzen. Man kommt hierdurch in die Lage, die Höchstleistung der Heizanlage und damit die Anschaffungskosten herabzudrücken. Auch sonst soll der Luftwechsel zur Vermeidung von Wärmevergeudung stets auf das notwendige Maß beschränkt bleiben.

Der Oberflächenverlust ist von der Wärmedurchlässigkeit der Umwandung und vom Wärmegradgefälle zwischen Innenluft- und Außenluftseite abhängig. Ungünstig wirkt dabei, daß der Wärmegrad infolge des Aufsteigens der warmen Luftteile nach oben hin gewöhnlich stark zunimmt; der Oberflächenverlust an Wänden und Dächern würde weit geringer sein, wenn es möglich wäre, in jedem Raume lediglich die unterste Luftschicht bis etwa 2 m über dem Fußboden auf den verlangten Wärmegrad zu bringen und die oberen Luftschichten kälter zu lassen. Zur Verdeutlichung sei der Fall angenommen, daß in einem Werkstattsaal 15^0 vorgeschrieben sind, und daß der Wärmegrad im oberen Teil des Saales bei einer Heizanordnung bis auf 20^0 ansteigt, bei einer anderen dagegen auf 13^0 beschränkt bleibt, wodurch der mittlere Innenwärmegrad an der Wand das eine Mal 17^0, das andere Mal 14^0 werden möge. Es verhalten sich dann unter Voraussetzung von 0^0 mittlerem Außenwärmegrad während der jährlichen Heizzeit die Oberflächenverluste an den Seitenwänden wie 17 : 14, unterscheiden sich also um mehr als 20 v. H. Bei Hallen hat dieser Gesichtspunkt wegen ihrer größeren Höhe und wegen des wesentlichen Anteiles ihrer Dachfläche an den Wärmeverlusten noch weit größere Bedeutung. Daraus ist der wirtschaftliche Vorteil solcher Heizanordnungen ersichtlich, welche eine Zunahme des Wärmegrades von unten nach oben nicht zustande kommen lassen. Die anscheinend guten Erfolge der in Abb. 61 gezeigten Schreiderschen Anordnung dürften hiermit in Zusammenhang stehen.

Die Zahl der jährlichen Heiztage hängt einerseits von den örtlichen Verhältnissen, anderseits von der Art des Betriebes ab; beispielsweise sind offenbar Säle für feinmechanische Arbeiten mit 18° Soll-Wärmegrad im Frühjahr und Herbst an weit mehr Tagen zu heizen als Grobwerkstätten mit 12°.

Bemessung und Anordnung von Heizkörpern. Die Entnahme einer bestimmten Wärmemenge aus der Wärmequelle oder dem Wärmeübertrager (Ofen, Heizkörper) kann sowohl unter mäßiger Erwärmung einer großen Luftmenge wie auch unter starker Erhitzung einer kleinen Luftmenge geschehen. Die Erörterung dieser Verhältnisse gestaltet sich am übersichtlichsten, wenn man von der Eltheizung ausgeht. Dort ist die abgegebene Heizwärme unter allen Umständen gleich der verbrauchten Eltenergie, unabhängig von der Form, Oberfläche und Aufstellung des Heizkörpers. Bemißt man die Oberfläche reichlich und findet die sie umspülende Luft wenig Widerstand, so genügt schon eine geringe Übererwärmung des Heizkörpers, um das Vorbeistreichen einer großen Luftmenge einzuleiten, welche die erzeugte Wärme aufnimmt und dadurch dem Ansteigen des Heizkörperwärmegrades bald eine Grenze setzt. Drosselt man den Luftweg durch hindernde Umkleidungen oder unzweckmäßige Aufstellung des Heizkörpers, so wird der Beharrungszustand erst bei einem höheren Wärmegrad erreicht und die erzeugte Wärme von einer kleineren aber stärker erhitzten Luftmenge fortgeführt; das gleiche tritt ein, wenn man dem Heizkörper (ohne Änderung seiner eltischen Abmessungen) eine kleinere Oberfläche gibt. Für andere Heizungsarten gilt im wesentlichen dasselbe, wenn auch die Zusammenhänge dort teilweise etwas verwickelter sind. Aus dem Gesagten geht hervor, daß man innerhalb gewisser Grenzen den Oberflächenwärmegrad der Heizkörper frei wählen kann.

Nun gestatten hohe Heizkörperwärmegrade mit kleinen Oberflächen auszukommen und erniedrigen daher die Anlagekosten. Jedoch beginnt bei Überschreitung von etwa 80° ein Verdampfen und Versengen von Staubbestandteilen, wodurch Trockenheitsgefühl und schädliche Reizungen in den menschlichen Atmungswegen hervorgerufen werden; hierdurch ist der Bemessung der Heizkörperoberflächen eine untere Grenze gezogen. Unbedenklich sind Heizkörper mit mehr als 80° Oberflächenwärmegrad nur, wenn durch Kraftlüfter hohe Luftgeschwindigkeiten erzeugt werden, so daß die Berührungszeit der Luft- und Staubteilchen mit den Heizflächen sehr kurz wird und eine übermäßige Erhitzung nicht eintritt. Die gesundheitlichen Vorteile großer Oberflächen oder hoher Luftgeschwindigkeit an den Heizkörpern müssen aber mit entsprechender Steigerung der Anlage- bzw. Betriebskosten erkauft werden.

Zur Erleichterung des Wärmeaustausches sollten Heizkörperoberflächen stets rauh und dunkel sein; heller blanker Anstrich macht unnötig große Oberflächen erforderlich.

Hinsichtlich der Anordnung der Heizkörper lassen sich zwei Gruppen von Heizungen unterscheiden, nämlich erstens örtlich wirkende Heizungen, bei welchen man den als Wärmeübertrager dienenden Stoff den im ganzen Gebäude verteilten Heizkörpern zuleitet, also die Raumluft an Ort und Stelle erwärmt, und zweitens Luftstromheizungen, bei denen umgekehrt die Raumluft nach einer oder wenigen Heizstellen befördert wird, um die Heizwärme aus der Wärmequelle oder dem Wärmeübertrager aufzunehmen, und alsdann den zu heizenden Bezirken wieder zuströmt.

Stellt man die Heizkörper an den von den Fenstern abgelegenen Wänden auf, so findet infolge des Aufsteigens der erwärmten Luft im Rauminneren und des Niedersinkens der durch die Fenster abgekühlten Luft an den Außenwänden ein rascher Luftkreislauf durch den ganzen Raum statt; unter der Decke entlang strömt warme Luft von innen nach den Fenstern, über dem Fußboden kalte Luft von den Fenstern nach dem Inneren. Obere und untere Luftschichten weisen daher erhebliche Wärmegradunterschiede auf. Die kalte Luftströmung über dem Fußboden verursacht Zugempfindung und Fußkälte und verleitet infolgedessen zum Überheizen der Räume. Derartige Anordnungen sind gesundheitlich wenig befriedigend und wirtschaftlich mangelhaft, weil infolge der Überheizung der oberen Luftschicht das mittlere Wärmegefälle in der Umwandung und damit der Wärmeverlust nutzlos erhöht wird.

Aufstellung der Heizkörper unterhalb der Fenster bewirkt, daß sich dieser Luftkreislauf nicht mehr durch die ganze Tiefe des Raumes erstreckt, sondern in der Hauptsache innerhalb eines geringen Abstandes von der Fensterwand abspielt. Abb. 67, welche die Heizkörperanordnung des Gebäudes in Abb. 61 veranschaulicht, läßt dies erkennen. Unmittelbar an den

Scheiben sinkt die kalte Luft herab, jedoch steigt gleich davor die von den Heizkörpern erwärmte Luft auf und bildet einen schützenden Wärmeschleier; Zugempfindungen infolge kalter Luftströmungen sind also ausgeschlossen und die Wärmeverteilung im Raum ist gleichmäßiger. Anbringung der Heizkörper vor den Fenstern ist besonders notwendig für Büroräume und solche Werkstätten, in denen in Fensternähe Feinarbeiten ohne körperliche Anstrengung zu leisten sind.

Um unnötige Wärmeverluste zu vermeiden, darf man die Heizkörper aber nicht dicht anliegend an die Wände stellen, sondern nur mit gewissem Abstand; außerdem ist Anbringung von Schirmblechen oder heller blanker Anstrich der Wandfläche zur Rückstrahlung der Wärme zweckmäßig. Alle Heizkörper sollen zur Erleichtunger regelmäßiger Reinigung ohne große Umstände zugänglich sein. Abdeckungen zum Auffangen herabfallender Gegenstände wie in Abb. 67 müssen genügend Öffnungen haben, um den Lutfdurchgang nicht zu hindern; Einbau der Heizkörper in Wandnischen, unter den Marmorplatten von Fensterbänken und dgl. beeinträchtigt die Wirkung für das Rauminnere erheblich und erhöht dafür die Wärmeabgabe nach außen, ist also gänzlich verfehlt.

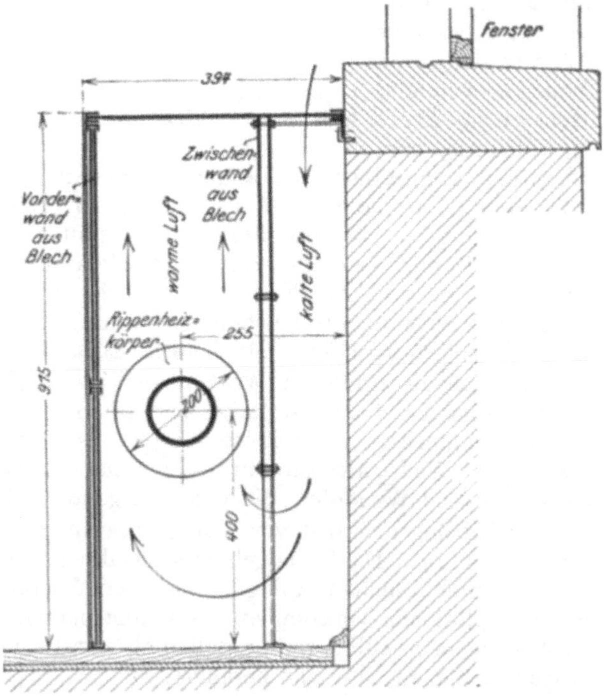

Abb. 67. Heizkörperanordnung in dem Werkstattbau von Abb. 72. (Aus Z. 1912, S. 988, A. Widmaier. Q. 112.)

Oberlichter können lästigen Zug durch abwärts gerichtete kalte Luftströme hervorrufen und bedürfen deshalb häufig einer Wärmezuführung von unten her durch besondere Heizkörper. Öfters machen auch technische Erfordernisse, wie Verhütung schädlicher Schweißwassertropfen in Formereien und in der Papierbearbeitung, die Anwärmung von Oberlichtern und Deckenflächen notwendig. In weiten Hallen, bei welchen ein großer Teil der Wärmeverluste auf die Dachflächen mit ihren Oberlichtern entfällt, ist gleichmäßige Verteilung der Heizeinrichtungen auf die Wände und auf das Rauminnere anzustreben (Abb. 68a—c).

Bei Aufstellung der Heizkörper auf dem Fußboden ist naturgemäß der Verlust an Grundfläche oft recht lästig. Hochanbringung der Heizkörper an Wänden oder unter Decken würde aber bei örtlich wirkenden Heizanlagen sehr unzweckmäßig für den Luftkreislauf sein. Man hat deshalb hier und da den anderen Ausweg versucht, die Heizung im Fußboden selbst unterzubringen. In dem Buche von Tyrell, Quellennachweis 4, sind amerikanische Mehrgeschoßbauten erwähnt, die durch in den Zwischendecken verlegte Dampfrohre geheizt werden; die Fußböden bestehen aus gut wärmeleitendem Baustoff, um die Wärmeabgabe nach oben zu erleichtern. Diese Anordnung erscheint im Grundsatz richtig, dürfte aber in der Anwendung Instandhaltungsschwierigkeiten verursachen; auch wird der gut wärmeleitende Fußboden bei abgestellter Heizung im Sommer recht fußkalt sein.

Bei den Luftstromheizungen läßt sich die nach gesundheitlichen und wirtschaftlichen Gesichtspunkten erwünschte Wärmeverteilung durch entsprechende Anordnung der Zuluft- und Abluftöffnungen erreichen. Die erwärmte Zuluft wird in mäßiger Höhe wagerecht oder schräg abwärts in den Raum geblasen; die Öffnungen für die nach der Saugseite der Kraftlüfter zurückzuleitende Umluft werden so angeordnet, daß der ganze zu beheizende Bereich der Werkstattfläche gleichmäßig durchströmt wird (vgl. Abb. 62). Bringt man die Abluftöffnungen ebenfalls niedrig an, so wird, vorausgesetzt daß die Luftgeschwindigkeit nicht allzu klein ist, die warme Luft vorwiegend in geringer Höhe über den Fußboden hinweggleiten und sich nur wenig mit der oberen vom Dache abgekühlten Luftschicht vermischen; hierdurch kann man also unter Umständen der früher als wünschenswert bezeichneten Abnahme des Wärmegrades von unten nach oben nahe kommen. Die Ersparnis an Heizwärme, die Luftstromheizungen namentlich in Hallenbauten gegenüber den Heizanlagen mit örtlicher Wirkung aufweisen sollen, dürfte im wesentlichen hierauf zurückzuführen sein.

Die Heizkörper zur Erwärmung des Luftstromes werden meist unmittelbar beim Lüfter angeordnet; nur wo mehrere Räume mit verschiedenem Wärmegradbedarf durch eine gemeinsame Anlage geheizt werden sollen, kommt Anordnung von Zusatzheizkörpern vor den einzelnen Leitungsabzweigen in Betracht. Da bei Luftstromheizungen das Zustandekommen der Wärmeverteilung von den Auftriebsverhältnissen unabhängig ist, kann die Höhenlage der Lüfter und der Luftwärmer beliebig gewählt werden; man bracuht also bei beschränktem Platz keine Fußbodenfläche dafür zu opfern.

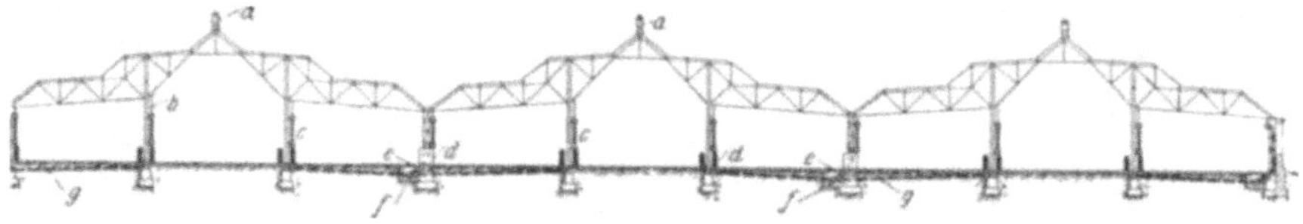

Abb. 68a.

a Saugköpfe. | c Dampfzuleitungen. | e Schachtdeckel. | g Niederschlagwasserleitungen.
b Aufhängeschleifen. | d Heizkörper. | f Prüftöpfe.

Heizungsarten. Eltheizung kommt nur äußerst selten in Frage, etwa für Führerzellen im Freien arbeitender Hebezeuge, ferner aushilfsweise zum Warmhalten einzelner Büroräume in Stunden, wo die Sammelheizung nicht in Betrieb ist, und für andere Sonderfälle. Ihre Anwendung in größerem Umfang verbietet sich aus wirtschaftlichen Gründen. Bei unmittelbarer Ausnutzung der Kohlenenergie zu Wärmezwecken mit Hilfe von Dampfheizungen erreicht der Gesamtwirkungsgrad die Größenordnung von 70 v. H.; wird dagegen zunächst Eltenergie erzeugt und diese verheizt, so erhält man kaum 12 v. H. Auch bei Erzeugung aus Hochofengas oder Wasserkräften ist Eltenergie für Wärmezwecke zu wertvoll, sofern irgendeine Möglichkeit zu anderweitiger Ausnutzung besteht.

Ofenheizung findet in Werkanlagen kaum mehr Verwendung; ihre Hauptnachteile sind die Brandgefahr, die Umständlichkeit der Bedienung, das Entstehen von Staub und Schmutz und die ungünstige Wärmeverteilung (Fenster und Fußböden kalt, Rauminneres und Decke überheizt). Wo für kleinere Büros ausnahmsweise Gründe für die Verwendung von Öfen sprechen, empfehlen sich Wandöfen, die vom Gange aus geheizt werden können.

Gasheizungen haben vor den Ofenheizungen größere Sauberkeit und sofortige Betriebsfähigkeit voraus. Die Brandgefahr ist bei ihnen weniger hoch einzuschätzen, doch können immerhin bei unsachgemäßer Anlage, schlechtem Zustand des Rohrnetzes und unvorsichtiger Bedienung Explosionen vorkommen. Im allgemeinen wird sich für Werkstätten der Betrieb von Gasheizungen erheblich teurer stellen als von Heizanlagen mit Kohlen- oder Koksfeuerung, und deshalb selten in Betracht kommen.

Bedeutung für Werkanlagen haben in erster Linie Sammelheizungen (Zentralheizungen). Für örtlich wirkende Sammelheizanlagen finden die sogenannten Mitteldruck- und Hochdruckdampfheizungen wie auch die Heißwasserheizungen wegen der nicht sehr großen Betriebssicherheit und des hohen Oberflächenwärmegrades der Heizkörper selten Anwendung; vorherrschend sind die Niederdruck-Dampfheizungen und daneben die Warmwasserheizungen.

Bei den besonders in Nordamerika sehr verbreiteten und neuerdings auch in deutschen Werkstätten stärker zur Einführung kommenden Luftstromheizungen sind die sogenannten Dampf-Luftheizungen und Feuer-Luftheizungen anzuführen; bei ersteren wird die Luft durch Dampfheizkörper, bei letzteren durch besondere Feuerungen oder durch Kesselabgase erwärmt.

Örtlich wirkende Dampfheizungen. Bei der Niederdruck-Dampfheizung dient als Wärmeübertrager Dampf von geringem Überdruck. Die Heizwirkung erfolgt durch Freiwerden der Verdampfungswärme beim Niederschlagen eines Dampfes in den Heizkörpern. Zur Verhütung des Wärmeverluste verursachenden Durchblasens in die Ableitungen wird der Überdruck in den Heizkörpern möglichst gering gehalten, etwa auf 0,05 Atm. Der Dampfwärmegrad beträgt also bei Anlagen in Meereshöhe rund 100°. Der Wärmegrad der Heizkörperoberflächen bleibt je nach der Einstellung der Hähne mehr oder minder darunter; immerhin wird der mit Rücksicht auf die Staubversengung und -verdampfung zulässige Grenzwert von 80° bei scharfem Heizen überschritten, so daß auch mit Niederdruck betriebene Dampfheizungen nicht unter allen Umständen gesundheitlich einwandfrei arbeiten.

Das Niederschlagswasser benutzt man wegen seines Wärmeinhaltes und seiner Reinheit zweckmäßig wieder zur Kesselspeisung; es ist daher mit natürlichem Gefälle oder erforderlichenfalls unter Zuhilfenahme von Pumpen nach dem Kesselhaus zurückzuleiten. Die Zudampfleitungen müssen gleichfalls Gefälle, am besten in der Strömungsrichtung, erhalten, um das Abfließen des in ihnen namentlich beim Anstellen in großer Menge entstehenden Niederschlagswassers nach Sammeltöpfen zu erleichtern; die dabei verlorengehende Höhe kann absatzweise durch Einfügung kurzer Steigleitungen wieder gewonnen werden.

Als Heizkörper genügen bei geringem Wärmebedarf, z. B. zur Erwärmung von Oberlichtern, glatte mit schwachem Gefälle verlegte Rohre. Für stärkere Wirkung werden Rippenrohre und Radiatoren verwandt. Letztere haben vor den Rippenrohren den Vorzug, daß sie sich leichter rein halten lassen.

Ein Beispiel für die Anordnung der Heizkörper und Leitungen einer Niederdruck-Dampfheizung in einem Flachbau gibt Abb. 68, in einem Mehrgeschoßbau Abb. 61.

Der Niederdruck-Dampf kann einmal als solcher in einer besonderen Niederdruck-Kesselanlage erzeugt werden. Eine derartige Anordnung ist in Quellennachweis 108 eingehend beschrieben. Der Überdruck darf an keiner Stelle 0,5 Atm. überschreiten, wenn die Anlage nicht ihre Eigenschaft als genehmigungsfreie Niederdruck-Dampfheizung verlieren soll. In ausgedehnteren Werken wird häufig Hochdruck-Frischdampf erzeugt und in den einzelnen Werkstätten durch Druckminderventile in Niederdruck-Dampf umgewandelt. Hierbei ist hoher Druckabfall in den Fernleitungen zulässig, so daß enge Rohre mit geringer wärmeabgebender Oberfläche angewandt werden können; die Wärmeverluste werden dadurch kleiner, und die Druckabnahme ist ohne Nachteil, weil der Dampf während der Entspannung getrocknet und überhitzt wird. Eine dritte Möglichkeit für die Versorgung der Niederdruck-Dampfheizungen bildet die Verwendung von Abdampf, welche große energiewirtschaftliche Vorteile bieten kann. Die Abdampfspannung wird je nach den zu überwindenden Entfernungen meist zwischen 0,1 und 0,5 Atm. Überdruck gewählt, jedoch sind Dampfmaschinen für Abgabe von Abdampf bis zu 6 Atm. Überdruck gebaut worden, so daß auch bei dieser Anordnung Betrieb der Fernleitungen mit hohem Druck und Druckminderung in den einzelnen Verbrauchsbezirken stattfinden kann.

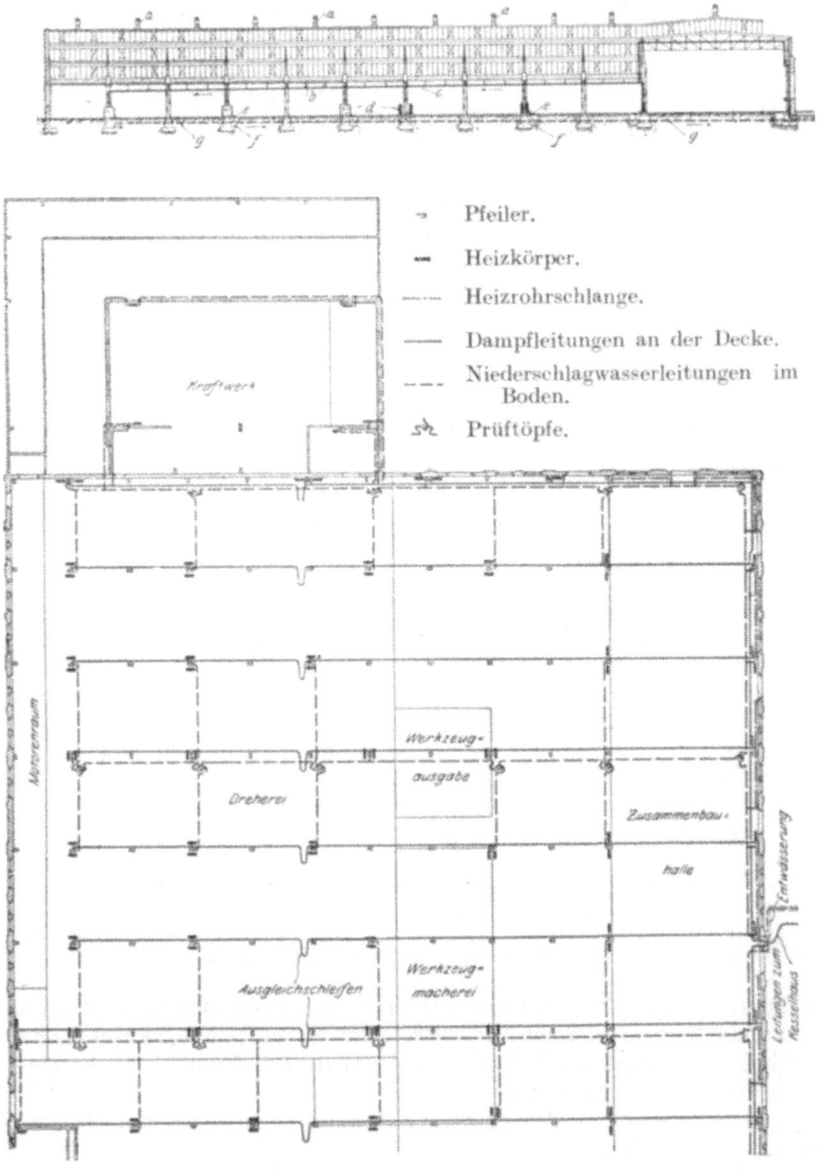

Abb. 68c.

Abb. 68a—c. Niederdruckdampfheizung in dem Hallenbau der Motorenfabrik Benz & Cie. A. G., Mannheim-Waldhof, Ausführung von Gebr. Sulzer. (Aus Z. 1910, S. 504, M. Hottinger. Q. 108.)

Neuerdings hat man zur Abdampfverwertung auch öfters Unterdruck-Dampfheizungen (Vakuumheizungen) angewandt, bei denen die Heizkörper vom Standpunkt der Dampfmaschine betrachtet gewissermaßen die Rolle eines luftgekühlten Oberflächen-Verflüssigers

(-Kondensators) übernehmen. Das Heizungsnetz wird hierbei im allgemeinen zwischen die Maschine und einen wassergekühlten Verflüssiger eingeschaltet. Mit Hilfe des letzteren lassen sich Luftleere und Abdampfwärmegrad und damit auch die Heizwirkung einregeln; die Kraftleistung des Dampfes bewegt sich hierbei in den Grenzen zwischen Auspuffbetrieb und reinem Niederschlagsbetrieb mit Wasserkühlung. Der geringe Dampfwärmegrad in den Heizkörpern ergibt mäßige Oberflächenwärmegrade und ist daher gesundheitlich vorteilhaft. Undichtheiten, die sich bei Dampfheizungen mit schwachem Überdruck sofort bemerkbar machen würden, sind bei Betrieb mit Unterdruck nicht ohne weiteres zu erkennen, so daß die Aufrechterhaltung der Luftleere in nicht einwandfrei angelegten Heizungsnetzen Schwierigkeiten verursacht. Man hat deshalb zur Verminderung der Fehlerquellen Flanschverbindungen tunlichst zu vermeiden und benutzt als Heizkörper am besten lange Stränge glatter Rohre mit Schweißverbindungen. Die mit Unterdruckheizungen guter Ausführung erzielten Ergebnisse sollen durchaus günstig sein.

Unmittelbare Verwendung von Hochdruckdampf und auch von überhitztem Dampf kommt für technische Zwecke zur Erzielung von Wärmegraden von 100° aufwärts bis zu etwa 300° in Frage, z. B. in Trocknungsanlagen und in der chemischen Industrie.

Diejenigen Wärmeverbraucher, die das ganze Jahr hindurch gespeist

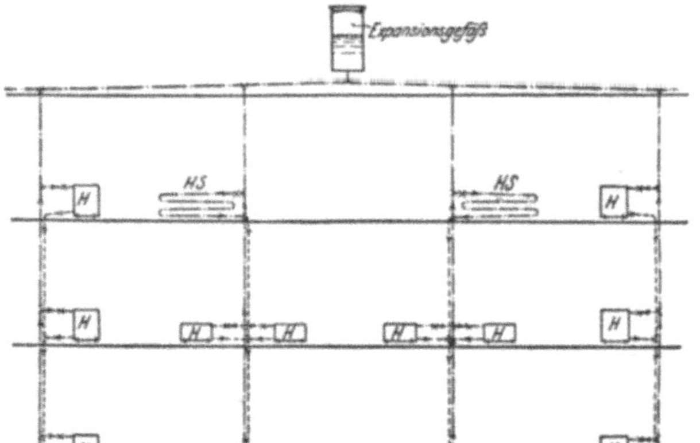
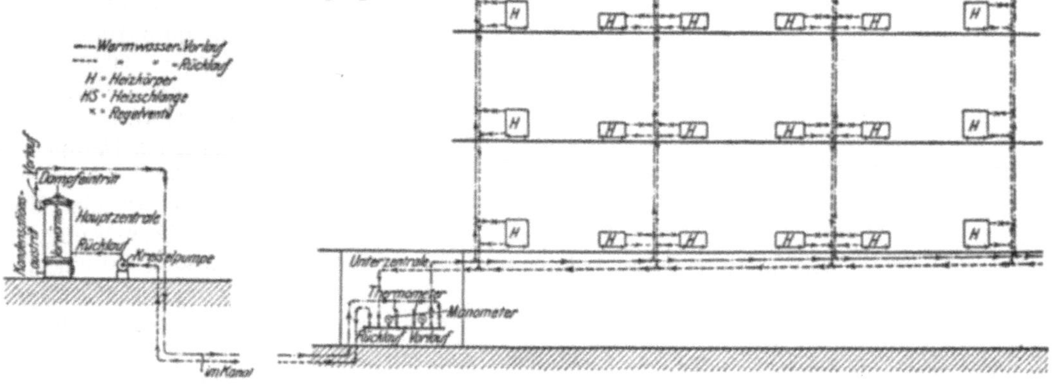

Abb. 70. Fernwarmwasserheizung für Pumpenantrieb mit Erwärmung durch Abdampf, Ausführung der Maschinenfabrik Eßlingen. (Aus Z. 1912, S. 899, A. Widmaier. Q. 111.)

werden müssen, also Waschräume, Küchen, Leimkocheinrichtungen, Holztrocknungsanlagen usw. sind an besondere sogenannte Sommerleitungen anzuschließen, damit nicht während der warmen Jahreszeit die Hauptleitungsstränge unter Dampf zu stehen brauchen, was Belästigungen und große Wärmeverluste verursachen würde.

Weitere Hinweise für Dampfheizanlagen und Abdampfverwertung sind in Abschnitt „Krafterzeugung und Energiewirtschaft“ zu finden.

Warmwasserheizungen. Die Warmwasserheizungen sind den Niederdruck-Dampfheizungen in Hinsicht auf die Annehmlichkeit des Betriebes überlegen. Ihre Heizkörper arbeiten mit geringerem Oberflächenwärmegrad; das Wasser wird in den Kesseln auf höchstens 90° erwärmt und kühlt sich in den Heizkörpern um etwa 20° ab. Ihre Wirkung ist gleichmäßiger und nachhaltiger infolge der Aufspeicherung von Wärme durch die im Kessel befindliche und die umlaufende Wassermenge. Dazu kommt die zuverlässigere Einstellbarkeit des Wasserdurchflusses durch den einzelnen Heizkörper und die Regelbarkeit des Wasserwärmegrades je nach der Witterung; Überheizen der Räume durch Unachtsamkeit kommt daher weniger leicht vor, wodurch an Wärmeenergie gespart wird. Endlich arbeiten Warmwasserheizungen so gut wie geräuschlos. Dem stehen als Nachteile gegenüber die längere Anheizdauer und die höheren Anschaffungskosten infolge der erheblich größeren Abmessungen der Heizkörper. Die erwähnten Betriebsvorzüge der Warmwasserheizungen haben besonders für Büros Bedeutung und werden dort die Mehraufwendungen oft rechtfertigen; in Werkstätten wird den Ansprüchen durch die billigeren Dampfheizungen wohl immer genügt.

Den Wasserumlauf bewirkt bei kleineren Anlagen der Gewichtsunterschied zwischen dem erwärmten Wasser in den Steigrohren und dem abgekühlten Wasser in den Fallrohren. Bei Versorgung ausgedehnterer Gebäudegruppen reicht derselbe zur Überwindung der Widerstände und zur Erzielung gleichmäßiger Erwärmung nicht aus, und es werden Pumpen erforderlich. Abb. 70 zeigt die grundsätzliche Anordnung einer Fernheizanlage mit Pumpenantrieb, die von der Maschinenfabrik Eßlingen für ihr eigenes Verwaltungsgebäude ausgeführt ist.

Die Erwärmung des Heizwassers wird mitunter in besonderen Heizkesseln mit Koksfeuerung zu erfolgen haben, z. B. bei einzelstehenden Verwaltungsgebäuden. Wenn angängig, ist es vorteilhafter, den Betrieb der Warmwasserheizung an die allgemeinen Einrichtungen des Werkes anzuschließen. Man kann dabei entweder den im Werk für Heizzwecke verfügbaren Frisch- oder Abdampf in die zu heizenden Gebäude hineinleiten und dort zur Wassererwärmung ausnutzen — sogenannte „Dampf-Warmwasserheizung" —, oder die Erwärmung des Wassers bereits in Nähe der Entstehungsstellen des Frischdampfes, Abdampfes oder der sonstigen Abwärmeträger vornehmen und den verbrauchenden Gebäuden das Warmwasser zupumpen, wie im Falle von Abb. 70 — sogenannte „Fern-Warmwasserheizung". Die letztere Anordnung erleichtert die Überwindung etwaiger Geländehindernisse.

Die Fernwarmwasserheizungen sollen sich vor den Ferndampfheizungen durch sehr geringe Wärmeverluste in den Leitungen auszeichnen. Bei Benutzung von Abdampf als Wärmequelle gestatten sie — ähnlich wie die Unterdruck-Dampfheizungen — den Dampf unter atmosphärischen Druck hinab zu entspannen und somit für Kraftzwecke besser auszunutzen. Endlich ermöglichen sie unter Umständen die Verwertung sonst schlecht brauchbarer Abwärme von geringen Wärmegraden, wie von Verbrennungs-Kraftmaschinen. Bei unmittelbarer Verwendung von Abdampf in Dampfheizungen entstehen infolge des verschiedenen Tagesverlaufes von Kraftbedarf und Heizbedarf manche Schwierigkeiten; bei Warmwasserheizungen kann man die Schwankungen durch große zur Wärmespeicherung dienende Wasserbehälter ausgleichen. Die Leitungen von Fernwarmwasserheizungen werden weniger leicht undicht als Dampfleitungen und lassen sich deshalb zur Not auch in nicht begehbaren und somit billigeren Kanälen verlegen; trotzdem fallen ihre gesamten Anlagekosten immer verhältnismäßig hoch aus.

Luftstromheizungen. Für die Erwärmung der Luft bei Luftstromheizungen kommen die verschiedensten Wärmequellen in Betracht, besondere Koks- und Gasfeuerungen, Kesselabgase, Hochdruckdampf, Abdampf usw.

Im allgemeinen stellt man die Kraftlüfter in der Nähe der zu versorgenden Heizbezirke auf und leitet den als Wärmequelle dienenden Stoff, z. B. Gas oder Hochdruckdampf, dorthin. Es kann aber auch notwendig werden, die Lufterwärmung an der Entstehungsstelle der Heizwärme vorzunehmen, z. B. bei Benutzung von Rauchgas-Luftwärmern (sogenannten Luft-Ekonomisern) im Kesselhaus, im Falle von Abdampf-Luftwärmern mit Unterdruck (Vakuumheizung) im Maschinenraum. Bei einer Heizanlage der letzteren Art in einem nordamerikanischen Werke hat man eine Anzahl getrenntliegender Gebäude an ein Luftleitungsnetz angeschlossen, durch welches sie vom Kraftwerk aus mit warmer Luft versorgt werden. Die Rohre verlaufen außerhalb der Gebäude und sind zum Wärmeschutz mit Sägemehl in Holzumkleidung umgeben, wodurch größere Abkühlungsverluste vermieden sein sollen. Naturgemäß bekommen solche Luftleitungen recht erhebliche Querschnitte.

Hinsichtlich des Oberflächengrades der Heizkörper hat man bei den Luftstromheizungen freiere Hand als bei örtlich wirkenden Heizungen. Man kann einerseits wesentlich über 100° gehen, da das rasche Vorbeiströmen der Luft eine Ansengung des Staubes nicht zustandekommen läßt; hier stehen also der Lufterwärmung durch Hochdruckdampf oder durch heiße Kesselabgase keine grundsätzlichen Bedenken entgegen, wenn die Ausführung im einzelnen den gesundheitlichen Forderungen Rechnung trägt. Andererseits lassen sich zur besseren Vorausnutzung der Wärme in Kraftmaschinen auch recht niedrige Oberflächenwärmegrade anwenden, ohne daß die Heizflächen übermäßig groß ausfallen, denn die hohe Luftgeschwindigkeit bewirkt eine sehr lebhafte Wärmeabgabe; Tyrrell (Quellennachweis 4) gibt z. B. an, daß Dampfheizkörper bei einer künstlich erzeugten Luftgeschwindigkeit von 7 m/sec. die drei- bis fünffache Wärmemenge abzugeben vermögen, wie bei Verwendung in örtlich wirkenden Heizungen.

Die Vorzüge der Luftstromheizungen gegenüber den örtlich wirkenden Heizungen, von denen für Werkstätten in erster Linie die Niederdruck-Dampfheizung in Betracht kommt, haben zum Teil schon weiter oben Erwähnung gefunden. Die Luftbewegung vollzieht sich geordneter, was einerseits der Lüftung, andererseits der Wärmeverteilung zugute kommt. Die Luftschicht über dem Fußboden läßt sich stärker erwärmen als die oberen Luftschichten, so daß die Wärmedurchgangsverluste an den hochliegenden Gebäudeteilen niedriger werden. Das Anwärmen der Raumluft bei Heizbeginn beansprucht infolge des raschen Luftumlaufes weniger Zeit, so daß man bei einschichtigem Betriebe stärkere Abkühlung der Werkstätten während der Nacht zulassen kann; auch der zeitliche Mittelwert des Wärmegefälles von innen nach außen wird dadurch niedriger, was auf eine weitere Ersparnis an Wärmeverlusten hinauskommt. Die Einstellung der wenigen Heizkörper an den Lüftern ermöglicht eine bequeme Regelung der gesamten Gebäudeheizung je nach der Witterung; Bedienung und Instandhaltung sind einfacher als bei Dampfheizungen. Im Sommer lassen sich die Anlagen ohne weiteres zu reinen Lüftungszwecken verwenden. Dem stehen als Nachteile gegenüber der nicht unbedeutende Kraftverbrauch der Lüfter und die geringere Anpassungsfähigkeit bei Vorkommen verschieden starken Heizbedarfes innerhalb des zu versorgenden Bezirkes. Zwar läßt sich der zuletzt erwähnte Mangel dadurch beheben, daß man entweder in den Abzweigleitungen mit höherem Wärmebedarf Zusatzheizkörper anordnet, oder die ganze Luft auf den benötigten Höchstwärmegrad erwärmt und den Abzweigen mit niedrigerem Wärmebedarf kalte Luft beimischt, doch geht hierbei der Vorzug der Einfachheit und Übersichtlichkeit zum Teil verloren. Für Bürogebäude sind Luftstromheizungen u. a. wegen der Geräuschübertragung nicht besonders zweckmäßig.

Der reine Anschaffungspreis von Luftstromheizungen ist meist höher als der von örtlich wirkenden Niederdruck-Dampfheizungen. Doch kann sich das Bild nicht unwesentlich ver-

Abb. 72. Luftstromheizung mit Verteilungsdruckleitung ohne Saugleitung in der Zusammenbauhalle von Collet & Engelhard G. m. b. H., Werkzeugmaschinenfabrik, Offenbach a. M., Ausführung der Maschinenfabrik Augsburg-Nürnberg.

schieben, wenn beim Preisvergleich der Einfluß auf die Gebäudekosten mit in Rechnung gestellt wird. Hierbei sind nicht nur die unmittelbaren Aufwendungen für Kanäle, Schächte, Verteilungsleitungen usw. sondern auch der Verlust an nutzbarer Werkstattgrundfläche durch die Unterbringung von Heizungsteilen zu berücksichtigen. Der Verteilungs-Ventilstock einer Dampfheizanlage braucht weit weniger Raum als der Lüfter und Luftanwärmer einer Luftstromheizanlage. Dafür beanspruchen aber bei ersterer die Heizkörper viel Fußbodenfläche. Z. B. beträgt die Tiefe von Wandheizkörpern etwa 200 mm; der Zwischenraum zwischen Heizkörper und Wand muß zur Erzielung geordneter Luftströmung mindestens 80 mm, der Abstand zwischen Heizkörper und hölzernen Werktischen aus Feuersicherheitsgründen etwa 50 mm groß gewählt werden. Somit geht an jeder Fensterreihe ein wenigstens 330 mm tiefer Streifen für die eigentlichen Werkstattzwecke verloren (vgl. auch Abb. 61 und 67). Dagegen läßt sich bei Luftstromheizanlagen durch geschickte Anordnung der Leitungen ein Verlust an Fußbodenfläche so gut wie ganz vermeiden (vgl. Abb. 62).

In größeren Hallen kommen als einfachste Ausführungsform der Luftstromheizung Lüfter mit liegender Welle in Betracht, welche an verschiedenen Stellen der Umfassungswände über Flur aufgestellt werden, durch Öffnungen teils Frischluft aus dem Freien, teils Umluft aus der Werkstatt ansaugen, und die erwärmte Luft in etwa 3 m Höhe nach dem Werkstattinneren zu wieder ausblasen, ohne daß Saug- und Druckleitungen verwandt werden. Hierbei werden naturgemäß die mit Luftstromheizung erreichbaren Vorteile nur teilweise verwirklicht, und es treten in der Nähe der Lüfter Luftbewegungen von unangenehmer Stärke auf. Abb. 72 zeigt eine Luftstromheizung mit Verteilungsdruckleitung. Bei solchen Anordnungen kann durch verschiedene Drosselung der einzelnen Luftaustrittsöffnungen gleichmäßige Belieferung aller Bedarfspunkte eingestellt werden. Die geordnetste Luftführung ergibt sich, wenn sowohl Zuluft- als auch Abluftleitungen mit gut verteilten Öffnungen vorgesehen werden wie in Abb. 62, doch wird man in eingeschossigen Hallenbauten meist mit einfacheren Ausführungen nach Art von Abb. 72 auskommen.

Lüfter und Luftwärmer lassen sich beliebig hoch anordnen, indes erfordert bei Heizung durch Dampf die Entfernung des Niederschlagwassers Beachtung. Um an Erdgeschoßgrundfläche zu sparen, kann man sie bei kleineren Anlagen auf Wandausleger (Konsolen) setzen oder unter die Raumdecke hängen. Z. B. werden im Reichswerk Spandau eine Anzahl getrennt stehender kleiner Flachbauten durch Luftstromheizungen erwärmt, deren Lüfter und Luftwärmer in der Mitte jedes Gebäudes unter dem Dach angeordnet sind; die Dampfleitungen zur Speisung der einzelnen Luftwärmer laufen durch Spanndrähte getragen von Dachfirst zu Dachfirst. Größere Lüfter bedürfen kräftigerer Unterbauten und müssen daher, wenn man zu ebener Erde keinen Platz opfern will, in Kellern untergebracht werden. Anordnung der Lüfter in der Mitte der Versorgungsbezirke ergibt kleine Querschnitte für die Luftleitungen, ist jedoch mit Rücksicht auf die Freihaltung der Werkstätten für Betriebszwecke nicht immer durchführbar.

Bei gut überlegter Einfügung der Steigschächte und Verteilungsleitungen zwischen Pfeilern, Stützen usw. läßt sich nennenswerter Platzverlust vermeiden, dagegen kann nachträglicher Einbau wegen vorhandener Unterzüge, Deckenbalken, Krananlagen usw. große Schwierigkeiten verursachen. Hohle eiserne Gebäudestützen selbst als Luftschächte auszunutzen ist wegen der Gefahr des Durchrostens von innen bedenklich.

Der Antrieb der Lüfter erfolgt am besten mit Riemen. Dadurch wird die Verwendung schnelläufiger billiger Elttreiber und langsamlaufender Lüfter mit gutem Wirkungsgrad möglich; auch vermag man dann etwaigen Unstimmigkeiten oder geänderten Anforderungen hinsichtlich der Luftförderung durch Auswechseln der Riemenscheiben leicht Rechnung zu tragen.

Anschluß mehrerer Räume an eine gemeinsame Luftstromheizung macht Vorbeugungsmaßnahmen gegen Brandübertragung erforderlich, namentlich in Mehrgeschoßbauten. Die Schächte müssen dann feuerbeständig ausgebildet werden und die Zweigleitungen der einzelnen Räume feuersichere Verschlüsse erhalten, die möglichst im Brandfalle selbsttätig zufallen sollen.

Einfluß der Gebäudeausführung auf den Heizbedarf. Durch 1 m² Gebäudeoberfläche gehen stündlich für je 1° Wärmeunterschied zwischen Innenluft und Außenluft folgende Wärmemengen verloren:

bei Ziegelmauerwerk 380 mm stark	1,3 WE
,, ,, 250 mm ,,	1,7 WE
,, ,, 120 mm ,,	2,4 WE
,, Doppelfenstern mit weitem Zwischenraum	2,3 WE
,, Einfachfenstern mit doppelten Scheiben	3,7 WE
,, ,, mit einfachen Scheiben	5,0 WE
,, Holz-Zementdach	1,3 WE
,, Wellblechdach ohne Schalung	10,4 WE

Diese Angaben, die größtenteils einer ausführlichen Zahlentafel in dem Buche Quellennachweis 14 entnommen sind, lassen den außerordentlichen Einfluß der Bauweise auf die Wärmeverluste erkennen. Durch Anwendung schlecht durchlässiger Wände, Decken und Dächer läßt sich einerseits wesentlich an Heizkosten sparen, anderseits schädlicher Schweißwasserbildung vorbeugen (Papierfabriken usw.).

Reichliche Tagesbelichtung durch große Glasflächen wird mit hohen Heizkosten bezahlt, weshalb darin des Guten nicht zu viel getan werden soll, namentlich in kalten Gegenden mit langer jährlicher Heizzeit. Werkanlagen in milden Ländern wie Kalifornien können somit nicht ohne weiteres als Vorbilder für Bauten im nördlichen Europa übernommen werden. Durch Doppelverglasung statt Einfachverglasung lassen sich erhebliche Wärmeersparnisse erzielen, beispielsweise 20—25 v. H., wenn die Fenster die Hälfte der gesamten luftberührten Gebäudeoberfläche ausmachen. Die Verschlechterung des Lichtdurchganges durch die zweite Verglasung wird, gute Reinhaltung vorausgesetzt, mit nicht mehr als 10 v. H. zu veranschlagen sein, was in Kauf genommen werden kann. Der Brennstoffersparnis stehen allerdings die Mehrkosten für Verzinsung, Tilgung, Reinigung und Instandhaltung gegenüber. Bisher sind Doppelfenster im allgemeinen nur in Büroräumen angewandt worden, wo der Mangel an Körperbewegung die Empfindlichkeit gegen Zug steigert. Angesichts der Brennstoffverteuerung wird man sich in Zukunft stets durch Wirtschaftlichkeitsberechnungen Klarheit darüber verschaffen müssen, inwieweit sich auch für Werkstättenfenster und -oberlichter Doppelverglasung empfiehlt. Allgemeingültiges läßt sich hierüber nicht sagen, da einerseits Arbeitszeit und Wärmebedarf des Betriebes, andererseits Klima, Baustoffkosten und Brennstoffpreise am Standort sehr große Verschiedenheiten ergeben können. Bei Raupenoberlichtern ist Doppelverglasung besonders wirksam für den Wärmeschutz, weil sie bei diesen zugleich eine Verkleinerung der wärmeaufnehmenden inneren Dachfläche ergibt (Abb. 74). Für kleinere Fenster sind wegen der geringeren Wärmeleitfähigkeit Rahmen mit Holzsprossen günstiger als solche mit Eisensprossen, obgleich sie etwas weniger Licht durchlassen. Bei mangelhafter Ausführung können die Holzteile von Einfach- wie von Doppelfenstern schwinden, so daß sich nach und nach Fugen zwischen den Fensterkästen und dem umrahmenden Mauerwerk bilden; dieser Vorgang verdient als häufige Ursache von Zug und Wärmeverlusten nachdrückliche Beachtung.

Die Entstehung von Fußkälte durch kalte Luftströmungen infolge unzweckmäßiger Lüft- und Heizanordnungen wurde bereits besprochen. Als weitere Ursache kommt Wärmeableitung durch den Fußboden in Betracht. Am ungünstigsten sind in dieser Hinsicht Fußböden unmittelbar über der Erde und über ungeheizten Räumen, doch ist die vielfach bestehende Auffassung, daß oberhalb geheizter Räume keine Fußkälte möglich sei, irrig. Zur Erläuterung sei erstens der Fall angenommen, daß die Oberfläche eines Erdgeschoßbodens über der im Winter 0^0 warmen Erde durch die 18^0 warme Raumluft auf nur etwa 5^0 gebracht werden kann, dann beträgt der

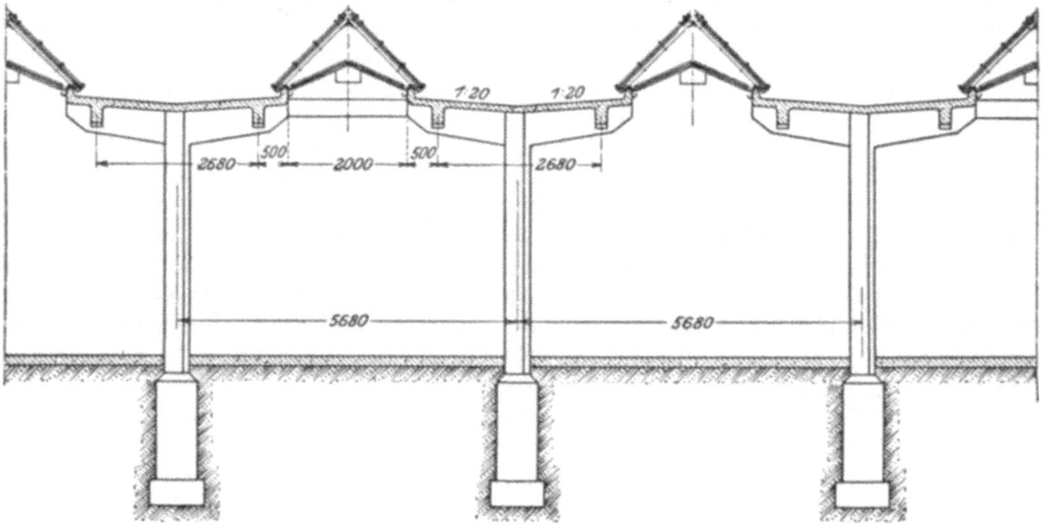

Abb. 74. Eisenbetonsaal mit doppelt verglasten Raupenoberlichtern.
(Aus Z. 1912, S. 1190, K. Bernhard. Q. 114.)

Wärmegradunterschied zwischen dem menschlichen Körper und dem Fußboden $37^0-5^0=32^0$. Zweitens sei angenommen, daß ein Mehrgeschoßbau durch die Sommerwärme oder im Winter mit Hilfe der Heizung gleichmäßig auf 18^0 erwärmt ist; dann macht das Wärmegefälle zwischen Körper und Fußboden bei den Obergeschoßfußböden $37^0-18^0=19^0$ aus. Der Wärmeabfluß vom Körper zum Fußboden wird also im zweiten Falle, im Sommer sowohl wie im Winter, nur um 40 v. H. geringer ausfallen als im ersten Falle und bei gut leitendem Fußbodenbelag immer noch unzulässig stark sein. Wirksame Abhilfe ist lediglich durch schlecht wärmeleitenden Fußbodenbelag oder durch entsprechende Fußbekleidung zu erreichen. Holzfußböden sind in dieser Beziehung am besten, aber auch am teuersten. In nicht sehr dicht besetzten oder selten betretenen Arbeitsräumen wird es sich aus Ersparnisgründen empfehlen, nur einzelne Teile der Bodenfläche mit Holz zu belegen. Ausnahmsweise wird man sich auch durch Auflegen von Lattenrosten oder durch Lieferung kräftiger Holzschuhe an die Arbeiter helfen können.

Neben der Wärmeundurchlässigkeit verdient auch die Wärmespeicherfähigkeit der verschiedenen Bauweisen Beachtung. Eine Hohlwand kann unter Umständen dieselbe Wärmeundurchlässigkeit haben wie eine gleich starke Vollwand, vermag jedoch weniger Wärme aufzuspeichern. In leichter Bauart hergestellte Gebäude lassen sich schneller anwärmen als starke vollwandige Bauten, kühlen dafür aber auch schneller ab und erfordern deshalb eine längere und stetigere Wärmezuführung. Bauausführungen mit größerer Speicherfähigkeit sind namentlich dann erwünscht, wenn der Heizbetrieb durch Abwärmeverwertungseinrichtungen mit dem Kraftbetrieb in Zusammenhang steht und daher nicht ausschließlich nach Maßgabe des jeweiligen Wärmebedarfes geregelt werden kann.

Gesundheits- und Wohlfahrtseinrichtungen.

(Siehe hierzu Quellennachweis 1m, 16, 122.)

Aborte. Gewöhnlich wird für je 20 Männer und je 15 Frauen eine Abortzelle vorgesehen; besser rechnet man jedoch eine Zelle auf je 15 Männer und je 10 Frauen, weil knapp bemessene Abortanlagen Grund oder Vorwand für unnötig langes Fortbleiben von den Arbeitsplätzen geben. Namentlich gilt dies für solche Betriebe, in denen nicht durchweg Stück- oder Prämienentlohnung anwendbar ist, wo die Arbeiter sich erfahrungsgemäß gern Zeit lassen und auch wohl zum Rauchen in die Aborträume zurückziehen. Einrichtung weniger großer Abortlanlagen für ausgedehnte Bezirke erniedrigt die Herstellungskosten, insbesondere für Wasserleitungen und Abwasserkanäle, erhöht aber den Ausfall an Arbeitszeit. Zersplitterung in zu viele kleine Einzelanlagen führt zu unnötiger Verteuerung und ergibt keinen genügenden Ausgleich in der Benutzung der Zellen. Das richtige liegt in der Mitte, Abortanlagen mit je etwa 15—30 Zellen für Bezirke von rund 200—400 Leuten, möglichst so angeordnet, daß weite Wege vermieden werden. In Mehrgeschoßbauten sind wenigstens in jedem zweiten, besser aber in sämtlichen Stockwerken Aborte einzurichten. Bei Veranschlagung des Platzbedarfes ist für eine Zelle 800—850 mm Breite und 1200 mm Tiefe zu rechnen; die Gesamtbreite der Stände in Männeraborten kann man zu etwa $^2/_3$ der Gesamtbreite aller Zellen annehmen.

Sind die Abortanlagen unmittelbar von den Werkstätten aus zu betreten, was öfters zur Erleichterung der Aufsicht gewünscht wird, so muß durch künstliche Entlüftung der Aborte mit Unterdruck, unter Umständen auch durch Anordnung geeigneter Vorräume verhütet werden, daß der Geruch in die Arbeitssäle dringt. Zweckmäßig und viel verbreitet ist die Angliederung der Aborträume an Treppenhäuser, wobei für mehrere an das Treppenhaus anstoßende Werkstattsäle eine gemeinsame Anlage vorgesehen werden kann. Alle Aborte sind tunlichst auf den Nord- oder Ostseiten der Gebäude unterzubringen.

Die Zugänge zu Männer- und Frauenaborten müssen getrennt sein (Abb. 33). Wo Beschäftigung von Frauen zunächst nicht in Betracht kommt, ist zu beachten, daß Verschiebungen auf dem Arbeitsmarkt, Vereinfachung der Bearbeitungsverfahren oder Umstellung der Erzeugung doch noch zu nachträglicher Zuziehung weiblicher Kräfte in Werkstätten und Büros Veranlassung geben können; vorteilhaft legt man deshalb die Abortanlagen von vornherein so an, daß im Bedarfsfalle eine Unterteilung in Männer- und Frauenaborte ohne kostspielige Umbauten möglich ist. Die noch gelegentlich anzutreffende Einrichtung, die Türen der Zellen nur so hoch zu machen, daß die Köpfe der darin Befindlichen sichtbar sind, sollte wegen ihrer Unwürdigkeit verschwinden, wenngleich in Betrieben mit geringwertiger Arbeiterschaft mancherlei Gründe dafür sprechen mögen.

Zur Pflege von Gesundheit und Reinlichkeit sollte man in Abortvorräumen, nicht nur für Beamte sondern auch für Arbeiter, stets Waschgelegenheit vorsehen, denn Offenhalten der Umkleiden zum Waschen während der Arbeitszeit geht nicht an, weil sonst zu viele Klagen über Entwendungen aus den Kleiderspinden vorkommen. Um die Leute vor Erkältungen zu schützen und das Einfrieren der Wasserleitungen zu verhüten, ist, wie schon gesagt, eine, wenn auch mäßige Heizung erforderlich.

Spucknäpfe. Die Erkenntnis, daß an der Übertragung der Lungenschwindsucht die Einatmung von eingetrockneten dem Staub beigemengten Bestandteilen menschlichen Auswurfes stark beteiligt ist, hat leider in der Bevölkerung noch viel zu wenig Eingang gefunden. Aus volksgesundheitlichen Gründen ist es Pflicht der Betriebsleitungen, dem Ausspucken auf den Boden entgegenzuwirken und dabei nötigenfalls auch mit Ordnungsstrafen vorzugehen, bis die Arbeiterschaft diese üble Gewohnheit einzelner selbst nicht mehr duldet. Voraussetzung hierfür bildet aber die Aufstellung einer ausreichenden Zahl von Spucknäpfen. Für manche Betriebe, wie Zigarrenfabriken, enthalten die Ausführungsbestimmungen zur Gewerbeordnung genaue Vorschriften; im allgemeinen wird ein Spucknapf auf je fünf Arbeiter gefordert. Die meistgebräuchlichen lose auf den Fußboden gestellten Spucknäpfe mit Sand- oder Wasserfüllung genügen den Ansprüchen nur unvollkommen, erstens, weil sie ein zu kleines Ziel abgeben, und zweitens weil die mit der Entleerung und Reinigung beauftragten Leute schwer zur nötigen Sorgfalt zu erziehen sind, und sich auch selber leicht Ansteckungen durch Eindringen von Tuberkelbazillen in Fingerwunden zuziehen können. Zweckmäßig sind festangebrachte hochliegende Spülspucknäpfe mit Anschluß an die Wasserleitung und Kanalisation; werden dieselben gleich von vornherein vorgesehen und in der Nähe von Wasserzapfstellen angeordnet, so bleiben die Kosten in erträglichen Grenzen.

Umkleiden. Die Umkleiden (Umkleide- und Waschräume) werden in der Regel, wie schon erwähnt, zwischen Beginn und Schluß der Arbeitszeit verschlossen gehalten und zwischendurch nur ausnahmsweise auf besonderes Verlangen vom Wärter geöffnet. In Hinsicht auf Diebstahlsverhütung steht also nichts im Wege, gemeinsame Anlagen für größere Werkbezirke oder für das ganze Werk zu schaffen und in der Nähe des Werkeinganges unterzubringen, was die Anlagekosten für Warmwasserversorgung und Abwässerbeseitigung wie auch die laufenden Ausgaben für Reinhaltung und Beaufsichtigung erniedrigt. Jedoch darf man Leuten, die von schwerer körperlicher Arbeit erhitzt sind (Schmiede), oder mit leichter Arbeitskleidung in gut geheizten Räumen eine ruhige Tätigkeit ausüben (Mechaniker), nicht weite Wege von den Werkstätten nach den Umkleiden im Freien zumuten, um sie nicht Erkältungen auszusetzen; meist werden deshalb besondere Umkleiden für jedes einzelne Werkstattgebäude eingerichtet. In großen Mehrgeschoßbauten kann die Zusammenlegung aller Waschräume in einem einzigen Geschoß (Erdgeschoß oder Keller) Veranlassung zu gefährlichem Gedränge auf den Treppen bei Arbeitsschluß geben, weil alles möglichst schnell in die Umkleiden zu gelangen und sich einen Waschplatz zu sichern sucht. Richtiger ist daher Verteilung der Umkleiden auf verschiedene Geschosse; vielfach werden die Verbindungsquerbauten zwischen den Hauptlängsbauten (Abb. 183a) zur Unterbringung der Umkleiden wie übrigens auch der Aborte ausgenutzt. Auf die einzelnen Umkleiden werden hierbei im Durchschnitt etwa 200—400 Leute entfallen. Für ausgedehnte Flachbauten kommen oft erheblich größere Einzelräume in Frage.

Umkleiden für Männer und Frauen müssen wiederum getrennte Zugänge erhalten. Aus den gleichen Gründen, wie bei den Abortanlagen besprochen, ist auch bei den Umkleiden die Möglichkeit späterer Trennung in Männer- und Frauenabteilungen im Auge zu behalten. Sofern für gute künstliche Lüftung gesorgt wird, lassen sich auch Innenräume ohne unmittelbares Tageslicht, die anderweitig schlecht verwendbar sind, für Umkleiden ausnutzen; die Kosten der Eltbeleuchtung fallen angesichts der kurzen Dauer der Benutzung nicht ins Gewicht. Unter Umständen kann man die Lüftung der Umkleiden und Aborte vereinigen, indem man die mit Unterdruck gelüfteten Aborträume die Luft aus den Umkleiden ansaugen läßt. Die Höhenlage der Umkleiden ist so zu wählen, daß keine Schwierigkeiten für die Frischwasserzuführung oder Abwasserentfernung entstehen.

Kleiderspinde werden zweckmäßig nicht ganz dicht ausgeführt, sondern mit Türen aus gelochtem Blech, Streckmetall oder Drahtgitter, wobei allerdings die Öffnungen eng sein sollen, um Mäuse fernzuhalten. Hierdurch wird einerseits gute Durchlüftung und Austrocknung nasser Kleidungsstücke erzielt, andererseits Einsichtnahme in die verschlossenen Spinde ermöglicht, was das vorläufige Verstecken entwendeter Gegenstände erschwert. Die Spinde müssen durch eingebaute oder Vorhängeschlösser verschließbar sein und gegen Herausbiegen der Türecken wenigstens einigen Widerstand bieten, so daß gewaltsame Öffnungsversuche durch einzelne außer der gewöhnlichen Zeit eingelassene Leute dem Wärter nicht unbemerkt bleiben. Von Vorteil für die Raumausnutzung sind Kleiderspinde mit sogenannten Verschwindetüren, deren Türflügel beim Öffnen nicht in ganzer Breite herausschlagen, sondern sich flach an die Innenseite der einen Spindwand legen; bei ihrer Verwendung werden etwa 200 mm weniger Gangbreite benötigt als bei Spinden mit nach außen schlagenden Türen. Zur Vermeidung von Unzuträglichkeiten ist es sehr erwünscht, daß jeder Arbeiter ein Spind zur alleinigen Benutzung erhält; in Betrieben, wo das Arbeitszeug mit gesundheitsschädlichen Stoffen in Berührung kommt (Bleiverarbeitung), sind sogar zwei Spinde je Mann erforderlich, eines für die Arbeits- und eines für die Straßenkleidung.

In den Umkleiden von Kohlenzechen sind Spinde nicht üblich; zur Aufbewahrung der Kleidungsstücke dienen dort Netze, die mit Hilfe von Ketten- oder Schnurzügen unter die Raumdecke hochgezogen und durch Anschließen der Züge gegen Zugriffe von Unberechtigten gesichert werden. Diese Anordnung spart in Anbetracht dessen, daß die Kleidung von drei Schichten untergebracht werden muß, viel an Grundfläche und Kosten. Dabei darf allerdings der größere Raumbedarf in der Höhenrichtung nicht übersehen werden. Nachteilig ist, daß durchnäßtes Zeug in den engen Netzen schlecht trocknet und daß kleine Wertgegenstände beim Ein- und Auspacken leicht verloren gehen können. Bei Wahl derartiger Umkleideräume sind die Wascheinrichtungen in besonderen Nebenräumen unterzubringen.

Einzelwaschbecken mit Schnellentleerung durch Umkippen oder durch Öffnen eines weiten Drehabflusses sind aus gesundheitlichen Gründen den einfachen Waschrinnen (Waschtrögen) vorzuziehen. Ein Waschplatz kann unter durchschnittlichen Verhältnissen bei Arbeitsschluß von drei bis höchstens vier Leuten nacheinander benutzt werden. Wo wegen gesundheitsschädlicher Arbeitsstoffe besonders gründliche Reinigung der Hände erforderlich ist, oder wo die Arbeiter bei knappbemessener Mittagspause bestimmte Verkehrsgelegenheiten erreichen müssen, ist mit nur zweimaliger Benutzung eines Waschbeckens zu rechnen.

Es entfällt demnach ein Waschplatz bei einschichtigem Betrieb auf je 2—4 Spinde, bei mehrschichtigem Betrieb auf eine entsprechend größere Zahl. Zur Vermeidung allzu vielen

Durcheinanderlaufens der Leute werden die Waschbeckenreihen zweckmäßig zwischen die Spindreihen verteilt. Bei einschichtigem Betrieb ergibt sich die günstigste Raumausnutzung bei abteilartiger Aufstellung, wobei etwa mit folgenden Maßen zu rechnen ist: einseitige an der Wand stehende Spindreihe 400 mm Tiefe, Zwischenraum 100 mm, doppelseitige Waschbeckenreihe 1000 mm Tiefe, Zwischenraum 1100 mm, doppelseitige Spindreihe 800 mm Tiefe, Zwischenraum 1100 mm usw.; bei Spinden mit Verschwindetüren können die Zwischenräume auf 900 mm herabgesetzt werden. Die Breite eines Waschplatzes ist 600 mm, die eines Spindes 300 mm, so daß bei Gegenüberstellung der Spind- und Waschbeckenreihen auf einen Waschplatz zwei Spinde entfallen. Hierbei sind also unter Nichteinrechnung des etwa 1200 mm breit zu wählenden Seitenganges rund 0,6 m^2 Grundfläche je Kopf erforderlich. Bei zwei- oder dreischichtigem Betrieb läßt sich die Aufstellung der Waschbecken und Spinde weniger gut in Übereinstimmung bringen, weil man letztere nicht beliebig vertiefen und verschmälern kann; man vermag daher dort den Grundflächenbedarf wohl etwas herunterzudrücken, aber kaum weiter als auf etwa 0,4 m^2 je Kopf. Da der besseren Raumausnutzung wegen meist auch noch an die Fensterwände Spinde gestellt werden, läßt man die Fenster zweckmäßig erst in 2 m Höhe über dem Fußboden beginnen.

Wie in Abschnitt „Unfallverhütung" näher ausgeführt wird, kann in Betracht kommen, die Umkleiden zugleich als Luftangriffs-Unterstände auszugestalten.

Bäder. Brausezellen und Wannenbäder, deren regelmäßige Benutzung durch die Betriebsverhältnisse notwendig gemacht wird (Arbeiten in heißen Räumen oder mit gesundheitsschädlichen Stoffen), sind in der Nähe der Umkleiden unterzubringen. Handelt es sich dagegen mehr um eine Wohlfahrtseinrichtung zur allgemeinen Reinlichkeitspflege, so ist in Betracht zu ziehen, sie in der Nähe eines Werkeinganges anzuordnen, um auch den Angehörigen der Arbeiter ihre Benutzung zu ermöglichen. Beachtung bei Wahl ihrer Lage erfordert aber auch ihre Eingliederung in die Wärmewirtschaft des Werkes (Abwärmeverwertung).

Jede Zelle muß besondere Warm- und Kaltwasserhähne zur Regelung des Wasserwärmegrades erhalten; Gesamtregelung für alle Zellen führt zu Streitigkeiten. Zweckmäßig ordnet man für jede Brause- oder Wannenzelle mehrere davon getrennte Auskleidezellen an, damit man trotz mäßiger Anlagekosten und geringen Raumaufwandes eine große Zahl von Bädern zu verabfolgen vermag. Um die Benutzer bei starkem Andrang zur Einhaltung der festgesetzten Badezeit zu veranlassen, kann man das allerdings etwas unfreundliche Mittel benutzen, dem Wärter die Einschaltung kalten Wassers auf die Brausen unabhängig von der Stellung der Hähne in den Zellen zu ermöglichen.

Fahrradstände. Fahrradstände müssen Schutz gegen senkrecht und schräg einfallenden Regen und gegen Sonnenbestrahlung der Reifen bieten. Sofern sie über oder unter Flur liegen, sind nicht Treppen, sondern Rampen anzuordnen, um Unfälle zu vermeiden. Die Zahl der benötigten Stände ist nach den örtlichen Verhältnissen zu bestimmen; durchschnittlich wird etwa $^1/_4$ der Arbeiterschaft Fahrräder benutzen. Ein Fahrrad ist etwa 1900 mm lang und 520 mm breit. Als Teilung der Stände von Mitte Rad bis Mitte Rad sind etwa 560 mm zu wählen. Zum Abhalten von Sonne und Regen läßt man die Überdachung etwas überstehen, so daß einseitige Schuppen etwa 2,8 m, Schuppen für zwei gegeneinander gestellte Radreihen etwa 5,4 m breit werden. Gewöhnlich wird oberhalb der Zwischenräume der auf dem Boden stehenden Räder in gewisser Höhe noch eine zweite Reihe Räder aufgehängt, so daß sich für die überdachte Schuppenfläche unter Nichteinrechnung der Zugangswege ein Grundflächenbedarf von etwa 0,8 m^2 je Rad ergibt. Die Stände werden am besten in der Nähe der Werkeingänge untergebracht, so daß sie vom Pförtner beaufsichtigt werden können; zwischen Beginn und Schluß der Arbeitszeit müssen sie verschlossen sein, weil sonst leicht Diebstähle und auch Beschädigungen an Rädern unbeliebter Beamten und Arbeiter vorkommen.

Verpflegungseinrichtungen. Für die Verpflegung der Arbeiter ist je nach den Gewohnheiten der betreffenden Bevölkerung und je nach der Lage des Werkes — in Großstadt, Vorort oder Kleinstadt — in verschiedener Weise vorzusorgen.

Zur Entnahme von Trinkwasser sind in Werkstätten, Büros und Treppenhäusern Wasserzapfstellen vorzusehen. Näheres über ihre räumliche Unterbringung wird in Abschnitt „Wasserversorgung und Entwässerung" gesagt.

Durch Anordnung nur weniger Kaffeeausgaben und Verkaufsstellen für Speisen und Getränke läßt sich zwar an Einrichtungs- und Bedienungskosten sparen; doch entstehen dann leicht Mißhelligkeiten, wenn die Arbeiter wegen der weiten Wege und des großen Andranges mit dem Einkauf in den Pausen nicht fertig werden. Durch Beauftragung bestimmter Hilfsarbeiter mit dem Einholen für die einzelnen Werkstattbezirke läßt sich diesem Übelstande etwas entgegenwirken, doch ist auf jeden Fall straffe Aufsicht erforderlich, die durch zweckmäßige räumliche Anordnung erleichtert werden muß. Wenn es die örtlichen Verhältnisse gestatten, empfiehlt es sich, Kaffeeschenken und Verkaufsstände fahrbar einzurichten und den Verkauf in den einzelnen Werkstätten nacheinander in Sichtnähe der Meisterbuden vornehmen zu lassen, so daß einerseits nur ein kleiner Ausfall an Arbeitszeit entsteht und andererseits mit einer geringen Zahl von Verkäufern auszukommen ist. Auch kann dann die Vorbereitung des Kaffees und der sonstigen Waren für die Verkaufswagen an einer Stelle erfolgen.

Viele Werke haben eigene Einrichtungen zur Herstellung von künstlichen Limonaden und Mineralwasser.

Zum Warmhalten mitgebrachter Speisen und Getränke, welche die Arbeiter in den Pausen verzehren wollen, stellt man am besten Wärmeschränke zur Verfügung. Damit entfällt jeder Grund zur mißbräuchlichen Benutzung von Gas oder Elt für diesen Zweck. Die Wärmeschränke werden vorteilhaft mit Dampf geheizt. Ihre Aufstellung hat je nach den Umständen in Nähe der einzelnen Werkstätten zu erfolgen, damit sie während der kurzen Frühstückspausen schnell zu erreichen sind, oder auch bei den später besprochenen Aufenthaltsräumen für die Mittagspausen. Sie werden nur zum Hineinsetzen der Gefäße vor Arbeitsbeginn und später zum Wiederherausnehmen geöffnet und müssen sich für die übrige Zeit verschließen lassen, um Schädigungen mißliebiger Arbeiter durch Entwendung oder Verunreinigung von Speisen vorzubeugen.

Während längerer Mittagspausen sollen die Werkstätten zur gründlichen Durchlüftung und auch zur Vermeidung von allerlei Unzuträglichkeiten von den Arbeitern möglichst geräumt werden; wo die örtlichen Verhältnisse entfernt wohnenden Leuten keinen anderen Verbleib bieten, ist also die Schaffung von Aufenthaltsräumen erwünscht, tunlichst für Männer und Frauen getrennt. In denselben sind dann wiederum Wärmeschränke für mitgebrachte Speisen vorzusehen, unter Umständen mit verschieden stark geheizten Flächen, die teils zum Warmhalten, teils zum Kochen dienen.

Oft wird die Einrichtung besonderer Werksküchen mit Speisesälen erforderlich sein, denen die vorerwähnten Aufenthaltsräume dann baulich angegliedert werden. Wo es Größe und Form des Grundstückes gestatten, bringt man die Aufenthalts- und Speiseräume vorteilhaft beim Werkeingang unter, damit die Essen bringenden Angehörigen den Bereich der Werkstätten nicht zu betreten brauchen. Anhaltspunkte über die benötigten Räume in Werkspeiseanstalten geben verschiedene Abbildungen in dem in Quellennachweis 122 erwähnten Aufsatz. In Mehrgeschoßbauten auf engen Grundstücken, namentlich zwischen öffentlichen Straßen, wo baupolizeiliche Vorschriften die Höhe der Dachtraufen usw. beschränken und möglichste Raumausnutzung innerhalb der zulässigen Querschnittsumgrenzung angestrebt werden muß, findet man öfters Küchen und Speisesäle im obersten Zwickel des Daches unmittelbar unter dem First untergebracht (z. B. in Raum 16 von Abb. 182b). Diese Anordnung läßt sich wegen der verhältnismäßig geringen Fußbodenbelastung durch den Speisebetrieb unschwer durchführen und schließt auch den Vorzug einer gewissen Wärmeersparnis in sich, weil die Speisesäle nur kurzzeitig geheizt zu werden brauchen und im übrigen als wärmetrennende Zwischenräume wirken.

Bei Einrichtung größerer Speisebetriebe kann zu überlegen sein, inwieweit sich einzelne Räume ohne großen Mehraufwand auch für sonstige gemeinnützige Zwecke verwendbar machen lassen, z. B. Arbeiterspeisehallen für Vorträge, Lichtbildervorführungen, Konzerte und Turnabende, Beamtenspeiseräume als Klassenzimmer für Lehrlingsschulen usw.

Für Betriebe, in denen die Arbeiter mit Giftstoffen in Berührung kommen (Blei usw.) gibt die Gewerbeordnung bestimmte Vorschriften über die gegenseitige Lage der Reinigungs- und Eßräume, wodurch die Leute angehalten werden sollen, sich vor Einnahme der Mahlzeiten gründlich zu säubern.

Sonstige Wohlfahrtsanlagen. Für große Unternehmungen können noch weitere Wohlfahrtsanlagen außerhalb des eigentlichen Werkgebietes in Betracht kommen. Erwähnt seien Arbeiterwohnhäuser mit Obst- und Gemüsegärten, Heime, Lesehallen und Büchereien, Krippen und Kindergärten, Spielplätze, Verkaufshallen, Wäschereien, Badeanstalten, Krankenhäuser, Heilstätten usw. Bei Unterbringung derartiger Anlagen in nicht zu großer Entfernung vom Werk ist der etwaigen Einbeziehung ihrer Heizung, Warmwasserversorgung usw. in die Wärmewirtschaft des Werkbetriebes Beachtung zuzuwenden.

Unfallverhütung.

(Siehe hierzu Quellennachweis *1 m, 16, *17, 18, 22.)

Unfallverhütungsvorschriften. Hinsichtlich Maßnahmen zur Unfallverhütung sind erstens die Reichsgewerbeordnung nebst Ausführungsbestimmungen, zweitens die Verordnungen der örtlichen Behörden (Gewerbeinspektionen, Polizei) und drittens die Unfallverhütungsvorschriften der Berufsgenossenschaften zu beachten. Wenn die zuletzt genannten auch nicht die Eigenschaft von Gesetzen oder Verordnungen haben, so enthalten sie doch allgemein anerkannte Richtlinien, aus deren Nichtbefolgung der Vorwurf fahrlässiger Handlungsweise und damit ein strafbares Verschulden von Unfällen abgeleitet werden kann.

Wege, Treppen, Bühnen und Luken. Zunächst ist dafür zu sorgen, daß die Arbeiter beim Kommen und Gehen, wie auch auf den Wegen, die sie während der Arbeit zurückzulegen haben, keinen Gefahren ausgesetzt sind. Um dem Zerquetschtwerden von Menschen zwischen Eisenbahnfahrzeugen und Gebäudewänden oder Zäunen vorzubeugen, ist nach der „Hütte" überall ein Schutzabstand von mindestens 525 mm einzuhalten, was bei Vollbahngleisen einer Mindestentfernung von 2100 mm zwischen Wand und Mitte Geleis entspricht. Wenn die Platzverhältnisse es irgend gestatten, sollte man diese Maße noch etwa 300—500 mm reichlicher wählen. Wo enge Fußwege oder Tore unmittelbar auf Geleise münden, empfehlen sich parallel zu den Geleisen verlaufende Umleitgeländer, die den Heraustretenden zum Umsehen veranlassen. Hauptzufahrtgeleise, auf welchen längere Züge verkehren, müssen an Wegkreuzungen Schranken erhalten; unter Umständen sind Überbrückungen für den Fußgängerverkehr vorzusehen. Wo Hochspannungsleitungen, Drahtseilbahnen usw. über Verkehrswege hinweggehen, ist Anordnung von Schutznetzen erforderlich.

Treppen für stärkeren Verkehr müssen Stufen erhalten, die über die ganze Breite gleiche Auftritttiefe (von vorne nach hinten) haben, und sind deshalb an den Umkehrstellen mit Absätzen (Podesten) zu versehen. Die einzelnen Läufe von Absatz zu Absatz bekommen nicht mehr als etwa 9—15 Stufen; erwünscht ist einheitliche Stufenzahl und einheitliche Steigung der Stufen (Verhältnis von Höhe zu Auftrittstiefe) in sämtlichen Geschossen und sämtlichen Treppenhäusern. Breitere Treppenläufe sollen nicht nur an der offenen, sondern auch an der Wandseite Geländer erhalten, besonders breite Treppen unter Umständen sogar ein Mittelgeländer, um Ausgleitenden Halt zu bieten. Wendeltreppen oder Treppen mit Stufen an den Umkehrstellen sind höchstens als Ausnahme in Fällen seltener Benutzung durch einzelne Leute zuzulassen und bei Neuanlagen möglichst zu vermeiden.

Geländer von Treppen wie auch von Übergangsbrücken, Bedienungsbühnen usw. müssen so hoch und so dicht angeordnet werden, daß ein Hinüberstürzen oder Hindurchrutschen im Falle des Ausgleitens verhindert wird. Wo Schraubenschlüssel oder sonstige Gegenstände hinunterfallen und Verletzungen hervorrufen könnten, ist über dem Fußboden eine etwa 200 mm hohe Blech- oder Gitterverkleidung anzubringen.

Luken haben oft zu schweren Unfällen Veranlassung gegeben und sind deshalb wie auch wegen der Brandübertragungsgefahr möglichst zu vermeiden; im übrigen empfiehlt es sich, die Deckel so auszugestalten, daß diese bei geöffneter Luke selbst als Schutzgeländer wirken.

Aufzüge. Für Aufzüge enthalten die nach Richtlinien des Preußischen Ministeriums aufgestellten Polizeiverordnungen eingehende Unfallverhütungsvorschriften. Bei Lastaufzügen ohne Führerbegleitung handelt es sich in erster Linie um die Abwehr von Gefahren, denen außerhalb des Aufzuges befindliche Leute ausgesetzt sind (Erfaßtwerden, Hineinstürzen in den offenen Fahrschacht usw.), bei Personenaufzügen außerdem um den Schutz der Mitfahrenden (Absturz der Fahrzellen, Verletzung durch von oben herabfallende Gegenstände, Hängenbleiben am Fahrschacht, Eingeklemmtwerden bei vorzeitigem Anfahren usw.).

Erwähnt seien hier nur einige Maßnahmen, die in älteren Sicherheitsvorschriften teilweise noch nicht berücksichtigt sind. Manche Türverriegelungen geben die Schachttür frei, wenn der Fahrzellenboden sich mit dem Fußboden des betreffenden Geschosses in gleicher Höhe befindet, gleichgültig ob der Aufzug stillsteht oder fährt; dabei ist es möglich, während der Fahrt eine Tür zu öffnen und in die Zelle hineinzuspringen. Um dies zu verhindern, hat man neuerdings sogenannte Durchfahrtssperren eingeführt. Gegengewichte sollen zum Schutz der bei Untersuchungen und Instandsetzungen im Schacht arbeitenden Leute möglichst in ganz geschlossene Abkleidungen laufen, namentlich wenn mehrere Aufzüge nebeneinander in einem gemeinsamen Schacht betrieben werden. Die Einsteigestellen von Paternosteraufzügen erhalten üblicherweise keine Absperrvorrichtungen, da beim gewöhnlichen Betriebe hierfür kein Bedürfnis vorliegt. Es kann aber vorkommen, daß beim Wiederanstellen des Aufzuges nach kurzen Stromunterbrechungen Fahrgäste gerade beim Hinausklettern nach dem nächsten Stockwerk überrascht und eingeklemmt werden; man tut deshalb gut daran, Geländerstangen oder Ketten anzuordnen, die vor dem Anlassen den Zutritt zu den Einsteigstellen verwehren, und unter Umständen mit der Anlaßvorrichtung verblockt werden können.

Krane. Die Krananlagen sind an den Unfallziffern der Schwerbetriebe sehr stark beteiligt. Eine gewisse Zahl von Unfällen entsteht durch Bedienungsfehler (zu schnelles Senken, mangelhaftes Anschlagen der Stropps, Zusammenstöße usw.), und wird auch bei sorgfältigster Auswahl der Kranführer und Anhänger und den vollkommensten technischen Vorkehrungen immer wieder vorkommen. Unfällen infolge von Mängeln an den Einrichtungen muß jedoch nach bestem Vermögen vorgebeugt werden.

Daß die Krane reichlich gewählt werden sollen, dann aber auch keinesfalls überlastet werden dürfen, wurde an anderer Stelle schon erwähnt. Bei den tragenden Ketten, Drahtseilen, Stropps usw. ist mit hohen Sicherheitszahlen zu rechnen. Eine Belastungstafel für Hanf- und Drahtseilstropps in neuem Zustand und für Ketten ist in der Zeitschrift „Werkstatttechnik" Jahrgang 1917, Seite 178 zu finden. Ketten sind gefährlicher als Seile, da ihre Glieder plötzlich zerspringen können, ohne daß vorher Zeichen von Abnutzung oder übermäßiger Dehnung erkennbar werden.

Grundsätzlich ist anzustreben, schwebende Lasten nicht über den Arbeitsplätzen, sondern nur längs den Verkehrswegen zu verfahren, doch läßt sich dies in Schwerbetrieben nicht durchführen, da eine den größten Stücken entsprechende Bodenfläche unmöglich freigehalten werden könnte. Immerhin wird es den Arbeitern durch nicht zu knappe Bemessung der Längs- und Quergänge in den Werkstätten und durch peinliche Freihaltung derselben erleichtert, im Gefahrfalle zur Seite zu springen. Zur klaren Abgrenzung der Verkehrswege, deren Nichtbelegung auch für den Verkehr mit Feuerlöschgeräten und für die schnelle Räumung in Brandfällen wichtig ist, empfiehlt es sich, die für Arbeits- und Ablegezwecke bestimmten Flächen durch kräftige Farbstriche einzurahmen, die allerdings häufiger Erneuerung bedürfen.

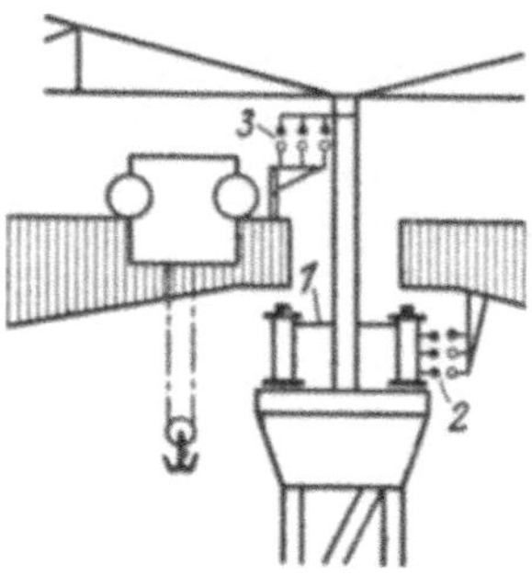

1 Laufsteg zwischen den Kranbahnen.
2 Schleifleitungen unterhalb desselben, Arbeiter beim Hinabbeugen über die Kranschiene gefährdet.
3 Schleifleitungen oberhalb des Laufsteges, Gefährdung vermieden.

Abb. 80. Unfallgefahr bei Laufkranschleifleitungen.

Oft werden Anschlagausschalter oder Verblockungen zweckmäßig sein, um das Überfahren der Endstellungen und Zusammenstöße mit anderen Kranen oder mit Gebäudeteilen zu verhüten. Ein besonderes Bedürfnis hiernach besteht bei Auslegerlaufkranen, die Lasten aus benachbarten Werkstattschiffen herüberzuholen haben, ferner bei Laufkranen mit Drehauslegerkatzen, die auf gemeinsamen bzw. nebeneinander liegenden Kranbahnen verkehren und deren Bestreichungsflächen sich überschneiden. Zu berücksichtigen ist, daß die Führer gelegentlich durch weniger geübte Hilfskräfte vertreten werden müssen. Deshalb trägt auch einheitliche Anwendung sinngemäßer Steuerbewegungen zur Verringerung der Unfallwahrscheinlichkeit bei. Im Freien arbeitende Krane bedürfen zuverlässiger Feststellvorrichtungen zur Verhütung des Durchgehens und Hinunterfallens von der Kranbahn bei Sturm.

Weiter sei auf die Gefahren hingewiesen, mit denen die Arbeiten auf den Untersuchungsstegen längs der Laufkranbahnen verbunden sind; zahlreiche Menschen haben hierbei durch Überfahrenwerden oder durch Absturz infolge Berührung der unter Spannung stehenden Schleifleitungen ihr Leben eingebüßt. Allgemeine Regeln zur Verhütung derartiger Unfälle lassen sich kaum geben, doch wird sich die Gefahr häufig durch Anbringung zweckmäßiger Schutzgeländer an den Laufstegen und von Abweisvorrichtungen an den Kranen sowie durch geschützte Anordnung der Schleifleitungen vermindern lassen. Abb. 80 veranschaulicht eine vom Standpunkt der Unfallverhütung ungünstige und eine günstige Anordnung. Wird ein Laufsteg vorgesehen, so ist die Anbringung der Schleifleitungen unterhalb desselben am Kranbahnträger zu verwerfen, weil die Leute sich dann beim Nachsehen der Schleifleitungen über die Kranschienen hinunterbeugen müssen und dabei gefährdet werden.

Schutzvorrichtungen an Maschinen und Getrieben. Schutzvorrichtungen an Maschinen können ihren Zweck nur dann erfüllen, wenn sie die Arbeitsausführung nicht behindern; andernfalls sind die Arbeiter versucht, sie zur Erzielung höheren Verdienstes zu entfernen. Bei vielen Maschinenarten kommt etwas Brauchbares nur zustande, wenn die Unfallsicherheit von vornherein als wesentliches Erfordernis beim Gesamtentwurf behandelt wird. Man tut deshalb gut daran, die Maschinen gleich mit den von den Berufsgenossenschaften vorgeschriebenen oder empfohlenen Schutzvorrichtungen zu bestellen und gegebenenfalls dem Lieferer ausdrücklich den Nachweis der vollen Leistungsfähigkeit bei ordnungsmäßig angebrachten Schutzvorrichtungen aufzuerlegen.

Bei Beurteilung der Notwendigkeit von Schutzvorrichtungen ist nicht nur an die bei gewöhnlicher Benutzung bestehenden Gefahren, sondern auch an mögliche Zufälligkeiten zu denken, z. B. daß jemand beim Ausgleiten unwillkürlich nach Halt sucht und dabei in Maschinenteile hineingreift usw. Hobelmaschinen mit Tischbewegung sind möglichst nicht quer zu Verkehrsgängen aufzustellen; unter Umständen hat man feste oder fortnehmbare Schutzgeländer vorzusehen. Bei ganz ausgefahrenem Tisch muß am Tischende noch ein Spielraum von mindestens 500 mm bleiben, um ein Zerdrücken von Menschen auszuschließen. Bei Drehbänken ist insbesondere auf gute Abkleidung der Wechselräder zu achten; Spannfutter usw. sollen außen rund und glatt sein und sind tunlichst nur mit versenkten Schrauben zu versehen. Mitunter wird Anbringung engmaschiger Drahtnetze erforderlich, um die Dreher vor Augenverletzungen durch von Nachbarmaschinen abspringende Späne zu bewahren. Schmirgelscheiben benötigen nachstellbare Schutzhauben in dehnungsfähiger Bauart zum Auffangen der Trümmer im Falle des Zerspringens. Bei Stanzen und Pressen sind je nach Art der Arbeiten Fingerabweiser vorzusehen oder Einrückvorrichtungen zu verwenden, zu deren Betätigung beide Hände benötigt werden; von den zahlreichen schweren Unfällen, die an diesen Maschinen vorgekommen sind, wären viele bei sorgfältigeren Schutzmaßnahmen zu vermeiden gewesen. Ebenso ist den Unfallgefahren bei Holzbearbeitungsmaschinen, namentlich bei Bandsägen, Kreissägen und Abrichtmaschinen größte Aufmerksamkeit zuzuwenden. Für die Erprobung schnelläufiger Maschinen mit hohen Fliehkraftbeanspruchungen hat man abdeckbare Schleudergruben oder -kammern anzulegen, in denen etwa auseinander fliegende Stücke ohne Gefährdung von Menschen aufgefangen werden.

Riemen, schnelläufige Wellen usw., die sich oberhalb von Arbeitsplätzen befinden oder Wege kreuzen, bedürfen eines Schutzes, wenn sie in Reichhöhe liegen, also weniger als 2300 mm vom Fußboden entfernt sind. Gegen Berührung senkrecht laufender Riemen usw. von der Seite genügt meist schon eine etwa 1800 mm hohe Abkleidung. Alle umlaufenden Teile sollen möglichst glatt sein; vorspringende Keile, Kupplungsmuttern und dergleichen sind verdeckt anzuordnen oder einzukapseln. Eine gelegentlich anwendbare billige Schutzvorrichtung für Wellenleitungen sind die zweiteiligen „Viktoria-Schutzhülsen", die in der Nähe von Verkehrsstellen ständig oder bei Arbeiten an Vorgelegen usw. vorübergehend aufgesetzt werden können; die Hülsen liegen mit schwacher Reibung auf den Wellen und laufen für gewöhnlich mit, bleiben aber sofort stehen, wenn sie durch Festhalten mit der Hand oder durch sich aufwickelnde Kleidungsstücke gehemmt werden. Für das Auflegen von Riemen sind Riemenaufleger zu beschaffen. Außer Betrieb gesetzte Riemen soll man zur Vermeidung unbeabsichtigter Mitnahme, nebenbei auch zur Verhütung des Durchscheuerns, nicht auf den Wellen hängen lassen, sondern auf fest angebrachte Riementräger legen. Bei Zahnrädern müssen zum mindesten die besonders gefährlichen Eingriffsstellen der Zähne abgedeckt werden, wobei darauf zu achten ist, ob nur eine oder beide Drehrichtungen in Frage kommen. Besser kapselt man die Räderpaare vollständig ein, da bei nur teilweiser Abkleidung häufig schwere Fingerverletzungen durch Einklemmung zwischen dem Schutzblech und den Zähnen vorgekommen sind.

Die Einschaltvorrichtungen der Maschinen sollen mit einer Hand bedienbar und bequem greifbar sein, damit die Arbeiter nicht infolge gezwungener Körperhaltung beim Ein- und Ausrücken gefährdet werden, und sich in bedrohlichen Lagen möglichst selbst durch Ausschalten helfen können. Von den Kupplungen oder sonstigen zur Ein- und Ausrückung benutzten Teilen ist namentlich unbedingt zuverlässige Lösung zu fordern; ihr Antriebsgestänge muß in kräftige, deutlich fühlbare Rasten einschnappen, um überraschendes Wiederanlaufen der Maschinen auszuschließen. Für größere Wellenstranganlagen sieht man Notausrückvorrichtungen oder Notklingeln vor, um rasches Stillsetzen im Gefahrfalle zu ermöglichen; bei Eltantrieb wird am einfachsten der Spannungsrückgangsauslöser-Stromkreis unterbrochen, wodurch der Hauptschalter oder Anlasser des Elttreibers herausfällt. Sofortige Wirkung darf man von derartigen Einrichtungen jedoch nicht erwarten, da die umlaufenden Massen infolge ihrer Bewegungsenergie erst nach einer gewissen Anzahl von Umdrehungen zum Stillstand kommen.

Elt, Dampf, Preßluft, Gas. Über die Verhütung von Unfällen in Eltanlagen ist alles Wesentliche in den Vorschriften des „Verbandes Deutscher Elektrotechniker" zu finden; einige Anhaltspunkte für die Gefahrenbeurteilung gibt der Abschnitt „Eltversorgung" dieses Buches. Beachtung verlangen nicht nur die unmittelbaren Wirkungen des Eltdurchganges durch den menschlichen Körper, sondern auch die Folgen, die durch Reflexe oder Schreck entstehen können. Oftmals haben Berührungen mit Eltdrähten sehr geringer Spannung ein Rückwärtsfallen auf spitze Gegenstände, Stürze von hohen Leitern usw. veranlaßt und dadurch den Tod nach sich gezogen.

Auch für Dampfkessel und Kraftanlagen bestehen eingehende Vorschriften. Für Hauptdampfleitungen empfehlen sich Rohrbruchventile; auch sind in Rohrkanälen usw. nach Möglichkeit weite Rückzugswege für den Gefahrfall vorzusehen, um Erstickungen und Verbrühungen beim Ausströmen größerer Dampfmengen vorzubeugen. Bei Preßluftanlagen von mäßigem Druck ist mit keiner erheblichen Unfallgefahr zu rechnen, doch wird man größere Windkessel zweckmäßig nicht frei in Werkstätten setzen.

Druckflaschen mit Kohlensäure, Wasserstoff und Sauerstoff können beim Umfallen oder Anstoßen zerplatzen und große Zerstörungen anrichten; sie sind deshalb stets geschützt unterzubringen und in Gestellen festzuschellen. Auch ihre Beförderung verlangt Vorsicht; am besten werden besondere Wagen und Karren dafür beschafft. Beim Umfüllen von Sauerstoff sind öfters Explosionen vorgekommen, die sich auf das Vorhandensein kleiner Öl- oder Fettmengen in den Leitungen oder Ventilen zurückführen ließen. Auf einige Maßnahmen gegen Unfälle in Gasnetzen ist in dem Abschnitt „Brandschutz" hingewiesen.

Schutz gegen Luftangriffe. In Werken, die im Kriegsfalle als Ziel für Luftangriffe in Betracht kommen, sind schon im Frieden geeignete Unterstandsräume vorzubereiten. Hierfür erscheinen die Umkleiden besonders geeignet, weil sie ohnedies am besten auf die einzelnen Werkbezirke verteilt werden, somit zur Aufnahme der dort beschäftigten Leute gerade genügen, schnell erreichbar sind, und sich ohne Beeinträchtigung ihres Hauptzweckes entsprechend ausbauen lassen.

Hauptanforderungen an Bombenschutzräume sind gute Zugänglichkeit, möglichste Sicherheit gegen von oben einschlagende Bomben wie auch gegen vom Boden oder Nachbargebäuden herauffliegende Splitter, Unterteilung durch Zwischenwände zur Beschränkung des Wirkungsbereiches von Splittern und Gasen, Ausrüstung mit Gasschutzmitteln, sehr kräftige künstliche Lüftung zur schnellen Entfernung von Giftgasen. Es darf jedoch nicht übersehen werden, daß in der verhältnismäßig kurzen Zeit von vier Kriegsjahren die Tragfähigkeit der Flugzeuge wie auch die Wirksamkeit der Bomben derartige Steigerungen erfahren haben, daß unbedingter Schutz zuletzt nur mehr unter sehr großen Umständlichkeiten und Aufwendungen zu erzielen war. Da die Entwicklung bis zu etwaigen künftigen Kriegen nicht stillstehen wird, erscheint es zweifelhaft, ob dann überhaupt noch erfolgversprechende Vorkehrungen gegen Volltreffer möglich sind. Man wird sich also wahrscheinlich in den meisten Fällen damit zufrieden geben müssen, Maßnahmen gegen Splitterwirkung zu treffen und für gute Unterteilung der Unterstände zu sorgen, um die Wirkung des einzelnen Einschlages zu beschränken. Das gleiche gilt für besonders wichtige Betriebsanlagen, Leitungsnetze usw., bei welchen durch geeignete Unterteilung, Anordnung von Ringleitungen usw. für möglichst viel Rückhalt vorgesorgt werden muß.

Unfallhilfsstellen. Zur ersten Hilfeleistung bei Erkrankungen und Unfällen, insbesondere für Bettung von Ohnmächtigen, Wiederbelebungsversuche, Verbinden kleinerer Wunden, Entfernung von Fremdkörpern aus den Augen, Anlegen von Notverbänden bei Verrenkungen, Knochenbrüchen, Schlagaderverletzungen, Brandwunden usw. sind Unfallhilfsstellen einzurichten, in denen im Samariterdienst ausgebildete Leute ständig oder im Bedarfsfalle tätig sind. Die hierzu dienenden Räume benötigen reichlich Licht und Luft. Die Grundfläche wird zweckmäßig nicht kleiner als etwa 2,5 m × 4 m gewählt; die Türen dürfen nicht zu schmal sein, um die Hindurchbeförderung von Tragbahren nicht zu erschweren. Die beste Lage der Unfallhilfsstellen ist in Nähe der Ausgänge der einzelnen Werkbezirke, damit bei der Einlieferung und Abbeförderung der Verletzten Umwege vermieden werden. In größeren Werken kann die Einrichtung einer Haupt-Unfallstelle mit Krankenwagen, gegebenenfalls mit ständiger Arztwache, in Betracht kommen, die dann wohl am besten der Feuer- und Sicherheitswache baulich angegliedert wird.

Die Hilfsstellen sind mit Fernsprecher und Wasseranschluß zu versehen und mit Ruhebetten, Tragbahren und Verbandkästen auszustatten. Im einzelnen ist auf die Art des Betriebes und die am häufigsten zu erwartenden Unfälle Rücksicht zu nehmen. Raum und Einrichtung müssen gut abwaschbar sein. Die Abmessungen der Tragbahren sind zu den Krankenwagen des Werkes oder der Ortskrankenanstalten passend zu wählen, um Umbettungen der Verletzten unnötig zu machen.

Brandschutz.

(Siehe hierzu Quellennachweis 1 m, 19, 20.)

Wirtschaftlichkeit der Brandschutzmaßnahmen. Die Frage, inwieweit über das zur menschlichen Sicherheit erforderliche Maß hinaus Aufwendungen für Brandschutz gemacht werden sollen, ist letzten Endes eine wirtschaftliche. Vom Standpunkt der Volkswirtschaft betrachtet muß das Ziel sein, die jährlichen Gesamtunkosten durch Brandschäden und durch Ausgaben für Feuerverhütung möglichst gering zu halten. Die Feuerversicherungsgesellschaften bilden auf diesem Gebiete gewissermaßen das Bindeglied zwischen Volkswirtschaft und einzelnen Unternehmungen; je besser die Brandschutzmaßnahmen sind, desto geringer ist die Gefahr und desto niedriger werden die Gebühren angesetzt. Die auf Grund langjähriger Erfahrungen abgestuften Gebühren der Feuerversicherungsgesellschaften gestatten, sachverständige Anwendung vorausgesetzt, eine ziemlich zuverlässige Bewertung der Gefahrumstände und der verschiedenen Schutzmaßnahmen. Zu berücksichtigen bleibt aber, daß die Versicherer in der Regel das Wagnis für einen etwa entstehenden Brandschaden nicht voll übernehmen, sondern für einen Teil den Versicherungsnehmer selbst aufkommen lassen (sogenannte Selbstversicherung), um ihn zu größerer Sorgfalt zu veranlassen. Ferner ist zu beachten, daß wohl jede Arbeitsstörung durch Brand, abgesehen von den zahlenmäßig nachweisbaren durch Feuerversicherung und Betriebsunterbrechungsversicherung zu ersetzenden Ausfällen, noch schwerwiegende betriebliche und geschäftliche Nachteile zur Folge haben wird, die sich der genauen Berechnung entziehen und für die es keinen Ausgleich gibt. Sparsamkeit bei Brandschutzmaßnahmen ist deshalb wenig angebracht, und es ist durchaus kein Fehler, über die nach der Wirtschaftlichkeitsberechnung erforderlich scheinenden Mindestaufwendungen hinauszugehen, wenn dadurch größere Sicherheit erzielt werden kann.

Bei Abschätzung der gegebenenfalls möglichen unmittelbaren Brandschäden ist nicht nur an die völlige Vernichtung brennbarer Gegenstände, sondern auch an das Verderben von Erzeugnissen und Einrichtungsstücken durch Rauch, Hitze oder Wasser, sowie an das Unbrauchbarwerden wertvoller Maschinen durch Verziehen infolge von Wärmespannungen usw. zu denken.

Feuergefährlichkeit. Die Beurteilung der Feuergefährlichkeit eines Betriebes hat sich weniger auf die Wahrscheinlichkeit einer Brandursache zu erstrecken, als auf die Folgen, die sich im Brandfalle aus dem Vorhandensein brennbarer Stoffe von bestimmter Art und Menge voraussichtlich ergeben werden. Auch bei völlig sachentsprechenden Vorbeugungsmaßregeln können durch Fahrlässigkeit oder unglücklichen Zufall Brände entstehen, deren Ausbreitungsgeschwindigkeit dann lediglich einerseits von der Nahrung, welche sie finden, und anderseits von der hemmenden Wirkung der Löschmittel und baulichen Vorkehrungen abhängt. Z. B. liegt in sachgemäß angelegten Tischlereien und Modellagern, deren Elteinrichtungen usw. in gutem Zustand gehalten werden, an sich keine technisch begründete Wahrscheinlichkeit für einen Brandausbruch vor, und doch fallen diese Betriebe häufig aus Ursachen, die mit den eigentlichen Arbeitsvorgängen nichts zu tun haben, z. B. infolge verbotswidrigen Rauchens, Bränden zum Opfer. Bei Beurteilung der Frage, welche Nahrung ein ausbrechendes Feuer findet, sind sowohl die Werk- und Betriebsstoffe (Holz in Tischlereien, Schmieröl in Revolverdrehereien), wie auch die Einrichtungsgegenstände (Werktische, Gefächer) und die Gebäudeteile (Fußböden, Decken, Dächer, Stützen usw.) zu berücksichtigen.

Kleine Löschgeräte. Die meisten großen Brände haben sich aus kleinen Anfängen erst allmählich entwickelt und wären bei sofortigem Eingreifen im Keime zu ersticken gewesen. Man soll daher stets, auch wenn schnelle Benachrichtigung und Ankunft der Feuerwehr gesichert erscheint, dafür vorsorgen, daß noch vor ihrem Eintreffen die kostbaren ersten Minuten zur Brandbekämpfung ausgenutzt werden können.

Bei Brandausbruch in geringer Höhe über dem Fußboden, auf Werktischen usw. können einfache Feuereimer gute Dienste tun. In Räumen mit brennbarem Inhalt werden zweckmäßig an jeder Wasserzapfstelle mindestens 2 Eimer aufgehängt. Der Weg nach den Feuereimern sollte in weniger gefährlichen Betrieben von keiner Stelle aus länger als etwa 25—30 m sein; wo rasche Ausbreitung eines Feuers zu befürchten steht, ist dichtere Anordnung erforderlich. Sind nicht genügend Wasserzapfstellen vorhanden, oder hat man mit Unterbrechungen der Wasserversorgung zu rechnen, so müssen Wasserbottiche aufgestellt werden. Die Schwartzschen Feuerlöscher, Eimer mit schmaler schlitzartiger Mundöffnung, die beim Schwingen das nach der Mündung schießende Wasser in scharfem Strahl austreten lassen, erlauben ein Eingreifen auf größere Entfernung und größere Höhe als gewöhnliche Feuereimer, erfordern aber gewandte Handhabung und wirken nicht sehr ausgiebig. Zum Löschen von Bränden auf Ablegeborden und höheren Warenstapeln eignen sich Kübelspritzen, die zwar nur einen dünnen Strahl geben, aber bis zu den Decken nicht allzu hoher Arbeitssäle hinaufzuspritzen gestatten. Eine ähnliche, allerdings erheblich kurzzeitigere Wirkung ermöglichen Gasdruck-Handspritzen, bei denen die Löschflüssigkeit von entweder schon vorhandener oder bei Ingebrauchnahme durch einen chemischen Vorgang entstehender Kohlensäure hinausgetrieben wird. Sie haben den Vorzug großer Handlichkeit, sind jedoch nach der rasch eintretenden Erschöpfung ihrer Füllung zur weiteren Bekämpfung des Feuers unbrauchbar, und dürfen außerdem als nur bedingt zuverlässig angesehen werden, weil bei längerem Nichtgebrauch oder mangelhafter Instandhaltung die Treibladung unbemerkt ihre Wirksamkeit verlieren kann. Aus diesem Grunde werden vielfach die vorher erwähnten einfacher wirkenden Löschmittel bevorzugt.

Wasser ist zur Löschung brennender Flüssigkeiten, die ein kleineres Raumgewicht als 1,0 haben und deshalb auf ihm schwimmen, ungeeignet und kann sogar schädlich wirken, weil sich die brennende Schicht durch das Hineinspritzen leicht ausbreitet, unter Werktische und Gefächer läuft und diese von unten in Brand setzt. Bei spannungsführenden Eltanlagen verbietet sich die Anwendung von Wasser gleichfalls, weil dabei Kurz- und Erdschlüsse entstehen und die Löschmannschaften Eltschlägen ausgesetzt sein würden. Für derartige Fälle ist trockener, feinkörniger Sand oder auch Asche in kleinen feststehenden oder fahrbaren Behältern mit Schaufeln bereitzuhalten. Diese Löschmittel kommen auch da in Betracht, wo mit Rücksicht auf die Nässeempfindlichkeit der Erzeugnisse oder Einrichtungen versucht werden muß, ohne Wasser zu löschen, wie z. B. in Eltbauwerkstätten und feinmechanischen Betrieben. Zum Löschen durch Kurzschluß und dergleichen verursachter im Entstehen begriffener Brände an Eltsammlern und in Schaltanlagen sollen sich die „Total"-Feuerlöscher besonders bewährt haben, bei welchen mit Hilfe einer Treibladung ein Löschpulver ausgespritzt wird, das die brennenden Teile überzieht. Bei den „Perkeo"-Feuerlöschern dient als Löschmittel eine schaumbildende Flüssigkeit mit Kohlensäure, welche die brennenden Gegenstände gleichfalls umhüllt und vom Sauerstoff der Luft abschließt. Die Gefahr der Durchfeuchtung nässeempfindlicher Teile ist hierbei geringer als bei Anwendung von Wasser. Zur Verwendung in spannungführenden Anlagen ist der Löschschaum, weil eltleitend, nicht geeignet. Das geringe Raumgewicht läßt den Schaum auch über leichten Flüssigkeiten schwimmen. Auch bei „Total"- und „Perkeo"-Feuerlöschern ist die Wirksamkeit vom ordnungsmäßigen Zustand der Füllung abhängig und die Wirkungsdauer des einzelnen Gerätes beschränkt.

Endlich sind noch Löschdecken aus feuersicherem Stoff zum Einhüllen von Menschen zu erwähnen, die namentlich in solchen Betrieben bereitgehalten werden müssen, wo Leute durch Arbeiten mit feuergefährlichen Flüssigkeiten gefährdet sind (Reinigung mit Benzin usw.).

Größere Löscheinrichtungen. Die bisher erwähnten Löschgeräte sind wegen ihrer Handlichkeit zur Anwendung unmittelbar nach Entstehen eines Brandes geeignet. Sie gestatten jedoch bei einem Umsichgreifen des Feuers keine genügende Steigerung der Wirkung und werden auch zum Teil schon durch kaum minutenlange Benutzung erschöpft.

Zur nachhaltigeren Brandbekämpfung ist ein Wasserleitungsnetz mit Brandhähnen und Brandpfosten (Hydranten) erforderlich. In Mehrgeschoßbauten, die nach Vorschrift der Bauüberwachungsbehörden in Abständen von 40—50 m Treppenhäuser als Rückzugswege für den Brandfall erhalten, empfiehlt sich Anordnung von Brandhähnen in sämtlichen Stockwerken eines jeden Treppenhauses. Es läßt sich dann erwarten, daß bei Brandausbruch an beliebiger Stelle etwa 2 Minuten nach Entdeckung mit Spritzen begonnen werden kann, natürlich unter der Voraussetzung, daß die Arbeiter mit der Bedienung genügend vertraut und die Einrichtungen in tadellosem Zustand sind. In Flachbauten wird man von einem Brandhahn aus im allgemeinen auf etwa 40—50 m Entfernung noch genügend schnell einzugreifen vermögen; die Brandhähne sind demnach in 80—100 m Abstand anzuordnen. Auch rings um die Gebäude herum sind Brandpfosten mit etwa denselben Abständen vorzusehen, die im Falle einer Verqualmung der Räume Löschangriffe von außenher ermöglichen. Ein Brandhahn verbraucht in der Minute 300—600 Liter. Für besonders reichliche Wasserabgabe können Brandhähne mit zwei Schlauchanschlußstutzen Verwendung finden. Rechnet man, daß gleichzeitig höchstens 3 einfache Brandhähne in Tätigkeit zu treten brauchen und daß bis zum Eingreifen der Werks- oder Ortsfeuerwehr im ungünstigsten Falle 15 Minuten vergehen, so muß die Brandwasserleitung wenigstens für diese Zeit eine Minutenlieferung von 2 m^3 herzugeben vermögen. Der Druck in städtischen Wasserleitungen reicht für hohe Werkstattbauten oft nicht aus, so daß eigene Hochbehälter erforderlich werden, deren Spiegelhöhe bei gänzlicher Entleerung noch mindestens 5 m über den höchsten anzuspritzenden Stellen liegen soll.

Überflur-Brandpfosten verdienen vor Unterflur-Brandpfosten den Vorzug, weil sie nicht so leicht einfrieren und verschmutzen und auch nicht durch darauf abgelegte Gegenstände verdeckt werden können. Die Schlauchkupplungen sollen zu denen der Ortsfeuerwehren passen. Die Schläuche werden in der Nähe der Brandhähne so aufgehängt, daß sie sich rasch ausziehen oder abrollen lassen. Der leichteren Handhabung wegen verwendet man gewöhnlich kuppelbare Einzelstücke von 15 m Länge. Um sie nach Bränden oder Löschproben in gestecktem Zustand trocknen zu können, hat man Aufhängevorrichtungen vorzusehen, am besten in Hofräumen.

In feuergefährlichen Betrieben kann es sich empfehlen, zur Verhütung der Ansteckung durch brennende Nachbarbauten Schutzbrausen an der Außenseite der Gebäude anzuordnen, welche von Hand angestellt werden, Dach, Wände und Fenster bespritzen und einen schützenden Wasserschleier erzeugen. Sie benötigen allerdings sehr viel Wasser, das neben den für die eigentlichen Löschangriffe erforderlichen Mengen nicht immer zur Verfügung stehen wird.

In Fällen, wo Löschen mit Wasser nicht möglich ist, z. B. bei Behälteranlagen für feuergefährliche Flüssigkeiten, kommen verschiedene Sondereinrichtungen in Frage, u. a. auch das bereits erwähnte Perkeo-Verfahren, wobei der Löschschaum mittels fest eingebauter Leitungen in die Behälter gelangt.

Löschbrausen. Löschmittel, welche Bedienung von Menschenhand erfordern und deren Wirkung von der Aufmerksamkeit, Geistesgegenwart und Geschicklichkeit der zufällig anwesenden Leute abhängt, geben nicht für alle Verhältnisse genügende Sicherheit. Es ist beachtenswert, daß die Mehrzahl der Großfeuer auf die Ruhepausen, namentlich auf die Nachtzeit entfällt, obwohl während der Arbeitsschichten weit mehr Anlässe für ihr Zustandekommen gegeben sind. Zwar geht die Entstehung nächtlicher Brände meist auf Betriebsvorkommnisse und Fahrlässigkeiten noch während der Arbeitsschicht zurück, doch ist für die Möglichkeit ihrer vollen Entwicklung die weniger gute Überwachung der Innenräume nach Fortgang der Arbeiter verantwortlich zu machen.

Selbsttätige Feuerlöschbrausen (Sprinkler) machen den Beginn der Löschhilfe von menschlicher Mitwirkung unabhängig. Die Löschbrausen werden in mindestens 70 bis höchstens 250 mm, am besten 120—150 mm Abstand unterhalb der Decken angeordnet, die Mundstücke aufwärts gerichtet. Ihre Hähne sind für gewöhnlich durch Festhaltplomben aus leicht schmelzendem Metall in der Schlußstellung festgehalten. Der Schmelzpunkt des Metalls wird meist zu etwa 70°, unter Umständen auch etwas höher gewählt. Bei Anlagen mit sogenannter Naßwirkart ist das die Brausen speisende Rohrnetz dauernd mit Wasser gefüllt; nach Abschmelzen einer Plombe spritzt augenblicklich Wasser gegen die Decke aus und ergießt sich von dort regenartig nach unten. Bei Anlagen mit Trockenwirkart steht das Rohrnetz für gewöhnlich unter Druckluft, welche dem Wasser des Hochbehälters den Zutritt versperrt; nach Ansprechen einer Brause entweicht zunächst die Luft, worauf dann das Wasser nachströmt. Anlagen mit Trockenwirkart treten also mit einem gewissen Zeitverlust in Tätigkeit und sind auch weniger einfach, lassen sich aber nicht vermeiden, wenn bei Naßwirkart Verstopfung der Brausen durch unreines Wasser oder Sprengung der Leitungen durch Einfrieren zu befürchten wäre. Bei beiden Wirkarten werden Meldevorrichtungen angeschlossen, die durch die Wasserströmung in den Zuleitungsrohren der einzelnen Bezirke in Gang gesetzt werden, sobald auch nur eine einzelne Brause in Tätigkeit getreten ist. Eine Brause bewässert an der Decke etwa 1 m^2, am Fußboden etwa 10 m^2 Fläche. Übliche Brausenabstände sind 2,5—3 m, in besonders gefährlichen Betrieben 2 m. Dabei wird also vollständige Benetzung des Fußbodens erreicht, aber nicht auch der Decke; doch sieht man von einer noch dichteren Anordnung der Brausen mit Rücksicht auf die Kosten ab, weil die Löschwirkung bei den erwähnten Abständen erfahrungsgemäß ausreicht.

Für die höchst gelegenen Brausen soll die Druckhöhe bei Speisung durch nahe gelegene Hochbehälter bei niedrigstem Behälterspiegelstand mindestens 4,5 m, im Falle der Speisung durch Wasserleitungen mindestens 6,5 m betragen. Der minutliche Wasserverbrauch stellt sich bei ihnen auf 40—50 Liter; bei den in den unteren Geschossen mehrstöckiger Gebäude gelegenen Brausen steigt er bis auf etwa 100 Liter. Die Wasserversorgung für die Gesamtzahl der Brausen in größeren Räumen zu bemessen ist unmöglich. Die „Vereinigung der in Deutschland arbeitenden Privatfeuerversicherungsgesellschaften" schreibt je nach der Zahl der angeschlossenen Brausen minutliche Leistungsfähigkeiten zwischen 1200 und 3000 Liter und Behältergrößen zwischen 20 m^3 und 35 m^3 vor, rechnet also mit der Annahme, daß ungünstigstenfalls etwa 20—40 Brausen auf einmal zum Ansprechen kommen und etwa eine Viertelstunde lang zu speisen sind. Das für die Löschbrausen verwandte Wasser darf keine Rostbildungen, Salzausscheidungen, Schlammablagerungen usw. verursachen, weil sonst Verstopfungen eintreten können.

Löschbrausenanlagen dürfen nur als Schutz gegen *entstehendes* Feuer angesehen werden; gegen ein Übergreifen bereits entwickelter Brände von nicht durch Brausen geschützten Nachbarräumen sind sie von geringem Wert, weil das Ansprechen einer übermäßigen Zahl von Brausen höchstens Wasserknappheit nach sich ziehen und die Wirkung der Brausen selbst wie der sonstigen auf den eigentlichen Brandherd gerichteten Löschgeräte beeinträchtigen würde. Hinreichende Sicherheit bieten Löschbrausen also nur, wenn sie sich über alle Teile der zu schützenden Gebäude erstrecken, so daß jeder Brand bereits im Anfangszustand gelöscht wird. Wo Löschbrausen eingebaut werden sollen, tut man gut daran, völlig wasserdichte Decken vorzusehen, da sonst bei geringfügigen Bränden bedeutende Wasserschäden entstehen können.

Die Einrichtungskosten für Löschbrausenanlagen sind hoch, machen sich aber in feuergefährlichen Betrieben durch die Ermäßigung der Versicherungsgebühren oft rasch bezahlt.

Feuerwehren. Wenn nicht städtische oder sonstige Feuerwehren zur Verfügung stehen, die ausreichend Löschgeräte besitzen und an beliebigen Brandstellen spätestens innerhalb 10 Minuten einzugreifen vermögen, muß eine besondere Werksfeuerwehr eingerichtet werden. Für kleine wenig feuergefährliche Anlagen genügt eine aus Beamten und Arbeitern gebildete Hilfsfeuerwehr, während in großen Werken und gefährlichen Betrieben Berufsfeuerwehren notwendig sind. Oft werden beide Arten nebeneinander verwandt, um hohe Bereitschaft ohne übermäßigen Kostenaufwand zu erzielen.

Art und Zahl der Fahrzeuge und Geräte für die Werksfeuerwehr richten sich nach den Verhältnissen des eigenen Betriebes und nach der Möglichkeit, innerhalb bestimmter Zeiten von entfernter liegenden Feuerwehren Unterstützung zu erhalten. Auf Einzelheiten soll hier nicht eingegangen werden; das Feuerwehrwesen ist ein Sondergebiet, das man zum mindesten in größeren Werken zweckmäßig nicht einem Betriebsbeamten als Nebenarbeit, sondern einem Feuerwehrfachmann als Hauptaufgabe zuweist.

Die Räume für die Feuerwehrgeräte sind so anzuordnen, daß an beliebigen Brandstellen möglichst schnell eingegriffen werden kann, müssen dabei aber selbst dem voraussichtlichen Gefahrenbereich von Bränden und Explosionen möglichst entzogen sein, damit nicht ihre Benutzbarkeit im entscheidenden Augenblick in Frage gestellt wird. Die geeignetste Lage ist an dem Hauptverkehrsweg vom Werkeingang nach dem Mittelpunkt des zuschützenden Bezirkes, so daß die bei Bränden während der Arbeitsruhe nach dem Werk gerufenen Mannschaften der Hilfsfeuerwehr rasch den Geräteraum erreichen und von dort ohne erhebliche Um- und Rückwege zu allen Brandstellen gelangen können. Für größere Werke empfiehlt sich die Anordnung einer Hauptfeuerwehrstelle, welche die Geräte zur Bekämpfung von Großfeuern aufnimmt und den vorstehenden Anforderungen entsprechend untergebracht wird, und mehrerer Nebenstellen an den Mittelpunkten der einzelnen Werkbezirke, die mit Schlauchkarren für erste Löschangriffe unter Benutzung der Brandpfosten ausgestattet werden. Bei Werken, die im Kriegsfalle voraussichtlich Luftangriffen ausgesetzt sind, wird man die Geräte unter Umständen auf mehrere Hauptfeuerwehrstellen zu verteilen haben, damit nicht im Trefferfalle alle Löschmittel auf einmal ausfallen. In den Hauptfeuerwehrstellen sind außer den eigentlichen Fahrzeug- und Geräteräumen noch Räume für Reinigungs- und Instandsetzungsarbeiten, Laden von Eltsammlern usw. und Aufenthaltszimmer für die Wachmannschaften erforderlich.

Bei der Anlage von Gebäuden und Straßen wie auch bei der Belegung der Lagerplätze und Hofräume im Betrieb ist stets auf die Bedürfnisse der Feuerwehr Rücksicht zu nehmen. Gänge und Durchfahrten für den Verkehr der Feuerwehrfahrzeuge sollen mindestens 2,5, besser 3 m breit sein; ihre Höhe muß für die in Betracht kommenden Leiterwagen usw., über deren Abmessungen gegebenenfalls Auskunft einzuholen ist, ausreichen. In den Höfen mehrstöckiger Gebäude sollen längs der Fensterfronten Streifen von 5 m Breite freibleiben. Bei Lagerplätzen für brennbare Stoffe ist außerdem die Möglichkeit von Löschangriffen auf diese selbst sicherzu stellen. Für Holzlager wird empfohlen Stapelhöhe von höchstens 2,5—3 m, Abstand der Stapel von Vollwänden nicht unter 1 m, von Fensterwänden nicht unter 5 m, von Eisenbahnverkehrsgeleisen mindestens 15 m (dieses Maß mit Rücksicht auf Zündungsgefahr durch Funkenflug), Grundfläche der einzelnen Stapel nicht über 500 m² und Breite der Durchfahrten zwischen den Stapeln wenigstens 3 m.

Wege und Höfe, die für Befahrung durch Feuerwehrfahrzeuge in Betracht kommen, sind genügend tragfähig anzulegen, um ein Steckenbleiben auszuschließen. Wo ein Pumpen aus offenen Gewässern mit Hilfe von Kraftspritzen beabsichtigt wird, müssen entweder befahrbare Wege bis in Ufernähe gehen oder fest verlegte Saugleitungen bis zu den zu schützenden Anlagen heraufgeführt sein.

Feuermeldeanlagen. Feuermeldung allein durch Fernsprecher bietet keine genügende Sicherheit; es sind deshalb stets noch besondere Feuermeldeanlagen vorzusehen, die je nach den Umständen außer mit der eigenen Werkfeuerwache auch mit fremden Feuerwehren Verbindung erhalten. Feuermelder für Bedienung von Hand sind ausschließlich oder wenigstens in hinreichender Anzahl im Freien anzuordnen, weil sie in Innenräumen bei Verqualmung unzugänglich werden; auffallende rote Wegweiser in den Werkstätten und Höfen und rote Schilder und Lampen an den Meldern selbst erleichtern ihre Auffindung. Für das Feuermeldenetz sind tunlichst unterirdisch verlegte Kabel zu verwenden, die gegen Zerstörung durch Feuer und Fliegerbomben besser geschützt sind als oberirdische Leitungen.

Selbsttätige Feuermeldeanlagen treten ebenso wie Löschbrausenanlagen bei Erhöhung des Wärmegrades unter den Raumdecken in Tätigkeit. Ihre Schutzwirkung ist insofern weniger hoch zu bewerten, als die Brandbekämpfung erst nach Eintreffen menschlicher Hilfe, also eine Anzahl Minuten später beginnt; trotzdem werden sie für Werkstätten und Lagergebäude mit langsam brennendem Inhalt aus Kostengründen und auch wegen der Vermeidung unnötig großer Wasserschäden oft den Vorzug verdienen. Die Geber, die stets mit Ruhestrom arbeiten sollen, sprechen bei etwa 30° Überwärmung an; um blinden Lärm auszuschließen, müssen sie der Heizwirkung von Lampen und sonstigen Wärmequellen entzogen sein. Gewöhnlich ordnet man für durchschnittlich 30—40 m² Grundfläche je einen Geber an; dabei soll ihr Abstand in keiner Richtung 8 m überschreiten. Jeder noch so kleine Raum hat aber mindestens zwei Geber zu erhalten. Bei Ansprechen eines Gebers ertönt in der Empfangsanlage auf der Feuerwache ein Weckzeichen, und die Lage der Brandstelle wird auf einer Fallklappentafel ersichtlich.

Brandschutzmaßnahmen bei Bau und Einrichtung. Bei der Anordnung und Ausführung der Gebäude sind sowohl die Bestimmungen der Bauüberwachungsbehörden (Baupolizei-Verordnungen usw.) wie auch die Vorschriften und Bedingungen der Feuerversicherungsgesellschaften zu beachten, von deren Berücksichtigung die Gebührenhöhe und unter Umständen die Übernahme der Versicherung überhaupt abhängig gemacht wird. Nachstehend sei kurz auf eine Anzahl für den Brandschutz wichtiger Gesichtspunkte hingewiesen.

Erstens handelt es sich darum, bei Bau und Einrichtung fehlerhafte Anordnungen zu vermeiden, die selbst als Brandursache wirken können. Verstöße in dieser Beziehung pflegen bei großen Neuanlagen, die meist nach allen Richtungen fachmännisch durchgearbeitet werden, seltener zu unterlaufen als bei nachträglichen Änderungen und Ergänzungen kleinen Umfanges. Als Beispiele seien erwähnt Durchführung von Rauchabzugsrohren durch Holzdächer oder -decken ohne genügende wärmetrennende Umhüllung, Aufstellung von Glühöfen, Lötbrennern und dgl. auf Holzfußböden oder -tischen ohne Blechunterlagen, unmittelbare Berührung von Dampfheizkörpern mit Holzteilen, die dann ausdörren, oder mit entzündlichen Stoffen usw.

Für feuergefährliche Flüssigkeiten, von denen sich in Werkstätten niemals mehr als die zum Gebrauche während eines oder einiger Tage unbedingt notwendigen Mengen befinden sollen, sind explosionssichere Gefäße zu verwenden. In Lagerräumen für derartige Stoffe ist durch ausgiebige Lüftungseinrichtungen dafür zu sorgen, daß sich keine explosionsfähigen Gemenge von Dämpfen und Luft bilden können. Für Asche und Schlacken sind unverbrennliche Behälter erforderlich. Ölgetränkte Putzwolle soll wegen der Selbstentzündungsgefahr in Blechkästen gesammelt und außerhalb der Werkstätten aufbewahrt werden. Bei Verwendung von Gasbrennern mit Schläuchen sind Abschlußhähne nur an den Abzweigstellen des festen Rohrnetzes, nicht auch an den Brennern selbst vorzusehen, weil sonst bei versehentlichem Abstreifen eines Schlauches während der Nichtbenutzung des Brenners unbemerkt Gas ausströmen könnte. Bei Gas-Preßluft-Brennern soll die Mischung erst kurz vor der Brennermündung erfolgen, so daß ein Zurückströmen der Preßluft in die Gasleitungen, was Explosionen verursachen kann, unmöglich wird. Eltanlagen müssen den Vorschriften des „Verbandes deutscher Elektrotechniker" entsprechend angelegt, und, was besonders zu betonen ist, auch dauernd in vorschriftsmäßigem Zustand gehalten werden; eigenmächtige Herstellung behelfsmäßiger Anschlüsse von Lampen und Heizkörpern durch Unberufene, Einklemmen von Draht- oder Blechstücken in Sicherungsfassungen usw. kann zu Bränden führen. Für feuer- und explosionsgefährliche Betriebe sind die hierfür gültigen schärferen Vorschriften zu beachten.

Sodann ist noch für Schutz gegen Zündung durch Blitzschlag zu sorgen. Die Blitzableiteranlage muß einerseits dem eigentlichen Entladestrom zwischen Gewitterwolken und Erde reichliche und glatte Abflußwege bieten; anderseits darf sie, was weniger einfach zu erreichen, aber für feuer- und explosionsgefährliche Betriebe auch von nicht zu unterschätzender Wichtigkeit ist, keinerlei Funkenbildung an benachbarten Metallteilen wie Rohrleitungen usw. infolge von Eltschwingungen auslösen. Den wirksamsten Blitzschutz würde eine geschlossene Metallumkleidung oder eine käfigartige Umgitterung mit vorwiegend senkrecht verlaufenden Stäben darstellen, durch Einbeziehung der eisernen Gebäuderippe und der Dachrinnen mit ihren Fallrohren in die Blitzableiteranlage sowie durch Anschluß aller ausgedehnteren Metallkörper (wie Wasserleitungsrohrnetze) am oberen und unteren Ende kann man diesem günstigsten Grenzfalle nahekommen.

Zweitens ist zu bedenken, welche Vorkehrungen zur Beschränkung des Schadens getroffen werden können für den Fall, daß trotz aller Vorbeugungsmaßnahmen doch irgendwo ein Brand ausbrechen sollte. Anzustreben ist in erster Linie möglichste Absonderung solcher Betriebe und Lager, die selbst besonders gefährdet sind und deshalb auch für die übrigen gefahrbringend wirken. Den hierdurch bedingten Mehraufwendungen stehen meist erhebliche Ersparnisse an Feuerversicherungsgebühren gegenüber, da die Gesellschaften die hohen Fährnisgebühren alsdann nicht für das ganze Werk, sondern nur für die abgesonderten gefährlichen Abteilungen zu berechnen pflegen. Für die Absonderung kommen beispielsweise in Betracht Tischlereien, Malereien, Holzschuppen, Öllagerräume usw.

Zur Bewertung der Abtrennungsmaßnahmen gegen Brandübertragung von Gebäude zu Gebäude sind von der „Vereinigung der in Deutschland arbeitenden Privatfeuerversicherungsgesellschaften" sogenannte Trennungswerte aufgestellt worden. Unter durchschnittlichen Verhältnissen wird vollkommene Trennung als erreicht angenommen, wenn die Meterzahl des trennenden Zwischenraumes mindestens gleich dem doppelten der Geschoßzahlsumme der beiden Gebäude ist, also z. B. bei zwei fünfstöckigen Gebäuden wenigstens 20 m beträgt; für nicht vollwandige (massive) Bauweise werden verschärfende Zuschläge, bei besonders geringer Brandgefahr hingegen mildernde Abstriche in die Berechnung eingesetzt. Die für den Brandschutz als erforderlich angesehenen Abstände zwischen Nachbargebäuden stimmen also in der Größenordnung mit den aus Belichtungsgründen erwünschten (vgl. Abschnitt „Beleuchtung") überein. Naturgemäß liefert die erwähnte Regel nur einen allgemeinen Anhalt und paßt nicht überall; z. B. würde sie für den Fall zweier hoher eingeschossiger Lagerhäuser einen Zwischenraum von 4 m ergeben, was offenbar unter Umständen zu wenig ist. Bei Gebäuden, in denen sich große Mengen leicht brennender Gegenstände befinden, sollte man soweit möglich Zwischenräume von nicht unter 20 m einhalten, um sicher zu gehen. Lagerräume für feuergefährliche Flüssigkeiten erhalten zweckmäßig eienn Schutzabstand von mindestens 30 m, und sind so einzurichten, daß auch bei Undichtwerden aller Behälter die ganze Flüssigkeitsmenge innerhalb des Gebäudes aufgefangen wird und nicht ins Freie auslaufen kann. Gebäuden mit brennbarem Inhalt wie auch ihren Nachbargebäuden gibt man vorteilhaft statt gewöhnlicher Fensterscheiben, die leicht zerplatzen, solche aus Drahtglas. Lüftungsöffnungen sollen verschließbar sein, um Zündungen durch Flugfeuer zu vermeiden.

Räume zur Verarbeitung oder Lagerung explosionsgefährlicher Stoffe müssen besonders große Schutzabstände bekommen, die von Fall zu Fall festzusetzen sind. Sie dürfen niemals überbaut sein und sind mit besonders leichten Dächern zu versehen, damit sich etwaige Explosionen nur nach oben auswirken und nicht in wagerechter Richtung.

Werkstattsäle und Lagerräume mit verbrennlichem Inhalt sollen stets durch Brandmauern mit höchstens 40—50 m Abstand unterteilt werden. Diese Vorschrift wirkt für die Betriebsabwicklung mitunter sehr lästig wegen der Beeinträchtigung der Beförderungsverhältnisse (Durchfahrt von Laufkranen nicht möglich, von Hängebahnwagen und Karren behindert) und wegen der Erschwerung der Aufsicht. Wo die Werk- und Hilfsstoffe nicht feuergefährlich sind, wird man deshalb gut daran tun, auch bei der Einrichtung (Werktische, Gefächer usw.) wenig Holz zu verwenden, um geringe Mengen brennbarer Bestandteile zu haben und dadurch um die Notwendigkeit einer großen Zahl von Brandmauern herum zu kommen.

Brandmauern ohne Durchbrechungen von mindestens 380 mm Stärke, die sich 300—500 mm über die Dachhaut erheben, wird vollkommene Trennwirkung zugesprochen, solchen, die Durchbrüche mit feuersicheren Türen enthalten, oder in den oberen Geschossen nur 250 mm stark sind, eine bedingte Trennwirkung. Selbstschließende Türen setzen die Arbeiter gern in geöffneter Stellung fest, um das Hindurchbefördern von Lasten zu erleichtern; es empfehlen sich deshalb Festhaltevorrichtungen, die sich im Brandfalle von selber lösen und die Türen zufallen lassen (Plomben aus Metall mit niedrigem Schmelzpunkt oder leicht abbrennbare Baumwollbänder). Durchbrechungen für Belichtungszwecke sind in Brandmauern zu vermeiden, da auch Drahtglas und sogenanntes Elektroglas, wenngleich widerstandsfähiger als gewöhnliches Glas, keinen unbedingt zuverlässigen Abschluß bilden; ist unter diesen Umständen keine ausreichende Belichtung erzielbar, so wird mitunter Verlegung der Brandmauern an günstigere Stellen zu versuchen sein.

In Mehrgeschoßbauten muß der sehr erheblichen Gefahr der Brandübertragung von Geschoß zu Geschoß vorgebeugt werden. Feuerfeste Decken sind stets wünschenswert, für feuergefährliche Betriebe jedoch unbedingt erforderlich. Innerhalb der Werkstatt- und Lagerräume hat man Deckendurchbrüche möglichst ganz auszuschließen. Aufzüge werden am besten in feuersicheren Treppenhäusern oder an den Außenwänden der Gebäude angeordnet. Durchbrüche für Riementriebe und Wellen, die sich nicht vermeiden lassen, müssen sorgfältige Abkleidung erhalten. Lüftungs- und Entlüftungsschächte sind feuersicher herzustellen und mit selbsttätig wirkenden feuersicheren Verschlußklappen für die einzelnen Räume zu versehen. Gegen das Hinaufschlagen von Flammen nach höher gelegenen Stockwerken durch die Fenster bietet Drahtglas einen gewissen Schutz.

Für Keller zur Lagerung größerer Warenmengen wird vielfach empfohlen, ausschließlich Zugänge von den Höfen aus vorzusehen und jegliche unmittelbare Verbindung mit den übrigen Geschossen zu vermeiden; ihre einzelnen Räume dürfen nach hier und da eingeführten Vorschriften höchstens 500 m² Grundfläche haben. Auch diese Beschränkungen sind häufig sehr hinderlich und brauchen, wenn es sich um Lagerung weniger gefährlicher Gegenstände handelt, nicht unbedingt Anwendung zu finden. Da das Abströmen der leichten Feuergase von Brandstellen vornehmlich unter den Raumdecken vor sich geht und durch weit herabreichende Vorsprünge stark gehemmt wird, bietet der Einbau tief einschneidender feuersicher ummantelter Unterzüge oder auch unterzugähnlicher aber nicht tragender Schürzen aus Eisen oder feuerbeständigem Glas auch schon einen gewissen Schutz gegen rasche Ausbreitung eines Feuers; zwar wird auch dabei noch der Betrieb von hoch angeordneten Hebezeugen unmöglich gemacht, aber wenigstens der Verkehr auf dem Fußboden nicht behindert.

Eisenbau kann für Gebäude mit unverbrennbarem Inhalt als unbedingt feuersicher gelten, dagegen nicht, wo große Mengen gut brennender Stoffe vorhanden sind. Während Holz im Verlauf der allmählich fortschreitenden Verbrennung oder Verkohlung seine Widerstandsfähigkeit nur langsam einbüßt, gibt Eisen bei Erhitzung auf über 500° auf einmal nach und bewirkt plötzlichen Zusammenbruch der Gebäude, was auch die Rettungsmaßnahmen oft sehr gefährlich macht. Wo die Anhäufung brennbarer Stoffe starke Hitzeentwicklung befürchten läßt, sind deshalb eiserne Stützen und Deckenunterzüge stets mit feuerfesten Ummantelungen zu versehen. Bei Eisenbetonbauten kann unter durchschnittlichen Verhältnissen der Gebäudeinhalt vollständig ausbrennen, bevor die Eiseneinlagen in ihrer guten Umhüllung einen den Zusammenhalt gefährdenden Wärmegrad annehmen.

Bei Einrichtung der Arbeits- und Lagerräume ist immer darauf zu achten, daß die Anwendbarkeit und Wirksamkeit der vorgesehenen Löschmittel unbeeinträchtigt bleibt. Z. B. können Löschbrausen ihre Aufgabe nicht erfüllen, wenn Gefächer und Warenstapel bis dicht unter die Decke reichen, infolgedessen bei Brandausbruch das Zuströmen der warmen Luft, welche die Plomben zum Schmelzen bringen soll, behindern, und später nach endlich erfolgtem Ansprechen der Ausbreitung des Wassers im Wege sind.

Für feuerempfindliche Betriebsabteilungen, von denen die Arbeitsfähigkeit des ganzen Werkes abhängt, kann eine Unterteilung in Betracht zu ziehen sein. Stets sollte man Zeichnungen, die übrigens wegen der geringeren Brandgefahr besser in Kellern als in Dachgeschossen untergebracht werden, an zwei verschiedenen Stellen aufbewahren, die Urzeichnungen am einen, einen vollständigen Satz Braunpausen am anderen Ort. Unter Umständen läßt sich durch Vereinbarung mit einer befreundeten Unternehmung ein derartiger Rückhalt auf Gegenseitigkeit schaffen.

Rettungsvorkehrungen. In den meisten Städten ist Vorschrift, daß Gebäude von über 50 m Länge mindestens 2 Treppen erhalten müssen, und daß von keiner Stelle der Arbeitssäle aus der Weg zu einer Treppe länger als 25—30 m sein darf. Senkrechte Notleitern an den Außenwänden stellen keinen genügenden Ersatz für eine zweite Treppe dar, weil sie nur von rüstigen und schwindelfreien Leuten genügend schnell benutzt werden können, dagegen nicht von Gebrechlichen und Arbeiterinnen. Die Treppen müssen, wie schon früher erwähnt, beiderseitig mit Festhaltgeländern versehen werden; bei besonders breiten empfiehlt sich Unterteilung durch ein Mittelgeländer, damit nicht beim Hinuntereilen einer großen Menschenmenge Unglücksfälle entstehen. Der Baustoff von Treppen, für welche Feuersicherheit verlangt wird, darf im Brandfalle weder verbrennen noch nachgeben. Eisen kann daher nur ummantelt verwandt werden. Für Stufen hat sich Eisenbeton gut bewährt; dagegen ist Granit ungeeignet, weil er in der Hitze leicht zerspringt. Die Treppenhäuser bedürfen feuersicherer Decken zum Schutz gegen herabfallende Dachteile; um der Feuerwehr eine Entqualmung zu ermöglichen, werden besondere Lüftungsvorrichtungen eingebaut, deren Antriebsgestänge bis ins Erdgeschoß hinabreicht.

Bei Aufstellen der festen Einrichtungsteile wie auch beim Ablegen von Werkstücken usw. im Betrieb sind in allen Werkstätten und Lagerräumen Gänge von allermindestens 800 mm, besser aber von 1200 mm oder noch größerer Breite frei zu halten, die möglichst ohne Umwege zu den Ausgangstüren führen. In ausgedehnteren Gebäuden sind die Wege nach den nächsten Ausgängen oder Treppen augenfällig zu bezeichnen. Alle Türen müssen in der Ausgangsrichtung aufschlagen. Zweiflüglige Türen von stark besetzten Räumen sollen sich möglichst mit einem Griff vollständig öffnen lassen.

Sicherheit und Ordnung.

(Siehe hierzu Quellennachweis 213.)

Diebstahlsmöglichkeiten. Bei der meist recht großen Zahl von Beamten und Arbeitern findet trotz aller Sorgfalt bei der Auswahl immer der eine oder andere Eingang, der in Eigentumsdingen nicht ganz zuverlässig ist. Derartige Leute merken schwache Punkte in der Absperrung und Überwachung des Werkes mit unfehlbarer Sicherheit bald heraus. Es wäre durchaus falsch anzunehmen, daß der hierdurch mögliche Schaden in Fällen, wo keine hochwertigen Werk- und Betriebsstoffe in Frage kommen, belanglos wäre und daß sich deshalb umfassende Abwehrmaßnahmen nicht verlohnten. Aufrechterhaltung straffer Ordnung ist vielmehr unter allen Umständen geboten und macht sich zum wenigsten mittelbar immer bezahlt. Anstand, Gewissenhaftigkeit und Ordnungssinn wie auch die gegenteiligen Eigenschaften sind nur kleinen Minderheiten im Grunde ihres Wesens gemäß; zwischen ihnen pendelt eine sehr große Zahl von Menschen ohne ausgesprochene Eigenart, deren Handlungen je nach den Umständen mehr durch Vorsicht oder mehr durch Eigennutz bestimmt werden, und die bei straffer Zucht die erhaltenden, bei gelockerter Ordnung die auflösenden Kräfte verstärken. Schon die Beobachtung der Tatsache, daß es einzelnen möglich ist, sich durch Unregelmäßigkeiten ungehindert und ungestraft einen bequemen Nebenerwerb zu verschaffen, vermag bei so und so vielen anderen ein Gefühl des „Benachteiligtseins" hervorzurufen und ihre Rechtsgewöhnung rasch zu überwinden, wie die Erfahrungen während und nach dem Weltkriege besonders eindringlich gezeigt haben. Ein Gehenlassen der Dinge in dieser Hinsicht führt infolgedessen bald zu den gröbsten Auswüchsen. Der Nutzen der Aufwendungen für sorgfältige Absperrung und Überwachung läßt sich somit durch eine vergleichende Wirtschaftlichkeitsberechnung keineswegs richtig erfassen.

Die Wege, auf denen entwendete Güter die Werke verlassen, sind sehr verschiedene. Kleinere Gegenstände, wie Schnelldrehstähle, Spiralbohrer, Bronzeabfälle, Treibriemenstücke usw. werden meist in Rock- und Hosentaschen mitgenommen, die mitunter zu diesem Zwecke besonders große Abmessungen erhalten, größere Stücke gelegentlich aus Fenstern oder über Zäune auf außerhalb des Werkgebietes befindliches Gelände geworfen und dort bei Dunkelheit abgeholt. Holz wird bei günstigen Strömungs- und Windverhältnissen ins Wasser geschoben und anderwärts wieder aufgefischt. Nicht selten sind auch Durchstechereien mit den Führern der regelmäßig ein- und ausgehenden Verkehrs-Fahrzeuge des eigenen Werkes oder anderer Unternehmungen; es ist vorgekommen, daß ganze Maschinen unberechtigterweise auf Handkarren, Fuhrwerken, Eisenbahnwagen oder auf dem Wasserwege mehr oder weniger öffentlich abbefördert wurden.

Neben scharfer Absperrung des Gesamtgrundstückes gegen die Außenwelt wird in der Regel auch Abschluß mancher einzelnen Lagerplätze und -räume innerhalb des Werkgeländes erforderlich. Bekanntlich haben sich in allen Werken mit geordneter Betriebsbuchführung die Lagerverwaltungen über die Ausgabe von Werk- und Betriebsstoffen jeder Art genau auszuweisen, wobei ihnen die von den Bedarfsstellen abgelieferten Verlangzettel als Belege dienen. Die Verantwortung für die Bestände kann man ihnen aber nur zumuten, wenn dieselben willkürlichen Zugriffen entzogen werden. Sind sie jedermann frei zugänglich, so wird unvermeidlich ein erheblicher Teil ohne Verbuchung entnommen werden, sei es aus Bequemlichkeit, sei es zur Vertuschung von Ausschußarbeit oder zu sonstigen unredlichen Zwecken. Damit entfällt dann jede Möglichkeit, die Arbeitsweise der Lagerbeamten nachzuprüfen, so daß auch für etwaige Unregelmäßigkeiten von ihrer Seite die Tür offen steht.

Anordnung der Tore. Um der unberechtigten Entfernung von Werkeigentum nach Möglichkeit vorzubeugen, empfiehlt es sich zunächst, die Zahl der Ausgänge und Ausfahrten auf das unbedingt notwendige Mindestmaß zu beschränken. In kleineren Werken ist möglichst nur ein Tor zur ständigen Benutzung freizugeben, während sonstige für Feuerwehren oder andere Zwecke erforderliche Einfahrten für gewöhnlich verschlossen gehalten werden; Eisenbahn-, Fuhrwerk- und Fußgängerverkehr sind tunlichst durch dies eine Tor zu leiten, damit alles von einer Stelle aus überwacht werden kann. Diese Zusammenfassung ermöglicht es, mit wenigen Pförtnern und Überwachungsbeamten auszukommen, was namentlich bei mehrschichtigen Betrieben eine fühlbare Ersparnis bedeutet, und veranlaßt die Beamten zu größerer Sorgfalt, weil bei etwaigen Unregelmäßigkeiten nur eine Stelle als verantwortlich in Betracht kommt. Ist das Werk zu groß oder die Arbeiterschaft zu zahlreich, als daß ein Verkehrstor ausreichen würde, so wird man zweckmäßig den Verkehr in bestimmter Weise unterteilen, so daß auf jedes Tor eine begrenzte und genau bezeichnete Anzahl von Arbeitern entfällt (z. B. auf Tor 1 Arbeiter der Modelltischlerei und Gießerei, auf Tor 2 Arbeiter der Dreherei usw.), ferner Fuhrwerke nur ein bestimmtes Tor benutzen; jeder Pförtner hat dann stets mit derselben beschränkten Zahl von Leuten zu tun, vermag sich ihre Gesichter und ihre Gewohnheiten leichter zu merken und kann für seinen Bereich als allein verantwortlich zur Rechenschaft gezogen werden. Wenn der ganze Verkehr des Werkes über nur eine Zufahrtstraße erfolgt, was immer erwünscht ist, so kann die Anordnung einer Anzahl von Toren unmittelbar nebeneinander vorteilhaft sein.

Befinden sich inmitten ausgedehnter Werkanlagen einzelne Werkstätten und Lager, die besonders wertvolle und leicht zu entfernende Gegenstände enthalten, so gibt die Gesamtabgrenzung des Werkes oft keine genügende Sicherheit, weil die entwendeten Güter gern erst innerhalb des Werkgeländes verschleppt und dann bei späterer Gelegenheit unauffällig hinausbefördert werden. Unter solchen Verhältnissen kann es sich empfehlen, die betreffenden Bezirke oder Gebäude innerhalb des Gesamtgrundstückes noch besonders abzutrennen und ihren Verkehr an eigenen Pförtnerstellen vorbeizuleiten.

Die besprochenen Gesichtspunkte sind von erheblichem Einfluß auf die Gestaltung des ganzen Verkehrswesens und erfordern deshalb bereits beim Entwurf der Gesamtanordnung des Werkes Berücksichtigung.

Umzäunungen und Abgitterungen. Wo die Grenze des Werkgebietes nach außen durch Gebäudewände gebildet wird, sind Vorbeugungsmaßnahmen gegen die Benutzung von Fenstern oder Notleitern zu Diebstählen zu treffen. An übersichtlichen und belebten Straßen ist zum mindesten Bespannung der Erdgeschoßfenster mit Drahtgeflecht angebracht. Bei Lage an dunklen Hofräumen, unbebautem Gelände, Bahnanlagen oder Wasserläufen wird stärkere Abgitterung erforderlich; bei Flachbauten läßt man unter derartigen Verhältnissen vielfach die Seitenfenster ganz weg.

Grundstücksumzäunungen müssen allermindestens 2,5 m hoch sein. Sie werden zweckmäßig aus Eisengitter mit engmaschigem Drahtgeflecht oder besser noch aus zusammenhängendem Eisenbeton oder Mauerwerk hergestellt, um auch das Durchschieben von Gegenständen zu verhindern. Oben erhalten sie zur Erschwerung des Übersteigens nach außen gerichtete Ausleger mit Stacheldrahtbewehrung. Kaiflächen, die man wasserseitig mit Rücksicht auf das Löschen von Kähnen schlecht abgittern kann, sind nach der Werkseite durch Gebäudewände oder besondere Zäune abzugrenzen, deren Tore während der Arbeitspausen geschlossen werden. Zwischen Zäunen und Gebäuden sollen stets mindestens 2,5—3 m frei bleiben, damit die Erdgeschoß- und Kellerfenster Licht erhalten und Feuerwehrfahrzeuge Platz zur Durchfahrt haben.

Abgitterungen um Lagerplätze oder im Inneren von Gebäuden sind selbstverständlich so anzuordnen, daß sie den örtlichen Verkehr möglichst wenig stören. In manchen Fällen genügen einfache Drahtgitter, die zwar nicht gegen Überklettern oder Gewaltanwendung schützen, aber doch das unbemerkte Hereinkommen und Durchlaufen Unberufener verhindern. Dies kommt z. B. in Betracht für Werkzeugmachereien, Prüffelder und andere Werkstattabteilungen, die wertvollere Stoffe verarbeiten, oder in denen erhöhte Unfallgefahr besteht. Man hat dann die Gitter ausreichend hoch zu machen, um Zugriffe zu den innen befindlichen Gefächern usw. auszuschließen; im allgemeinen sind mindestens 2,2 m Höhe erforderlich. Eine für diesen Zweck bewährte Anordnung läßt Abb. 13 erkennen; die Gitter sind dort aus einzelnen aus alten Rohren zusammengeschweißten Rahmen in der Breite der handelsüblichen Drahtgeflechte zusammengesetzt und werden durch im Fußboden befestigte Zapfenplatten gehalten. Wände aus solchen Gittertafeln lassen sich sehr rasch auf- und umstellen. Für Räume, in denen nicht dauernd jemand anwesend ist, oder wo das Abhandenkommen einzelner Stücke nicht sofort bemert werden würde, muß dagegen eine allseitig, auch nach oben ganz geschlossene Umgitterung oder Abkleidung vorgesehen werden; diese Notwendigkeit liegt namentlich dann vor, wenn mit gelegentlicher Nachtarbeit kleiner Unterabteilungen zu rechnen ist, wobei die weniger scharfe Beaufsichtigung Möglichkeiten zu Diebstählen in anderen unbesetzten Abteilungen und Lagern bietet.

Auch die Bürogebäude, namentlich die Zeichnungs- und Aktenkammern, bedürfen eines sicheren Abschlusses, um Entwendungen geheim zu haltender technischer oder geschäftlicher Unterlagen vorzubeugen; besonderen Schutz benötigen die Kassenräume, in denen vor den Lohnzahlungen erhebliche Bargeldbeträge vorhanden sind.

Türverschlüsse. Um Öffnung von Türen mit Hilfe von unrechtmäßig erworbenen Schlüsseln oder Nachschlüsseln tunlichst auszuschließen, kommen für Werkanlagen leicht abänderbare Sicherheitsschlösser (Schlösser mit mehreren Zuhaltungen) in Betracht, die geändert werden, wenn ein Schlüssel in falsche Hände geraten oder nachgeahmt worden ist. Verschiedenheit sämtlicher Schlösser ergibt zwar eine große Zahl von Schlüsseln, was im Brandfalle unbequem sein kann, bietet aber verhältnismäßig große Sicherheit. Die Aufbewahrung der Schlüssel muß mit peinlicher Ordnung erfolgen. Am geeignetsten sind Wandschränkchen mit Glasfenstern. Zweckmäßig läßt man sich zu jedem Schloß drei Schlüssel mitliefern. Der eine Satz bleibt ständig im Wachraume der Sicherheits- und Feuerwache. Der zweite Satz dient als Gebrauchssatz und wird während der Arbeitszeit in den einzelnen Gebäuden an gut zugänglichen und bequem zu übersehenden Stellen unter den Augen von Aufsehern oder Betriebsbeamten aufbewahrt und während der Pausen gleichfalls im Wachraum abgegeben. Der dritte Satz ist als Rückhalt bestimmt. Alle Türen werden genau benummert, am besten in Anlehnung an die allgemeine Bezeichnung der Gebäude und Gebäudeteile (vgl. Abschnitt „Allgemeine Ratschläge“); die Schlüssel erhalten entsprechende Nummerschilder.

Um den Beamten der Betriebsleitung und des Sicherheitsdienstes die Rundgänge durch die verschlossenen Räume zu erleichtern, kann man entweder bei jeder Tür ein Schlüsselfach einbauen, das den Gebrauchsschlüssel der betreffenden Tür enthält und sich von beiden Seiten mit Hilfe eines zu sämtlichen Schlüsselfächern passenden „Fachschlüssels“ öffnen läßt, oder es werden Schlösser für sogenannte „Hauptschlüssel“ gewählt, wobei die zum allgemeinen Gebrauch dienenden Einzelschlüssel nur zu je einer Tür passen, während mit dem gemeinsamen Hauptschlüssel sämtliche Türen zu öffnen sind. Fachschlüssel oder Hauptschlüssel erhalten nur einige wenige Beamten, die dafür verantwortlich sind. Die ersterwähnte Anordnung von Schlüsselfächern ist insofern weniger gut, als die Türschlüssel leicht aus Vergeßlichkeit nach Gebrauch nicht wieder hineingehängt werden und dann bei späterem Bedarf nicht zur Hand sind, hat aber den Vorteil, daß für den Inhaber der Fachschlüssel eine beliebige Zahl der verschiedenartigsten

Schlösser zugänglich gemacht werden kann. Verwendung von Hauptschlüsseln erspart den Einbau der Schlüsselfächer, setzt aber voraus, daß alle Türen einheitliche Schlösser haben, eignet sich also schlecht für nachträgliche Einrichtung. Der schwache Punkt bei beiden Anordnungen ist, daß dem Besitzer eines zufällig gefundenen oder nachgemachten Fach- oder Hauptschlüssels sofort sämtliche Türen zugänglich sind; besteht in dieser Hinsicht ein Verdacht, so wird Änderung sämtlicher Fachschlösser oder Hauptschlüsselschlösser erforderlich.

Für Räume mit besonders wertvollem Inhalt, die nur von zwei Beamten gemeinsam betreten werden sollen, ordnet man zwei verschiedene Schlösser an und gibt jedem der beiden Beamten nur den Schlüssel zu einem Schloß.

Selbstverständlich ist das beste und kräftigste Schloß nutzlos, wenn nicht die Ausführung der Tür und die Art der Schloßanbringung gewaltsamen Öffnungsversuchen zu widerstehen vermag. Mangelhafte Bauarten zweiflügeliger Türen erlauben ein Aufdrücken bei zugeschlossenem Schloß, wenn man vergessen hat, die Festhaltriegel des für gewöhnlich geschlossen bleibenden Flügels nach oben und unten einzuschieben; durch Verblockung des Riegelgestänges mit dem Schloß läßt sich dem vorbeugen. Türen, die als Rettungsausgänge dienen, sollen sich, wie schon früher bemerkt, mit einem Griff in ganzer Breite öffnen lassen.

Türsicherungswecker, für welche sich Ruhestromschaltung empfiehlt, können für Lagerräume mit wertvollem Inhalt hier und da von Nutzen sein. Zuverlässigen Schutz bieten sie aber nicht, da sie durch ortskundige Leute leicht und unauffällig außer Betrieb zu setzen sind.

Sicherheitsdienst. Alle Vorrichtungen zur Verhütung von Diebstählen wie auch diejenigen zur selbsttätigen Meldung und Bekämpfung von Feuer haben einen nur bedingten Wert, weil sie versagen können. Regelmäßige Rundgänge während der Arbeitsruhe werden durch sie niemals überflüssig gemacht.

Damit die Wächter ihre Obliegenheiten nicht aus Bequemlichkeit vernachlässigen, empfiehlt sich ständige Nachprüfung ihrer Tätigkeit; hierauf wird auch von den Feuerversicherungsgesellschaften besonderer Wert gelegt. Das einfachste Hilfsmittel für diesen Zweck sind Stechuhren. Die Wächter haben dieselben auf ihren Rundgängen mitzunehmen und die in den abzugehenden Räumen an Ketten befestigten Stechschlüssel einzustechen. Die in den Uhren eingeschlossenen umlaufenden Papierzifferblätter ermöglichen nachher der Betriebsleitung, die zeitliche Erledigung der Rundgänge genau zu verfolgen. Stechuhren stellen sich ziemlich billig, jedoch ist die Möglichkeit von Fälschungen durch unberechtigtes Öffnen der Uhren oder durch Gebrauch nachgemachter Stechschlüssel nicht völlig ausgeschlossen. Größere Sicherheit bieten elektrische Wächtermeldeanlagen. Bei diesen sind eine Anzahl von Gebestellen in den zu überwachenden Räumen durch Kabel mit einer unter Verschluß der Betriebsleitung stehenden Empfangsuhr verbunden. Der Wächter schaltet mit Hilfe eines ihm mitgegebenen Stechschlüssels die Stromkreise der einzelnen Gebestellen ein, wodurch deren Zeichen auf dem Papierstreifen der Empfangsuhr erscheinen. Der Preis solcher Anlagen ist jedoch ein vielfach höherer als der von Stechuhren mit Zubehör.

Etwa erforderliche Sicherheitswachen auf größeren Werken wird man aus Ersparnisgründen tunlichst mit den Feuer- und Unfallhilfswachen vereinigen.

Kommen und Gehen der Arbeiter. Um den großen Arbeiterstrom beim Kommen und Gehen reibungsfrei herein- und hinauszuleiten, müssen die verschiedenen zu durchschreitenden Räume richtig zueinander liegen. Im allgemeinen ist folgender Verlauf bei Arbeitsbeginn zugrunde zu legen: Werktor — Fahrradstände — Wärmeschränke für mitgebrachtes Essen — Umkleiden — Stempeluhren — Arbeitsräume. Bei Arbeitsschluß ist die Reihenfolge umgekehrt. Bei besonders großen Fahrradräumen und Umkleiden und den zu ihnen führenden Gängen, Rampen oder Treppen ist nach Möglichkeit durch Schaffung getrennter Zu- und Abwege an entgegengesetzten Seiten für glatten Durchfluß des Verkehrs in einer Richtung zu sorgen, um Zusammenstöße, Unfälle und Streit zu vermeiden.

Das Stempeln der Zeitkarten soll auf jeden Fall als letztes vor Aufnahme und als erstes nach Beendigung der Arbeit erfolgen, damit nicht Arbeitszeit auf Werkkosten verbummelt wird. Aus diesem Grunde sind auch die Stempeluhren, deren jede ohnedies nur für 150 bis allerhöchstens 200 Leute ausreicht, tunlichst innerhalb der Eingangstüren zu den einzelnen Arbeitssälen anzuordnen. Um zu verhindern, daß einzelne Leute unberechtigterweise an näher am Werktor befindlichen Uhren stempeln, empfiehlt es sich, jeder Uhr eine besondere Kennummer zu geben, die sich bei allen Stempelungen mit abdruckt. Mitunter, namentlich in großen Werken, wird eine doppelte Überwachung des Kommens und Gehens in der Weise eingerichtet, daß die Arbeiter ihre Karten von Tafeln an den Werktoren nach den Arbeitsräumen mitzunehmen und dort nach dem Stempeln in andere Tafeln zu stecken haben; die ersteren Tafeln werden vom Pförtner, die letzteren von Werkstattbeamten beaufsichtigt, was Durchstechereien erschwert. Bisher wurden die Stempeluhren meist für zweiwöchige Lohnverrechnungsabschnitte eingerichtet.

Neuerdings macht sich das Bestreben geltend, zu halbmonatigen Verrechnungsabschnitten überzugehen, um die Lohnaufwendungen monatweise genau getrennt und ohne Zeitverlust in die Monatsabschlüsse einsetzen zu können. Dem läßt sich bei den Uhren leicht dadurch Rechnung tragen, daß der Tagesvorschub statt vierzehnstufig sechzehnstufig gemacht und statt der Wochentage Mo., Di. usw. die Kalendertage 1.—15. und 16.—31. eingesetzt werden.

Fernsprecher, Nachrichtenübertragung und Meldeanlagen.

(Siehe hierzu Quellennachweis 21.)

Fernsprechnetz. Bei Einrichtung der Fernsprechanlagen sind erstens der innere Verkehr im einzelnen Werk, zweitens der Verkehr zwischen weit auseinanderliegenden Werken oder Verwaltungsgebäuden ein und derselben Unternehmung und drittens der Verkehr mit Teilnehmern des Postnetzes zu berücksichtigen.

Für den inneren Verkehr, der in der Regel eine ganz überwiegende Rolle spielt, kommt fast immer die Anlage eines eigenen vom Postnetz unabhängigen Werkfernsprechnetzes in Frage. Man braucht dann nur einen Teil der Sprechstellen für Verkehr mit der Post einzurichten, damit von dort Orts- und Ferngespräche geführt werden können.

Zur Verbindung weit voneinander entfernter Werk- und Büroabteilungen kann man unter Umständen Adern von Postfernsprechkabeln mieten, die dann mit dem Postbetrieb nichts mehr zu tun haben und dauernd in die Werkfernsprechanlage eingeschaltet bleiben. Wenn jeder der getrennten Bezirke eine größere Teilnehmerzahl aufweist, so wird es aus Kostengründen unmöglich, sämtliche Anschlüsse an ein gemeinsames Fernsprechamt heranzuführen; man gibt dann jeder Werkabteilung ein besonderes Amt und nimmt die Unbequemlichkeit in Kauf, daß die Teilnehmer zunächst das Amt des anderen Werkes verlangen müssen und erst von diesem den gewünschten Anschluß bekommen können. Da die Gespräche von Werk zu Werk im allgemeinen nur einen geringen Teil der Gesamtziffer ausmachen, wird zur Verbindung der Werkämter eine mäßige Zahl von Adern genügen.

Verkehrsmöglichkeit mit dem Postamt können fünfmal soviel Sprechstellen erhalten, wie Post-Hauptanschlüsse gemietet sind. Anordnung von mehr als 5 Nebenanschlüssen je Ader würde nach dem erfahrungsmäßigen Verhältnis der Postgespräche zu den inneren Gesprächen eine Überlastung der Postleitungen zur Folge haben und wird deshalb nicht gestattet. Nur in Ausnahmefällen sind bis zu 10 Nebenanschlüsse je Hauptanschluß bewilligt worden.

Da sich eine Postader mit 5 Nebenanschlüssen wesentlich billiger stellt als 5 Hauptanschlüsse ohne Nebenanschluß, werden unmittelbare Hauptanschlüsse nur ganz ausnahmsweise solchen Teilnehmern zur Verfügung gestellt, die man möglichst unabhängig machen will, z. B. Mitgliedern der Direktion. Bei jedem dieser bevorzugten Teilnehmer wird dann für den Postanschluß und den Werkanschluß je ein Sprechgerät erforderlich, während im übrigen ein gemeinsames Sprechgerät für Post- und Werkgespräche genügt.

Wohnungsfernsprecher von Beamten, die außerhalb der Dienstzeit erreichbar sein müssen, können entweder an das Postnetz oder, nötigenfalls über gemietete Postadern, an das Werknetz angeschlossen werden. Letzteres hat den Vorteil, daß auch mit den nicht am Postnetz liegenden Teilnehmern des Werkes gesprochen werden kann, wodurch schnelleres Eingreifen bei Betriebsstörungen und sonstigen dringlichen Vorkommnissen möglich wird. Will man die Beamten in die Lage setzen, sowohl mit dem Werknetz wie mit dem Postnetz zu verkehren, so gibt man ihnen am besten einen Postnebenanschluß.

Die Auslegung der Fernsprechanlagen verlangt große Voraussicht. Zu knapp bemessene Fernsprecheinrichtungen bedeuten für den ganzen Geschäftsbetrieb in Büros und Werkstätten eine außerordentliche Erschwerung. Können infolge vorzeitiger Erschöpfung der Anschlußmöglichkeiten im Amt nicht genügend Sprechstellen eingerichtet werden, so daß man mit zahlreichen nicht angeschlossenen Beamten nur persönlich oder schriftlich zu verkehren vermag, so entstehen viele lästige Verzögerungen. Liegt der schwache Punkt in unzureichender Zahl der Verbindungsleitungen zwischen den Werkämtern oder der Postleitungen, so daß man so und so oft vergeblich anrufen muß, bis eine Leitung frei ist, so wird die Zeit und Geduld der Teilnehmer übermäßig verbraucht und die Inanspruchnahme der Ämter sehr erhöht. Auch Mängel der technischen Einrichtungen oder ungünstiges Zusammenfallen von Anschlüssen mit durchweg hohen Gesprächsziffern auf bestimmten Schaltschränken im Amt können dazu führen, daß die Beamtinnen ihre Arbeit nicht zu bewältigen vermögen. Man vergegenwärtige sich nun die Folgen, die eine Überlastung des Amtes, gleichgültig aus welcher Ursache, nach sich zuziehen pflegt. In Anbetracht der langsamen Bedienung sind die Teilnehmer versucht, die Meldung des Amtes nicht abzuwarten und nach kurzer Zeit von neuem anzurufen. Daraus ergeben sich allerlei unliebsame Auseinandersetzungen zwischen Teilnehmern und Amt und häufige Fehlverbindungen durch die überanstrengten und dauernd abgelenkten Beamtinnen. Infolgedessen wächst die Zahl der Anrufe allmählich auf ein Mehrfaches der wirklich zustandekommenden Gespräche, wodurch sich die Inanspruchnahme des Amtes schließlich ins Unmögliche steigert. Da bei diesem Vorgang die Wirkung ständig die Ursache verstärkt, kann aus einer ursprünglich geringfügigen Überlastung leicht ein gänzliches Versagen hervorgehen. Wo ein derartiger Zustand eingetreten ist, wirken das endlose Warten und die vielen falschen Verbindungen auf die Teilnehmer geradezu nervenzerrüttend und verursachen große Verluste an Arbeitszeit; sind doch die Angestellten in manchen Büros, z.B. für Auftragsverfolgung oder Arbeiterangelegenheiten, schon bei glattem Fernsprechbetrieb ein gutes Viertel ihrer Geschäftszeit durch Erkundigungen am Fernsprecher in Anspruch genommen. Etwas zu reichliche Anlagen stellen sich somit im Betrieb stets erheblich billiger als zu knapp bemessene.

Grundsätzlich sollte in jedem Büroraum und jedem Meisterzimmer, sowie in allen wichtigen Betriebsräumen mindestens ein Fernsprecher vorgesehen werden. In größeren Büros, in denen viel gesprochen wird, empfiehlt sich für je 4—2 Personen ein Sprechgerät, das möglichst von allen Benutzern ohne Aufstehen zu ergreifen sein soll. Man kann es zu diesem Zweck etwa an einem Schwenkarm befestigen; die Anschlußschnur wird dann am besten von der Decke herabgeführt. Für die zum allgemeinen Gebrauch dienenden Postfernsprecher in größeren Büros, an denen auch Ferngespräche geführt werden, sind zweckmäßig schalldichte Zellen vorzusehen. Geräte für wichtigere Orts- und Ferngespräche sollten stets zwei Hörer erhalten, damit man bei Vereinbarungen von größerer Tragweite einen Zeugen mithören lassen kann. In Betriebsräumen dringen auch sogenannte lautsprechende Geräte durch den Maschinenlärm oft nicht durch; dort werden also gleichfalls schalldichte Zellen erforderlich. Zum Anwecken verwendet man in solchen Räumen besonders kräftige Glocken oder Hupen, am besten in Verbindung mit Lampenzeichen; ohne letztere kann es leicht vorkommen, daß der Maschinenwärter glaubt, sich getäuscht zu haben, und den Anruf unbeachtet läßt.

Die einfachsten Fernsprechanlagen sind die mit Linienwählern. Bei ihnen erhält jeder Teilnehmer je eine besondere Verbindungsleitung mit allen übrigen Sprechstellen und schaltet sich mit Hilfe eines Kurbellinienwählers oder einer Druckknopftafel auf den gewünschten Anschluß. Ein Amt zur Herstellung der Verbindungen ist also nicht erforderlich. Die größte Bedeutung haben solche Linienwähleranlagen, die als Nebenstellen eines Postanschlusses eingerichtet sind, so daß von allen Stellen aus auch mit dem Postnetz gesprochen werden kann. Die Einschaltung auf die Postleitung vermag wiederum jeder Teilnehmer selbst vorzunehmen; trotzdem wird ständige Besetzung eines der Anschlüsse oft nicht zu entbehren sein, um die vom Postnetz eingehenden Anrufe an einer Stelle entgegennehmen und an den gewünschten Teilnehmer weiterleiten zu können. Die Einrichtung der Anlage muß gestatten, daß sich Teilnehmer, die ein Postgespräch führen, vorübergehend zur Verständigung über eine etwa nötige Umschaltung des Gesprächs oder zu Erkundigungen auf andere Nebenstellen einschalten, ohne daß die Verbindung mit der Postleitung getrennt wird. Linienwähleranlagen eignen sich allgemein nur für kleine Teilnehmerzahlen und geringere Entfernungen, da sonst die Leitungen zu umständlich und kostspielig werden. Ist die den Druckknöpfen bzw. Kurbelstellungen und den verlegten Leitungsadern entsprechende größtmögliche Teilnehmerzahl erreicht, so sind Erweiterungen nur unter Erneuerung aller Geräte und Vermehrung der Leitungen zu sämtlichen Teilnehmern durchzuführen. Die Herstellung von Doppelverbindungen wird zwar für gewöhnlich durch Sperreinrichtungen verhindert, doch ist die Wahrung des Gesprächsgeheimnisses nicht unbedingt gesichert.

Fernsprechanlagen mit Vermittlungsamt für Handbetrieb (Zentralumschalter) sind für beliebig große Verhältnisse anwendbar. Die Sprechstellen werden nur mit dem Amt durch Leitungen verbunden, nicht auch untereinander; die Verbindungen stellt ausschließlich das Amt her. Die Zahl der zum einzelnen Teilnehmer führenden Leitungsadern beträgt nur 2 (oder mit Einschluß einer Prüfleitung 3) und ist von der Teilnehmerzahl unabhängig. Durch bestimmte Vorkehrungen an den Teilnehmerschränken im Amt lassen sich Doppelverbindungen einigermaßen sicher vermeiden. Das Gesprächsgeheimnis bleibt, sofern die Beamtinnen zuverlässig sind, gewahrt. Ein Teil der Sprechstellen läßt sich wieder zur Führung von Postgesprächen einrichten. In kleineren Betrieben wird der Teilnehmerschrank mitunter in einem Nebenzimmer des Pförtnerraumes im Verwaltungsgebäude bedient, so daß die Beamtin vom Pförtner rasch Auskunft erhalten kann, ob der gewünschte Teilnehmer oder sein Vertreter im Hause ist. Größere Anlagen erfordern unter Umständen eine ganze Anzahl von Beamtinnen. Nachteilig bei den Handbetriebsämtern ist die Abhängigkeit von der Aufmerksamkeit des Bedienungspersonals. Die durch unpünktliche Meldung des Amtes nach dem Anruf, durch verspätete Trennung nach Gesprächsschluß sowie durch Fehlverbindungen verursachten Zeitverluste sind oft sehr lästig und erschweren die schnelle Einholung von Auskünften, wenn bei Abwesenheit eines gewünschten Teilnehmers nacheinander mehrere andere Stellen angerufen werden müssen.

Diese Übelstände werden bei selbsttätigen Ämtern vermieden. Nach Betätigung einer Nummernscheibe am Sprechgerät (Abb. 150) durch den Teilnehmer geht im Amt die Herstellung der gewünschten Verbindung selbsttätig vor sich. An bestimmten Summerzeichen erkennt der Anrufende sofort, ob das Anwecken erfolgt ist, aber wegen Abwesenheit des Verlangten unbeantwortet bleibt, oder ob die Verbindung nicht hergestellt werden konnte, weil die Leitung schon besetzt war. Nach Ablegen des Sprechgerätes wird die Verbindung sofort gelöst. Der Teilnehmer vermag also in kurzer Aufeinanderfolge eine ganze Reihe von Anrufen durchzuführen, um eine dringende Auskunft einzuholen. Auch hier können eine Anzahl von Anschlüssen als Postnebenanschlüsse ausgebildet werden. Selbsttätige Fernsprechanlagen lassen sich un er Umständen zunächst für kleine Teilnehmerzahlen einrichten und später beliebig ausbauen; es werden Ämter von 13 Sprechstellen aufwärts hergestellt. Bedienung ist nur zur Annahme und Weiterleitung vom Postnetz eingehender Anrufe erforderlich. Für diese Anrufe, die nur einen geringen Teil der Gesamtgespräche ausmachen, genügt auch in großen Werken meist eine Beamtin; bei kleinen Anlagen kann diese Aufgabe im Pförtnerraum nebenher erledigt werden. Daneben muß allerdings stets ein Mechaniker zur Wartung und Störungshilfe zur Verfügung stehen. Die Anlagekosten sind bedeutend höher als bei Handbetriebsämtern; dafür werden sich aber im Betrieb oft wesentliche Ersparnisse ergeben, einerseits durch Verminderung der Ausgaben an Gehältern, anderseits durch Fortfall der früher geschilderten Zeitverluste bei der Fernsprecherbenutzung. Die selbsttätigen Fernsprechämter haben sich in Post- wie in Werknetzen nach Überwindung einiger anfänglicher Schwierigkeiten vorzüglich bewährt.

Bei Ämtern mit Handbedienung von etwa 200 Anschlüssen aufwärts läßt man zweckmäßig nur mit Nennung von Nummern, nicht von Namen arbeiten; doch empfiehlt es sich, einzelne wichtige Anschlüsse wie Feuerwehr, Unfallhilfsstellen und Sicherheitswachen eigens kenntlich zu machen, damit die Verbindung mit ihnen auch ohne Nummernnennung rasch hergestellt werden kann. In selbsttätigen Ämtern gibt man ihnen besonders leicht zu merkende Nummern. Mitunter ist es erwünscht, für Direktoren und andere viel beanspruchte Beamte sogenannte Geheimnummern vorzusehen, die nicht in die Teilnehmerverzeichnisse aufgenommen werden, damit sie zwar selbst anrufen, aber nicht angerufen werden können. Für sie eingehende Anrufe leitet man vielfach an das Sprechgerät des Assistenten oder Sekretärs, der bei Sachen geringerer Wichtigkeit das Gespräch selbst erledigt oder an sonst zuständige Stellen verweist. Gelegentlich werden auch Einrichtungen zur geheimen Überwachung von Gesprächen getroffen, um etwaigen Unregelmäßigkeiten auf die Spur kommen zu können.

Der Betriebsstrom der Fernsprechanlagen wird in der Regel Eltsammlerketten (Akkumulatorenbatterien) von geringer Spannung entnommen, für welche geeignete Räumlichkeiten und Ladeeinrichtungen vorgesehen werden müssen.

Zur Unterbringung von Fernsprechämtern sind in erster Linie die Verwaltungsgebäude in Betracht zu ziehen; die meisten Teilnehmerleitungen verlaufen dann ganz innerhalb des Hauses, werden also kurz und billig. Liegt die Hauptfeuerwache in der Nähe, so läßt sich das Amt auch dort mit unterbringen; es kann dann durch gemeinsame Überwachung der Fernsprech- und Feuermeldeanlagen unter Umständen an Personal gespart werden. Werke oder Werkgruppen mit sehr hohen Teilnehmerzahlen, wie sie manche Großunternehmungen aufweisen, erhalten bisweilen besondere Gebäude für die Fernsprechämter.

Ferndrucker und Rohrposten. Für wichtige Mitteilungen bietet ausschließliche Übertragung durch Fernsprecher keine genügende Sicherheit. Zur Vermeidung von Mißverständnissen und zur Schaffung sichtbarer Belege, welche nötigenfalls die Verantwortlichkeit einwandfrei festzustellen gestatten, ist auch im inneren Verkehr der Werke schriftliche Bestätigung in großem Umfange erforderlich. Da Maßnahmen von größerer Tragweite erst nach Eingang solcher Bestätigungen ausgeführt werden können, muß zuverlässige und prompte Beförderung schriftlicher Nachrichten gewährleistet sein.

Für die Nachrichtenübermittlung zwischen entfernt liegenden Abteilungen (z. B. Hauptverwaltung in der Stadt, Werke in Vororten) hat man vielfach einen regelmäßigen Botendienst eingerichtet; die Boten erhalten Fahrräder oder benutzen öffentliche Verkehrsmittel oder auch regelmäßig fahrende Kraftwagen. In Anbetracht der unvermeidlichen Wartezeiten stellt sich dabei die Beförderungsdauer vom Absender bis zum Empfänger im Durchschnitt kaum niedriger als auf etwa 2—3 Stunden.

Raschere Beförderung ermöglichen Ferndrucker und Rohrpostanlagen. Für den Ferndruckerbetrieb lassen sich Adern von Fernsprechkabeln benutzen; man kann auch für diesen Zweck Leitungen von der Post mieten. Die Ferndruckstellen werden zweckmäßig den Hauptregistraturen angegliedert, um Zeitverluste bei der Abfertigung tunlichst zu vermeiden.

Rohrpostanlagen, welche die unmittelbare Beförderung größerer Mengen von Schriftsachen in kurzer Aufeinanderfolge gestatten, sind bedeutend leistungsfähiger. Auch ersparen sie in den Büros die Arbeitszeit, die das Ausschreiben besonderer Ferndrucktexte erfordert. Doch sind ihre Anlagekosten derart hoch, daß sie für Werkbetriebe nur in Ausnahmefällen wirtschaftlich sein werden.

Zeitübertragungs- und Fernmeldeanlagen. Werkuhren müssen genau gehen, damit in Fällen von Unpünktlichkeit keine unberechtigten Ausreden möglich sind, und auch damit die auf Benutzung von Eisenbahnzügen angewiesenen Beamten und Arbeiter sich nach ihnen richten können. Größere Abweichungen als 30 Sekunden sollten zu keiner Tageszeit vorkommen. Es empfiehlt sich deshalb, den Gang der Uhren in Übereinstimmung mit der Normzeit der Sternwarten zu halten, welche auch für die Bahnuhren maßgebend ist. Hierfür bestehen verschiedene Möglichkeiten.

Entweder begnügt man sich mit gewöhnlichen mechanisch angetriebenen Uhren und stellt dieselben täglich ein. Zum Zeitvergleich benutzt man zweckmäßig eine mit einer städtischen oder Bahnuhrenanlage in Verbindung stehende Fernuhr. Unter Umständen kann man dieselbe auf eine Zeitzeicheneinrichtung am Fernsprechnetz arbeiten lassen, auf welche sich alle Teilnehmer durch Anruf einer bestimmten Anschlußnummer einzuschalten vermögen und die durch minutlich ertönende nach Art der Morsebuchstaben zusammengesetzte Summerzeichen die Abhörung der Stunden- und Minutenzahlen gestattet. Die Einregelung der zahlreichen verstreut liegenden mechanisch angetriebenen Stempel- und sonstigen Uhren pflegt in ausgedehnten Werken einen Mechaniker voll in Anspruch zu nehmen.

Vollkommner ist die allgemeine Verwendung von Fernuhren mit Eltantrieb. Hierbei wird der Gang sämtlicher Uhren auf dem Werke durch eine Hauptuhr oder einen Auslöser (Relais) gesteuert, die an ein städtisches oder Bahnuhrennetz angeschlossen sind. Die Anlagekosten werden in diesem Falle wesentlich höher, aber dafür die Wartungskosten geringer.

Mit den Zeitübertragungsanlagen kann man verschiedene Sondereinrichtungen verbinden. In den Registraturen schließt man häufig Zeitstempel an, die selbsttätig fortschreitend die jeweilige Uhrzeit auf die Schriftstücke aufdrucken. Ferner lassen sich die Sirenen- und Glockenzeichen für Beginn und Schluß der Arbeitszeit, regelmäßige Spülungen von Abwässerkanälen und sonstige Vorgänge durch die Fernuhren auslösen.

In manchen Betrieben werden Fernmeldeeinrichtungen verlangt, welche die Überwachung bestimmter Zustände oder Vorgänge von entfernt liegenden Büroräumen oder Schaltständen aus gestatten, z. B. der Stellung von Schwimmern oder Gasbehältern, des Wärmegrades in Glühöfen usw. Auch für derartige meist mit Schwachstrom betriebene Meldeanlagen wird öfters Benutzung von Adern ohnedies benötigter Fernsprechkabeln in Frage kommen.

Bei rechtzeitiger Durchüberlegung aller Erfordernisse wird man imstande sein, Fernsprechnetz, Feuermelder, Fernuhren und sonstige Meldeanlagen einheitlich zu behandeln, insbesondere ihre Leitungen, soweit zulässig, in gemeinsamen Kabeln unterzubringen oder doch wenigstens zusammen zu verlegen, ferner ihre Bedienungsstellen und Ladeeinrichtungen zu vereinigen, wodurch an Anlage- und Betriebskosten mancherlei Ersparnisse zu erzielen sind.

Klingel- und sonstige Zeichengebeanlagen. Auch bei den Klingelanlagen wird einheitliche Bestellung und rechtzeitige Verlegung während des Baus von Vorteil sein, weshalb auf die gewöhnlich auftretenden Bedürfnisse kurz hingewiesen sei.

Um Beginn und Schluß der Arbeitszeit anzuzeigen, werden außer den üblichen Dampfpfeifen oder -sirenen, die durch die Werkstättengeräusche nicht immer durchdringen, häufig noch Eltklingeln oder Hupen angeordnet. Für Büros, die meist etwas abweichende Arbeitszeit haben, sind getrennte Anlagen vorzusehen, die sich dann auch dazu benutzen lassen, auf die Abfahrt regelmäßig verkehrender Bahnzüge, Kraftwagen und dergleichen aufmerksam zu machen.

Für ausgedehnte Werke empfehlen sich mitunter Rufzeichenanlagen, um im Betriebe befindliche Beamte zu Ferngesprächen oder eiligen Unterredungen herbeirufen zu können. Das Fernsprechamt gibt auf Anfordern die vereinbarte Namensabkürzung des Betreffenden mit Morsebuchstaben, wodurch in sämtlichen Räumen des Werkes entsprechende Glocken- oder Hupenzeichen ertönen; der gesuchte Beamte hat sich daraufhin nach dem nächsten Fernsprecher zu begeben und durch Anfrage beim Amt festzustellen, wer nach ihm verlangt hat. Oft werden für die Abgabe der Rufzeichen und der vorher erwähnten Arbeitszeitzeichen wiederum gemeinsame Einrichtungen genügen.

An den Toren sind außenseitig, mitunter auch innenseitig Klingeldruckknöpfe zur Benachrichtigung der Pförtner anzubringen. Auch an den Türen einzelner Gebäude, Lagerplätze, Waschräume, Aufzüge und Ausgabestellen von Werkstoffen, Werzkeuge usw. werden häufig Klingeln benötigt, damit Leute, die in Überstunden arbeiten, sich den Schließern und Ausgebern bemerkbar zu machen vermögen.

In Bürogebäuden hat man zum mindesten in jedem Arbeitsraum, nach Bedarf für jeden selbständig arbeitenden Beamten ein paar Druckknöpfe vorzusehen, die Zeichen nach den Botenzimmern und Kanzleien (Maschinenschreibstuben) zu geben gestatten; in letzteren Räumen werden Fallklappentafeln eingebaut. Ferner werden häufig Klingelverbindungen von den Zimmern der Direktoren und Abteilungsvorstände nach ihren Assistenten und Sekretären wie auch nach sonstigen Beamten verlangt.

Vor den Türen von stark in Anspruch genommenen leitenden Beamten werden bisweilen Tafeln mit Aufschriften wie „Bitte eintreten", „Bitte warten", „Nicht zu sprechen" usw. angebracht, die sich durch Betätigung von Druckknöpfen vom Schreibtischplatz aus erleuchten lassen. Derartige Einrichtungen können ganz nützlich sein, doch tut man gut daran sich bewußt zu bleiben, daß es hier eine Grenze zwischen tatsächlichem Bedürfnis und der Neigung zu technischen Spielereien gibt, die man mit einem Zuviel leicht überschreitet.

Die Speisung aller dieser mit geringer Spannung arbeitenden und für Wechselstrombetrieb geeigneten Klingel- und Zeichenübertragungsanlagen erfolgt zweckmäßig nicht durch Elemente, sondern durch kleine am Starkstromnetz liegende Klingelumspanner (Klingeltransformatoren), die keiner Wartung bedürfen.

Eltversorgung.

(Siehe hierzu Quellennachweis *8, 9, 22, 37, 212.)

Wahl der Stromart. Für Werkstattzwecke kommen in erster Linie Drehstrom und Gleichstrom in Betracht. Zweiphasenwechselstrom, der früher in England ziemliche Verbreitung hatte, ist dem Drehstrom in betriebstechnischer Hinsicht annähernd gleichwertig, wird jedoch für Neuanlagen nicht mehr gewählt, weil sich die Maschinen, Schaltgeräte und Leitungsnetze bei Drehstrom günstiger ausgestalten lassen. Einphasenwechselstrom ist für Antriebszwecke im allgemeinen unvorteilhaft und findet daher nur noch für Bahnanlagen mit großen Streckenlängen Anwendung, weil bei ihm zwei dort sehr wertvolle Eigenschaften zusammentreffen, nämlich die Verwendbarkeit ruhender Umspanner (Transformatoren) zur Spannungsherabsetzung und die Möglichkeit mit einem Fahrdraht auszukommen; in Werkbetrieben wird die Notwendigkeit zu seiner Benutzung nur ausnahmsweise bei Strombezug von veralteten städtischen Anlagen vorliegen.

Drehstrom hat vor Gleichstrom die Möglichkeit der Spannungsumwandlung mit Hilfe ruhender Umspanner voraus. Er erlaubt daher Fernübertragung mit Hochspannung unter sehr geringem Leitungsaufwand und bequeme Spannungserniedrigung in zahlreichen kleinen Verbrauchsbezirken zur gefahrlosen Verteilung an die Verbraucher.

In den Vereinigten Staaten von Amerika ist besonders Drehstrom von 25 Pulsen (Perioden) in der Sekunde verbreitet. Diese Pulszahl hat gewisse Vorzüge für die Umwandlung in Gleichstrom mit Hilfe von Einankerumformern, macht dieselbe aber auch andererseits wegen des störenden Flimmerns der Lampen bei unmittelbarer Speisung mit 25pulsigem Strom in weitgehendem Maße notwendig. Da also mit Rücksicht auf die Lichtversorgung Umformeranlagen meist ohnehin erforderlich sind, wählt man in den Vereinigten Staaten gern auch für die Niederspannungskraftverteilung Gleichstrom. Für 25pulsige Drehstromtreiber kommen Leerlaufdrehzahlen von 1500 geteilt durch eine ganze Zahl in Frage; die Vollastdrehzahlen sind einige v. H. niedriger. Die bei 50 Pulsen mögliche und für den Antrieb mancher schnelläufiger Maschinen erwünschte Drehzahl 3000 ist nicht erreichbar. Es gibt zwar sogenannte doppelgespeiste Drehstromtreiber, die bei 25 Pulsen mit 3000 Umdrehungen und bei 50 Pulsen mit 6000 Umdrehungen laufen, doch sind dieselben wegen verschiedener Schwierigkeiten bisher nicht zur Einführung gekommen.

In Europa ist ganz überwiegend Drehstrom von 50 Pulsen gebräuchlich. Bei dieser Pulszahl wird das Auge durch das Flimmern der Lampen nicht mehr gestört, so daß für den Lichtstrom kein Bedürfnis nach Umformung vorliegt. Anlagekosten und Energieverbrauch werden am geringsten, wenn die Versorgung der Kraft- und Lichtverbraucher unmittelbar mit Drehstrom erfolgt. Die möglichen Leerlaufdrehzahlen der 50pulsigen Drehstromtreiber sind 3000 geteilt durch eine ganze Zahl, also 3000, 1500, 1000 usw.; die Vollastdrehzahlen liegen wieder einige v. H. darunter.

Geschwindigkeitsregelung der billigen und widerstandsfähigen Asynchrontreiber ist wirtschaftlich mangelhaft und betriebstechnisch für viele Zwecke unbrauchbar. Drehstrom-Kommutatortreiber ermöglichen eine den Betriebserfordernissen besser entsprechende Regelung, sind jedoch wegen ihres mehr als doppelt so hohen Preises nur in Sonderfällen anwendbar. Näheres hierüber ist aus dem Buche Quellennachweis 9 zu ersehen. Ausnahmsweise kommen noch Synchrontreiber in Betracht, um den Leistungsfaktor des Netzes zu verbessern; sie sind überhaupt nicht regelbar und reichlich umständlich in Anlage und Bedienung. Im allgemeinen ist Drehstromversorgung nur für solche Antriebe vorteilhaft, für diese aber auch besonders geeignet, wo Geschwindigkeitsregelung nicht in Betracht kommt oder wo den Regelerfordernissen durch Übersetzungsänderungen in den mechanischen Getrieben vor oder innerhalb der anzutreibenden Maschinen genügt werden kann.

Für manche hochwertigen Bearbeitungsmaschinen wird jedoch zur Steigerung der Arbeitsgüte oder der Ausbringung eine feinstufige und bequem zu handhabende Regelung gefordert, wofür Umschaltbarkeit in den mechanischen Zwischengliedern nicht genügt. Wo derartige Bedürfnisse nur vereinzelt vorkommen, kann man sich mit Drehstromkommutatortreibern oder Steuerumformern in Leonardschaltung (vgl. Abschnitt Kraftantrieb) helfen. Handelt es sich dagegen um viele Maschinen, so werden sich Gleichstromtreiber mit gemeinsamer Umformeranlage in Anschaffung und Betrieb billiger stellen als die entsprechende Anzahl von Drehstromkommutatortreibern oder Leonardsätzen. In solchen Fällen wird also die Einrichtung von Gleichstromverteilungen für das ganze Werk oder für einzelne Werkabteilungen in Betracht zu ziehen sein. Gegenüber Drehstromkraftverteilungen mit gewöhnlichen Asynchrontreibern sind die Mehraufwendungen dabei allerdings immer noch recht erheblich, weil die Umformeranlagen mitsamt den notwendigen Rückhalt-Maschinensätzen hinsichtlich Anschaffungskosten, Platzverbrauch und Wartung höhere Ansprüche stellen und auch größere Energieverluste haben als die Umspanner in reinen Drehstromnetzen. Mit diesen Mehraufwendungen hat man die Ersparnisse in Vergleich zu setzen, welche an den Bearbeitungsmaschinen erzielt werden; gelingt es z. B., eine bestimmte Ausbringung infolge der besseren Regelbarkeit statt mit 50 mit nur 45 Maschinen zu erreichen, so wird sich eine bedeutende Ermäßigung der Anschaffungskosten, des Platzverbrauches und der Arbeitslöhne in der Werkstatt selbst ergeben, welche die höheren Kosten bei der Eltanlage rechtfertigen kann.

Für Krananlagen ist Drehstrom im allgemeinen betriebstechnisch weniger günstig als Gleichstrom. Man erzielt nämlich bei Kommutatortreibern mit Reihenschlußverhalten oder mit Drehzahlregelung durch den Führer höhere durchschnittliche Arbeitsgeschwindigkeit als bei den nicht regelbaren Asynchrontreibern, weil die Getriebe bei geringer Last rascher laufen können. Dieser Punkt hat aber keineswegs immer ausschlaggebende Bedeutung, und für viele Verhältnisse verdienen daher die Asynchrontreiber wegen der geringeren Anlagekosten den Vorzug. Über die Eignung der anderen Antriebsarten, Drehstrom-Kommutatortreiber, Leonardsätze und Gleichstromversorgung, gilt wieder das im vorhergehenden Absatz Gesagte; Umformung in Gleichstrom verlohnt sich in der Regel nur dann, wenn man eine größere Zahl nicht zu weit auseinanderliegender Hebezeuge zu speisen hat, die dauernd in lebhaftem Betrieb sind. Eingehender sind alle in den letzten Absätzen berührten Fragen in dem Buch Quellennachweis 9 erörtert.

Für etwaigen Gleichstrombedarf zur Speisung von Lasthebemagneten, magnetischen Spannfuttern an Werkzeugmaschinen usw. sind Eltsammler (Batterien) erwünscht, die auch bei Wegbleiben der von den Kraftmaschinen erzeugten Netzspannung die Gleichstromversorgung aufrecht erhalten, um Schäden durch Herabfallen der magnetisch gehaltenen Werkstücke nach Möglichkeit auszuschließen.

Die Verluste in Umformeranlagen sind nicht unbedeutend; unter durchschnittlichen Verhältnissen wird man kaum einen günstigeren Wirkungsgrad als 85—90 v. H. erwarten können. Möglicherweise sind die neuerdings zu hoher Leistungsfähigkeit entwickelten Quecksilberdampf-Gleichrichter dazu berufen, die Umformung wirtschaftlicher und einfacher zu gestalten.

Bei eigener Elterzeugung kann es für Werke von geringer Ausdehnung und mäßigem Energiebedarf zweckmäßig sein, nur Gleichstrom herzustellen. Doch sollte auch dann beim Entwurf der Schaltanlagen niemals die Möglichkeit einer künftigen Verbindung mit Drehstrom-Hochspannungsnetzen aus dem Auge gelassen werden; bei etwa notwendig werdender Versorgung abgelegener Erweiterungsbauten oder bei sich bietender Gelegenheit zum Anschluß an neue Überlandkraftwerke mit besonders vorteilhaften Eltbezugspreisen kann sich diese Voraussicht belohnen. In ausgedehnten Werken mit größerem Kraftbedarf wird dagegen zweckmäßig von vornherein Drehstrom erzeugt, um leistungsfähigere Maschineneinheiten aufstellen und die weiter entfernten Werkbezirke mit geringeren Leitungsquerschnitten speisen zu können.

Verschiedentlich hat man Gleichstrom-Dreileiter- und Mehrleiternetze, mitunter mit verschieden großen Teilspannungen zu dem Zwecke eingerichtet, die Regelung der Treiber zu erleichtern. Beispielsweise gestattet ein Dreileiternetz von 2 × 220 Volt Anschluß der Anker der Treiber an 220 und 440 Volt, ein Vierleiternetz mit den Teilspannungen 73, 220 und 147 Volt Anschluß an die Spannungsstufen 73, 147, 220, 293, 367 und 440 Volt. In Verbindung mit Einstellung des Erregerstroms zur Überbrückung der Stufen erhält man dabei eine sehr weitgehende

Regelmöglichkeit. Der Wert derartiger Einrichtungen darf jedoch nicht überschätzt werden. Einerseits werden die Maschinen und Leitungsanlagen wie auch die Schalt- und Regelgeräte recht umständlich und kostspielig. Andererseits nimmt bei dieser Art der Regelung die zulässige Leistung mit der Geschwindigkeit ab, da der Treiber bei jeder Stufe nur dasselbe Drehmoment herzugeben vermag; hiermit ist aber den Bedürfnissen nur ausnahmsweise genügt, denn überwiegend, namentlich bei Bearbeitungsmaschinen, wird gleichbleibende Leistung im Regelbereich, also gesteigertes Drehmoment bei abnehmender Drehzahl verlangt, und die große Regelmöglichkeit bei Mehrleiternetzen läßt sich daher in vielen Fällen nicht recht ausnutzen.

Wahl der Spannung. Die Bemessung der Eltleitungen muß zwei Bedingungen genügen. Erstens dürfen Spannungsabfall und Leistungsverlust einen nach Betriebs- und Wirtschaftlichkeitsgesichtspunkten anzusetzenden Teilbetrag der Netzspannung und Netzleistung nicht übersteigen. Zweitens dürfen keine gefährlichen Erwärmungen auftreten. Hat man die Quer-

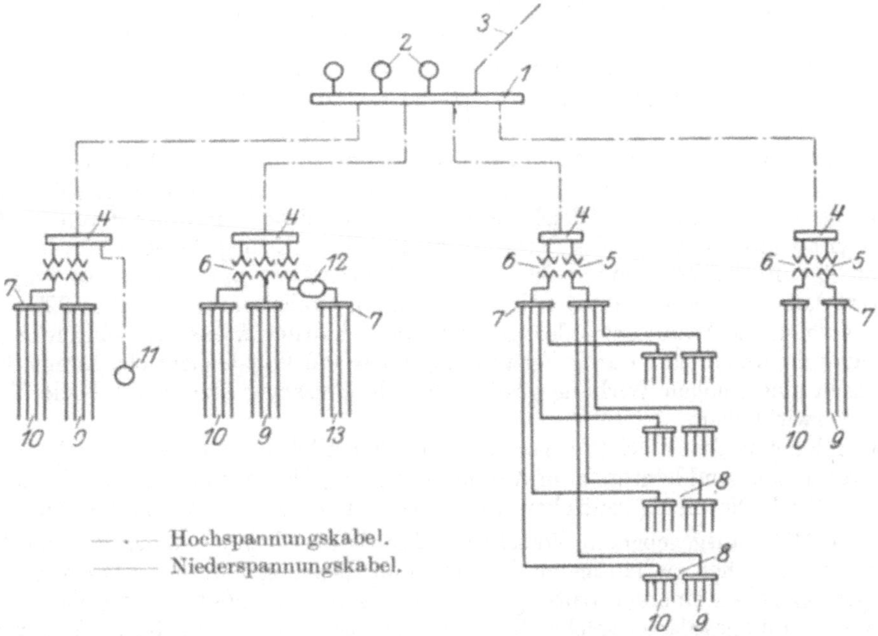

Abb. 99. Grundsätzliche Anordnung des Eltversorgungsnetzes eines Werkes.

1 Schaltanlage des Krafthauses.
2 Elterzeuger mit Wärmekraftmaschinen.
3 Anschluß vom Fernnetz.
4 Verteilungsschaltanlagen für Hochspannung in den einzelnen Werkbezirken.
5 Umspanner für Kraft, 380 Volt Drehstrom.
6 Umspanner für Licht, 220 Volt Drehstrom.
7 Hauptverteilungen für Niederspannung.
8 Unterverteilungen für Niederspannung in verschiedenen Stockwerken eines Mehrgeschoßbaus.
9 Kraftleitungen zu den Verbrauchern.
10 Lichtleitungen zu den Verbrauchern.
11 Großer Drehstromtreiber für Hochspannung.
12 Gleichrichter für 440 Volt Gleichstrom mit Spannungsteiler.
13 Gleichstromleitungen zu regelbaren Treibern, 2 × 220 Volt.

schnitte auf Grund der ersten Forderung berechnet, so hat man stets noch nachzuprüfen, ob unter Berücksichtigung der Verlegungsart und der dadurch bedingten Wärmeableitungsverhältnisse auch die zweite Forderung erfüllt ist, und umgekehrt.

Innerhalb gewisser Grenzen wird eine Eltanlage bekanntlich um so wirtschaftlicher, je höher man die Betriebsspannung wählt. Ein Beispiel möge die Verhältnisse veranschaulichen. Erhöht man die zunächst zu 110 Volt angenommene Betriebsspannung einer Leitung, die eine bestimmte Leistung zu übertragen hat, auf 380 Volt, also auf das 3,45fache, so sinkt die Stromstärke auf $\frac{1}{3,45}$ der ursprünglichen. Vermindert man zugleich den Leitungsquerschnitt auf $\frac{1}{3,45}$ des früheren Wertes, wodurch der Widerstand 3,45 mal so groß wird, so wird der in Wärme umgesetzte Verlust in der Leitung (Quadrat der Stromstärke mal Widerstand) auf $\frac{1}{3,45}$ des ursprünglichen Betrages zurückgehen. Die Spannungserhöhung führt also auf diesem Wege erstens zu einer Verringerung der Anlagekosten und zweitens zu einer Verminderung der Verluste. Unter der Voraussetzung, daß der bei 110 Volt vorgesehen gewesene Querschnitt nur durch die Rücksicht auf den Spannungsabfall erfordert und in bezug auf zulässige Erwärmung nicht voll ausgenutzt war, wäre es jedoch möglich, mit der Querschnittsverminderung noch weiter zu gehen. Man könnte dann bei der Umrechnung auf 380 Volt unter Umständen auch den Gesichtspunkt zugrunde legen, die früheren v. H. Beträge des Spannungsabfalles und des Leistungsverlustes beizubehalten, und dementsprechend den Querschnitt auf $\frac{1}{3{,}45^2} = \frac{1}{12}$ des ursprünglichen herabsetzen, wobei also die Energiekosten keine, die Anlagekosten aber eine um so stärkere Verminderung erfahren würden.

Die Zunahme der Wirtschaftlichkeit mit steigender Spannung findet jedoch an einem gewissen Punkt ihre Grenze durch den Mehraufwand zur Vermeidung von Gefahren und Betriebsströungen an den Leitungen, Schaltanlagen und Treibern selbst wie auch durch den wachsenden Platzverbrauch für ihre sichere Unterbringung. Man speist deshalb nur solche Treiber mit Hochspannung, bei denen eine genügende räumliche Abtrennung durch die Betriebsverhältnisse zugelassen und durch die Größe der Einzelleistung gerechtfertigt wird. Den übrigen Verbrauchern führt man Strom von geringerer Spannung zu und zwar bei größerer Ausdehnung des Werkes zur Verminderung der Leitungskosten bezirksweise von gut verteilten Speisepunkten aus, die ihrerseits mit Hochspannung versorgt werden (Abb. 99).

Eine etwa erforderliche Speisung einzelner Werkstätten mit Gleichstrom wird man in größeren Werken zweckmäßig ebenfalls bezirksweise von mehreren Stellen aus erfolgen lassen, wobei den Umformerräumen hochgespannter Drehstrom zugeführt wird (Abb. 99). Im Hinblick auf die etwaige Verwendung von Gleichrichtern verdient Beachtung, daß deren Wirkungsgrad um so geringer ausfällt, je kleiner die Betriebsspannung ist. Er liegt bei 440 Volt in der Größenordnung von 93 v. H., bei 220 Volt von 89 v. H. Für Werkstätten mit Niederspannungsverteilung wird ihr Wert dadurch etwas beeinträchtigt; ist z. B. ein Dreileiternetz von 2×220 Volt zu versorgen, so hat man die Wahl, entweder unter Reihenschaltung zweier Gleichrichter ganz ohne Maschinen auszukommen, oder durch Verwendung eines 440 Volt-Gleichrichters mit Spannungsteilermaschinen einen hohen Wirkungsgrad zu erzielen, vermag aber nicht beide Vorzüge zusammen zu verwirklichen.

Die Bemühungen des VDE (Verbandes Deutscher Elektrotechniker) um die Festsetzung von Normspannungen sind letzthin zum Abschluß gelangt; die angenommenen Werte sind durch ein Blatt der D. J. Normen (Deutschen Industrienormen) veröffentlicht worden.

Die vom VDE herausgegebenen „Vorschriften für die Errichtung und den Betrieb elektrischer Starkstromanlagen" sehen als häufigsten Gefahrfall bei Eltanlagen die Einschaltung des menschlichen Körpers zwischen eine der Leitungen und die Erde an. Hiervon ausgehend bezeichnen sie als Niederspannungsanlagen solche Starkstromanlagen, bei denen die „Effektivspannung" zwischen irgend einer Leitung und Erde 250 Volt nicht überschreiten kann; alle übrigen gelten als Hochspannungsanlagen und müssen wesentlich schärferen und nur mit größeren Kosten und Umständlichkeiten erfüllbaren Bedingungen genügen. Dem erwähnten Werte, der für die Punkte mit der größten vorkommenden Spannung gilt, entspricht eine Betriebsspannung von 220 Volt an den Verbrauchsstellen, da von den 250 Volt noch der üblicherweise zugelassene Spannungsabfall von 12 v. H. zwischen Speisepunkten und entferntesten Verbrauchern abzuziehen ist. Somit erstreckt sich die Niederspannung bei Gleichstrom- und Einphasenwechselstromnetzen mit geerdetem Mittelleiter bis 2×220 Volt entsprechend 440 Volt zwischen den Außenleitern, bei Drehstromnetzen mit geerdetem Nulleiter bis $220 \times \sqrt{3}$ Volt = 380 Volt zwischen den Phasenleitungen.

Es sei jedoch ausdrücklich betont, daß die Niederspannungsvorschriften bei diesen Spannungen nur dann anwendbar sind, wenn die Nulleiter und die Gehäuse der Treiber, Schaltkästen usw. zuverlässige Erdung erhalten. Auch darf der Niederspannungsbereich keineswegs als unter allen Verhältnissen ungefährlich angesehen werden. Unglückliche Umstände haben schon bei ganz unbedeutenden Spannungen tödliche Unfälle zustande kommen lassen, weshalb auch bei Niederspannung Vorsicht bei der Anlage und im Betriebe dringend geboten ist.

Für Kraftverteilungsnetze wählt man am zweckmäßigsten die erwähnten höchstzulässigen Werte des Niederspannungsbereiches, die sich für die große Mehrzahl aller Antriebe technisch und wirtschaftlich gut eignen. Nur ganz große Maschineneinheiten werden wie gesagt vorteilhaft mit Hochspannung betrieben; besonders kleine Maschinen hingegen schließt man besser an wesentlich geringere Spannungen an, weil dabei die Unterbringung und Isolierung der Wicklungen wegen der kleineren Windungszahlen leichter wird. Bei tragbaren Maschinen (Handbohrmaschinen usw.) spricht hierfür noch der weitere Grund, daß die Arbeiter wegen der Verletzbarkeit der empfindlichen Anschlußschnüre mehr gefährdet sind als bei fest aufgestellten Antrieben. Da für vereinzelt vorkommende Kleinmaschinen nicht gut ein zweites Kraftverteilungsnetz eingerichtet werden kann, wird sich häufig ihr Anschluß an ein mit mäßiger Spannung arbeitendes Lichtnetz empfehlen.

Die Lichtverteilungsnetze sind von den Kraftverteilungsnetzen tunlichst zu trennen. Durchaus notwendig ist dies, wenn Kraftverbraucher mit stark wechselnder Belastung vorhanden sind, oder wenn große Leitungslängen in Frage kommen. Es wird dann erstens die Lichtversorgung von den im Kraftnetz schwer vermeidbaren Spannungsschwankungen und gelegentlichen Betriebsunterbrechungen freigehalten; zweitens spart man an Anlagekosten, weil ein gemeinsames Netz für Kraft und Licht durchweg unter Zugrundelegung der geringen für Glühlampen zulässigen Spannungsschwankung von ± 5 v. H. zu bemessen wäre, während bei Trennung des Kraft- und Lichtnetzes in ersterem gut doppelt so große Spannungsabfälle zugelassen und daher viel schwächere Leitungen gewählt werden können. Bei Grobbetrieben, in denen ausschließlich fest eingebaute größere Lampen vorkommen, steht nichts im Wege, mit der Lichtnetzspannung wieder bis an die zulässigen Höchstwerte des Niederspannungsbereiches heranzugehen und die Lampen zwischen Außenleiter und Erde mit 220 Volt brennen zu lassen. Wenn Kraft- und Lichtnetz völlig getrennt werden, kann man die Lichtspannung auch niedriger wählen als die Kraftspannung. Dies empfiehlt sich namentlich, wenn an die Lichtleitungen Handlampen und sonstige bewegliche Stromverbraucher angeschlossen werden, vor allem in feuchten Räumen. Man beschränkt dann die Gebrauchsspannung der Lampen zweckmäßig auf die Größenordnung von etwas über 100 Volt zwischen Außenleitern und Erde und wählt dementsprechend Gleichstrom-Lichtnetze von 2×110 Volt $= 220$ Volt mit geerdetem Mittelleiter und Drehstrom-Lichtnetze von $127 \times \sqrt{3}$ Volt $= 220$ Volt mit geerdetem Nulleiter. Steckanschlüsse für kleine tragbare Bearbeitungsmaschinen lassen sich dann, wie schon gesagt, mit von diesem Lichtnetz abzweigen, wobei allerdings gelegentliche Störungen infolge unachtsamer Handhabung in Kauf genommen werden müssen. Diese Beschränkung der Lichtspannung erhöht natürlich die Leitungskosten, doch macht das beim Lichtnetz nicht so viel aus wie beim Kraftnetz mit seinem in der Regel mehrfach größeren Energiebedarf, und man erhält dafür verschiedene Vorteile. Erstens wird die Unfallgefahr bei den beweglich angeschlossenen Lampen usw. mit ihren leicht zu beschädigenden Zuleitungen vermindert. Zweitens stellt sich der Eltverbrauch schwächerer Lampen für Einzelbeleuchtung in der Größenordnung von 120 Volt niedriger als bei 220 Volt. Drittens wird die Verwendung niedrigkerziger Lampen von hinreichend langer Lebensdauer überhaupt erst durch die Herabsetzung der Spannung auf etwa 120 Volt ermöglicht.

Manche Werke haben für ihr Lichtnetz Spannungen genommen, die von denen der nächstgelegenen Ortschaften um mindestens 12 v. H. abweichen, um unberechtigte Verwendung ihrer Lampen in Wohnungen usw. unmöglich zu machen; dies Verfahren verträgt sich jedoch schlecht mit der dringend erwünschten Vereinheitlichung der Spannungen, und man darf wohl annehmen, daß größeren Entwendungen in geordneten Betrieben auf andere Weise vorgebeugt werden kann.

Umbau bestehender Netze auf höhere Spannung. Die Netze älterer Werke von geringer Ausdehnung haben häufig sehr niedrige Verteilungsspannungen, vielfach nur 110 Volt. Bei Erweiterungen erhebt sich dann die Frage, ob die niedrige Spannung beibehalten oder auf höhere Spannung übergegangen werden soll. Im ersteren Falle bleibt der alte Teil der Anlage mit Leitungen, Treibern und Schaltgeräten unberührt, doch entstehen dafür bedeutende Mehrausgaben für die Leitungen in den neuen Werkteilen. Bei Wahl höherer Spannung nur für die Erweiterungen unter Belassung der vorhandenen Anlagen hat man den Nachteil des Nebeneinanderbestehens mehrerer Spannungen; die erforderlichen Rückhalt- und Vorratsbestände an Elttreibern, Schaltgeräten, Lampen usw. werden größer und es entstehen leicht Störungen und Schäden durch Verwechslungen. Für entwicklungsfähige Werke empfiehlt es sich daher, veraltete Spannungen nicht dauernd mitzuschleppen, sondern die Einrichtungen bei geeigneter Gelegenheit auf einheitlicher Grundlage umzugestalten.

Die Kosten für Umwicklung alter Elttreiber auf höhere Spannung stellen sich je nach den Umständen auf etwa 15—30 v. H. des Neuwertes, wenn die Arbeit durch Instandsetzwerkstätten vorgenommen wird; Großunternehmungen pflegen mehr zu berechnen, weil ihnen derartige aus dem Rahmen der Massenerzeugung herausfallende Aufträge Unbequemlichkeiten verursachen. Weiter müssen die Sicherungen, Selbstschalterspulen und Stromzeiger wegen der verschobenen Spannungs- und Stromstärkenverhältnisse abgeändert werden. Mitunter werden auch veraltete nicht genügend betriebssichere Schaltgeräte und Schalttafeln zu ersetzen sein. Dagegen sind Änderungen am Leitungsnetz in der Regel nicht erforderlich, da die Kabel, sofern sie überhaupt in betriebstüchtigem Zustand waren, jede beliebige Spannung innerhalb des Niederspannungsbereiches aushalten müssen. Da die Strombelastbarkeit der Kabel von der Spannung unabhängig ist, vermag ein vorhandenes Leitungsnetz eine dem Grad der Spannungserhöhung entsprechend gesteigerte Leistung zu übertragen.

Ausführung von Eltanlagen. Um hinreichende Betriebs- und Unfallsicherheit zu erzielen, ist peinliche Einhaltung der „Vorschriften für Errichtung und Betrieb von Starkstromanlagen und Bahnen" des VDE erforderlich.

Für die Bemessung von Eltanlagen ist es wichtig zu wissen, daß die Eltindustrie mit schärfster Ausnutzung der Baustoffe arbeitet; ihre Erzeugnisse leisten in der Regel genau das, wofür sie ausgegeben werden, und nichts mehr. Will man Sicherheiten haben, so soll man sie selbst in die Bestellung hineinlegen und sich nicht darauf verlassen, daß sie in den Leistungsangaben des Lieferers enthalten sein werden. Sorgfältige Beachtung verlangen die durch Klima und Aufstellungsort bedingten Wärmeverhältnisse; die Belastbarkeit von Eltmaschinen ist in erster Linie durch die Annäherung an den Wärmegrad begrenzt, oberhalb dessen die Verkohlung der Isolation beginnt, und dieser Wärmegrad wird in heißen Räumen bei geringerer Belastung erreicht als in kühlen. Für aussetzenden Betrieb angegebene Leistungen (Stundenleistungen) dürfen den Treibern nicht im Dauerbetrieb zugemutet werden. Sogenannte Halblastanlasser, die für kurze Zeitdauer und geringe Stromaufnahme, wie etwa bei Ingangsetzung der geringen Masse eines Lüfterrades oder dgl. genügen, verschmoren beim Anlassen einer Maschine mit größeren Hemmungen, wie z. B. einer unter Druck stehenden Kolbenpumpe.

Im Freien oder bei starker Verschmutzung sind geschlossene Treiber zu wählen. Offene Treiber eignen sich nur für Betriebsräume und sehr saubere Werkstätten. In der Mehrzahl der Fälle sind gelüftet-gekapselte Treiber (hierfür werden auch die Bezeichnungen „geschützte Bauart" oder „Durchzugsbauart" gebraucht) das richtige. Ebenso sind in vielen Fällen statt

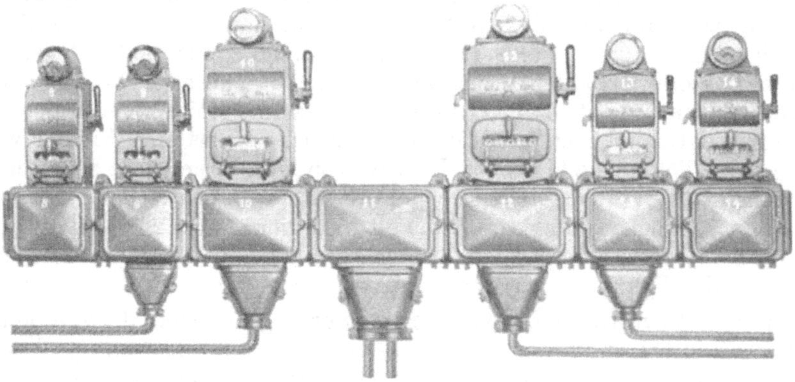

Abb. 102. Verteilungsschaltanlage aus eisengekapselten Schaltkästen zusammengebaut, Ausführung von Voigt & Haeffner, A. G., Frankfurt a. M.

offener Schalttafeln gekapselte Schaltkästen zu empfehlen. Ähnlich wie die Schaltkästen für einzelne Elttreiber werden neuerdings auch aus Kästen zusammenstellbare Verteilungsanlagen in gekapselter Ausführung geliefert. Abb. 102 zeigt eine derartig ausgebildete Verteilungsstelle und läßt den geringen Platzbedarf in der Tiefenrichtung erkennen; zu beachten ist dabei, daß der Raum hinter den Kästen nicht zugänglich zu sein braucht, und daß vorne keine weitere Abkleidung erforderlich ist. Auch gegen die bei offenen Sicherungstafeln vorkommenden lästigen Diebstähle von Sicherungsstöpseln während der Arbeitspausen bieten geschlossene Kästen, zu denen nur das Betriebspersonal Schlüssel erhält, einen gewissen Schutz. Aus kurzsichtiger Sparsamkeit werden häufig offene Treiber und Marmorschalttafeln gewählt, wo sie nicht am Platze sind. Nach einiger Zeit, wenn durch Nässe, Staub, Drehspäne oder daraufgefallene Teile Schäden entstanden sind, oder wenn die Brand- und Unfallgefährlichkeit der offenen Schalter zutage getreten ist, umbaut man sie dann mit Blechabdeckungen, Schutzhäuschen usw., die sehr unschön aussehen, viel Platz fortnehmen und oft weit mehr Kosten verursachen, als durch die Bevorzugung offener Bauart vorläufig gespart wurde. Zudem kann durch unsachmäßig ausgeführte Verkleidungen an Treibern der beim Entwurf angestrebte Luftumlauf unterbunden und ein Verkohlen der Wicklungen verursacht werden.

Müssen Eltanlagen in feuchten Räumen eingebaut werden, so ist bei der Bestellung besonders darauf hinzuweisen, damit geeignete Bauarten und schützende Isolierungen Verwendung finden. Das gleiche gilt für Räume, die mit Säuredämpfen erfüllt sind; richtiger ist es jedoch, den Antrieb in solchen Fällen von Nebenräumen aus erfolgen zu lassen, da sonst leicht Betriebsstörungen infolge von Zerfressungen vorkommen. Auch feuer- und explosionsgefährliche Räume erfordern besondere Vorkehrungen, um Zündungen durch Schalter- und Kollektorfunken, schmelzende Sicherungen, platzende Glühlampen usw. vorzubeugen, wofür die Vorschriften des VDE Sonderbestimmungen enthalten. Notwendig ist u. a. Verwendung explosionssicher gekapselter Treiber und Einrichtungsteile. Am wirksamsten schützt man sich durch gänzliche Freihaltung der betreffenden Räume von Elteinrichtungen, z. B. indem man die Lampen außerhalb gut abgedichteter Fenster anbringt.

Über die Leitungsführung für Lampenstromkreise ist einiges in Abschnitt ,,Beleuchtung" gesagt, für Kraftzwecke in Abschnitt ,,Kraftantrieb". Bei Überfluranordnung verlegt man mitunter die hoch liegenden Verteilungsleitungen an Wänden oder Decken aus Ersparnisgründen blank und nimmt nur für die Abzweigleitungen nach den einzelnen Verbrauchsstellen Gummiadern in Rohren. Häufiger wird aber auch für erstere Rohrverlegung gewählt. Für Unterfluranordnungen sind nur Kabel mit Bleimantel zu empfehlen, die allerdings an sich wesentlich teurer sind und auch beträchtliche Mehrkosten für die Abzweigungen verursachen; Gummiaderleitungen in Stahlpanzerrohren, die man auch hier und da verwendet hat, sind zwar gegen mechanische Beschädigungen genügend geschützt, aber nicht gegen etwa eindringendes Wasser oder Öl. Verlegung der Kabel in offenen Kanälen, die mit Riffelblech oder Hartholz abgedeckt werden, ermöglicht rasche Ausfindigmachung und Ausbesserung von Fehlern. Kurze Abzweigleitungen nach den einzelnen Treibern kann man durch Eisenrohre unterhalb des Holzpflasters führen. In Eltsammlerräumen werden blanke Leitungen mit säurefestem Anstrich verwandt.

Außerhalb der Gebäude verlegt man auf Werkgeländen mit regem Verkehr vorzugsweise Kabel; durch Freileitungen ist in solchen Fällen nicht viel zu sparen, weil dieselben hoch angebracht und großenteils mit Schutznetzen unterspannt werden müßten, um Störungen des Bahn- und Kranverkehrs und Unfälle zu vermeiden. Im Erdboden ruhende Kabel sollen in leichten Wellenlinien verlegt werden, weil sie sonst bei Bodensenkungen zerreißen können. Oben sind sie durch Ziegel oder Kabelschutzeisen zu überdecken, damit sie bei Erdarbeiten sofort bemerkt und nicht durch Hackenhiebe beschädigt werden. Bei größerer Anzahl von Kabeln empfehlen sich gemauerte Kabelkanäle, um das Aufsuchen von Fehlerstellen und das Einziehen neuer Kabel zu beschleunigen. Verlegungsarbeiten bei Frost sind unzulässig, weil die Isolierung in hartem Zustand Biegungen nicht verträgt.

Für Schleifleitungen von Laufkranen ist in dem Abschnitt ,,Unfallverhütung" ein Hinweis gegeben. Bei Bockkranen für Ladearbeiten an Kaiflächen und dgl. verursacht die Unterbringung der Schleifleitungen oft Schwierigkeiten, da sie bei oberirdischer Anordnung leicht das Arbeiten hindern, bei unterirdischer Anordnung hingegen sehr teuer werden und starker Verschmutzung und Kurzschlüssen ausgesetzt sind. Man hat deshalb an ihrer Statt mitunter Schleppkabel angewandt. Diese haben jedoch den großen Mangel, daß sie sehr oft durch Unachtsamkeit abgefahren oder abgerissen werden, wodurch viele Störungen wie auch hohe Instandhaltungs- und Erneuerungskosten entstehen. Dem läßt sich bis zu einem gewissen Grade durch selbsttätige Aufwickelvorrichtungen entgegenwirken; hierbei können Spanngewichte oder auch kleine Elttreiber verwandt werden, die unter Strom stehen, solange der Treiber des Fahrwerkes eingeschaltet ist, und auf die Kabeltrommel ständig ein Drehmoment ausüben, welches das Kabel gespannt hält. Immerhin dürften im allgemeinen die Mängel der oberirdischen Schleifleitungen die erträglichsten sein.

Zur selbsttätigen Abschaltung durch Überlastungen gefährdeter Verbraucher und Leitungen werden bei Licht- und kleineren Kraftabzweigen Sicherungen verwandt. Selbstschalter sind in der Anschaffung erheblich teurer; sie verlohnen sich jedoch für stärkere Elttreiber und Kraftleitungen, namentlich bei Vorkommen häufiger Belastungsstöße unbedingt, weil die Erneuerung von Sicherungen für hohe Stromstärken ebenso kostspielig wie zeitraubend ist. Die Auslösestromstärken und Auslösezeiten von Sicherungen und Selbstschaltern müssen so abgestuft werden, daß sie bei Überlastungen in der Reihenfolge Verbraucher — Unterverteilung — Hauptverteilung — Kraftwerk mit gewissen Zeitabständen ansprechen, damit sich Betriebsunterbrechungen auf möglichst kleine Bezirke beschränken. Dies ist nur erreichbar, wenn sämtliche Leitungen und Schaltgeräte vom Kraftwerk bis zum einzelnen Verbraucher nach einheitlichen Gesichtspunkten durchgearbeitet und richtig aufeinander abgestimmt sind.

Bei Versagen der Netzspannung bleiben die Elttreiber stehen. Kehrt die Spannung zurück, so erhalten sie, wenn die Anlasser nicht ausgeschaltet wurden, heftige Stromstöße. Um dies zu verhüten, werden Spannungsrückgangsauslöser verwandt. Dieselben können einmal an den Schaltern der Unterverteilungen angeordnet werden; dann hat sich der Eltwärter vor dem Wiedereinlegen der Schalter zu vergewissern, daß alle Anlasser an den Treibern ausgeschaltet sind, wodurch sich der Zeitverlust bei Betriebsstörungen natürlich vergrößert. Weiter ist es möglich, sie an den Schaltkästen der einzelnen Treiber anzubringen; dann ist die Ausschaltung der Anlasser Sache der Aufmerksamkeit der einzelnen Arbeiter. Das beste ist Spannungsrückgangsauslösung in den Anlassern selbst, die sich dann bei Wegbleiben der Spannung selbsttätig ausschalten.

Beim Entwurf der Umspanner- und Umformerräume wie auch aller Verteilungsschaltanlagen hat man genügende Erweiterungsfähigkeit sicher zu stellen. Unter Umspannern und Ölschaltern sind Abflüsse vorzusehen, durch welche verschüttetes oder bei Explosionen ausgetretenes Öl nach unterhalb des Fußbodens liegenden Auffangbehältern abfließen kann. Die bauliche Ausgestaltung der Räume muß rasche Auswechslung der Umspanner und Ölschalter im Beschädigungsfalle gestatten; zweckmäßig verwendet man im ganzen Werke nur einige wenige Sorten, um nicht zu viel Rückhalt zu benötigen.

Um die Betriebsverhältnisse und den Energiebedarf des ganzen Werkes und seiner Teile bis herab zur einzelnen Bearbeitungsmaschine überwachen zu können, wie auch für die Vornahme von Leistungsversuchen und für sonstige Zwecke ist die Möglichkeit jederzeitigen Anschlusses von Meßgeräten sehr erwünscht. Es empfiehlt sich, in erster Linie im Kraftwerk, unter Umständen auch in den Haupt- und Unterverteilungen für Hochspannung und Niederspannung ausreichend große Meßwandler und bequeme Anschlußstellen vorzusehen, welche die gleichzeitige Einschaltung eines Leistungsschreibers und eines Stromschreibers in jedem beliebigen Abzweig gestatten. In Drehstromnetzen benötigt man häufig beide Meßgeräte nebeneinander, weil ersteres nur den Leistungsverbrauch mißt, letzteres nur den für die Erwärmung wesentlichen Strombelastungszustand der Kabel und Leistungswandler.

Die Planung technisch und wirtschaftlich einwandfreier und allen Erfordernissen angepaßter Eltanlagen setzt gründliche und vielseitige Sonderkenntnisse voraus. Kleinere Werke, denen eigene Ingenieure mit solchen Kenntnissen nicht zur Verfügung stehen, tun deshalb gut daran, sich die Erfahrungen beratender Ingenieure oder von Planungsbüros der großen Eltbauunternehmungen zunutze zu machen.

Gasversorgung.

(Siehe hierzu Quellennachweis 317.)

Allgemeine Gasversorgung. Gasbeleuchtung hat für Werkanlagen nur noch geringe Bedeutung und soll deshalb unerörtert bleiben. Raumheizung mit Gas wurde in Abschnitt „Lüftung und Heizung" kurz erwähnt. Über Gaskraftmaschinen enthält der später folgende Abschnitt „Krafterzeugung und Energiewirtschaft" einige Bemerkungen.

Für viele technische Zwecke ist das Vorhandensein von Gas als Erhitzungsmittel entweder unbedingt erforderlich, oder doch sehr erwünscht. Die Vorzüge der Gasfeuerungen bestehen gegenüber den Feuerungen mit festem und flüssigem Brennstoff in dem geringen Raumbedarf, der guten Einbaumöglichkeit, der einfachen Bedienung, dem schnellen An- und Abstellen, dem bequemen Einhalten gleichbleibenden Wärmegrades und der Sauberkeit, gegenüber der Verwendung von Elt in der Erreichbarkeit höherer Wärmegrade und in den niedrigeren Betriebskosten. Als Bedarfsstellen für Heizgasversorgung sind namentlich anzuführen Gießereien (Trockenkammern für hohe Erhitzung, Schmelztiegel, Temperöfen), Schmieden (Schmiedeöfen), Kupferschmieden (Rohrbiegen), Klempnereien und Eltbauwerkstätten (Verzinnen, Löten), Maschinenbauwerkstätten (Schrumpfarbeiten), Werkzeugmachereien und Härtereien (Schmiede-, Glüh- und Anlaßöfen), Emaillieranlagen und Lackierereien (Trockenöfen), ferner mancherlei Betriebe in der Faserstoffindustrie.

Als Gasarten kommen in Betracht Leuchtgas, Koksofengas, Wassergas und Generatorgas. Die Heizwerte der verschiedenen Gase weichen stark voneinander ab. 1 m³ Leuchtgas enthielt früher, als man noch ausschließlich Steinkohlengas dafür verwandte, etwa 5000 WE; heute hat sich diese Ziffer infolge der starken Beimischung von Wassergas, die aus Streckungs- und Ersparnisgründen vorgenommen wird, auf etwa 3500—4000 WE vermindert. Koksofengas liefert 4500 WE je Kubikmeter. Bei Wassergas kann man mit etwa 2500 WE, bei Generatorgas mit 1200—1400 WE rechnen. Zur Verbrennung von 1 m³ Gas sind dementsprechend verschiedene Luftmengen erforderlich, nämlich bei Leuchtgas 4—5 m³, bei Koksofengas 5 m³, bei Wassergas etwa 3 m³, bei Generatorgas $1-1^1/_2$ m³. Unter sonst gleichen Bedingungen sind die in den Öfen und Brennern erzielbaren Wärmegrade um so höher, je mehr Wärmeeinheiten in einer bestimmten Zeitspanne durch die Verbrennung frei gemacht werden, also je größer der Heizwert und der Zuleitungsdruck des Gases ist. Immerhin lassen sich auch noch beim Generatorgas mit seinem niedrigen Heizwert durch entsprechende Ausbildung der Verbrennungsstellen ziemlich beträchtliche Wärmegrade (1600° und mehr) erreichen, z. B. durch Anwendung von Öfen mit Luftvorwärmung (Rekuperatoren oder Regeneratoren), wobei die Abwärme zur Erhitzung der Verbrennungsluft und unter Umständen auch des Gases benutzt wird; ohne derartige Maßnahmen sind die mit armen Gasen erzielbaren Wärmegrade nicht für alle Zwecke genügend, beispielsweise nicht für das Härten von Schnellstählen.

Leuchtgas wird von den Gaswerken oft für technische Verwendung billiger abgegeben als für Beleuchtungszwecke, weil das Hinzukommen des gewerblichen Verbrauches die Gleichmäßigkeit der Entnahme im Tages- und Jahresverlauf erhöht und dadurch die Ausnutzung und Wirtschaftlichkeit der Erzeugungsanlagen günstig beeinflußt; trotzdem wird Leuchtgasbezug, wenn es sich nicht etwa um ganz geringe Mengen handelt, in der Regel zu teuer kommen. Koksofengas steht im Bereich von Berg- und Hüttenwerken als Abfallerzeugnis zur Verfügung und wird als solches meist erheblich billiger zu beziehen sein. Für Selbsterzeugungsanlagen kommen Wassergas und Generatorgas in Frage. Wassergasanlagen müssen gewählt werden, wenn es sich um die Erreichung besonders hoher Wärmegrade handelt; im übrigen werden Generatorgasanlagen bevorzugt, weil die Einrichtungen einfacher und leichter zu bedienen sind und der Betrieb billiger wird. Generatorgasanlagen werden neuerdings für stündliche Ausbringungen von 3000 m^3 bis hinab auf 20 m^3 Gas je Generatoreinheit gebaut; Abb. 105a und b zeigen zwei außerordentlich gedrängt angeordnete Anlagen für ganz geringe Ausbringung, die mit Anthrazit, Koks oder Holz-

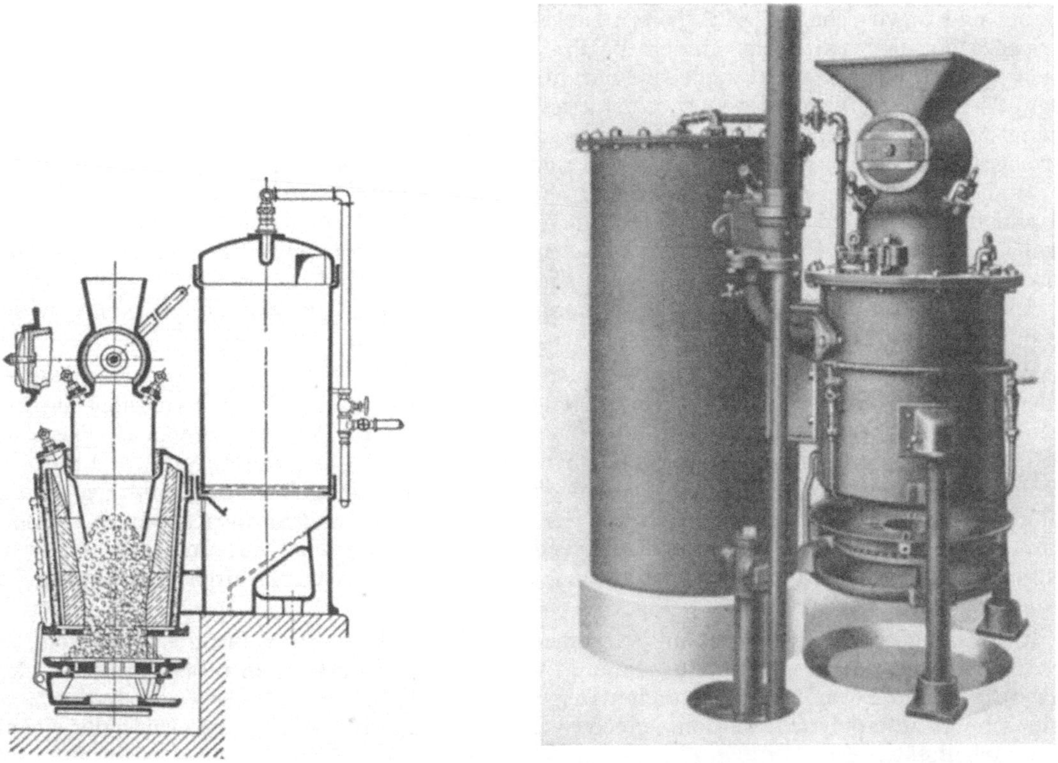

Abb. 105a—b. Schnitt und Ansicht kleiner Generatorgasanlagen, Ausführungen der Motorenfabrik Deutz A. G.

kohle beschickt werden können und sich für kleine Betriebe eignen. Größere Anlagen bestehen gewöhnlich aus Gaserzeuger mit Drehrost, Staubabscheider, Naßreiniger, Trockenreiniger und Gassauger mit Druckregler, der den Druck auf gleichbleibender Höhe hält und die Gaserzeugungsmenge der jeweiligen Entnahme anpaßt. Sie werden außer für die schon genannten Brennstoffe auch noch für Steinkohle, Braunkohlenbriketts, Rohbraunkohle, Torf und Holz gebaut. Wo kleine Brenner zu speisen sind oder wo die Verbrennung frei in Arbeitsräumen vor sich geht, ist auf weitgehende Reinigung Wert zu legen, im letzteren Falle namentlich auch auf Entschwefelung.

Die Verbrennungseinrichtungen sind dem Verwendungszweck und der Gasart entsprechend zu wählen. Bei großen Öfen geschieht die Verbrennung gewöhnlich in eingebauten Verbrennungskammern. Bei kleineren Öfen wie auch bei Vorrichtungen zum Löten, Glühen, Trocknen werden besondere Brenner angeordnet. Die Ausbildung der Brenner muß sich nach der Beschaffenheit und dem Druck des Gases und der Art der Luftzuführung richten. Bei Wassergas leitet man den Brennern in der Regel durch Düsen im Inneren Preßluft zu, welche das Ausströmen des Gases durch eine kräftige Saugwirkung unterstützt, somit eine erhöhte Gasmenge der Verbrennung zuführt, und durch die starke Vermischung des Gases mit Luftteilchen die Lebhaftigkeit der Verbrennung steigert. Für Leuchtgas hat vielfach das Selasverfahren der Selas-A.G., Berlin,

Anwendung gefunden. Bei diesem wird in die Hauptgaszuleitung des Werkes eine kleine Verdichteranlage eingebaut, welche einen Teil der benötigten Verbrennungsluft, etwa $1^1/_2$ Raumteile Luft auf 1 Raumteil Gas, ansaugt und dem Gas beimischt, und das Gemisch alsdann auf Drucke bis zu 1400 mm Wassersäule verdichtet, während in städtischen Leuchtgasnetzen nur etwa 50 mm üblich sind. Explosionsgefahr liegt bei dieser geringen Luftzumischung noch nicht vor. Durch die innige Vermengung der Gas- und Luftteilchen und die kräftige Ansaugung der weiteren zur Verbrennung erforderlichen vier Raumteile Luft in den Brennern erhält man sehr günstige Verbrennungsverhältnisse; die infolge des hohen Druckes erreichbare große Austrittsgeschwindigkeit ermöglicht starke Erhitzungen. Bei ärmeren Gasen ist Luftbeimischung innerhalb des Leitungsnetzes nicht erforderlich und auch wegen Explosionsgefahr nicht zulässig; dagegen nimmt man auch hier mitunter eine Druckerhöhung in bestimmten Verbrauchsbezirken mit Hilfe von Maschinen vor, namentlich wenn Betriebsgas für Sauggasmaschinen und Heizgas einer gemeinsamen Generatoranlage entnommen werden sollen. Die Brenner mit Preßluftzufuhr haben den Selasbrennern gegenüber den Nachteil, daß Gas und Luft getrennt eingeregelt werden müssen, wobei oft nicht das richtige Mischungsverhältnis erzielt wird, was ungenügende Heizwirkung und unwirtschaftliches Arbeiten zur Folge hat. Bei Schätzung der voraussichtlichen Betriebskosten darf man nicht einfach die Preise der bezogenen oder selbst erzeugten Wärmeeinheit vergleichen; es kommt auch sehr darauf an, wieviel Wärmeeinheiten für eine bestimmte Aufgabe verbraucht werden, was u. a. stark von der Art und dem Betriebsdruck des Gases abhängt. Z. B. werden die zum Werkzeugschmieden, Härten, Hartlöten usw. erforderlichen Wärmegrade bei heißen Flammen wesentlich schneller erreicht als bei kälteren Flammen, so daß die Brenner nur kürzere Zeit angestellt zu sein brauchen; dadurch wird Gas gespart und oft auch ein schnelleres Arbeiten ermöglicht. Das dürfte auch die Erklärung dafür abgeben, daß nach Angabe verschiedener Betriebe durch Einführung des Selasverfahrens Gasersparnisse in der Größenordnung von 30 v. H. erzielt worden sind. Anwendung hohen Druckes ermöglicht auch ein Auskommen mit kleineren Rohrdurchmessern, weil dabei größere Druckabfälle in den Leitungen zugelassen werden können.

Wo mit der Möglichkeit von Explosionen zu rechnen ist, ordnet man an verschiedenen Stellen des Leitungsnetzes Sicherheitsvorrichtungen, z. B. Wasserverschlüsse, Explosionsklappen, Brechplatten (Sicherheitsmembranen) an, die bei Explosionen den auftretenden Überdruck unschädlich machen. Dies geschieht z. B. bei Anwendung des Selasverfahrens, weil dort bei zufälligem Versagen der Gaszufuhr in den vom Verdichter abgehenden Leitungen infolge unglücklicher Umstände explosionsfähiges Gemisch entstehen und zur Entzündung kommen kann. Mit den erwähnten Vorrichtungen verbindet man bisweilen Stromunterbrecher, deren Ansprechen die Abschaltung der Gaszufuhr, im erwähnten Beispiel durch Stillsetzung der Verdichteranlage, bewirkt.

Aufstellung von Gasmessern für jede einzelne Werkstatt ist dringend zu empfehlen, um Verschwendungen entgegentreten zu können. Wo es an Überwachung in dieser Hinsicht fehlt, bleiben Öfen und Lötbrenner oft stundenlang unbenutzt in Betrieb. Nasse Gasmesser müssen frostgeschützt untergebracht werden, jedoch wegen des Geruches möglichst außerhalb der eigentlichen Arbeitssäle.

Anlagen zum Schneidbrennen und Schweißen. Für das Schneidbrennen werden gewöhnlich kleine Karren mit Stahlflaschen für Wasserstoff und Sauerstoff verwandt, die sich bequem überall hinbefördern lassen und die Verlegung fester Gasleitungen unnötig machen. Kleinere Betriebe beziehen die Gase verteilhaft in den Stahlflaschen fertig; die sehr kostspieligen und viel Platz verbrauchenden Anlagen zur Selbstherstellung von Wasserstoff und Sauerstoff machen sich nur bei großem Bedarf bezahlt.

Für Schweißereien mit Azetylen-Sauerstoffbetrieb sieht man dagegen in der Regel eigene Erzeugungsanlagen für Azetylengas vor. Eine Einfüllung in Stahlflaschen mit hohem Druck kommt wegen Explosionsgefahr nicht in Betracht; doch hat man in den letzten Jahren eine Beförderungsmöglichkeit dadurch erreicht, daß man das Gas unter mäßigem Druck in Behälter mit verschluckungsfähigen (absorbierenden) Füllmassen preßt. Man ist infolgedessen in der Lage, Schweißungen nötigenfalls auch an solchen Stellen vorzunehmen, die für Leitungen schlecht erreichbar sind. Über die Frage, ob die Unfallgefahren bei ortsbeweglichen Behältern oder bei fest verlegten Leitungsnetzen größer sind, gehen die Meinungen auseinander. Azetylen-Erzeugungsanlagen benötigen wenig Platz, doch empfehlen sich reichliche Schutzabstände. Zur Bedienung ist meist nur ein — allerdings sehr gewissenhafter — Mann erforderlich. Selbstherstellung des Sauerstoffes wird sich wiederum nur unter sehr großen Verhältnissen lohnen.

Wasserversorgung und Entwässerung.

(Siehe hierzu Quellennachweis 1b, 1g, 1h, 1m.)

Berücksichtigung des Wasserbedarfes bei Anlage von Werken. Für jeden Werkbetrieb ist das Vorhandensein von Wasser in hinreichender Menge und Güte von großer Bedeutung und deshalb bei Wahl der Lage wesentlich mitbestimmend. Über die benötigten Wassermengen für verschiedene Zwecke gibt die „Hütte", Abschnitt „Wasserversorgung", Anhaltspunkte. Die Anforderungen an die Güteeigenschaften des Wassers wechseln mit dem Verwendungszweck. Für Trink- und Brauchwasser werden sie in der Regel ohne allzu große Umstände zu erfüllen sein. Erheblich höhere Ansprüche können sich aus den Betriebsbedürfnissen ergeben, so z. B. bei Färbereien; die hierdurch bedingten Schwierigkeiten und Kosten der Wasserreinigung werden mitunter so bedeutend, daß sie die Betriebsfähigkeit und Wirtschaftlichkeit eines Werkes an bestimmten Orten überhaupt in Frage stellen.

Trink- und Brauchwasser. Trinkwasser soll farb- und geruchlos sein und keine gesundheitsschädlichen anorganischen oder organischen Beimengungen enthalten. Ferner ist gleichmäßige Kühle zu jeder Jahreszeit erwünscht. Soweit es nur Genußzwecken dient, ist der Härtegrad belanglos, doch eignet sich hartes Wasser schlecht zu Reinigungszwecken. Brauchwasser, das nur für letztere, nicht auch zum Trinken bestimmt ist, braucht hinsichtlich Keimfreiheit weniger hohen Ansprüchen zu genügen.

Trinkwasserzapfstellen mit Ausgußbecken sind in Werkstätten mit Abständen von etwa 50—60 m anzuordnen, und zwar vorteilhaft nicht an Fensterwänden, sondern an Innenstützen in Nähe der Verkehrsgänge, damit die gut belichteten Flächen entlang den Fenstern möglichst vollständig für Arbeitszwecke ausnutzbar bleiben. Einige weitere Wasserzapfstellen zur Entnahme für Reinigungszwecke sieht man auf Fluren und Treppenabsätzen vor. In Büros erhält zweckmäßig von vornherein jeder Raum Waschgelegenheit. Aus gesundheitlichen Gründen empfehlen sich, wie schon früher erwähnt, hochangebrachte Spucknäpfe mit Abfluß und Wasserspülung, die mit Rücksicht auf die Leitungsführung in die Nähe der Zapfstellen zu legen sind. Arbeiterwaschräume benötigen Warmwasserversorgung, da sich Öl- und Metallschmutz mit kaltem Wasser schwer abwaschen lassen. Der geringeren Anlagekosten wegen werden häufig Waschrinnen ohne Einzelhähne verwandt, in denen das Wasser während der Umkleidezeiten dauernd fließt; dabei wird aber der Wasserverbrauch unnötig hoch, namentlich wenn die Wascheinrichtungen oft auch von einzelnen Leuten nach Überstundenarbeit benutzt werden. Einzelwaschbecken, die durch Umkippen oder mittels Schnellabflüssen rasch entleert werden können und mit Einzelhähnen versehen sind, verdienen aus Gesundheits- und Ersparnisgründen den Vorzug.

Als weitere Bedarfsstellen für Trink- und Brauchwasser seien erwähnt Speise- und Kaffeeküchen, Bäder, Abortanlagen, Spülstellen für Abwasserkanäle, Lichtpausereien, ferner Maschinen und Geräte mit Betriebs- oder Kühlwasserbedarf, wie beispielsweise Preßwasserpumpen, Luftverdichter, große Umspanner (Transformatoren) in Betriebsräumen, oder verschiedenartige Bearbeitungsmaschinen, Eltschweißmaschinen usw. in Werkstätten.

Zweckmäßige Anordnung und Zusammenfassung der Wasserentnahmestellen, ferner übereinstimmende Lage der Aborte und Waschplätze in den verschiedenen Stockwerken vereinfachen und verbilligen die Leitungsanlage für die Wasserversorgung wie auch für die Abwässerrohre.

Kesselspeisewasser. Für Kesselspeisewasser sind meist besondere Reinigungsmaßnahmen erforderlich, um die Ablagerung von Kesselstein und sonstigen Auscheidungen in den Kesseln nach Möglichkeit zu beschränken; Trinkwasser ist selten ohne weiteres verwendbar. In der Hauptsache handelt es sich um Unschädlichmachung der im Wasser gelösten kohlensauren, schwefelsauren und Chlor-Verbindungen von Kalzium und Magnesium, ferner um Enteisenung. Die Behandlung des Wassers erfolgt zweckmäßig nicht durch Einführung der Reinigungsmittel in die Kessel selbst, sondern in besonderen Reinigern mit Filtern. Da die Reinigung niemals ganz restlos erfolgt, vielmehr stets entweder Teile der schädlichen Beimengungen oder Überschüsse der zur Reinigung benutzten Stoffe in die Kessel gelangen, ist es namentlich bei schwierigen Reinigungsverhältnissen erwünscht, das aus dem Kesseldampf in den Kraft- und Heizanlagen entstandene Niederschlagswasser möglichst vollständig den Speisewasserbehältern wieder zuzuführen, um mit geringem Frischwasserzusatz auszukommen; damit wird zugleich einer Forderung der Wärmewirtschaft entsprochen. Natürlich ist die Beimessung der Speisewasserversorgung außer dem geringen laufenden Bedarf an Zusatzwasser auch die zum Auffüllen bei Inbetriebnahme erforderliche Wassermenge zu berücksichtigen.

Kühlwasser. Geringe Kühlwassermengen für Kühlung von kleineren Maschinen und einzelnen hochbeanspruchten Lagern können dem Wasserleitungsnetz entnommen werden; in anderen Fällen, so bei großen Luftverdichtern und bei Niederschlagsanlagen (Kondensationen) ist der Kühlwasserbedarf so erheblich, daß zur Entlastung der Wasserleitung Entnahme aus offenen Gewässern oder besonderen Brunnen, oft auch Anordnung von Rückkühlanlagen notwendig wird. Bei Rückkühlung ist der Wärmegrad des in die Maschinenanlage eintretenden Kühlwassers erheblich höher als bei Entnahme aus Flußläufen; namentlich wo Dampfturbinen mit Niederschlagsbetrieb arbeiten sollen, deren Luftleere und Leistung durch zu hohe Kühlwasserwärmegrade wesentlich beeinträchtigt werden, ist deshalb Lage in der Nähe von geeigneten Gewässern dringend erwünscht. Auch Seewasser eignet sich zu manchen Kühlzwecken, so bei Niederschlagsanlagen und Verbrennungskraftmaschinen; in Schiffs-Dieselmaschinen sind die Ablagerungen bei Sicherstellung mäßigen Austrittswärmegrades durchaus erträglich geblieben. Allerdings erfordert Seewasserkühlung große Vorsicht bei Wahl der Baustoffe, um Anfressungen infolge elektrolytischer Vorgänge zu verhindern; ein anscheinend wirksames, wenngleich umständliches Mittel zur Abhilfe ist das Verfahren von Cumberland, bei welchem durch Einführung von eltspannungsführenden Polplatten in das Wasser den sonst gefährdeten Teilen ein Spannungsgefälle gegenüber dem Wasser gegeben wird, das ihrer Zersetzung entgegenwirkt.

Brandwasser. Über Wasserbedarf für Feuerlöschzwecke sind einige Angaben in der „Hütte", Abschnitt „Wasserversorgung" zu finden. Ein paar weitere Hinweise enthält der Abschnitt „Brandschutz" dieses Buches. Auf besondere Güteeigenschaften des Wassers braucht bei Brandnetzen mit gewöhnlichen Brandhähnen kein Wert gelegt zu werden, abgesehen davon, daß es nicht aus besonders verunreinigten Gewässern entnommen werden soll, um nachteilige chemische Wirkungen und Ausbreitung von Krankheitserregern zu vermeiden. Dagegen benötigen Netze mit Löschbrausen ein von Beimengungen reines und eisenfreies Wasser.

Für Löschbrausenanlagen, die ihrer Kosten wegen nur in feuergefährlichen Betrieben Anwendung finden, also Verhältnisse zur Voraussetzung haben, wo es auf sofortige und unbedingt zuverlässige Löschwirkung ankommt, werden von den Feuerversicherungsgesellschaften zwei voneinander unabhängige Wasserzufuhren verlangt, von denen die eine unerschöpflich sein muß. Als erste Speisungsmöglichkeit kann man einen Hochbehälter wählen; als zweite unerschöpfliche Wasserzufuhr kommt eine hinreichend leistungsfähige Wasserleitung oder eine Pumpenanlage, die aus auch bei Trockenheit und Frost nicht versiegenden Brunnen oder Gewässern saugt, in Frage. Der Hochbehälter sichert dabei hauptsächlich sofortige Wirkungsbereitschaft, die Wasserleitung oder Pumpenanlage genügende Nachhaltigkeit bei längerer Branddauer. Die Zuleitungen von beiden Wasserquellen sollen dauernd mit den Entnahmeleitungen in Verbindung stehen, jedoch über Rückschlagklappen, damit einerseits zu Zeiten überwiegenden Druckes in der unerschöpflichen Wasserleitung der Behältervorrat geschont wird, andererseits eine unbeabsichtigte Entleerung des Behälters ausgeschlossen bleibt, wenn die andere Zuleitung nicht unter Druck steht.

Auch für gewöhnliche Brandnetze ist doppelte Versorgungsmöglichkeit, wenn nicht ausdrücklich vorgeschrieben, so doch stets von großem Wert. Jede einzelne Brandwasserleitung soll möglichst von zwei verschiedenen Punkten aus gespeist werden können. Die Leitungsteile, an welchen die Brandhähne liegen, müssen mindestens 100 mm lichte Weite erhalten und sind als Ringleitung auszubilden, so daß die Brandhähne bei Abschaltung instandsetzungsbedürftiger Rohrstränge stets noch von einer Seite Wasser bekommen. Schieber sind in solcher Zahl einzubauen, daß bei Absperrung eines beliebigen Leitungsteiles nicht mehr als ein Brandpfosten ausfällt. Die Abzweige zur Speisung der innerhalb von Gebäuden befindlichen Brandhähne usw. müssen Schieberabschlüsse im Freien erhalten, damit nicht nach Verlassen geöffneter Brandhähne im Verqualmungsfalle oder bei etwaiger Zerstörung von Leitungen im Gebäudeinnern größere Wassermengen entweichen und der Druck absinkt.

Ausgestaltung der Wasserversorgung. Die Druckhöhe in städtischen Wasserleitungsnetzen beträgt gewöhnlich etwa 20—25 m über Straßenoberfläche. In Werken mit vielgeschossigen Gebäuden reicht das für die Versorgung der Wasserzapfstellen und Aborte und namentlich auch für die Brandhähne in den obersten Geschossen nicht aus. Letztere benötigen zum wirksamen Betrieb noch etwa 10 m Druckhöhe über dem Fußboden, entsprechend etwa 5 m Druckhöhe über den höchsten anzuspritzenden Stellen. In solchen Fällen ist daher die Anlage von Hochbehältern erforderlich, die zur Ersparung besonderer Wassertürme mit ohnedies notwendigen hohen Aufbauten verbunden werden können. In Frage kommt namentlich Anordnung ringförmiger Behälter an Schornsteinen, wobei die Erwärmung durch die Rauchgase der Gefahr des Einfrierens entgegenwirkt, ferner Aufstellung kastenförmiger Behälter in heizbaren Turmräumen über Aufzugs-Treppenhäusern, wobei für die hoch anzuordnenden Maschinen oder

Seilrollen der Aufzüge Platz ausgespart werden muß (Abb. 31). Bei hügeligem Gelände wird Anlage von Hochbehältern auf geeigneten Bodenerhebungen vorteilhaft sein.

Zweckmäßig ist die Unterteilung der Behälter, damit stets einer betriebsfähig bleibt, wenn der andere gereinigt oder ausgebessert wird. In jedem Behälter wird die Öffnung zur Brandentnahme im Boden angeordnet, die Öffnung zur Gebrauchsentnahme in einer gewissen Höhe darüber, so daß das stete Vorhandensein der als Brandrückhalt bestimmten Mindestwassermenge gesichert ist. Bei getrennten Brand- und Gebrauchsrohrnetzen liegt ersteres ständig am Brandentnahmeabfluß, letzteres am Gebrauchsentnahmeabfluß; bei gemeinsamem Rohrnetz für Brand- und Gebrauchszwecke ist das Netz für gewöhnlich nur mit dem Gebrauchsabfluß verbunden und erhält erst im Brandfalle nach Öffnung eines Schiebers auch Wasser aus dem Brandausfluß. Die letztere Anordnung verbilligt das Rohrnetz; Anlage getrennter Brand- und Gebrauchsrohrnetze bietet aber größere Sicherheit für den Brandfall und erlaubt auch erforderlichenfalls die Speisung des Brandnetzes mit minderwertigem Wasser ohne gesundheitliche Gefahren.

Die Füllung der Hochbehälter erfolgt je nach den Umständen durch Pumpwerke mit ständiger Aufsicht oder durch selbsttätig gesteuerte Eltpumpen, die jedesmal bei Sinken des Behälterspiegels auf einen gewissen Punkt anspringen und nach Erreichung des höchsten Spiegelstandes wieder zu arbeiten aufhören.

In Werken, die durchweg aus Flachbauten bestehen und für den laufenden Gebrauch nur geringen Wasserdruck benötigen, bedeutet die Hinaufleitung der ganzen Wassermenge in Hochbehälter eine unter Umständen vermeidbare Erhöhung der Anlage- und Betriebskosten. Am meisten kann hier gespart werden, wenn man die Druckhöhe für gewöhnlich gering hält — etwa 10 m über dem Erdboden — und nur im Brandfalle steigert, was durch schnelleren Betrieb der ständig arbeitenden Wasserversorgungspumpen oder durch Einschaltung besonderer Druckerhöhungspumpen vor die Hauptleitungen des Entnahmenetzes erreicht werden kann. Voraussetzung für die Zuverlässigkeit dieser Anordnungen bildet, daß auf die Kraftquelle der Pumpen jederzeit sicher gerechnet werden kann, daß also beispielsweise bei Eltpumpen mindestens zwei Stromquellen vorhanden sind. Aber auch dann muß immer mit Verzögerungen bei der Benachrichtigung des Pumpenwärters und bei der Umschaltung bzw. Inbetriebnahme gerechnet werden, die in feuergefährlichen Betrieben unzulässig und auch sonst nicht unbedenklich sind. Sicherer ist es daher, in jedem Falle kleine Hochbehälter anzulegen, die auf ein besonderes Brandnetz arbeiten und ständig die für dieses erforderliche Druckhöhe aufrecht erhalten, während das Gebrauchsnetz von der städtischen Wasserleitung oder der eigenen Pumpenanlage des Werkes mit niedrigem Druck ohne Benutzung von Hochbehältern gespeist wird; im Brandfalle werden dann die Pumpen auf die Behälter geschaltet, und während der 5—10 Minuten, die hierüber vergehen können, deckt der Hochbehältervorrat den ersten Bedarf an Löschwasser. Die höhere Betriebsbereitschaft dieser Anordnung im Brandfalle wird aber mit den größeren Anlagekosten für ein besonderes Brandnetz bezahlt.

Wirtschaftliche Gründe machen eine Untersuchung der Frage notwendig, ob der ganze Wasserbedarf des Werkes einheitlich durch Trinkwasser gedeckt werden soll, oder ob die Versorgung mit Brauchwasser und Brandwasser von der Trinkwasseranlage richtiger abgetrennt wird. Im letzteren Falle werden die Aufwendungen für den Bezug oder die Selbsterzeugung von Trinkwasser herabgemindert; dafür erfordern die Rohrleitungen und Zapfstellen infolge der Unterteilung höhere Kosten.

Hat man sich aus den weiter oben erörterten Gründen für Anlage eines besonderen Brandnetzes neben dem Trinkwassernetz entschieden und kommt für ersteres Speisung mit minderwertigem Wasser in Frage, so wird sich die Schaffung eines dritten Leitungsnetzes für Brauchwasser kaum verlohnen. Man hat dann also die Wahl, das Brauchwasser der Trinkwasserversorgung oder den Brandwasserbehältern zu entnehmen. Im letzteren Falle wird die Anordnung besonderer Brauchwasserzapfstellen neben denen für Trinkwasser erforderlich; es muß dann durch augenfällige Hinweise vor dem Genuß des Brauchwassers gewarnt werden. Gemeinsame Trink- und Brauchwasserversorgung vereinfacht und verbilligt die Leitungsanlage und schließt jede Verwechslung von vornherein aus; sie wird also namentlich aus Gründen der Gesundheitspflege unbedingt vorzuziehen sein, wo eine stärkere Entnahme von Brauchwasser nicht oder nur kurzzeitig vorkommt. Bei Kühlwasseranschlüssen u. dgl. ist es dagegen eine reine Rechnungsfrage, ob sich die Anlage eines besonderen Brauchwasserstranges durch die Ersparnis an Wasserkosten bezahlt macht.

Bei diesen Entscheidungen spielt naturgemäß eine Rolle, ob Bezug des Trinkwassers au einem städtischen Wasserleitungsnetz oder Selbstherstellung beabsichtigt ist. Letzteres wird im allgemeinen nur bei sehr hohem Kaufpreise, besonders starkem Wasserverbrauch, außergewöhnlicher Größe des Werkes oder auch bei abgeschiedener Lage in Betracht kommen.

Werden als Rückhalt für Störungsfälle Verbindungen von Trink- zu Brauchwassernetzen vorgesehen, so muß streng darauf geachtet werden, daß niemals Brauchwasser in die Trinkwasserleitungen gelangen kann. Am besten läßt man deshalb das Trinkwasser in ein hochgelegenes Gefäß des Brauchwassernetzes frei ausgießen.

Frost kann Sprengung wassergefüllter Rohre verursachen; ständig gebrauchte Leitungen, die bei Frosteintritt nicht entleert werden dürfen, müssen daher entweder in heizbare Gebäudeteile verlegt oder frostsicher (1,2—1,5 m tief) in den Erdboden eingebettet werden. Stets ist Entleerungsmöglichkeit durch Gefälle nach bestimmten Ablaßstellen hin vorzusehen. Ebenso wie für das Brandnetz sind auch für wichtigere Teile des Trinkwassernetzes Ringleitungen erwünscht. Durch genügende Zahl von Absperrhähnen ist dafür zu sorgen, daß bei Instandsetzarbeiten nur kleine Bezirke, unter Umständen nur Teile einer Verbrauchergruppe abgeschaltet zu werden brauchen; dies gilt z. B. für Abortanlagen, wo sonst Unzuträglichkeiten entstehen können.

Für die einzelnen Werkstätten und sonstigen größeren Verbraucher sind besondere Wassermesser anzuraten, damit man Überschreitungen des angemessenen Verbrauches und Verluste durch Rohrbrüche und Undichtheiten festzustellen vermag.

Entwässerung. Aufgabe der Entwässerung ist die Ableitung der Regen- und Schneewässer, der aus Küchen, Wasch- und Badeeinrichtungen, von Reinigungsarbeiten und Abortspülungen herrührenden Schmutzwässer sowie der Betriebsabwässer.

Reichen die Vorkehrungen zur Beseitigung der Regen- und Schneewässer nicht aus, so kann bei starken Gewitterregen und bei Schneeschmelze Überschwemmung der Verkehrswege und Höfe, unter Umständen auch Wassereintritt in die Keller und Erdgeschosse von Lagern und Werkstattgebäuden vorkommen. Auf ungepflasterten Hofräumen versickert das Wasser bei leidlicher Durchlässigkeit des Bodens und genügend tiefem Grundwasserspiegel ohne besondere Maßnahmen hinreichend schnell. Bei weniger günstigen Verhältnissen muß eine gut durchlässige Sand- oder Schlackenschicht aufgebracht werden, innerhalb welcher sich das Wasser vorläufig ansammeln kann, bis die tiefer liegenden Schichten es aufzunehmen vermögen. Gepflasterte Hofräume und Wege, die beiläufig bemerkt mindestens 0,6 m über dem höchsten Grundwasserspiegel liegen sollen, erhalten Kanäle zur Fortleitung des Straßen- und Dachwassers und werden mit Gefälle nach den mit etwa 40—60 m Abstand anzuordnenden Ablaufschächten angelegt; bei geeignetem Gelände können mitunter statt der Kanäle auch seitlich angeordnete abgedeckte Ablaufrinnen in Frage kommen.

Die Ableitung der Schmutzwässer wird meist in städtische Entwässerungs-Kanalanlagen zu erfolgen haben. Hierbei müssen sich die Einrichtungen des Werkes der Art der städtischen Kanalisation anpassen. Bei der Mischkanalisation werden Regen- und Schmutzwässer gemeinsam abgeführt, während man bei der Trennkanalisation die Regenwässer besonders sammelt und ungereinigt in Flußläufe leitet, so daß die zur Entfernung und Unschädlichmachung der Schmutzwässer erforderlichen Kanäle und Reinigungsanlagen nur für erheblich geringere Flüssigkeitsmengen bemessen zu werden brauchen.

Bei etwaiger Unterbringung von Waschräumen, Abortanlagen usw. in Kellern ist im Auge zu behalten, ob die Höhenlage dabei noch den Abfluß der Schmutzwässer mit natürlichem Gefälle gestattet; die Zuhilfenahme von Pumpen hierfür ist wenig erwünscht. Der Gesichtspunkt möglichster Zusammenfassung zur Vereinfachung der Leitungsanlagen hat für die Abflüsse ebenso große Bedeutung wie bei der Wasserversorgung, wo er schon Erwägung gefunden hat. Alle Abflußrohre von Wasch- und Spülbecken wie auch von Aborten sind in Werken wesentlich weiter zu nehmen als in Wohnhäusern, wo die Benutzer an den Unzuträglichkeiten bei Rohrverstopfungen persönlich stärker beteiligt sind und deshalb mehr Sorgfalt aufwenden. Bei Waschbecken sollten die Überläufe und Abflußrohre reichlich genug bemessen sein, um die bei voll geöffneten Hähnen einlaufende Wassermenge sicher abzuleiten; andernfalls entstehen Wasserschäden, wenn die Hähne bei vorübergehendem Versagen der Wasserversorgung versehentlich offen gelassen worden sind.

Bei den Betriebsabwässern ist zu untersuchen, ob Menge und Beschaffenheit ihre Einführung in Regen- oder Schmutzwasserkanäle unbedenklich zulassen oder ob besondere Maßnahmen zu ihrer Entfernung notwendig werden. Insbesondere sind die Vorschriften der Gewerbeordnung zu beachten. Abwässer von hohem Wärmegrad oder mit Säuregehalt können die Kanäle angreifen und müssen deshalb zunächst abgekühlt bzw. chemisch behandelt werden.

Für besonders große oder abgelegene Werke kann die Anlage eigener Kanalisationen und Abwässerreinigungsanlagen erforderlich sein, welche die Überführung der Abwässer in gesundheitlich unschädlichen Zustand unter möglichster Nutzbarmachung aller Abfallstoffe für landwirtschaftliche und sonstige Zwecke zu bewirken haben. Für derartige Anlagen gelten die gleichen Gesichtspunkte wie für entsprechende städtische Anlagen.

Krafterzeugung und Energiewirtschaft.

(Siehe hierzu Quellennachweis 1 b, 1 m, *7, *14, 24, *25, 26, 36, 111, 121, 130, 131, 133.)

Aufgaben der Energiewirtschaft. Über Krafterzeugung und Energiewirtschaft gibt es eine Reihe umfassender vorzüglich geschriebener Werke und Abhandlungen. Wenn trotzdem im nachstehenden versucht wird, wenigstens einige Hauptgesichtspunkte in kurzen Zügen darzulegen, so geschieht das nicht in der Meinung, die Durcharbeitung der im Quellennachweis aufgeführten Sonderwerke dadurch entbehrlich zu machen, sondern um den Leser auf die große Bedeutung der einschlägigen Fragen für den Werkbau hinzulenken.

In älteren Werken sind die verschiedenen Energie verbrauchenden und Energie erzeugenden Einrichtungen im allgemeinen als selbständige Einzelteile und ohne Zusammenhang miteinander bearbeitet worden. Jeder örtlich auftretende Energiebedarf wurde vorwiegend durch örtliche Energieerzeugung in dem jeweiligen benötigten Umfange befriedigt. Die durch die Zersplitterung bedingten Mehrkosten bei der Anlage und im Betriebe waren teils nach dem Stande der Entwicklung nicht zu vermeiden, teils blieben sie aber auch unbeachtet; die Möglichkeit, durch Zusammenfassung der Kraft- und Wärmewirtschaft große Energiemengen zu sparen, war nicht genügend bekannt. Unternehmungen, die sich während eines langen Zeitraumes nach und nach entwickelt haben, und deren Ausbau ohne einheitliche Richtlinien und auch ohne die Kenntnis der neuzeitlichen Hilfsmittel erfolgt ist, weisen deshalb häufig in energiewirtschaftlicher Hinsicht sehr unbefriedigende Verhältnisse auf. Auch in der Energiewirtschaft muß der Hauptgrundsatz der Technik „Höchstes Ergebnis mit geringstem Aufwand" zur Geltung kommen, um die Wettbewerbsfähigkeit des Einzelunternehmens zu steigern und die Rohstoffe und Energiequellen der Gesamtheit möglichst zu schonen. Je mehr der Verbrauch unserer Bodenschätze fortschreitet und die Gefahr einer Erschöpfung ihrer abbauwürdigen Lager näher rückt, um so mehr muß vom volkswirtschaftlichen Standpunkt größte Sparsamkeit gefordert werden, und um so mehr wird sich diese Notwendigkeit auch im täglichen Leben, sei es durch das natürliche Ansteigen der Preise, sei es infolge Schaffung von Sperrsteuern oder staatlichen Alleinrechten für Abbau und Vertrieb Geltung verschaffen.

Eine zielbewußte Energiewirtschaft verlangt nicht nur höchste Wirtschaftlichkeit der einzelnen Energie verbrauchenden und Energie erzeugenden Anlagen, sondern auch ihre Zusammenfassung zum Zwecke eines möglichst günstigen Gesamtergebnisses. Irgendwo überschüssige Energiemengen, gleichgültig welcher Form, dürfen nicht ungenutzt verloren gehen oder für untergeordnete Zwecke aufgebraucht werden, sondern sind tunlichst solchen Stellen zur Deckung ihres Bedarfes zuzuführen, für welche die betreffende Energieform den größten Nutzen ergibt. Zur Erläuterung seien einige Beispiele angeführt. In Schmieden ist die Brennstoffausnutzung bei offenen Kohlenfeuern, die in ihrer Schütthöhe und Hitze der Größe und Eigenart der zu erwärmenden Stücke und dem beabsichtigten Arbeitsvorgang angepaßt werden müssen und von denen deshalb eine größere Zahl zu unterhalten ist, recht schlecht. Geschlossene Öfen ermöglichen dagegen eine gemeinsame Erhitzung aller Werkstücke von ein und demselben Wärmegradbedarf bei weit geringerem Verbrauch, sollten also an Stelle der offenen Feuer treten, soweit es mit den Arbeitserfordernissen irgend vereinbar ist. Aber auch bei ihnen kommt nur ein sehr geringer Teil der erzeugten Wärmemenge den Werkstücken zugute. Nun kann man jedoch die in den heißen Abgasen verfügbare überschüssige Wärmemenge der Schmiedeöfen unter Umständen zur Erwärmung von Kesselspeisewasser oder auch zur Dampferzeugung ausnutzen und so zur Deckung des Kraftbedarfes von Schmiedehämmern und Pressen beitragen lassen. Den in derartigen Maschinen nur unvollständig entspannten Dampf vermag man mitunter in Abdampfturbinen noch weitere Arbeit leisten zu lassen. Besonders hohe Bedeutung haben solche und andere Maßnahmen in der Hüttenindustrie wegen der Größe der dort in Betracht kommenden Energiemengen, doch lassen sich auch in anderen Industrien sehr bedeutende Ersparnisse dadurch erreichen.

Die wirklich vollkommene Durchbildung der Energiewirtschaft im allgemeinen und der Wärmewirtschaft im besonderen ist keine einfache Aufgabe und stellt hohe Ansprüche an das Wissen und Können des Bearbeiters. Die Einschätzung der zu den verschiedenen Tages- und Jahreszeiten benötigten und verfügbaren Energiemengen, die Beurteilung der Ausgleichsmöglichkeit, die Wirtschaftlichkeitsberechnungen für verschiedene Anordnungen unter Berücksichtigung der zur Betriebssicherheit erforderlichen Rückhaltanlagen, des Raumbedarfes usw. gestalten sich oft recht schwierig und zeitraubend. Für kleinere Unternehmungen, denen die nötigen Erfahrungen nicht zu Gebote stehen, kann es sich reichlich bezahlt machen, mit dieser Aufgabe besondere Fachmänner zu betrauen. Bei unmittelbarer Vergebung der Lieferungen an die

Maschinen- oder Eltbauanstalten empfiehlt es sich möglichste Zusammenfassung der Aufträge, z. B. auf die vollständigen Kraft- und Heizanlagen gemeinsam, damit die Lieferer gezwungen sind, bei ihren Planungsarbeiten auf hohe Gesamtwirtschaftlichkeit hinzuarbeiten, und auch zur Gewährübernahme in dieser Hinsicht veranlaßt werden können.

Die Durchführungsmöglichkeit energiewirtschaftlicher Gesichtspunkte hängt vielfach von günstiger gegenseitiger Lage bestimmter Werkabteilungen ab; beim Gesamtentwurf von Werkanlagen erfordert dieser Umstand volle Aufmerksamkeit.

Windkraftanlagen. Windkraftanlagen kommen selten in Betracht. Die täglichen Schwankungen der Windstärke würden keine besonderen Schwierigkeiten verursachen; einen wesentlichen Hinderungsgrund für ihre Verwendung bilden jedoch die oft mehrwöchigen Windstillen. Sie zwingen zur Anordnung sehr großer Energiespeicher (Eltsammler oder Wasserhochbehälter), die den Bedarf längere Zeit hindurch decken können, und starker Maschinensätze, welche rasche Aufladung der Speicher bei günstigen Windverhältnissen ermöglichen. Eine Wärmekraftmaschine als Rückhalt ist kaum zu entbehren. Es ergeben sich also sehr hohe Anlagekosten, bei Verwendung von Eltsammlern auch erhebliche Aufwendungen für Unterhaltung. Windkraft ist daher im allgemeinen nicht wettbewerbsfähig.

Wasserkraftanlagen. Die infolge der Nachwirkungen des Krieges eingetretene Brennstoffnot hat für viele Länder die Bedeutung der Wasserkraftanlagen stark erhöht und zahlreiche Wasserkräfte, namentlich unter denjenigen mit niedrigem Gefälle, ausnutzungswürdig gemacht, welche früher nicht dafür galten. Trotzdem soll man sich nach wie vor von der oberflächlichen Vorstellung freihalten, daß Wasserkraft im Gegensatz zu Brennstoffkraft gewissermaßen umsonst zu haben sei. Die Anlagekosten von Wasserkraftwerken mit ihren Rohrleitungen, Kanälen, Stauweihern Wehren usw. sind im allgemeinen sehr bedeutend, und stehen auch, da zur Herstellung der Baustoffe viel Kohlen verbraucht werden, mit der jeweiligen Höhe der Brennstoffpreise in Zusammenhang. Ferner darf bei Schätzung der Gesamtkosten nicht übersehen werden, daß auf einen ausgiebigen Rückhalt durch Anschluß an ein Fernnetz oder Aufstellung von Wärmekraftmaschinen selten zu verzichten ist; denn die Betriebssicherheit der Wasserkraftanlagen wird oft durch Vereisung gefährdet, und Abnahme der Wassermenge nach regenarmen Monaten wie auch Verminderung des Gefälles infolge Niederlegung der Wehre bei Hochwasser können die Leistung zeitweise sehr herabsetzen. Um zu einer richtigen Bewertung der Kraftgestehungskosten zu gelangen, wird man sich oft auch auf das eingehendste mit den wärmewirtschaftlichen Verhältnissen zu befassen haben; müssen doch in vielen Betrieben zu technischen und Raumheizzwecken dauernd oder einen großen Teil des Jahres ganz bedeutende Brennstoffmengen verfeuert werden, so daß man sehr billige Abfallenergie zur Vor- oder Nachausnutzung in Wärmekraftmaschinen verfügbar hat.

Große Staubecken, welche gleichmäßige Energiebelieferung während des ganzen Jahres und restlose Ausnutzung der gesamten jährlichen Wassermenge gestatten, kommen für einzelne gewerbliche Unternehmungen selten in Betracht. Dagegen wird es oft möglich sein, kleine Stauweiher vorzusehen, die wenigstens das während der Nachtpausen und allenfalls auch das an Sonntagen zufließende Wasser für die Arbeitsschichten aufspeichern.

Bei unmittelbarer Weiterleitung der von den Turbinen erzeugten mechanischen Energie durch Wellenstränge, die für kleinere Werke vorteilhaft sein kann, wird zweckmäßige räumliche Angliederung der Werkstattgebäude an das Maschinenhaus eines der Hauptérfordernisse des Entwurfes; dagegen macht Kraftübertragung mittels Elt wegen der Geringfügigkeit der Leitungsverluste keine besondere Rücksichtnahme bei der Platzbestimmung für Energieerzeuger und -Verbraucher notwendig.

In energiewirtschaftlicher Hinsicht liegen bei Wasserkräften keine besonderen Schwierigkeiten vor, weil in Anbetracht des hohen Wirkungsgrades sowohl der Turbinenanlagen einschließlich Zuleitungen (Größenordnung 0,78) wie auch der Eltkraftübertragung (Größenordnung Erzeuger 0,93, Übertragung 0,88, Treiber 0,90, insgesamt 0,73) zur anderweitigen Verwertung in Betracht kommende „Energieabfälle" nicht auftreten.

Dampfkraftanlagen. Anders ist die Sachlage bei wärmeerzeugenden und wärmeverbrauchenden Anlagen. Die Erzeugung mechanischer Energie aus durch Verbrennung gewonnener Wärmeenergie mit Hilfe von Wärmekraftmaschinen erfolgt auch bei technisch vollkommenster Durchbildung mit einem sehr niedrigen Wirkungsgrad (Größenordnung Dampfkraftanlagen 0,15, Gasmaschinen 0,23, Dieselmaschinen 0,35). Der Unterschied zwischen der im Brennstoff verfügbaren Wärmeenergie und der erzeugten mechanischen Energie geht größtenteils als Abwärme verloren, wenn er nicht erfaßt und in irgendeiner Weise nutzbringend verwertet wird.

Am meisten Bedeutung hat die Abwärmeverwertung bei Dampfkraftanlagen, wo einerseits die größten Wärmeverluste auftreten und wo sich andererseits der für Kraftzwecke verwandte Dampf sehr oft unmittelbar als Energieträger für Heizzwecke weiter ausnutzen läßt (Abb. 115 b bis e bis e). Auf vollständige Entspannung des Dampfes bis auf kleine Bruchteile einer Atmosphäre, wie sie bei Niederschlags-(Kondensations-) Betrieb üblich ist, muß dabei in der Regel verzichtet werden, denn der Endwärmegrad wäre für Raumheizung zu niedrig und man würde das erwärmte Kühlwasser meist nur zu einem sehr geringen Teil, etwa für Warmwasserversorgungen, Badeanstalten usw., verwerten können. Dagegen ist eine mäßige Verdünnung unter atmosphärischen Druck unter Umständen anwendbar, wobei zur Ausnutzung der Abdampfwärme Unterdruck-(Vakuum-)heizungen oder Fernwarmwasserheizungen in Betracht kommen (in Abschnitt „Lüftung und Heizung" näher besprochen). Am gebräuchlichsten sind Abdampfheizungen mit wenig höherem als atmosphärischem Druck, bei welchen der Dampfwärmegrad rund 100^0 beträgt, und die Heizkörperoberflächen wesentlich kleiner ausfallen. Hat die Zuführung des Abdampfes zu den Heizstellen auf weitere Entfernung zu erfolgen, oder sind höhere Wärmegrade als 100^0 zum Betriebe technischer Heiz- und Kocheinrichtungen erforderlich, so muß man größeren Abdampfdruck wählen; es sind Gegendruck-Dampfmaschinen gebaut worden, die mit 20 Atm. Frischdampfdruck arbeiten und Abdampf von 6 Atm. für Heizzwecke abgeben. Bei Zwischendampfheizung wird den Anzapfkolbenmaschinen und -Turbinen nur eine dem jeweiligen Bedarf entsprechende Teilmenge des Dampfes mit dem für die Heizanlagen benötigten Druck entnommen, während der Rest in den Maschinen vollständig entspannt und der Niederschlaganlage zugeführt wird. Als ungefährer Anhalt für die bei Raumheizungen mit Abdampf bestehenden Beziehungen zwischen Heizleistung und Kraftleistung möge dienen, daß bei vollem Heizbetrieb einem m^3 zu heizenden Raumes etwa $3 \div 5$ Watt an der Maschine entsprechen.

Bei Arbeiten auf eine Abdampfheizung mit atmosphärischer Spannung stellt sich der Dampfverbrauch für eine bestimmte mechanische Leistung etwa 1,35 mal so hoch wie bei Betrieb mit wassergekühlter Niederschlagsanlage. Andererseits ist der Dampfverbrauch für einen bestimmten Bedarf an Heizwärme bei Verwendung von Maschinenabdampf im Durchschnitt etwa 1,1 mal so groß wie bei Speisung mit Frischdampf. Stimmt nun zufällig die Abdampfmenge der Maschinen mit dem Dampfbedarf für Heizzwecke genau überein, so wird der Gesamtdampfverbrauch bei Betrieb mit Abdampfheizung nur $\dfrac{1}{\dfrac{1}{1{,}35}+\dfrac{1}{1{,}1}} = 0{,}6$ mal so groß, wie bei getrennter Versorgung der mit Niederschlagsbetrieb arbeitenden Dampfmaschinen und der Heizanlage mit Frischdampf. Es werden damit also 40 v. H. an Dampf und Brennstoffen gespart. Dies ist jedoch wohlgemerkt der günstigste Grenzfall. Allgemein können von Abdampfheizanlagen wirtschaftliche Vorteile um so eher erwartet werden, je größer das durchschnittliche Verhältnis des Heizdampfbedarfes zum Kraftdampfbedarf ist, ein um so größerer Teil des Maschinenabdampfes sich also für Heizzwecke ausnutzen läßt. Jedoch sind eine Reihe weiterer Punkte mit von Einfluß, so die tägliche Betriebszeit, das mehr oder weniger günstige zeitliche Zusammentreffen des Kraft- und Wärmebedarfes, die Dauer der jährlichen Heizzeit und die Schwankungen, denen alle die vorerwähnten Umstände im Jahresverlaufe unterworfen sind. Um ein klares Bild zu gewinnen, wird man in der Regel nicht umhin können, die Verhältnisse Monat für Monat eingehend zu untersuchen.

Wo es sich nur um Raumheizung handelt und nur in Tagschicht gearbeitet wird, ist die Kurve des täglichen Heizbedarfes der des Kraftbedarfes um eine oder mehrere Stunden voraus. Wenn dann einerseits die große Anheizwärmemenge am frühen Morgen durch Frischdampf aufgebracht werden muß und andererseits für die besonders hohe Abwärmemenge der Betriebsmaschinen bei Deckung der Lichtspitzen am Abend keine Verwendung mehr ist, so kommen die Vorteile von Abdampfheizung wenig oder gar nicht zur Geltung. Durch Ladung von Eltsammlern während der Anheizzeit vor Arbeitsbeginn und Entladung in den letzten Stunden der Schicht läßt sich hieran nichts verbessern, da die angestrebten Ersparnisse an Heizfrischdampf durch die Verluste in den Eltsammlern aufgezehrt würden. Günstigere Verhältnisse können sich ergeben, wenn man die Kraftmaschinen in Übereinstimmung mit der Werkarbeitsschicht laufen läßt und die Abwärme in den letzten Stunden zur Erwärmung von Heizwasser in großen gutumhüllten Behältern benutzt, so daß am nächsten Morgen schon vor Anstellen der Maschinen Heizwasser zur Verfügung steht (siehe Quellennachweis 111).

In Werken mit stark überwiegendem Kraftdampfbedarf werden sich Abdampf- oder Zwischendampfheizung oft überhaupt nicht verlohnen. In anderen Fällen werden sie immerhin für die kalte Jahreszeit wirtschaftlich sein, während im Sommer, wo lediglich technische Einrichtungen, Küchen, Wasch- und Baderäume usw. Heizwärme benötigen, Niederschlagsbetrieb der Maschinen und Heizung mit Frischdampf (Abb. 115a) vorteilhafter wird. Alsdann können Kolbendampfmaschinen für wahlweisen Gegendruck- und Niederschlagsbetrieb zweckmäßig sein, oder auch Anzapfkolbenmaschinen und -Turbinen, die sich namentlich für rasch schwankende Heizdampfentnahme eignen; ferner sind Unterdruck- und Abdampf-Warmwasserheizungen in Betracht zu ziehen, bei denen durch Einstellung der Luftleere eine stetige wirtschaftliche Abstimmung der Kraft- und Abwärmeerzeugung auf die jeweiligen Bedürfnisse erreichbar ist. Es ist in solchen Fällen aber auch denkbar, daß die Aufrechterhaltung der eigenen Elterzeugung mit Niederschlagsbetrieb während der Sommermonate teurer zu stehen kommt als Strombezug von einem Überlandnetz; Anschluß an ein solches wird vielfach ohnedies eingerichtet, um Rückhalt zu haben, und vorwiegende Stromentnahme während des Sommers ist für die meist nur im Winter voll ausgenutzten Eltwerke sehr erwünscht, so daß dabei auf günstige Strombezugsbedingungen gerechnet werden kann. Kolbenmaschinen für wahlweisen Gegendruck- und Niederschlagsbetrieb sind tunlichst so einzurichten, daß sich die Umstellung ihrer Steuerung während des Laufes vornehmen läßt, damit man in den Übergangsmonaten nach beendeter Durchheizung der Räume in den Morgenstunden bequem auf die Niederschlagsanlage umzuschalten vermag.

Bekanntlich ist die Dampfausnutzung im Hochdruckbereich bei Kolbenmaschinen besser, im Niederdruckbereich bei Turbinen. Für Gegendruckbetrieb werden daher Kolbenmaschinen häufig bevorzugt. Es muß aber der Kolbenmaschinenabdampf, damit sich in der Heizanlage keine den Wärmedurchgang behindernden Ölrückstände ablagern, durch zuverlässig arbeitende Entöler geleitet werden, während Turbinenabdampf ölfrei ist. Selbstverständlich spielen bei der Wahl zwischen Kolbenmaschinen und Turbinen außer den wärmetechnischen Eigenschaften auch die Platzfrage und die Bedürfnisse der angetriebenen Maschinen eine wesentliche Rolle. Unmittelbarer Antrieb größerer Bearbeitungsmaschinen erfordert fast immer Kolbenmaschinen. Bei Preßluft- wie bei Elterzeugung sind im allgemeinen für kleinere Leistungen Kolbenmaschinen, für größere Turbinen vorteilhafter. Beim Vergleich stehen die Kolbenmaschinen für Gleichstrom und die Turbinen für Drehstrom verhältnismäßig günstiger da als die Kolbenmaschinen für Drehstrom und die Turbinen für Gleichstrom, denn Kolbenmaschinen brauchen bei Gleichstrom weniger große Schwungräder, und Turboerzeuger lassen sich für Drehstrom leichter und mit weit größeren Einzelleistungen bauen.

Die Anschaffungskosten der Kraft- und Heizanlagen werden durch Abdampfverwertung in manchen Teilen erhöht, in anderen dafür erniedrigt. Höhere Aufwendungen entstehen insbesondere bei den Rohrleitungen, die wegen des geringen zulässigen Spannungsabfalles recht große Durchmesser erhalten müssen. Die Maschinenanlage wird sich in Fällen, wo abwechselnder Gegendruck- und Niederschlagsbetrieb verlangt wird, nicht unwesentlich verteuern, weil dann die Mehrkosten für die Niederschlagsanlage mit Kühlwasserversorgung einerseits und für die durch den Abdampfbetrieb bedingten großen Zylinderabmessungen andererseits zusammentreffen. Die reine Gegendruckmaschine für Abdampfverwertung wird wegen ihrer Einfachheit trotz der größeren Maße im allgemeinen billiger als die reine Niederschlagsmaschine, namentlich wenn bei letzterer Rückkühleinrichtungen erforderlich würden. Bedeutende Ersparnisse können sich bei der Kesselanlage ergeben, weil der Höchstdampfbedarf stark herabgedrückt wird.

Besteht für den Abdampf von Dampfhämmern, Pressen und sonstigen wegen ihrer ungleichmäßigen Arbeitsweise für Niederschlagsbetrieb wenig geeigneten Maschinen keine Möglichkeit zur Nachverwertung in Heizanlagen, so kann die Aufstellung von Abdampfturbinen in Betracht zu ziehen sein. Zum Ausgleich der schwankenden Abdampfzufuhr werden dann Wärmespeicher mit Heißwasserfüllung vorgesehen.

Dampffortleitung auf größere Entfernungen. Fortleitung des Dampfes auf größere Entfernungen ist nur unter Inkaufnahme erheblicher Energieverluste möglich. Sehr wichtig ist sorgfältige Umhüllung der Rohrleitungen und ihrer Flanschen. Bei 325° Dampfwärmegrad gehen stündlich durch 1 m² Leitungsoberfläche etwa folgende Wärmemengen verloren:

Leitung und Flanschen nackt	6750 WE
Leitung umhüllt, Flanschen nackt	1500 WE
Leitung und Flanschen umhüllt	1000 WE

Bei weiten Leitungen ist der Druckabfall gering, aber die Wärmeabgabe durch die Rohroberflächen groß; bei engen Leitungen liegt die Sache umgekehrt. Druckabfall ist nicht in jedem Falle gleichbedeutend mit Energieverlust, denn der Dampf wird bei der Entspannung ohne Arbeitsleistung — ähnlich wie bei beabsichtigter Drosselung — getrocknet oder sogar überhitzt; dagegen geht die durch die Oberflächen austretende Wärmemenge vollständig verloren. Außerdem machen sich die Verluste durch Druckabfall nur zu Zeiten starken Dampfdurchganges geltend, die Oberflächenverluste jedoch dauernd. Aus diesen Gründen gibt man nach Möglichkeit engen Leitungen den Vorzug und wählt den Anfangsdruck entsprechend hoch; dadurch wird namentlich dort an Wärmeverlusten gespart, wo die Dampfentnahme stark schwankt.

Nach dem Gesagten gestaltet sich die Fortleitung des Dampfes um so günstiger, je höher seine Spannung ist. Bei Frischdampfheizung führt man den Dampf deshalb den einzelnen

Verbrauchsbezirken mit der vollen Kesselspannung zu und setzt die Spannung erst in der Nähe der Verbraucher mit Druckminderventilen herab; die Hauptleitungen können dann sehr knapp bemessen werden, weil unter solchen Umständen auch ein Druckabfall von einer Anzahl von Atmosphären ohne weiteres zulässig ist. Bei Heizung mit Zwischendampf und namentlich mit Abdampf steht der Forderung nach engen Rohrleitungen die Rücksicht auf die Dampfmaschinenleistung gegenüber, die bei Erhöhung des Gegendruckes beträchtlich sinkt. Immerhin lassen sich Gegendruckmaschinen im Bedarfsfalle, wie schon erwähnt, auch für mehrere Atmosphären Abdampfspannung ausführen, wenn auf größere Entfernungen, 500 m und mehr, mit Abdampf geheizt werden soll.

Oft empfiehlt es sich, wie an anderer Stelle bereits erwähnt, außer den für den Winterbedarf bemessenen Hauptleitungen noch sogenannte Sommerleitungen zu verlegen, welche für die in

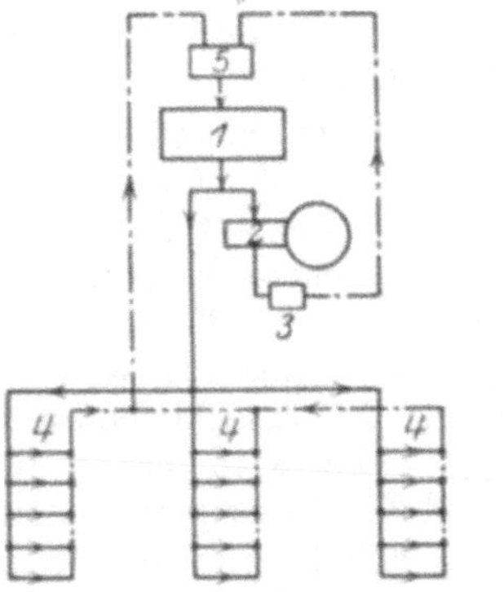

Abb. 115a. Eine Kessel- und Maschinenanlage; Speisung von Maschinen und Heizbezirken durch Frischdampf.

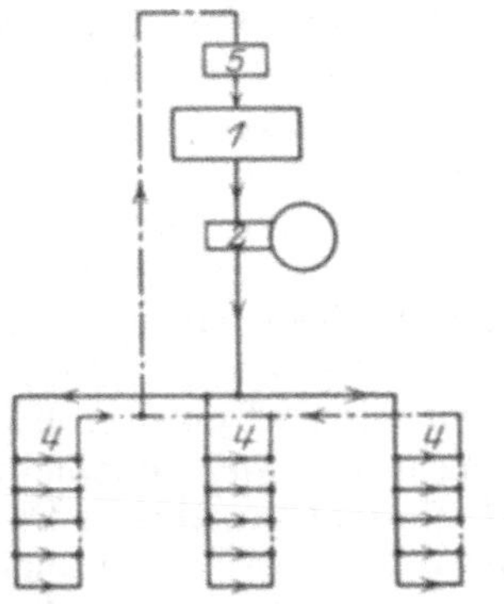

Abb. 115b. Eine Kessel- und Maschinenanlage; Heizung mit Abdampf.

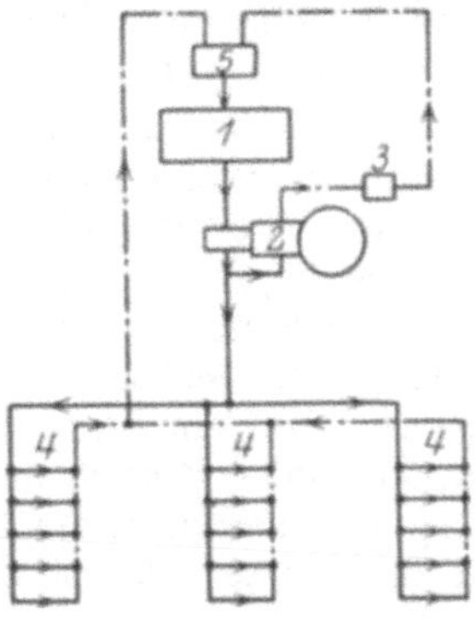

Abb. 115c. Eine Kessel- und Maschinenanlage; Heizung mit Zwischendampf.

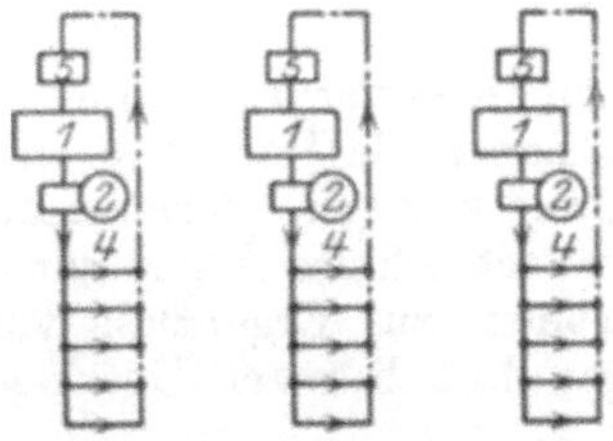

Abb. 115d. Besondere Kessel- und Maschinenanlage für jeden Heizbezirk; Heizung mit Abdampf.

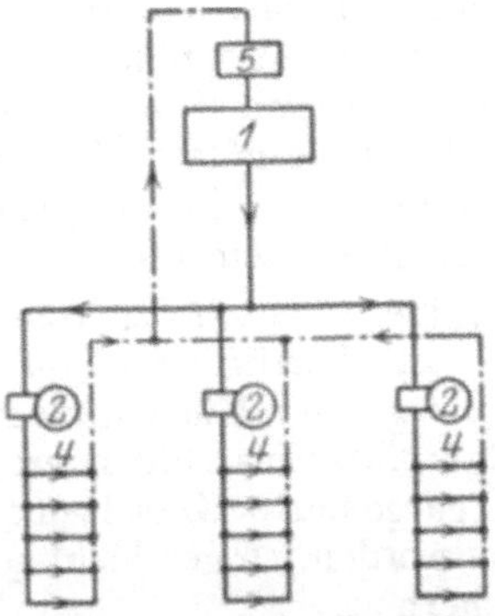

Abb. 115e. Eine Kesselanlage; besondere Maschinenanlage für jeden Heizbezirk, Heizung mit Abdampf.

—— Dampfleitungen.
— · — Wasserrückleitungen.

1 Kessel.
2 Dampfmaschinen.
3 Niederschlagsanlagen.
4 Heizbezirke.
5 Speisewasserbehälter.

Abb. 115a—e. Verschiedene Anordnungen von Dampf-Kraft- und -Heizanlagen für Werke größerer Ausdehnung.

der warmen Jahreszeit benötigten kleinen Dampfmengen ausreichen und wegen ihres beschränkten Durchmessers geringere Oberflächenverluste haben als die Hauptleitungen.

Bei Werken großer Ausdehnung wird zu prüfen sein, ob es vorteilhaft ist, die Kraft- und Heizdampfversorgung zu unterteilen. Dabei können verschiedene Lösungen in Vergleich treten. Bei den in Abb. 115a—c gezeigten Anordnungen erfolgt die Dampf- und Krafterzeugung an einer Stelle. Die Wärmeverluste in den Fernleitungen werden dabei je nach den Leitungslängen, Dampfmengen, Drucken und Rohrdurchmessern unter Umständen recht erheblich. Bei Abdampf- und Zwischendampfheizung ergibt sich dort ein Mehrverlust gegenüber Frischdampfheizung, der bei besonders großen Entfernungen so bedeutend werden kann, daß er die im Wesen des Abdampf- und Zwischendampfheizbetriebes liegenden sonstigen Ersparnisse überwiegt.

In Abb. 115d hat jeder Bezirk seine besondere Kesselanlage und Gegendruckdampfmaschine erhalten und wird mit Abdampf geheizt; die langen Speiseleitungen mit ihren Verlusten sind also fortgefallen. Der Brennstoffverbrauch wird sich durch diese Unterteilung kaum wesentlich erhöhen, da dem etwas geringeren Wirkungsgrad der kleineren Dampfmaschinen (wofür hier vorwiegend Lokomobilen in Betracht kommen) die Verminderung der Rohrleitungsverluste gegenübersteht, ebenso dem niedrigeren Wirkungsgrad der Elterzeuger die Herabsetzung der Kabelverluste, insofern als durch die Verbindungsleitungen der einzelnen Bezirke für gewöhnlich nur kleine Ausgleichsleistungen hindurchgehen. Auch bei Preßlufterzeugung wird eine etwaige Wirkungsgradverschlechterung infolge der Verwendung kleiner Einheiten durch die Verringerung der Druckverluste aufgewogen werden. Weiter ist es möglich, nach Abb. 115e die Dampfmaschinen wiederum zu verteilen, aber eine gemeinsame Kesselanlage vorzusehen. Die Speiseleitungen führen hier Frischdampf, was bei größeren Entfernungen Vorteile bietet. Günstig im Vergleich mit der Anordnung von Abb. 115d ist die Zusammenfassung der Kesselanlage, nachteilig sind die Verluste in den Fernleitungen und der geringere Wirkungsgrad der von den Kesseln abgetrennten Dampfmaschinen gegenüber den Lokomobilen. Im allgemeinen dürfte die Anordnung von Abb. 115d vor der von Abb. 115e zu bevorzugen sein.

Allgemein ist zu Abb. 115a—e noch zu sagen, daß jede Unterteilung der Dampf- und Krafterzeugung zu einer Erhöhung der Anschaffungskosten und auch eines Teiles der laufenden Ausgaben führt; der Raumbedarf wird größer, die Kessel und Maschinen mitsamt ihren Speise- und Kohlenversorgungseinrichtungen werden teurer, wobei auch der vermehrte Bedarf an Rückhalt zu beachten ist, und man hat mehr Bedienungspersonal bereitzustellen. Ferner verdient Beachtung, daß sich das Zusammenarbeiten mehrerer Einzelanlagen auf ein gemeinsames Netz niemals so übersichtlich gestaltet wie der Betrieb einer großen Anlage. Die tatsächlichen Erfolge wärmesparender Einrichtungen hängen sehr von verständnisvoller und gewissenhafter Handhabung ab; auch in dieser Hinsicht ist von einheitlichen Dampf- und Krafterzeugungsbetrieben mehr zu erwarten als von einer Anzahl kleiner Bezirksanlagen. Unterteilung sollte daher nur gewählt werden, wenn die Entfernungen so groß sind, daß Versorgung von einer Stelle aus auf keinen Fall mehr wirtschaftlich erscheint.

Nach den früheren Ausführungen ist klar, daß die Kesselanlagen soweit angängig an den Bedarfsschwerpunkten der von ihnen versorgten Bezirke unterzubringen sind, und daß vom energiewirtschaftlichen Standpunkt aus angestrebt werden muß, die Hauptdampfverbraucher, wie Betriebskraftmaschinen, Schmiedehämmer und -Pressen, Dampfprüfstände, wie auch Werkstattgebäude mit besonders großem Heizdampfbedarf möglichst nahe an sie heranzulegen. Freilich wird sich diese Forderung nicht immer durchführen lassen, weil bei der Gebäudeanordnung noch andere wichtige Gesichtspunkte mitsprechen, z. B. hinsichtlich der Lage des Kesselhauses die Rücksicht auf die Kohlenzufuhr, hinsichtlich der Werkstätten die Notwendigkeit einer dem Bearbeitungsgang angepaßten Reihenfolge.

Gaskraftanlagen und Ölmaschinen. Gaskraftmaschinen kommen in erster Linie dort in Betracht, wo Gas als Abfallstoff zur Verfügung steht. Vor allem haben die Hochofen- und Koksofen-Gasmaschinen in der Berg- und Hüttenindustrie Bedeutung erlangt. Verfeuerung der Abgase zum Betriebe von Dampfkraftmaschinen ergibt eine viel schlechtere Ausnutzung; wenn trotzdem öfters einzelne gasgeheizte Kessel und Dampfturbinen zur Ergänzung von Gasmaschinenanlagen vorgesehen werden, so geschieht dies nur wegen ihrer besseren Überlastbarkeit und höheren Betriebssicherheit.

Anders liegen die Verhältnisse, wenn das Gas zum Betrieb von Gasmaschinen eigens erzeugt werden muß. Der günstigere Wirkungsgrad der Gasmaschinen gegenüber den Dampfkraftanlagen (Größenordnung 0,23 gegenüber 0,15) darf nicht überschätzt werden. Wirkliche Überlegenheit besteht nur in der Nähe der Nennleistung und verschwindet wegen des hohen Leerlaufverbrauches der Gasmaschinen und Gasgeneratoren bei stärkerer Abnahme der Belastung. Die tatsächliche Kohlenersparnis ist deshalb oft erheblich geringer, als nach dem Verhältnis der genannten Wirkungsgrade zu erwarten wäre.

Die aus der Kohle bei der Vergasung freiwerdenden Abfallstoffe lassen sich zu verschiedenen teilweise sehr wertvollen Erzeugnissen verarbeiten. Diese „Nebenstoffgewinnung" ist grundsätzlich von großer Bedeutung, jedoch noch stark in der Entwicklung begriffen; ihrer Anwendung im Einzelfalle ist oft hinderlich, daß sie zur Erzielung der verlangten Energie eine erheblich größere Kohlenmenge erforderlich macht. Auf die Wirtschaftlichkeit sind die örtlichen Brennstoffpreise wie auch Absatzmöglichkeit und Verkaufswert der Abfallstoffe von großem Einfluß.

Das verbrauchte Kühlwasser von Gasmaschinen kann wegen seines niedrigen Wärmegrades unmittelbar höchstens für Speisewassererwärmung oder für Wasch- und Badezwecke Verwendung finden. Unter Umständen läßt es sich durch die Abgase noch weiter erwärmen und dann für Warmwasser-Fernheizung ausnutzen. Im ganzen gestaltet sich die Abwärmeverwertung bei Gasmaschinen weit weniger günstig als bei Dampfkraftanlagen, was zu einer ausgesprochenen wirtschaftlichen Überlegenheit der letzteren führt, wenn reichliche Verwendungsmöglichkeit für Abwärme vorliegt.

Gasmaschinen sind für unmittelbaren mechanischen Antrieb von Bearbeitungsmaschinen wegen ihrer Empfindlichkeit gegen Überlastungsstöße nicht immer geeignet, wenngleich sie vereinzelt, allerdings mit sehr reichlichen Schwungmassen, sogar für Walzenzug Anwendung gefunden haben. Vorwiegend werden sie für Elt-, Preßluft- und Winderzeugung verwandt. Am sichersten und wirtschaftlichsten gestaltet sich ihr Betrieb, wenn sie vor Überlastung geschützt und mit gleichbleibender guter Ausnutzung arbeiten können.

Der Raumbedarf und die Anlagekosten größerer Gaskraftwerke werden weit erheblicher als von Dampfkraftwerken mit Lokomobilen oder Turbinen; zu beachten ist dabei auf seiten der Gasmaschinen der stärkere Rückhaltbedarf wegen der häufigeren Ausfälle durch Störungen und Reinigungsarbeiten. Dagegen ist als ein Vorteil der Gasmaschinen, der für geschlossene Mehrgeschoßbauten Bedeutung haben kann, die Möglichkeit hervorzuheben, daß sie sich unterhalb mit Menschen besetzter Arbeitsräume aufstellen lassen; Dampfkessel — mit Ausnahme der sogenannten Sicherheitskessel für kleine Leistungen — dürfen bekanntlich nach den behördlichen Vorschriften nicht überbaut werden. Dazu kommt bei Kleinanlagen eine entschiedene Überlegenheit hinsichtlich der Bedienungskosten, und die Industrie hat deshalb in neuester Zeit besonders an der Schaffung zuverlässiger Kleingasmaschinen und einfacher gedrängt gebauter Generatoranlagen weiter gearbeitet (Abb. 105a—b). Besondere Beachtung werden derartige Lösungen dort verdienen, wo gleichzeitig Heizgas benötigt wird.

Einen bemerkenswerten Versuch, die Vorzüge der Gasmaschinen mit denen der Dampfmaschinen zu vereinigen, hat die Ford Motor Company in ihrem Kraftwerk in Detroit gemacht. Es sind dort 9 liegende Zweikurbelmaschinen von je 4000 kW Leistung aufgestellt, bei denen auf die eine Kurbel 2 Gaszylinder, auf die andere 2 Dampfzylinder arbeiten; mutmaßlich ist hierbei die Anpassung an Belastungsschwankungen in erster Linie dem Dampfteil zugewiesen, so daß gewissermaßen der Gasteil für die Wirtschaftlichkeit, der Dampfteil für die Betriebssicherheit aufkommt. Die Wahl dieser Anordnung ist jedenfalls dadurch erleichtert worden, daß die ganze Kraftübertragung mit Gleichstrom erfolgt, so daß eine Beschränkung auf wenige Einheiten von Turboerzeugern ohnedies nicht möglich gewesen wäre. Ob die Brennstoffersparnisse den erheblichen Mehraufwand an Kapital gegenüber der für so große Verhältnisse sonst üblichen Anordnung, nämlich Erzeugung von Drehstrom in ein paar Turboerzeugern und örtliche Umformung in Gleichstrom nach Bedarf, rechtfertigen, ist nicht ohne weiteres zu beantworten.

Ölmaschinen können sich an Orten mit hohen Kohlenpreisen empfehlen; infolge des günstigen Wirkungsgrades (Größenordnung 0,35) und des hohen Heizwertes des Treiböls ist das Brennstoffgewicht für die Leistungseinheit gering, was für abgelegene Plätze eine wesentliche Frachtkostenersparnis bedeutet. Aber auch bei ihnen nimmt der Wirkungsgrad mit sinkender Belastung stark ab. Ein Vorteil, der sie vor den Dampf- und Gasmaschinen auszeichnet und als Rückhalt wertvoll macht, ist die augenblickliche Betriebsbereitschaft. Ölmaschinenanlagen benötigen wenig Platz, aber starke Grundwerke. Ihre Anlagekosten sind recht hoch. Die Möglichkeiten zur Abwärmeverwertung sind im wesentlichen dieselben wie bei Gasmaschinen.

Als Brennstoffe kommen für Maschinen größerer Leistungen das aus dem Auslande einzuführende Gasöl und das aus der inländischen Verarbeitung des Steinkohlenteers hervorgehende Teeröl in Frage. Bei Teerölbetrieb ist eine geringe Zusatzmenge Gasöl zur Einleitung der Zündungen erforderlich. Teerölmaschinen verdienen für Anlagen in Deutschland wegen der größeren Unabhängigkeit vom Auslande den Vorzug.

Bezug und Selbsterzeugung von Energie. In vielen Fällen wird zu untersuchen sein, ob Bezug oder Selbsterzeugung der Eltenergie vorteilhafter ist. Bezug hat für Unternehmen von geringer Kapitalkraft die Annehmlichkeit, daß die Anschaffung einer kostspieligen Kraftmaschinenanlage entfällt und lediglich ein verhältnismäßig kleiner Raum für Umspanner und Schalteinrichtungen bereitzustellen ist; früher wurde auch häufig die Ausrüstung selbst von den liefernden Eltwerken mietweise abgegeben. In neuester Zeit hat allerdings die zunehmende Kapitalnot in Deutschland eine Reihe von Werken veranlaßt, von ihren ehemaligen Gepflogenheiten abzugehen und von ihren Abnehmern teilweise recht bedeutende Anschlußgebühren oder -Zuschüsse zu fordern. Im übrigen hängt die Entscheidung vorwiegend von wirtschaftlichen Vergleichsrechnungen ab, bei denen aber nicht der Kraftbedarf für sich, sondern die ganze Energieversorgung im Zusammenhang zu beurteilen ist.

Allgemein kostet, wie schon bemerkt, die Erzeugung einer bestimmten Energiemenge unter gleichen Verhältnissen in einem großen Kraftwerk weniger als in einer Anzahl von kleinen. Die hierdurch mögliche Ersparnis erklärt es, daß die bezogene Energie trotz der Leitungsverluste und des Unternehmergewinnes des liefernden Eltwerkes oft billiger zu stehen kommt als die selbsterzeugte. Die Vorbedingungen hierfür werden natürlich bei großem Kraftbedarf weniger gegeben sein als bei geringem; denn bereits für Leistungen von wenigen hundert kW aufwärts, bei welchen die Aufwendungen für Bedienung usw. im Verhältnis zu den übrigen Kosten etwas zurückzutreten beginnen, bieten sich in den Lokomobilen schon sehr wirtschaftlich arbeitende Kraftanlagen, die es hinsichtlich der Stromgestehungskosten mit nicht besonders günstig gestellten öffentlichen Eltwerken recht wohl aufnehmen können. Weiter zugunsten des Eltbezuges verschieben sich die Verhältnisse in Gegenden, wo geringwertige Brennstoffe wie Braunkohle und Torf in Betracht kommen; bei diesen ist durch Verfeuerung am Gewinnungsort und Fernübertragung der erzeugten Energie durch Eltleitungen viel an Beförderungskosten zu sparen, die infolge des niedrigen Heizwertes der Gewichtseinheit verhältnismäßig hoch ausfallen würden. Besonders vorteilhafte Bezugsmöglichkeit wird dort vorliegen, wo bestimmte Energiemengen auf jeden Fall verfügbar sind und bei Nichtausnutzung verloren gehen müßten, weil sie sich entweder gar nicht oder nur zeitweilig aufspeichern lassen (Wasserkräfte, Hochofengase usw.).

Bei der Preisfestsetzung von seiten des liefernden Eltwerkes wird in jedem Falle stark mitsprechen, ob die im Jahres- und Tagesverlaufe angeforderten Leistungen eine erwünschte Ergänzung zu der Entnahme der übrigen Verbraucher bedeuten, ob sie gerade bewältigt werden können, oder ob sie gar Anschaffungen neuer Maschinen usw. notwendig machen, die dann vielleicht mit nur geringer durchschnittlicher Ausnutzung zu laufen haben. Liegt der zuletzt angeführte Fall vor, so werden befriedigende Bezugsbedingungen unter Umständen nur dadurch zu erzielen sein, daß man ein Zusammentreffen der Arbeitszeit mit der Höchstbelastung durch die sonstigen Verbraucher (Städte, Bahnen, schon früher angeschlossene Unternehmungen) vermeidet, oder zur Übernahme der Belastungsspitzen des eigenen Betriebes selbst Rückhaltmaschinen (Dieselmaschinen) aufstellt. Ersteres wird sich allerdings mit Rücksicht auf die Lebensverhältnisse der Arbeiter, insbesondere wegen ihrer Abhängigkeit vom Bahnverkehr selten durchführen lassen; letzteres ist durch die hohen Anlagekosten erschwert, die nur dann erträglich sein werden, wenn das liefernde Eltwerk Wert darauf legt, die Maschinen des Abnehmers auch als Rückhalt für sich in Anspruch nehmen zu können, und diesem Vorteil beim Vertragsabschluß genügend Rechnung zu tragen bereit ist.

Das Bild kann sich sehr zugunsten der Selbsterzeugung verändern, wenn im eigenen Werk oder in fremden Betrieben in der näheren Umgebung Verwendungsmöglichkeit für Abwärme vorliegt. Man kann die ganze Frage dann von dem Gesichtspunkt aus betrachten, daß die Kraftvorverwertung der zu Heizzwecken benötigten Wärmeenergie einen Sondergewinn darstellt, der sich unter geringer Erhöhung des Brennstoffverbrauches nebenher erzielen läßt, und braucht so mit der Kraftanlage von den Wärmeerzeugungskosten nur den geringen Mehraufwand in Rechnung zu stellen, den sie gegenüber der reinen Heizanlage verursacht. Auch bei sehr niedrigen Eltbezugspreisen wird dann Selbsterzeugung in der Regel die bei weitem wirtschaftlichste Lösung sein.

Weiter können Fälle vorkommen, in denen sich teilweiser Bezug und teilweise Selbsterzeugung empfiehlt. Insbesondere ist hier an Betriebe zu denken, die wesentlich überwiegenden Kraftbedarf haben, also bei ausschließlicher Selbsterzeugung nur einen Teil ihrer Abwärme auszunutzen vermöchten. Der für Wärmezwecke nicht verwertbare Energierest wird dann, günstige Bedingungen vorausgesetzt, oft besser von außerhalb zu beziehen sein. Eine solche Regelung kann z. B. für Werften oder Maschinenbauanstalten mit größerem Druckluftbedarf in Betracht kommen. Wenn man dort etwa die Treiber der Bearbeitungsmaschinen mit bezogener Eltenergie speist, dagegen für die Drucklufterzeugung eine eigene Dampfkraftanlage mit Abdampfheizung vorsieht, so vermeidet man die vermehrten Umwandlungsverluste, die bei Eltantrieb der Luftverdichter entstehen würden, und erlangt zugleich die bei großem Luftbedarf erwünschte Möglichkeit, Turbo-Verdichter mit wesentlich mehr als 3000 Umdrehungen/Min. zu verwenden.

Auch zeitweiliger Bezug der benötigten Energie ist zu überlegen. Wie schon erwähnt wird Selbsterzeugung hauptsächlich im Winter vorteilhaft, wenn sich die Abwärme für Raumheizung ausnutzen läßt, während den Eltwerken Stromabgabe im Sommer besonders erwünscht ist. Man wird also unter Umständen vorteilhafte Stromlieferungsverträge auf der Grundlage abschließen können, daß der Bezug von Elt in erster Linie in der warmen Jahreszeit erfolgt, und daß im übrigen das liefernde Eltwerk und die Kraftanlage des Beziehers einen Rückhalt auf Gegenseitigkeit bilden.

Energiewirtschaftliche Zusammenfassung von Werken. Erwähnt sei noch die Möglichkeit energiewirtschaftlicher Kupplung von Werken mit überwiegendem Kraftbedarf und solchen mit überwiegendem Wärmebedarf. Die bei den einzelnen Werken nicht durchführbare Nachverwertung des Kraftmittels für Heizzwecke bzw. Vorverwertung des Heizmittels für Kraftzwecke und die damit verbundenen Ersparnisse werden sich oft mehr oder weniger vollkommen durch geeignete Zusammenfassung verwirklichen lassen und kommen dann allen beteiligten Werken zugute. Mitunter wird das Handinhandarbeiten verschiedener Zweigbetriebe ein und desselben Gewerbes von selbst zu derartigen Zusammenfassungen führen, z. B. von Webereien mit großem Kraftbedarf und Färbereien mit hohem Wärmebedarf. Bisweilen geben die Möglichkeiten auf diesem Gebiete sogar Veranlassung zur Angliederung oder Neueinrichtung anderer Betriebe, die ihrem Wesen nach mit dem ursprünglich vorhandenen gar nichts zu tun haben, aber eine energiewirtschaftliche Ergänzung für ihn bilden. In andern Fällen sind energiewirtschaftliche Zusammenschlüsse durch Energielieferungsverträge zwischen voneinander unabhängigen Unternehmungen in Betracht zu ziehen; beispielsweise kann sich für Werke mit großem Wärmebedarf Vorverwertung des Dampfes zur Elterzeugung und Verkauf des Stromes an Maschinenfabriken oder Überlandkraftwerke empfehlen, für Werke mit hohem Kraftbedarf Abgabe von Abdampf oder Warmwasser an Wäschereien, Badeanstalten, Wohnungsheizanlagen usw. Ausführliche Untersuchungen über alle diese Fragen finden sich in dem Buche Quellennachweis 25.

Besonders große Erfolge hat die Vervollkommnung der Energiewirtschaft bekanntlich in den Bezirken der Eisenerzeugung aufzuweisen. Die in kleineren Verhältnissen erreichbaren Vorteile sind weniger augenfällig, haben aber doch in ihrer Gesamtheit außerordentliche volkswirtschaftliche Bedeutung. Bei der Bereitstellung öffentlichen Geländes für Industriezwecke sollte stets auch diesen Fragen nachdrückliche Beachtung geschenkt werden.

Ein sehr vorteilhaftes Zusammenarbeiten kann sich — namentlich im Bereiche größerer Städte — bei Anschluß aller Betriebe an die Stadt- und Fernnetze ergeben. Insbesondere werden sich dann im Winter die bedeutenden Abfallenergien, die bei der Anwärmung der Werkstätten vor Arbeitsbeginn verfügbar sind, zur Deckung der Morgenbelastungsspitzen der städtischen Lichtnetze und der Straßen- und Vorortbahnen ausnutzen lassen.

Überwachung des Energieverbrauches. Noch weit schwerwiegendere Energieverluste als durch Unvollkommenheiten der Anlage können durch unachtsame Bedienung, mangelhafte Instandhaltung und sonstige Nachlässigkeiten im Betriebe verursacht werden. So werden vielfach die Gebäude übermäßig und übertrieben lange geheizt, obwohl die Insassen alle Fenster offen haben, die Wasserhähne in Waschräumen nicht abgestellt, Lampen und Elttreiber nach Benutzung nicht ausgeschaltet und starke Leitungen unnötig unter Dampf gelassen. Dampf und Preßluft blasen durch undichte Flanschen Monate hindurch frei ab; undichte Kolbenringe von Dampfmaschinen werden nicht rechtzeitig erneuert usw. Mangelhafte Bedienung der Kesselfeuer und falsche Einstellung des Zuges tut das übrige, den Brennstoffverbrauch in die Höhe zu treiben. Allen diesen Fehlern und Unterlassungen kann nur durch unausgesetzte sorgfältige Überwachung entgegengewirkt werden. Meßeinrichtungen, welche einer aufmerksamen Betriebsleitung die Unterlagen hierzu liefern, machen sich unbedingt in kurzer Zeit bezahlt.

Für manche Zwecke genügen Zähler, deren Angaben für bestimmte Zeitabschnitte verglichen werden können, und die wenigstens das Vorhandensein von Unregelmäßigkeiten im Betriebe erkennen lassen. Schlüsse auf Zeit, Ort und Ursache dieser Unregelmäßigkeiten ermöglichen sie im allgemeinen nicht; hierzu sind vielmehr Schreiber erforderlich. Die Zähler und Schreiber wird man unter Umständen zu verplomben haben. An besonders wichtigen Stellen, wie z. B. in Hauptkesselanlagen, im Hauptmeßfeld einer Eltversorgungsschaltanlage usw. bleiben die Schreiber zweckmäßig dauernd in Benutzung. An anderen Stellen genügt es, Anschlußmöglichkeiten zu schaffen, welche die schnelle und bequeme Einschaltung tragbarer Meßgeräte gestatten. Auf diese Weise kann man die einzelnen Werkstätten und nach Bedarf auch ihre Unterabteilungen durch regelmäßige Messungen oder gelegentliche Stichproben auf guten Zustand und richtige Handhabung der energieverbrauchenden Einrichtungen leicht überwachen und etwaige Vergeudungen aufdecken.

Im einzelnen seien angeführt Kohlenwagen, Rauchgasprüfer, Wärmegradschreiber und Speisewassermesser für Kesselhäuser, Meßeinrichtungen für das Heizungsniederschlagswasser in den Verbrauchsbezirken, ferner Gas-, Wasser- und Druckluftmesser. Tragbare Leistungs- und Stromschreiber, für welche man bei Drehstrom einen Satz geeigneter Strom- und Spannungswandler, bei Gleichstrom Vorschaltwiderstände und Nebenschlüsse mitbeschafft, können in vielen Fällen für die Einblicknahme in die Betriebsverhältnisse vorzügliche Dienste leisten. Beiläufig bemerkt spiegelt sich in den Eltverbrauchskurven der Leistungsschreiber auch die Arbeitsweise und Pünktlichkeit der Werkstatt, so das mehr oder weniger straffe Durchhalten der Arbeit vor und nach den Pausen, untrüglich wieder.

Nur bei klarer Übersicht über die gesamten energiewirtschaftlichen Verhältnisse eines Werkes wird es möglich sein, jederzeit die Notwendigkeit und den Nutzen etwaiger Verbesserungen einwandfrei festzustellen und die künftige Entwicklung des Energiebedarfes zutreffend vorauszu berechnen. Diese Übersicht ist aber nur aus den Messungsergebnissen von langen Zeiträumen zu gewinnen. Für die Beurteilung einschneidenderer Fragen sollten zum mindesten von allen

Jahreszeiten eines Jahres, besser jedoch von mehreren Jahren mit verschiedenem Beschäftigungsgrad Unterlagen vorhanden sein. Alle Messungsergebnisse und Schreibstreifen von den laufenden Betriebsuntersuchungen sind deshalb sorgfältig zu sammeln, am besten durch Einordnung in den Plankammern.

Bauausführung.

(Siehe hierzu Quellennachweis 1e, 1i, 1m, 2, *3, 4, 103, 114, 115, 120, 202, 301, 314, 501.)

Allgemeines über Wahl der Bauweise. Die Fragen der Bauausführung sollen in diesem Buche entsprechend der in Titel und Vorwort festgelegten Umrahmung des Stoffes nur kurz behandelt werden. Zweck dieses Abschnittes ist nicht erschöpfende Darstellung aller möglichen Lösungen, sondern kurze Aufführung einer Reihe von Punkten, deren Kenntnis dem Betriebsfachmann für das Zusammenarbeiten mit den bautechnischen Stellen von Nutzen sein kann.

Vorausgeschickt sei, daß die Zweckmäßigkeit der verschiedenen Bauweisen sehr von den besonderen Verhältnissen abhängt. Gleichartige Aufgaben werden von Fall zu Fall ganz verschieden zu lösen sein. Unter anderem spielen örtliche Lage und Zeitumstände mit ihrem Einfluß auf Bezugsmöglichkeit, Kosten, Anlieferungsfristen und Errichtungsdauer für die verschiedenen Baustoffe eine wichtige Rolle.

Die Bedeutung der örtlichen Lage ist vor allem durch die starke Einwirkung der Beförderungskosten auf den Gestehungspreis der Baustoffe am Bauplatz bedingt. In Zusammenhang hiermit ist bei Wahl der Bauweise die Art der in der Nähe verfügbaren Baustoffe wesentlich mitbestimmend. So werden die örtlichen Verhältnisse in manchen Gegenden auf Betonbau, in anderen auf Ziegelbau oder Bruchsteinbau hinweisen. In waldarmen Eisenerzeugungsgebieten werden Dachbinder und sonstige Tragwerke ausschließlich aus Walzeisen herzustellen sein, während in waldreichen Gebirgstälern reichliche Verwendung von Holz nahe liegt.

Die Lieferfristen sind von ausschlaggebender Wichtigkeit, wenn es sich um Bauten handelt, die zur Ausnutzung einer gerade einsetzenden günstigen Marktlage oder aus sonstigen Gründen rasch durchgeführt werden sollen. Das Errichten und Ausmauern eines Eisenfachwerkgebäudes auf dem Bauplatz geht im allgemeinen schneller von statten als das Aufstampfen eines Eisenbetongebäudes. Dafür läßt sich aber mit dem Eisenbetonbau verhältnismäßig rasch nach Auftragserteilung beginnen, da die wenigen in Frage kommenden Rundeisensorten meist vorrätig sind, während beim Eisenbau die der Walzeisenbeschaffung vorausgehenden Berechnungs- und Entwurfsarbeiten, das Auswalzen der nicht vorrätigen Eisensorten durch die Hütten und das Zusammenpassen in der Werkstatt viel Vorbereitungszeit in Anspruch nehmen. Zu Zeiten, wo die Walzwerke mit Aufträgen überhäuft sind, muß bei Eisenbau mit langen Lieferfristen und der Gefahr erheblicher Fristüberschreitungen gerechnet werden. Auf jeden Fall wird möglichste Einheitlichkeit in den Abmessungen aller Gebäudeteile die Entwurfsarbeiten vereinfachen und beschleunigen und auch die Verwendung weniger besonders gangbarer Eisensorten erleichtern. Außergewöhnlich rasche Errichtung gestatten verschiedene in den letzten Jahren ausgebildete Bauweisen, bei denen die Hauptgebäudebestandteile in Werkstätten reihenmäßig hergestellt werden und am Bauplatz nur noch zusammengesetzt zu werden brauchen. Dieselben dürften namentlich für leichtere Büro- und Lagergebäude in Frage kommen. Ein abschließendes Urteil über ihre Bewährung erscheint aber vorläufig noch nicht möglich.

Beim Vergleich der technischen Eigenschaften der verschiedenen Bauweisen erfordert besondere Beachtung die Feuersicherheit, die stets unter Mitberücksichtigung des Inhalts der betreffenden Gebäude beurteilt werden muß. Holzbauten sind leicht verbrennlich. Steingebäude mit kräftigen hölzernen Zwischendecken kann man als langsam brennend bewerten. Eisenfachwerkbauten sind zwar unverbrennlich, aber bei brennbarem Gebäudeinhalt unter Umständen einsturzgefährlich. Eisenbetonbau ist dagegen wohl für alle vorkommenden Fälle als feuerbeständig anzusehen. Reine Ziegelbauten wie auch Bruchsteinbauten erfordern wegen der geringen Belastbarkeit des Baustoffes verhältnismäßig große Mauerstärken und Pfeilerabmessungen; hauptsächlich fällt dies bei höheren Gebäuden ins Gewicht. Dadurch geht vor allem in den unteren Geschossen ein nicht unbeträchtlicher Teil der nutzbaren Grundfläche verloren, was man namentlich bei beschränkten Grundstücken im Auge zu behalten hat; außerdem lassen sich die Fensterflächen nicht so reichlich bemessen, wie es für viele Fälle erwünscht ist. Ziegelbau wird deshalb unter durchschnittlichen Verhältnissen nur für niedrigere Gebäude mit mäßigem Lichtbedarf in Frage kommen. Das Gesagte gilt in noch viel höherem Grade für den neuerdings als Notbehelf eingeführten Lehmsteinbau, mit dem infolgedessen nur ganz niedrige Baulichkeiten für untergeordnete Zwecke errichtet werden können. Eisenbetonbau steht in bezug auf Grundflächenverbrauch durch Pfeiler und Wände günstiger da als Ziegelbau, aber weniger günstig als Eisenbau mit Fachwerkwänden. Hinsichtlich Wärmeschutz und Wärmespeicherfähigkeit ist Ziegelbau am besten, Eisenbau am geringwertigsten. Eine Mittelform zwischen den erwähnten Bauweisen bildet der sogenannte Skelettbau. Bei diesem werden in die Ziegel- oder Betonpfeiler verhältnismäßig dünne Eisenträger eingefügt, die einen Teil der Druckkräfte übernehmen und so eine Verringerung der Pfeilerquerschnitte ermöglichen; der umgebende Mauerstoff verhindert sie am Ausknicken und schützt sie auch vor dem Erglühen im Brandfalle.

Bei Eisenbetonbau sind noch verschiedene Nachteile zu erwähnen, die zwar einzeln genommen im allgemeinen nicht ausschlaggebend sein werden, aber keinesfalls übersehen werden dürfen. Unangenehm ist zunächst die starke Schallfortleitung, die bei Unterbringung von Büros und Werkstätten in gemeinsamen Gebäuden sehr störend wirken kann. Verhältnismäßig viel Schwierigkeiten und Kosten verursacht nachträglicher Einbau oder Umlegung von Rohren, Eltleitungen, Beleuchtungskörpern usw. im fertigen Gebäude. Man muß sich also entweder schon bei Baubeginn über die Lage jedes Einrichtungsstückes endgültig im klaren sein, oder Durchbrüche und Befestigungspunkte mit Hilfe von in regelmäßigen Abständen eingelegten Rohrstücken, Walzeisen usw. gewissermaßen auf Vorrat schaffen, wobei aber die Einfachheit und Bequemlichkeit der Befestigung in Eisenbauten bei weitem nicht erreicht wird. Sehr ungünstig gestalten sich bauliche Änderungen, Entfernung alter und Anschluß neuer Gebäudeteile; auch sind die beim Abbruch verbleibenden Altstoffe, die bei Eisenbauten einen nicht unbeträchtlichen Erlös bringen können, bei Eisenbetonbauten so gut wie wertlos.

Durchschnittliche Verhältnisse vorausgesetzt wird für Hallenbauten, namentlich solche mit großen Spannweiten, Eisenbau am vorteilhaftesten sein, weil bei Eisenbetonbau die Binder unverhältnismäßig stark ausfallen und die ganze Bauweise recht schwerfällig wird. Für Flachsaalbauten (vgl. S. 169) mit mäßigen Stützenentfernungen sind beide Bauweisen ungefähr gleich günstig. Dagegen wird für mehrgeschossige Werkstattgebäude, namentlich wo mit Brandgefahr zu rechnen ist, vorwiegend reiner Eisenbetonbau oder Skelettbau mit Eisenbetondecken in Betracht zu ziehen sein.

Bei der Entscheidung über die Bauweise wie über den Zuschnitt des Ganzen und die Güte der Ausführung im einzelnen spielen natürlich Fragen der Wirtschaftlichkeit wesentlich mit. Hochwertig ausgeführte Gebäude ergeben unter der Voraussetzung, daß sie lange Jahre in Gebrauch bleiben, häufig die geringsten laufenden Ausgaben, denn die Mehraufwendungen für Verzinsung gegenüber bescheidenerer Bauweise können durch die Ersparnisse an Abschreibung, Instandhaltung, Feuerversicherungsgebühren und Heizstoffverbrauch wesentlich übertroffen werden. Dagegen werden minder kostspielige Ausführungen den Vorzug verdienen, wenn mit der Möglichkeit zu rechnen ist, daß die Gebäude vor Ablauf ihrer mutmaßlichen Lebensdauer wieder abgebrochen werden müssen, um neueren Bedürfnissen entsprechenden Bauten Platz zu machen, oder daß eine spätere Verlegung des Werkes mit Rücksicht auf Ausdehnungsmöglichkeit, Grundstückpreise, Steuerverhältnisse oder Arbeiterschwierigkeiten notwendig wird. Unsichere Beschäftigungsaussichten werden gleichfalls dafür sprechen, nicht allzuviel Kapital festzulegen; ausführlicher wird hierüber noch in dem Abschnitt „Anlage neuer Werke" gesprochen. Kleinere Unternehmungen sind häufig auch durch Schwierigkeit der Geldmittelbeschaffung gezwungen, sich mit den einfachsten Ausführungen zu begnügen. Als Beispiel eines Werkstattbaues, bei welchem möglichst geringer Aufwand angestrebt wurde, sei der in dem Aufsatz Quellennachweis 115 beschriebene erwähnt.

Die in den vorstehenden Absätzen angeführten technischen und wirtschaftlichen Gesichtspunkte treten vorläufig hinter den Schwierigkeiten der Zeitlage zurück. Bezugsmöglichkeit und Preisverhältnis der verschiedenen Baustoffe haben seit den ersten Kriegsjahren die einschneidendsten Veränderungen erfahren. Die ursprünglich besonders fühlbare Eisenknappheit hat den Holzbauten manche Anwendungsgebiete neu erschlossen, die vorher fast ganz dem Eisenbau zugefallen waren; hierfür bildet die Herstellung hölzerner Dachbinder für weite Hallen ein Beispiel (Abb. 122). Sie hat auch in vielen Fällen, wo Eisenfachwerkbau und Eisenbetonbau im Wettbewerb standen, den Ausschlag zugunsten des letzteren gegeben, weil das Gewicht der dort erforderlichen Eiseneinlagen nur etwa ein Drittel des Eisenbedarfs von entsprechenden Eisenfachwerkbauten ausmacht. Später lähmte dann die Kohlenknappheit überwiegend die Tätigkeit der Zementwerke und Ziegeleien und verschob dadurch die Lage wieder mehr zu Gunsten des Eisenbaus. Auch in den kommenden Jahren wird man aller Voraussicht nach in seiner Entschließungsfreiheit durch den Zwang beeinträchtigt sein, die Stoffe zu verbauen, die jeweils rasch und zu einigermaßen erträglichen Kosten erhältlich sind.

Stützen, Binder, Kranbahnen. Zur Aufnahme der auf den Längswänden lastenden Windkräfte und der beim Anfahren und Bremsen der Kranlaufkatzen auftretenden Massenkräfte, welche die Gebäude in seitlicher Richtung umzulegen trachten, ist ein gewisses Maß von Quersteifigkeit erforderlich. Dieselbe kann auf verschiedene Weise erzielt werden.

Für Werkstatthallen verwendet man am häufigsten mit den Grundwerken fest verankerte Stützen, auf deren oberen Enden sogenannte Balkenbinder ohne starre Verbindung aufgesetzt sind (Abb. 26a). Bei neueren Bauten hat man bisweilen die prismenförmigen Traggerippe der Raupenoberlichter zugleich als Binder benutzt, um den Raum unterhalb der Dachfläche völlig frei halten zu können. Diese Anordnung wird jedoch nicht zweckmäßig sein, wenn das Bedürfnis vorliegt, Wellenleitungen am Dachtragwerk aufzuhängen. Die Auflagepunkte der Binder auf

Abb. 122 a.

Abb. 122 c.

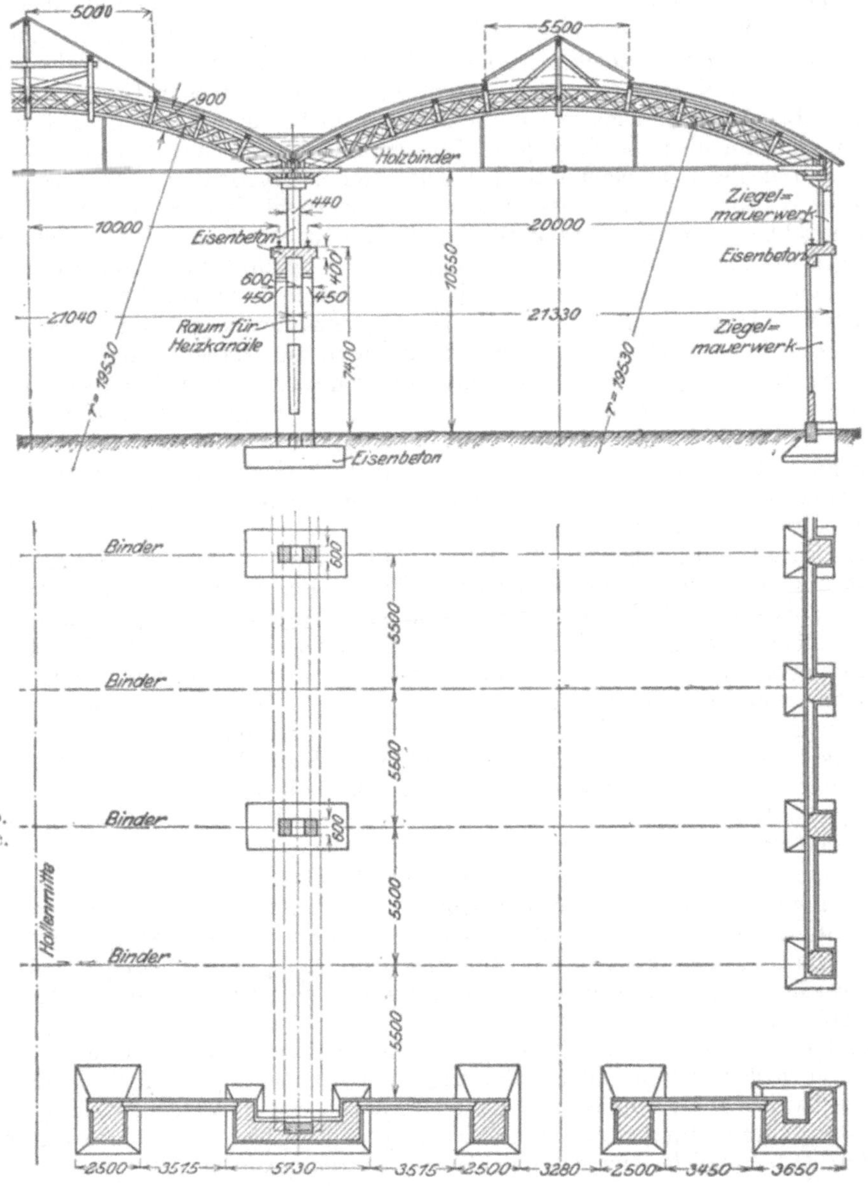

Abb. 122a—c. Dreischiffige Walzwerkhalle mit Eisenbetonstützen nnd Holzbindern. M. 1 : 300. (Aus Z. 1917, S. 590, K. Bernhard. Q. 120.)

den Stützen werden in der Regel als Rollenlager ausgebildet; außenseitig angebrachte Anschläge begrenzen die Verschiebungen. Dadurch wird einerseits Nachgiebigkeit bei Wärmedehnungen, andererseits Ableitung der das Dach treffenden Windkräfte auf die Stützen der in Lee gelegenen Wand erreicht, also die unmittelbar schon stärker beanspruchte Luvwand entlastet. Die Verbindungsstellen der Dachbinder mit den Stützen haben somit nur Druck- und Schubkräfte, aber keine Biegungskräfte zu übertragen und benötigen deshalb wenig Platz, so daß die Hallenweite unterhalb der Dachbinder für Laufkrane voll ausnutzbar ist. Die Stützen sind statisch als im Boden fest eingespannte Stäbe aufzufassen. Ihre Biegungsbeanspruchung nimmt von oben nach unten zu und macht für den Stützenfuß eine mitunter recht erhebliche Ausdehnung notwendig, so daß die verwertbare lichte Hallenweite dort beeinträchtigt wird. Bei Anordnung der Grundwerke ist auf die Aufnahme dieser Biegungskräfte Rücksicht zu nehmen.

Eine andere Möglichkeit besteht in der Verwendung von Bogenbindern, welche bis auf den Boden hinunterreichen, also Dachbinder und Wandstützen in einem einheitlichen Fachwerkkörper vereinigen (Abb. 20a). Der Platzbedarf der Binderfußpunkte in der Weitenrichtung der Halle ist hier gering, was die restlose Ausnutzung der Bodenfläche in Werkstatt- und Lagerräumen erleichtern kann. An die Grundwerke werden weniger hohe Ansprüche gestellt, da an den Auflagepunkten der Bogenbinder nur Druck- und Schubkräfte auftreten und etwa vorkommende ungleichmäßige Senkungen keine so schwerwiegenden Folgen haben wie bei fest aufgespannten Stützen. Diese Ausführung stellt sich daher im allgemeinen billiger. Sie ist jedoch nur anwendbar, wo Laufkrane entweder entbehrlich sind oder nur einen Teil der Werkstattweite zu

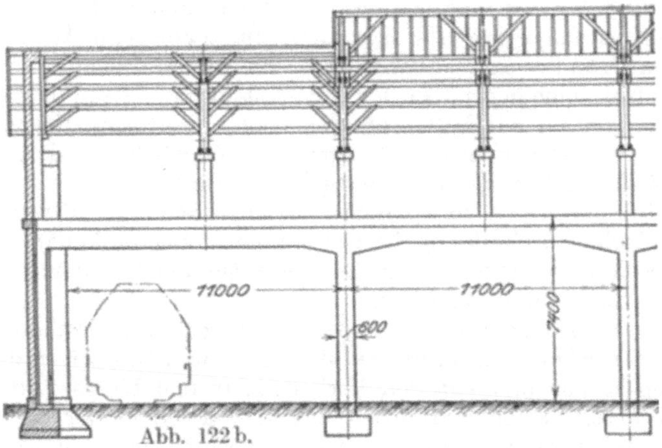

Abb. 122b.

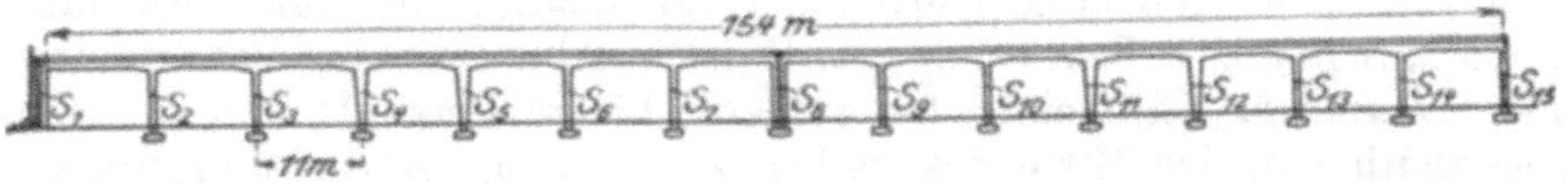

Abb. 123a. Eisenbetonkranbahn der Halle von Abb. 122. M. 1:1500. (Aus Z. 1917, S. 590, K. Bernhard. Q. 120.)

Abb. 123b. Außenansicht zu Abb. 122. (Aus Z. 1917, S. 591, K. Bernhard. Q. 120.)

überspannen brauchen; kleine Hebezeuge an Hängebahnen lassen sich dagegen ohne Schwierigkeit anbringen (Abb. 20a). Allerdings hat man die Möglichkeit, für den inneren lichten Querschnitt statt eines Trapezes wie in Abb. 20a ein Rechteck zugrunde zu legen und demgemäß die äußeren Umgrenzungsstäbe des Fachwerkes von den Fußpunkten aus schräg nach außen hochzuführen; doch geht dabei wegen des Mehraufwandes an Baustoffen der Vorteil der Bogenbinderanordnung mehr oder weniger verloren, und es wird die mitunter erwünschte Anbringung von Kranen zur Bedienung der längs den Werkstätten liegenden Hofräume erschwert.

Den Querschnitt einer Halle mit Laufkranen für sehr schwere Maschinen, deren Formgebung die möglichst hohe Ausnutzung des im Innern Berlins gelegenen äußerst knappen und kostspieligen Grundstückes bezweckt, zeigt Abb. 24a. Hier ist die grundsätzliche Anordnung des

Dreigelenkbogens verwandt; die Gelenkpunkte liegen über dem Boden und unter dem Dachfirst. Die Anordnung ergibt sehr wenig Platzverlust durch die Fußpunkte und auch sehr geringes Einspringen der Wandteile der Binder in den Hallenquerschnitt, weil die Halbbinder wegen der kleineren Spannweite weniger stark ausfallen als vollständige Bogenbinder. Es wird daher nahezu die ganze Hallenweite von den Laufkranen beherrscht. Die Grundwerke haben hier wieder keine Biegungskräfte, sondern nur Druck- und Schubkräfte aufzunehmen, letztere allerdings in wesentlich höherem Maße als bei den früher beschriebenen Anordnungen, weil hier außer dem Winddruck auch das Eigengewicht darauf von Einfluß ist.

Beim Zusammenbau mehrerer Schiffe darf das Rahmenwerk der Binder und Stützen nicht statisch überbestimmt sein, um Überanstrengungen des Baustoffes im Falle von Wärmedehnungen oder von Senkungen in den Grundwerken zu vermeiden. Es werden deshalb in der Regel von einer Folge von Schiffen nur einzelne gegenüber der Erde festgelegt und standsicher ausgebildet, das Gespärre der übrigen dagegen mit Hilfe von Gelenken oder Rollenauflagern oder auch durch Verwendung statisch unbestimmter Anordnungen von reichlicher Federung Federung nachgiebig gemacht. Natürlich haben dann die festgelegten Binder und Stützen sämtliche Massenkräfte und Windkräfte, die in den an sie angeschlossenen Schiffen auftreten, mit nach der Erde abzuleiten. Die statische Durchbildung der Gesamtanordnung muß nennenswerte Änderungen der Kranbahnspurweiten ausschließen, um Entgleisungen der Krane infolge Auflaufens der Radspurkränze auf die Schienen zu verhüten.

Der Winddruck auf die Gebäudestirnflächen und die Massenwirkungen beim Anfahren und Bremsen der Laufkranbrücken verursachen Kräfte, welche die Binder und Stützen in der Längsrichtung der Schiffe umzuwerfen suchen und von den Verbänden in den Längswänden aufgenommen werden müssen. Vollwandige Ziegel- oder Betonmauern bieten in der Regel genügend Widerstand. Bei Wänden aus Fachwerk oder mit großen Fensterflächen wie auch bei freistehenden Kranbahnen auf Stützen ist dagegen meist eine besondere Verstrebung oder Einlegung von kräftigen Steifrahmenverbänden notwendig, die zur Vermeidung statischer Überbestimmung nur in einem Feld erfolgt; z. B. ist in Abb. 26b eine Verstrebung im Feld am weitesten links erkennbar. Erscheinen bei größerer Länge Versteifungen an mehreren Stellen angebracht, so werden in der Mitte dazwischen zweckmäßig Ausdehnungsfugen vorgesehen. Ein Beispiel hierfür zeigt Abb. 123a, welche die aus Eisenbeton gebaute 154 m lange Kranbahn des in Abb. 122a—c dargestellten Gebäudes veranschaulicht. Feld S 4—S 5 und Feld S 11— S 12 sind als Steifrahmen ausgestaltet und haben dementsprechend besonders starke Stützen, während alle übrigen Stützen in der Längsrichtung so schmal gehalten sind, daß sie leicht federn und als Pendelstützen angesehen werden können; in der Mitte der Stütze S 8 liegt eine Ausdehnungsfuge. Bei Ermittlung der Massenkräfte hat man stets die Möglichkeit gleichzeitigen Betriebes mehrerer Krane auf derselben Kranbahn im Auge zu behalten.

Hier und da ist empfohlen worden, die Unterstützung der Kranbahnen von der der Dachbinder zu trennen, um Erschütterungen und Undichtwerden des Daches durch die Einwirkung des Kranbetriebes zu vermeiden. Eine solche Trennung erhöht jedoch den Verbrauch an Platz und Baustoffen und hat auch, seitdem die Oberlichtscheiben meist nicht mehr eingekittet, sondern federnd aufgepreßt werden, an Bedeutung verloren. Man benutzt deshalb vorwiegend gemeinsame Stützen für beide Zwecke. Die Kranbahnen leichter Laufkrane verlegt man auf an den Dachstützen angebrachten Tragarmen (Konsolen), (Abb. 21b, rechtes Seitenschiff). Für schwere Laufkrane, deren Gewichte diejenigen der Dachteile erreichen oder übertreffen, macht man gewöhnlich die Stützen bis zur Höhe der Kranbahn stark und setzt sie von da ab mit geringerer Bemessung als Dachstützen bis zu den Auflagepunkten der Balkenbinder des Daches fort (Abb. 26a). Mitunter läßt man die Stützen auch an der Kranbahn endigen und legt bereits dort die Dachbinder auf, die in diesem Falle als nur wenig herabreichende Bogenbinder ausgebildet werden. Auch bei der Halle von Abb. 122—123 ruht das Dachtragwerk auf dem durch die Kranstützen und Kranbahnen gebildeten Unterbau. Bei den in Abb. 16 und 24 gezeigten Hallen ist die Aufnahme der großen Krangewichte geradezu die Hauptaufgabe der ganzen Binderanordnung geworden. Beim Entwurf von Kranstützen, gleichgültig ob sie freistehen oder in Gebäudewänden eingelassen sind, sollte niemals übersehen werden, auf Befestigungsmöglichkeit für die Kranbahnen etwaiger späterer Nachbarkrane Rücksicht zu nehmen.

Die Verlegung von Luftschächten und -verteilungsrohren, sowie von Dampf-, Preßluft-, Gas-, Wasser- und Eltleitungen, ebenso die Anbringung von Wellensträngen und Vorgelegen kann durch die Ausgestaltung der Pfeiler, Stützen und Kranbahnen unter Umständen wesentlich erleichtert werden. Einige Anhaltspunkte hierfür geben Abb. 72, 122 und 40b. Vereinzelt hat man die eisernen Stützen selbst als Luftschächte und sogar als Dampfsteigleitungen benutzt; hiergegen bestehen jedoch, wie bereits erwähnt, starke Bedenken, weil dabei leicht ein unbemerktes Durchrosten der Stützen von innen heraus eintreten kann.

Umwandung, Fenster, Türen, Treppen. Statt durchgehender Tragmauern von gleichmäßiger Dicke werden stets einzelne kräftige Pfeiler mit dazwischenliegenden schwächeren Abschlußwänden angeordnet; dadurch wird an Baustoffen gespart und die Einfügung großer Fensterflächen ermöglicht. Die Wahl der Pfeilerteilungen in der Längsrichtung und der Schiffweiten in der Querrichtung wird in den folgenden Abschnitten „Einrichtung von Werkstätten" und „Einrichtung von Büros" besprochen. Die zwischen den Pfeilern liegenden Abschlußlängswände brauchen, sofern sie nicht zur Befestigung von Maschinen usw. benutzt werden, nur daraufhin entworfen zu werden, daß sie sich selbst tragen und dem Winddruck widerstehen. Das gleiche gilt für Stirnwände, die im Erweiterungsfalle leicht fortzunehmen sein sollen. Für Werkstätten mit hohem Wärmegradbedarf und langer jährlicher Heizdauer sind Fachwerk-Ziegelwände von $1/2$ Stein Stärke in der üblichen Weise zwischen]- und I-Eisen N. P. 14 aufgemauert schon reichlich dünn. Durch Verwendung noch schwächerer Wände mit Eiseneinlagen, die in verschiedenen Sonderausführungen hergestellt werden, kann unter Umständen weiter an Gewicht und Kosten gespart werden; derartige Ausführungen sind jedoch — abgesehen von warmen Gegenden — nur für offene Hallen, ungeheizte Lager usw. zu empfehlen. Bei größerer Stützenentfernung bedürfen Wände von geringerer Stärke zur Versteifung gegen die Windkräfte eines räumlichen Fachwerkes; insbesondere wird dies öfters bei Hallenstirnwänden der Fall sein.

Große Fenster verwerfen sich bei ungenügender Steifigkeit infolge des Winddruckes und werden dann leicht undicht. K. Bernhard befürwortet deshalb Unterteilung größerer Fenster durch kleine Zwischenpfeiler (Quellennachweis 114). Da eiserne Fensterflügel schlecht abschließen, empfiehlt er für Eisenfenster das Einsetzen hölzerner Flügel in besonderen Holzrahmen. Wegen Bemessung der Fenster sei auf den Abschnitt „Beleuchtung" verwiesen. Die Zweckmäßigkeit von Doppelfenstern ist in Abschnitt „Lüftung und Heizung" betont worden.

Türen für den Menschenverkehr sollen mindestens 2,0 m hoch und 0,9 m breit sein. Das Hindurchbefördern von Einrichtungsgegenständen kann größere Abmessungen erforderlich machen. Für Hauptverkehrstüren in mehrgeschossigen Werkstätten empfiehlt sich zweiflüglige Ausbildung mit etwa 2,4 m Höhe und 1,8 m Breite; es lassen sich dann auch größere Werkzeugmaschinen ohne Schwierigkeit hindurchbringen.

Tore zur Durchfahrt von Fuhrwerk sind 2,8 m hoch und mindestens 2,5 m, besser aber 3,0 m breit zu machen. Jedoch ist zu prüfen, ob diese Maße für die Fahrzeuge der Werks- und Ortsfeuerwehr genügen. Zur Durchfahrt von vollspurigen Eisenbahnwagen mit Bremserhaus ist 4,8 m Höhe und 4,0 m Breite erforderlich. Noch weit bedeutendere Torabmessungen kommen in Frage, wenn Werkstattlaufkrane mit angehängten Lasten in die Höfe hinauszufahren haben (Abb. 10a). Große Tore bedürfen ausreichender Versteifungen gegen die Windbeanspruchung und kräftiger Antriebsvorrichtungen. In ihre Flügel baut man meist noch sogenannte Schlupftüren für den Menschenverkehr ein, um allzuhäufiges Öffnen der ganzen Tore, das bei Wind und Kälte sehr lästig ist, zu vermeiden.

In Fällen, wo für Türflügel wenig Platz ist, können Schiebetüren oder Hubtüren Verwendung finden, die sich beim Öffnen entweder an der Außen- oder Innenfläche der Wände oder in Schlitzen innerhalb derselben bewegen. Die von der geöffneten Tür bedeckte Wandfläche ist natürlich für Fenster und sonstige Zwecke nicht ausnutzbar. Man hat auch in halber Höhe geteilte Hubtüren gebaut, bei deren Öffnung die obere Hälfte nach oben, die untere nach unten geht, wobei die eine Türhälfte das Gegengewicht für die andere bildet. Diese Anordnung hat sich besonders für Aufzüge bewährt, wo Flügeltüren leicht den Verkehr hemmen würden, und für Schiebetüren oder ungeteilte Hubtüren seitlich und nach oben hin oft nicht genügend Platz zur Verfügung steht; der Raum in den oberen Hälften der einzelnen Geschosse wird dabei abwechselnd von den Türteilen der darüber und der darunter befindlichen Haltestellen in Anspruch genommen, die ja niemals gleichzeitig geöffnet sein können.

Zum Schutz gegen zu starke Durchkältung der Räume erhalten Bürogebäude stets Windschleusen (Windfänge). Bei Werkstattentwürfen sollte diesem Punkte gleichfalls von vornherein Beachtung geschenkt werden; meist trifft man nachträglich aus Brettern zusammengezimmerte Windschleusen an, welche die Übersicht und das Aussehen der Innenräume stark beeinträchtigen. Bei häufigem Einbringen von Eisenbahnwagen werden sich auch für diese Windschleusen empfehlen (Abb. 9c). Windschutzwände, welche die aus dem Freien oder aus ungeheizten Treppenhäusern einströmende kalte Luft von den in Türnähe befindlichen Arbeitsplätzen abhalten, sind zwar weniger wirksam, können aber gute Dienste tun, wenn geschlossene Windschleusen wegen Platzmangels oder Behinderung des Verkehrs nicht anwendbar sind (Abb. 126a und b). Sie sind mindestens so hoch zu machen wie die Türöffnungen. Türen für den Menschenverkehr versieht man zweckmäßig mit selbsttätigen Türschließern, aber zugleich auch mit Festhaltvorrichtungen, um sie beim Durchbringen von Lasten vorübergehend offen halten zu können. Trotz aller derartiger Schutzmaßnahmen wird man zur Vermeidung von Zugluft stets anstreben müssen, den Verkehr so zu führen, daß nicht an verschiedenen Außenwänden gelegene Türen ständig benutzt zu werden brauchen. Einige weitere Hinweise für die Anordnung und Ausgestaltung von Türen sind bereits in den Abschnitten „Beförderungsmittel und Hebezeuge", „Brandschutz" und „Sicherheit und Ordnung" gegeben worden.

Zur Abkürzung der Lieferzeiten, Verminderung der Anschaffungskosten und Erleichterung von Ausbesserarbeiten empfiehlt es sich, die Türen und Fenster aller Gebäude möglichst einheitlich zu bemessen und auszuführen.

Über Treppen ist ebenfalls in früheren Abschnitten, namentlich in „Unfallverhütung" und „Brandschutz" einiges gesagt worden. Die Breite der Treppen in Werkstattgebäuden soll mindestens 1,25 m betragen, damit Begegnungen von Lasten tragenden Leuten möglich sind. Für Bürogebäude mit schwachem Verkehr genügt 1,00 m Breite, sofern dabei nicht die Hineinbeförderung der Möbel auf Schwierigkeiten stößt. Die Zugänge und die nach je 9—15 Stufen vorzusehenden Ruhe- oder Umkehrabsätze sollen nicht weniger breit sein wie die Treppenläufe selbst. Für Haupttreppen sind 6 Stufen, für Nebentreppen mindestens 5 Stufen auf 1 m Höhe

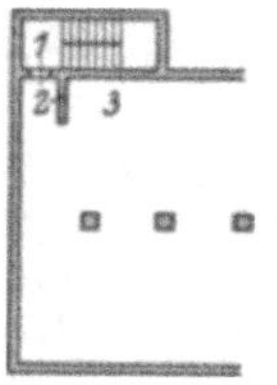

1 Zugiges Treppenhaus.
2 Windschutzwand zum Schutz der bei 3 befindlichen Arbeitsplätze.

Abb. 126a. Windschutzwand für eine Treppenhaustür.

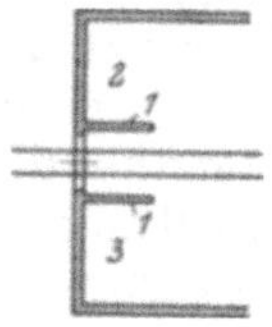

1 Windschutzwände für die bei 2 und 3 befindlichen Arbeitsplätze.

Abb. 126b. Windschutzwände für ein Hallentor.

zu rechnen; als Auftrittstiefe (von vorn nach hinten) ist bei Haupttreppen 0,30 m, bei Nebentreppen 0,28 m zu wählen. Die Läufe von Haupttreppen benötigen demnach für je 1 m Höhe etwa 1,8 m, diejenigen von Nebentreppen mindestens 1,4 m Länge; bei Entwurfsarbeiten von betriebstechnischer Seite werden diese Maße gern unterschätzt, was unrichtiger Raumeinteilung führt und sich später nicht immer berichtigen läßt, wodurch dann die Treppen übermäßig steil ausfallen.

Fußböden. Einen allen Anforderungen entsprechenden Fußbodenbelag gibt es nicht. Man hat daher von Fall zu Fall zu entscheiden, welche der gewünschten Eigenschaften am wichtigsten erscheinen, und danach die Auswahl zu treffen. Es seien nur einige kurze Hinweise hierfür gegeben; auf die zahlreichen einzelnen Ausführungsarten, deren Bewährung oft wesentlich hinter den Anpreisungen zurückbleibt, soll nicht eingegangen werden.

Die gesundheitlichen Vorteile von Holzfußböden wurden bereits in Abschnitt „Lüftung und Heizung" erwähnt. Für Maschinenbauwerkstätten und verwandte Betriebe haben sie den weiteren Vorzug, daß hinfallende Werkstücke und Werkzeuge weich aufschlagen und nicht ausbrechen oder verkratzt werden. Hohl verlegter Dielenfußboden kann infolge Eindringens von Wasser beim Reinmachen faulen, gibt Ratten und Mäusen Unterschlupf, brennt verhältnismäßig leicht ab und überträgt und verstärkt in lästiger Weise Schwingungen. Ein Festspannen auch leichterer Maschinen ist darauf nicht möglich. In Büros mit lebhaftem Verkehr steigert er wie ein Resonanzboden die Schrittgeräusche, so daß oft nachträglich Linoleum aufgelegt werden muß. Satt aufliegende Fußböden mit zwei gekreuzten Lagen von Dielen sind wesentlich besser. Die obere Lage muß aus besonders widerstandsfähigem Holz bestehen, um beim Befahren und beim Absetzen schwerer Gegenstände nicht zu zersplittern. Abbildungen verschiedener Ausführungsformen gibt die „Hütte", Abschnitt „Fabrikanlagen". Erheblich teurer, aber für feinmechanische Werkstätten und Büros vorzüglich geeignet sind Stabfußböden aus Eichen- oder Buchenriemen; die Stäbe werden in eine als Unterlage ausgegossene Asphaltschicht hineingedrückt und haften in derselben ziemlich fest, da sie auf der Unterseite schwalbenschwanzförmig gefräste Leisten tragen. In Anbetracht der geringen Stababmessungen verursachen Ausbesserungen wenig Umstände. Für Schwermaschinenbau empfiehlt sich Holzpflaster, das gleichfalls bequem auszubessern ist. Auf satt aufliegenden Dielen- und Stabfußböden ist die Aufstellung leichter Maschinen ohne weiteres möglich, während bei hohlen Dielenböden und Holzpflaster Einfügung von Betonsockeln erforderlich wird. Für Maschinen, die ihrer Eigenart nach nicht erschütterungsfrei laufen können (Hobelmaschinen, Fräsmaschinen, Schnelldrehbänke) oder nur bei schwingungsfreier Aufstellung saubere Arbeit zu liefern vermögen (Rundschleifmaschinen) ist starre Verbindung mit der tragenden Betonschicht unterhalb des Fußbodenbelages in keinem Falle zu umgehen. Holzfußböden müssen zur Erhaltung gelegentlich mit Öl behandelt werden, was unter den gegenwärtigen Verhältnissen ihre Kosten fühlbar erhöht.

Längere Einwirkung von Nässe kann Fäulnis und namentlich bei Stabfußböden auch lästige Quellungen und Verwerfungen hervorrufen.

Betonfußböden mit Zementestrich gestatten eine wesentlich bequemere Aufstellung und Befestigung der Maschinen und sind auch erheblich billiger als Holzfußböden. Sie verursachen jedoch viel Staub, zerbröckeln leicht bei Stößen und örtlichen Überlastungen und neigen zur Rißbildung; Estriche aus Schlackenbeton oder aus Zement mit Eisenfeilspänen verhalten sich in dieser Hinsicht weniger ungünstig als solche aus reinem Zement. Schadhafte Stellen lassen sich schlecht ausbessern. Zement wird durch längere Einwirkung von Öl angegriffen. Die Wärmeableitung ist recht erheblich, weshalb man vielerorts vor Werktischen und Maschinen nachträglich aufgelegten Holzbelag antrifft, der oft den Verkehr stört, die Ansammlung von Schmutz begünstigt und sehr unschön wirkt. Gelegentlich hat man von vornherein an den Stellen, wo die Arbeiter zu stehen kommen, Aussparungen im Betonboden gemacht und Inseln aus Dielenfußboden eingelegt; jedoch bindet man sich hierbei in unerwünschter Weise an den ersten Aufstellungsplan.

Gußasphalt verhält sich in bezug auf Staubbildung und Rissigwerden bedeutend günstiger als Zement- und Schlackenbeton. Seine Ausbesserung verursacht keine Schwierigkeiten. Hinsichtlich der Forderung geringer Wärmeleitfähigkeit steht auch er dem Holz beträchtlich nach. Größere Belastungen haben, namentlich bei warmem Wetter, tiefe Eindrücke zur Folge. Für mäßige Beanspruchung ist er dem Betonfußboden überlegen. Wegen seiner Wasserundurchlässigkeit kommt er besonders für feuchte Räume in Betracht; durch entsprechende Zusammensetzung kann er auch gegen manche Säuren widerstandsfähig gemacht werden.

Für Schmieden empfehlen sich Kopfsteinpflaster, Schlacken- oder Lehmschlagboden; Beton oder Ziegel würden zerbröckeln, Asphalt erweichen, Holz verkohlen. Gießereien werden zweckmäßig durchgehend mit Formsandboden bedeckt, der das Einformen unter Flur ermöglicht und auch gegen die Ausbreitung vergossenen Eisens am meisten Schutz bietet. Für Kesselhäuser, deren Fußboden bei selbsttätiger Rostbeschickung wenig beansprucht wird, ist Pflasterung mit aufrecht gestellten Ziegeln verbreitet. Maschinenräume werden mit Fließen ausgelegt, die wenig Staub verursachen, durch Öl nicht angegriffen werden und gut sauber zu halten sind, aber auch Schmutz leicht erkennen lassen; ihre Verwendung hebt erfahrungsgemäß den Reinlichkeits- und Ordnungssinn der Maschinenwärter, was auf die ganze Betriebshandhabung günstig weiterwirkt.

Wo Vollbahngeleise im Fußboden versenkt angeordnet werden, sind auf der Außenseite der Schienen Bewehrungseisen vorzusehen, um das Zerdrücken des Fußbodens bei der Fortbewegung von Wagen mittels Brechstangen zu verhüten (vgl. „Hütte", Abschnitt „Fabrikanlagen"). Auch die Kanten des Fußbodenstreifens zwischen den Schinen müssen, sofern nicht Rillenschienen Verwendung finden, zum Schutze gegen Ausbrechen bewehrt werden. Bei Schmalspurgeleisen braucht im allgemeinen nicht mit Brechstangen gearbeitet zu werden, doch sind die gleichen Vorkehrungen auch dort am Platze, weil die Loren bei unvorsichtiger Handhabung leicht entgleisen und dabei die Fußbodenränder beschädigen.

Da die genaue Höhenlage des Betonunterbaues in Erdgeschossen und der Tragdecken in Obergeschossen gegenüber Fußbodenoberkante und Türschwellen von der Bauhöhe des Fußbodenbelages und etwa erforderlicher Schienen abhängt, hat man sich über diese Punkte möglichst frühzeitig zu entscheiden.

Dächer. Die Gesamtanordnung der Dächer wird wesentlich durch die Beleuchtungs- und Lüftungserfordernisse bestimmt, die in den hierüber handelnden Abschnitten Besprechung gefunden haben. Bei Ausgestaltung des Dachtragwerkes von Werkstatt- und Lagergebäuden sollte stets auf Platz und Anbringungsmöglichkeit für vielleicht später noch notwendig werdende Laufkrane, Hängebahnen, Wellenleitungen usw. Bedacht genommen werden, sofern solche nicht schon von vornherein vorgesehen sind.

Jede Dachdeckungsart verlangt eine gewisse Mindestneigung; andererseits sind manche Arten auch nur bis zu einer bestimmten Höchstneigung verwendbar. Vollständig wagerechte Dächer vermeidet man, um das Stehenbleiben von Wasserpfützen zu verhüten. Ziegel- und Schieferdächer müssen steil gestellt werden, damit kein Wasser in die Fugen eindringt. Für Teerpappdächer ist nur geringe Neigung zulässig, damit die bei heißem Wetter erweichende Tränkmasse nicht abtropft, ebenso für Holzzementdächer teils aus demselben Grund, teils auch wegen ihres hohen Gewichtes. Dachform und Art der Dachdeckung bedingen sich also gegenseitig. Verhältnismäßig viel Spielraum hinsichtlich der Dachneigung gestattet der braunrot aussehende pappenähnliche Belagstoff Ruberoid, der neuerdings häufig Verwendung gefunden hat, insbesondere für Dächer mit wechselnder Schräge, z. B. in der Art des in Abb. 31 gezeigten Turmdaches. Glasflächen erhalten meist 50^0 Neigungswinkel, damit der Schnee schnell abrutscht. Flache Dächer erleichtern das Begehen zum Reinigen der Oberlichter.

Zur Verringerung der Kosten von Bindern und Stützen und zur Verminderung der Bodenbelastung bei schlechtem Baugrund sind Dachdeckungen von kleinem Eigengewicht erwünscht; bei zu heizenden Werkstätten ist aber auch auf niedrige Wärmedurchlässigkeit großer Wert zu legen. Eine Dachdeckung, die beide Anforderungen in vollkommener Weise erfüllt, gibt es nicht, doch geht man unter durchschnittlichen Verhältnissen bei Wahl des viel gebräuchlichen Bimsbetondaches mit Teerpappenbelag einen guten Mittelweg. Dasselbe wird gewöhnlich aus Platten mit Versteifungsrippen an der Unterseite zusammengebaut, die allerdings die gleichmäßige Rückstrahlung bei mittelbarer Kunstlichtbeleuchtung beeinträchtigen können (vgl. Abschnitt „Beleuchtung").

Wellblechdächer, namentlich solche ohne Holzverschalung, sind sehr leicht, aber auch sehr wärmedurchlässig. Wo sie dem Rauch von Lokomotiven, Schmiedefeuern usw. ausgesetzt sind, werden sie rasch zerfressen. Sie eignen sich in erster Linie für offene und ungeheizte geschlossene Lagerhallen sowie zur Überdachung von Hofarbeitsplätzen, wo stärkere Einwirkung von Rauch nicht in Frage kommt.

Holzzementdächer verhalten sich in bezug auf Wärmedurchlässigkeit am günstigsten, halten die Räume im Winter warm, im Sommer kühl und werden deshalb namentlich für solche Arbeitssäle verwandt, wo es auf Gleichmäßigkeit des Wärmegrades ankommt, so in Spinnereien und Webereien. Mitunter belegt man sie zur besseren Kühlhaltung mit Rasen. Nachteilig ist das sehr große Eigengewicht.

Holzdächer mit Teerpappbelag vereinigen ähnlich wie die Bimsbetondächer mäßiges Eigengewicht und günstige Wärmeundurchlässigkeit und sind daher gleichfalls recht beliebt. Bei doppelter Verschalung mit Luftzwischenraum und doppelter Papplage wird die Wärmeundurchlässigkeit nahezu ebenso gut wie bei Holzzementdächern.

Das Tragwerk flacher Dächer von Mehrgeschoßbauten mit mäßigen Stützenentfernungen bildet man oft in gleicher Weise aus wie das von Zwischendecken, namentlich bei Eisenbetonbauten. Bei größeren Spannweiten finden auch dort besondere Dachbinder Verwendung. Während des Krieges haben aus den am Anfang des Abschnittes erwähnten Gründen Binder aus Holzfachwerk gegenüber denen aus Eisenfachwerk an Boden gewonnen. Eiserne Binder gelten bei hölzerner Dachverschalung für nicht feuersicherer als solche aus Holz, weil sie beim Brande der Verschalung infolge der Hitze zusammenbrechen können; die Versicherungsgesellschaften erkennen ihnen eine Überlegenheit erst in Verbindung mit nicht brennbarer Dachdeckung zu.

Scheiben von Werkstattoberlichtern werden zweckmäßig auf die Rahmenflächen federnd aufgepreßt und nicht eingekittet, weil der Kitt bei Senkungen der Grundwerke wie auch infolge von Schwingungen und Erschütterungen der Gebäude leicht locker wird und abbröckelt. Allgemein ist von der Ausgestaltung der Dachdeckung und Oberlichter zu fordern, daß nicht nur die äußere Nässe abgehalten, sondern auch das Niedertropfen von Schweißwasser verhütet wird.

Grundwerke und Befestigung von Maschinen. Die Grundwerke, sonstigen Unterbauten und Befestigungseinrichtungen für Maschinen haben verschiedenen Forderungen zu genügen. Erstens müssen sie die Lasten und Massenkräfte auf den Untergrund oder auf den Gebäudekörper entsprechend den Tragfähigkeiten richtig verteilen. Zweitens sollen sie die Entstehung von Schwingungen, die für die Maschinen selbst oder für die Güte ihrer Arbeit schädlich sein könnten, nach Möglichkeit verhüten, und etwaige nicht zu vermeidende Schwingungen und Erschütterungen von ihrer Umgebung fernhalten.

Form und Anbringungsart von Armplatten (Konsolen), Sockeln, Grundwerken usw. hat man so zu wählen, daß Verspannungen der Maschinen mit ihren vielen nachteiligen Folgen — schnelle Abnutzung oder Heißlaufen von Lagern, Erzitterungen, ungenaues Arbeiten usw. — möglichst ausgeschlossen sind. Hierbei ist nicht nur an die Aufstellung, sondern auch an etwaige spätere Gebäudesenkungen zu denken. Da die Raumlage eines Körpers durch 3 Punkte völlig bestimmt, durch jeden weiteren Punkt jedoch überstimmt ist, werden die Grundrahmen mancher gegen Verspannungen besonders empfindlicher Maschinen an nur 3 Stellen auf möglichst kleinen Berührungsflächen gelagert und so kräftig ausgebildet, daß sie in sich genügend Steifigkeit haben. Diese Anordnung erfordert aber verhältnismäßig viel Bauhöhe und Stoffaufwand für die Grundrahmen und ist deshalb bei größeren Maschinen schwer durchführbar. In vielen Fällen wird daher die nötige Steifigkeit der Maschinen nur unter Zuhilfenahme der gemauerten Grundwerke und sonstigen Unterbauten zu erzielen sein; man hat dann diese erstens kräftig genug zu machen und zweitens im Gebäude derart anzubringen, daß sie keine nennenswerten Formänderungen erfahren können. Bisweilen bildet das Grundwerk sogar die einzige Verbindung zwischen zusammenarbeitenden Teilen einer Maschine, so z. B. bei größeren Elttreibern mit unmittelbar gekuppelten Kolbenverdichtern zwischen dem Treibergehäuse, dem Verdichter und dem Außenlager; in anderen Fällen, wo besonders starke stoßweise einsetzende Beanspruchungen vorkommen, z. B. bei Elttreibern für Walzenzug, wird dagegen zur sicheren Aufnahme der Schubkräfte ein alle Teile verbindender Maschinenrahmen vorgesehen.

Geradeweg (direkt) gekuppelte Maschinen, bei denen keine unausgeglichenen Massenkräfte zu erwarten sind, wie Elttreiber mit Schleuderpumpen und dgl., setzt man mitunter ohne besondere Verbindungsgrundplatte einfach auf einen gemeinsamen Betonsockel; sie sind bei dieser Aufstellungsart zwar betriebsfähig, doch ist dann später das Neuausrichten nach Instandsetzarbeiten recht umständlich und wird oft nicht sorgfältig genug vorgenommen. Richtiger ist daher die Anordnung gemeinsamer Grundplatten. Dies gilt nicht nur für starre, sondern auch für nachgiebige Kupplungen; bei letzteren verursacht ungenaue Ausrichtung der Maschinen zwar weniger leicht ein Heißwerden von Lagern, aber doch unruhigen Lauf und lästige Abnutzungen an den Kupplungsteilen, die später zu harten Stößen und weiteren Schäden Veranlassung geben können.

Für solche Bearbeitungsmaschinen, Richtplatten usw., auf denen die Werkstücke mit der Wasserwage ausgerichtet werden müssen, ist es ganz besonders wichtig, daß die Grundwerke sowohl in sich sehr steif wie auch gegen Abweichungen von der genauen wagerechten Lage infolge von Senkungen möglichst gesichert sind und daß etwa auftretende Fehler unschwer behoben werden können. Mitunter sieht man bei ihnen deshalb Einsteiggruben vor, um die Unterlegung der inneren Auflagepunkte beim Neuausrichten zu erleichtern.

Grundwerke für Maschinen von größeren Abmessungen und Gewichten sollen stets nach Zeichnungen der Lieferer ausgeführt werden, um richtiges Zusammenwirken der Maschinenrahmen mit den Grundwerken entsprechend den Entwurfsabsichten sicherzustellen.

Die Verhütung und Unschädlichmachung der Schwingungen umlaufender Teile ist eine oft recht schwierige Aufgabe, die für genaue Vorausberechnung vielfach keine Handhaben bietet. Das erste Ziel muß sein, dem Entstehen stärkerer Schwingungen durch guten Massenausgleich vorzubeugen. Auspendeln (statisches Ausbalanzieren) bringt zwar den Gesamtschwerpunkt des behandelten Körpers in die Achsenmittellinie, läßt jedoch die Möglichkeit offen, daß die Teilschwerpunkte der Scheiben, aus denen man sich den Körper in der Achsenrichtung zusammengesetzt vorstellen kann, außerhalb dieser Mittellinie liegen und, wenn sie sich in ihren Massenwirkungen nicht zufällig ausgleichen, starke Rüttelbewegungen verursachen; für viele Fälle ist daher Auswuchten (dynamisches Ausbalanzieren) unerläßlich. Neuzeitliche Auswuchtmaschinen gestatten es, nach Beendigung des allerdings etwas zeitraubenden Einstellens beim ersten Werkstück weitere gleiche Stücke in ziemlich rascher Folge auszuwuchten; die Kosten des Verfahrens sind also bei Reihenfertigung erträglich. Man ist daher berechtigt, in dieser Hinsicht höhere Ansprüche zu stellen als früher, und sollte bei Bestellung von Treibern, schnelläufigen Wellensträngen, Vorgelegen, Riemenscheiben usw. stets einwandfreien Massenausgleich vorschreiben. Hierdurch werden alle Schwingungserscheinungen, im besonderen auch die Erschütterungen, die bei zufälliger Gleichschwingung (Resonanz) der umlaufenden Teile und der Aufhänggerüste auftreten können, wesentlich gemildert. Infolgedessen wird ein gewisser Teil der Leerlaufenergie, der sich in sehr unerwünschter Weise in der allmählichen Zerstörung der Lager und in der Leistung von innerer Reibungsarbeit in den schwingenden Gerüst- und Gebäudeteilen auswirkt, erspart, was gegenüber weniger sorgfältig ausgeführten aber noch als betriebsbrauchbar anzusehenden Anlagen schätzungsweise $^1/_2$—1 v. H. der gesamten Antriebsenergie ausmachen dürfte. Wo auf tadellose Auswuchtung gerechnet werden kann, wird man unter Umständen durch leichtere Ausbildung von Wellentraggerüsten, Maschinengrundwerken usw. auch bauliche Ersparnisse zu machen in der Lage sein.

Eine gewisse Schwingungsgröße, deren Beseitigung technisch unmöglich ist oder wenigstens den Kostenaufwand nicht mehr rechtfertigt, wird jedoch stets übrig bleiben und durch den Unterbau oder die Aufhängung aufgenommen werden müssen. Darüber, wie man sich mit diesem Schwingungsrest abfinden soll, bestehen verschiedene Auffassungen. Die eine fordert möglichst unbewegliche Festlegung der ruhenden Teile von Maschinen und Getrieben (Gehäuse, Lager usw.) durch Verbindung mit großen Grundwerkmassen oder wenigstens mit steifen Gebäudeteilen. Sie will die Auslösung von Schwingungen in den ruhenden Teilen durch die Massenkräfte der umlaufenden Teile tunlichst verhindern, weil solche Schwingungen in den Baustoffen Ermüdungsvorgänge und schließlich Brüche hervorrufen und sich außerdem auf andere Gebäudeteile und Maschinen fortpflanzen und dort lästige Erschütterungen und ungenaues Arbeiten verursachen können. Zugleich wird damit dem Auftreten zufälliger Gleichschwingung in irgendwelchen Gebäude- oder Tragwerksteilen vorgebeugt. Nach der anderen Auffassung ist für manche Fälle eine gewisse Nachgiebigkeit der Lagerung erwünscht, damit die Lager den Ausschlägen der schwingenden Wellen leicht folgen können und zusätzliche Lagerdrucke durch die Massenkräfte vermieden werden; die Vernichtung der Schwingungsenergie soll hiernach also nicht durch Lagerreibung, sondern durch die weniger nachteilige innere Reibung in dem federnden Tragwerk erfolgen (vgl. Aufsatz Quellennachweis 115). Der zuerst angeführte Standpunkt dürfte der richtige sein, einerseits wegen der erwähnten betriebstechnischen Bedenken gegen das Auftreten von Schwingungen, andererseits weil die Größe der mit den Schwingungen in Zusammenhang stehenden und von der Kraftquelle zu deckenden Reibungsverluste keineswegs von vornherein unabänderlich gegeben ist, sondern durch die Ausbildungsmöglichkeit für Schwingungen in den ruhenden Teilen der Maschinenanlage wesentlich mit bedingt wird. Die Erfahrung lehrt, daß schnelläufige Maschinen wie Dampfturbinen nur bei fester Lagerung auf großen Massen ruhig und mit geringen Lagerabnutzungen laufen. Leichte Tragwerke sollten also nur gewählt werden, wenn man erwarten kann, daß die Güte des Massenausgleichs vor der Ausbildung erheblicher Schwingungen schützt, nicht aber in der Absicht, etwaige Schwingungen ruhig in Kauf zu nehmen.

Zeigt sich bei Inbetriebnahme Gleichschwingung von Tragwerkteilen mit den umlaufenden Massen — Vorausberechnungen nach dieser Richtung sind kaum durchführbar — so hat man die Möglichkeit, durch bessere Versteifung oder durch Anbringung zusätzlicher Massen am Tragwerk, ausnahmsweise auch durch Änderung der Drehzahlen unter Vergrößerung oder Verkleinerung der Riemenscheiben Abhilfe zu schaffen.

Um die Übertragung von Schwingungen und Geräuschen zu verhüten, kann man die Maschinen mitsamt ihrem Unterbau auf Kork-, Filz- oder Gummizwischenlagen stellen, oder unter Zwischenschaltung sogenannter Schwingungsdämpfer befestigen, die gleichzeitig federnd und dämpfend wirken (Gesellschaft zur Isolierung gegen Erschütterungen und Geräusche, G. m. b. H., Berlin). Bei allen diesen Maßnahmen kommt es darauf an, durch entsprechende Bemessung der Unterbaumassen die von den sich bewegenden Teilen verursachten Schwingungen der ruhenden Teile auf so geringe Ausschlagswege zu beschränken, daß der dämpfende Zwischenkörper sie aufzunehmen vermag, ohne wesentliche Belastungsänderungen zu erfahren und zu übertragen. Die Vorkehrungen müssen also versagen, wenn der mit der Maschine starr verbundene Unterbau zu wenig Masse enthält, oder wenn seine Auflagefläche zu klein gewählt wird, so daß der Stoff der Zwischenlage über die Grenze seiner Federkraft beansprucht wird. In Obergeschossen ist die Anordnung schwerer Unterbaumassen mit Rücksicht auf die Platzverhältnisse und Deckentragfähigkeiten meist nicht möglich. Nachgiebige Zwischenlagen können dann höchstens zur Geräuschdämpfung von Nutzen sein, wenn die Schwingungsursachen an sich schwach sind (wie z. B. bei gut ausgewuchteten Elttreibern und Umformern), also der Grundplattenmasse nur geringe Ausschläge zu erteilen vermögen; gegen stärkere Erschütterungen geben sie unter solchen Verhältnissen keine Abhilfe. Versuche, unruhige Maschinen, die eigentlich schwere Unterbaumassen verlangen, einfach unter Anwendung nachgiebiger Unterlagen in Obergeschossen aufzustellen, werden stets mißlingen; bei Inbetriebsetzung wird man sich zur Beseitigung der unzulässig starken Schwingbewegungen der Maschinengestelle regelmäßig genötigt sehen, die Ankerbolzen so fest anzuziehen, daß die Zwischenlage ganz zusammengepreßt wird, keine Federkraft mehr auszuüben vermag und damit ihren Zweck verfehlt. Dies ist der Grund, weshalb nachgiebige Zwischenlagen so oft die gehegten Erwartungen nicht erfüllen. Läßt sich die Aufstellung schwererer Werkzeugmaschinen usw. in Obergeschossen nicht vermeiden, so tut man gut daran, mit der Übertragung der Maschinenschwingungen und Geräusche in den Fußboden als etwas gegebenem zu rechnen und durch entsprechende Ausbildung des Deckentragwerkes dafür zu sorgen, daß die Ausschläge in erträglichen Grenzen bleiben. Maschinen für sehr genaue Arbeit soll man unter allen Umständen in Erdgeschossen unterbringen, um die Ausbildung störender Schwingungen im eigenen Gestell wie auch Schwingungsübertragung von benachbarten Maschinen her auszuschließen.

Die Grundwerke von Maschinen mit starken unausgeglichenen Massenkräften, wie Dampfhämmern, großen Kolbenmaschinen usw., werden zur Fernhaltung der Erschütterungen und Schwingungen von den Gebäudegrundwerken völlig getrennt angelegt und nach Möglichkeit tiefer als diese in den Boden hinabgeführt. Um die Fortpflanzung in wagerechter Richtung durch die oberen Erdschichten wirksamer zu unterbinden, läßt man rings um die Grundwerke herum einen Luftspalt frei; als weiteres Mittel für schwierigere Verhältnisse, z. B. wo die Nachbarschaft von Wohnhäusern besondere Rücksicht erfordert, kann die Einfügung von tief in den Boden hinabreichenden Spundwänden in Frage kommen.

Rohrleitungen und Kabel. Für Rohrleitungen und Kabel, deren Einbettung in den Erdboden technisch nicht möglich ist oder mit Rücksicht auf Überwachung und Eingreifen bei Schäden unzweckmäßig wäre, werden Kanäle vorgesehen. Gemeinsame Kanäle für Kabel und heiße Dampf- und Wasserleitungen sind unzulässig. Die Kanäle sind so zu bemessen, daß tunlichst jede einzelne Leitung instand gesetzt und ausgewechselt werden kann, ohne daß noch andere entfernt zu werden brauchen. Bei Flanschleitungen ist darauf zu achten, daß genügend Platz für die Handhabung der Schraubenschlüssel beim Nachziehen der Flanschen verbleibt. Auch sollte bei allen neuanzulegenden Rohr- und Kabelkanälen in ausgiebigstem Maße auf Erweiterungen Rücksicht genommen werden.

Dampfleitungen erhalten einzelne Festpunkte und müssen sich im übrigen frei ausdehnen können; bei geradlinigem Verlauf sind in gewissen Abständen Ausgleichbogen (Kompensationsbogen) oder -Stopfbuchsen vorzusehen, welche nicht unerhebliche Aufweitungen der Kanäle notwendig machen. Die Dampfhinleitungen wie auch die Rückleitungen für Niederschlagswasser müssen Gefälle erhalten, am besten in der Strömungsrichtung. Alle Dampfleitungen sollen zur Vermeidung starker Wärmeverluste gut verkleidet werden; erwünscht sind möglichst lange Einzelrohre und soweit angängig Verbindung durch Schweißung, damit man wenig Flanschstellen erhält, die auch wenn sie mit umhüllt sind, die Wärmeabgabe wesentlich erhöhen.

Preßwasserleitungen werden zweckmäßig mit einem inneren Asphaltüberzug versehen, um die Ablösung von Zunder- und Sandteilchen zu verhüten, welche in den Steuerventilen und Zylindern der Arbeitsmaschinen starken Verschleiß hervorrufen können. Um die in Bewegung befindlichen Wassermassen bei plötzlichem Abstellen eines Verbrauchers ohne schädliche Druckzunahme aufzufangen, hat man in der Nähe der Verbraucher Pufferzylinder anzuordnen.

Preßluftleitungen dürfen keinen inneren Anstrich erhalten, weil Bestandteile desselben verdampfen und in den Preßluftwerkzeugen Verstopfungen verursachen würden.

Schornsteine. Schornsteine aus Blech zeichnen sich vor solchen aus Mauerwerk oder Beton durch das niedrigere Gewicht, die kleinere Bodenbelastung und die geringeren Anlagekosten aus. Sie können unter Umständen auf Öfen und Lokomobilen unmittelbar aufgesetzt werden und ersparen dann die Füchse. Dagegen sind ihre laufenden Kosten höher wegen der kurzen Lebensdauer infolge der Zerfressung durch die Rauchgase. Auch kühlen sich die Rauchgase in ihnen schneller ab, so daß zur Erzielung gleicher Zugwirkung ein Schornstein aus Blech höher gewählt werden muß als ein solcher aus Mauerwerk. Saugzuglüfter gestatten mit verhältnismäßig geringer Höhe auszukommen, steigern aber durch ihren Energiebedarf den Brennstoffverbrauch um etwa 1 v. H. Für große Anlagen von voraussichtlich langer Betriebsdauer, bei denen an Anschaffungskosten nicht gespart zu werden braucht, verdienen deshalb unter Voraussetzung hinreichend tragfähigen Baugrundes vollwandige Schornsteine meist den Vorzug.

Bei Hinausführung von Schornsteinen durch Dächer muß ein gewisser Spielraum gelassen und eine nachgiebige Abdichtung angeordnet werden, weil man sonst infolge der selten vermeidbaren ungleichmäßigen Senkung der Schornstein- und Gebäudegrundwerke dauernd mit Undichtheiten zu kämpfen hat. Zwischen Blechschornsteinen und brennbaren Dachdeckungen ist ein besonders reichlicher Luftabstand oder eine stärkere Trennschicht aus unverbrennlichem Baustoff erforderlich. Durch Errichtung der Schornsteine außerhalb der geschlossenen Gebäude lassen sich die Schwierigkeiten der Durchführung durch die Dachhaut umgehen; für Lokomobilen-Kraftwerke vereinfacht sich hierdurch auch die Anbringung von Instandsetzkranen. Dabei wird aber zu beachten sein, daß sich zur besseren Ausnutzung des Grundstückes der Grundriß der gesamten Kessel- und Maschinenanlage möglichst innerhalb eines eng umgrenzten Rechtecks halten soll; vorspringende Einzelteile, wie freistehende Schornsteine, können die Verwendbarkeit der angrenzenden Flächen beeinträchtigen, z. B. den Laufkranverkehr auf einem längs dem Kesselhaus angeordneten Kohlenlager behindern.

Bei hohem Grundwasserspiegel müssen Füchse von Kesselanlagen, Schmiedeöfen usw. mit größter Sorgfalt abgedichtet werden, weil sich bei Eindringen von Nässe Dampf entwickeln kann, der den Unterdruck aufhebt und die Zugwirkung des Schornsteins zunichte macht.

Anstrich. Für Decken und den oberen Teil von Wänden empfiehlt sich weißer Anstrich (vgl. Abschnitt „Beleuchtung"). Sichtbare nicht ummantelte Teile des Eisen- oder Holzgerippes (Stützen, Unterzüge, Deckenbalken, Fachwerk) können zur Betonung des Stoffunterschiedes abweichend gestrichen werden; jeoch sind auch dafür helle Farben angebracht, damit sie zur guten Rückstrahlung des Lampenlichtes beitragen. Nur der untere Teil der Wände und Pfeiler bis ungefähr 2,0 m Höhe in Werkstätten und 1,2 m Höhe in Büros wird zweckmäßig mit weniger schmutzempfindlicher Farbe bemalt, etwa mit einem nicht zu dunklen Grau oder Blau. Elt- und Rohrleitungen erhalten, soweit nicht zur Kenntlichmachung ihres technischen Zweckes besondere Bezeichnungsfarben erforderlich sind (vgl. Abschnitt „Allgemeine Ratschläge"), am einfachsten übereinstimmenden Anstrich mit den Wänden.

Die Eisenteile von Werkzeugmaschinen, Geräten, Werktischen, Gefächern und sonstigen Einrichtungsstücken werden üblicherweise schwarz gestrichen, was die Annehmlichkeit bietet, daß ausgebesserte Stellen nicht auffallen; statt der teuren schwarzen Ölfarbe kann Teerfirnis benutzt werden, der allerdings weniger gut aussieht. Schwarzer Anstrich beeinträchtigt jedoch bei dichter Aufstellung der Maschinen die Rückstrahlung und Verteilung des Lichtes; auch wirkt er bei Kunstbeleuchtung nachteilig durch Hervorrufung der schon besprochenen Gegensatzblendung, welche entsteht, wenn das Auge abwechselnd auf die hell beleuchteten Arbeitspunkte und einen übermäßig dunklen Hintergrund zu blicken hat. In Werkstätten, wo zahlreiche Maschinen stehen und feinere Arbeiten gemacht werden, empfiehlt sich deshalb heller Anstrich mehr. Zweckmäßig wird Hellgrau gewählt. Holzteile sehen am besten mit Schellack aus, bei welchem die Maserung sichtbar bleibt, doch ist bei starker Verschmutzung grauer Ölfarbenanstrich nicht zu umgehen.

Feuerlöschgeräte streicht man, um sie weithin sichtbar zu machen, mit rotem Lack. Unfallschutzvorrichtungen erhalten die gleiche Farbe wie die Maschinen, zu denen sie gehören, werden jedoch mit roten Rändern eingefaßt, was den aufsichtführenden Beamten das Erkennen ihrer ordnungsmäßigen Anbringung erleichtert.

Für Aufschriften wird bei hellem Untergrund schwarz, bei dunklem Untergrund weiß gewählt. Gefahrwarnungen und Hinweise auf für den Gefahrfall bestimmte Einrichtungen wie Feuermelder, Notausgänge usw. sollen dagegen stets rote Schrift auf weißem Grund erhalten.

Für die Außenseite von Betonwänden ist Putz mit weißem Anstrich das Gegebene. Hingegen ist er für Vollwände und Fachwerkwände aus Ziegelmauerwerk nur dann angebracht, wenn das Tageslichtbedürfnis benachbarter Gebäude helle Flächen erfordert. Auch Verkleidung mit weißen Verblendsteinen liefert helle und dabei leicht zu reinigende Flächen, und wird namentlich für die Wände von Werkstatthöfen im Innern von Großstädten viel verwandt. Wo solche Belichtungsrücksichten nicht bestehen, bleiben Ziegelwände am besten unverputzt; die zum Schutze gegen Feuchtigkeit zweckmäßige Ausfugung belebt die dunklen Flächen genügend. Fachwerkteile müssen bisweilen feuerfest ummantelt werden; im übrigen sind sie nicht mit zu verputzen, sondern durch Farbanstrich hervorzuheben, was erstens besser hält und zweitens dem berechtigten Streben nach Stoffechtheit mehr entspricht.

Einrichtung von Werkstätten.

(Siehe hierzu Quellennachweis 1 d, 1 e, 1 m, 2, 3, 4, 33, 101, 103, 111, 114, 115, 123, 202, 205, 210, 214, 215, 217.)

Einzelheiten über Betriebsmittel. Wie an anderer Stelle dieses Buches näher erörtert wird, sollen Werkstattbauten tunlichst nicht nur auf einen Sonderzweck zugeschnitten sein, sondern eine gewisse Vielseitigkeit der Verwendung gestatten, damit man sie bei Erweiterungen, Aufnahme neuer Erzeugungsgebiete oder sonstigen Änderungen den verschobenen Bedürfnissen anzupassen vermag. Andererseits wäre es auch wieder unzweckmäßig und unwirtschaftlich, einfach Gebäude von irgendwelchen Abmessungen gewissermaßen auf Vorrat hinzusetzen; man hat vielmehr den Raumbedarf und die Unterbringungsmöglichkeit der in Frage kommenden Werkstücke und Betriebsmittel — dieses Wort soll die Maschinen, Geräte und sonstigen Einrichtungsteile für Bearbeitungszwecke umfassen — auf das eingehendste zu untersuchen. Ist man auf Grund dieser Überlegungen zu gewissen beiden Gesichtspunkten entsprechenden Gebäudeanordnungen gelangt, so tut man gut daran, bei Anschaffung der Betriebsmittel ebenfalls bestimmte als vorteilhaft erkannte Abmessungen nach Möglichkeit einzuhalten, um die gewählten Räumlichkeiten gut ausnützen zu können.

Je nach den Umständen finden fest angeordnete Betriebsmittel Verwendung, an denen man die Werkstoffe oder Werkstücke vorbeileitet, oder es werden die Werkstücke für die Dauer der Bearbeitung an einem bestimmten Platz belassen, und die Betriebsmittel der Reihe nach zur Vornahme der Einzelarbeiten zu ihnen herangeholt. Das letztere Verfahren kann Platz und Beförderungskosten ersparen, wenn die Gewichte und Abmessungen der Werkstücke diejenigen der Betriebsmittel stark übertreffen. Man sieht dann gewöhnlich große Aufspannflächen vor, die durch eine Anzahl kräftiger gut zusammengepaßter und genau wagerecht ausgerichteter Platten gebildet werden. Die schweren Teile brauchen dann in der Hauptsache nur einmal auf die Aufspannfläche befördert und allenfalls noch einige Male in eine andere Lage gebracht zu werden, während im übrigen lediglich die vergleichsweise leichter zu befördernden Bearbeitungsmaschinen (Bohrwerke usw.) hin und herzusetzen sind. Überwiegend kommt jedoch die umgekehrte Arbeitsweise in Betracht, weil in den meisten Fällen die Werkstoffe oder Werkstücke bequemer zu befördern sind als die Betriebsmittel zu ihrer Bearbeitung. Die Betriebsmittel müssen dann so ausgewählt und angeordnet werden, daß die Anfuhr, Aufstapelung, Bearbeitung, Wiederaufstapelung und Abbeförderung unter geringstem Platzbedarf glatt vonstatten geht. Betriebsmittel von sehr ungleichmäßigen Abmessungen, mit allerlei Vorsprüngen und Vorbauten erschweren die Platzausnutzung. Die Aufstellung zusammenhängender Reihen läßt sich am besten durchführen, wenn sich die Umrisse der Betriebsmittel mitsamt ihren Antriebsvorrichtungen innerhalb knapp bemessener Rechtecke halten; hierbei können die Längsabmessungen (in der Längsrichtung der Reihe) im allgemeinen ruhig verschieden sein, doch sollen die Tiefenmaße (quer dazu) möglichst übereinstimmen, damit nicht einzelne der Betriebsmittel stärker hervorstehen und dadurch unter Umständen eine Verbreiterung der Verkehrsgänge notwendig machen. Betriebsmittel, die nur auf einer Seite zugänglich zu sein brauchen, bieten den Vorteil, daß sie sich mit den Rückseiten unmittelbar an Wände oder gegeneinander stellen lassen, und ermöglichen deshalb häufig bessere Platzausnutzung.

Werktische werden in der Regel 900 mm hoch und 800—1000 mm tief gemacht. Die erforderliche Breite für einen Arbeitsplatz hängt von der Art der Arbeit ab; zum Aussorten und Zusammensetzen sehr kleiner Teile sind etwa 1,0 m, für Mechaniker 1,4 m, für Maschinenschlosser 1,5—2,0 m vorzusehen. Leichte und feinmechanische Arbeiten werden im Sitzen vorgenommen; der Raum unter den Werktischplatten darf dann nicht ganz von Spinden und Ablegeborden ausgefüllt sein, sondern muß für die Kniee der Sitzenden teilweise frei bleiben. Statt der meist üblichen Anordnung mit Türen und inneren Auszügen, die umständlich zu öffnen sind und deshalb aus Bequemlichkeit gern offen gelassen werden, was Entwendungen begünstigt, empfehlen sich Auszüge mit Frontplatten und Gesamtverschluß nach Art der bei den sogenannten Senkrechtregistraturschränkchen gebräuchlichen (vgl. Schreibtisch Abb. 150). Einen Mechanikerwerktischplatz von 1400 mm Breite kann man etwa in der Weise ausgestalten, daß man rechts einen 600 mm breiten Unterschrank mit ein bis zwei hohen und ein bis zwei niedrigen Schubladen anordnet, und links davon einen annähernd 800 mm breiten Raum für Arbeit im Sitzen vorsieht; der Schraubstock wird ein wenig rechts von der Mitte aufgesetzt, so daß die Arme beim Arbeiten am Sitzplatz nicht behindert sind, und andererseits die Schubladen auch bei festgezogenem Hebel stets noch geöffnet werden können. In ähnlicher Weise muß die Einrichtung sonstiger Handwerkerplätze durchdacht werden. Für manche Arbeiten sind schmale Abstellborde in geringer Höhe über der Tischplatte erwünscht. Mitunter empfiehlt sich Anbringung von nicht zu weitmaschigen Drahtgittern an den Rückseiten der Werktische bis in Reichhöhe, um unbemerkte Entwendung kostbarer Werkstücke oder Werkzeuge zu erschweren. Gemeinsame Werktische für mehrere Arbeitsplätze lassen sich billiger herstellen als die entsprechende Zahl von Einzeltischen. Oft wird es jedoch erwünscht sein, mit der Länge nur so weit zu gehen, daß Beförderung ohne Zerlegen noch möglich bleibt; in Mehrgeschoßbauten sind dabei die Abmessungen der Aufzüge zu berücksichtigen. Auch doppelseitige Werktische, die meistens 1600—2000 mm Tiefe erhalten und eine gewisse Holzersparnis und Verbilligung ermöglichen, werden viel verwandt; diese versieht man bisweilen mit einem Drahtgeflecht in der Mitte, um Augenverletzungen durch Meißelspäne u. dgl. vorzubeugen. Die Schrankunterbauten von Werktischen sollen nicht bis ganz auf den Boden hinuntergehen, sondern kurze Füße erhalten, so daß die Werktische „besenfrei" stehen; andernfalls tritt infolge Luftmangels und Eindringens von Nässe leicht ein Faulen des Fußbodens wie auch der hölzernen Schrankteile ein. Füßen aus Holz gibt man zur Abhaltung des Wassers beim Reinmachen niedrige Gußeisenschuhe. Ganz aus Holz hergestellte Werkbänke sind am billigsten; sie können aber einem etwa ausbrechenden Feuer kräftige Nahrung geben und unter Umständen in Räumen ohne sonstigen brennbaren Inhalt geradezu erst die Vorbedingungen für das Zustandekommen größerer Brände schaffen. Sicherer ist es deshalb, für den Unterbau der Werktische Eisen zu wählen, namentlich wenn — wie z. B. in Instandsetzwerkstätten — starke Durchtränkung aller Holzteile mit Öl zu erwarten ist. Für die Tischplatten verdient Holz den Vorzug, weil empfindliche Teile beim Darauffallen nicht beschädigt werden; die geringe hierfür benötigte Holzmenge ist unbedenklich. Tischen für Lötarbeiten u. dgl. gibt man Blechbelag. Wo mit feinen Schräubchen und sonstigen Teilen gearbeitet wird, die sich leicht in Rissen im Holz verlieren würden, empfiehlt sich Belegung mit Linoleum, das durch Randleisten vor dem Einreißen geschützt werden muß. Auch der Anbringung etwa erforderlicher Lampenhalter, Eltleitungen, Gas- und Preßluftrohre ist von vornherein Beachtung zu schenken; beim einzelnen Stück mag daran nicht viel zu sparen sein, doch handelt es sich meist um Hunderte von Ausführungen.

Die Höhe von Absetztischen ist so zu wählen, daß einerseits die zu bearbeitenden Stellen in bequeme Höhenlage kommen, andererseits die ganzen Werkstücke beim Anheben von Hand gut gefaßt werden können; in Hinblick auf die letztere Forderung ist bereits in Abschnitt „Beförderungsmittel und Hebezeuge" für Schmalspurloren und Absetztische ein übereinstimmendes Höhenmaß von 550 mm über Schienenoberkante vorgeschlagen worden. Unterhalb der Absetztischflächen kann man vergitterte Fächer zum Einschließen wertvoller Zubehörteile (kupferner Schmierrohre, Bronzelagerbuchsen usw.) unterbringen. Es sei hier auch an die Möglichkeit erinnert, statt fester Ablegetische ortsbewegliche Hubtische zu verwenden (Abb. 13). Mittelgroße Maschinen werden meist auf niedrigen Bockgestellen zusammengebaut.

Offenen Gefächern und verschließbaren Schränken zum Aufbewahren von Werkstücken und Werkzeug, welche an den Arbeitsplätzen inmitten der Werkstatt aufgestellt werden sollen, gibt man zweckmäßig nur geringe Höhe, damit der freie Überblick nicht behindert wird.

Gitterwände bieten den Vorteil, daß man den Inhalt der Schränke ohne Öffnung zu übersehen vermag. Hinsichtlich der Längen- und Breitenbemessung gilt das für Werktische Gesagte.

Um kleine Werkstücke nicht unmittelbar auf dem Boden neben den Bearbeitungsmaschinen aufstapeln zu müssen, benutzt man in geeigneten Fällen gern Kästen oder Behälter, die auf Rollwagen, unter Umständen mit den schon erwähnten Hubwagen herangebracht und abgeholt werden (Abb. 13 und 138a—b). Dadurch wird das mühsame und zeitraubende Bücken der Arbeiter nach jedem einzelnen Stück vermieden und der verbotswidrigen Belegung der Gangflächen besser vorgebeugt. Hier und da hat man, wie in dem Buch von Seubert „Aus der Praxis des Taylor-Systems" beschrieben, fahrbare Arbeitstische verwandt, die außer den Werkstücken auch die jeweils erforderlichen Werkzeuge, Zeichnungen und Unterweisungskarten

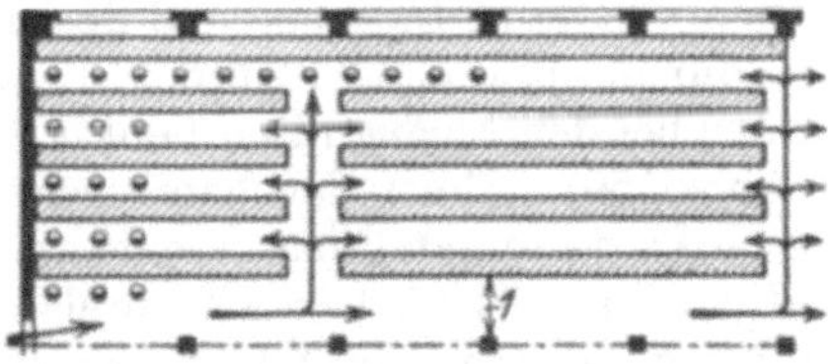

Abb. 134a. Platzausnutzungsbeispiel für Längsreihenaufstellung der Betriebsmittel mit Gleichrichtung.

Gezeichneter Teil faßt $81^1/_2$ Plätze.

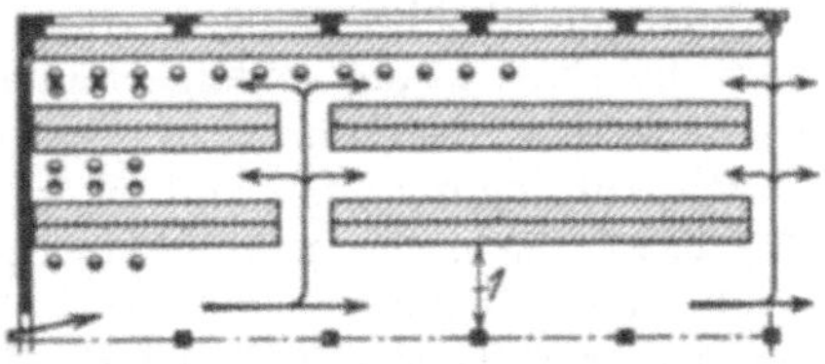

Abb. 134b. Platzausnutzungsbeispiel für Längsreihenaufstellung der Betriebsmittel mit Gegenüberstellung.

Gezeichneter Teil faßt $81^1/_2$ Plätze. (Zufällig keine Steigerung gegen das Bild 134a, weil Gewinn bei Maß 1 für sechste Bankreihe noch nicht genügt.)

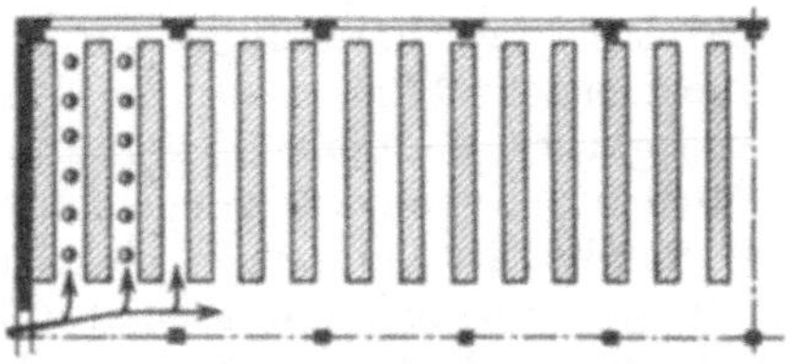

Abb. 134c. Platzausnutzungsbeispiel für Querabteilaufstellung der Betriebsmittel mit Gleichrichtung.

Gezeichneter Teil faßt 84 Plätze.

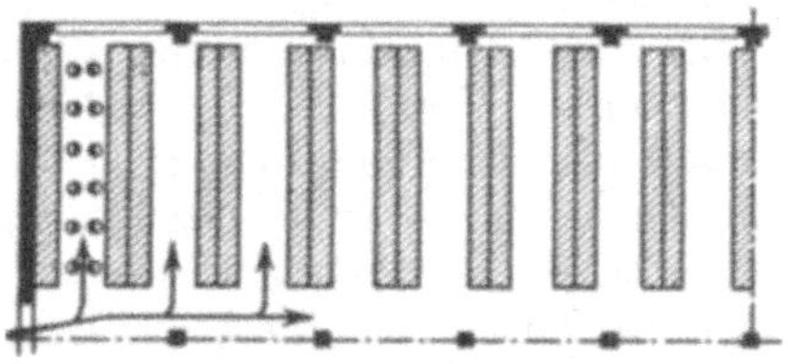

Abb. 134d. Platzausnutzungsbeispiel für Querabteilaufstellung der Betriebsmittel mit Gegenüberstellung.

Gezeichneter Teil faßt 96 Plätze.

Gesichtsseite / Rückenseite } der Arbeiter.

Die Pfeile zeigen die Zuführung des Werkstoffes.

Abb. 134a—d. M. 1 : 500.

aufzunehmen vermögen; dieselben werden im Zurichteraum vorbereitet und alsdann an die Arbeitsstellen verfahren, so daß sich die an den Maschinen beschäftigten Leute um nichts zu kümmern brauchen als um die Ausführung der Arbeit an ihren Plätzen. Über solche und andere Vorkehrungen, deren Zweckmäßigkeit natürlich von der Eigenart der einzelnen Betriebe abhängt, sowie über die Maße der in Frage kommenden Geräte hat man sich vor Festlegung des Maschinenaufstellungsplanes schlüssig zu werden, weil an jeder Maschine entsprechender Platz für die Vorrats- und Fertigbehälter vorgesehen werden muß (Abb. 138a—b).

Auf die Bearbeitungsmaschinen selbst kann wegen ihrer Mannigfaltigkeit und wegen der Verschiedenheit der Betriebsbedürfnisse in diesem Buche nicht näher eingegangen werden. Einige allgemeine Gesichtspunkte, die bei der Maschinenauswahl Beachtung verdienen, enthalten die Abschnitte „Kraftantrieb" und „Allgemeine Ratschläge"; im übrigen sei auf die einschlägigen Fachwerke verwiesen.

Aufstellung der Betriebsmittel. Bei Bearbeitung der Einrichtungspläne ist dauernd im Auge zu behalten, daß solche Arbeitsplätze oder Maschinen, bei denen hohe Genauigkeit verlangt wird, nicht Erschütterungen und Schwingungen von anderen in der Nähe befindlichen Betriebsmitteln ausgesetzt werden dürfen. So müssen in Werkzeugmachereien die Drehbänke und namentlich die Schleifmaschinen vor den Stößen der Schmiedhämmer geschützt sein. Bei Mehrgeschoßbauten erfordert Beachtung, daß sich Erschütterungen und Schwingungen von einem Geschoß zum anderen übertragen und unter Umständen durch Gleichschwingen (Resonanz) von Teilen des Gebäudegerippes in lästiger Weise verstärken können; Maschinen für hohe Genauigkeit stehen deshalb am sichersten in Erdgeschoßen. Zur eingehenderen Erörterung dieser Punkte ergab sich bereits Veranlassung in Hauptabschnitt „Bauausführung", Unterabschnitt „Grundwerke und Befestigung von Maschinen".

Die Plätze für solche Betriebseinrichtungen, die tiefere Ausschachtungen oder umfangreiche Grundwerke erfordern, wie z. B. Zusammenbau- oder Schleudergruben, schwere Bearbeitungsmaschinen, größere Prüfstände, Spinnmaschinen mit an Kühlluftkanäle angeschlossenen Elttreibern, sind vor Baubeginn genau festzulegen. Nachträgliche Ausführung größerer Grundwerksarbeiten im fertigen Gebäude wird stets sehr kostspielig und störend; Rammarbeiten sind dann wegen der benötigten Arbeitshöhe und der Gefährdung von Gebäudeteilen meist überhaupt nicht mehr durchführbar. Dagegen wird bei kleinen Maschinen, Werktischen usw. zunächst eine Festlegung der allgemeinen Fluchtlinien genügen und über die Aufstellung des einzelnen Stückes noch im Verlaufe des Baus beschlossen werden können. Dabei wird man die Möglichkeit späterer durchgreifender Umstellungen offen zu halten trachten, um sich den wechselnden Anforderungen der Erzeugung wie auch der technischen Entwicklung der Betriebsmittel anpassen zu können. Vorkehrungen, welche die Verwendung der einzelnen Bodenflächenteile genau festlegen, wie z. B. Fußböden aus Beton mit Holzeinlagen an den Standplätzen der Arbeiter oder eingelassene Träger zum Aufspannen kleiner Bearbeitungsmaschinen in bestimmten Fluchten werden später leicht als hinderlich empfunden.

Die häufigsten Grundformen der Betriebsmittelaufstellung sollen an Hand des in Abb. 134a—d dargestellten Beispiels auf ihre Platzausnutzung hin untersucht werden. In der dort gezeigten Werkstatt sind die Betriebsmittel so eng wie möglich angeordnet, in der Annahme, daß zwischen ihnen keine sonstigen Einrichtungsstücke und keine Abstellflächen benötigt werden. Dies ist ein in Wirklichkeit kaum vorkommender Grenzfall, der nur zur Vereinfachung der Betrachtung gewählt wurde. Die lichte Länge des mit Mittelstützen versehenen Raumes ist zu 50 m angenommen, wovon nur die Hälfte dargestellt ist, die lichte Weite zwischen den Innenstützen einerseits und den Wandpfeilern und Heizkörpern unterhalb der Fenster andererseits zu 10 m. Die kleinen Kreise bedeuten die Plätze der Arbeiter, und zwar soll die schwarz angelegte Kreishälfte die Rückenseite, die weißgelassene die Gesichtsseite kennzeichnen. Die Tiefe der Betriebsmittel (Werktische, Drehbänke oder dgl.) ist zu 0,8 m angenommen, die Platzbreite zu 1,4 m. Die Anordnungen nach Abb. 134a und b seien als Längsreihenaufstellung bezeichnet, diejenigen nach Abb. 134c und d als Querabteilaufstellung. Bei Gleichrichtung der Betriebsmittel (Abb. 134a und c) ist jedesmal 1 m lichter Zwischenraum gewählt, um den Arbeitenden genügend Bewegungsfreiheit zu geben und die Vorbeibeförderung von Werkstücken usw. hinter ihren Plätzen zu ermöglichen. Gegenüberstellung der Betriebsmittel (Abb. 134b und d) ist für die Grundflächenausnutzung insofern günstiger, als ein für zwei Betriebsmittelreihen gemeinsamer Gang nicht so tief zu sein braucht wie die entsprechenden zwei Gänge bei Gleichrichtung zusammen; man wird hier mit etwa 1,6 m gegenüber $2 \times 1{,}0$ m auskommen. Auch die Hauptverkehrswege (bei Querabteilaufstellung nur Längswege, bei Längsreihenaufstellung außerdem drei Querwege) sind durchweg 1,6 m breit gemacht worden. Die Zahl der unterzubringenden Arbeitsplätze ist neben den Abbildungen angegeben. Die höhere Zahl bei Abb. 134d gegenüber Abb. 134c geht auf den eben erwähnten Vorteil der Gegenüberstellung der Betriebsmittel zurück. Daß sich die gleiche Überlegenheit nicht auch bei Abb. 134b gegenüber Abb. 134a ergibt, ist ein ungünstiger Zufall, da der erzielte Platzgewinn die Aufstellung einer sechsten Betriebsmittelreihe noch nicht gestattet; in einem 1,2 m weiteren Gebäudeschiff wäre dies durch Übergang auf die Anordnung nach Abb. 134b erreicht worden. Die zuletzt gemachte Feststellung läßt übrigens den Wert genauer Voruntersuchungen über die Grundflächenausnutzung klar erkennen: In einem Anwendungsfalle, wo Gründe zur Bevorzugung der Anordnung 134b vorliegen würden, z. B. die Notwendigkeit von Gruppenantrieb durch längslaufende Wellenstränge, ließe sich durch Verbreiterung der Schiffe um 1,2 m, d. h. um 12 v. H., die Platzausnutzung um nicht weniger als 20 v. H. erhöhen.

Gegenüberstellung der Betriebsmittel ist somit im allgemeinen günstiger als Gleichrichtung. Dabei ist es meist vorteilhaft, wie aus dem nachstehenden Beispiel anschaulich hervorgeht, zuäußerst nicht Gänge anzuordnen, sondern Betriebsmittel.

Zuäußerst Gänge:		Zuäußerst Betriebsmittel:	
Gang	1,0 m	Betriebsmittel	0,8 m
Betriebsmittel	0,8 m	Gang	1,6 m
Betriebsmittel	0,8 m	Betriebsmittel	0,8 m
Gang	1,6 m	Betriebsmittel	0,8 m
Betriebsmittel	0,8 m	Gang	1,6 m
Betriebsmittel	0,8 m	Betriebsmittel	0,8 m
Gang	1,0 m		
Gesamttiefe	6,8 m	Gesamttiefe	6,4 m

Zwischen Längsreihen- und Querabteilaufstellung besteht hinsichtlich der Platzausnutzung kein wesentlicher Unterschied, soweit nicht im einzelnen Falle das mehr oder weniger günstige Aufgehen der Betriebsmittelabmessungen in den Raummaßen mitspielt; die Entscheidung zwischen diesen beiden Möglichkeiten wird daher meist nach sonstigen Gesichtspunkten zu treffen sein. Für viele Verhältnisse hat die Querabteilaufstellung erhebliche Vorzüge. Die am einen Ende an Fensterwände oder Stützenreihen angelehnten Maschinen- oder Werktischreihen können dort bequem an Elt-, Gas-, Preßluft-, Entstaubungsleitungen usw. angeschlossen werden, ohne daß unter oder über Flur liegende Zuleitungen in störender Weise durch den Raum geführt werden müssen. Unterhalb der Fenster angebrachte Heizkörper bleiben für die Reinigung besser zugänglich. Die zwischen den Reihen befindlichen nur von einer Seite her betretbaren Arbeitsflächen lassen sich nicht wie bei der Längsreihenaufstellung als Durchgang benutzen; die arbeitenden Leute werden also nicht so oft gestört. Endlich vermag man die Tiefe der einzelnen Querabteile den Abmessungen der Betriebsmittel und Werkstücke und dem Bedarf an Abstellplatz anzupassen und jederzeit leicht zu ändern, ohne daß umfangreiche Neuverlegungen von Elt-, Gas- und Preßluftleitungen nötig sind; war z. B. die lichte Tiefe einer Anzahl von Abteilen bei Zusammenbau eines Loses größerer Maschinen 3,5 m, so kann sie für ein Los kleinerer Maschinen unter Umständen auf 3,0 m verringert werden, so daß sich nunmehr etwa zehn Querabteile einrichten lassen, wo vorher neun waren. Für Bearbeitungsmaschinen wird sich Querabteilaufstellung jedoch nur eignen, wenn die Längenabmessungen der Maschinen in der Nutzweite des Werkstattraumes (lichte Weite abzüglich Heizkörper und Längsgang) glatt aufgehen, und wenn ferner die Antriebsart und die baulichen Verhältnisse nicht hinderlich sind. Gut durchführbar ist Querabteilaufstellung beispielsweise in Spinn- und Websälen (Abb. 50a), wie auch in Kleindrehereien mit einer großen Zahl einigermaßen gleicher Maschinen, wenn entweder Einzelantrieb beabsichtigt ist oder bei Gruppenantrieb die Queranordnung der Wellenleitungen keine Schwierigkeiten verursacht. Als Gegenbeispiel seien Großdrehereien erwähnt, in denen Drehbänke sehr verschiedener Länge vorkommen und Hebezeuge für schwere Werkstücke erforderlich sind; dort verdient Längsreihenaufstellung unbedingt den Vorzug, weil dabei die Längenmaße der Maschinen in den größeren Reihenlängen besser aufgehen und den Laufkranen durch Verlegung der Wellenleitungen an den Wänden und Stützen entlang ein freieres Arbeitsfeld geschaffen werden kann.

Besondere Beachtung beim Entwurf der Betriebsmittelanordnung erfordert der Lichteinfall. In Räumen mit gut verteilten Oberlichtern stehen die Betriebsmittel in jeder Richtung gleich günstig, ausgenommen höchstens an Plätzen in unmittelbarer Nähe dunkler Wände und Ecken; dagegen ist man bei ausschließlicher Beleuchtung durch Seitenfenster zur Einhaltung ganz bestimmter Aufstellungsrichtungen genötigt, um Beeinträchtigung der Arbeiten durch störende Schatten zu vermeiden. Diese Forderung ist um so zwingender, je niedriger die Fenster und je kürzer die Fensterfronten sind. Abb. 137a zeigt einen Werktisch mit Schraubstock in vier verschiedenen Stellungen zum Fenster. Bei Stellung V erhält er Licht von vorn, bei H von hinten, bei R von rechts, bei L von links. Die am häufigsten vorkommende Stellung des Arbeiters links seitlich vom Schraubstock und seine Gesichtsrichtung ist wie früher durch einen Kreis mit weißausgesparter Hälfte angedeutet; während der Lichteinfall bei V, R und H gut ist, steht sich der Arbeiter bei L im Licht. Für die ebenfalls häufig vorkommenden Verrichtungen, die der Arbeiter gerade vor der Schraubstockmitte stehend zu erledigen hat, sind die Tischstellungen V günstig, R noch brauchbar, H ungünstig. Bei Drehbänken (Abb. 137b) sind Stellung V und R gut, Stellung H weniger vorteilhaft, weil sich der Dreher bei manchen Arbeiten im Lichte steht, Stellung L ungünstig wegen der Beschattung durch den Spindelstock. Entsprechende Überlegungen verlangen alle sonstigen Hand- und Maschinenarbeiten (Ankerwickeln, Bohren, Stanzen usw.), wobei stets an die Beschattungsmöglichkeiten durch Werkzeug, Bearbeitungsmaschine, Teile des Werkstückes und den Arbeiter selbst zu denken ist. Wo häufiges Ablesen von Meßgeräten in Betracht kommt, wie z. B. bei Prüffeldschalttafeln, hat man darauf zu achten, daß möglichst keine störenden Spiegelungen des Fensterlichtes in den Gerätescheiben auftreten. Wenn in Abb. 137a und b bestimmte Stellungen als ungünstig bezeichnet wurden, so soll damit nicht gesagt sein, daß sie unter allen Umständen zu verwerfen sind. Unbrauchbar werden sie bei niedrigen Fenstern, geringer Raumlänge und Aufstellung tief im Inneren sein, weil dann der Lichteinfall stark gerichtet ist und scharfe Schlagschatten verursacht; dagegen können sie in

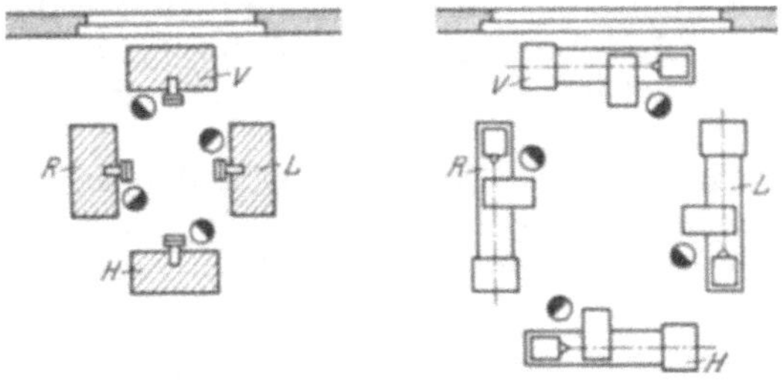

Hauptsächlichster Standort des Arbeiters:
Rückenseite —◐— Gesichtsseite.

V	Betriebsmittel	erhält	Vorderlicht.
H	„	„	Hinterlicht.
R	„	„	Rechtslicht.
L	„	„	Linkslicht.

Abb. 137a und b. Belichtungsverhältnisse in verschiedener Richtung aufgestellter Werktische und Drehbänke bei einseitigem Lichteinfall.

anderen Fällen den Ansprüchen noch durchaus genügen. Abb. 137c veranschaulicht dies näher: In einem Mehrgeschoßbau, der einen länglichen Hofraum umschließt, ist ein quer zu den Fenstern stehender Werktisch das eine Mal in einem Saal an der Langseite, das andere Mal an der Schmalseite des Hofraumes untergebracht; die Weite des Lichteinfallwinkels wird sehr verschieden, und während der Schraubstockarbeiter im schmalen Querbau stark durch seinen eigenen Schatten gestört wird, erhält er an der entsprechenden Stelle im Längsbau von beiden Seiten her reichlich Licht. Für seitenbelichtete Werkstattsäle mit langer hoher Fensterfront können demnach alle

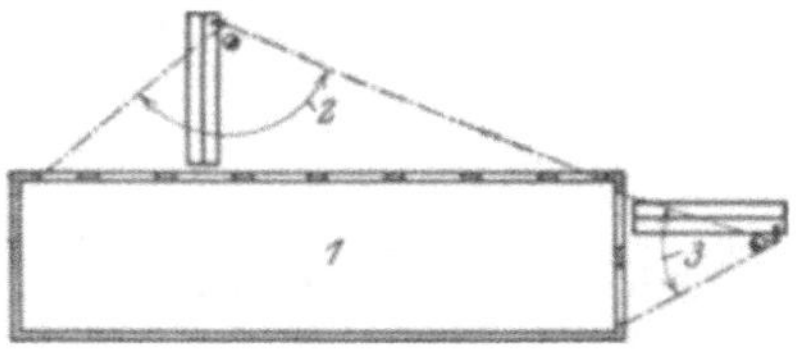

1 Hofraum.
2 Lichteinfallsweite für Schraubstockplatz in einem Längsbau
3 Lichteinfallsweite für Schraubstockplatz in einem Querbau.

Abb. 137c. Geringfügigkeit der Schlagschatten bei langen Fensterfronten.

vier Anordnungen nach Abb. 134a—d anwendbar sein. Bei weniger günstigen Verhältnissen scheiden im allgemeinen zunächst die Anordnungen 134d und b, sodann Anordnung 134c aus, und in niedrigen Arbeitsräumen mit ausgesprochen einseitiger Belichtung kommt meist nur Anordnung 134a in Betracht. Daraus geht hervor, daß übermäßige Beschränkung der Geschoßhöhen keineswegs immer auf eine Ersparnis an Gebäudekosten hinausläuft, denn die Verschlechterung der Lichtverhältnisse kann zu einer Grundfläche vergeudenden Aufstellungsart der Betriebsmittel zwingen.

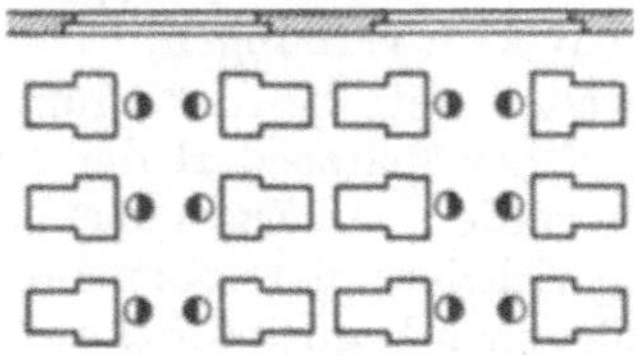

Abb. 137d. Aufstellung von Fräsmaschinen, Pressen, Stanzen.

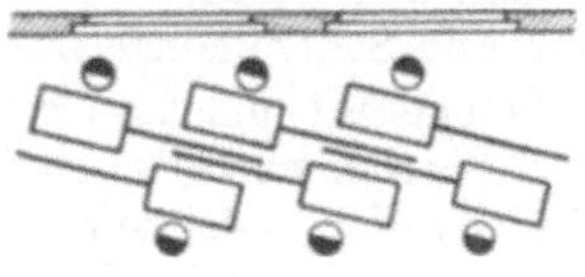

Abb. 137e. Aufstellung von Revolverdrehbänken.

Neben den in Abb. 134a—d und 137d veranschaulichten Hauptaufstellungsarten kommen gelegentlich noch andere Anordnungen in Betracht, die sich aus besonderen Bedürfnissen ergeben, z. B. mit Rücksicht auf die Bedienung der Maschinen, auf das Zubringen, Abstellen und Fortschaffen der Werkstücke u. a. m. Beispielsweise pflegt man Revolver- und selbsttätige Drehbänke, welche lange Stangen verarbeiten, zwecks guter Platzausnutzung schräg aufzustellen (Abb. 137e); Fräsmaschinen, kleine Hobelmaschinen usw., die zu mehreren von einem Arbeiter bedient werden, ordnet man gern so an, daß der Bedienungsmann guten Überblick und kurze Wege hat.

Wie schon bemerkt, ist die in Abb. 134a—d die dargestellte dichte Belegung mit Arbeitsplätzen in Wirklichkeit kaum zu erreichen; vielmehr wird stets ein gewisser Teil der Gesamtfläche zum Nachsehen und Instandsetzen der Bearbeitungsmaschinen wie auch zum Ablegen von Werkstücken frei gehalten werden müssen. Für sperrige Werkstücke, die aufrechtstehend weniger Grundfläche beanspruchen als liegend, sieht man zweckmäßig Anlehngelegenheit an Wandflächen, Stützen oder besonders hierfür geschaffenen Pfosten und Gerüsten vor. In Drehereien und sonstigen Werkstätten für Massenfertigung ist Vorsorge dafür zu treffen, daß sich die zur An- und Abbeförderung der Werkstücke dienenden Behälter, Fahrtische u. dgl. ohne Störung heranbringen und in bequemer Reichnähe entweder neben den Maschinen oder im Rücken der Arbeiter abstellen lassen (Abb. 138a und b).

Die Klarstellung aller dieser Punkte und die zeichnerische Durcharbeitung der Maschinenaufstellung muß der Festlegung der Gebäudeabmessungen unbedingt vorausgehen, damit etwaige Unzulänglichkeiten des Gebäudeentwurfes zu einer Zeit erkannt werden, wo noch Abhilfe möglich ist.

Schiffsweiten, Pfeilerabstände, Raumhöhen. Längsverkehrsgänge ordnet man bei weiten Hallen mit Oberlichtern im allgemeinen in der Mitte der Schiffe an, weil dann die Beförderungswege in die einzelnen Querabteile hinein am kürzesten werden. Anders liegt die Sache bei Querabteilaufstellung von Maschinen größerer und dabei verschiedener Länge; dort erzielt man bei Anordnung der Hauptgänge an den Längswänden oder Stützen entlang längere zusammenhängende Reihen, in denen die Maschinenmaße mit geringerem Rest aufgehen. Die Breite der Gänge wird in der Regel weniger durch die Stärke des Verkehrs als durch die Abmessungen der größten zu befördernden Werkstücke bestimmt; denn im allgemeinen vermag ein einzelner Hauptzuführungsgang die Beförderung schon für einen recht großen Bezirk zu bewältigen.

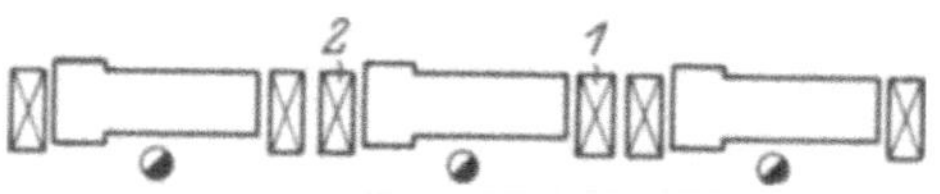

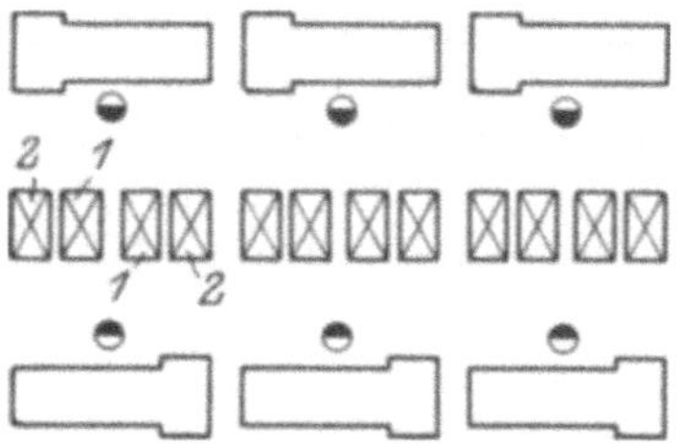

1 Behälter für rohe Stücke, 2 Behälter für fertige Stücke.

Abb. 138a. Aufstellung von Drehbänken mit Zwischenräumen für tragbare oder fahrbare Werkstückbehälter.

Abb. 138b. Unterbringung fahrbarer Werkstückbehälter zwischen Drehbankreihen.

Anordnung möglichst weniger Gänge, oder, wenn jedes Schiff einen Gang benötigt, Wahl möglichst weiter Schiffe erhöht daher die Platzausnutzung; z. B. verursacht ein Längsgang von 1,6 m Breite bei 10 m Schiffweite wie im Falle der Abb. 134d einen Flächenverlust von 16 v. H., bei 20 m Schiffweite hingegen nur von 8 v. H. Diesem Vorteil weiter Schiffe steht aber die Steigerung der Baukosten gegenüber, die sich aus der zunehmenden Spannweite der Dachbinder und Deckenunterzüge ergibt. Sie werden infolgedessen nur dort wirtschaftlich sein, wo Größe und Gewicht der Werkstücke dazu zwingen, jedem Schiff einen Laufkran und einen eigenen Grundfläche verzehrenden Verkehrsweg zu geben. Wo hingegen mit Handbeförderung auf Karren usw. auszukommen ist (Spinnereien, Webereien, Kleindrehereien, Kleinmaschinenbau usw.), wo man also mehrere Schiffe von einem Gang aus zu versorgen vermag, sind mäßige Schiffweiten und Stützenentfernungen angebracht, um den Bau zu verbilligen.

Wie schon gesagt, hat man bei Festsetzung der Schiffweiten stets die Abmessungen der aufzustellenden Betriebsmittel zu berücksichtigen. Dabei darf der Platzbedarf der etwa an den Fensterwänden aufzustellenden Heizkörper nicht übersehen werden. In Zusammenhang hiermit sei kurz die Frage erörtert, ob man die Wände innenseitig richtiger glatt oder mit Pfeilervorsprüngen ausführt. Glatt durchgehende Innenwände ermöglichen bequeme Befestigung an der Wand entlang zu verlegender Rohre, Leitungen, Wellenstränge usw. und machen bei Aufstellung der Bearbeitungsmaschinen und Werktische Rücksichtnahme auf die Pfeilerteilung überflüssig. Man hat es deshalb vielfach zur Regel erhoben, die Pfeiler auf der Außenseite der Gebäude vorspringen zu lassen, was auch von den Architekten wegen der dadurch erreichbaren belebenden Gliederung der Gebäudefronten gern gesehen wird. Ein gutes Beispiel hierfür zeigen die Abb. 122c und 123b. Es entstehen dann aber bei größerer Pfeilerstärke, wie auch diese Abbildungen erkennen lassen, auf der Hofseite ziemlich breite Flächenstreifen zwischen den Pfeilervorsprüngen, die dort nicht immer gut ausnutzbar sind. Diese Flächen würden bei Verlegung der Pfeilervorsprünge nach der Innenseite, oder richtiger gesagt, bei Verschiebung der zwischen den Pfeilern eingefügten Abschlußwände nach außen hin dem Werkstattinnern zufallen und dort oft weit vorteilhafter verwendbar sein, z. B. zur Unterbringung von Dampfheizkörpern, Ablegegestellen,

Geräteschränken usw. Zudem ist in neuzeitlichen Gebäuden, deren Fenster meist bis unter die Decke reichen, auch bei glatt durchgehenden Innenwänden doch nur die geringe Fläche unterhalb der Fenster zur Befestigung von Leitungen usw. geeignet, und häufig auch diese Fläche schon durch Heizkörper beansprucht, so daß weiter oben ohnehin schon besondere Tragarme u. dgl. verwandt werden müssen. Die Vorzüge der glatten Innenwände dürfen daher nicht überschätzt werden, und es wird von Fall zu Fall der Überlegung wert sein, ob man ihretwegen auf den erwähnten Grundflächenzuwachs, den man völlig umsonst haben kann, verzichten soll. Ein gewisses Hervortreten nach innen vorspringender Pfeiler auch auf der Außenseite zur Hebung des äußeren Eindrucks ist natürlich nicht ausgeschlossen.

Der Abstand der Wandpfeiler und Innenstützen in der Längsrichtung der Gebäude (Pfeilerteilung) wird sich in manchen Fällen gleichfalls nach den Einrichtungs- und Werkstücksmaßen zu richten haben, damit Platzverluste infolge mangelhafter Übereinstimmung tunlichst vermieden werden. In Mehrgeschoßbauten fallen bei übertrieben großen Pfeilerabständen die Unterzüge und Deckenbalken zu schwer aus; zu kleine Pfeilerteilungen sind jedoch gleichfalls ungünstig,

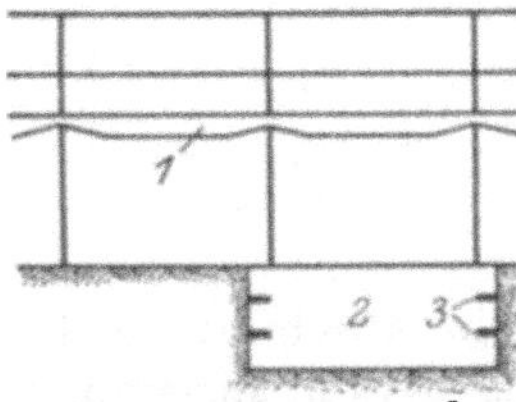

Abb. 139a. Werkstatt mit Grube zum Zusammenbau hoher Maschinen.
1 Kranbahn des Laufkrans.
2 Grube.
3 Versetzbare Arbeitsgerüste.

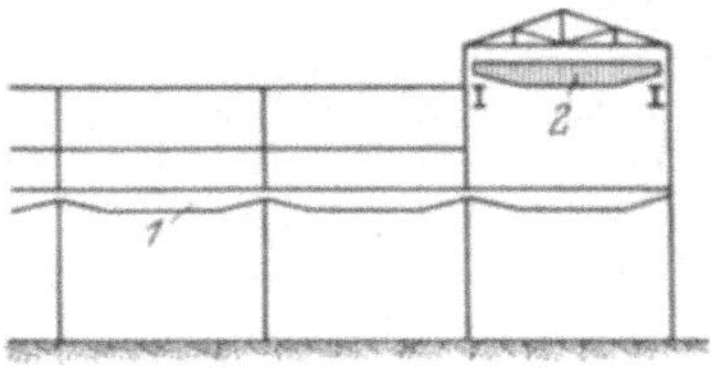

Abb. 139b. Werkstatt mit Turm am Stirnende zum Zusammenbau hoher Maschinen oder zum Nieten aufrechtstehender Kessel.
1 Kranbahn des Hauptlaufkrans.
2 Hilfslaufkran für großen Hub im Turm.

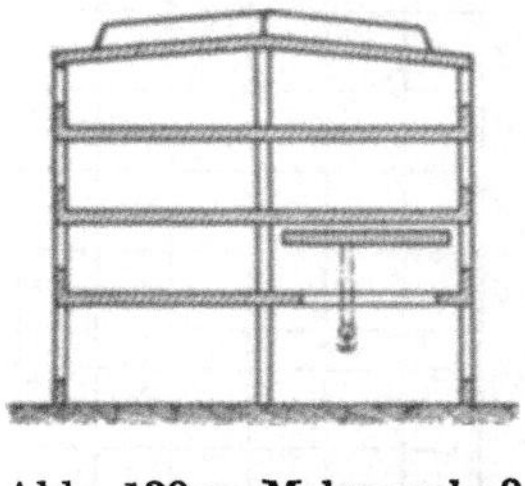

Abb. 139c. Mehrgeschoßbau mit Deckendurchbruch zum Zusammenbau hoher Maschinen oder zum Entladen von Eisenbahnwagen im Erdgeschoß.

weil sie die Zahl der Unterzüge übermäßig vermehren. Am gebräuchlichsten sind Pfeilerteilungen von 4—6 m, wovon in neueren Gebäuden etwa 0,8—1,0 m auf die Pfeiler und der Rest auf die Fensterflächen entfällt. Hierbei vermögen die Pfeiler durch Schattenbildung nur wenig zu stören, so daß sie bei der Aufstellung der Werktische usw. keine besondere Rücksicht erfordern. In Flachbauhallen besteht häufig Bedürfnis nach weit größeren Pfeilerteilungen, damit zwischen den Stützen umfangreiche Maschinen, Öfen und sonstige Einrichtungsstücke eingebaut oder sperrige Gegenstände hindurchbefördert werden können. Dort verursachen große Pfeilerteilungen auch keine solchen baulichen Schwierigkeiten, weil die Dachlasten viel geringer sind als die Fußbodenbelastungen in Mehrgeschoßbauten. Oft bildet man dann das Dachtragwerk so aus, daß auf ein Pfeilerfeld mehrere Dachbinder entfallen (Abb. 26b und 122b).

Ein Teil der Gesichtspunkte, die bei Wahl der Raumhöhen zu beachten sind, hat schon in den Abschnitten „Beleuchtung" und „Beförderungsmittel und Hebezeuge" Erwähnung gefunden. Große Raumhöhen können erforderlich sein zur wirksamen Ableitung von Rauch und Dunst, zur Steigerung der Lichtwirkung in Werkstätten mit Seitenfenstern, ferner mit Rücksicht auf die Abmessungen der Werkstücke und ihre Handhabung mit Hebezeugen. Im zuletzt genannten Falle werden sich mitunter erhebliche Ersparnisse ergeben, wenn man an einzelnen Stellen der Werkstatt Zusammenbaugruben, Turmaufsätze oder Deckendurchbrüche vorsieht (Abb. 139a bis c), die besonders viel Raumhöhe beanspruchenden Arbeiten, wie Einsetzen der Kolben bei stehenden Kraftmaschinen, Nietungen an Kesseln in aufrechter Stellung usw. auf diese Plätze beschränkt und die übrigen Teile des Arbeitsraumes mit geringerer Höhe durchführt. In Gruben lassen sich die Werkstücke nicht mit so guter Platzausnutzung aufstellen wie zu ebener Erde; auch sind die Lichtverhältnisse in ihnen nicht sehr günstig. Als weiterer Mangel kommt hinzu, daß die Kranführer die Bewegungen der in tiefe Gruben hineinhängenden Lasten weniger gut übersehen, und daß die unten beschäftigten Arbeiter deshalb und auch, weil es an Platz zum Ausweichen fehlt, Gefahr laufen an die Grubenwände gequetscht zu werden. Andererseits verteuern Turmaufsätze die Gebäude und machen zudem besondere Hebezeuge notwendig, während Gruben von den durch die ganze Werkstatt fahrenden Laufkranen vollständig mitbeherrscht werden, was auch den Betrieb erleichtert. Deckendurchbrüche sind nur zulässig, wo keine Bedenken hinsichtlich Brandübertragungsgefahr vorliegen.

Einen ungefähren Überblick über die gebräuchlichen Abmessungen von Werkstattsälen und -Hallen gibt die nachfolgende Zahlentafel.

Gebäudeart	Pfeilerteilung (Längsrichtung) in m	Schiffweite (Querrichtung) in m	Raumhöhe in Mehrgeschoßbauten von Fußboden bis Fußboden in m	Raumhöhe in Flachbauten bis Unterkante Dachbinder in m	Höchster Kranhakenstand über Fußboden in m
Hallen für Großmaschinenbau, Großeltbau, Gießereien . . .	8—12	15—30	—	7—20	5—16
Hallen für Brückenbau	12—18	20—40	—	10—16	7—12
Flachsäle für Spinnereien und Webereien	5—7	5—7	—	4,5—5,5	—
Mehrgeschoßbauten für Kleinmaschinenbau, Kleineltbau, feinmechanische Werkstätten	4—6	7—10	3,5—6	—	2,5—5
Mehrgeschoßbauten für Spinnereien und Webereien . . .	3—6	5—7	4—5	—	—

Bei mehrstöckigen Werkbauten muß die Gesamtweite, wie in Abschnitt „Beleuchtung“, Unterabschnitt „Wandfenster und Gebäudemaße“ schon erörtert, stets in Zusammenhang mit den Geschoßhöhen festgelegt werden. Üblich sind im Durchschnitt bei Geschoßhöhen von 4—4,5 m Gebäudebreiten von 14—20 m, doch weisen manche ausgeführte Anlagen auch weniger

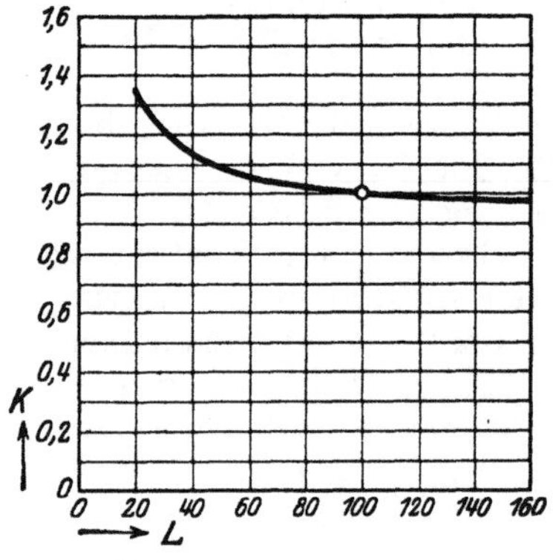

Abb. 140a. Abhängigkeit der Baukosten von der Gebäudelänge.

Annahmen:
Gebäudeweite W = 20 m,
Geschoßzahl ausschl. Keller g = 4,

L = Gebäudelänge in m,
K = Kosten der Fußbodenflächeneinheit, für L = 100 m gleich 1,0 gesetzt.

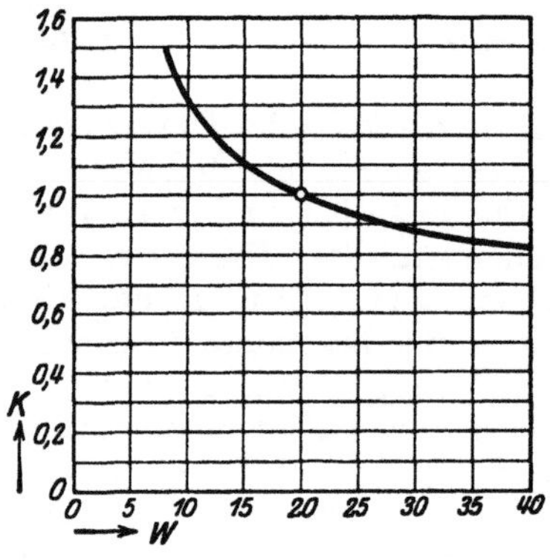

Abb. 140b. Abhängigkeit der Baukosten von der Gebäudeweite.

Annahmen:
Gebäudelänge L = 100 m,
Geschoßzahl ausschl. Keller g = 4.

W = Gebäudeweite in m,
K = Kosten der Fußbodenflächeneinheit, für W = 20 m gleich 1,0 gesetzt.

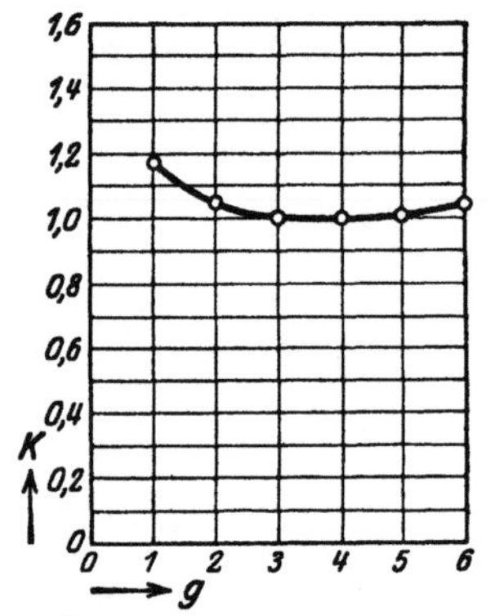

Abb. 140c. Abhängigkeit der Baukosten von der Geschoßzahl.

Annahmen:
Gebäudelänge L = 100 m,
Gebäudeweite W = 20 m,

g = Geschoßzahl ausschl. Keller.
K = Kosten der Fußbodenflächeneinheit, für g = 4 gleich 1,0 gesetzt.

günstige Verhältnisziffern von Geschoßhöhe zu Gebäudebreite auf. So hat der in Abb. 33 dargestellte Mehrgeschoßbau bei einer Breite von 24 m Stockwerkhöhen von Fußboden bis Fußboden gerechnet, von 2,85 m für das Kellergeschoß, 4,5 m für das Erdgeschoß, 4,25 m für das erste, 4,0 m für das zweite und 3,75 m für das dritte Obergeschoß; die Belichtung soll überall sehr gut sein. Noch wesentlich größere Weite, auch im Verhältnis zu den Geschoßhöhen, haben das in Abb. 50a gezeigte Webereigebäude und neuere amerikanische Mehrgeschoßbauten. Es sei aber das früher Gesagte nochmals wiederholt, daß derartige Mißverhältnisse nur anwendbar sind, wenn die dunkleren Innenteile der Räume ausschließlich für Verkehrs- und Lagerzwecke beansprucht werden, oder wenn die Gebäude völlig frei liegen.

Die Abb. 140a—c lassen erkennen, wie ungefähr bei Mehrgeschoßbauten die Gestehungskosten der Fußbodenflächeneinheit durch die Wahl von Gebäudelänge, Gebäudeweite und

Geschoßzahl beeinflußt werden; als Unterlagen für die Errechnung dieser Kurven, die für kastenförmige Gebäude allereinfachster Art abgeleitet sind, haben die Schaubilder 40—45 in dem Buch von H. G. Tyrrell, Quellennachweis 4, gedient.

Bisweilen finden einseitig offene Hallen oder sogenannte überdachte Arbeitsplätze Verwendung, z. B. auf Werften für die Bearbeitung von Blechen; bei diesen kann man unter Umständen durch frei ausladende Dächer Platz und Kosten sparen, wenn sich bei beiderseitiger Stützenanordnung infolge der Sperrigkeit der Werkstücke unnötig lange Dachbinder ergeben würden, wie aus der Untereinanderstellung von Abb. 141 a und b hervorgeht. Die Brauchbarkeit offener Arbeitsstätten hängt wesentlich von den klimatischen Verhältnissen ab; an falscher Stelle gewählt beeinträchtigen sie Gesundheit, Wohlbefinden und Leistungen der Arbeiter, so daß man sie nachträglich unter vermehrten Kosten zu geschlossenen Werkstätten umbauen muß.

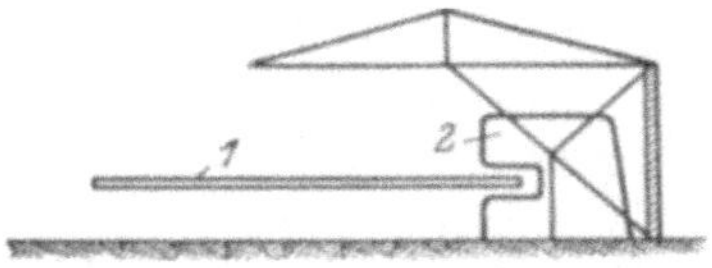

Abb. 141a. Einseitig offene Schutzüberdachung, freitragend.

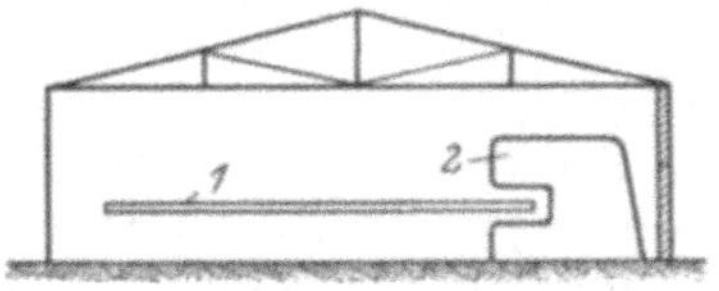

Abb. 141b. Einseitig offene Schutzüberdachung, mit Außenstützen.

1 Sperriges Werkstück.
2 Bearbeitungsmaschine.

Tragfähigkeit der Fußböden. Die Tragfähigkeit der Fußböden ist von größter Bedeutung für die Ausnutzbarkeit der Gebäude; bei ihrer Festsetzung muß die Möglichkeit einer Nachbeschaffung neuer schwerer Maschinen ebenso wie auch etwaiger künftiger Betriebsumstellungen auf das sorgfältigste bedacht werden. Der Fußboden des untersten Geschosses kann auf schlechtem Baugrund, wenn von besonderen Vorkehrungen abgesehen wird, mit etwa 2500 kg/m² belastet werden; höhere Tragfähigkeit ist durch Pfahlgründungen oder sonstige Maßnahmen zu erzielen. Guter Baugrund trägt wesentlich mehr. Schwermaschinenbau-Werkstätten benötigen bis zu 10000 kg/m² Tragfähigkeit. Bei Geschoßbauten wachsen die Baukosten mit zunehmenden Deckenbelastungen zwar nicht unerheblich, aber doch bei weitem langsamer als verhältnisgleich. Auf jeden Fall ist etwas zu reichliche Wahl der Tragfähigkeiten der kleinere Fehler, da sich übertriebene Sparsamkeit an dieser Stelle schwer rächen kann. Tragfähigkeiten unter 500 kg/m² sollten nirgends, auch in Bürozimmern nicht, gewählt werden, weil bei jedem beliebigen Raum damit gerechnet werden muß, daß er einmal bei irgendeinem Anlaß dicht mit Menschen angefüllt wird. In Arbeitssälen für feinmechanische Arbeiten und in Lagerräumen für leichte Teile sind 500 kg/m² meist ausreichend, für Kleinmaschinenbau, Modellager usw. kommen etwa 750 kg/m² in Frage, für Arbeitssäle mit kleineren Werkzeugmaschinen wie Revolverdrehbänken, selbsttätigen Drehbänken usw. etwa 1000 kg/m². Bei 1500 kg/m² lassen sich schon schwerere Werkstücke, wie Elttreiber mittlerer Größe in Ankerwickeleien, kleinere Pumpen, Werkzeugmaschinen u. dgl. bearbeiten und zusammenbauen. Einzelne Kraftwagenbauanstalten in Großstädten haben sich durch die hohen Grundstückkosten veranlaßt gesehen, ihre Zusammenbauarbeiten in Obergeschossen mit 3000 kg/m² Tragfähigkeit vorzunehmen. Übrigens kommt es bei der Ausbildung der Decken außer auf Festigkeit oft auch auf Steifigkeit an; Bearbeitungsmaschinen für große Spanleistungen wie Schnelldrehbänke oder mit rasch umlaufenden Massen wie Rundschleifmaschinen arbeiten auf federnden und schwankenden Zwischendecken sehr unbefriedigend.

Bezüglich der Art der Belastung können verschiedene Auffassungen bestehen. Wenn z. B. eine Fläche von 2 m $\times$ 2 m = 4 m² durch eine Maschine im Gewicht von 4000 kg mit 4 im Quadrat von 1 m Seitenlänge angeordneten Füßen belastet wird, so ist die durchschnittliche Tragfähigkeit der Decke von 1000 kg/m² im großen betrachtet noch nicht überschritten, da man es gewissermaßen mit 4 Einzellasten zu tun hat, deren jede 1 m² voll belastet; trotzdem kann die Decke durch die Einzelkräfte örtlich durchgedrückt werden, wenn nicht durch die Bauart der Decke selbst oder durch den Fußbodenbelag die Beanspruchung verteilt wird. Hierüber muß Klarheit bestehen; man hat sich also im Zweifelsfalle angeben zu lassen oder selbst vorzuschreiben, welche Mindestabstände für Einzellasten von 250 kg, 500 kg, 750 kg usw. eingehalten werden sollen. Wo große Lasten nur an vereinzelten Stellen vorkommen, lassen sich unter Umständen örtliche Vorkehrungen zur Aufnahme und Verteilung der Kräfte treffen, ohne daß die gesamte Decke diesen Belastungen entsprechend bemessen zu werden braucht.

Arbeitsräume und Lager mit hoher Bodenbelastung sind soweit möglich unmittelbar über dem Erdboden oder wenigstens in den unteren Geschossen anzuordnen, um die Pfeiler und Stützen im oberen Gebäudeteil schwächer bemessen zu können. Besonders betont sei noch, daß hohe

Deckentragfähigkeiten auf eine nutzlose Verschwendung hinauslaufen, wenn nicht durch Einbau von richtig bemessenen Aufzügen und Kranen auch für die Heranschaffung der der Deckenbelastbarkeit entsprechenden Werkstücke vorgesorgt wird.

Meisterplätze. Die Anordnung der Meisterplätze und -Buden hängt zum Teil von der Organisation des Betriebes ab. Wo den Meistern außer der Tätigkeit in der Werkstatt selbst auch noch die Ausfertigung von Lohn- und Akkordzetteln und sonstige Schreib- und Rechenarbeiten zugewiesen sind, müssen ihre Arbeitsplätze einigermaßen vor dem Geräusch der Werkstatt geschützt und durch Glaswände abgekleidet sein. Die in neuerer Zeit für Betriebe mit schwierigeren Erzeugnissen (Maschinen- und Eltbau, feinmechanische Werkstätten usw.) ausgebildeten Organisationsformen verwerfen bekanntlich dieses Verfahren mit der Begründung, daß es den Meistern zu viele nicht gleichzeitig erfüllbare Obliegenheiten auferlegt, verweisen die Schreibarbeit an das Betriebsbüro und verwenden die Meister in der Hauptsache zur dauernden Anleitung und Aufsicht in der Werkstatt. Bei solchen Organisationen ist es sinngemäß, aber auch unschwer durchführbar, die Meister inmitten ihrer Bezirke so unterzubringen, daß in erster Linie enge Fühlung und schnelle Verständigung zwischen ihnen und ihren Arbeitern erreicht wird. Da es infolge Fortfalls der vielen Nebenarbeiten auf die Fernhaltung von Störungen weniger ankommt, werden dann häufig offene Pultbühnen genügen, die zur Erleichterung der Übersicht ein paar Stufen hoch gemacht werden und zum besseren Schutz der Schriftstücke eine Brüstung mit abschließbaren Türen erhalten. Derartige Pultbühnen lassen sich leicht versetzen, wenn die Aufstellung der Werkstatteinrichtung oder die Abgrenzung der Meisterbezirke geändert wird. Wo aber besonders starke Geräusche bei Besprechungen stören würden und wo viel Zug, Staub und Schmutz herrscht, kann auf Abkleidung mit Glaswänden nicht verzichtet werden. Es ist dann

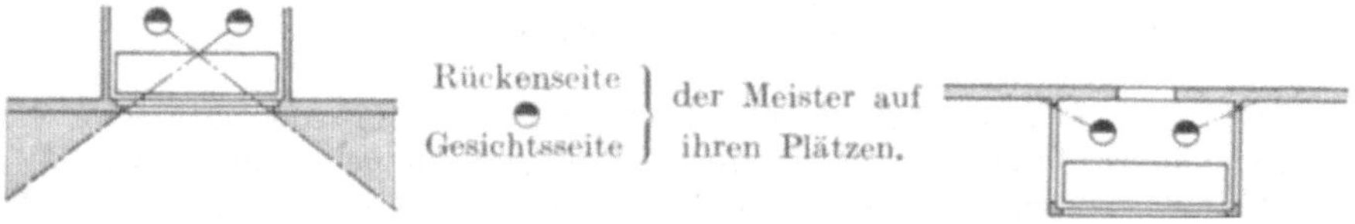

Abb. 142a Meisterraum in Wand eingebaut. Geschraffte Teile der Werkstatt von den Sitzplätzen nicht zu übersehen.

Abb. 142b. Meisterraum in Werkstatt vorspringend. Keine Beengung des Gesichtsfeldes, jedoch unter Umständen Behinderung des Kranverkehrs.

für Lüftungsmöglichkeit zu sorgen; auch wird es oft erforderlich sein, solchen abgeschlossenen Meisterbuden besondere Heizkörper zu geben, weil sie höheren Wärmegrad benötigen als der sie umgebende Werkstattraum. Die Erhöhung der Meisterplätze über Werkstattflur muß sich nach der Ausdehnung und Art des Betriebes richten. Für dichtbesetzte Feinarbeitswerkstätten mit Meisterbezirken von mäßiger Ausdehnung ist nur geringe Erhöhung — etwa 0,5 m — am Platze, weil der Meister sonst nicht mehr über seine Schreibplatte hinweg beobachten könnte, was in nächster Nähe zu seinen Füßen vor sich geht. Dagegen empfiehlt sich für weitläufige Grobbetriebe, Großmaschinenbauwerkstätten usw. größere Höhe, damit auch die am weitesten abgelegenen Stellen zu übersehen sind; legt man den Fußboden der Meisterbuden dann mindestens 2,2 m hoch, so wird es möglich, den darunter befindlichen Raum für Werkzeugausgaben oder dgl. auszunutzen. Derartige hoch angeordnete Meisterbuden lassen sich nicht mehr so leicht wie die Pultbühnen versetzen und werden daher in der Regel fest eingebaut, oft auch gleich von vornherein als Bestandteil des Gebäudes mit hergestellt.

Wenn man die Meisterräume aus dem Umriß der eigentlichen Werkstatträume ganz fernhält und in Seitenschiffen oder Kopfvorbauten derselben unterbringt, wie in Lichtbild 13 rechts hinten und in der Grundrißskizze Abb. 142a zu sehen, so wird zwar vollständige Ausnutzung der Werkstattfläche für Arbeitszwecke und völlig ungehinderte Benutzung der Laufkrane ermöglicht, jedoch der Überblick über die Werkstatt stark beschränkt, was in der Skizze durch Schraffung der nicht zu übersehenden Teile angedeutet ist. Meist werden deshalb um etwa 2 m ausladende Meisterräume, wie in Grundrißskizze Abb. 142b dargestellt, vorzuziehen sein, wobei allerdings Voraussetzung ist, daß der Laufkranverkehr dadurch keine Beeinträchtigung erfährt. In mehrschiffigen Hallen baut man die Meisterbuden gern in die Flucht der Zwischenstützen ein, über welche sie beiderseits nur wenig hinausragen (Abb. 72). In Mehrgeschoßbauten mit Seitenlicht ist es erwünscht, daß die Meister an ihrem Schreibpult Licht von links bekommen und zugleich mit dem Gesicht nach der Werkstatt gerichtet sitzen. Das ist nur möglich, wenn die Meisterräume, vom Werkstattinnern nach den Fenstern zu gesehen, stets am linken Ende der von ihnen aus zu beaufsichtigenden Säle oder Bezirke angeordnet werden (Abb. 182a—c).

Bequeme Verbindung der Meisterbuden mit dem Betriebsbüro ist an sich durchaus erwünscht; um sie zu erleichtern, kann es vorteilhaft sein, Meisterbuden, die an Wänden angelehnt liegen, rückwärtige Zugänge zu geben. Dieses Bedürfnis ist aber nicht so zwingend, daß es Anordnungen rechtfertigen würde, welche die Beaufsichtigung der Werkstätten benachteiligen oder wegen Durchbrechung von Brandmauern die Feuersicherheit beeinträchtigen könnten.

Nebeneinrichtungen. Weiter erfordern noch eine Anzahl von Nebeneinrichtungen Erwähnung, welche auf den Platzbedarf nicht unerheblichen Einfluß haben und bei Ausarbeitung der Einrichtungspläne stets gleich mit zu behandeln sind.

Werkzeugausgaben sind möglichst in die Bedarfsschwerpunkte der zu versorgenden Bezirke zu legen, um an Laufzeiten zu sparen. In hohen Räumen werden sie, wie erwähnt, gern unter Meisterbuden untergebracht. In Mehrgeschoßbauten, wo die Arbeitssäle wegen der Brandmauern oft ziemlich kurz sind, steht auch ihrer Anordnung an den Saalenden nichts entgegen. Mitunter verbindet man übereinander gelegene Ausgaben durch Werkzeugaufzüge (mit Einzelzellen- oder Paternosterbauart), um nicht die gleichen Stücke in sämtlichen Ausgaben vorrätig halten zu müssen. Bei den Ausgabeschaltern sollen die Absetzplatten nicht über 800 mm hoch liegen, damit sich schwerere Gegenstände ohne zu große Mühe hinaufheben lassen; in Kopfhöhe muß der Verständigung wegen freier Durchblick möglich sein. In der Nähe der Schalter sind Nummerntafeln für Marken anzubringen; trifft man die Regelung, daß bei jeder Entleihung zugleich eine Marke des Arbeiters auf das Feld des betreffenden Gegenstandes und eine Marke des Gegenstandes auf eine Tafel mit den Arbeiternummern gehängt wird, so vermag man stets sofort zu übersehen, wohin die einzelnen Werkzeuge ausgeliehen sind und welche Werkzeuge jeder Arbeiter entliehen hat; letzteres ist z. B. für die Abwicklung bei Entlassungen vorteilhaft.

In ausgedehnteren Werken sind Zeichnungsausgaben in den Werkstattbezirken zweckmäßig, um den Meistern und Arbeitern die weiten Wege nach den Hauptbüros zu ersparen. Vorteilhaft werden sie den einzelnen Betriebsbüros angegliedert.

Verwertbare Abfälle sollen nach Sorten getrennt und ohne große Beförderungskosten entfernt werden können. In Flachbauhallen hat man hier und da Kästen in den Boden eingelassen, in welche nach Anheben der Grubendeckel die Späne usw. hineingefegt werden; sind die Kästen voll, so werden sie mit Hilfe der Krane herausgezogen, dann nach dem Abfallager verfahren und dort in Bunker entleert. Ähnliche Einrichtungen können sich für die Entfernung des Werkstattkehrichts empfehlen, von dem übrigens nicht zu unterschätzende Mengen entstehen. In Mehrgeschoßbauten hat man gelegentlich Fallschächte mit Einwurföffnungen in sämtlichen Geschossen eingebaut, in welche die Abfälle aller Arbeitssäle hineingeschüttet werden; unter die Schächte werden im Kellergeschoß Behälter gestellt, die man von Zeit zu Zeit mit geeigneten Vorrichtungen zur Entleerung heraushebt. Für manche Betriebe, z. B. Instandsetzwerkstätten, die einen ziemlich unregelmäßigen und schwer vorherzubestimmenden Verbrauch an Werkstoffen haben, wird es gut sein, die Abfälle vor Entfernung aus den Arbeitsräumen zunächst den Werkstoffausgabestellen zuzuführen, damit die noch brauchbaren Reststücke dort herausgesucht und wieder ausgegeben werden können.

Viele Betriebe benötigen Prüfstellen (Revisionen), in welchen die Werkstücke bei Eingang auf ihre Brauchbarkeit zur Verarbeitung angesehen und vor der Weitergabe an andere Abteilungen auf einwandfreie Arbeitsausführung hin untersucht werden. Diese Prüfstellen bringt man zweckmäßig in der Nähe der Zugänge unter, um die Beförderungswege abzukürzen (Abb. 177a).

Unmittelbar an den Türen der Werkstattsäle sind, wie zum Teil schon in anderen Abschnitten besprochen, etwa erforderliche Wärmeschränke für mitgebrachtes Essen und die Stempeluhren anzuordnen, ferner Bekanntmachungstafeln, die mitunter zum Schutz der angehefteten Mitteilungen mit Gittertüren versehen werden. In Flachbauwerkstätten hat man häufig einen gewissen Teil der Bodenfläche an den Eingängen für Windschleusen oder Windschutzwände zu opfern. Stets ist an ausreichende Abstellflächen für Karren, Rollwagen, Schmalspurloren usw. zu denken. Auch an die Einrichtungen zur Getränkeausgabe sei nochmals erinnert. Die Einrichtung von Lohnzahlstellen hängt von dem üblichen Zahlungsverfahren ab. Wo der Lohn offen in bar ausgehändigt wird, dauert die Auszahlung besonders lange; man hat dann viele Zahlstellen nötig, die wegen des Papiergeldes zuggeschützt angeordnet und zur Vermeidung von Unzuträglichkeiten abgegittert sein müssen. Um dauernde Inanspruchnahme wertvollen Platzes zu vermeiden, kann man sie zerlegbar machen. Besser ist Verwendung von Lohntüten, doch geht auch dabei durch das Warten vor den Zahlstellen noch viel Arbeitszeit verloren. Am richtigsten ist es, die Arbeiter an ihren Plätzen zu entlohnen, was sich in einer Reihe von Betrieben gut bewährt hat und überall angestrebt werden sollte, wo es die örtlichen Verhältnisse irgend zulassen; hierbei erübrigen sich bauliche Vorkehrungen ganz.

Einrichtung von Lagern.

(Siehe hierzu Quellennachweis 5, 27, 33, 103, 111, 118, 123, 221.)

Aufgaben und Unterbringung der Lager. Jedes Werk benötigt Lager für die mannigfachsten Bedürfnisse, die einen erheblichen Teil der verfügbaren Gesamtfläche, oft mehr als die Hälfte, in Anspruch nehmen. Zur Erzielung hoher Gelände- und Gebäudeausnutzung sind daher gut durchdachte Anordnungen bei den Lagern kaum weniger wichtig als bei den Werkstätten. Ungünstige Lage, zu knappe Bemessung und mangelhafte Einrichtung, namentlich was Hebezeuge und Beförderungsmittel anbelangt, haben zur Folge, daß der kostbare Platz in den eigentlichen Werkstätten mit für Lager- und Abstellzwecke beansprucht wird und also teilweise für die Erzeugung ausfällt. Gleichzeitig leiden dadurch Ordnung und Übersicht, was die Auffindung der Gegenstände und die Verhütung von Diebstählen erschwert.

Bei Eingliederung der Lager in die gesamte Werkanlage ist wieder daran zu denken, daß sich der Stoffdurchgang von der Ankunftsstelle des Rohstoffes bis zum Versand auf dem kürzesten Weg vollziehen soll. Doch läßt sich diese Forderung selten restlos durchführen, da bei der Raumanordnung stets noch andere wichtige Gesichtspunkte mitsprechen; einzelne Hin- und Herbewegungen sind kaum zu umgehen. In der Regel kommt es auch zur Verbilligung der Beförderung weniger darauf an, 10 oder 20 m Fahrweg zu sparen, als die Häufigkeit der Inanspruchnahme von Fördermitteln zu beschränken und Übergänge von einem Fördermittel auf das andere zu vermeiden; denn bei der Benutzung von Kranen, Schmalspurbahnen usw. geht, wie schon an früherer Stelle erwähnt, meist viel weniger Zeit durch das Fahren selbst verloren als durch das Heranholen des Fahrzeugs, durch das Anschlagen und Hochziehen der Last, durch Warten usw.

Eine wichtige grundsätzliche Frage ist, ob und inwieweit sich eine Unterteilung der Lager empfiehlt. Die Antwort richtet sich nach der Art, Vielseitigkeit und Ausdehnung des Werkes. Beschränkung auf ein Gesamtlager spart Personal für Ausgabestellen und Buchführung, erleichtert die Überwachung und gestattet mit kleineren Beständen und entsprechend geringerer Kapitalfestlegung auszukommen. Dagegen wird die Anordnung von Einzellagern in Nähe der Werkstätten, deren Bedürfnissen sie dienen, die Beförderungszeiten abkürzen und die Verständigung zwischen Werkstatt und Lager erleichtern. Im allgemeinen werden nur sehr kleine Werke mit Gesamtlagern auskommen; bei ausgedehnten Anlagen lassen sich aus einem gemeinsamen Hauptlager versorgte Zweiglager für jede größere Einzelwerkstatt kaum vermeiden. Bei der Platzzumessung für die Haupt- und Zweiglager ist davon auszugehen, daß die Bestände tunlichst im Hauptlager zusammengehalten und nur dem laufenden Bedarf der Werkstätten entsprechend an die Zweiglager abgegeben werden sollen, weil sonst jedes der letzteren versucht wäre, möglichst hohe Bestände anzuhäufen, wodurch zuviel Kapital gebunden würde. Vor allem gilt dies für Stoffe, die bei unsachgemäßer oder zu lange dauernder Lagerung dem Verderb ausgesetzt sind. Von feuergefährlichen Stoffen darf in den Zweiglagern nur ein geringer etwa für einige Tage ausreichender Vorrat gehalten werden. Gegenstände, die nur in einer einzigen Werkstatt Verwendung finden, wird man dagegen von vornherein nur in dem Zweiglager dieser Werkstatt aufbewahren, um die nochmalige Umbeförderung zu sparen.

Was die Lagereinrichtungen für die Stoffe und Gegenstände der eigentlichen Erzeugung anbetrifft, so kann man verschiedene Gruppen unterscheiden. Die Rohstofflager dienen für die eingehenden Rohstoffe und Halberzeugnisse wie Holz, Roheisen, Walzeisen, Bleche, Rohre, Stangen, Nieten, Schrauben usw. Die Zwischenlager haben die Zwischenerzeugnisse aufzunehmen, welche von der einen Abteilung vorbereitet worden sind und von der nächsten noch nicht in Angriff genommen werden können, z. B. die Schmiedeteile und Gußstücke vor der Weiterleitung an die Spanerei (Sammelbezeichnung für die Werkstätten mit spanabhebenden Bearbeitungsmaschinen, also Dreherei, Hoblerei, Fräserei, Schleiferei usw.), weiter die von der Spanerei bearbeiteten Stücke und Vorratteile, welche der Zusammenbau noch nicht benötigt, z. B. Zahnräder, Ventile, Handgriffe und dgl. In den Fertiglagern werden die versandfertigen Enderzeugnisse aufbewahrt, bis der Versand erfolgen kann. Da durch die genannten Arten von Lagern entweder die Gesamtmenge oder doch ein sehr erheblicher Teil des zur Verarbeitung kommenden Stoffes hindurchströmt, ist ihre Unterbringung und Einrichtung auf die Beförderungskosten von besonders großem Einfluß. Der Eingang der Stoffe oder Gegenstände in die Lager erfolgt meistens in wenigen großen Lieferungen, hingegen die Ausgabe in zahlreichen kleinen Mengen, also unter weit schlechterer Ausnutzung der Beförderungsmittel und Menschenkräfte; deshalb ist es in der Regel wirtschaftlich, die Lage und die Beförderungseinrichtungen der Lager hauptsächlich nach den Bedürfnissen der verbrauchenden und nicht der anliefernden Werkabteilung zu wählen, also z. B. Gesenkschmiedestücke und Schrauben in der Nähe der Dreherei bzw. des Zusammenbaues aufzubewahren, nicht aber bei der Schmiede bzw. der Schraubenwerkstatt.

In den meisten Industrien gewinnt die laufende Untersuchung der eingehenden Werkstoffe mehr und mehr an Bedeutung. Man gliedert deshalb den Werkstofflagern vielerorts Abnahmebüros an, welche alle ankommenden Sendungen zu prüfen und nach ihren Eigenschaften zu kennzeichnen haben. Natürlich muß man dann die Werkstoffe auch nach Sorten und nötigenfalls sogar nach Sendungen getrennt lagern, um ihre richtige Verwendung sicherzustellen.

Instandsetzwerkstätten für Eisenbahn- und sonstige Fahrzeuge, für Maschinenbau und Eltbau benötigen besonders reichliche Abstellflächen zur Aufnahme der unregelmäßig eingehenden Werkstücke, die oft wegen Arbeitsüberhäufung zunächst liegen bleiben oder zwecks Bevorzugung besonders dringender Aufträge vorübergehend aus der Bearbeitung herausgezogen werden müssen. In größeren Betrieben dieser Art kann es zweckmäßig sein, zur besseren Überwachung solcher Teile besondere Abstellager einzurichten, die den einzelnen Werkstätten nahe anzugliedern sind.

Hilfsmittel der Fertigung wie Modelle, Formkästen, Werkzeuge und Vorrichtungen, Schutzkleidung für Arbeiter usw. sind möglichst nahe bei denjenigen Werkstätten unterzubringen, in welchen sie benutzt werden. Rückhaltteile für den Betrieb wie Riemen, Seile, Elttreiber, Lampen, Sicherungen usw. gehören in nächste Nähe der Betriebswerkstatt, damit bei Störungen alles Nötige sofort zur Hand ist.

Ferner sind Lagerplätze und -räume für die Betriebsstoffe wie Kohlen und Koks, Treib- und Schmieröl, Formsand usw. vorzusehen. Wo es sich um große Mengen handelt, erspart die sofortige Ablagerung der eintreffenden Gesamtlieferungen am Verbrauchsort die nicht unerheblichen Kosten nachträglicher Umbeförderung. Die Rücksicht auf Feuersicherheit oder die Notwendigkeit anderweitiger Verwertung der kostbaren Geländeflächen im Werkinnern können jedoch zur Anlage besonderer abseits gelegener Vorratslager Veranlassung geben. Alsdann sind die Lager oder Behälter an den Verbrauchsstellen zum mindesten so zu bemessen, daß sie während der voraussichtlichen Höchstdauer einer Betriebsstörung an den Beförderungseinrichtungen den Bedarf zu decken vermögen.

Endlich seien noch die Lager für die Abfälle der Erzeugungs- und Betriebsstoffe — Schrott, Späne, Schlacken usw. — erwähnt. Auch hier kann es sich um nicht unbeträchtliche Massen handeln; man hat also darauf zu achten, daß die Beförderung von den Entstehungsorten der Abfälle nach den Lagern und die Abfuhr aus denselben nicht zu teuer wird. Die Beseitigung der Abfälle aus den Werkstätten usw. erfolgt ständig in kleineren Mengen, hingegen die weitere Abbeförderung in Wagenladungen. Daher sind die Abfallager oder wenigstens größere Sammelbehälter nicht allzuweit von den Entstehungsplätzen anzuordnen. In den Abfallagern müssen die verschiedenen Stoffe im Hinblick auf ihre Wiederverwertung oder unschädliche Beseitigung getrennt gehalten werden. Etwa erforderliche Einrichtungen, um die Abfälle in verwertbaren Zustand zu bringen, sind ihnen anzugliedern, so z. B. Anlagen zur Rückgewinnung des Öls aus Drehspänen und Putzwolle, oder Vorrichtungen zum Zerreißen und Brikettieren von Spänen zwecks Erzielung höherer Verkaufspreise.

Die Lager für die angeführten verschiedenen Zwecke brauchen natürlich nicht durchweg getrennt gehalten zu werden, sondern werden unter Umständen räumlich und verwaltungsmäßig zusammenzufassen sein, um Platz und Personal zu sparen.

Lagerhöfe. Offene Hofräume sind die billigste Art von Lagern und werden deshalb zur Unterbringung solcher Güter und Werkstücke verwandt, die durch die Witterung nicht oder nur unwesentlich leiden (Kohlen, schwere Träger, Grobbleche, Roheisen, Formkästen, größere und mittlere unbearbeitete Gußteile). Gedeckte Hofräume gewähren zwar keinen Schutz gegen die Luftfeuchtigkeit, aber doch gegen starke Durchnässung durch Regen und Schnee; sie sind ausreichend für schwächere durch Rost leichter zerstörbare Walzeisen und Bleche, ferner für Holz und Formsand. Auch Kleinguß, der unter hohem Schnee schwer zu finden ist, wird zweckmäßig überdacht aufbewahrt.

Die Anlage zweckmäßiger Lagerplätze mit vorteilhaften Krananlagen wird durch großzügige regelmäßige Gebäudeanordnungen sehr erleichtert. Z. B. ergeben sich bei dem in Abb. 179 gezeigten Grundriß ausgedehnte rechteckige Hofflächen mit Laufkranbedienung; die Kranbahnen werden dort fast durchweg von den Werkstattpfeilern mitgetragen, so daß nur stellenweise besondere Stützen erforderlich sind. Eine Reihe weiterer Gesichtspunkte, die hier Beachtung verdienen, sind bereits in Abschnitt „Beförderungsmittel und Hebezeuge" besprochen worden.

Kohlenlager müssen bei Zufuhr auf dem Wasserwege für den Bedarf von 4—5 Monaten ausreichen, bei Zufuhr mit der Bahn von 2—3 Wochen, damit man sich für den Fall von längeren Schiffahrtsunterbrechungen oder Kohlenstreiks genügend einzudecken vermag. Diese Mengen lassen sich in oberhalb der Kessel angeordneten Bunkern selten unterbringen; man muß sich gewöhnlich darauf beschränken, die Bunker für die Verbrauchsmengen von einer Anzahl Stunden bis höchstens 2 Tagen einzurichten. In der Regel sind also noch besondere große Lager vorzusehen, von denen die Kohlen durch Greiferkrane, Becherwerke usw. nach den Bunkern weiterbefördert werden können. Meist werden diese Lager zu ebener Erde angelegt; ihre Auffüllung erfolgt dann mit Hilfe von Greifern oder auch von Wagenkippern, welche Entleerung der Wagen aus einer gewissen Höhe ermöglichen. Bei Geschoßbauten auf beschränkten Grundstücken hat man öfters große Kohlenkeller unterhalb von Hofräumen angeordnet, wobei die Entleerung der Wagen von Hand oder durch Kipper zu ebener Erde erfolgen kann. Dadurch entstehen allerdings weit höhere Baukosten, doch bleiben die Hofflächen und die Erdgeschoßfenster frei. Wegen Selbstentzündungsgefahr muß man bei Kohlenlagern die Schütthöhe auf 5—6 m beschränken und die Kohlenhaufen unterteilen, damit die Lieferungen rechtzeitig in der Reihenfolge ihres Eintreffens verbraucht werden; die Überwachung des Zustandes im Innern erfolgt mit Hilfe von hineingesteckten Rohren, in welche Wärmemesser hinuntergelassen werden können.

Verfeuerung von Braunkohlen, Torf und Holz in feuchtem Zustand kommt auf eine starke Verschwendung hinaus, weil dabei die Verbrennungswärme der brennbaren Bestandteile in unnötig hohem Maße für die Verdampfung des beigemengten Wassers in Anspruch genommen wird. Sie sind deshalb zum mindesten die letzte Zeit vor dem Verfeuern so zu lagern, daß sie gut austrocknen, gegebenenfalls unter Zuhilfenahme mit Abgasen geheizter Trockenräume. Bei Braunkohlen und Torf ist aber auch vorher geschützte Unterbringung dringend erwünscht, da sie bei stärkerem Regen teils durch Fortspülungen, teils durch Zersetzungsvorgänge erhebliche Wertminderung erfahren können.

Zur Ausnutzung von Geländestücken innerhalb von Geleiskurven, die sich für Werkstätten meist schlecht verwerten lassen, sind mitunter Kohlenlagerplätze mit der Grundfläche eines Kreisausschnittes (Sektors) angelegt worden, die durch Kreislaufkrane (in Abschnitt „Beförderungsmittel und Hebezeuge“ kurz besprochen) bestrichen werden. Hier und da hat man den Drehpunkt derartiger Krane oberhalb der Kesselhausbunker angeordnet, so daß die Greiferkatze bei beliebiger Stellung der Kranbrücke über den Einwurftrichter der Bunkerbekohlungsanlage fahren kann. Trotz mancher vorzüglichen Durchführung im Einzelfalle sind solche Anordnungen doch im ganzen als Behelf anzusehen; wo die Platzverhältnisse freie Hand lassen, werden rechteckige Lagerplätze wohl immer den Vorzug verdienen, weil die Fördereinrichtungen für diese bei gleicher Grundfläche wesentlich billiger ausfallen und auch Erweiterungen gestatten.

Geschlossene Lagerräume. Bei Ausgestaltung der Lagerräume für Werkstoffe, Fertigteile, Betriebsmittel, Werkzeuge usw. verlangt die Eigenart der unterzubringenden Güter und Gegenstände, insbesondere ihre Empfindlichkeit gegen Wärme, Kälte, Feuchtigkeit, Trockenheit, Licht usw. eingehende Berücksichtigung. Beispielsweise muß Leder kühl, Gummi außerdem feucht gelagert werden. Dem Verrosten ausgesetzte Maschinenteile, ferner Eltmaschinen und -geräte jeder Art und sonstige gegen Nässe und Frost empfindliche Waren verlangen geschlossene Räume, die zur Aufrechterhaltung eines ausreichenden Wärmegrades und zur Verhütung von Schweißwasserbildung heizbar sein müssen. Mitunter empfiehlt es sich, für derartige Gegenstände besondere Abteilungen abzuschotten, damit nicht das ganze Gebäude geheizt zu werden braucht. Auch die Ausgabemöglichkeit erfordert Beachtung: Z. B. kann Öl bei Kälte nur schlecht abgefüllt werden; Kabelrollen lassen sich bei Frost zwar ohne Schaden lagern, jedoch wegen Bruchgefahr nicht abwickeln.

Von der Einrichtung ist hohe Raumausnutzung und gute Übersicht zu fordern. Jeder benötigte Stoff oder Gegenstand soll bequem herauszunehmen sein; ferner ist für rasches Zumessen, Abtrennen und Abwägen sowie für glatte Abbeförderung vorzusorgen.

Bei der Unterbringung von Gegenständen jeder Art kann man nach verschiedenen Einordnungsgrundsätzen verfahren. Eine Möglichkeit ist, sie nach Verwendungszweck oder Gattungen zu sondern, so daß z. B. an einer Stelle alle Teile für eine bestimmte Werkzeugmaschine oder sämtliche Größen einer Sorte Ventile zu finden sind. Andererseits kann man aber auch Gegenstände von beliebiger Art, jedoch ähnlichen Gewichten und Abmessungen von dem Gesichtspunkt ausgehend zusammenlegen, daß sich bestmögliche Ausnutzung der Gefächer und der Beförderungseinrichtungen ergibt. Im ersteren Falle sind die verlangten Stücke stets unmittelbar an bestimmten Stellen zu finden, die sich dem Gedächtnis der Ausgeber leicht einprägen; im letzteren Falle muß man aus einer Kartei entnehmen, in welchen Abteilungen und welchen Gefächern sie abgelegt sind. Dieses Verfahren erscheint auf den ersten Blick umständlicher, ermöglicht aber bedeutende Platzersparnisse, die namentlich bei knappen Raumverhältnissen ins Gewicht fallen.

Gefächer und Gestelle in Lagerräumen lassen sich freistehend aufstellen oder an Trägern oder Rohren anbringen, die an Fußboden und Decke befestigt sind. Letztere Anordnung spart erheblich an Baustoffen, behindert jedoch die Anwendung von Laufkranen und zwingt dazu, sich mit Laufwinden-Hängebahnen, Rollwagen, fahrbaren Aufzügen oder dgl. zu behelfen. Einseitig benutzbare Gefächer für kleinere Gegenstände sollen höchstens 800 mm tief gemacht werden, damit das Herausnehmen nicht erschwert wird, doppelseitig benutzbare können 1600 mm Tiefe erhalten. Um sich je nach Bedürfnis größere und kleinere Fächer einrichten zu können, empfiehlt es sich, Unterteilungsmöglichkeit durch Einlegen senkrechter und wagerechter Trennwände vorzusehen. Mitunter werden die Borde von Gefächern und Gestellen auch zum Anklemmen in beliebiger Höhenlage eingerichtet. Sehr kleine Stücke, wie Nieten, Schrauben usw. legt man in die Fächer zweckmäßig nicht unmittelbar, sondern unter Benutzung kurzer Einsatzkästen, die zwecks guter Ausnutzung der Gefachtiefe zu mehreren hintereinander hineingeschoben werden. Um trotzdem bequeme rasche Handhabung zu ermöglichen, kann man in solchen Fällen weit herausziehbare und gegen Herunterfallen gesicherte Schubläden vorsehen. Wenn Wert darauf gelegt werden muß, Bränden wenig Nahrung zu geben, sollte man es möglichst vermeiden, die Rück- und Seitenwände der Gefächer aus Holz zu machen. Wagerecht liegende Bohlen vermögen zur Brandausbreitung weit weniger beizutragen; gegen Auflageflächen aus Holz bestehen daher wesentlich geringere Bedenken, wenn sie z. B. zum Lagern von leicht zu verkratzenden Metallteilen wünschenswert erscheinen.

In den Ausgabetresen kann man innenseitig zu oberst Schubläden für Lagerkarteien und dgl. einbauen, darunter Fächer für besonders häufig verlangte Dinge. Wo öfters schwerere Gegenstände auf die Tresen hinaufzuheben sind, dürfen dieselben keinesfalls höher als 800 mm sein.

Bei der Aufstellung der Gefächer, Gestelle und Behälter in Lagerräumen hat man sich ähnlich wie bei den Betriebsmitteln in Werkstätten zwischen Längsreihen und Querabteilanordnung zu entscheiden und zwar gleichfalls vor endgültiger Festlegung der Bauabmessungen, weil diese dadurch wesentlich beeinflußt werden. Für Längsreihenanordnung kann geltend gemacht werden, daß der irgendwo im Raum befindliche Aufsichtsbeamte nur ein paar Schritte in der Querrichtung nötig hat, um alle Längsgänge von Anfang bis zu Ende zu überblicken. Doch wird sich dann die Einteilung in der Querrichtung des Raumes nach den tiefsten vorkommenden Gefächern und nach den für die sperrigsten Gegenstände benötigten Gangbreiten zu richten haben, was die Grundflächenausnutzung beeinträchtigen kann. Außerdem behindern die längsstehenden Gefachreihen in Räumen mit Seitenfenstern den Lichtzutritt. Bei Aufstellung in Querabteilen ist dagegen nur ein breiter Seiten- oder Mittelgang erforderlich, während die Stichgänge der einzelnen Abteile lediglich so weit gemacht zu werden brauchen, wie es die jeweilig darin untergebrachten Gegenstände erfordern; auch lassen sich die einzelnen Abteile nach Bedarf aus tieferen und weniger tiefen Gefächern bilden. Querabteilaufstellung wird deshalb in der Regel den Vorzug verdienen. Die Ausgabestellen sind bei Lagern von länglicher Rechteckform tunlichst nicht an den Schmalseiten, sondern in der Mitte der Längsseiten anzuordnen, um für die Ausgeber die durchschnittlich notwendigen Wegstrecken abzukürzen; man wird dann auch leichter in der Lage sein, im Bedarfsfall eine gewisse Zahl von Ausgabestellen nebeneinander unterzubringen.

Leitern hängt man gern mit Hilfe eines Laufrollenpaares verschiebbar an I-Trägern unter den Raumdecken auf, so daß sie nicht umfallen können. Das Ablegen schwererer Gegenstände in größerer Höhe über dem Fußboden soll tunlichst mittels Hebezeugen erfolgen, um Bruchverletzungen durch Überheben und andere Unfälle zu vermeiden. Größere Stücke, die nicht an Augbolzen oder sonstigen Angriffspunkten erfaßt werden können, werden auf dem Fußboden wie auch auf den Borden von Gefächern zweckmäßig auf Schwellen abgesetzt, um das Anschlagen von Tauen beim Wiederaufnehmen zu erleichtern; hierauf ist bei Bemessung der Lichthöhe in Gefächern und Abstellborden Rücksicht zu nehmen.

Lagerräume für Rohre und Stangen erhalten gewöhnlich einen besonders breiten Mittelgang, in welchen die Stücke aus den beiderseitig angeordneten Gestellen herausgezogen werden können. Abb. 148 zeigt ein derartiges Lager mit einem hierfür besonders ausgestalteten Kran zur Bedienung. Größere Mengen dünner Blechtafeln von gleichen Abmessungen werden meist liegend aufgeschichtet. Wo aber das Bedürfnis besteht, beliebige Blechtafeln abmessen und herausnehmen zu können, ohne erst andere entfernen zu müssen, was namentlich bei stärkeren Blechen oft der Fall ist, bewahrt man sie stehend zwischen im Boden befestigten Stützen auf und zieht sie mit einem Kran nach oben heraus, vorausgesetzt, daß Raumhöhe und Kranhub dies zulassen.

Hinsichtlich der Raumabmessungen gilt wieder ein großer Teil des bei Besprechung der Werkstattgebäude Gesagten. Wesentliche Abweichungen ergeben sich jedoch aus dem geringeren Lichtbedürfnis der Lagergebäude, das mit viel knapperen Fensterflächen und kleineren Geschoßhöhen auszukommen und erheblich größere Gesamtweiten anzuwenden gestattet.

Wäge- und Abtrenneinrichtungen. Aus Übersichts- und Ordnungsgründen wie auch zur Erschwerung von Unterschleifen sind in weitgehendem Maße Wägeeinrichtungen vorzusehen, die eine genaue Gewichtsfeststellung der eingehenden und ausgehenden Mengen ermöglichen.

Das Ladungsgewicht von Eisenbahnfahrzeugen und Fuhrwerk wird als Unterschied des Vollgewichtes und Leergewichtes mit Hilfe von Geleis- und Straßenwagen ermittelt. Auch in Hängebahnanlagen werden häufig von Hand zu bedienende oder selbsttätige Wägevorrichtungen eingebaut, beispielsweise um festzustellen, welche Kohlenmengen den Kesselhausbunkern zugeführt und entnommen worden sind, oder um die Buchungen über Ausgabe von Lagerbeständen nachprüfen zu können. Fahrzeuge und Behälter, die regelmäßig mitgewogen werden, gleicht man vorteilhaft auf einheitliche runde Eigengewichte ab, um die Errechnung des Reingewichtes ihres Inhaltes zu vereinfachen.

Für leichtere bis mittelschwere Werkstücke und Sendungen sind hauptsächlich Brückenwagen in Gebrauch. Die Wägung besonders schwerer Einzelteile und Maschinen erfolgt in der Regel nicht in den Lagern, sondern in den Werkstätten mit Hilfe von Kranwagen, die unter die

Abb. 148. Hauptlagerraum der Wanderer-Werke A.G., Schönau bei Chemnitz, mit Sonderkran für Stangen. (Aus Z. 1914, S. 284, Wandererwerke A.-G. Q. 118.)

großen Laufkrane gehängt werden und den Vorteil haben, nicht dauernd Bodenfläche in Anspruch zu nehmen. Um die Ausgabe größerer Stückzahlen von Kleinzeug wie Schrauben und dgl. zu beschleunigen, empfehlen sich sogenannte Zählwagen. Bei diesen legt man zunächst den zehnten oder hundertsten Teil der verlangten Menge auf die Wagschale und stellt die Wage mit Hilfe von Schiebegewichten hierfür ein; alsdann wird die Wage durch Umlegung eines Hebels auf eine zehn- oder hundertmal größere Übersetzung umgeschaltet und kommt nun erst wieder ins Gleichgewicht, sobald die volle verlangte Menge darauf ausgeschüttet ist. Für die Entnahme von Kleinzeug aus entfernter liegenden Gefächern kann die Verwendung von Rollkarren mit aufgebauter Wage in Betracht zu ziehen sein, um das Abwägen an Ort und Stelle zu ermöglichen.

Das Zuschneiden von Werkstoffen jeder Art auf die erforderlichen Maße soll, wenn irgend angängig, bereits im Lager erfolgen. Andernfalls müssen die Werkstoffe in ihren Vorratsabmessungen an die Werkstätten ausgegeben und die dort übrig bleibenden Reststücke ins Lager zurückgeschafft werden, was ein Mehr an Beförderungs- und auch an Schreibarbeit verursacht und die Leute dazu verleitet, zur Vereinfachung des Verfahrens noch gut verwertbare Reste in kleine Stücke zu zerschneiden und in den Abfall zu werfen. Träger-, Stangen- und Blechlager werden dementsprechend in der Regel mit Sägemaschinen, Scheren, Schneidbrennern usw. ausgestattet, wofür man ausreichende Arbeitsplätze vorzusehen hat. Bei offenen Trägerlagern und dgl. bringt man diese Arbeitsplätze vorteilhaft unter Dach und schiebt die benötigten Stücke durch Wandöffnungen in den Bereich der Abschneidevorrichtungen; die meisten Abtrennarbeiten können dann im geheizten Raum erledigt werden, ohne daß viel Gebäudegrundfläche dafür verbraucht wird.

Lagerung von Öl. Treiböl- und Schmierölbehälter müssen häufig wegen der klimatischen Verhältnisse in umschlossenen heizbaren Räumen untergebracht werden, weil die meisten Öle bei Kälte dickflüssig werden und sich dann nicht oder nur mit großem Zeitaufwand umfüllen lassen. Teeröl für Dieselmaschinen soll sogar dauernd über 15° warm gehalten werden, um die schwer wieder rückgängig zu machende Naphthalinabscheidung zu vermeiden. Hierfür baut man gewöhnlich Heizschlangen in die Behälter ein, die von dem erwärmten Kühlwasser der Maschinen durchströmt werden. Schmieröl, Benzol und Benzin werden im allgemeinen in Fässern bezogen, Treiböl in Kesselwagen. Die Behälter für letzteres stellt man vorteilhaft unter Flur auf, damit das Öl aus den Kesselwagen mit Gefälle hineinlaufen kann, wodurch das umständliche und zeitraubende Arbeiten mit Pumpen erspart wird. Die über Flur benötigten Ölmengen drückt man dann zweckmäßig durch Einführung von Preßluft in die Behälter hoch. Statt eines großen Behälters für jede Ölsorte sind unbedingt mehrere kleine zu empfehlen; die einzelnen Lieferungen lassen sich dann besser getrennt halten, was den Vergleich ihrer Güte und die Ausscheidung sich nicht bewährender Sorten erleichtert. Dies gilt namentlich für die gegenwärtigen Verhältnisse, wo man sich in Zusammenhang mit Brennstoffnot und Währungsschwankungen öfters zu überhasteten Einkäufen veranlaßt sieht und dabei Gefahr läuft, von unzuverlässigen Händlern Öl von unerhörter Minderwertigkeit geliefert zu bekommen. Das Fassungsvermögen eines Behälters soll etwa 18—20 m³ betragen, so daß darin der Inhalt eines 15 m³ fassenden Kesselwagens neben einem etwa noch vorhanden gewesenen kleinen Rest Platz findet. Über Maßnahmen gegen Brandgefahr wurde bereits im Abschnitt „Brandschutz“ einiges gesagt.

Beim Abfüllen von Öl können recht erhebliche Verluste entstehen, denen man durch geeignete Maßregeln vorzubeugen hat. Für das Füllen von Fässern und Behältern haben sich bewegliche Abfüllhähne mit selbsttätiger Verschlußvorrichtung gut bewährt. Ihr Ausflußmundstück wird in das zu füllende Gefäß hineingehängt; ist dasselbe annähernd voll, so bewegt sich ein am Mundstück angebrachter Schwimmer aufwärts und löst eine Klinke aus, worauf der Verschluß zuschnappt. Bei anderen Vorrichtungen erfolgt der Abschluß nach Abfüllung bestimmter Raum- oder Gewichtsmengen. Unterhalb der Abzapfhähne sollten stets Auffangbehälter für etwa verschüttetes Öl angeordnet werden. Verlegung längerer Ölleitungen zwecks Fernverteilung von Schmieröl vom Hauptlager aus nach verschiedenen Bezirksausgabestellen wird sich nur in Ausnahmefällen verlohnen.

Einrichtung von Büros.

(Siehe hierzu Quellennachweis 28, 302.)

Büromöbel. Hohe Raumausnutzung in Büros läßt sich nur erreichen, wenn die Einrichtung in jeder Hinsicht gut durchdacht ist. Etwaige Mehraufwendungen für zweckmäßig durchgebildete platzsparende Möbel können sich bei den Gebäudekosten reichlich bezahlt machen. Alle Teile der Einrichtung sollen bei geringstem Raumbedarf tadellose Übersicht und Ordnung ermöglichen. Voraussetzung hierfür bildet, daß jedes Ding sachgemäß unterzubringen und leicht wiederzufinden ist. Diese Forderung findet man in neueren Betrieben bei den Registraturen und Plankammern in der Regel beachtet, hingegen bei den eigentlichen Bearbeitungsstellen sehr oft nicht. Es muß aber als eine durchaus falsche Sparsamkeit bezeichnet werden, die Büros mit irgendwelchen billigen Schreib- und sonstigen Tischen von beliebiger Form und Größe auszustatten und es den Benutzern zu überlassen, sich nach Gutdünken Schreibtischaufsäze oder Wandgefächer bei der Modelltischlerei nachzubestellen. Meist werden dabei die unteren Schreibtischfächer, weil unzweckmäßig bemessen, kaum benutzt und dafür der Raum oberhalb der Tische wie auch die zu Übersichtszwecken vorgesehenen Glaswände der Büros mit Gefächern, Akten, Preislisten usw. so hoch verbaut, daß die Beleuchtung der Arbeitsplätze beeinträchtigt wird und dem Büroleiter der Überblick verloren geht. Außerdem führt dieser Zustand zu einer lästigen und gesundheitsschädlichen Verschmutzung der herumliegenden Gegenstände.

Man soll also von vornherein für vorteilhafte Unterbringungsmöglichkeiten sorgen. Empfehlenswert sind Schreibtische für Senkrechtordnung (Senkrechtregistratur). Zweckmäßig gibt man den Schubfächern eine lichte Weite von 370 mm, eine lichte Höhe von 300 mm und eine lichte Tiefe bis etwa 600 mm; diese Maße gestatten es, Mappen, Schnellhefter usw. senkrecht auf der Rückenkante stehend hintereinander unterzubringen. Das Umfallen der Mappen in nicht voll ausgenutzten Schubfächern wird durch Stellklötze verhindert. Bei der üblichen Schreibtischhöhe von 780 mm lassen sich 2 solcher Schubfächer übereinander einbauen. Abb. 150 zeigt einen derartigen Schreibtisch. Die Breite gut ausgestatteter Schreibtische beträgt etwa 1400—1600 mm. Angestellte, die einfachere Arbeiten zu erledigen und wenig Unterlagen bei sich aufzubewahren haben, kommen mit einseitigem Unterschrank aus; die Breite läßt sich dann auf etwa 1200 mm beschränken. Als Tischplattentiefe von vorn nach hinten sind 800 mm zweckmäßig. Das Ablegen und Heraussuchen von Schriftstücken usw. wird wesentlich erleichtert, wenn man die Mappen fortlaufend benummert, wobei ein Nummernverzeichnis die Verwendung der einzelnen Nummern für Arbeitsgebiete, Kunden, Lieferer usw. nachweist. Zur Aufbewahrung kürzerer Vermerke kann nebenher noch eine Platzkartei geführt werden, die entweder in einem kleineren Schubfach im Schreibtischunterbau eingesetzt (Abb. 150) oder einfach auf die Schreibplatte gestellt wird; als Kartengröße empfiehlt sich 75 mm Höhe mal 125 mm Breite. Die Leitkarten erhalten die gleichen Nummern wie die Mappen, so daß die Vermerke in der Kartei und die größeren Schriftstücke in den Mappen unter denselben Nummern zu finden sind. Näheres über das angedeutete Ordnungsverfahren ist aus dem in Quellennachweis 302 angeführten Aufsatz des Verfassers zu ersehen. Schreibzeug wird vorteilhaft in die Tischplatte eingelassen, um bei der Durchsicht von Zeichnungen nicht hinderlich zu sein. Aus dem gleichen Grunde sind bei dem in Abb. 150 gezeigten Schreibtisch das Gestell mit schrägen Fächern für Vordrucke links wie auch das Gefach für eingehende, ausgehende und vorläufig unerledigte Schriftstücke rechts fortnehmbar. Mitunter kommen ausziehbare Tischplatten für Kurzschrift- oder Maschinendiktate in Betracht.

Abb. 150. Schreibtisch mit Auszügen für Senkrecht-Mappen und Kartei, fortnehmbaren Aufsätzen und eingelassenem Schreibzeugkasten. (Aus „Der Betrieb“ 1919, S. 405, C. T. Buff. Q. 302.)

Die in Abb. 150 erkennbare Anordnung von Einzelschlössern für jedes Schubfach ist für den Gebrauch zu umständlich. Bequemer ist ein Gesamtverschluß (Zentralverschluß), der alle Schubfächer auf einmal verriegelt; doch pflegen unzweckmäßig durchgebildete Gesamtverschlüsse — und das sind die meisten — schon bei geringfügigen Verziehungen des Holzes zu versagen. Am besten sind Rolladenverschlüsse, die nebenher auch den Vorteil bieten, daß man beim Verlassen des Raumes mit einem Blick übersieht, ob alles richtig verschlossen ist.

Für Kanzleien (Maschinenschreibereien) sind Maschinenschreibtische von etwa 700 mm Tischplattenhöhe, 1000 mm Breite und 600 mm Tiefe zu empfehlen. Diese Schreibtische erhalten nur einen linken Unterschrank mit einem Schubfach für Mappen in Senkrechtordnung und darüber mehreren kleineren Schubladen für Papier, Schreibzeug usw. Zweckmäßig wird der Deckel für die Schreibmaschine als Pultplatte ausgebildet und hinter ihm ein Schreibzeug angeordnet, damit an dem Tisch auch handschriftliche Berichtigungen erledigt werden können.

Stehende Reißbretter verdienen vor liegenden den Vorzug, weil das Arbeiten in stark vorgebeugter Haltung schädlich für Augen, Lungen und Magen ist und schneller ermüdet; allerdings haben sie den Nachteil, dem Büroleiter den Überblick zu behindern. Ihre Ausführung muß leichte und schnelle Verschiebung in der Höhenrichtung ohne Unterbrechung der Arbeit ermöglichen. Falls sie auch zum Ausziehen mit Tusche benutzt werden sollen, ist es erwünscht, daß sie der Zeichner ohne fremde Hilfe nach hinten umzulegen vermag. Die Höhenverschiebung soll in einer Ebene vor sich gehen, damit der Zeichner nicht vor- und zurückzutreten braucht. Gegengewichte an langen Hebeln stören den Vordermann und beanspruchen unnötig viel Platz; Aufhängung der Bretter und ihrer Gegengewichte an Ketten oder Drahtseilen ist mehr zu empfehlen. Liegende Bretter lassen sich nicht vermeiden, wo gewichtbeschwerte Latten zum Zeichnen längerer Kurven benutzt werden müssen, wie z. B. in Schiffbauzeichensälen; auch solchen Zeichnern, die hauptsächlich Tuschpausen herzustellen haben, gibt man zweckmäßig liegende Reißbretter. Die Größe der Reißbretter muß dem größten in Aussicht genommenen Blattmaß entsprechen. Die Blattmaße werden zweckmäßig nach Normblatt 5 der deutschen

Industrienormen festgelegt. Wählt man als größtes Blatt 1000 mm mal 1400 mm und verzichtet man auf die — allerdings als Ausnahme zugelassene — Aufrechtstellung dieses Blattes, so empfiehlt sich eine Bretthöhe von Blatthöhe zuzüglich Reißschienenhöhe gleich rund 1200 mm und eine Brettbreite von Blattbreite zuzüglich Breite daneben aufgespannter Normblätter oder Skizzen gleich rund 1700 mm. Wo viel auf kleine Blattgrößen gezeichnet wird, werden zweckmäßig auch kleinere Bretter eingeführt, die handlicher sind und weniger Licht fortnehmen. Andererseits sind in manchen Büros auch wesentlich breitere und höhere Bretter erforderlich. Für jeden Zeichenplatz wird in der Regel noch ein Tisch benötigt, auf welchem Berechnungen vorgenommen und Zeichnungen und Bücher abgelegt werden können. Empfehlenswerte Abmessungen für derartige Arbeits- und Ablegetische sind 780 mm Höhe, 1500—2000 mm Breite und 1000 mm Tiefe. Borde und sonstige Aufbauten sind zu vermeiden, weil sie das Ausbreiten der Zeichnungen stören würden. Wie bei den Schreibtischen werden auch hier versenkte Schreibzeuge und Auszüge mit Senkrechtordnung zum Einschließen von Normenmappen, Berechnungen usw. von Vorteil sein; ferner sind flache Auszüge für Zeichenwerkzeug vorzusehen. Zum Ablegen von Zeichenwerkzeug und Tuschflaschen während des Gebrauches empfehlen sich schwenkbar angeordnete und mit geeigneten Vertiefungen versehene Ablegeplatten von etwa 500 mm mal 250 mm Grundfläche, die entweder an den Gestellen der Reißbretter oder an den daneben stehenden Arbeitstischen befestigt sein können. Sehr erwünscht ist Aufhängemöglichkeit für mehrere gleichzeitig benötigte Zeichnungen, für welche die Fläche auf dem Arbeitstisch gewöhnlich nicht ausreicht. Stehende Brettgestelle versieht man deshalb mit Aufspannleisten an der Rückseite, so daß jeder Zeichner am Gestell seines Hintermannes Zeichnungen aufhängen kann.

Zur gemeinsamen Benutzung sind in Zeichensälen meist noch weitere Ablegetische für fertige Zeichnungen, Modelle und dgl. sowie einige staubdichte Schränke für Zeichenpapier, Pausleinwand usw. erforderlich. Papier und Pausleinwand können entweder bereits zugeschnitten und mit Feldern für Bezeichnung, Benummerung, Stücklisten, Prüfungsvermerk usw. bedruckt in Fächern, oder unvorbereitet in Form von Rollen aufbewahrt werden; im letzteren Falle sind zweckmäßige Abschneidevorrichtungen erwünscht, um Abfälle zu vermeiden. Die Aufbewahrung der Zeichnungen soll grundsätzlich in besonders beaufsichtigten brandsicher gebauten Plankammern erfolgen, doch wird man häufig auch in den Zeichensälen wenigstens einzelne Schränke zur Unterbringung viel gebrauchter Lichtpausen, z. B. von Normteilen, vorzusehen haben.

Die Unterbringung der Zeichnungen in den Plankammern kann auf verschiedene Weise erfolgen. Am gebräuchlichsten sind Schränke mit liegenden Schubladen, die bei etwa 80 mm lichter Höhe ungefähr je 50—100 Zeichnungen aufzunehmen vermögen. Dabei ist es allerdings nicht zu vermeiden, daß die Zeichnungen beim Heraussuchen hier und da beschädigt werden. In einzelnen Werken legt man sie zu 10 und 10 Stück in Umschlagmappen, die mitunter senkrecht stehend aufbewahrt werden, um das Herausziehen zu erleichtern; das hat aber den Nachteil, daß Zeichnungen aus nicht sehr starkem Papier nach unten zusammenrutschen und zerknittert werden. Anderwärts werden die Zeichnungen zu je 10 zusammengerollt und in runde Blechhülsen gesteckt, die man in Gefächern aufbewahrt; dabei ist das Heraussuchen recht bequem, aber die Zeichnungen liegen dann beim Gebrauch nicht glatt und leiden auch bei wiederholtem Aus- und Einpacken erheblich. Alle diese Unterbringungsverfahren führen zu größerem Platzverbrauch und bieten gegenüber dem zuerst erwähnten keine großen Vorteile; man wird also wohl am richtigsten bei der Ausbreitung in Schubläden in unverpacktem Zustande bleiben.

Zweckmäßig werden die Urzeichnungen von den Pausen getrennt aufbewahrt, um sie vor Beschädigungen durch das häufige Aus- und Einpacken zu schützen. Am besten, wenngleich etwas kostspielig ist es, grundsätzlich von jeder Urzeichnung eine Braunpause herstellen zu lassen, mit Hilfe deren dann die Blau- und Weißpausen zum laufenden Gebrauch angefertigt werden; die Urzeichnungen braucht man dann nur anzurühren, wenn Braunpausen abgenutzt sind oder wenn Änderungen gemacht werden müssen.

Auch die Art der Einordnung ist von wesentlichem Einfluß auf den Platzbedarf Die Zeichnungsverwalter kleinerer Büros fangen gewöhnlich damit an, die Schubfächer auf die Fachgebiete zu verteilen und die Zeichnungen in der Reihenfolge ihrer Fertigstellung ohne Rücksicht auf die Blattgröße darin aufzuschichten. Beim Heraussuchen kleinerer Blätter wird dann alles durcheinandergewühlt, wobei die größeren leicht einreißen. Nach verhältnismäßig kurzer Zeit sind einzelne Schubfächer überfüllt, andere fast leer, und es werden zur Aufrechterhaltung des bestehenden Ordnungsverfahrens neue Schränke beantragt, obwohl eigentlich noch recht viel Platz ist. Richtiger ist es, erstens für jede Blattgröße passende Fächer einzurichten, und zweitens innerhalb jeder einzelnen Blattgröße alle Zeichnungen, gleichgültig welches Gebiet sie betreffen, fortlaufend zu benummern und der Reihe nach in die Fächer zu legen, wobei dann die inhaltliche Unterteilung nicht mehr in den Zeichnungsschränken selbst, sondern mit Hilfe einer Kartei erfolgt. Für die Schubfächer sind 1100 mm lichte Weite und 800 mm lichte Tiefe zu empfehlen. Zeichnungen von 1000 mm mal 700 mm haben dabei reichlich Spiel, so daß die Ränder bei ungenauem Hineinlegen nicht gleich geknickt werden. Noch größere Blätter sind zu falten; in ganz ausgebreitetem Zustand würden sie zu unhandlich sein und leicht beschädigt werden. Für kleinere Blätter werden Unterteilungsleisten in die Fächer gelegt, was leicht durchführbar ist, wenn jede Blattgröße durch Unterteilung der nächst größeren gewonnen wird, wie z. B. bei den Blättern nach den Deutschen Industrienormen. Man kann dabei mit Vorteil ein von Ingenieur O. Hardung ausgebildetes Benummerungsverfahren anwenden, bei welchem jede Nummer zugleich den Unterbringungsort bedeutet. Es sei angenommen, daß für die größten ganz ausgebreitet wegzulegenden Zeichnungen von 1000 mm mal 700 mm und etwaige noch größere gefaltet zu verpackende Zeichnungen die Schubfächer 1—100 vorgesehen sind, für die nächst kleinere Sorte von 700 mm mal 500 mm die Schubfächer 101—300 usw. Alle Zeichnungen erhalten nun Doppelnummern, von denen die Hauptnummer das Fach anzeigt und die Unternummer den Platz innerhalb des Faches ersichtlich macht. Beispielsweise ist dann Zeichnung 224/52 in dem für 700 mm mal 500 mm große Zeichnungen bestimmten Fach 224 als 52. zu finden; in der Kartei wird sie als Werkzeichnung für ein Rädergetriebe einmal in dem Fachgebiet „Rädergetriebe" und nach Bedarf auch bei denjenigen Werkzeugmaschinen nachgewiesen, bei denen dieses Rädergetriebe Verwendung findet. Dieses Einordnungsverfahren schließt jegliche Platzvergeudung in den Schränken aus.

Auch in den Registraturen, Druckschriftenlagern, Büchereien usw. läßt sich bei sinngemäßer Anwendung dieser Gesichtspunkte hohe Raumausnutzung erzielen. Neben Ordnern oder gebundenen Akten empfehlen sich der Platzersparnis wegen in Registraturen zum Ablegen kürzerer Briefwechsel, ebenso in Plankammern für technische Berechnungen — die beiläufig bemerkt am besten zusammen mit den Zeichnungen durch die Kartei nachgewiesen werden — dünne Mappen oder Schnellhefter. Für die Aufbewahrung derselben eignen sich besonders Schränke mit Senkrechtordnung. Auch die Aufbewahrung und Nachweisung der Schreibstreifenrollen von Meßgeräten jeder Art wird vorteilhaft den Plankammern mit zugeteilt, wofür man zur Erleichterung des Ordnunghaltens von vornherein geeignete Fächer vorzusehen hat.

Schränke aus Holz haben den Nachteil, daß Mäuse sich hindurchnagen können und dann die Zeichnungen zerfetzen, um sich Nester für ihre Jungen einzurichten. Besonders wichtige Schriftstücke und Urzeichnungen sind deshalb besser in Blechschränken aufzubewahren, deren Türen dicht schließen müssen. Allerdings werden diese erheblich teurer.

Bauliche Gesichtspunkte. Die Raumeinteilung soll sich durch Aus- und Einbau von Zwischenwänden ohne große Umstände verändern lassen, damit man sich den wechselnden Bedürfnissen bei Vergrößerung bestehender oder Abspaltung neuer Abteilungen jederzeit anpassen kann. Man hat also Bauweisen zu wählen, die solche Umstellungen schnell und ohne viel Störung durch Lärm und Schmutz vorzunehmen gestatten. Wahl einheitlicher Pfeilerteilungen und Raumweiten für alle Räume und daneben auch eine gewisse Voraussicht beim Entwurf der Frisch- und Abwasserleitungen, sowie der Licht-, Fernsprech- und Klingelanlagen tragen dazu bei, Änderungen der Raumeinteilung zu erleichtern. Der Einrichtungsentwurf von Abb. 153 zeigt eine Anordnung, die aus diesem Bestreben hervorgegangen ist. Die tragenden Teile des Gebäudes sind lediglich die vier durch Schraffung kenntlich gemachten Pfeilerreihen außen und am Mittelgang; die zwischen diesem Pfeilergerippe eingefügten Wände dienen nicht zum Aufnehmen von Lasten, sondern ausschließlich zur Raumunterteilung und können nach Belieben fortgelassen und auch nachträglich entfernt oder versetzt werden. Den Mittelgang macht man zweckmäßig nicht weniger als 2 m weit; jedoch kann die Hineinbeförderung sperriger Möbel unter Umständen noch größere Werte erfordern, wobei der Platzbedarf für das Einschwenken in die Türen zu beachten ist. Die Gangpfeiler werden etwa 2 Stein, also 0,51 m Stärke erfordern, in den untersten Geschossen mitunter etwas mehr. Der 0,51 m breite Raum in der Flucht dieser Pfeiler läßt sich dann für Doppelwände verwerten, in welche Türen, Wandschränke für Mappen und Akten, Kleiderspinde, Verschläge zum Umkleiden, Nischen mit Waschbecken usw., je nach Bedarf zur Benutzung von der Zimmerseite oder von der Gangseite aus, eingebaut werden können. Im oberen Teil dieser Wände werden Glasbausteine oder Scheiben eingesetzt, damit Tageslicht in den Gang gelangt. Wo große Säle von der vollen Gebäudebreite erwünscht sind, können die Gangwände fortfallen, so daß nur die Pfeiler stehen bleiben. Querwände lassen sich bei jeder beliebigen Pfeilermitte in die durch Fensterpfeiler, Gangpfeiler, Fußboden und Decke umrahmten Flächen einfügen. Bei derartigen Anordnungen wäre es von Vorteil, den Fußboden für die ganze Grundfläche eines Geschosses von vornherein zusammenhängend verlegen zu können und die Raumunterteilung durch nachträgliches Daraufsetzen der Trennwände vorzunehmen; dem stehen aber verschiedene bautechnische Schwierigkeiten entgegen. Wichtig ist der Hinweis, daß Gebäudeeinrichtungen für leicht versetzbare Trennwände sich nur bewähren, wenn die Räume an den Stellen, wo die Einsetzung von Wänden in Frage kommt, tatsächlich in den Maßen genau übereinstimmen und auch genau winkelrecht hergestellt sind, beides in wesentlich höherem Grade, als es bei gewöhnlichen Ausführungen der Fall zu sein pflegt.

Alle Büros sollen auf der ganzen Raumlänge möglichst gleichmäßig Licht erhalten. Macht man die einzelnen Fenster sehr breit, so fallen auch die Zwischenpfeiler breit aus und werfen auf einen Teil der Plätze zunächst der Fensterwand störende Schatten. Mäßig breite Fenster mit schmalen Zwischenpfeilern sind also vorzuziehen. Eine gewisse Pfeilerbreite läßt sich allerdings aus baulichen Gründen nicht gut unterschreiten. Im allgemeinen kann man für die Fenster rund 75 v. H. und für die Pfeiler 25 v. H. der gesamten Wandlänge rechnen. Die Pfeiler läßt man vorteilhaft um etwa 0,3 m nach innen vorspringen; in die dadurch entstehenden Fenster-

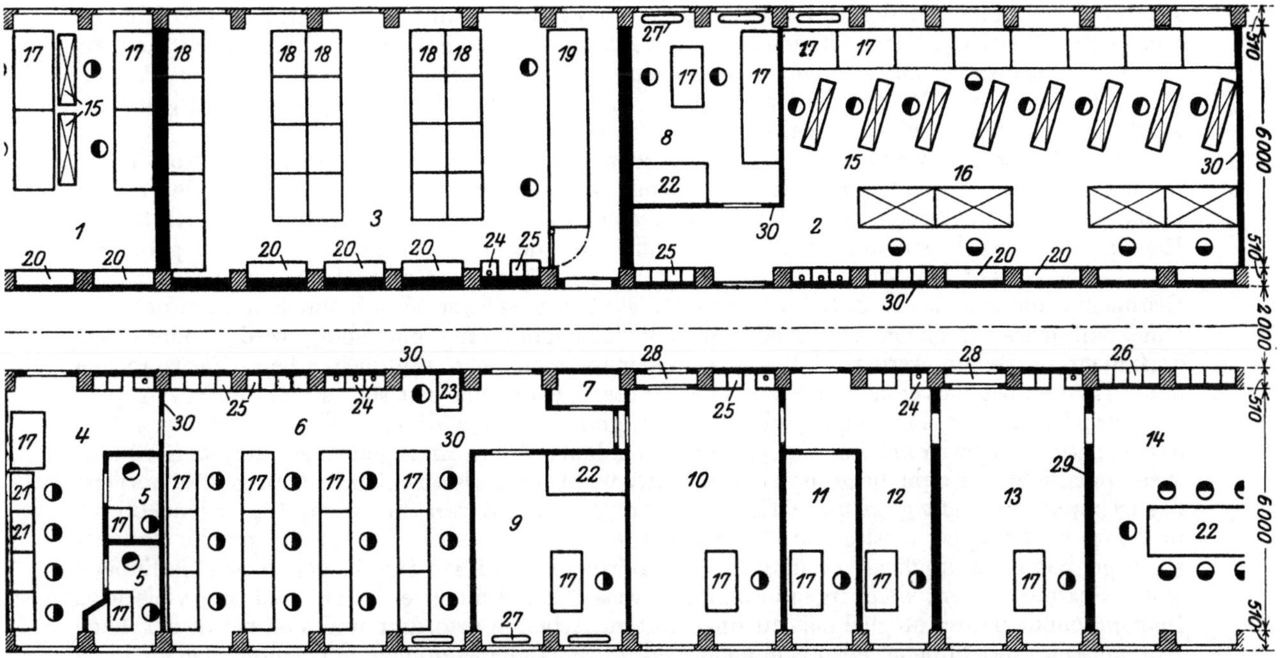

Abb. 153. Einrichtungsbeispiel für Bürogebäude mit großen Arbeitssälen. M. 1 : 200.

◐ Gesichtsseite } der Angestellten an ihren Arbeitsplätzen.
◓ Rückenseite

1, 2 } Zeichensäle.
3 Plankammer mit Brandmauern.
4 Kanzlei.
5 Diktierzellen.
6 Kundenbüro.
7 Postfernsprechzelle.
8, 9 } Zimmer der Büroleiter.
10 Abteilungsvorstand und stellvertr. Direktor.
11 Direktionsassistent.
12 Sekretär.
13 Direktor.
14 Beratungssaal.
15 Stehende Reißbretter.
16 Liegende Reißbretter.
17 Arbeits- und Schreibtische.
18 Zeichnungsschränke.
19 Ausgabetisch mit eingebauter Kartei.
20 Wandschränke für Akten, Berechnungen, Skizzen usw.
21 Schreibmaschinentische.
22 Ablegetische.
23 Tisch für Bürodiener.
24 Waschbecken.
25 Wandschränke für Kleider, von innen zugänglich.
26 desgl., vom Gang zugänglich.
27 Heizkörper in Fensternischen.
28 Doppeltüren.
29 Schalldichte Trennwände, } in das fertige Gebäude einzubauen und leicht zu versetzen.
30 Gewöhnliche Trennwände, nach Bedarf mit Glasfenstern versehen

nischen setzt man die Heizkörper, so daß die Räume in ihrer ganzen Länge eine gleichmäßig ausnutzbare lichte Weite erhalten (Abb. 153). Die Fensterbrüstungen werden 1,1 m hoch gelegt. Nach außen schlagende Fensterflügel sind für die Reinigung unbequem und nicht ungefährlich; andererseits stören nach innen schlagende Flügel über den Arbeitstischen. Zweckmäßig verzichtet man deshalb darauf, den untersten Teil der Fenster zum Öffnen einzurichten, und läßt die Flügel erst in etwa 2 m Höhe beginnen; es sind dann auch die auf den Tischen liegenden Schriftstücke und Zeichnungen besser vor Windstößen geschützt. Neuerdings werden vielfach mehrere übereinanderliegende Drehflügel mit wagerechten Achsen angeordnet. Auch Schiebefenster, bei denen man wahlweise das untere und das obere Fenster öffnen kann, kommen in Betracht, werden aber nur bei tadelloser Ausführung gut schließen. Will man Doppelfenster zunächst sparen, was jedoch nicht zu empfehlen ist, so tut man gut daran, wenigstens die Möglichkeit ihrer nachträglichen Anbringung sicher zu stellen. Die Handgriffe für das Öffnen und Schließen der Fenster sollen tunlichst ohne Hinaufklettern auf vor den Fenstern stehende Tische zu betätigen sein. Alle Fenster sind, wie im Abschnitt „Beleuchtung" näher begründet, bis dicht unter die Decke hinaufzuziehen, denn der oberste Teil der Fensterfläche ist für die zu innerst gelegenen Raumteile der bei weitem wirksamste. Auch bei der Befestigung von Läden oder Vorhängen ist darauf Rücksicht zu nehmen, daß dieser Teil möglichst wenig abgedeckt wird.

Für die Trennwände empfiehlt sich reichliche Verwendung von Glas, damit die Arbeitsplätze in Nähe dieser Wände auch von den Fenstern der Nachbarräume Licht erhalten. Wo Durchsicht unnötig oder unerwünscht ist, werden Streuglasscheiben verwandt, hingegen Klarglasscheiben, wo Wert darauf gelegt wird, einen Raum von einem anderen aus übersehen zu können. Im letzteren Falle sind mitunter Vorhänge erforderlich, damit sich die Rauminsassen ungesehen umkleiden können. Einfache Zwischenwände und gewöhnliche Türen sind nicht schalldicht; Räume, in denen Besprechungen vertraulichen Inhalts stattfinden, also Zimmer von Vorstandsmitgliedern, Sitzungssäle usw., ferner auch Schreibmaschinenräume müssen deshalb Doppelwände mit zweifacher Verglasung und dicht schließende Doppel- oder Polstertüren erhalten. Bei Bemessung der Türen ist wieder auf das Hineinbringen der Einrichtungsstücke Rücksicht zu nehmen; meist wird 1,1 m lichte Weite genügen.

Einrichtung der Räume. Über den zweckmäßigsten Grad der Unterteilung von Büroräumen gehen die Ansichten auseinander. Große wenig unterteilte Büros erleichtern den mündlichen Verkehr und ermöglichen insbesondere auch die rasche Ausfindigmachung der vertretenden Herren, wenn der Bearbeiter einer Angelegenheit gerade nicht zugegen ist. Ferner geben sie dem Leiter bessere Übersicht. Außerdem gestatten sie es, im Geschäftsbereich der einzelnen Gruppenführer und in der Zuteilung ihrer Hilfskräfte unschwer Verschiebungen vorzunehmen, ohne daß jedesmal gleich eine Änderung der Raumeinteilung notwendig wird. Andererseits darf nicht übersehen werden, daß das Durcheinandersprechen zahlreicher beim Fernsprechen und Diktieren beschäftigter Leute bei angespannter Gedankenarbeit sehr stört, die Nerven stark beansprucht und die Leistungen erheblich vermindert. Es wird zwar die Ansicht vertreten, daß das Stimmengewirr in besonders großen und hohen Sälen in ein allgemeines dumpfes Geräusch zusammenfließt, aus dem die gesprochenen Worte nicht mehr als ablenkend herausgehört werden; das ist zweifellos nicht ganz unrichtig, doch wird man gut daran tun, wenigstens solche Büros, in denen hochwertige geistige Arbeit geleistet werden soll, so z. B. Abteilungen für Patentangelegenheiten, weitgehend zu unterteilen. Büroleiter und sonstige in gehobenen Stellungen tätige Beamte sollten, wenn irgend angängig, stets Einzelzimmer erhalten, weil ihre vielseitige Inanspruchnahme die Möglichkeit zu ungestörtem Arbeiten erfordert und weil sie in der Lage sein müssen, vertrauliche Besprechungen und Auseinandersetzungen mit Untergebenen ohne Ohrenzeugen zu erledigen.

In Büros für schriftliche Arbeiten ist als Platzbedarf der Schreibtische nach dem früher Gesagten 0,8 m Tiefe und 1,2 m Breite bei einseitigem Unterschrank bzw. 1,4—1,6 m Breite bei beiderseitigem Unterschrank zu rechnen, wobei vorausgesetzt ist, daß die Inneneinrichtung der Möbel wie früher besprochen gute Platzausnutzung erlaubt. Hinter den Stühlen der Sitzenden muß genügend Spielraum zum Durchtreten für die Platznachbarn bleiben, was bei Abständen von 2 m von Vorderkante bis Vorderkante der Fall sein wird. Man kann die Schreibtische entweder in mehreren mit der Fensterfront gleichlaufenden Reihen aufstellen, wobei sie Licht von vorne erhalten, oder quer zur Fensterwand mit Licht von links. Bei der ersteren Anordnung werden die an der innersten Tischreihe Arbeitenden durch den in ihrem Rücken vor sich gehenden Längsverkehr an der Innenwand stark gestört werden. Die Querabteilaufstellung verdient deshalb den Vorzug und wird auch meist bessere Platzausnutzung ergeben. Oft wird man ein paar Ablegetische zum Durchsprechen von Zeichnungen usw. vorzusehen haben. Preislisten, Handakten und sonstige nicht einzelnen Bearbeitern dauernd zugewiesene Unterlagen lassen sich in Wandschränken unterbringen. Einiger Platz muß für Boten und wartende Besucher freigehalten werden.

Wenn angängig soll jeder Büroleiter seinen Saal von seinem von links belichteten Schreibtischplatz aus ständig überblicken können. Sein Zimmer ist deshalb tunlichst an das, nach den Fenstern zu gesehen, linke Ende des Bürosaals zu legen (Abb. **153**). Der Schreibtisch wird quer zum Fenster und möglichst weit rückwärts aufgestellt, so daß Besucher gegenüber dem Schreibtisch Platz finden. Die Türen sind so anzuordnen, daß man vom Schreibtischplatz aus ohne Umwenden zu sehen vermag, wer das Zimmer betritt. Dem Büroleiter zugeteilte Assistenten oder Sekretärinnen für Sonderarbeiten werden zweckmäßig im Nachbarraum hinter seinem Schreibtischplatz untergebracht; mitunter wird die Anordnung einer Klappe in der Trennwand geeignet sein, die Bequemlichkeit der Verständigung zu erhöhen.

Die Zimmer von Direktoren und anderen Beamten in leitender Stellung erhalten vorteilhaft unmittelbare Türverbindung nach mehreren Räumen, in welchen ihre Stellvertreter, Assistenten oder Sekretäre, welche dauernd schnell erreichbar sein sollen, Platz finden. Das Sekretärzimmer dient zweckmäßig zugleich als Vorzimmer für alle Personen, welche den Direktor zu sprechen wünschen (Abb. 153). Mitunter wird es sich empfehlen, den Raum des Sekretärs zwischen den des Direktors und seines Stellvertreters zu legen, damit beide seine Hilfe gleich bequem in Anspruch nehmen können.

Maschinenschreiberinnen bringt man am besten zusammen in größeren Kanzleien unter, um bei wechselnder Inanspruchnahme durch die verschiedenen Abteilungen den Arbeitsausgleich zu erleichtern. In manchen Büros sind die nach Diktat arbeitenden Damen nur in der Mitte der täglichen Arbeitszeit — eine oder zwei Stunden nach Eingang der Briefe bis kurz vor Postschluß — voll beschäftigt; die Verwendung von Diktiermaschinen vermag diesen Übelstand wohl zu mildern, aber nicht zu beseitigen. Man hat deshalb anzustreben, ihre Arbeitskraft in der übrigen Zeit für Reinschriften von Kostenanschlägen usw. nutzbar zu machen, wofür einheitliche Arbeitszuweisung und Aufsicht die Voraussetzung bildet. Auch kann zu überlegen sein, die Kanzleien organisatorisch und räumlich den Registraturen anzugliedern, so daß die bei Beginn und Schluß der Arbeitszeit überschüssigen Schreibkräfte im Registraturdienst mithelfen können, der gerade am Morgen — Posteingang und Heftung der Akten — und am Abend — ausgehende Post — am stärksten beansprucht ist. Jedoch wird sich stets eine Absonderung der vorzugsweise mit vertraulichen Angelegenheiten beschäftigten Sekretärinnen und dgl. empfehlen. Außer den Schreibmaschinentischen, deren Grundflächenbedarf etwa 1 m Breite und 0,6 m Tiefe beträgt, werden für Kanzleien noch einige kleinere Arbeitstische zum Ordnen, Heften und Vervielfältigen von Schriftstücken benötigt. Vorteilhaft teilt man im Schreibraum oder in seiner Nähe einige Diktierzellen ab, die Glasfenster erhalten und möglichst schalldicht sein müssen. Übrigens gibt es neuerdings amerikanische Schreibmaschinen, die mit außerordentlich geringem Geräusch arbeiten; die allgemeine Einführung derartig vervollkommneter Maschinen würde die Ansprüche an schallsichere Ausführung der Wände herabzusetzen gestatten und die Raumeinteilung in Bürogebäuden um einiges erleichtern. Die Maschinenschreibtische sind so zu stellen, daß das Licht von links, rechts oder hinten kommt; am vorteilhaftesten ist Licht von links wegen der gelegentlich vorkommenden handschriftlichen Arbeiten. Lichteinfall von vorn ist unzulässig, weil dabei die Schrift im Schatten der Schreibwalze liegen würde.

Über die Ausgestaltung von Registraturräumen läßt sich wenig Allgemeingültiges sagen; sie muß sich der gewählten Dienstregelung anpassen. Es muß davor gewarnt werden, die Registraturen bei der Raumzuteilung und Ausstattung als etwas Nebensächliches zu behandeln und überhaupt ihre Wichtigkeit zu unterschätzen. Unzulängliches Arbeiten derselben infolge Platzmangels und ungenügender Einrichtungen kann den ganzen Betrieb außerordentlich hemmen. Wie schon gesagt, hängt der Platzbedarf wesentlich von der Zweckmäßigkeit der Einordnungs- und Buchungsverfahren ab, weshalb man sich hierüber vor Festlegung der Raumverhältnisse schlüssig werden soll. Vor allem verdienen Karteien und Schränke für Senkrechtordnung von Mappen als Mittel zur Raumersparnis Beachtung. Allerdings werden Ordner und geheftete oder geklebte Aktenbände für umfangreichere Schriftwechsel selten ganz zu entbehren sein, so daß auch hierfür Unterbringungsmöglichkeit geschaffen werden muß. An weiteren Einrichtungsstücken sind lange Arbeitstische zur Verteilung und Buchung der Schriftstücke sowie Gefächer zur Bereitlegung für die Boten erforderlich. An menschenkraftsparenden Hilfsmitteln seien erwähnt Geräte zum Öffnen der eingehenden Briefe und zum Daraufstempeln von Nummer und Zeit, letztere unter Umständen an ein Fernuhrnetz angeschlossen, ferner Preßabzug-(Kopier-)maschinen, welche die Abzüge auch schneiden, lochen und trocknen, endlich Vorrichtungen zum Schließen der Briefumschläge und Aufkleben der Freimarken. Durch Schranken ist zu verhindern, daß Angehörige anderer Büros eigenmächtig in die Registraturen gehen und sich Akten und dgl. ohne Quittungsleistung herausholen.

Für die Zeichensäle, in denen wenig zu sprechen ist, wird ein Bedürfnis nach weitgehender räumlicher Unterteilung nur in Ausnahmefällen vorliegen, z. B. dort, wo die Arbeiten einzelner Gruppen wegen der besseren Geheimhaltung Unbeteiligten nicht bekannt werden sollen. Im übrigen verdienen große zusammenhängende Räume entschieden den Vorzug, weil sie bessere Lichtverhältnisse ergeben und die gemeinsame Benutzung von Handbüchern, Normenmappen und sonstigen Unterlagen erleichtern. Jedem Entwurfsreißbrett ist tunlichst ein besonderer Ablegetisch beizugeben. Werden stehende Bretter verwandt, so sind wenigstens einige liegende Bretter für Tuscharbeiten vorzusehen. Den Arbeitsplatz des Zeichnungsprüfers, der alle Zeichnungen auf die Einhaltung von Normen und die Richtigkeit der Darstellung, Maßzahlen und Bearbeitungsangaben zu prüfen hat, kann man mit im Zimmer des Büroleiters unterbringen, wie in Abb. 153, Raum 8 gezeigt. Diese Abbildung veranschaulicht auch zwei gebräuchliche Aufstellungsarten der Zeichensaalmöbel. Bei derjenigen von Saal 2 hat jeder Entwurfszeichner seinen Ablegetisch links neben sich am Fenster und erhält also beim Zeichnen Licht von links, bei schriftlichen Arbeiten von vorn; ein Arbeitsplatz benötigt dabei mindestens 1,5 m Fensterfront. Bei der Anordnung von Saal 1 haben die Zeichner die Ablegetische hinter sich, zeichnen mit Rechtslicht und schreiben mit Linkslicht; in diesem Falle sind für einen Zeichenplatz mindestens 2,5 m Fensterfront erforderlich. Die Lichtverhältnisse sind bei beiden Aufstellungsarten gut; auch ist das Aufhängen von Vorlagezeichnungen usw. an der Rückseite des Reißbrettgestelles des Hintermannes in beiden Fällen möglich. Die Anordnung von Saal 1 hat den Vorteil, daß sich mehrere Bretter nebeneinander aufstellen lassen, wobei natürlich ausreichende Beleuchtung durch hohe Fenster oder Oberlichter Voraussetzung bildet; die Anordnung von Saal 2 gestattet dies nicht, ist aber für das Arbeiten bequemer, weshalb sie sich für Räume von geringer Tiefe eignet.

In Plankammern beanspruchen die Zeichnungsschränke bei Gestaltung entsprechend den früheren Ausführungen eine Grundfläche von etwa 0,9 m in der Tiefe und je Fach etwa 1,2 m in der Breite. In ihrer Nähe sind einige Ablegetische anzuordnen. Für Bücher, Drucksachen und Berechnungen können eingebaute Wandschränke Verwendung finden. Leitern zur Bedienung der hochgelegenen Fächer werden auch hier zweckmäßig mit Führungsrollen an I-Trägern unter der Decke aufgehängt, damit sie sich leicht verschieben lassen und nicht umfallen können. Weiter ist ein breiter Arbeitstisch mit ein bis zwei Schreibplätzen vorzusehen, an welchen die Zeichnungen gebucht und die Karteikarten ausgefüllt werden. Im Entwurf von Abb. **153** dient derselbe zugleich als Ausgabetresen; eine Schranke verhindert Unberechtigte am Eintreten in den Innenraum. Die Zeichnungskartei baut man zweckmäßig in den Ausgabetresen ein, um die Verständigung über die herauszusuchenden Zeichnungen zu erleichtern. Auf jeden Fall muß der Arbeitstisch so gestellt werden, daß von ihm aus der Eingang übersehen werden kann.

Lichtpausereien sind möglichst in Dachgeschossen unterzubringen, damit bei schönem Wetter in der Sonne gepaust werden kann; am besten geschieht dies unter freiem Himmel, um Schwächung der chemisch wirksamen Strahlen durch die Glasdächer und Beschattung durch Dachteile zu vermeiden. Bei Pausrahmen für Sonnenbestrahlung wird Luftabsaugung angewandt, um das Papier unter der Einwirkung des äußeren Luftdruckes fest auf die Glasfläche zu pressen. Beim Entwurf der Eltanlage des Gebäudes ist auf die Bedürfnisse der Pauserei Rücksicht zu nehmen (Lichtstrom von nicht zu niedriger Spannung für Pauslampen, Kraftantrieb für Pausmaschinen und Luftverdünnungspumpe). Die Bäder und Spülwannen benötigen Wasserzu- und -abflüsse. Das Trocknen der Pausen soll der Zeit- und Raumersparnis wegen möglichst schnell vor sich gehen, weshalb man heizbare Trockenräume einrichtet. Wo Räume für Lichtbildarbeiten, Vervielfältigungseinrichtungen, Druckereien und Buchbindereien zur Herstellung von Preislisten, Werbeschriften usw. benötigt werden, gliedert man sie am besten den Lichtpausereien an.

In jedem Bürogebäude sollte mindestens ein Wartezimmer sowie ein Besprechungszimmer oder Sitzungssaal vorgesehen werden. Bei großen Unternehmungen werden die Sitzungssäle bisweilen auch für Lichtbildervorträge benutzt und entsprechend ausgestattet.

Zur Kunstbeleuchtung von Zeichensälen wie auch von sonstigen dicht besetzten Büroräumen eignet sich am besten halbmittelbares Licht. Um gleichmäßige Lichtverteilung zu erzielen, sollen die Decken und Wandflächen möglichst glatt sein und bis auf etwa 1,2 m über Fußboden herab weißen Anstrich erhalten. Für zeichnerische Feinarbeiten gibt man den Reißbrettern nach Bedarf auch Einzelbeleuchtung durch Lampen an Zugpendeln oder an biegsamen Metallschlauchhaltern, die an den Brettern festgeklemmt werden. Bei Wahl von Einzelbeleuchtung für Schreib- und sonstige Arbeitstische sind Zugpendellampen am angenehmsten; Stehlampen können beim Ausbreiten von Zeichnungen oder Schriftstücken stören. Am besten befestigt man dann, wie schon an anderer Stelle erwähnt, unterhalb der Decke gleichlaufend mit der Fensterfront 2 Längsstangen, legt darüber verschiebbare Querstangen und hängt an letztere wiederum verschiebbar die Pendel, so daß die Lampen leicht an jede gewünschte Stelle zu bringen sind.

Die Benutzung von Elt- oder Spirituskochern zur Anwärmung von Speisen oder Kaffeewasser in den Büros kann aus Ordnungs- und Feuersicherheitsgründen nicht zugelassen werden. Man sieht deshalb zweckmäßig in den etwa vorhandenen Speiseküchen oder in den Botenräumen Einrichtungen vor, um zu den Frühstückspausen warmes Wasser oder fertigen Kaffee an die Angestellten abgeben zu können. Wegen Abortanlagen sei auf den Abschnitt „Gesundheits- und Wohlfahrtseinrichtungen“ verwiesen. Wo Betriebsbeamte bei ihrer Arbeit starker Hitze. Durchnässung und Verschmutzung ausgesetzt sind, wird für Badegelegenheit zu sorgen sein.

Gebäudemaße. Ähnlich wie bei Werkstätten wäre es auch bei Bürogebäuden falsch, die Raumgestaltung ausschließlich auf den zunächst beschlossenen Einrichtungsplan zuzuschneiden, etwa wie es im Landhausbau geschieht. Man muß vielmehr stets damit rechnen, daß im Laufe der Zeit durchgreifende Neueinteilungen der Räumlichkeiten notwendig werden. Die besprochene

Bauweise, die Gebäude aus einem tragenden Pfeilergerippe mit beliebig einsetzbaren nicht tragenden Trennwänden zusammenzusetzen, vermag solche Umstellungen außerordentlich zu erleichtern. Nachdem inzwischen die Einrichtungserfordernisse der verschiedenen Arten von Büros behandelt worden sind, soll nun die Frage erörtert werden, welche Abmessungen man den Bürobauten zu geben hat, um allen zu erwartenden Bedürfnissen ohne Raumverschwendung gerecht werden zu können. Was für eine Pfeilerteilung am günstigsten wird, hängt von dem Verwendungszweck und der Einrichtungsart der einzelnen Räume ab. Abb. **153** ist von der Annahme ausgehend, daß die Schreibbüros stark überwiegen und daher für die gesamte Platzausnutzung die Hauptrolle spielen, für eine Teilung von 2 m entworfen worden, wobei die Schreibplätze in den Raumlängen restlos aufgehen (Saal 6). Für die Zimmer von Direktoren und Abteilungsvorständen (Räume 10 und 13) ist dann eine Frontlänge von 2 × 2 m = 4 m geeignet. Zimmer von der Länge nur einer Teilung = 2 m (Raum 11 und 12) gestatten noch gerade die Unterbringung von Hilfskräften. Einzelzimmer von Beamten mittlerer Stellung können bei 4 m Frontlänge unter Umständen mit zur Aufnahme ihnen zugeteilter Hilfskräfte ausgenutzt werden (Raum 8); andernfalls ist das Maß bereits etwas reichlich, da auch schon 2,6 m Front für einen Schreibtischplatz mit gegenüberliegendem Sitzplatz für Besucher genügen würden. Für Zeichensäle, die nach Art von Saal 1 eingerichtet werden, würde 2,5 m Teilung das Gegebene sein, für solche nach Art von Saal 2 1,5 m Teilung; dabei ist die erstere Anordnung als die wichtigere anzusehen. Die nachstehende Zusammenstellung läßt erkennen, wie sich bei Wahl bestimmter Teilungen die tatsächlich verfügbaren gegenüber den für die verschiedenen Zwecke erwünschten Raumlängen ausnehmen:

Fensterfrontlänge in m.

Benötigt für:											
Einzelzimmer für Hilfskräfte	2,0	—	—	—	—	—	—	—	—	—	—
Einzelzimmer für mittlere Beamte	—	2,6	—	—	—	—	—	—	—	—	—
Einzelzimmer für obere Beamte.	—	—	3,6	—	—	—	—	—	—	—	—
Zeichensäle mit Teilung 1,5 m	—	—	—	—	(4,5)	—	6,0	7,5	—	9,0	—
Zeichensäle mit Teilung 2,5 m	—	—	—	—	—	(5,0)	—	7,5	—	—	10,0
Schreibbüros mit Teilung 2,0 m	—	—	—	4,0	—	—	6,0	—	8,0	—	10,0
Verfügbar:											
bei Teilung 1,3 m.	2,6	2,6	3,9	3,9	5,2	5,2	6,5	7,8	7,8	9,1	10,4
bei Teilung 1,6 m.	3,2	3,2	4,8	4,8	4,8	6,4	6,4	8,0	8,0	9,6	11,2
bei Teilung 2,0 m.	2,0	4,0	4,0	4,0	6,0	6,0	6,0	8,0	8,0	10,0	10,0

Es geht daraus hervor, daß es eine allen Ansprüchen genügende Pfeilerteilung nicht gibt, da sich die erwünschten Längenmaße nicht sämtlich auf gemeinsamen Nenner bringen lassen. Von den drei versuchsweise gewählten Teilungen liefert 1,3 m günstige kleine und mittlere Zimmer, und ermöglicht außerdem in den Zeichensälen die Aufstellung von Reißbrettern und rückseitigen Arbeitstischen mit 2,6 m Teilung übereinstimmend mit den Fenstern, so daß keine Beschattung durch die Pfeiler eintritt, wie es z. B. in Saal 1 von Abb. **153** infolge der abweichenden Teilung an manchen Plätzen der Fall sein wird. Dabei ist aber auch Aufstellung nach Art von Abb. **153** Saal 2 nicht ausgeschlossen, weil bei dieser Anordnung der größere Abstand der Bretter vom Fenster störende Schattenbildung nicht zustande kommen läßt. Die Teilung 2,0 m ist weniger anpassungsfähig, entspricht aber den Bedürfnissen von Schreibbüros am besten und erfordert eine geringere Zahl von Pfeilern. Die Teilung 1,6 m bietet keine wesentlichen Vorteile und würde bei den kleinen und großen Einzelzimmern unnötig hohen Platzverbrauch verursachen.

Auch die Weitenbemessung verlangt eingehende Überlegung. Unter lichter Weite der Räume sei im nachstehenden stets das lichte Maß von den Gangpfeilern bis zu den Fensterpfeilern, bzw. in Fällen, wo die Heizkörper über die Fensterpfeiler nach innen vorspringen, bis zu diesen verstanden. Es sei angenommen, daß die Gangwände als Schrankwände ausgebildet sind, so daß die Aufstellung besonderer Schränke an denselben nicht in Betracht kommt. Die in Saal 2 von Abb. **153** eingezeichnete Möbelaufstellung für Zeichenbüros erfordert eine lichte Weite von 6 m (Tisch am Fenster 1 m, Reißbrett rund 2 m, Gang 1 m, Paustisch 1 m, Zwischenraum bis Innenpfeiler 1 m). In Büros für schriftliche Arbeiten beanspruchen 3 quer zur Fensterwand gestellte Schreibtische von 1500 mm Breite oder 4 Schreibtische von 1200 mm Breite 4,5—4,8 m; bei einer lichten Weite von gleichfalls 6 m würde hier somit ein Gang von 1,2—1,5 m bleiben. Das ist zwar etwas reichlich; doch wird die lichte Weite in den unteren Geschossen von selbst ein wenig geringer, weil die Pfeilerstärke von oben nach unten zunehmen muß. Die innerhalb der Säle für die Büroleiter abgeschotteten Zimmer können eine Tiefe von etwa 3,5—4,5 m erhalten; der verbleibende 1,5—2,5 m tiefe Platz zwischen der dünnen Trennwand und der Gangwand des Saales läßt sich dann, wie in Abb. 153 angedeutet, für Türen, Waschbecken, Fernsprechzellen, Tische für Büroboten usw. ausnutzen. Auch für Plankammern ermöglicht das Weitenmaß von 6 m, wie bei Raum 3 zu sehen ist, eine zufriedenstellende Unterbringung der Einrichtungsstücke. Als Geschoßhöhe dürften hierbei im allgemeinen 3,5 m von Fußboden bis Fußboden gemessen genügen, allerdings unter den Voraussetzungen, daß infolge reichlicher Verwendung von Glas in den Querwänden jeder Raum auch von seinen Nachbarräumen her Licht erhält, daß die Fenster bis unmittelbar unter die Decke reichen, und daß keine Beschattung durch hohe Nachbargebäude zu erwarten ist; es sei auf die hierauf bezüglichen Ausführungen in dem Abschnitt „Beleuchtung" verwiesen. Die gesamte lichte Weite zwischen Fensterpfeiler und Fensterpfeiler wird in dem Beispiel von Abb. 153 2 × Büroraumweite + 2 × Gangpfeilerstärke + Gangweite = rund 15 m, das Außenmaß des Gebäudes etwas über 16 m.

Größere Raumtiefen können nötig werden, wenn das verfügbare Grundstück dazu zwingt, mit kurzer Fensterfront auszukommen. Entsprechend dem Mehrbedarf der innenseitig anzufügenden weiteren Schreib- und Zeichenplätze hat man bei der Tiefensteigerung stufenweise vorzugehen, also mit der Raumweite beispielsweise von 6 m auf 7,5 m, 9 m usw. zu springen. Dabei müssen die Geschoßhöhen mit Rücksicht auf die Beleuchtungsverhältnisse mit vergrößert werden. Ungünstig wirkt die zunehmende Spannweite auf die Herstellungskosten der Decken; sodann ist nachteilig, daß bei Abschottung von Büroleiterzimmern innerhalb der großen Säle wie auch bei Anordnung von unmittelbar von den Gängen aus zu betretenden Einzelzimmern ziemlich viel Grundfläche ungenutzt verloren geht.

Bei Einzelzimmern ist mit 3,5—4,0 m Tiefe recht gut auszukommen. Wo Bedürfnis nach Abteilung zahlreicher Einzelzimmer vorliegt, entsteht also auch schon bei Wahl der für Säle vorteilhaften lichten Weite von 6 m eine gewisse Platzverschwendung. Es kann sich deshalb in solchen Fällen Beschränkung auf etwa 4,5 m lichte Weite zwischen Fenster- und Gangpfeilern empfehlen, wobei sich 2 quer gestellte Schreibtische von 1600 mm oder 3 von 1200 mm Breite unterbringen lassen. Hierbei würde dann die lichte Weite des Gebäudes nur rund 12 m. Den Lichtverhältnissen kommt die geringe Raumtiefe natürlich zugute. Nicht übersehen werden darf aber, daß die Vergrößerung der Frontlänge die Gebäudekosten für die Fußbodenflächeneinheit erhöht (vgl. Abb. 140b) und damit den Vorteil der erhöhten Platzausnutzung zum Teil wieder aufhebt.

Eine weitere Möglichkeit besteht darin, nur die in erster Linie für Zeichenbüros in Frage kommenden nach Norden, Nordwesten oder Nordosten gelegenen Räume 6 m weit zu machen und den Räumen mit Südlicht zur Verwendung für Einzelbüros 4,5 m Weite zu geben; der Gang liegt dann etwas aus der Gebäudemitte herausgerückt. Ferner kann man auch die einzelnen Gebäudeflügel mit verschiedenen Weiten bauen. Dabei wird aber stets zu überlegen sein, ob man sich nicht durch derartige Maßnahmen seiner Entschließungsfreiheit für die Zukunft zu sehr begibt. Im allgemeinen dürfte die Festsetzung der lichten Gebäudeweite auf rund 15 m entsprechend 6 m lichter Büroraumweite zwischen den verschiedenen Ansprüchen am besten vermitteln, ohne erhebliche Platzverschwendung zur Folge zu haben, so daß man bei dieser Wahl einigermaßen sicher gehen wird.

Lage der einzelnen Büros. Wesentliches Erfordernis für den Gesamtentwurf der Bürobauten und für die Unterbringung der einzelnen Büros sind kürzeste und bequemste Verbindungen zwischen den zusammenarbeitenden Dienststellen und Abteilungen, sowie hohe Übersichtlichkeit und Raumausnutzung.

Was den zuerst aufgeführten Gesichtspunkt anbelangt, so wird man oft genötigt sein, verschiedene widersprechende Bedürfnisse gegeneinander abzuwägen, um die wichtigsten zu befriedigen. Dies gilt z. B. für die Betriebsbüros. Gliedert man dieselben den einzelnen Werkstätten an, so wird ihre Fühlungnahme untereinander, mit der Oberleitung und mit den Entwurfsbüros beeinträchtigt. Bringt man dagegen ein gemeinsames Betriebsbüro im Hauptverwaltungsgebäude unter, so leidet darunter leicht seine Einwirkung auf die Werkstatt. Man hat in solchen Fällen zu prüfen, welcher Nachteil schwerer wiegt. In Staatsbetrieben, bei welchen besonders viel Gewicht auf eine geschäftsordnungsmäßig einwandfreie Erledigung aller Vorkommnisse gelegt zu werden pflegt, hat man sich meist für zusammengefaßte Betriebsverwaltungen entschieden, während die freien Unternehmungen mit Rücksicht auf die Wirtschaftlichkeit der Werkstattarbeit in der Regel Unterteilung für richtiger halten. Im letzteren Falle wird man durch eine entsprechende Organisation und auch durch geschickte räumliche Anordnung viel dazu tun können, daß die erwähnten Mängel möglichst wenig zur Wirkung kommen. Auch die Unterbringung der Räume für die Vorstandsmitglieder ist nicht überall im gleichen Sinn behandelt worden. Ihre Zusammenlegung begünstigt den dauernden Meinungsaustausch und den

Zusammentritt zu eiligen Besprechungen und ist für die oberste Leitung sehr bequem. Trotzdem wird auch hier die Verteilung in die Bezirke der einzelnen Abteilungen meist den Vorzug verdienen, weil den Vorstandsmitgliedern dadurch die ständige Einflußnahme auf die Geschäfte in ihrem Verantwortungsbereich erleichtert wird.

Abteilungen, die viel Verkehr mit der Außenwelt haben, also Einkauf, Vertrieb, kaufmännische Abteilung usw. werden nach Möglichkeit in den unteren Geschossen so untergebracht, daß sie zunächst dem Außeneingang liegen. Bei diesem Eingang, in großen Gebäuden beim Zugang zu jeder Abteilung, sind Wartezimmer für fremde Besucher anzuordnen. Die Türen derselben wie auch die Zuwege von draußen müssen sich vom Pförtner- oder Botenraum (Anmeldung) aus übersehen lassen. In einzelnen Fällen hat man die Warte- und Besprechungszimmer den Ausstellungsräumen angegliedert, so daß die wartenden Besucher Gelegenheit haben, sich über die Erzeugnisse des Unternehmens zu unterrichten. Betriebs- und Lohnbüros müssen von den Werkstätten aus leicht zu erreichen sein. Bei Berechnungs-, Entwurfs- und Veranschlagungsbüros ist man hinsichtlich der Lage weniger gebunden; sie eignen sich daher zur Unterbringung in den oberen Geschossen. Weite und trotzdem vorzüglich erhellte Entwurfssäle lassen sich unmittelbar unter Oberlichtdächern oder in hochfenstrigen Mansardgeschossen schaffen, wobei aber für kräftige Heizung im Winter und reichliche Kühllüftung im Sommer gesorgt werden muß. Auch für Lichtpausereien, Lichtbildräume und Druckereien kommt, wie schon bemerkt, das Dachgeschoß in Frage.

Zusammenarbeitende Geschäftsstellen auf verschiedene Stockwerke zu verteilen ist nicht zweckmäßig, weil die Benutzung von Treppen oder Paternosteraufzügen stets als unbequem und zeitraubend empfunden wird, so daß die Fühlungnahme darunter leidet. Es sollen also zusammengehörige Büros, Büroleiter, Abteilungsvorstände, Abteilungsregistraturen, Kanzleien usw. stets in ein und demselben Geschoß möglichst in einem Flügel zusammenliegen. Um den in zweiter Linie erwünschten Meinungsaustausch zwischen den Vorständen verschiedener Abteilungen und den Verkehr zwischen ihren Registraturen zu erleichtern, wird man dieselben vorteilhaft in sämtlichen Geschossen an ungefähr den gleichen Plätzen in Nähe der Treppenhäuser unterbringen.

Aus dem am Anfang des letzten Absatzes Gesagten ergibt sich, daß vielgeschossige Bürogebäude nur für Großunternehmungen mit zahlreichen selbständig arbeitenden Abteilungen, wie sie besonders ausgeprägt im Eltbaugewerbe vorkommen, geeignet sind. In kleineren Werken würden sie die zusammenarbeitenden Abteilungen in nachteiliger Weise auseinanderreißen, weshalb dort Gebäude von zwei bis höchstens drei Geschossen den Vorzug verdienen.

Wo zur Ausnutzung beschränkter Grundstücke geschlossene vielgeschossige Gebäudeblöcke für Werkstätten und Büros gemeinsam errichtet werden müssen, behält man mit Rücksicht auf die Bedürfnisse der Werkstatt dieser vor allem das stark belastbare Erdgeschoß vor und bringt die Büroräume etwa in Flügeln des ersten und zweiten Obergeschosses unter; es ist dann aber darauf zu achten, daß die Büros nicht gerade in der Nachbarschaft Lärm verursachender Werkstattabteilungen liegen.

Gesamtanordnung.

(Siehe hierzu Quellennachweis 1d, *1m, 2, *3, *4, 101—107, 110—118, 123, 125, 129, 202—211, 214, 215, 217, 218, 310, 316, 501.)

Haupterfordernisse. Von den Gesichtspunkten, die für die Gesamtanordnung von Werkanlagen Beachtung verdienen, sind viele bereits in den vorausgegangenen Abschnitten besprochen worden, namentlich in „Beförderungsmittel und Hebezeuge“, „Kraftantrieb“, „Gesundheits- und Wohlfahrtseinrichtungen“, „Brandschutz“, „Sicherheit und Ordnung“, „Krafterzeugung und Energiewirtschaft“, „Einrichtung von Werkstätten“, „Einrichtung von Lagern“ und „Einrichtung von Büros“. Es würde zu weit führen, alle gegebenen Hinweise hier noch einmal zusammenhängend zu wiederholen. Doch sollen vier Haupterfordernisse besonders hervorgehoben werden, die für die Gesamtanordnung in erster Linie wichtig sind und beim vorläufigen Ausbau wie auch bei späteren Erweiterungen jederzeit erfüllt sein müssen:

I. Durchleitung der Erzeugnisse auf kürzesten Wegen mit geringsten Beförderungskosten.
II. Zweckmäßige Zuführung der Hilfsstoffe und Hilfsenergien an allen Bedarfsstellen.
III. Gute Verbindung zwischen Gesamtleitung, Betriebsleitungen und Werkstätten.
IV. Trennung einander gefährdender und störender Abteilungen.

Um die hieraus hervorgehenden zahlreichen Einzelbedingungen für die gegenseitige Lage der Abteilungen und Gebäude bei der Entwurfsbearbeitung übersichtlich vor Augen zu haben, nimmt man zweckmäßig bildliche Darstellung zu Hilfe. Stoffbewegung und Bearbeitungsgang lassen sich durch das Stoffverlaufsschaubild (Arbeitsdiagramm) veranschaulichen, das für Flachbauanlagen im Grundriß, für Mehrgeschoßbauten mitunter perspektivisch aufgezeichnet wird. Abb. 160a zeigt ein Stoffverlaufsschaubild für eine Maschinenbauanstalt. Weitere Beispiele enthält „Die Hütte“, Abschnitt „Fabrikanlagen“.

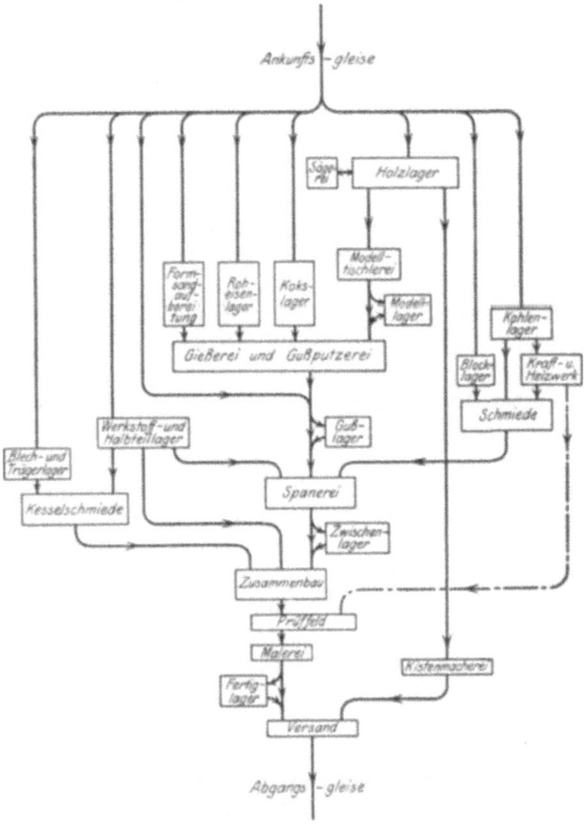

Abb. 160a. Stoffverlaufsschaubild für eine Maschinenbauanstalt.

Verbindungstafeln nach Art von Abb. 160b geben zwar die räumlichen Verhältnisse weniger sinnfällig wieder, erlauben jedoch eine besonders gedrängte Zusammenfassung aller Lagebedingungen. Von den wagerechten Feldern aus, in welchen die Werkabteilungen aufgeführt sind, verlaufen Spalten schräg nach oben und unten. Jedes der auf der Spitze stehenden Vierecke ist als Kreuzungsfeld von zwei schrägen Verbindungsspalten aufzufassen und steht durch diese mit zweien der wagerechten Felder in Verbindung. Durch Eintragungen in die Kreuzungsfelder lassen sich alle Anforderungen hinsichtlich der gegenseitigen Lage der Abteilungen vermerken, z. B. enge Nachbarschaft mit Rücksicht auf Beförderungskosten oder Energieübertragung, Trennung wegen Staubbelästigung oder Feuergefährlichkeit usw.

Stoffverlauf und Erweiterungen. Die erste der soeben aufgestellten Hauptforderungen „Durchleitung der Erzeugnisse auf kürzestem Wege mit geringsten Beförderungskosten“ wird bei der späteren Besprechung der einzelnen Ausführungsformen ein- und mehrgeschossiger Werkanlagen die wichtigste Rolle spielen. Der besseren Übersicht wegen sei hier einiges Grundsätzliche über Stoffverlauf und Erweiterungen vorausgeschickt.

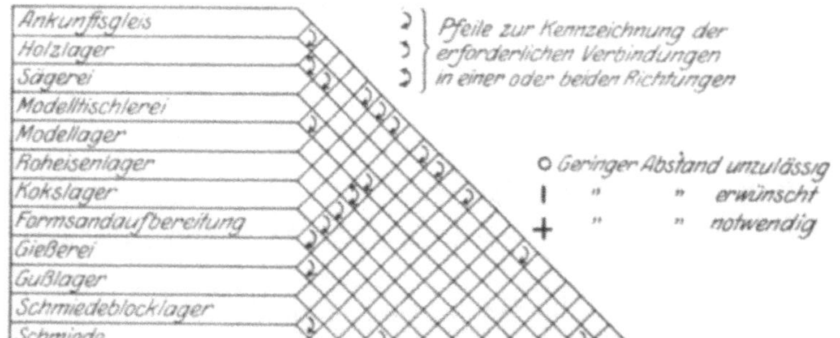

Abb. 160b. Verbindungstafel für eine Maschinenbauanstalt.

Beliebige Erweiterung bei gleichbleibend günstigen Beförderungsverhältnissen ist dann möglich, wenn die Stoffbewegung im Grundriß betrachtet auf geraden Linien erfolgt und Erweiterungen senkrecht zur Stoffdurchgangsrichtung vorgenommen werden, wie durch Abb. 161a veranschaulicht ist. Fügt man dem zuerst bebauten geschrafft dargestellten Flächenstreifen mit westöstlicher Stoffdurchgangsrichtung bei Erweiterungen nördlich oder südlich davon weitere gleichlaufende Flächenstreifen an — gewissermaßen in Parallelschaltung —, so wird jeder dieser Streifen gleich kurze Beförderungswege aufweisen. Die Betriebsbedingungen können sich also bei beliebiger Vergrößerung niemals verschlechtern. Einigermaßen reine Durchführung dieses überlegungsmäßig besonders vorteilhaften Anordnungsgedankens ist aber nur bei sehr einfachen und einheitlichen Erzeugnissen möglich. Als Beispiel hierfür sei die Herstellung von Eltenergie aus Kohlen in Dampfkraftwerken angeführt, wo es üblich ist, die Stoff- bzw. Energiebewegung vom Kohlenlager über Kessel, Dampfturbine, Elterzeuger zum Schaltfeld ziemlich geradlinig über Flächenstreifen von bestimmter Breite hinweggehen zu lassen und in der Art von Abb. 161a durch Hinzunahme weiterer Flächenstreifen zu erweitern; die Quer-

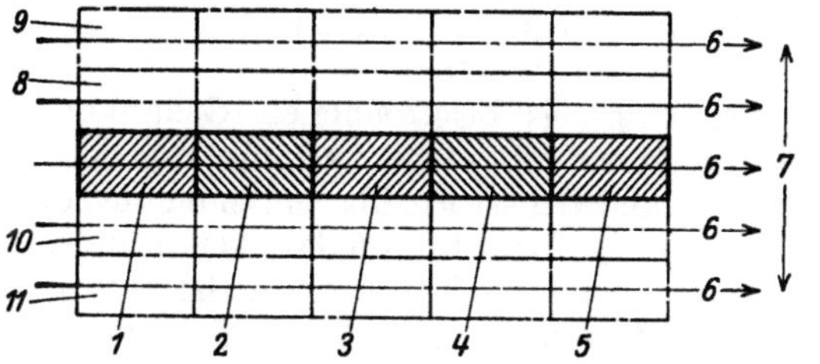

1 Rohstofflager
2 Vorbearbeitung
3 Zwischenlager
4 Fertigbearbeitung
5 Fertiglager
} beim ersten Ausbau.
6 Haupt-Stoffdurchgangsrichtung West-Ost.
7 Erweiterungsrichtung nach Nord und Süd.
8, 9, 10, 11 Geländestreifen der Erweiterungen.

Abb. 161a. Skizze zur Veranschaulichung des Anordnungsgrundsatzes „Stoffbewegung geradlinig, Erweiterung senkrecht dazu".

bewegungen der Hilfs- und Abfallstoffe (Speise- und Kühlwasser, Schmiermittel, Asche, Abgase) sind in diesem Falle wegen des geringen Raumbedarfes der für sie erforderlichen Einrichtungen ohne wesentlichen Einfluß auf die Gesamtanordnung. Weitere Beispiele bilden u. a. neuzeitliche Gasanstalten und Papierfabriken.

Je zahlreicher die Ausgangsstoffe, je mannigfaltiger die Arbeitsvorgänge und je vielseitiger die Enderzeugnisse sind, desto schwieriger wird es, die Anordnung von Abb. 161a durchzuführen. Zur Erläuterung sei eine Maschinenbauanstalt betrachtet. Die Stoffbewegung einer solchen

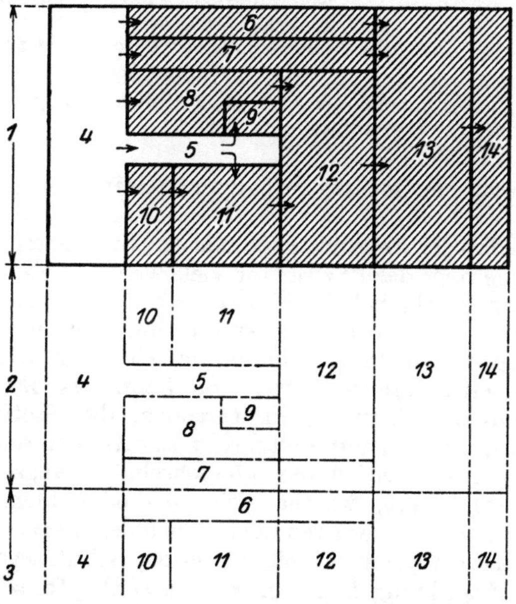

1 Erster Ausbau.
2 Zweiter Ausbau.
3 Dritter Ausbau.
4 Rohstofflager.
5 Zuführungshöfe.
6 Eisenbauwerkstätten.
7 Kesselschmieden.
8 Hammerschmieden.
9 Kraftwerke.
10 Modelltischlereien.
11 Gießereien.
12 Spanereien.
13 Zusammenbauhallen.
14 Versandhallen.

Abb. 161b. Versuchsentwurf für den Grundriß einer Maschinenbauanstalt mit verschiedenen nebeneinanderlaufenden Fertigungsfolgen, unter Anlehnung an den Gedanken von Abb. 161a. (Zur Ausführung nicht zu empfehlen!)

wird durch die an erster Stelle zu nennende Folge Roheisenlager — Gießerei — Gußlager — Spanerei — Zusammenbau — Versand keineswegs erschöpft. Es müssen vielmehr noch die Hilfsstoffbewegungen der Modellfertigung und der Lehm- und Sandaufbereitung vor die Gießerei geschaltet, ferner der Stoffverlauf Flußeisenlager — Schmiede — Schmiedestücklager — Spanerei und unter Umständen noch weitere Stoffverlaufe von Kessel- und Kupferschmieden, Eisenbauwerkstätten usw. als Parallelstränge zur Gußbewegung mitten in das Werk eingefügt werden (Abb. 160a). Außerdem erfordern die Lager und Ausgabestellen für fertig bezogene Halberzeugnisse und für Werkzeuge Berücksichtigung. Endlich sind die Einrichtungen zur Erzeugung und Einführung der Betriebsenergie in Form von Dampf, Preßluft, Elt usw. unterzubringen.

Infolgedessen wird es unvermeidlich, daß auf benachbarten Flächenstreifen verschiedenartige Stoffbewegungen vor sich gehen, daß größere Querverschiebungen zur Einführung von Hilfsstoffen notwendig werden und daß der Durchfluß der Hauptstoffe allerlei Umlenkungen und Spaltungen erfährt. Es ist dann bei Erweiterung quer zur Hauptstoffbewegung eine stetige Verbreiterung der einzelnen Stoffbahnen nicht mehr möglich; vielmehr müßte jetzt jeder neu hinzutretende Flächenstreifen wie ein selbständiges Ganzes behandelt werden, bei dem sich die verschiedenartigen nebeneinanderlaufenden Stoffbewegungen in gleicher oder geänderter Reihenfolge wiederholen (Abb. 161 b). Man hätte sich dann also damit abzufinden, daß schließlich mehrere getrennte Abteilungen ein und desselben Betriebes vorhanden sind, wenn man nicht etwa bei jeder Erweiterung kostspielige Umzüge vornehmen wollte.

Abb. 162 veranschaulicht die Übertragung des eingangs besprochenen Gedankens auf mehrgeschossige Anlagen. Die Möglichkeiten sind hier insofern reicher, als die verschiedenen zur späteren Vereinigung bestimmten Ströme der Haupt- und Hilfsstoffe übereinander angeordnet werden können. Die überlegungsmäßigen Vorzüge stetig fortschreitender Quererweiterung kommen jedoch auch bei Mehrgeschoßanlagen selten voll zur Geltung, denn die fast immer erforderliche Unterteilung in verhältnismäßig schmale Einzelbauten und die oft notwendigen

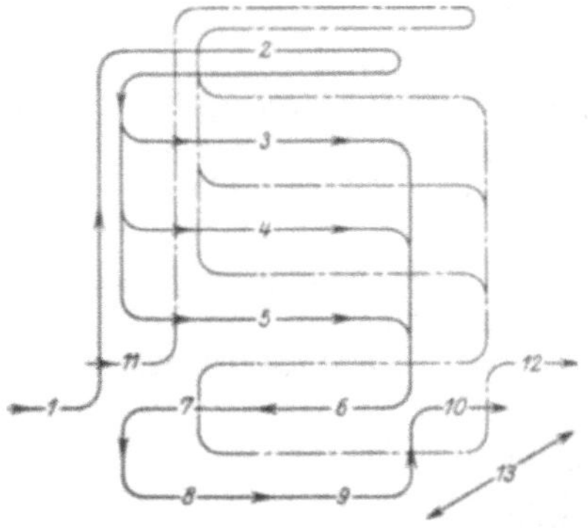

1 Anfuhr.
2 Rohlager im Dachgeschoß.
3 Einzeldreherei.
4 Massendreherei.
5 Presserei und Stanzerei.
6 Zwischenlager.
7 Zusammenbau.
8 Fertiglager im Kellergeschoß.
9 Versand im Kellergeschoß.
10 Abbeförderung.
11—12 Gleicher Stoffverlauf in der senkrechten Ebene des parallelen Erweiterungsbaus, mit Strich-Punkt-Linien gezeichnet.
13 Erweiterungsrichtung senkrecht zu den Stoffbewegungsebenen.

Abb. 162. Perspektivische Skizze zur Veranschaulichung des Anordnungsgrundsatzes „Stoffbewegung in senkrechten Ebenen, Erweiterung quer dazu".

kurzen Brandmauerabstände machen es schwer, Gebäudeausbau und Stoffverlaufspläne dauernd in gutem Einklang zu halten.

Zusammenfassend ist also zu sagen, daß der Anordnungsgrundsatz „Stoffbewegung gradlinig oder in senkrechten Ebenen, Erweiterung quer dazu" zwar für viele Verhältnisse zweckmäßige allgemeine Richtlinien liefern mag, aber sowohl bei Flachbauten wie bei Mehrgeschoßbauten nur ausnahmsweise restlos durchzuführen ist, und daß daher die ihm eigenen Vorzüge auch nur selten zu voller Auswirkung gelangen. In Anbetracht dessen wird man häufig anderen Gesichtspunkten größere Wichtigkeit einzuräumen haben. So kann das Bedürfnis nach Benutzung des gleichen Geleises für Zu- und Abfuhr dafür sprechen, den Stoffverlauf nach dem Anfangspunkt hin zurückzubiegen. Die Beförderung schwerer Lasten durch mehrere Bearbeitungsabteilungen wird unter Umständen durch abwechselnde Längs- und Querstellung aufeinanderfolgender Hallen erleichtert, woraus sich ein- oder mehrmalige Umlenkungen um 90° ergeben. Sehr oft läßt auch die Notwendigkeit, sich den gegebenen örtlichen Verhältnissen, insbesondere den Grundstückformen, Anschlußgeleisen, Schiffsliegeplätzen und Straßen anzupassen, hinsichtlich der Anordnung keine große Auswahl. In solchen Fällen hat man sich dann bisweilen mit Anordnungen mit nicht sehr günstiger Erweiterungsmöglichkeit abzufinden (Abb. 174k und l). Nun kann bei Bewertung des Punktes Erweiterbarkeit allerdings geltend gemacht werden, daß der Ausbau einer Werkeinheit mit Rücksicht auf die Abwicklung des Innenverkehrs, die allgemeine Übersichtlichkeit und die Einwirkung der Leitung ohnehin nicht beliebig weit getrieben werden kann. Wenn man aber freie Hand hat, sollte man Anordnungen mit unbegrenzter Erweiterbarkeit unter allen Umständen bevorzugen, weil immer wieder die Erfahrung gemacht wird, daß der Gang der Entwicklung jede noch so sorgfältige Vorausschätzung des Bedarfes über den Haufen werfen kann.

Senkrechtbeförderung geht im Durchschnitt weniger schnell, bequem und billig vor sich als Wagerechtbeförderung. Dieser Umstand spricht dafür, in Mehrgeschoßanlagen, in denen verschiedenartige Erzeugnisse hergestellt werden, die Fertigung jedes einzelnen Erzeugnisses möglichst innerhalb ein und desselben Geschosses durchzuführen. Andererseits muß aber auch zu weitgehende Zersplitterung der Bearbeitungsabteilungen (z. B. Einrichtung je einer Dreherei,

Stanzerei usw. in allen Geschossen) vermieden werden. Zwischen diesen beiden Gesichtspunkten ist also zu vermitteln. Werden zur Durchführung des Bearbeitungsverlaufes mehrere Geschosse in Anspruch genommen, so wird es in der Regel günstig sein, die allgemeine Stoffbewegung von oben nach unten erfolgen zu lassen. Es ist dann eher möglich, zur Weiterbeförderung von Geschoß zu Geschoß in geeigneten Fällen die Schwerkraft mit auszunutzen, z. B. durch Anwendung von Rutschen oder Rollbahnen. Bei Aufzügen verursachen häufige kurze Fahrten mehr Zeitverlust und Energieverbrauch, als wenige lange Fahrten vom untersten bis zum obersten Stockwerk durch, und wenn es gelingt, ihre Tätigkeit in der Hauptsache auf letztere zu beschränken, werden sich Ersparnisse in der Anlage und im Betrieb ergeben. Für Maschinenbauanstalten und dgl. verdient auch Beachtung, daß bei Vorbearbeitung der kleineren Einzelteile in den oberen und Zusammenbau der Maschinen in den unteren Geschossen die Tragdecken und Stützen der höher gelegenen Stockwerke verhältnismäßig leicht gehalten werden können.

Eingliederung von Nebenbetrieben und Hilfseinrichtungen. Die zweite Hauptforderung „Zweckmäßige Zuführung der Hilfsstoffe und Hilfsenergien an allen Bedarfsstellen" bezieht sich in erster Linie auf diejenigen Dinge, welche zur Inganghaltung der Arbeiten an den eigentlichen Werkstoffen notwendig sind, ohne selbst in die Fertigerzeugnisse überzugehen. Hierzu gehören z. B. Brennstoffe und Schmiermittel, Aufbereitungsstoffe, Dampf, Preßluft und Elt, Werkzeuge und Vorrichtungen und in weiterem Sinne auch Ersatzteile und Arbeitsleistungen zur Instandsetzung von Betriebsmitteln. Die allen diesen Zwecken dienenden Vorkehrungen müssen so eingegliedert werden, daß sie einerseits die Bedarfsstellen wirksam versorgen und andererseits den Durchlauf der Hauptstoffe möglichst wenig behindern. Die Durchdringung der eigentlichen Erzeugungswerkstätten mit den Nebenbetrieben und Hilfseinrichtungen, welche häufig ganz beträchtliche Raumansprüche stellen, ist keine einfache Aufgabe und muß bei der Entwurfsarbeit von vornherein genügend Beachtung finden; Versäumnisse in dieser Hinsicht zwingen zu nachträglichen Einschachtelungen, welche die Vorzüge eines im übrigen gut durchdachten Planes sehr beeinträchtigen können. In dem Stoffverlaufsschaubild **160a** ist auf die Einzeichnung der meisten Hilfsbetriebe verzichtet worden, weil es bei diesem Beispiel mehr auf Übersichtlichkeit als auf Vollständigkeit ankam; bei Anwendung in der Wirklichkeit würden sie unbedingt mit hineingehören. Anordnung und Ausgestaltung der Hilfsbetriebe beeinflussen die Erzeugungskosten zwar nur mittelbar, sind aber nichtsdestoweniger für die Gesamtwirtschaftlichkeit einer Werkanlage von ganz wesentlicher Bedeutung.

Hilfsbetriebe, welche mit bestimmten Hauptwerkstätten eng zusammen zu arbeiten haben, sind tunlichst in deren Nähe unterzubringen, wodurch aber niemals anderen Hauptabteilungen die Entwicklungsmöglichkeit beschnitten werden darf. Solche hingegen, für deren Eingliederung im Bereich der Haupterzeugungswerkstätten zwingende Gründe technischer oder wirtschaftlicher Art nicht vorliegen, wie z. B. Gasanstalten mit ihren Behältern, werden besser abseits gelegt. Bei Beurteilung der verschiedenen Lagemöglichkeiten von Hilfsbetrieben soll man sich zur Regel machen, nicht allein die Anlage- und Betriebskosten dieser selbst zu vergleichen (Längen und Querschnitte von Rohrleitungen, Erdarbeiten, Wärmeverluste usw.), sondern stets auch die Folgen für die zunächst nicht unmittelbar berührten Teile des Gesamtwerkes zu überdenken (z. B. Verbilligung der Beförderungen für einen künftigen Werkstatterweiterungsbau im Falle der Freihaltung eines für diesen günstigen Lagerplatzes).

Bei den Brennstoffverbrauchsstellen, von denen nur kurz die Kraft- und Heizanlagen, die Schmelzöfen, Glühöfen und Schmiedefeuer erwähnt seien, verlangt außer der Heranschaffung des Brennstoffes die Entfernung von Asche und Schlacken Beachtung. Zum Ausgleich von Unregelmäßigkeiten in der Zu- und Abfuhr sind Stapelplätze oder Behälter von ausreichender Größe vorzusehen.

Rein mechanische Kraftübertragung hat mäßige Entfernungen zur Voraussetzung; ihre Wahl wird daher oft von bestimmendem Einfluß auf Lage und Form der Gebäude. Wärmewirtschaftliches Zusammenarbeiten verschiedener Betriebe macht gleichfalls enge Nachbarschaft erwünscht; namentlich ist Weiterleitung von Dampf nur auf beschränkten Abstand möglich. Schmieden mit Dampfhämmern gehören deshalb in die Nähe der Kesselhäuser. Bei Preßluft hat Zuführung aus größerer Entfernung keine wesentliche Erhöhung der Verluste zur Folge, sofern das Rohrnetz reichlich bemessen ist und sorgfältig instand gehalten wird. Für die Eltversorgung verursachen längere Übertragungsstrecken keine Schwierigkeiten und auch keine erheblichen wirtschaftlichen Nachteile mehr; man kann daher auf die früher übliche Anordnung der Elterzeugungsanlagen im Verbrauchsschwerpunkt verzichten und sie irgendwo außerhalb des Werkes unterbringen, wo sie den Gesamtbetrieb nicht behindern und bequem mit Brennstoff und Kühlwasser zu versorgen sind. Allerdings sind hiervon die Fälle auszunehmen, in denen mit Rücksicht auf Abwärmeverwertung oder zur Ermöglichung eines gemeinsamen Maschinenhauses für die Elt- und Preßlufterzeugung ein näheres Herangehen an die Verbrauchsbezirke geboten erscheint; aber auch dann wird meistens Anordnung am Rand des Werkstättenbereiches den Erfordernissen genügen, so daß im Werkinnern lediglich für Umspanner oder Umformer und für die Verteilungsschaltstellen Raum geopfert werden muß.

Auch die allgemeine Führung der Kabel, Rohrleitungen, Abwasserkanäle usw. sollte stets von Anfang an als wesentlicher Bestandteil des Gesamtentwurfes behandelt werden. Man erlangt dadurch frühzeitig die nötige Übersicht, um sie möglichst vorteilhaft in die Gebäudegruppen einfügen zu können, und vermag für gleichlaufende Stränge, soweit lohnend, gemauerte Kanäle oder Stützgerüste vorzusehen und diese gemeinsam mit den Gebäudeunterkellerungen, Kranbahnen usw. herstellen zu lassen. Dadurch werden Zeit und Kosten bei der Bauausführung gespart, Erweiterungen erleichtert und im Betrieb ein rascheres Eingreifen bei Störungen ermöglicht. Eingegrabene Rohrleitungen und Kabel wie auch gemauerte Kanäle sind druckempfindlich; dem muß durch entsprechende Linienführung oder durch schützende Überbrückungen Rechnung getragen werden.

Die zweckmaßigste Lage von Werkzeug- und Vorrichtungsmachereien hängt von der Art des Gesamtbetriebes und von ihren besonderen Aufgaben ab. Im Einzelmaschinenbau mit häufig wechselnden und stark der Entwicklung unterworfenen Erzeugnissen werden sie fortlaufend mit der Neufertigung und Anpassung von Sondervorrichtungen zum Bearbeiten weniger Einzelstücke in Anspruch genommen sein; dann wird sich nahe Angliederung an die verschiedenen Hauptwerkstätten empfehlen. Dagegen kann hierauf verzichtet werden, wenn die Gleichartigkeit der Arbeiten in der Haupterzeugung, wie sie in Massenfertigungsbetrieben vorliegt, auch im Werkzeug- und Vorrichtungsbau eine planmäßige Reihen- oder Massenfertigung auf Vorrat erlaubt. In solchen Fällen zieht man sie vorteilhaft aus dem Bereich der Erzeugungsbetriebe heraus und bringt sie, zu einer Hauptwerkzeugmacherei zusammengefaßt, gesondert unter. Sie brauchen dann weniger eingezwängt zu werden und lassen sich somit besser ihren eigenen Bedürfnissen entsprechend ausgestalten, was die Wirtschaftlichkeit ihrer Arbeitsweise erhöht. Da derartige auf Vorrat arbeitende Werkzeugmachereien nicht alle Bedürfnisse der Erzeugungsbetriebe sofort zu befriedigen vermögen, hat man dann etwas reichlichere Werkzeugbestände vorzusehen und unter Umständen auch die Werkzeugausgaben einzelner Erzeugungswerkstätten zur selbständigen Erledigung einfacherer Instandsetzarbeiten auszurüsten, was zugleich eine bessere Ausnutzung der Leute in den Ausgaben gestatten wird. Die Frage, ob die Vornahme kleiner Nacharbeiten an Werkzeugen den Arbeitern der Erzeugungswerkstätten selbst überlassen werden soll, wird je nach der Art des Betriebes verschieden zu beantworten sein. Grundsätzlich erwünscht ist möglichste Zusammenfassung der Werkzeugbearbeitung, einerseits um die Ergebnisse von der mehr oder weniger großen Erfahrung und Geschicklichkeit der einzelnen Erzeugungsarbeiter unabhängig zu machen, andererseits um Stillstände der Bearbeitungsmaschinen zu vermeiden. Man gibt deshalb neuerdings den Erzeugungswerkstätten höchstens einzelne Sand- und Schmirgelschleifsteine zum Nachschärfen einfacher Stähle und Meißel, die zwischen die Arbeitsplätze verteilt werden, weist dagegen das Formschleifen dieser wie auch die Gesamtbehandlung der anderen schwierigeren Werkzeuge den Werkzeugmachereien zu. Bei der Bemessung der Werkzeug- und Vorrichtungsmachereien ist stets im Auge zu behalten, daß die Leistungsfähigkeit des Gesamtbetriebes nicht an ihnen als verhältnismäßig kleinem Teil des Ganzen ihre Grenze finden darf.

Instandsetzwerkstätten für Elt- und Preßluftanlagen, Wellenleitungen, Riementriebe usw. müssen im Bedarfsfalle rasch eingreifen können, was bei Wahl ihrer Lage Berücksichtigung erfordert. In kleineren Werken wird eine einzige Werkstätte genügen, die wohl am besten in Nähe der Betriebsmaschinenanlage untergebracht wird; für sehr ausgedehnte Werke können mehrere Instandsetzstellen erforderlich sein. Die Betriebsfähigkeit einer Instandsetzwerkstätte darf niemals ausschließlich von der Energiequelle abhängen, für deren Inganghaltung sie bestimmt ist. Ersatzstücke, Rückhaltteile und Werkstoffe müssen in genügender Menge und übersichtlich gelagert bereitgehalten werden; auch ist für bequeme Abbeförderung nach den Bedarfsstellen vorzusorgen. Gute Ausstattung mit Hilfsmitteln und Menschenkräften verursacht naturgemäß nicht unbeträchtliche Kosten, wird sich aber durch Vermeidung und Abkürzung von Betriebsstillständen reichlich bezahlt machen; ein Überschlag allein der Lohnsumme, die eine Viertelstunde Stillstand in einer großen Werkstätte nutzlos verschlingt, macht dies sofort augenfällig. Mangelhafte Ausnutzung einzelner Arbeitskräfte in den Instandsetzwerkstätten und Betriebswachen läßt sich nicht ganz vermeiden, doch kann man diesem Übelstand durch Zuweisung von kleineren Instandsetz- oder Vorratsarbeiten entgegenwirken, worauf bei der Einrichtung Rücksicht zu nehmen sein wird. Bei der Bemessung der Instandsetzwerkstätten verdient der Standort des Werkes Beachtung. In großen Städten und Industriebezirken wird man meist auf raschen Erhalt von Ersatzstücken und Hilfskräften von anderer Seite rechnen können. Hingegen muß man bei Lage in industriearmen Gegenden und abgelegenen Erdteilen die eigene

Instandsetzwerkstätte möglichst selbständig machen. Man benötigt dann in der Regel Einrichtungen zur Herstellung kleiner Guß- und Schmiedestücke, eine Schlosserei mit verschiedenen Werkzeugmaschinen, eine Eltbauwerkstätte, tunlichst auch für Wickelarbeiten ausgerüstet, und eine Tischlerei.

Nicht ständig besetzte Umspann- und Schaltstellen des Eltnetzes müssen schnell erreichbar sein, damit beim Ansprechen von Sicherungen oder Selbstschaltern unverzüglich eingegriffen werden kann. Die mit ihrer Wartung beauftragten Betriebswachen sind möglichst im Mittelpunkte der zu überwachenden Bezirke an günstigen Wegknotenpunkten unterzubringen. Soweit es die Betriebserfordernisse zulassen, wird man sie zweckmäßig mit den Instandsetzwerkstätten vereinigen, um die Arbeitskraft der Wärter besser ausnutzen zu können.

Endlich seien hier noch die Lehrwerkstätten kurz erwähnt. Sie bilden zwar für ein betriebsfähiges Werkganzes keinen wesentlichen Bestandteil und haben für die Erzeugung unmittelbar nur geringe Bedeutung; infolgedessen sind sie vielfach recht stiefmütterlich behandelt worden. Wenn man sich aber einmal über die Wichtigkeit der Lehrlingsausbildung für die Zukunft des eigenen Betriebes wie auch über die volkswirtschaftlichen Pflichten auf diesem Gebiete klargeworden ist und sich demgemäß zur Einrichtung von Lehrabteilungen entschlossen hat, so ist es nicht mehr als folgerichtig, ihnen auch beim Werkentwurf volle Aufmerksamkeit zu schenken. Als Anhalt für die Größe von Lehrabteilungen möge dienen, daß die Lehrlinge meist zwei Jahr in den Lehrwerkstätten verbleiben, bevor sie den Gesellen in den Hauptwerkstätten zugeteilt werden, und daß die Zahl der jährlich zur Einstellung kommenden Lehrlinge etwa 3—4 v. H. der Facharbeiterzahl betragen soll. Vorteilhaft ist es, etwas darüber hinauszugehen, damit ungeeignete Lehrlinge im Laufe des ersten Jahres wieder ausgeschieden und leichter erlernbaren Berufen ohne handwerksmäßige Ausbildung zugeführt werden können. Ein gewisser Rückhalt an Platz empfiehlt sich in Anbetracht der Bestrebungen, für manche Berufe, in denen eine geregelte Lehre bisher nicht üblich war, ebenfalls bestimmte Ausbildungszeiten einzuführen so z. B. für Fräser. Vereinigung der Lehrwerkstätten verwandter Fachrichtungen zu einer selbständigen Werkanlage kleinen Maßstabes unter Angliederung von Unterrichts- und Erholungsräumen würde für die Anleitung, Beaufsichtigung und gesundheitliche Entwicklung der Lehrlinge manche Vorteile bieten, läßt sich aber nur bei sehr großen Unternehmungen durchführen, welche die hohen Einrichtungskosten zu tragen vermögen. Meist wird man sich darauf beschränken müssen, den einzelnen Hauptwerkstätten Lehrabteilungen anzugliedern; doch wird sich, da durch die für Jugendliche vorgeschriebene längere Ausdehnung der Pausen manche Unzuträglichkeiten zu entstehen pflegen, auch dann immerhin eine gewisse Absonderung empfehlen. Die Lehrlingsabteilungen nehmen im letzteren Falle an den allgemeinen Einrichtungen der Hauptwerkstätten, wie Werkzeug- und Werkstoffausgaben, Zwischenlagern usw. teil, so daß besondere Aufwendungen hierfür entfallen.

Verbindung zwischen Büros und Werkstätten. Die dritte der oben aufgestellten Hauptforderungen „Gute Verbindung zwischen Gesamtleitung, Betriebsleitungen und Werkstätten" hat bei vielen ausgeführten Werken nicht die Beachtung gefunden, die sie verdient. Das mag damit zusammenhängen, daß sich die Folgen ihrer Nichterfüllung in der Hauptsache bei den Personalgehältern äußern, deren Wirtschaftlichkeit man nicht so sorgfältig zu überwachen gewohnt war, wie die der Löhne und sonstigen Aufwendungen für die Werkstätten selbst.

Besonders verbreitet ist die Anordnung des Verwaltungsgebäudes am Anfang des Werkes an der Hauptzufahrtsstraße (Abb. 176). Hierfür kann geltend gemacht werden, daß das Verwaltungsgebäude das Bindeglied zwischen Werk und Außenwelt bildet und daß sich für die Beamten des Außendienstes und für die Kunden die kürzesten Wege ergeben, wenn seine räumliche Anordnung dem entspricht; ferner macht dann seine Lage ein Betreten des Werkstättenbereiches durch fremde Besucher überflüssig. Bei kleineren Werken, wo durchweg nur geringe Entfernungen in Betracht kommen und das Verwaltungsgebäude außer den sonstigen Büros auch die Betriebsleitung aufnehmen kann, stehen seiner Anordnung am Werkeingang auch keinerlei Gründe entgegen. Anders liegt die Sache bei ausgedehnteren Anlagen. Dort ist es, wie schon im Abschnitt „Einrichtung von Bürogebäuden" erwähnt wurde, dringend erwünscht, die Betriebsbüros über das Werk zu verteilen, um ihre Einwirkung auf die Werkstätten zu steigern; viel wichtiger als günstige Lage des Verwaltungsgebäudes zur Außenwelt wird dann die Schaffung guter Verbindungen für den Innenverkehr, um das Zusammenarbeiten der Planungs- und Entwurfsabteilungen mit den Betriebsbüros zu erleichtern und um die vorliegenden Aufgaben mit möglichst wenig Personal bewältigen zu können. Man wird dann also anstreben müssen, das Verwaltungsgebäude nicht allzuweit vom Werkmittelpunkt derart anzuordnen, daß sämtliche Werkstätten auf kurzen jederzeit benutzbaren Wegen erreichbar sind. Für die Unterbringung ganz im Werkinnern bildet die erwünschte Abschließung des Außenverkehrs von den Werkstätten kein ernstliches Hindernis, da man sich mit Tunneln oder Laufbrücken helfen kann, die, wenn von vornherein im Gesamtentwurf vorgesehen, die Gesamtkosten nicht übermäßig steigern werden; doch können bei dieser Anordnung erhebliche Nachteile aus der Durchschneidung des Werkstättenverkehrs, aus der Störung der Büroarbeiten durch den Betriebslärm und aus der Beeinträchtigung der Erweiterungsmöglichkeit des Verwaltungsgebäudes entstehen. Am meisten werden sich also vermittelnde Lösungen empfehlen, z. B. bei quadratischem Werkgrundriß Anordnung des Verwaltungsgebäudes etwa in der Mitte einer Quadratseite.

Die einzelnen Betriebsbüros gehören, wie schon gesagt, in die Werkstattbezirke, für welche sie bestimmt sind. Der Forderung guter Verbindung mit der Hauptverwaltung wird man dadurch entsprechen können, daß man sie in den dem Verwaltungsgebäude zunächstliegenden Kopfenden der Werkstattbauten unterbringt und für günstige Wegführung sorgt, nötigenfalls unter Zuhilfenahme von Tunneln oder Laufbrücken. Eine große Erleichterung für das Handinhandarbeiten der Werkstätten bedeutet es, wenn die Betriebsbüros auch untereinander rasch zu erreichen sind.

Trennungsnotwendigkeiten. Unter den Gründen, welche räumliche Trennung von Werkabteilungen notwendig machen können, sind an erster Stelle Brandübertragungs- und Explosionsgefahr und Rücksichten auf Feuerversicherungsgebühren anzuführen. Als häufig vorkommende Betriebsabteilungen von höherer Gefahrenklasse verdienen namentlich Erwähnung die Werkstätten und Lager für Holz und Modelle, die Behälter und Aufbewahrungsräume für flüssige Brennstoffe, Öle, Lacke und Farben, ferner die Gaserzeugungsanlagen; dazu treten in den einzelnen Gewerben noch andere Werkstätten und Lager für zahlreiche Sondererzeugnisse.

Starker Staub bewirkt raschen Verschleiß laufender Maschinenteile durch Verunreinigung des Schmieröls. Werkstätten mit hochwertigen Bearbeitungsmaschinen dürfen daher nicht in gemeinsamen Räumen mit Staub und Rauch entwickelnden Betrieben, wie z. B. Gießereien oder Schmieden, untergebracht werden. Besonders empfindlich sind Werkstätten für optische und feinmechanische Erzeugnisse, ferner Lackierereien; dieselben werden in der Regel auch von anderen Bearbeitungswerkstätten mit an sich mäßiger Staubentwicklung noch besonders abgeschottet.

Mit Rücksicht auf Gesundheit und Wohlbefinden der Arbeiter ist eine Trennung von Staub, Rauch, Dunst und Geruch verursachenden Abteilungen aber auch dann anzustreben, wenn nachteilige Folgen für die Betriebsmittel oder die Erzeugnisse nicht zu befürchten stehen. Dies gilt u. a. für Gußputzereien, Räume mit Sandstrahlgebläsen, für Beizereien, Klempnereien und Härtereien. Es bleiben dann die ungünstigen Wirkungen auf die geringe Anzahl der in den betreffenden Abteilungen unbedingt erforderlichen Arbeiter beschränkt, und man wird eher in der Lage sein, gefährdete Leute von Zeit zu Zeit abzulösen und dadurch vor Gesundheitsschäden zu bewahren.

Weiter sei noch einmal daran erinnert, daß Genauigkeitsmaschinen, wie z. B. die Dreh- und Schleifbänke von Werkzeugmachereien, keine einwandfreie Arbeit liefern, wenn sie Erschütterungen oder Schwingungen ausgesetzt sind. Man muß sie deshalb von Schmiedehämmern wie auch von Maschinen mit größeren freien Massenkräften genügend entfernt halten. Wenn irgend möglich sind sie in Erdgeschossen aufzustellen, da durch Windstöße, Krane, Eisenbahnfahrzeuge oder schlecht ausgewuchtete Wellenleitungen verursachte Gebäudeschwingungen sich in Obergeschossen viel stärker ausbilden. Läßt sich Unterbringung in Obergeschossen nicht umgehen, so müssen sorgfältig solche Plätze ausgewählt werden, an denen derartige störende Einflüsse nicht zu befürchten sind.

Geistige Arbeit, selbst untergeordneter Art, wird durch Geräusche sehr beeinträchtigt. Büroräume, soweit irgend angängig auch diejenigen der Betriebsleitungen, sind deshalb lärmgeschützt anzuordnen. Bei der Werkstattätigkeit wirkt dauernder starker Lärm gleichfalls ermüdend und kann Schwerhörigkeit verursachen; sehr laute Betriebsabteilungen, wie Kesselschmieden und Eisenbauwerkstätten sollte man deshalb nach Möglichkeit besonders abschotten, um nicht unnötig viele Leute darunter leiden zu lassen.

Wahl zwischen Flachbau und Geschoßbau. Nach diesen allgemeinen Bemerkungen soll nunmehr in die Erörterung der verschiedenen Gestaltungsmöglichkeiten eingetreten werden.

Bei Entscheidung der Frage, ob für die Gesamtanlage des Werkes und seine einzelnen Gebäude Flachbau oder Geschoßbau anzuwenden ist, sind eine ganze Reihe von Gesichtspunkten zu berücksichtigen.

In vielen Fällen ist aus rein technischen Gründen nur Flachbau möglich. Dies gilt z. B. für Werkstätten, in denen sehr gewichtige Werkstücke angefertigt werden sollen, oder schwere Bearbeitungsmaschinen und sonstige Betriebsmittel aufzustellen sind, ferner wo die Abmessungen der Werkstücke und die für sie notwendigen Hebezeuge große Raumhöhen verlangen. Auch für explosions- und hochgradig feuergefährliche Betriebe darf nur Flachbau gewählt werden, weil bei Geschoßbau im Brandfalle die Vernichtung der oberen Stockwerke mitsamt den darin befindlichen Menschen zu befürchten wäre. Betriebsabteilungen, welche Erschütterungen, Staub, Ruß oder Dämpfe hervorrufen, lassen sich schlecht in gemeinsamen Geschoßbauten mit anderen Abteilungen unterbringen, in denen hochwertige Arbeit geleistet werden soll; für größere Schmieden, Gießereien usw. werden deshalb gleichfalls fast immer Flachbauten vorgesehen. Mitunter verbieten sich Geschoßbauten auch wegen zu geringer Tragfähigkeit des Baugrundes.

Andererseits kommt auch häufig von vornherein nur Geschoßbau in Betracht, weil die gegebenen Grundstücksverhältnisse die Anlage von Flachbauten überhaupt nicht oder nur unter Preisgabe genügender Erweiterungsmöglichkeit gestatten, oder weil die hohen Bodenpreise dazu zwingen, sich im Grunderwerb aufs äußerste zu beschränken.

Wo dagegen die technischen und Grundstücksverhältnisse die Wahl offen lassen, wird sich die Beurteilung hauptsächlich auf folgende Punkte zu erstrecken haben.

In Flachbauten gestalten sich Verkehr und Beförderung einfacher und erfordern weniger Hilfsmittel. Beim Aufstellen der Maschinen und Absetzen von Werkstücken braucht nicht so viel Rücksicht auf die Bodentragfähigkeit genommen zu werden. Da sich die Arbeiter im Brandfalle aus Flachbauten schnell zu retten vermögen, liegen meist keine Bedenken dagegen vor, die Werkstattschiffe sehr lang zu machen und in größerer Zahl aneinander zu reihen, so daß man ausgedehnte ununterbrochene Flächen erhält. Alle Arbeitsplätze können von oben reichlich belichtet werden. Diese Vorzüge gestatten bei der Ersteinrichtung der Räume wie auch bei späteren Umstellungen weitgehende Anpassung an die jeweiligen Betriebsbedürfnisse, erleichtern es, die Abgrenzung der einzelnen Werkstattgruppen nach Maßgabe der wechselnden Arbeitslage zu verschieben und ermöglichen gute Übersicht und bequeme Beaufsichtigung.

Bei Geschoßbauten hat man, damit die Gebäude mit ihren Tragdecken, Pfeilern, Stützen, Aufzugsanlagen usw. nicht allzu schwer und teuer werden, von Anfang an erhebliche Einschränkungen hinsichtlich der Verwendung der verschiedenen Stockwerke auf sich zu nehmen. Die üblichen Fußbodenbelastungen haben bereits in dem Abschnitt „Einrichtung von Werktätten" Erwähnung gefunden. Wenn auch Decken bis zu 3500 kg/m² Tragfähigkeit ausgeführt worden sind, so geht man doch mit Rücksicht auf die Kosten nur ungern über 1000 kg/m² hinaus. Man ist deshalb genötigt, schwere Maschinen zu ebener Erde aufzustellen. Es besteht zwar die Möglichkeit, einzelne Stellen der Tragdecken zur Aufnahme besonders großer Lasten eigens zu verstärken, doch sind dann die betreffenden Einrichtungsteile ein für allemal an ihren Aufstellungsort gebunden. Schwerere Maschinen in Obergeschossen können, auch ohne die Deckentragfähigkeit voll in Anspruch zu nehmen, Schwingungen und Erschütterungen verursachen, die sich störend in die anderen Geschosse fortpflanzen.

Die Weite der einzelnen Gebäudeteile ist bei Geschoßbauweise im allgemeinen aus Belichtungsgründen beschränkt, da abgesehen vom Dachgeschoß und einem etwa noch darunter angeordneten Mansardgeschoß, welche sich durch Oberlichter erhellen lassen, nur Seitenfenster in Betracht kommen. Eine Ausnahme hiervon wird lediglich bei solchen Werken vorliegen, in denen der eigentliche Werkstattbetrieb wegen seiner geringen Ausdehnung ganz im obersten Geschoß untergebracht und das Rauminnere der übrigen Geschosse vollständig für Lager- und sonstige untergeordnete Zwecke ausgenutzt werden kann, so daß dort künstliche Beleuchtung genügt. Lichtschächte im Gebäudeinnern sind aus Feuersicherheitsgründen nur selten zulässig und auch wenig wirksam. Der Länge der Räume sind meist dadurch Grenzen gesetzt, daß in Gebäuden, die aus verbrennlichen Baustoffen bestehen oder brennbare Einrichtungen und Werkstoffe aufzunehmen haben, in Abständen von 40—50 m Brandmauern eingebaut werden müssen, die nur durch feuersichere Türen durchbrochen werden dürfen (Abb. 33). Ferner gilt für sämtliche Betriebe die Vorschrift, daß von jedem Arbeitsplatz aus mit höchstens 30 m Weglänge eine Treppe erreichbar sein muß (Abb. 183a). Alle diese Umstände beeinträchtigen die Freiheit der Raumgestaltung bei Geschoßbauweise erheblich und führen oft zu einer starken Zerschneidung des verfügbaren Werkstattraumes. Daraus entstehen für die Betriebsführung mancherlei Nachteile. Beispielsweise läßt sich der Flächenbedarf der verschiedenen Abteilungen (z. B. Dreherei, Fräserei, Stanzerei, Zusammenbau, Lackiererei) mit dem in den einzelnen Sälen verfügbaren Platz oft nur schwer in Übereinstimmung bringen; wenn man nicht Überfüllung der einen und schlechte Ausnutzung der anderen Säle in Kauf nehmen will, muß man also die Abteilungen vielleicht im einen Falle über die Trennwände hinweggreifen lassen, im anderen zu mehreren gemeinsam in einen Saal unterbringen, und wird auch im Betriebe öfters genötigt sein, der Arbeitsgliederung Zwang anzutun und einer Abteilung zur Entlastung einer anderen Aufträge zuzuweisen, für welche sie eigentlich weniger gut geeignet ist. Ferner ist die weitgehende Unterteilung erschwerend für Beaufsichtigung und Verkehr und erhöht infolgedessen den Bedarf an Aufsichtspersonal, Werkzeugausgaben, Zwischenlagern usw. Außerdem geht die Beförderung von Lasten bei Geschoßbauten im Durchschnitt nicht so einfach und billig vor sich wie bei Flachbauten. Wenn auch durch geschickte Anordnung zu erreichen sein mag, daß sich die meisten Bearbeitungsfolgen in nahe zusammenliegenden Sälen ein und desselben Geschosses abspielen, so wird doch die Senkrechtbeförderung immer umfangreich genug bleiben, um eine ganze Anzahl von Aufzügen mit Führerbegleitung notwendig zu machen. Alles in allem genommen ergeben sich also bei Geschoßbauweise für den Betrieb eine Reihe von Schwierigkeiten und Umständen, die beim Flachbau nicht oder doch in weniger fühlbarem Maße auftreten. Andererseits hat die gedrängte Anordnung der Geschoßbauten das Gute, die Fühlungnahme zwischen der Betriebsleitung und den einzelnen Werkstätten, die bei Flachbauten größerer Ausdehnung unter der Länge der Wege leidet, zu erleichtern, vorausgesetzt daß die Lastenaufzüge auch für Personenverkehr eingerichtet oder daß besondere Paternosteraufzüge vorgesehen sind. Der Vorzug der geringen Entfernungen beim Geschoßbau kann besonders große Bedeutung erlangen, wenn mechanische Kraftübertragung mit Hilfe von Seiltrieben und Wellenleitungen beabsichtigt ist, oder wenn die energiewirtschaftlichen Verhältnisse auf Abwärmeheizung hinweisen.

Abb. 168. Flachsaalbau mit Sägedach; Stützen zum Durchziehen von Wellenleitungen eingerichtet. (Aus W. T. 1913, S. 288, W. Franz. Q. 202.)

Die Baukosten werden bei Flachbau niedriger ausfallen, wenn die Art des Betriebes und der Baugrund leichte billige Bauweise ohne umfangreiche Gründungsarbeiten zulassen. Sind hingegen kostspielige Brunnen- oder Pfahlgründungen zur Übertragung der Lasten auf tiefliegende tragfähige Schichten keinesfalls zu umgehen, so macht es nicht mehr allzuviel Unterschied, ob ein paar Geschosse mehr oder weniger darauf gesetzt werden; es kann dann der Fall eintreten, daß Geschoßbau billiger wird, weil infolge der kleineren Bebauungsfläche ausschlaggebende Ersparnisse an den Grundwerken auftreten. Bei überschläglichen Kostenvergleichen darf man nicht übersehen, auf seiten des Geschoßbaues den Raumbedarf und die Aufwendungen für Treppenhäuser, Aufzugsanlagen und etwa notwendige Wasserhochbehälter für Feuerlöschzwecke usw. in Rechnung zu stellen; auch muß die Gesamtfläche der Werkstattsäle selbst bei Geschoßbau etwas reichlicher bemessen werden als bei Flachbau, weil keine so gleichmäßig gute Ausnutzung zu erzielen ist und weil wegen der beschränkten Weite der Einzelräume mehr Fläche für Verkehrswege verloren geht. Von den laufenden Betriebskosten werden die Ausgaben für Heizung meist bei Flachbauten höher sein als bei Geschoßbauten, da bei ersteren auf die gleiche Werkstattnutzfläche eine größere Wärme abgebende Gebäudeoberfläche entfällt; dies hat besonders in Ländern mit langer Heizzeit Bedeutung. Dem steht auf seiten der Geschoßbauten der Mehrverbrauch an Energie für den Aufzugbetrieb gegenüber, sowie der durch die stärkere Unterteilung der Werkstätten bedingte Mehraufwand an Gehältern und Löhnen für Aufsichtspersonal, Aufzugsführer, Werkzeug- und Lagerausgeber, Waschraumschließer usw.

Im großen und ganzen überwiegen die grundsätzlichen Vorzüge des Flachbaues, und neue Werke legt man daher, wenn die Grundstückverhältnisse freie Hand lassen und keine technischen Besonderheiten für Geschoßbau sprechen, meistens als Flachbauten an. Wo für einzelne Betriebsabteilungen Geschoßbau, für andere Flachbau zweckmäßig erscheint, lassen sich auch beide Bauweisen nebeneinander anwenden. Werden dabei die Flachbauteile gewissermaßen als Anhängsel der Geschoßbauten behandelt und diesen baulich an- oder eingegliedert (Abb. 189b), so werden sich aus dieser Vereinigung mitunter recht vorteilhafte Möglichkeiten ergeben; hingegen kann ein Nebeneinanderbestehen selbständiger Gebäude in Flachbau- und Geschoßbauausführung hinderlich wirken, wenn die darin befindlichen Abteilungen einander zuzuarbeiten haben, weil der Verkehr sich dann weit weniger glatt abwickeln wird, als bei einheitlicher Anwendung nur der einen oder der anderen Bauweise.

Einzelne Flachbauten. Die gebräuchlichste Grundrißform für den einzelnen Flachbau ist das Rechteck. Hat das Gebäude größere Höhe und weist es infolge weiter Abstände der Stützenreihen und entsprechender Gliederung des Daches ausgesprochene Schiffe und hervortretende Achsenrichtungen auf (Abb. 22 und 68), so sei es als Hallenbau bezeichnet. Ergibt sich dagegen bei annähernd quadratischen Stützenfeldern und gleichmäßiger Durchführung des Dachtragwerkes über sämtlichen Feldern eine große einheitliche Saalfläche ohne scharfe Unterteilung und bevorzugte Richtung (Abb. 168), so sei die Bezeichnung Flachsaalbau (Shedbau) angewandt.

Flachsaalbauten sind am billigsten. Sie eignen sich hauptsächlich für Betriebe, in denen keine größeren Krane benötigt werden. Verwendung finden sie unter anderem für Fahrzeug- und Kleinmaschinenbauwerkstätten, wo mit Laufwinden für geringe Lasten und mäßige Hubhöhen auszukommen ist, ferner für Drehereien, wo die gleichmäßige Höhe des Dachtragwerkes die Anbringung der Wellenleitungen und Vorgelege erleichtert, und namentlich auch für Spinnereien und Webereien. Sie erhielten früher ziemlich allgemein Sägedächer mit Oberlichtstellung nach Norden. Heute geschieht dies nur noch dort, wo mit Rücksicht auf die Fertigung unmittelbare Sonnenbestrahlung unbedingt ferngehalten werden muß (Abb. 168). Im übrigen werden jetzt meistens Raupenoberlichter (Dachreiter) bevorzugt, bei denen man mit geringeren Gesamtglasflächen auskommt; die der Sonne ausgesetzten Scheiben streicht man dann bei Sommerbeginn zur Dämpfung der Strahlen mit Kalkmilch, welche im Herbst wieder abgewaschen werden kann.

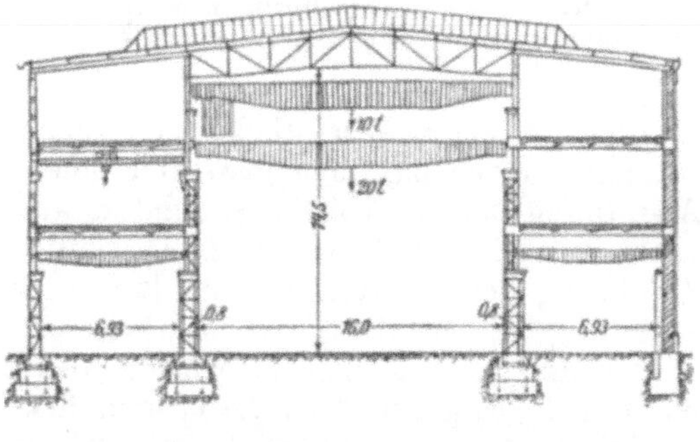

Abb. 169. Dreischiffige Werkstatthalle mit zwei Galeriegeschossen in den Seitenschiffen. (Aus „Hütte", Abschnitt Fabrikanlagen. Q. 1 m.)

Die teureren Hallenbauten werden erforderlich zur Unterbringung von Laufkranen mit bedeutenden Hubhöhen, zur Aufstellung großer Bearbeitungsmaschinen und zur Herstellung und Lagerung sperriger Werkstücke; sie kommen daher für Großmaschinenbauwerkstätten, Kesselschmieden, Brückenbauanstalten, Gießereien usw. in Betracht. Ist das Raumhöhenbedürfnis für die ganze Werkstattfläche gleich groß, so kann man das Dach ohne wesentliche Abstufungen durchführen. Dabei ist die Verwendung von Raupenoberlichtern das Gegebene. Vielfach genügt es jedoch, nur einem oder einzelnen Schiffen, in denen die Zusammenbauarbeiten vorzunehmen sind, besonders große Höhe zu geben. Man kann dann die übrigen Schiffe, um an Aufwendungen für Stützen usw. zu sparen, niedriger machen und der Dachumrißlinie starke Abstufungen geben; hierbei ergibt sich die Möglichkeit, in den Dach- und Wandflächen längslaufende Lichtbänder und Seitenfenster unterzubringen (Abb. 46i und 47d). Oft führt man jedoch auch in solchen Fällen die Dächer in einigermaßen gleicher Höhe über alle Schiffe hinweg und fügt in einzelnen Schiffen zur Unterbringung von Werkstattabteilungen mit geringem Höhenbedarf Galerien ein (Abb. 169). Dadurch gewinnt man Fußbodenfläche, muß aber anderseits eine gewisse Beeinträchtigung der Übersicht und die Notwendigkeit von Treppen und Aufzügen in Kauf nehmen. Der Lichteinfall in die Räume unterhalb von Galerien von den benachbarten hohen Hauptschiffen aus ist meist recht dürftig; im allgemeinen wird man diese Stellen, um keine Enttäuschungen zu erleben, als nur von den Wandfenstern her belichtet einzuschätzen und dementsprechend zu verwerten haben.

Eine scharfe Grenze zwischen Hallenbauten und Flachsaalbauten läßt sich nicht ziehen; oft finden sich bei ein und demselben Gebäude beide nebeneinander oder in Übergangsformen vereinigt. Wenn an dieser wie an manchen anderen Stellen des Buches versucht wird, die vorkommenden Anordnungen in gewisse Grundformen einzureihen und diese miteinander in Vergleich zu stellen, so geschieht das in der vollen Erkenntnis, daß die Vielheit der Möglichkeiten eine sichere restlose Einklassung nicht gestattet; das, worauf es dem Verfasser ankommt, ist lediglich die Hervorhebung besonders kennzeichnender Merkmale, um gegenüber der verwirrenden Mannigfaltigkeit der Einzelfälle bessere Angriffspunkte für die Beurteilung zu gewinnen.

Sowohl bei Anwachsen der Gebäudebreite durch Vermehrung der Schiffe wie auch bei Steigerung der Gebäudelänge nehmen die Baukosten für die überbaute Flächeneinheit ab, da ausschließlich der Kostenanteil für Fußboden und Dach in gleichem Verhältnis mit der Grundfläche ansteigt, während sich der der Umwandung nur entsprechend dem Flächenumfang, also in geringerem Maße erhöht. Dies kommt auch in den (allerdings für Mehrgeschoßbauten aufgestellten) Schaubildern **140a** und b zum Ausdruck. Nach dem Gesagten ist es klar, daß sich mehrere kleine Gebäude teurer stellen als ein großes von gleichem Gesamtflächeninhalt.

Bei aus einem Hauptgebäude bestehenden kleinen Werken lagert man den Längsschiffen gern einen Querbau vor, welcher die Büros für Verwaltung und Betriebsleitung, Meisterzimmer, Werkstofflager, Werkzeugausgaben, Umkleiden und sonstige Nebenräumlichkeiten aufnimmt (Abb. 170a). In ähnlicher Weise ordnet man bisweilen in mehrschiffigen Einzelwerkstätten größerer Werke an einem oder beiden Stirnenden der Längsschiffe ein Querschiff mit Kranbahnen oder auch mit Geleisen an, das vor sämtlichen Längsschiffen vorbeiläuft (vgl. Abb. 174n Gebäude 8 und 9—10, ferner Abb. 28f). Derartige Grundrisse sollen, weil sie Rosten mit ihren Längsträgern und Querstäben ähneln, als „Rostanordnungen" bezeichnet werden. Die Verbindung von Längs- und Querschiffen ist, wie in Abschnitt „Beförderungsmittel und Hebezeuge" bereits besprochen, vorteilhaft für die Überführung schwerer Werkstücke von einem Kranbereich in einen anderen, z. B. aus der Spanerei in den Zusammenbau und weiter in den Versand. Zwei Anwendungsfälle für diese Anordnung deuten Abb. 170b und c an. Mitunter ist man noch weiter gegangen und hat auch mitten zwischen die Längsschiffreihen solche Querschiffe eingefügt, die teils zur Zuführung der Rohteile an die Längsschiffe, teils für Zusammenbau, Prüfung und Abbeförderung der in diesen vorbearbeiteten Stücke Verwendung finden (Abb. 29a und 171).

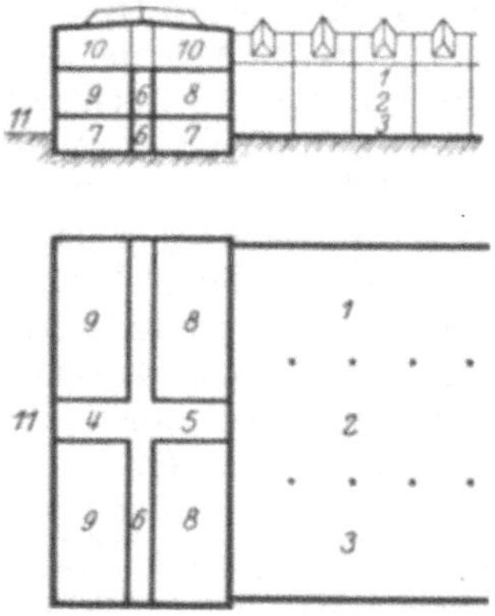

1, 2, 3 Werkstatt-Längsschiffe.
4, 5, 6 Eingangsflur, Treppenhaus und Mittelgänge des Querbaus.
7 Umkleide- und Lagerräume im Keller.
8 Betriebsbüro, Lohnbüro und Meisterzimmer.
9 Vertriebsbüro und kaufmännisches Büro.
10 Entwurfsbüro und Lichtpauserei.
11 Öffentliche Straße.

Abb. 170a. Kleinere Flachbauanlage mit zweistöckigem Verwaltungsquerbau vor den Längsschiffen. M. 1 : 1000.

Wenn auch, wie eingangs bemerkt, das einfache Rechteck als Gebäudegrundriß am gebräuchlichsten ist, so geben doch die Grundstückform oder Bedürfnisse des Betriebes nicht selten zu abweichenden Formen Veranlassung. Häufig findet man aus mehreren Rechtecken zusammengesetzte Flächen. Beim Angrenzen an schräg verlaufende Straßenzüge ist es meist zweckmäßig, schräge Stirnwände anzuordnen, da bei rechtwinkliger Stellung der Stirnwände Geländezwickel übrig bleiben würden, die schlecht verwertbar sind und sich leicht zu lästigen Schmutzecken entwickeln. Bei Flachsälen, die nur mit Wellenleitungen, Schmalspurgeleisen oder Laufwindenbahnen auszustatten sind, kann man die innerhalb einer schrägen Stirnwand gewonnenen Dreieckflächen als nahezu vollwertigen Zuwachs ansehen; in Hallenbauten werden sie, weil von den Laufkranen nicht mit beherrscht, nur für Nebenzwecke ausnutzbar sein. Vereinzelt hat man

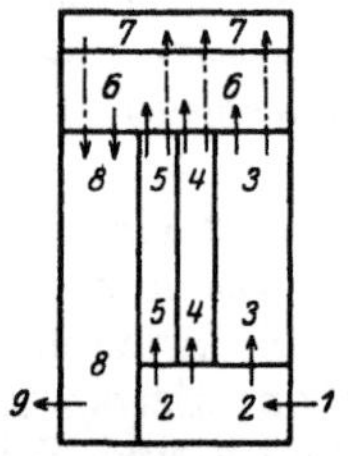

Die Krane der Querschiffe 2 und 6 arbeiten mit denen der Längsschiffe unmittelbar zusammen; der Verkehr zwischen Querschiff 7 und den Längsschiffen erfolgt mittels Schmalspurgeleis.

1 Zufahrtgeleis.
2—2 Querschiff zum Anreißen der Rohteile.
3—3 Längsschiff zur Bearbeitung großer Werkstücke.
4—4 desgl. kleiner Werkstücke.
5—5 desgl. von Wellen.
6—6 Querschiff für Zusammenbau und Prüfung großer Dampfmaschinen.
7—7 desgl. kleiner Dampfmaschinen.
8—8 Längsschiff für Versand und Fertiglager.
9 Abgangsgeleis.

Abb. 170b. Maschinenbauhalle aus Längs- und Querschiffen zusammengesetzt. Einheitliche Erzeugnisse verschiedener Größe.

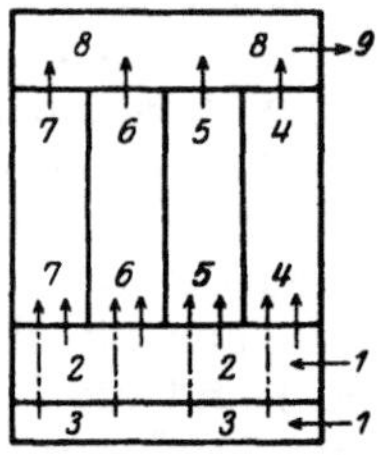

1 Zufahrtgeleis.
2—2 Querschiff zur Bearbeitung großer Werkstücke.
3—3 desgl. kleiner Werkstücke.
4—4 Längsschiff für Zusammenbau und Prüfung von Schleuderpumpen.
5—5 desgl. von Kolbenpumpen.
6—6 desgl. von Dampfmaschinen.
7—7 desgl. von Gebläsen.
8—8 Querschiff für Versand.
9 Abgangsgeleis.

Abb. 170c. Maschinenbauhalle aus Längs- und Querschiffen zusammengesetzt (Rostanordnung). Verschiedenartige Erzeugnisse ähnlicher Größe.

Werkstätten vom Grundriß eines regelmäßigen Vielecks gebaut und mit Kuppeln überdacht. Diese Anordnung mag die Vorteile haben, daß sie recht weite stützenfreie Räume liefert und verhältnismäßig wenig Heizwärme erfordert; trotzdem erscheint sie wegen der Schwierigkeiten für die Krananlagen und wegen der unbefriedigenden Erweiterungsmöglichkeit als wenig empfehlenswert.

Zusammengesetzte Flachbauanlagen. Die Notwendigkeit ein Werk aus mehreren Gebäudeeinheiten zu bilden kann durch die Größe der Anlage, die Verschiedenheit der Ansprüche der einzelnen

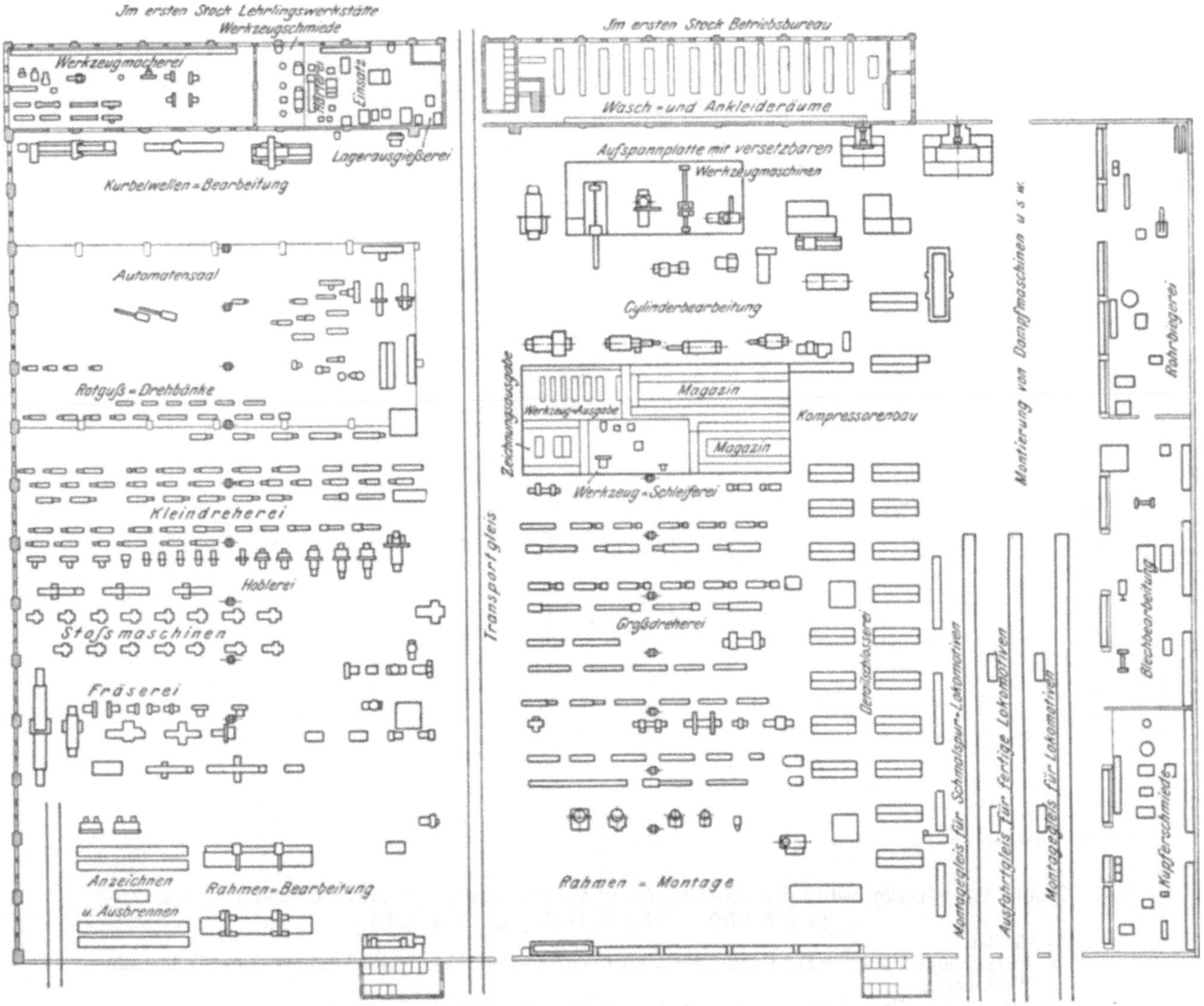

Abb. 171. Grundriß der mechanischen Werkstatt der Maschinenfabrik Eßlingen, Werk Mettingen. M. 1 : 840. (Aus Z. 1912, S. 903, A. Widmaier. Q. 111.) (Innenansicht siehe Abb. 29a.)

Betriebe, die Einfügung von Verkehrswegen und Lagerplätzen wie auch durch die Rücksicht auf Brandbekämpfung bedingt sein. Die Gebäudeeinheiten werden mitunter völlig getrennt gehalten, mitunter durch geeignete Aneinanderfügung oder durch besondere Verbindungsbauten in mehr oder weniger engen Zusammenhang gebracht. Für Anordnungen mit baulichem Zusammenhang zwischen den Einzelgebäuden soll die Bezeichnung „Verbundbau“ (geschlossene Bauweise) gebraucht werden, für die übrigen die Bezeichnung „Trennbau“ (offene Bauweise).

Verbundbauweise ermöglicht Verkehr und Beförderung unter Dach ungestört durch die Witterung, begünstigt das Handinhandarbeiten der verschiedenen Werkstätten, erleichtert Verschiebungen in der Flächenzuweisung an die einzelnen Abteilungen bei geänderter Arbeitslage und gewährt der Betriebsleitung bessere Übersicht. Trennbau kommt vor allem bei erheblicher Brandübertragungs- und Explosionsgefahr in Frage. Aber auch in Fällen, wo inmitten des Betriebes ausgedehnte Geleisanlagen, wie bei Bau- und Instandsetzwerkstätten für Eisenbahnfahrzeuge, oder weite Lagerplätze für nicht nässeempfindliche Güter einzugliedern sind, ist Trennbauweise meist das Gegebene, um an Überdachungskosten zu sparen. Unregelmäßigen Grundstücken kann man sich durch verschieden lange Ausbildung der voneinander unabhängigen Einzelgebäude und ihrer Reihen bei Trennbau leichter anpassen als bei Verbundbau. Für die Regelung und Beaufsichtigung des Betriebes ist Trennbau weniger günstig.

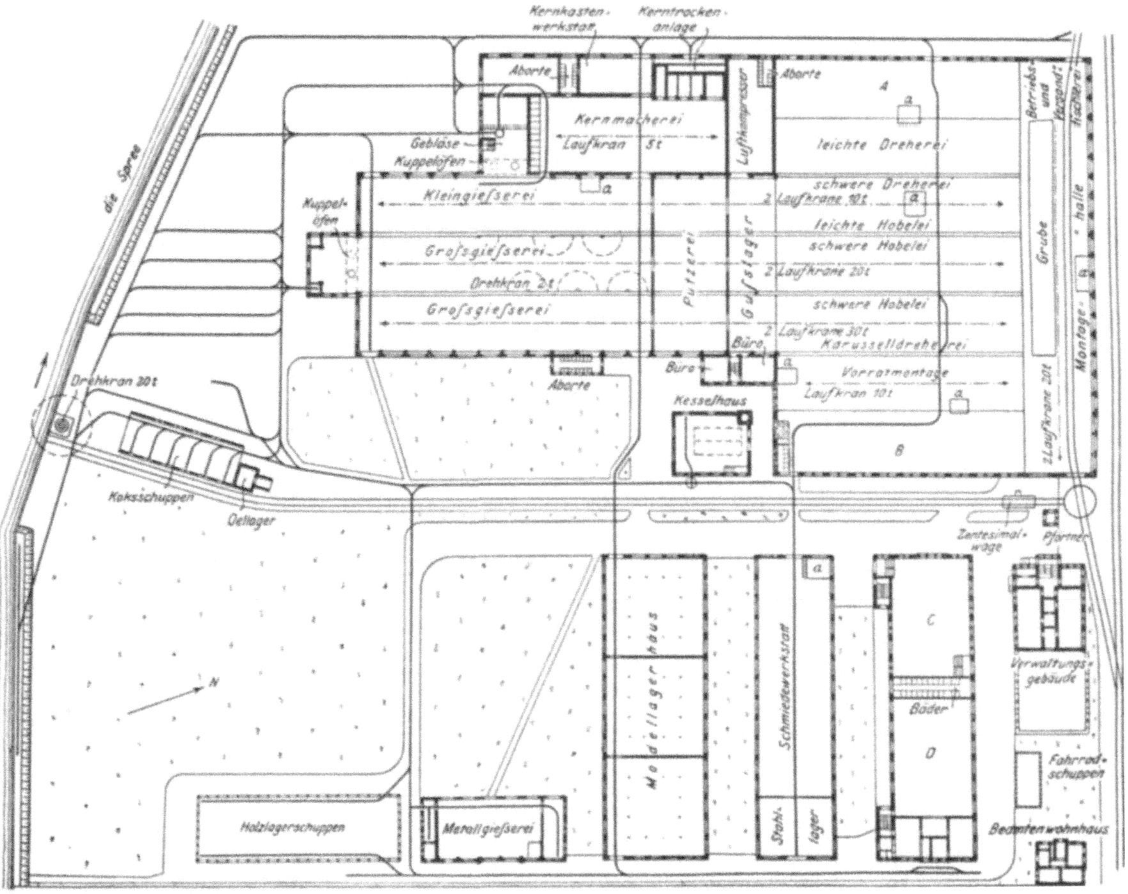

Abb. 172. Werkgrundriß der Maschinenfabrik Oberschöneweide in Berlin-Oberschöneweide. (Aus Z. 1910, S. 162, G. Schlesinger. Q. 107.)

a Meister.
A Erdgeschoß: Fassondreherei und Rundschleiferei. Galerie: Betriebstechnisches Büro; allgemeiner Werkzeugbau.
B Erdgeschoß: Vorratfräserei. Galerie: Umformerraum; Vorräte; Werkzeugbau.
C Keller und Erdgeschoß: Umkleiden. 1. Stock: Technisches Büro.
D Erdgeschoß: Speisesaal. 1. Stock: Modelltischlerei.

Die angenehmsten Verhältnisse in bezug auf Beförderung, Übersicht, Platzzuweisung und Zusammenarbeiten liegen offenbar vor, wenn sich die ganze Fertigung innerhalb eines großen ungeteilten Raumes mit möglichst wenig Zwischenstützen abspielt. Aus baulichen Gründen und auch wegen der früher besprochenen Trennungserfordernisse läßt sich dieser Zustand aber nur selten ganz verwirklichen, und zwar um so schwieriger, je größer der Betrieb ist; doch muß versucht werden, die Unterteilung der Gebäude soweit wie irgend angängig zu beschränken. Vor allem ist anzustreben, daß die Fertigung schwerer Erzeugnisse vollständig innerhalb eines oder doch möglichst weniger Kranbereiche erfolgen kann, weil die Überführung gewichtiger Werkstücke aus einem Kranbereich in einen anderen stets erhebliche Umstände verursacht.

Trotzdem hat man sich oft mit der Notwendigkeit abzufinden, manche einander zuarbeitende Abteilungen in getrennten Räumen unterzubringen; z. B. ist dies bei den Werkstättenfolgen Modelltischlerei — Gießerei — Spanerei oder Schmiede — Spanerei nicht zu umgehen. Es liegt nun die Frage nahe, ob es dann Vorteile bietet, solche Werkstättenfolgen wenigstens in gemeinsame Gebäude zu legen und nur durch Abschlußwände voneinander zu scheiden, wie man es z. B. bei der in Abb. 172 gezeigten Anlage mit Gießerei — Putzerei — Spanerei getan hat. Zu beachten ist zunächst, daß, sofern feuergefährliche Betriebe beteiligt sind, die Brandsicherheit dadurch stets vermindert wird und die Versicherungsgebühren entsprechend steigen. Die Verkehrsbehinderung durch die Trennwände bleibt verhältnismäßig gering, wenn die Art der Erzeugnisse ein Auskommen mit Karren oder Schmalspur- und Hängebahnen gestattet. Ist dagegen wegen der Schwere der Stücke die Mitarbeit von Laufkranen nicht zu entbehren, so wird die Durchbeförderung durch die Trennwände recht umständlich. Das ist auch dann noch der Fall, wenn zur Ermöglichung unmittelbarer Durchfahrt der Laufkrane Kranklappen nach Art von Abb. 10a Verwendung finden; andererseits wird aber durch diese die Wirksamkeit der Trennwände nicht unerheblich beeinträchtigt. Man wird sich also oft genötigt sehen, auf unmittelbaren Übergang der Hebezeuge von Raum zu Raum zu verzichten und sich mit Umladungen auf Zwischenfördermittel wie Schmalspurwagen zu behelfen. In solchen Fällen verliert offenbar die Unterbringung der verschiedenen Abteilungen in einem gemeinsamen Gebäude stark an Wert, und es ist dann durch Einfügung etwa erwünschter Lagerhöfe zwischen die Gebäude (Abb. 179) an den Beförderungsverhältnissen nicht mehr viel zu verschlechtern.

Längsstellung der Hallen zur allgemeinen Stoffbewegungsrichtung ist das Gegebene, wenn die Werkstücke erhebliche Eigenlänge haben, oder an einer größeren Zahl von Bearbeitungsstellen vorbeizuleiten sind (Walzwerke, Papiermaschinen, Spanereien). Bei Erweiterungen der Hallen in der Längenrichtung zeigt sich dann leicht als Nachteil, daß der für den ersten Ausbauzustand entworfene Bearbeitungsverlauf im Innern gestört wird und daß Umgruppungen der Maschinen usw. nötig werden. Es kommen deshalb in diesem Falle vorwiegend Quererweiterungen durch Anfügung weiterer Schiffe in Betracht; allerdings muß man dabei in Kauf nehmen, daß infolge des Hinzutretens neuer Kranbereiche die Heranführung der Werkstücke an vielleicht nur einmal vorhandene Bearbeitungsmaschinen wie auch die gleichmäßige Ausnutzung der Werkstättenfläche etwas schwieriger werden.

Anordnung der Hallen quer zur Stoffbewegung ermöglicht hingegen unbegrenzte Erweiterung in der Achsenrichtung. Die Kranbereiche werden hierbei nicht an Zahl vermehrt, sondern nur verlängert. Bei jedem Ausbauzustand bleibt die Beförderung der Werkstücke an sämtliche Arbeitsplätze unverändert bequem und gleichmäßig dichte Belegung der Bodenfläche ohne Umstände erreichbar. Diese Vorzüge der Querstellung kommen jedoch nur da zur Geltung, wo die Werkstücke einen verhältnismäßig kurzen Bearbeitungsweg zurückzulegen haben.

Ein anschauliches Beispiel für die Wahl von Längs- und Querstellung der Hallen gibt der Werkplan der Allis Chalmers Co. in West Allis (Abb. 179), der an späterer Stelle noch eingehender besprochen wird. Bei diesem stehen unter anderem die Gießerei und die Zusammenbauhalle, in denen verhältnismäßig kurze Bearbeitungswege in Frage kommen, quer, dagegen die mit der Bezeichnung „Maschinenwerkstätten" versehenen Spanereien längs zur Hauptstoffbewegungsrichtung.

Die Erörterung der einzelnen Anordnungsmöglichkeiten an Hand von Ausführungsbeispielen ist nicht ganz einfach, denn unter den aus Veröffentlichungen bekannt gewordenen Werkentwürfen sind nur wenige, die wie der der Allis Chalmers Co. aus einem Guß entstanden sind und einheitliche klare Anordnungsgrundsätze erkennen lassen. Eine große Anzahl weist derart unregelmäßige und vielgestaltige Grundrisse auf, daß es dem Beschauer schwer fällt, die beim Entwurf bestimmend gewesenen Absichten herauszufinden. In vereinzelten Fällen mag dies in der Mannigfaltigkeit der Betriebsbedürfnisse begründet liegen, welche der Uneingeweihte nicht gleich zu übersehen vermag. Häufiger hat man das Endergebnis eines langen Entwicklungszeitraumes vor sich, während dessen die Erzeugung, die Arbeitsverfahren und die Verwendung der einzelnen Gebäude in Zusammenhang mit technischen Fortschritten, Verschiebungen der Marktlage und wohl auch mit den Anschauungen der maßgeblichen Persönlichkeiten wiederholte Änderungen erfuhren. Nicht selten hat aber auch ein weitgreifender Gesamtplan überhaupt gefehlt, so daß die Bauten ihre Form und Anordnung gewissermaßen zufällig nach den augenblicklichen Wünschen einzelner Betriebsleiter erhielten.

Um die vergleichende Besprechung der Anordnungsmöglichkeiten zu erleichtern, hat der Verfasser deshalb in Abb. 174a bis n eine Anzahl Formen zusammengesetzter Flachbauanlagen dargestellt, die teils in Anlehnung an Vorbilder, teils willkürlich entworfen sind. Die Zusammenstellung ist keineswegs erschöpfend, dürfte aber zur Erörterung der wesentlichen Gesichtspunkte ausreichen. Abgesehen von Abb. 174m und n, welche besonders auf die Bedürfnisse von Großmaschinenbauanstalten mit Gießereien zugeschnitten sind, ist bei den Entwürfen kein bestimmter Verwendungszweck zugrunde gelegt, doch sind in jedem Falle Bahnanschluß und leistungsfähige Geleisanlagen für den Innenverkehr als notwendig vorausgesetzt. Der Mindestkrümmungs-

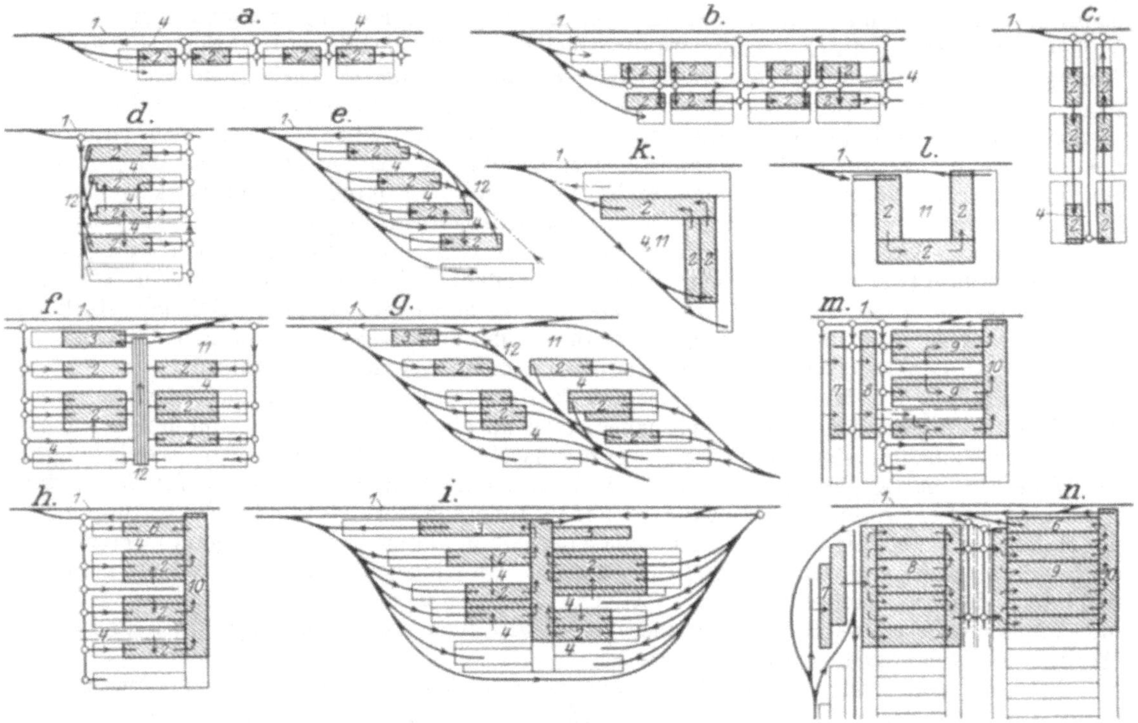

Abb. 174. Anordnungsmöglichkeiten für Flachbau-Werkanlagen. M. 1 : 10000.
Kleinster Krümmungshalbmesser 140 m. Anschlußgeleisanlagen (Werkbahnhöfe) nicht näher ausgeführt.

a. Längsreihenanordnung, Trennbau.
b. Doppellängsreihenanordnung mit Stoffdurchführung in einer Hauptrichtung, Trennbau.
c. Doppellängsreihenanordnung mit Stoffdurchlauf in U-Form, Trennbau.
d. Querreihenanordnung, Trennbau.
e. Gestaffelte Querreihenanordnung, Trennbau, Drehscheiben und Schiebebühnen vermieden.
f. Doppelquerreihenanordnung, Trennbau, äußere Geleisstränge mit Drehscheiben, im Mittelweg Schiebebühne, unter Umständen auch Hoflaufkran.
g. Gestaffelte Doppelquerreihenanordnung, Trennbau, Drehscheiben und Schiebebühnen vermieden.
h. Kammanordnung, Verbundbau.
i. Doppelkammanordnung, Verbundbau, durch Schräglage der Verteilungsgeleise Drehscheiben und Schiebebühnen vermieden.
k. L-Anordnung, Verbundbau, Drehscheiben und Schiebebühnen vermieden.
l. U-Anordnung, Verbundbau.
m. Werkanlage mit einem Gebäude in Kammanordnung und vorgelagerten Querbauten.
n. Werkanlage mit zwei Gebäuden in Rostanordnung und vorgelagerten Querbauten.

Geschraffte Teile der Gebäudegrundrisse = erster Ausbau.
Weiß gelassene Teile der Gebäudegrundrisse = Erweiterungen.
Ausgezogene Linien = Geleise oder sonstige Verkehrsmittel zu ebener Erde.
Strichpunktlinien = Hofkranbahnen.
Pfeile = allgemeine Richtung des Stoffverlaufes.

1 Gewerkestammgeleise der Staatsbahn.
2 Gebäude für Werkstätten, Vorrats- und Zwischenlager.
3 Lagerhallen für Fertigerzeugnisse.
4 Lagerhöfe.
5 Verwaltungsgebäude.
6 Fertiglager.
7 Modelltischlerei.
8 Gießerei.
9 Spanerei.
10 Zusammenbau.
11 Hofflächen zur Ausnutzung für Nebenbetriebe, Verwaltungsgebäude usw.
12 Hauptverkehrsweg.

halbmesser von 140 m entspricht deutschen Verhältnissen. Unberücksichtigt geblieben sind die Zugordnungsgeleise (Werkbahnhöfe), die in Abschnitt „Beförderungsmittel und Hebezeuge“ besprochen wurden, ebenso die hier und da erforderlichen Ausweichstellen für das Umsetzen der Schlepper. Die sämtlichen Anordnungsskizzen von Abb. 174 mit den eingezeichneten Gebäuden, Geleisen, Hofkranen usw. sollen nur in großen Zügen die Gestaltungsmöglichkeiten andeuten, aber keineswegs als vollständig durchgearbeitete Werkpläne gelten.

Ordnet man die durch Höfe gesonderten Gebäude in einer Längsreihe nach Art von Abb. 174a an, so lassen sich die Werkstücke vom Bearbeitungsendpunkt im einen Gebäude auf dem kürzesten Wege dem Bearbeitungsanfangspunkt im nächstfolgenden zuführen. Ungünstig ist die große Gesamtlänge der Anlage. Um dieselbe nicht noch weiter zu steigern, wird man etwaige Lagerhöfe z. B. für Gußteile) nicht zwischen den Stirnflächen, sondern neben den Längswänden der Gebäude unterbringen. Aus dem gleichen Grunde wird von den in Abb. 174a gezeigten Erweiterungsmöglichkeiten vorwiegend die in der Querrichtung, also durch Hinzufügung weiterer Schiffe, in Betracht zu ziehen sein. Oft werden sich Umgehungsgeleise zur Entlastung des Innenverkehrs empfehlen, damit nicht unnötigerweise alle Werkstoffe durch sämtliche Werkstätten hindurch zu gehen brauchen. Die Doppellängsreihen-Anordnung nach Abb. 174b oder c fällt etwas weniger lang aus. Dauernde gute Anpassung an die Betriebsbedürfnisse und zugleich an die Grundstückformen wird mit der einfachen wie mit der doppelten Längsreihenanordnung selten zu erreichen sein, namentlich wenn sich bei den einzelnen Abteilungen ein verschieden starkes Erweiterungsbedürfnis herausstellt.

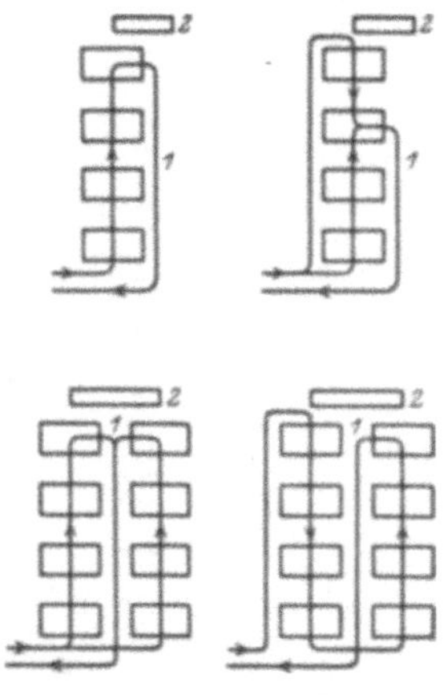

Abb. 175 a—d. Verschiedene Möglichkeiten für die Regelung des allgemeinen Stoffverlaufes bei Querreihen- und Doppelquerreihenanordnung.

1 Hauptverkehrsweg.
2 Verwaltungsgebäude.

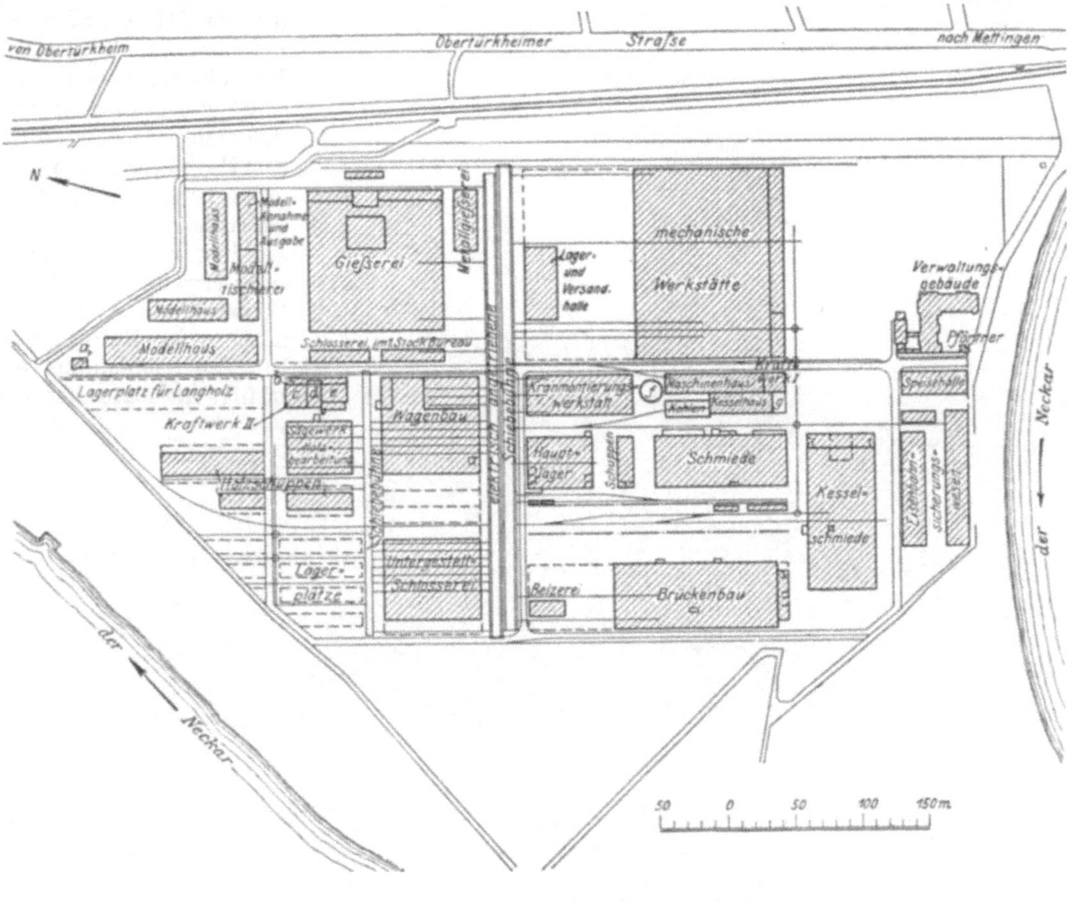

Abb. 175e. Lageplan des Werkes Mettingen der Maschinenfabrik Eßlingen. M. 1 : 5500. (Aus Z. 1912, S. 898, A. Widmaier. Q. 111.)

Bei der Querreihen- und Doppelquerreihen - Anordnung nach Abb. 174d, e, f und g ergeben sich günstigere Verhältnisse. Die übermäßige Ausdehnung der Grundstücke nach einer Richtung wird vermieden. Werkstätten, die einander zuarbeiten, können nötigenfalls durch mehrere Quergeleise verbunden werden (Abb. 174d). Dabei lassen sich die zu überschreitenden Höfe gut als Zwischenlager ausnutzen, namentlich wenn man sie mit Laufkranen versieht. Vor den Stirnwänden kann man einen Hauptverkehrsweg anlegen (Abb. 175a bis d) und nach Bedarf mit Quergeleisen (Abb. 174d), Schiebebühnen (Abb. 174f Mitte) oder leistungsfähigen Ober- und Seitenlaufkranen ausstatten; man vermag dann die Werkstücke beliebigen Gebäuden zuzuführen und zu entnehmen, ohne unbeteiligte Betriebe berühren zu müssen. Zweckmäßig wird man den ersten Ausbau an diesem Hauptverkehrsweg beginnen und die einzelnen Gebäude nachher hauptsächlich in der Achsenrichtung erweitern; auf diese Weise vermeidet man unnötig weite Entfernungen bei Inbetriebnahme und erlangt für später den Vor-

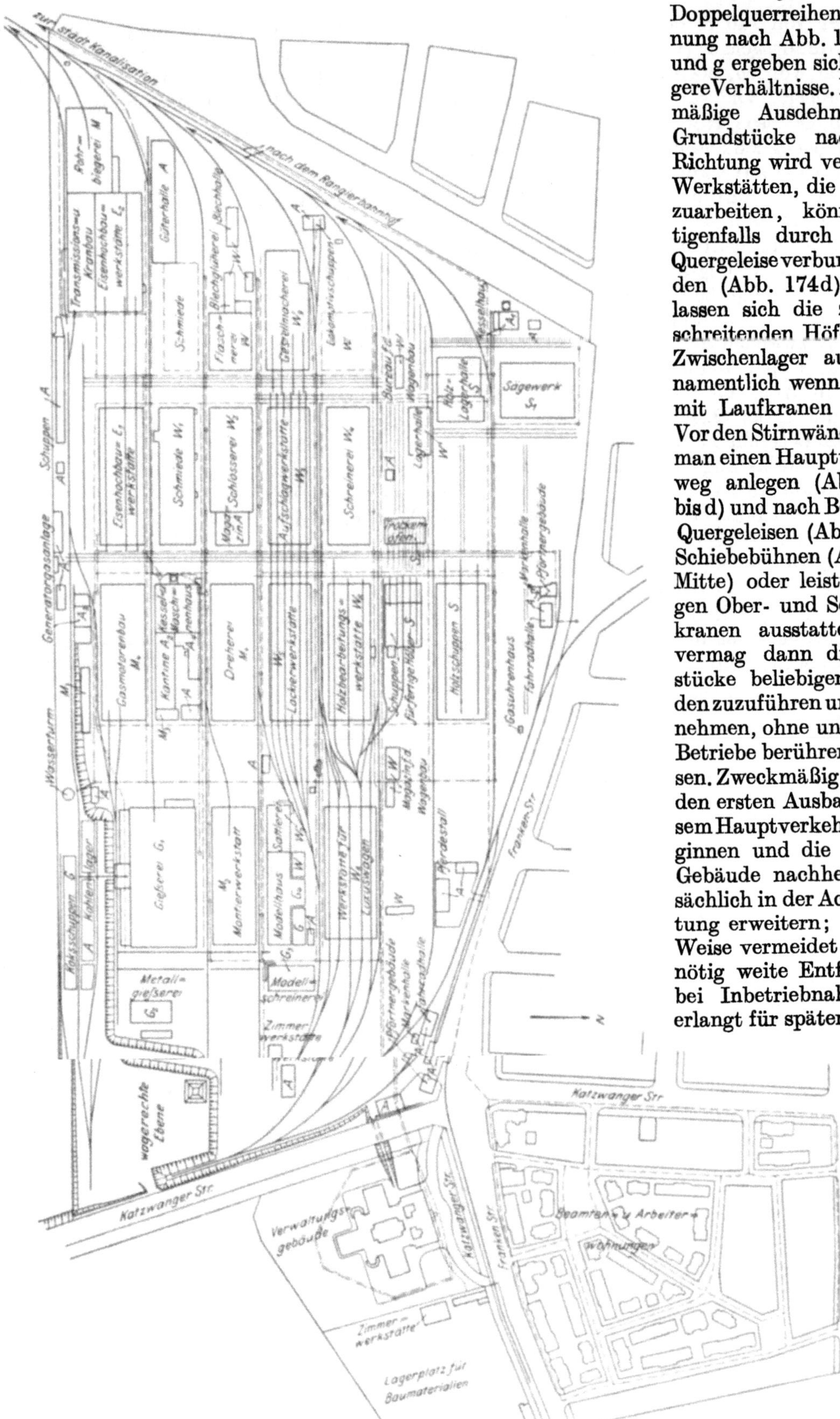

Abb. 176. Lageplan des Werkes Nürnberg der Maschinenfabrik Augsburg-Nürnberg. M. 1 : 4700. (Aus Z. 1903, S. 1205. Q. 101.)

teil, daß zusammenhängende Kranbereiche erhalten bleiben. Einer ungleichmäßigen Entwicklung der einzelnen Abteilungen läßt sich durch Zuweisung neuer vom Hauptweg ausgehender Gebäude Rechnung tragen; die für gewöhnlich aus der Unterteilung von Betrieben zu befürchtenden Nachteile werden hier in Anbetracht der guten Querverbindung durch den Hauptverkehrsweg erträglich bleiben. Bei den Entwürfen Abb. 174e und g ist von der Forderung ausgegangen, Drehscheiben und Schiebebühnen völlig zu vermeiden, also den Verkehr ausschließlich mit Hilfe von Weichen zu regeln; um hierbei den Geländeverschnitt durch die Geleiskreisbögen möglichst zu beschränken, sind die Hauptverteilungsgeleise unter 45° zu den Gebäudeachsen angeordnet. Trotzdem wird der Grundflächenbedarf nicht unwesentlich größer als bei Abb. 174d und f. Zur Aufrechterhaltung guter Fühlung zwischen Leitung und Werkstätten wie auch den letzteren untereinander empfiehlt es sich, die Betriebsbüros an den Stirnenden der Werkstattgebäude nahe dem Hauptverkehrsweg unterzubringen und das Verwaltungsgebäude ebenfalls an diesen Weg zu legen (Abb. 175a—d). Bei Wahl des allgemeinen Verlaufs der Stoffbewegung, für welchen in Abb. 175a—d einige Möglichkeiten angedeutet sind, verdient unter anderem Beachtung, ob der Werkstoff in einem geschlossenen Zuge durch sämtliche Abteilungen hindurchgeht, oder ob mehrere Teilerzeugnisse getrennt herzustellen und nachher zu vereinigen sind, weiter wie sich die Zu- und Abfuhrgeleise anordnen lassen, ferner ob etwa verschiedene im Fertigungsgange weit auseinander stehende Abteilungen (beispielsweise Modelltischlerei und Prüffeld) vom Hauptbüro aus rasch erreichbar sein sollen.

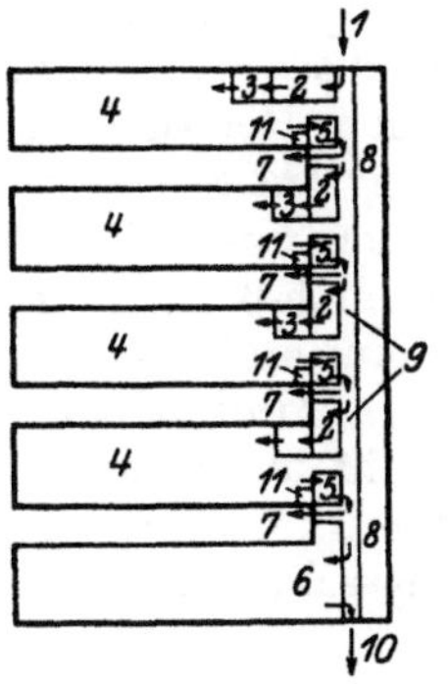

1 Anfuhr.
2 Zwischenlager.
3 Zurichterei und Anreißerei.
4 Arbeitshallen in den Längsschiffen.
5 Prüfstellen.
6 Fertiglager und Versand.
7 Lagerhöfe.
8 Werkstoff- und Halbteillager für sämtliche Längsschiffe.
9 Hauptverkehrsgang im Querschiff.
10 Abbeförderung.
11 Meisterbuden.

Abb. 177a. Flachbau-Werkanlage in Kammanordnung mit allgemeiner Stoffbewegung in Richtung der Querschiffachse.

Bei Längsreihen- wie bei Querreihenanordnung ist dringend anzuraten, die Gebäude mit gleicher Achsenrichtung und übereinstimmenden Fluchtlinien aufzustellen, weil dadurch die Durchführung von Verkehrswegen jeder Art und von Hofkranbahnen wesentlich erleichtert wird.

Bei vielen in Trennbauweise angelegten Werken hat man auch mehrere Längs- und Querreihen angeordnet (Abb. 175e und 176), wobei die Stoffbewegungen sowohl in der Längs- wie in der Querrichtung erfolgen. Derartige Entwürfe können vorteilhaft sein, wenn die Art der Erzeugung zu mancherlei Spaltungen und Wiedervereinigungen des Werkstoffstromes Veranlassung gibt. In bezug auf Übersicht und Erweiterbarkeit sind sie im allgemeinen weniger günstig als reine Querreihenanordnungen.

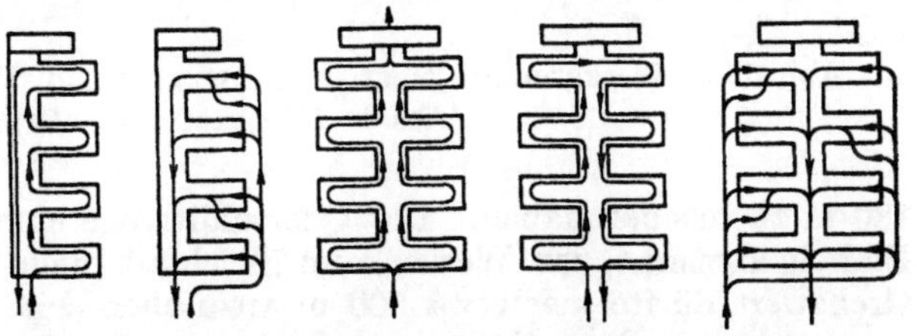

Abb. 177b—f. Verschiedene Möglichkeiten für die Regelung des allgemeinen Stoffverlaufes bei Kamm- und Doppelkammanordnung.

Die Kammanordnung nach Abb. 174h und Doppelkammanordnung nach Abb. 174i entstehen aus den Anordnungen von Abb. 174d und f dadurch, daß statt des offenen Hauptverkehrsweges ein Verbindungsquerbau eingegliedert wird, der die einzelnen Werkstatt- und Lagergebäude in Zusammenhang bringt. Für Wahl dieser Anordnungen kann einmal maßgeblich sein, daß Verkehr und Beförderung im Querbau möglichst zusammengefaßt und unter Dach vor sich gehen sollen (Abb. 177a). In anderen Fällen ist die Absicht, die Einzelteile oder -Erzeugnisse in den Längsschiffen vorbearbeiten zu lassen und alsdann dem für Zusammenbau, Prüfung und Versand oder auch nur für letzteren bestimmten Querbau zuzuführen. Wie mehrfach erwähnt, gestaltet sich die Beförderung großer Werkstücke aus einem Hallenschiff in ein anderes bei Zusammenfügung von Längs- und Querschiffen verhältnismäßig am günstigsten; hierin liegt die besondere Eignung dieser Formen für Schwerbetriebe begründet. In Abb. 177b—f sind verschiedene Möglichkeiten für die Regelung des allgemeinen Stoffverlaufes bei ihnen zusammengestellt. Die Anordnungen nach Art von Abb. 177c, d und f zeichnen sich vor den anderen beiden dadurch aus, daß sich der Verkehr glatter abwickeln kann, weil keine Begegnungen stattfinden. Abb. 177d kommt nicht in Frage, wenn man Zu- und Abfuhrgeleise nahe zusammenlegen muß, oder wenn Gründe vorliegen, sowohl den Anfang wie auch das Ende der Bearbeitung in der Nähe des Verwaltungsgebäudes zu haben.

Ebenso wie der Hauptquerweg der offenen Querreihenanordnungen läßt sich auch der Verbindungsbau der Kamm- und Doppelkammanordnung mit für die Bedürfnisse der Leitung ausnutzen, etwa indem man das Verwaltungsgebäude an den Verbindungsbau anschließt (Abb. 174i Gebäude 5, ferner die zuoberst gezeichneten Gebäude in Abb. 177b—f) und die einzelnen Betriebsleitungen an den Einmündungsstellen ihrer Werkstätten in den Verbindungsbau unterbringt. Ein weiterer wenn auch nicht gerade ausschlaggebender Vorzug der Kamm- und Doppelkammform ist die Möglichkeit bequemer und übersichtlicher Führung von Rohrleitungen und Kabeln; die Hauptstränge werden zweckmäßig dem Querschiff entlang verlegt und von dort nach den einzelnen Längsschiffen abgezweigt.

Erweiterungsmöglichkeit besteht bei den Kammanordnungen wie bei den offenen Querreihenanordnungen nach verschiedenen Richtungen. Einerseits kann man die Längsschiffe vom Querbau ausgehend zunächst nur ein Stück weit ausbauen und später vervollständigen, andererseits neue Längsschiffe errichten, wobei dann der Querbau nach Bedarf mit vergrößert werden muß (Abb. 174h und i). Auch läßt sich eine Werkanlage vorläufig als Einfachkamm beginnen und später zum Doppelkamm ausbauen. Bei übermäßiger Ausdehnung der Längsschiffe steht zu befürchten, daß die Leistungsfähigkeit ihrer Kran- und Geleisanlagen für den Verkehr nach dem Querschiff hin nicht mehr ausreicht und daß Stauungen eintreten. Wenn man sich auch unter Umständen durch teilweise Umleitung des Verkehrs über die Hofräume helfen kann, so wird man doch die Längsschiffe zweckmäßig nicht länger als etwa 120 bis höchstens

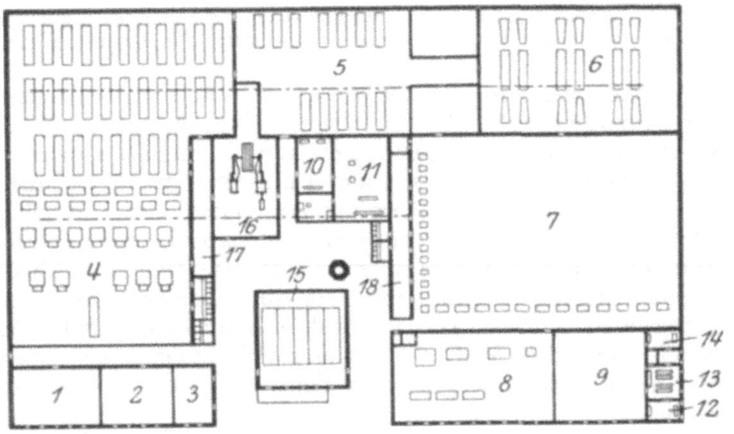

1, 2 } Rohjutelager.
3 Materiallager.
4 Spinnerei.
5 Kettenspulerei.
6 Schlichterei.
7 Weberei.
8 Appretur.
9 Fertiglager.
10, 11 } Instandsetzwerkstatt.
12 Kaufm. Direktor.
13 Kontor.
14 Techn. Direktor.
15 Kesselhaus.
16 Dampfmaschinenraum.
17, 18 } Seilgänge.

Abb. 178. Werkgrundriß einer Jute-Spinnerei und -Weberei mit mechanischer Kraftübertragung. (Aus B. Utz, „Moderne Fabrikanlagen“. Q. 3.)

180 m zu machen haben. Die Querschifflänge eines in bezug auf Erzeugung und Leitung als Einheit anzusehenden Werks kann gleichfalls nicht beliebig ausgedehnt werden; als äußerster Grenzwert dürfte hier etwa 500 m anzusehen sein. Unter Voraussetzung dieser Höchstmaße ermöglicht die Doppelkammanordnung den Bau annähernd doppelt so leistungsfähiger Werkeinheiten wie die Einfachkammanordnung. Diese Überlegungen gelten auch für die früher besprochene einfache und doppelte Querreihenanordnung.

U- und **H**-förmige Grundrisse, welche dazu bestimmt sind, die Vorbearbeitung der Einzelteile in den Längsflügeln und den Zusammenbau in den Verbindungsbauten aufzunehmen, sind als einfachste zweizinkige Formen der soeben besprochenen Kamm- und Doppelkammanordnung aufzufassen und bedürfen also keiner weiteren Besprechung; insbesondere bestehen dieselben Erweiterungsmöglichkeiten wie dort.

Öfter wird mit der **U**-Anordnung eine andere Absicht verfolgt, nämlich die durch die Bearbeitung gehenden Stoffe in die Nähe des Ausgangspunktes zurückzuleiten, um für Anfuhr und Versand das gleiche Bahngeleise benutzen zu können (Abb. 174l). Den inneren Hofraum verwendet man dann gern zur Unterbringung des Verwaltungsgebäudes, der Kraftanlage und sonstiger Hilfsbetriebe, die man in der Nähe des Werkmittelpunktes zu haben wünscht. Für Spinnereien und Webereien mit mechanischem Antrieb hat man **U**-Form häufig auch deshalb gewählt, um kurze Wellenleitungen zu erhalten (Abb. 178). Man läßt dort den Werkstoff beispielsweise im einen Seitenflügel durch die Spinnerei gehen, dann im Verbindungsflügel durch die Spulerei und Schlichterei und schließlich im zweiten Seitenflügel durch die Weberei; annähernd in der Mitte der bebauten Fläche steht die Antriebsdampfmaschine, Achse gleichgerichtet mit dem Verbindungsflügel. Erweiterungen können dann nur in der durch Abb. 174l angedeuteten

Weise erfolgen; bei größeren Anlagen darf nicht übersehen werden, daß die mittleren Stoffdurchgangswege entsprechend der Zunahme des äußeren Umfangs immer länger werden. Die Anordnung eignet sich vorwiegend für kleinere Werke und allseitig umschlossene Grundstücke, wo einerseits mit erheblichen Erweiterungen nicht gerechnet zu werden braucht und andererseits auf Platz- und Kostenersparnisse bei der Geleisanlage Wert zu legen ist.

Bei **L**-förmigem Gebäudegrundriß (Abb. 174k) kann man den einen Flügel mit mehreren gleichlaufenden Hallenschiffen in das Hauptschiff des anderen Flügels einmünden lassen, wodurch bequeme Weitergabe der im einen Flügel vorbearbeiteten Teile an den Zusammenbau im anderen Flügel ermöglicht wird. Wegen dieses günstigen Zusammenarbeitens der senkrecht aufeinander stoßenden Schiffe wird ein **L**-förmiger Bau unter Umständen einem rechteckigen nur aus gleichlaufenden Längsschiffen bestehenden Gebäude überlegen sein. Bei rechteckigen Gebäuden mit Rostanordnung von Längs- und Querschiffen wie auch bei Kamm- und Doppelkammanordnung erhält man jedoch gleich günstige Beförderungsverhältnisse unter besserer Geländeausnutzung. Daher wird im allgemeinen kein Grund vorliegen, die **L**-Anordnung zu bevorzugen, wenn es sich nicht gerade um die Verwertung eines dreieckigen Grundstückes handelt. Das zwischen den Flügeln verbleibende rechtwinklige Dreieck eignet sich zur Unterbringung von Verwaltungsgebäude, Kraftwerk, Hilfsbetrieben und Lagerplätzen. **L**-Grundrisse lassen sich durch Verlängerung der Flügel, allenfalls auch durch Anfügung einzelner neuer Schiffe (Abb. 174k) erweitern; dabei können

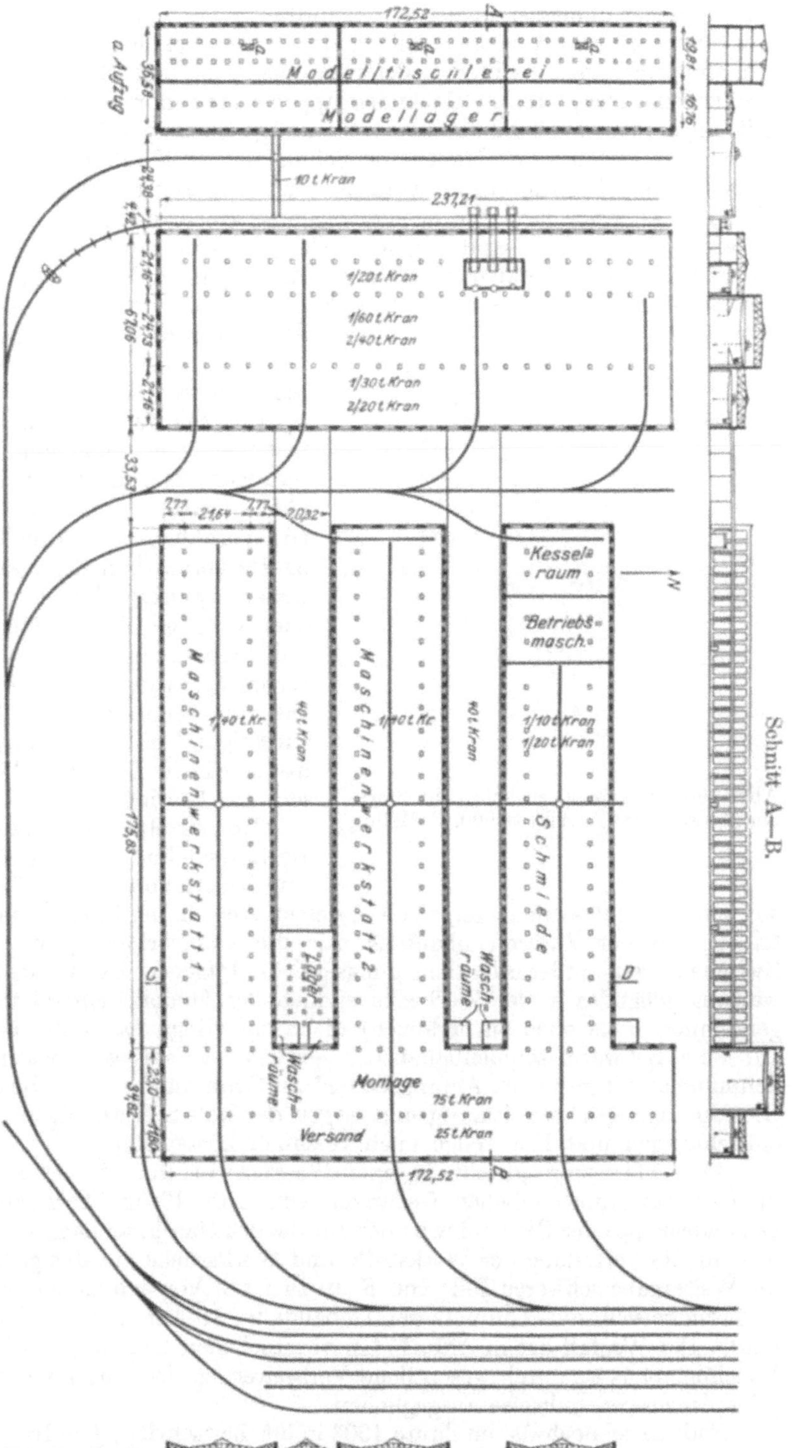

Abb. 179. Werk der Allis Chalmers Co. in West Allis, Wisconsin, Vereinigte Staaten von Amerika. M. 1 : 2550. (Aus Z. 1904, S. 599 P. Möller. Q. 103.)

sich aus dem gleichen Grunde wie bei der U-Anordnung die Beförderungsverhältnisse verschlechtern. Umfangreiche Erweiterungen dürften aber schon deshalb kaum in Betracht kommen, weil die Anordnung wie gesagt meist beschränkte Raumverhältnisse zur Voraussetzung haben wird.

Die Anordnung von Abb. 174 m entspricht im grundsätzlichen dem schon mehrfach erwähnten durch Abb. 179 dargestellten Werkplan der Allis Chalmers Co. in West Allis, ist aber abweichend davon mit Drehscheibengeleisen durchgeführt, da bei den Weichengeleisen des gesamten Werkes Krümmungshalbmesser in der Größenordnung von 60 m bis herab auf 30 m verwandt sind, was für europäische Anlagen im allgemeinen nicht angängig wäre. Es sei an die hierauf bezüglichen Ausführungen im Abschnitt „Beförderungsmittel und Hebezeuge" erinnert. Abb. 179 läßt drei voneinander getrennte Gebäudegruppen erkennen, nämlich die mehrstöckige Modelltischlerei mit angefügter Modellhalle, die vierschiffige Gießereihalle und die untereinander in Kammanordnung verbundenen Hallen für Schmiede und Kraftwerk, Spanereien, Zusammenbau und Versand. Der Stoffdurchgang vollzieht sich im wesentlichen geradlinig in der Richtung Modelltischlerei-Versand. Erweiterungen erfolgen senkrecht dazu. Bei Tischlerei, Modellager, Gießerei, Zusammenbau und Versand liegen die Gebäudeachsen in der Erweiterungsrichtung, so daß beim Ausbau nur die vorhandenen Schiffe verlängert zu werden brauchen. Dagegen sind die Achsen der zur Aufnahme von Spanereien, Schmiede und Kraftwerk dienenden Bauten in die Richtung des Stoffdurchgangs gelegt; dies hat die Eingliederung von Schmiede und Kraftwerk erleichtert und die im Schwermaschinenbau erwünschte Senkrechtstellung der Spanereischiffe zum Zusammenbauschiff ermöglicht, macht es aber notwendig, die Längsbauten bei Erweiterungen als neue selbständige Hallen zu wiederholen (Abb. 174m). Im Gesamtentwurf des Werkes war von vornherein allmählicher Ausbau auf zehn Längsbauten vorgesehen, die je nach dem sich herausstellenden Bedarfe weitere Kesselräume, Schmieden, Spanereien oder sonstige Werkstätten aufnehmen sollten. Das sich hieraus ergebende Nebeneinanderstehen mehrerer getrennter Abteilungen ein und derselben Werkstattart hat, wie schon wiederholt gesagt, gewisse Nachteile zur Folge; doch dürften dieselben bei so großen Verhältnissen wie im Falle der Allis Chalmers Co. nicht allzusehr ins Gewicht fallen.

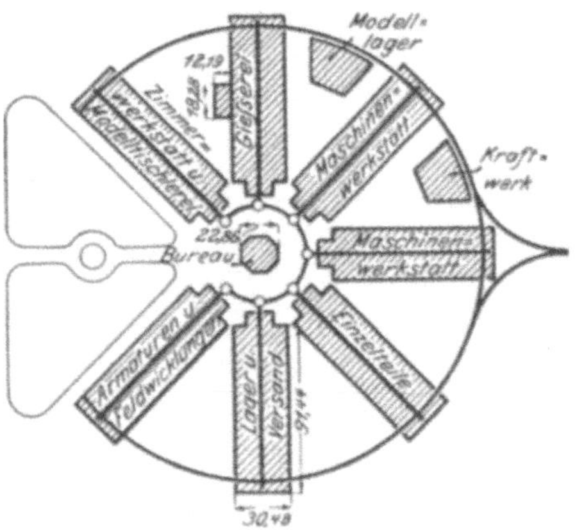

Abb. 180. Flachbauwerkanlage in Sternanordnung. (Aus Z. 1904, S. 600, P. Möller. Q. 103.)

Im einzelnen sind bei der Anlage beachtenswert die ausgedehnten von Laufkranen bestrichenen Höfe zum Lagern von Guß- und Schmiedeteilen, Kohlen usw., sowie das geschlossene Lagergebäude, dessen Anordnung in der Hofecke zwischen den Spanereihallen und der Zusammenbauhalle für die Unterbringung von Werkstoff-, Halbteil- und Zwischenlagern außerordentlich günstig ist. Dagegen ist die etwas abseitige Lage des Verwaltungsgebäudes in der Werkecke südlich der Modelltischlerei (in Abb. 179 nicht mit eingezeichnet, links oben zu ergänzen) nicht unbedingt nachahmenswert. Der ganze Plan ist auf eine Schwermaschinenbauanstalt großen Maßstabes zugeschnitten. Für kleine Unternehmungen mit geringem Anfangsbedarf an Grundfläche wäre die Anlage in der Richtung des Stoffdurchganges zu weitläufig und wegen der hohen erstmaligen Aufwendungen für Verkehrseinrichtungen und Hebezeuge auch reichlich kostspielig.

Abb. 174n zeigt gleichfalls einen Werkentwurf für eine Maschinenbauanstalt, bei welchem manche der grundsätzlichen Gedanken von Abb. 174m übernommen worden sind. Für die Gebäudegruppe der Gießerei wie auch für die des Maschinenbaus sind Rostanordnungen gewählt, was für die Verteilung der Werkstoffe und Werkstücke auf das ganze Fertigungsgebiet und für die Weitergabe schwerer Teile von Kran zu Kran Vorteile haben kann (Gebäude 8 Schmelzöfen — Formereischiffe — Gußputzerei, Gebäude 9—10 Anreißerei — Spanereischiffe — Zusammenbau). Der Wegfall der in Abb. 174m vorgesehenen Längshöfe zwischen den Längsschiffen des Maschinenbaus ist durch wesentliche Verbreiterung des Querhofes zwischen den beiden Hauptgebäudegruppen teilweise ausgeglichen.

Endlich sei noch die im Jahre 1903 in der Zeitschrift „The Iron Age" vorgeschlagene Sternanordnung erwähnt (Abb. 180). Offensichtlich ergibt dieselbe sehr kurze Wege zwischen dem Verwaltungsgebäude und allen Werkstätten wie auch unbegrenzte Erweiterbarkeit. Diesen günstigen Eigenschaften stehen jedoch erhebliche Mängel gegenüber. Beim Ausbau werden die Entfernungen von Gebäude zu Gebäude immer weiter und die Hofflächen ständig größer, sofern man nicht im weiteren Umkreis Ergänzungsschiffe oder neue selbständige Gebäude einfügt. Die spitzwinklige Form der Hofflächen erschwert ihre Verwertung durch Nebenbauten und ihre Bestreichung mit Kranen. Mit fortschreitender Entwicklung des Werkes werden also die Verhältnisse und die Platzausnutzung dauernd ungünstiger. Es ist deshalb sehr zu bezweifeln, ob die Sternanordnung in irgendwelchen Fällen ausschlaggebende Vorteile zu bieten vermag.

Ein allgemeines Werturteil über die Brauchbarkeit der verschiedenen Anordnungen läßt sich schwer geben. Schon eine einzige der vielen zusammenkommenden Fragen, wie z. B. die, ob Vollbahnwagenverkehr im Werkinnern notwendig ist und ob zutreffendenfalls nur Weichengeleise oder auch Drehscheiben und Schiebebühnen verwandt werden sollen, wird von einer ganzen Reihe von Umständen beeinflußt, so von Art, Größe und Stückgewicht der Erzeugnisse, von den Ausbringungsziffern, vom Bodenpreis, von der Form des verfügbaren Grundstückes und anderem mehr. Von großer Bedeutung ist in jedem Falle, ob der Stoffdurchgang nach der technischen Eigenart des Betriebes kurz und einheitlich oder weitläufig und vielspältig ist, was für Ansprüche hinsichtlich Einschaltung von Hilfsbetrieben, von Vorrats-, Zwischen- und Fertiglagern bestehen usw. Richtige Abwägung der außerordentlich zahlreichen und oft schwer zu vereinigenden Gesichtspunkte ist nur auf Grund reicher allgemeiner Erfahrung wie auch genauester Kenntnis der besonderen Betriebsbedürfnisse möglich.

Mehrgeschossige Werkanlagen. Die einfachste Form für mehrgeschossige Werkgebäude ist die eines Kastens mit rechteckiger Grundfläche. Sie kommt namentlich in Frage bei Einfügung in die Vorder- oder Hinterhausfluchten von Straßen und bei Errichtung auf schmalen Gewerbegrundstücken. Es wird dann wohl immer der größtmögliche Gebäudequerschnitt durch Bestimmungen der Baupolizei oder der über das Gewerbegelände verfügenden Stellen

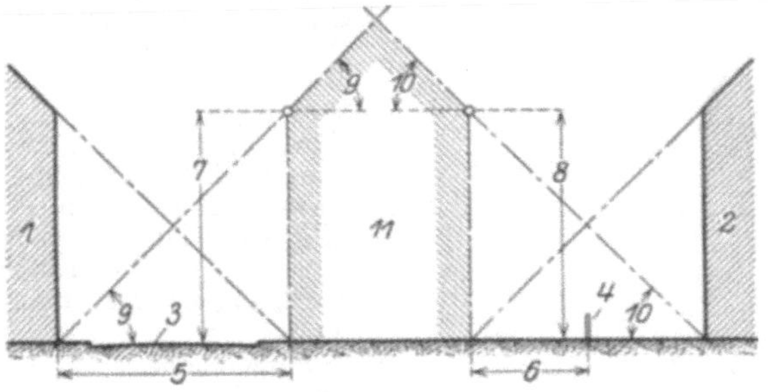

1, 2 Vorhandene Nachbargebäude.
3 Öffentliche Straße.
4 Grundstückgrenzzaun.
5, 6, 7, 8, 9, 10 Maße, welche den zulässigen größten Umriß des Neubaus 11 bestimmen, gewöhnlich durch behördliche Vorschriften festgelegt. 9 und 10 meist 45°.

Abb. 181. Querschnittsumgrenzung für Neubauten.

umgrenzt sein; meist ist der Mindestabstand der Umfassungswände vom Grundstückrande und die Höchstlage der Dachtraufe festgelegt und außerdem die Vorschrift gemacht, daß sich keine ausgedehnteren Gebäudeteile über die mit 45° Neigung durch die Traufenlinie gelegte Ebene erheben dürfen (Abb. 181). Geht der Rauminhalt des im Rahmen dieser Bestimmungen erreichbaren Gebäudekörpers über das vorläufig Benötigte hinaus, so ist nachdrücklich davon abzuraten, einen Bau von geringerer Weite zu errichten, weil dadurch die volle Ausnutzbarkeit des Grundstückes ein für allemal verloren gehen würde; man soll vielmehr grundsätzlich einen Gesamtentwurf wählen, der den verfügbaren Raum restlos verwertet, und dann je nach den Umständen zunächst nur einen Teil der Länge oder der Höhe ausbauen.

Als Mindestbreitenmaß der bebaubaren Grundfläche für einen Mehrgeschoßbau sind etwa 15 m anzusehen, wobei sich nach Abzug der Wand- und Innenstützenstärken 2 Schiffe mit annähernd 7 m oder 3 Schiffe mit 4,5 m lichter Weite ergeben. Zweischiffige Anordnung kommt für gewöhnlich bis höchstens 20 m Weite in Betracht (Abb. 182a). Bei breiteren Grundstücken kann man, soweit es die Aufstellung der Werkstatteinrichtung und die Lichtverhältnisse gestatten, auch Gebäude von größerer Weite anordnen und die Stützenreihen entsprechend vermehren; in Abb. 50a wurde bereits der Querschnitt eines fünfschiffigen Webereigebäudes von der allerdings ausnahmsweise großen Weite von 36,5 m gezeigt. Weite Geschoßbauten stellen sich ebenso wie Flachbauten im Verhältnis billiger als schmale, weil bei zunehmender Weite nur die Kosten für Stützen, Tragdecken, Fußböden, Dach und Stirnwände anwachsen, während die der Seitenwände und Fenster unberührt bleiben (Abb. 140b); auch wird bei ihnen der Heizaufwand je Raumeinheit geringer, weil die ausstrahlende Oberfläche langsamer zunimmt, als die Fußbodenfläche. Es ist aber zu beachten, daß die Tagesbelichtung im Innern weiter Mehrgeschoßbauten sehr ungünstig ausfällt, wenn sie nicht bedeutende Raumhöhen haben und frei liegen. Bei festgelegter Traufenhöhe sind große Raumhöhen natürlich gleichbedeutend mit geringer Geschoßzahl. Im allgemeinen wird man sich daher mit mäßigen Geschoßhöhen begnügen und die innen gelegenen Teile weiter Gebäude für Lager und Abstellzwecke oder zur Unterbringung von Nebenräumlichkeiten zu verwenden suchen. Unvorteilhaft für den Betrieb kann dabei sein, daß der für Lagerzwecke benutzte Mittelraum den Durchblick von einem Seitenschiff in das andere verhindert, was die gleichzeitige Überwachung beider Seitenschiffe durch einen Meister erschwert (Abb. 13).

Besteht für dunklere Raumteile im Innern keine Verwertungsmöglichkeit, so wird man für Einzelbauten etwas zu breit erscheinende Grundflächen besser in der Weise bebauen, daß man den Hauptbau den Betriebsbedürfnissen entsprechend nur 15—20 m weit macht und ihm Flachbauteile oder Querflügel angliedert (Abb. 182b). Treppenhäuser, Aufzüge und Nebenräumlichkeiten zieht man dabei vorteilhaft aus der Flucht der Hauptwerkstättensäle heraus, um diese besser ausnützen zu können.

Von etwa 45 m überbaubarer Grundstückbreite aufwärts kann es zweckmäßig sein, statt eines Hauptlängsbaues deren zwei anzuordnen, die man dann meist durch einen oder mehrere Querbauten verbindet (Abb. 182c). Dabei lassen sich unter Umständen noch kleinere Flachbauten in den Höfen unterbringen. In allseitig umschlossenen Höfen hat man jedoch stets für Feuerwehrzwecke Gänge von etwa 6 m Breite freizuhalten, welche durch Durchfahrten von

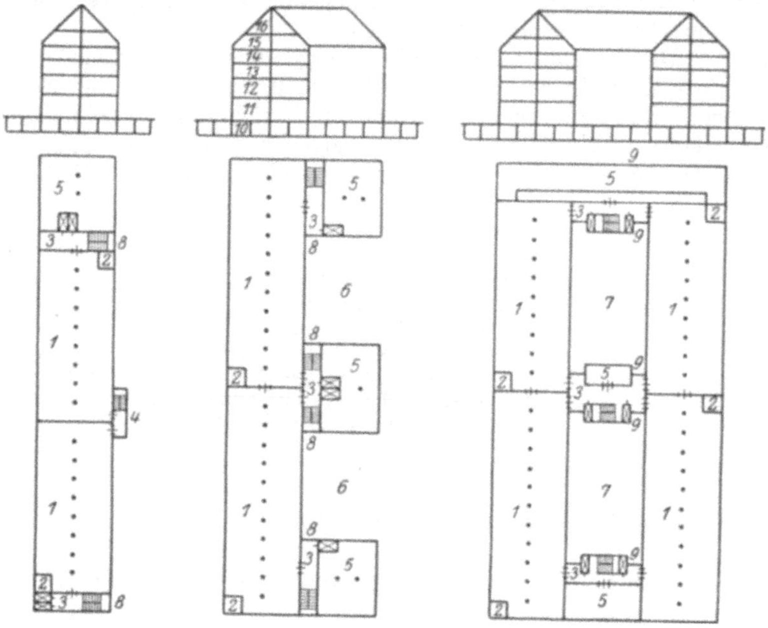

1 Hauptarbeitssäle.
2 Meisterbuden.
3 Treppenhäuser.
4 Nottreppe im Freien.
5 Nebenräumlichkeiten für Verwaltung, Hilfsbetriebe, Lager, Umkleiden usw.
6 Höfe, können unter Umständen auch mit Flachbauhallen überbaut werden.
7 Höfe, müssen für Feuerwehrzwecke wenigstens teilweise frei bleiben.
8 Eingänge zu den Treppenhäusern von den Höfen.
9 wie 8, zugleich Durchfahrten.
10 Kellergeschoß.
11 Erdgeschoß.
12, 13, 14 Weitere Vollgeschosse.
15 Mansardgeschoß.
16 Dachgeschoß.

Abb. 182a—c. Mehrgeschoßbauten auf Grundstücken von 20 m, 40 m, 60 m überbaubarer Breite. M. 1 : 2000.

3 m Breite erreichbar sein müssen; auf diese Gänge kann nur dann verzichtet werden, wenn die Hofräume bei **U**-, **H**- oder **E**-förmigem Gebäudegrundriß auf einer Seite offen und daher für Löschangriffe von außen zugänglich sind oder wenn die Gebäude und ihr Inhalt als durchaus unverbrennlich angesehen werden dürfen.

Bei noch größeren Breiten des überbaubaren Teils der Grundstücke sind die bisherigen Überlegungen für die Grundrißgestaltung entsprechend fortzusetzen. Überschläglich kann man damit rechnen, daß bei 15 m Grundstückbreite ein Längsbau unterzubringen ist, und bei jedesmaligem Hinzukommen von etwa 35 m ein weiterer.

Die Ausgestaltung größerer Gebäude ergibt sich durch Weiterentwicklung der bisher besprochenen Anordnungen. Umfangreiche mehrgeschossige Werke werden in der Regel, sofern nicht Feuersicherheitsgründe für wirksamere Unterteilung sprechen, in zusammenhängenden Blöcken gebaut, um die Grundfläche möglichst gut auszunutzen und vielseitige Verkehrsmöglichkeiten innerhalb eines jeden Geschosses zu erzielen (Abb. 183a und b).

Die Blöcke erhalten gewöhnlich eine Anzahl gleichlaufender Längsbauten zur Aufnahme der Hauptbetriebsabteilungen und werden durch Querbauten, auch Verbindungsbauten genannt, in Zusammenhang gebracht (Abb. 183a und b, 184, 186). In letzteren pflegt man Treppen, Aufzüge, Waschräume, Aborte, Zwischenlager und Nebenbetriebe unterzubringen, die man aus der Flucht der Hauptwerkstätten fernzuhalten wünscht. Für die Querbauten empfehlen sich Mittelabstände von ungefähr 50 m. Einerseits wird dabei die vorgeschriebene Höchstentfernung

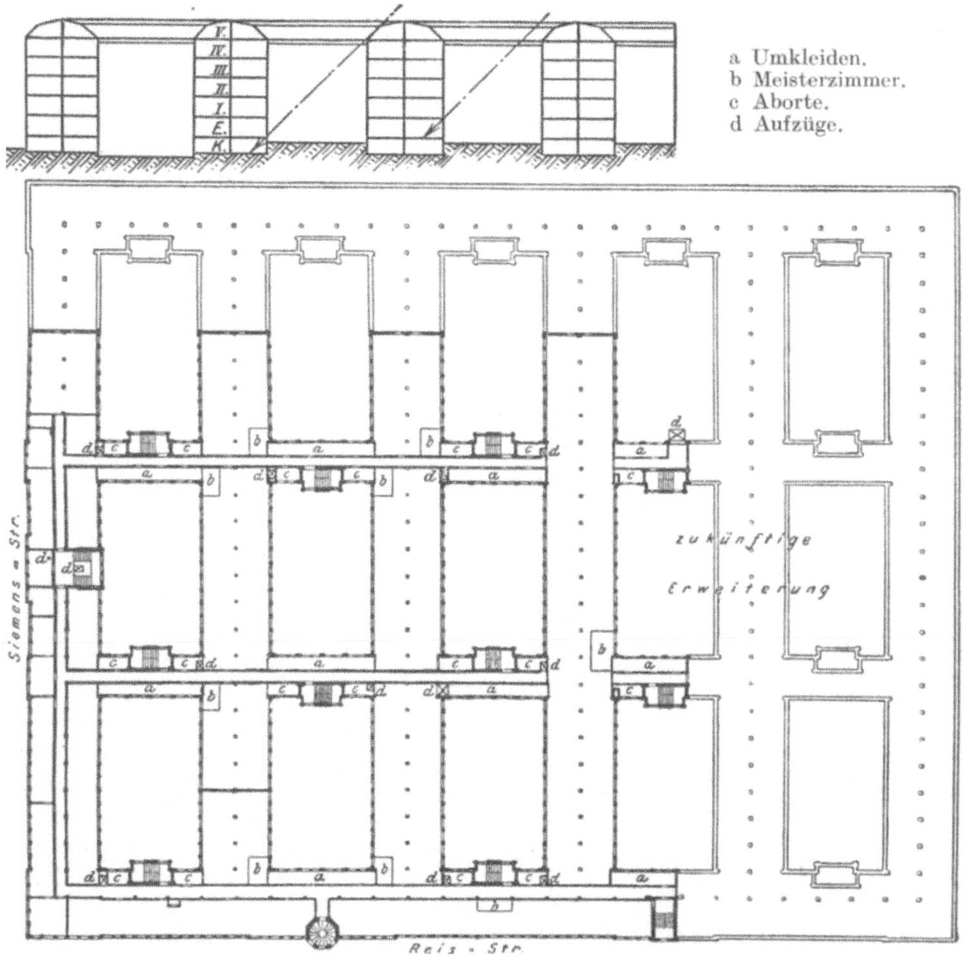

Abb. 183a. „Wernerwerk I" der Siemens & Halske A.G., Berlin-Siemensstadt. M. etwa 1 : 1650. (Aus Z. 1912, S. 1186, K. Bernhard. Q. 114.)

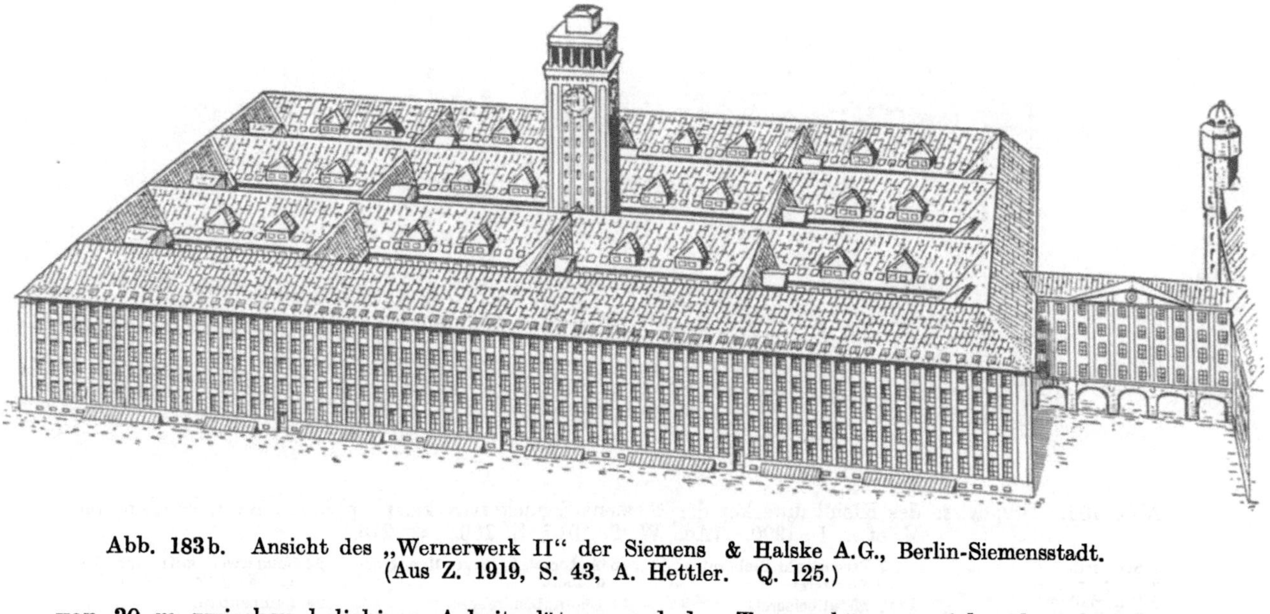

Abb. 183b. Ansicht des „Wernerwerk II" der Siemens & Halske A.G., Berlin-Siemensstadt. (Aus Z. 1919, S. 43, A. Hettler. Q. 125.)

von 30 m zwischen beliebigen Arbeitsplätzen und den Treppenhäusern nicht überschritten. Andererseits lassen sich dann die etwa zur Unterteilung der Längsbauten erforderlichen Brandmauern, für welche gleichfalls 50 m Abstand in Frage kommt, jedesmal in der Mitte der Ein-

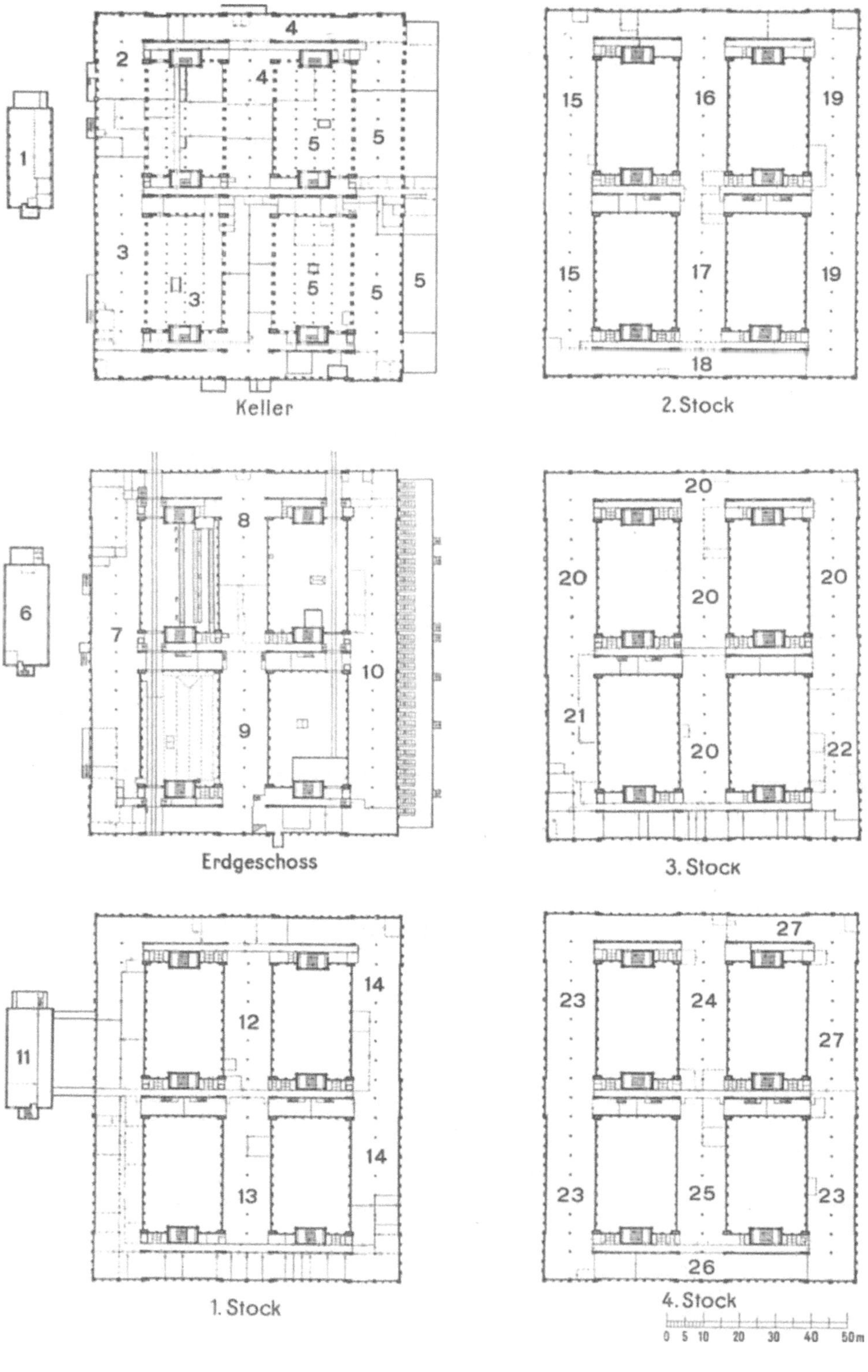

Abb. 184. Grundrisse des Kleinbauwerkes der Siemens-Schuckertwerke, G. m. b. H., Berlin-Siemensstadt. M. etwa 1 : 1900. (Aus W. T. 1915, S. 190. Q. 215.)

1 Schmiede.
2 Tischlerei.
3 Materiallager.
4 Fabriklager.
5 Rohlager.
6 Betriebswerkstatt.
7 Packerei.
8 Zieherei und Prägerei.
9 Peschelrohr-Zieherei.
10 Stanzerei.
11 Metallbeizerei.
12 Sicherungsbau II.
13 Teillager.
14 Bohrerei.
15 Schalterbau.
16 Automaten- und Revolverdreherei.
17 Schraubendreherei.
18 Prüfstelle.
19 Sicherungsbau I.
20 Patronenbau.
21 Marineabteilung.
22 Sonderwerkstatt für Heiz- und Kochapparate.
23 Lampenbau.
24 Laternenbau.
25 Teillager.
26 Lampenprüfraum.
27 Werkzeugbau.

mündungsstellen der Querbauten anordnen, so daß überall die beiden an eine Brandmauer grenzenden Räume unmittelbare Zugänge zu dem seitlich im Querbau liegenden Treppenhaus erhalten können (Abb. 182c). Dichtere Anordnung der Querbauten kann notwendig werden, wenn die örtlichen Vorschriften geringere Brandmauerabstände fordern, ist jedoch nicht vorteilhaft, weil dabei die Winkelweite des Lichteinfalls in die Hofräume allzusehr verkleinert wird (vgl. Abb. 50b). Gibt man den Querbauten größere Weite, so wird darunter die Belichtung und Ausnutzbarkeit der Längsbausäle leiden; zweckmäßig begnügt man sich deshalb mit etwa 10 m, wobei für die Längsbauten an jeder Auftreffstelle eines Querbaues nur etwa 2 Fensterfelder verloren gehen. Kommt man mit 10 m Breite wegen des Platzbedarfs der unterzubringenden Nebenräume nicht aus, so ist in Betracht zu ziehen, die Querbauten an den Einmündungen etwas einzuschnüren, damit das Licht möglichst weit in die Ecken hineingelangt (Abb. 182c). Um in gefährdeten Betrieben erhöhte Sicherheit gegen die Ausbreitung von Bränden zu erhalten, kann man auch die einzelnen Abteilungen ein und desselben Längsbaues weiter auseinander ziehen und nur durch stark verjüngte Verbindungsteile in Zusammenhang lassen (Abb. 187b). Aus dem gleichen Grunde verwendet man zur Verbindung von Hauptgebäuden mit Nebenbaulichkeiten oft ebenfalls nur enge Übergangsbauten (siehe Abb. 33, Übergang vom Werkstatthauptgebäude zur Lackiererei, ferner Abb. 187a, Übergangsbrücke vom Hauptbau zu dem am Firmenschild kenntlichen Modellhaus). Wo besonders starke Verqualmung zu befürchten steht, kann man noch weiter gehen und die Verbindung der Gebäudeteile untereinander und mit den Treppenhäusern auf offene Laufbrücken beschränken.

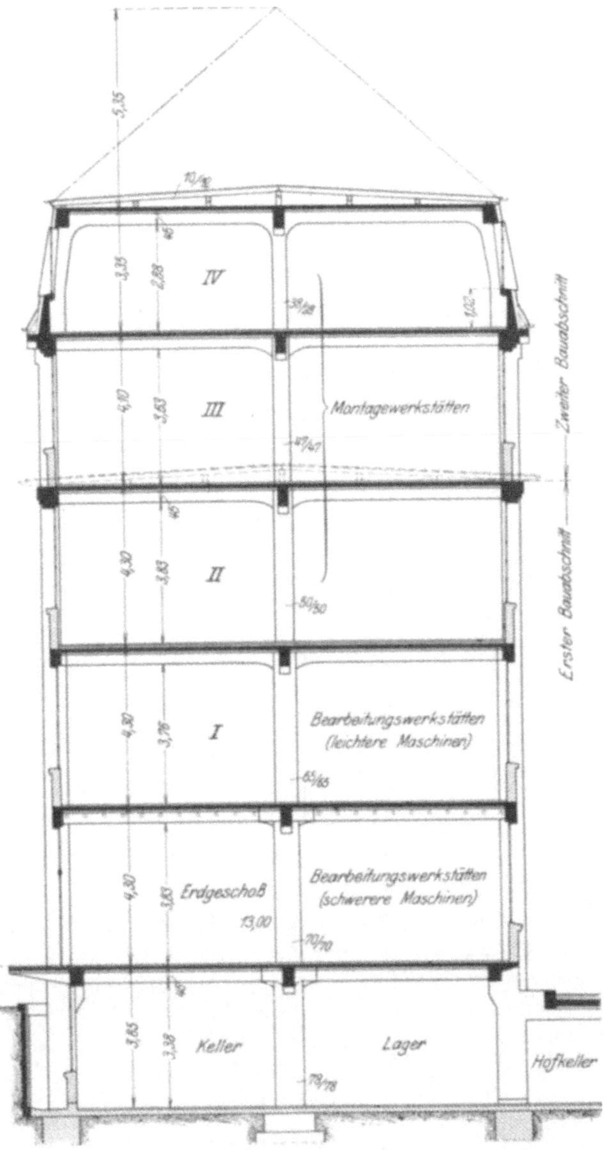

Abb. 185. Werk der Voigt & Häffner A.G., Frankfurt a. Main. Querschnitt durch einen der Längsbauten. M. etwa 1 : 200. (Aus W. T. 1915, S. 126. Q. 214).

Den Querbauten gibt man wieder Durchfahrten von etwa 3 m Fahrbreite mit einseitigem oder besser beiderseitigem 1 m breitem Fußsteig, so daß Fuhrwerke und Feuerwehrfahrzeuge in sämtliche Höfe gelangen können. Eisenbahnwagen werden in der Regel nur an Rampen, die an einer Außenwand liegen, herangeführt oder höchstens in einzelne am Rande gelegene Raume eingeleitet, weil sie große Durchfahrthöhe benötigen (gedeckte Wagen mit Bremserhaus 4,8 m). Um die Beförderung der mit Eisenbahnwagen oder Kraftfuhrwerk zu- und abgeführten Güter möglichst bequem zu machen, legt man bisweilen den ganzen Erdgeschoßfußboden in Rampenhöhe (Abb. 32). Häufig ordnet man auch nur eine beschränkte Bühnenfläche in Rampenhöhe an; dann empfiehlt es sich, wie schon früher erwähnt, den Aufzügen oberhalb der Erdgeschoßhaltestellen eine weitere Haltestelle für die Bühne zu geben, wobei die Aufzugszellen Vorder- und Hintertüren erhalten (Abb. 31). Über Entladestellen für Eisenbahnwagen im Gebäudeinneren werden mitunter Deckendurchbrüche vorgesehen, um genügend Kranhubhöhe zu erzielen, sofern keine Bedenken vom Standpunkt der Feuersicherheit dagegen sprechen (Abb. 139c).

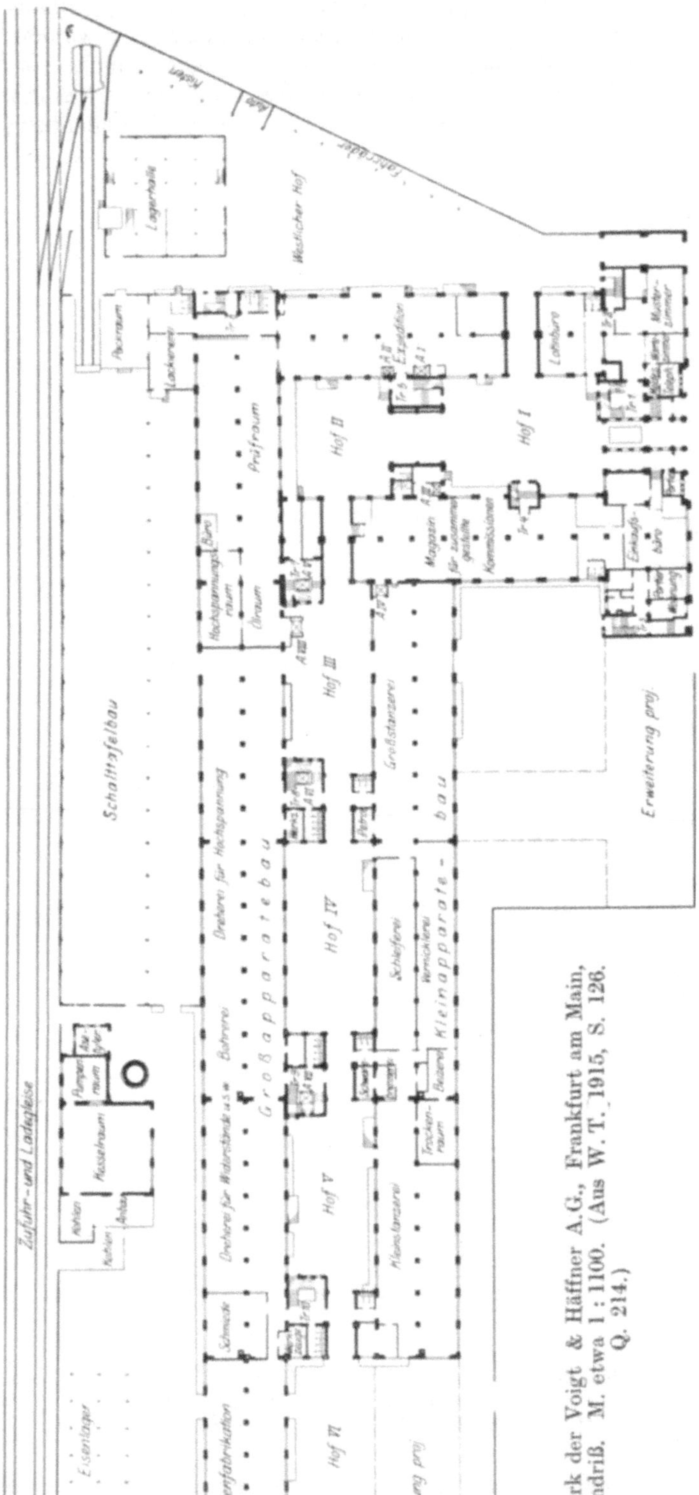

Abb. 186. Werk der Voigt & Häffner A.G., Frankfurt am Main, Erdgeschoßgrundriß. M. etwa 1 : 1100. (Aus W. T. 1915, S. 126. Q. 214.)

Wählt man als oberstes Geschoß ein Vollgeschoß mit Seitenfenstern und ausgiebigen Oberlichtern (Abb. 35, 139c und 189b), so erhält man in demselben hervorragend gut belichtete Säle, die sich vorzüglich zur Unterbringung von Feinarbeitswerkstätten eignen. Demgegenüber bietet die Anordnung eines Mansard- und Dachgeschosses, die über die Dachtraufe hinausragen (Abb. 182a—c, 183b, 189c u. 218a), den Vorteil gesteigerter Grundstückausnutzung. Mansardgeschosse liefern abgesehen davon, daß sich nur ein Teil der Raumweite mit Laufkranen bestreichen läßt, noch sehr brauchbare Arbeitssäle, und die schmalen Dachgeschosse können gut für Küchen, Speisesäle und zur Lagerung leichter Teile Verwendung finden.

Mehrgeschoßbauten, bei welchen der eigentliche Werkstattbetrieb nur im obersten Geschosse liegt und die unteren Räume lediglich für Lager und Hilfseinrichtungen mit geringem Lichtbedarf dienen, nehmen gegenüber den bisher besprochenen Anordnungen eine gewisse Sonderstellung ein. Bei ihnen läßt sich unter Umständen von einer Unterteilung in einzelne längs und querlaufende Gebäudezüge absehen, vorausgesetzt, daß dem nicht Brandbekämpfungsrücksichten entgegenstehen. Ein Beispiel hierfür, das allerdings auch als Flachbau mit besonders hohem Kellergeschoß aufgefaßt werden kann, zeigen die Abb. 188a—c.

Die Erweiterung von Mehrgeschoßbauten kann in der Längs- und Querrichtung (Abb. 183a) oder in der Höhenrichtung (Abb. 185) erfolgen. Letzteres hat den Vorzug, daß sich während des ersten Ausbauzustandes Bearbeitung und Beförderung in einer kleineren Zahl von Geschossen abspielen. Dafür verursacht aber das nachträgliche Aufsetzen der Erweiterungsgeschosse, wenn auch die Stoffmengen für die Erhöhung neuzeitlicher Werkstattgebäude mit ihren großen Glasflächen nicht gerade sehr bedeutend sind, doch viel Störung durch Lärm, Schmutz und Belegung der Hofflächen. Im allgemeinen wird volle Durchführung der Gebäudehöhe beim ersten Ausbau und Erweiterung in der Wagerechten den Vorzug verdienen.

Kurz erwähnt seien noch die Gebäude mit vermietbaren Werkstatträumen, wie sie sich in manchen Großstädten eingeführt haben, namentlich in Berlin. Abb. 189a zeigt ein solches.

Abb. 187a. Werk der Fritz Werner A.G., Maschinen- und Werkzeugfabrik, Berlin-Marienfelde.

Die Gesichtspunkte, welche bei der Anlage derartiger Gebäude und bei der Mietung von Werkstatträumen Beachtung verdienen, sind die gleichen wie bei Werken zum eigenen Gebrauch. Vielseitige Verwendbarkeit ist hier besonders wichtig; es sind deshalb stets tragfähige Decken, kräftige Aufzüge, hinreichende Raumhöhen und gute Befestigungsmöglichkeiten für Hebezeuge und Wellenleitungen vorzusehen und außerdem die Raumhöhen und Gebäudeweiten so aufeinander abzustimmen, daß überall bis zum Erdgeschoß herab einwandfreie Belichtung erzielt wird (vgl. Abb. 49b). Letzteres ist in vielen ausgeführten Gebäuden nicht der Fall.

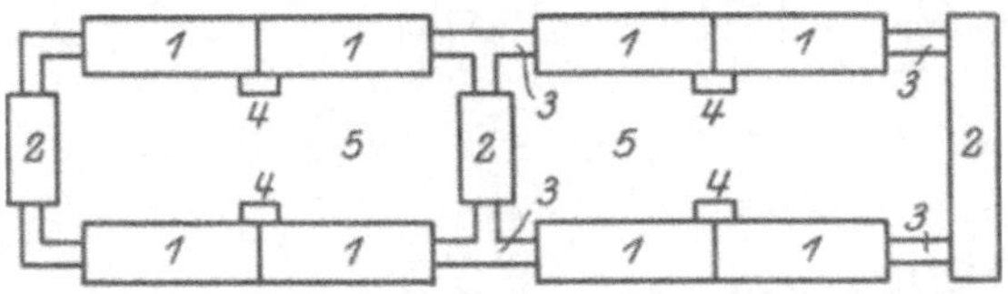

1 Hauptarbeitssäle.
2 Verwaltung, Lager und Hilfsbetriebe in Querbauten.
3 Eingeschnürte Verbindungsteile mit Haupttreppen und Aufzügen.
4 Nottreppen.
5 Weite Höfe.

Abb. 187b. Mehrgeschoß-Werkanlage mit weiten Gebäudeabständen und Einschnürungen.

Vereinigung von Mehrgeschoß- und Flachbauten. In manchen Werken finden sich Flachbauten und Mehrgeschoßbauten nebeneinander verwandt. Soweit es sich dabei um selbständige nicht näher verbundene Gebäudegruppen handelt, ist den bisherigen Ausführungen nichts hinzuzufügen; daß Verkehr und Beförderung sich in diesem Falle ungünstiger gestalten als bei ausschließlicher Verwendung nur der einen oder der anderen Bebauungsweise, wurde bereits an anderer Stelle erwähnt. Jedoch bedarf die enge bauliche Eingliederung von Flachbauten in Mehrgeschoßanlagen, wie sie durch die Abb. 187a, 189b und 189c veranschaulicht ist, noch einer kurzen Besprechung.

Abb. 188a. Querschnitt durch den Maschinensaal.

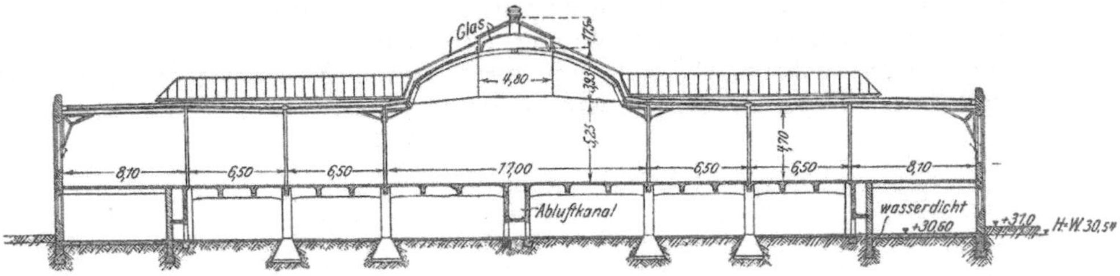

a Kessel.
b Kraftlüfter.
c Frischluftraum.
d Abluftraum.

Abb. 188b. Querschnitt durch den Vorbau.

e Eltwandlerraum.
f Schaltraum.
g Aufzugsschacht.

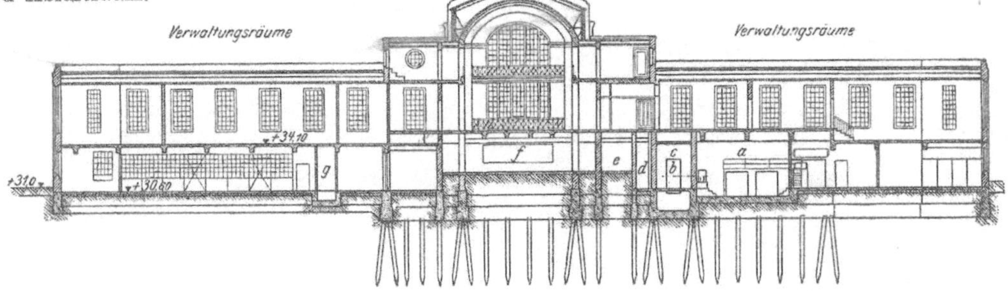

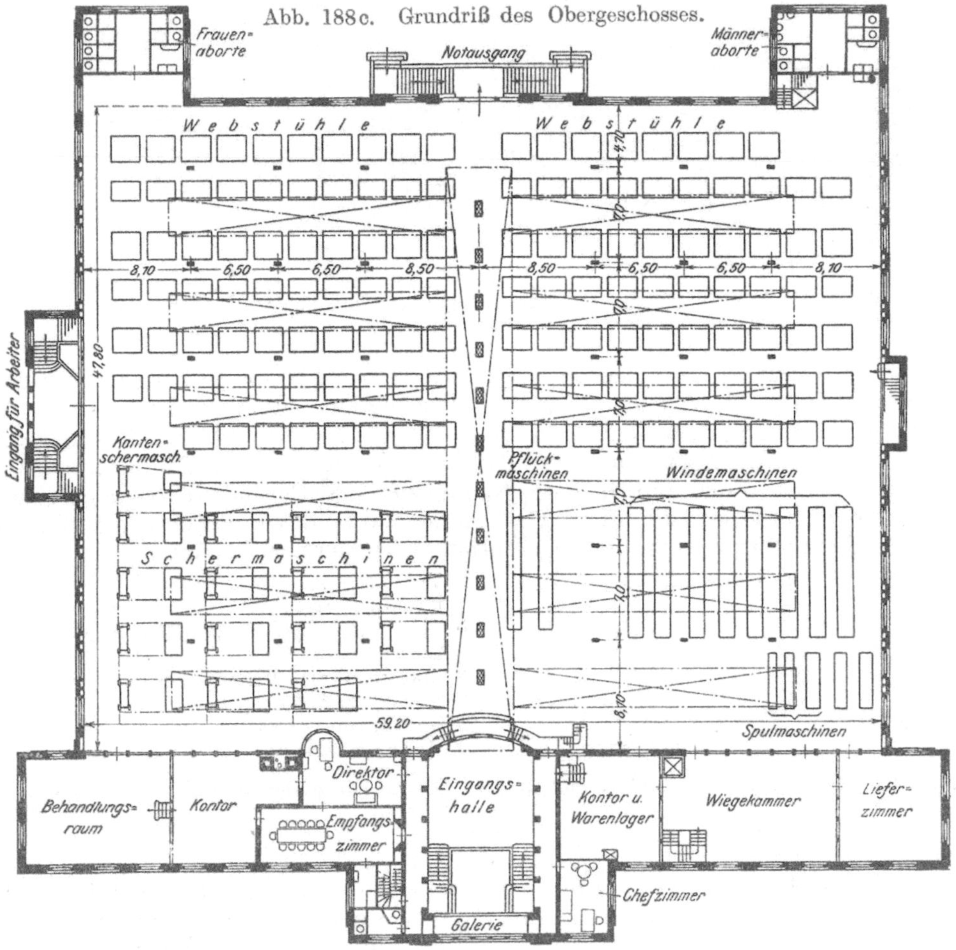

Abb. 188c. Grundriß des Obergeschosses.

Abb. 188a—c. Seidenweberei Michels & Cie. in Nowawes bei Potsdam. M. 1 : 560. (Aus Z. 1914, S. 8—10, K. Bernhard. Q. 117.)

Durch den Hinzutritt der Flachbauten verschlechtern sich zwar die Lichtverhältnisse in den überbauten Teilen des Erdgeschosses; dafür werden aber neue durch Oberlichter weit besser erhellbare Arbeitssäle hinzugewonnen. Ist es trotz dieses Zuwachses nicht möglich, sich bei den überbauten Erdgeschoßräumen mit Verwendung für Abstell- und Lagerzwecke zu begnügen, so kann man dieselben etwas erhöhen, um reichlicheren Lichteinfall durch hochgelegene Wand-

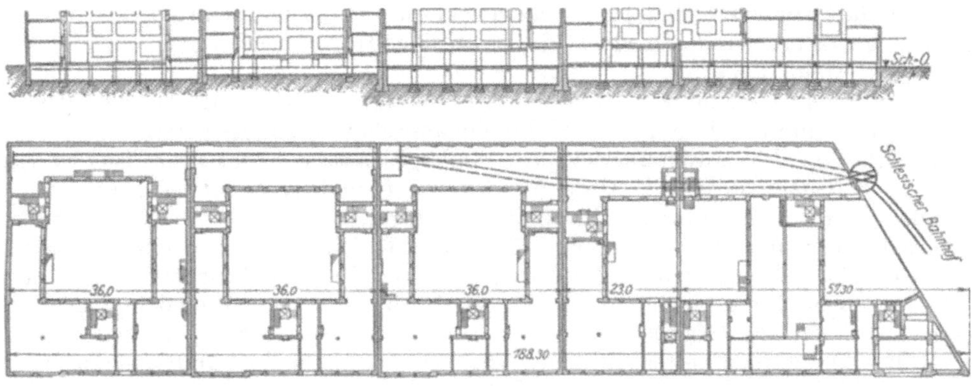

Abb. 189a. „Fabrikpalast“ Warschauerstraße in Berlin. M. 1 : 1500. (Aus Z. 1912, S. 1144, K. Bernhard. Q. 114.)

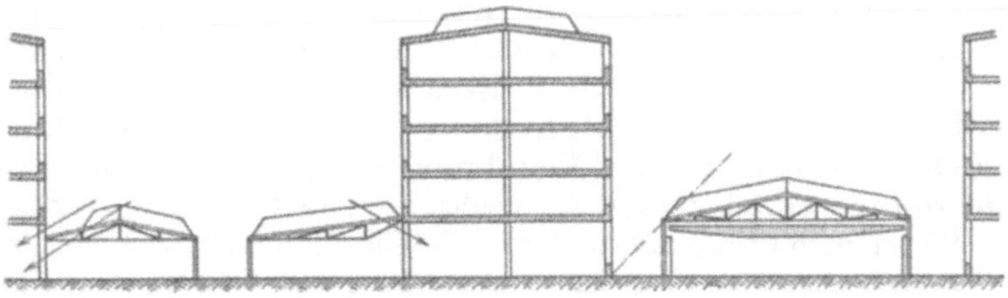

Abb. 189b. Vereinigung von Mehrgeschoß- und Flachbauten. M. etwa 1 : 1000.

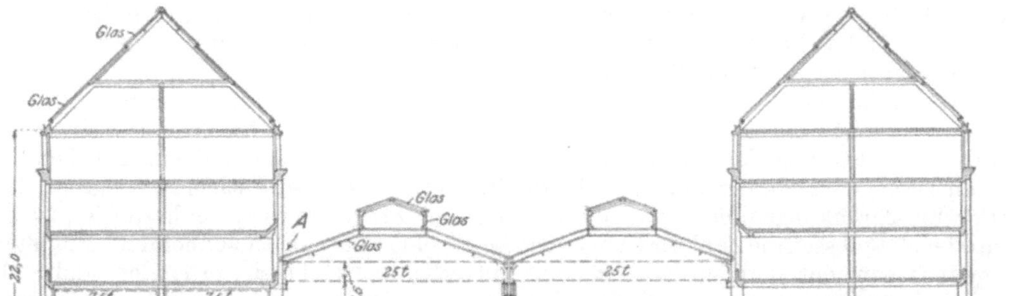

Abb. 189c. Querschnitt durch Gebäude der Hochspannungsfabrik der A.E.G., Berlin. M. 1 : 600. (Aus Z. 1912, S. 1188, K. Bernhard. Q. 114.)

fenster oder durch Oberlichter in den Dächern der anschließenden Flachbauten zu erzielen (Abb. 189b erstes und zweites Gebäude von links). Bei Freilassung von Hofräumen zu beiden Seiten der Flachbauten (Abb. 189b drittes Gebäude von links) wird die Belichtung der erwähnten Räume weniger beeinträchtigt, doch erledigt sich dann der Verkehr zwischen den Flachbauten und den übrigen Gebäudeteilen nicht so glatt.

Die durch die Flachbauten gewonnenen vorzüglich belichteten Arbeitsräume in dem besonders hoch zu bewertenden Erdgeschoß können für viele Betriebe, wie z. B. für Werke des Fahrzeug-, Werkzeugmaschinen- und Eltbaus, sehr von Nutzen sein. Man wird die Raumverteilung etwa so vornehmen, daß in den oberen Geschossen die leichteren, in den mittleren Geschossen die schwereren Einzelstücke bearbeitet werden, und daß die zu ebener Erde gelegenen Flachbauräume zur Aufstellung besonders großer Bearbeitungsmaschinen und außerdem für den Zusammenbau Verwendung finden; die unterhalb der Obergeschosse liegenden dunkleren Erdgeschoßteile lassen sich für Nebenarbeiten, Abstellen, Verpacken und Lagern ausnutzen. Dagegen kommen die in Rede stehenden Anordnungen nicht in Betracht, wenn größere Mengen unempfindlicher Güter zu lagern sind, für welche ungedeckte Hofräume genügen, oder wenn Feuersicherheitsgründe es erforderlich machen, die trennenden Hofräume zwischen den Mehrgeschoßteilen in voller Breite unbebaut zu lassen.

Die Dächer der Flachbauteile erhalten zweckmäßig geringe Neigung und quergestellte Raupenoberlichter, um das Begehen durch Löschmannschaften zu erleichtern.

Kellergeschosse. Die Anwendbarkeit von Kellergeschossen hängt zunächst davon ab, ob bautechnische Bedenken wegen des Untergrundes und Grundwasserstandes vorliegen. Unterkellerungen, die in das Grundwasser hineinragen, müssen dem Wasserdruck standhalten und nässeundurchlässig sein. Das verursacht oft erhebliche Schwierigkeiten und Kosten; zudem besteht die Gefahr, daß sich trotz aller Sorgfalt bei der Bauausführung doch einmal infolge von Bodensenkungen Risse bilden, so daß Wasser in die Kellerräume eindringt und Schäden an den dort lagernden Gegenständen hervorruft. Abwässer lassen sich aus tief liegenden Kellern nur mit Hilfe von Pumpen entfernen. Man wird also bei hohem Grundwasserspiegel Unterkellerungen nach Möglichkeit zu vermeiden haben.

Recht kostspielig werden Unterkellerungen auch unter Räumen mit schweren Maschinen und Werkstücken; sie sind daher tunlichst auf mäßig belastete Werkstätten, Lager und Höfe zu beschränken. Sind die Erdgeschosse von Werkstätten und Lagerhäusern in Rampenhöhe also 1,2 m über Schienenoberkante angeordnet, so können die Keller durch freiliegende Seitenfenster erhellt werden. Befinden sich die Erdgeschosse dagegen, wie es bei Flachbauanlagen fast immer und bei Geschoßbauten auch häufig der Fall ist, wegen der Hineinführung von Geleisen und Wegen in Geländehöhe, so ist eine Einführung von Tageslicht nur durch unter Gelände liegende Seitenfenster in Verbindung mit Lichtschächten oder durch Oberlichter in den Hoffußböden möglich. Wenn auch durch lichtumlenkende Gläser (Luxfer-Prismen) die Tiefenwirkung des Lichtes in das Rauminnere verbessert werden kann, wird die Helligkeit von Kellerräumen doch stets zu wünschen übrig lassen. Für Werkstätten und Büros sollten sie deshalb aus gesundheitlichen Gründen nicht verwandt werden, sondern nur für Lagerungs- und sonstige Zwecke, welche die dauernde Gegenwart einer größeren Anzahl von Menschen nicht erfordern. Die wenigen Arbeitsplätze der Lagerbeamten, Ausgeber usw. lassen sich dann an den Stellen anordnen, wo Lüftungs- und Belichtungsmöglichkeit vergleichsweise am besten sind. Die inneren Teile der Keller sind meist auf Kunstlicht angewiesen.

Wo die Höhe der Gebäude durch Belichtungsrücksichten oder durch behördliche Bestimmungen beschränkt ist, was namentlich bei Bauten an öffentlichen Straßen der Fall sein wird, bedeutet Unterkellerung den Gewinn eines weiteren und noch dazu unter sämtlichen Höfen durchführbaren Geschosses und vermag also die Platzausnutzung wesentlich zu steigern. Liegen derartige Einschränkungen nicht vor, so erhebt sich die Frage, ob es vorteilhafter ist, zu unterkellern oder statt dessen die Zahl der Obergeschosse um eins oder zwei zu vermehren. Für letzteres kann geltend gemacht werden, daß dann nur gut erhellte Geschosse vorhanden sind. Dieser Vorteil wird aber selten den Ausschlag geben, weil der Bedarf an Lagerflächen mit geringen Lichtansprüchen im allgemeinen so groß ist, daß man wegen Ausnutzung der lichtarmen Kellerräume kaum in Verlegenheit kommt. Für die Unterkellerung spricht, daß die wertvollen Erdgeschoßräume von der Verwendung zu Lagerzwecken entlastet und daher in erhöhtem Maße für die Aufgaben der Bearbeitung verfügbar werden, daß durch Mitausnutzung des Platzes unter den Hofräumen besonders weite ununterbrochene Lagerflächen zu erhalten sind, daß die Geländeausnutzung günstiger wird, und endlich daß der Heizbedarf geringer ausfällt, als es bei Fortlassung der Keller und Vermehrung der Obergeschosse der Fall sein würde. Im allgemeinen ist deshalb, sofern nicht aus baulichen Ursachen Schwierigkeiten und unverhältnismäßige Mehrkosten zu erwarten sind, weitgehende Unterkellerung zu empfehlen.

Geländeausnutzung bei Mehrgeschoßbauten. Im nachfolgenden soll der Einfluß der Geschoßzahl und des Bebauungsquerschnittes auf die Geländeausnutzung erörtert werden. Das Verhältnis der gesamten Fußbodenfläche in allen Geschossen zusammen zur Geländefläche des überbauten Grundstückteils einschließlich der aus Belichtungs- und Verkehrsgründen usw. ausgesparten Hofflächen sei Flächennutzzahl genannt; für dieselbe soll die Buchstabenbezeichnung f_e gebraucht werden, wenn es sich um auf ebener Erde errichtete Gebäude handelt, dagegen f_k, wenn ein Kellergeschoß vorhanden ist. Bei einem ebenerdigen Flachbau, der ein Grundstück annähernd vollständig bedeckt, wird offenbar $f_e \leqq 1$, bei einem vollständig unterkellerten Flachbau unter den gleichen Verhältnissen $f_k \leq 2$. Die Grenzwerte 1 und 2 sind niemals ganz zu erreichen, weil stets ein Teil der Geländefläche zu Verkehrszwecken usw. unbebaut bleiben muß. Entsprechend wird bei Mehrgeschoßbauten, wenn g die Geschoßzahl einschließlich Erdgeschoß, jedoch ausschließlich Kellergeschoß bedeutet, $f_e \leq g$, $f_k \leq g + 1$. Hier ist Annäherung an die Höchstwerte nur ausnahmsweise bei Bebauung sehr schmaler Geländestreifen (Abb. 182a) oder bei weiten Gebäuden mit Lagern in den unteren Geschossen (Abb. 188) möglich; bei größeren Gebäudeblöcken fallen die Flächennutzzahlen wegen der aus Belichtungs- und Feuersicherheitsrücksichten notwendigen freien Höfe wesentlich niedriger aus.

Um verschiedene Geschoßbau-Anordnungen auf einheitlicher Grundlage vergleichen zu können, soll angenommen werden, daß die Gebäudeblöcke, wie es in der Regel der Fall ist, aus Längsbauten für die Hauptarbeitsstätten und Querbauten für Nebenzwecke bestehen, und daß die zu bebauende Grundfläche in jeder Richtung unendlich sei. Der Mittelabstand benachbarter Querbauten sei 50 m und die Weite der Querbauten 10 m, so daß die Länge der Hofräume 40 m wird (Abb. 191). Weiter sei angenommen, daß kein größerer Gebäudeteil die durch die Wandfußlinie des Nachbargebäudes gelegte 45°-Ebene überragt. Die Gebäudetiefe betrage das vierfache der durchschnittlichen Geschoßhöhe.

Die Annahmen der letzten drei Sätze entsprechen durchschnittlichen Verhältnissen. Zwar liefern die ihnen zugrunde liegenden Faustregeln für die Wahl von Gebäudeabstand und -tiefe wie im Abschnitt „Beleuchtung" erörtert keineswegs immer befriedigende Lösungen; indes genügt es für den hier anzustellenden Vergleich verschiedener Gesamtanordnungen von ihnen auszugehen. Der Grundflächenverlust durch Mauern, Pfeiler, Verkehrswege, Treppen und Aufzüge soll der Einfachheit wegen nicht in Abzug gebracht werden; dadurch kommen allerdings die Mehrgeschoßbauten im Vergleich mit den Flachbauten etwas zu günstig weg, doch hat dies auf die vorliegende Untersuchung wenig Einfluß.

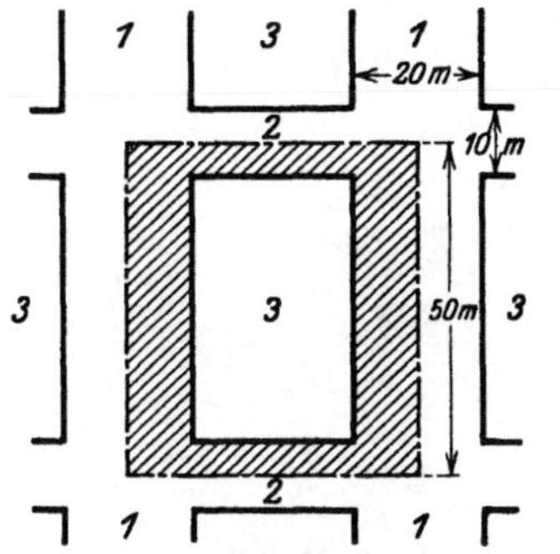

1 Längsbauten.
2 Verbindungsquerbauten.
3 Höfe.
f_e = Summe der geschrafften Flächen in allen Geschossen über Gelände geteilt durch die mit Strichpunktlinien eingefaßte Rechteckfläche.
$f_k = f_e + 1$ unter der Annahme, daß auch die Höfe unterkellert sind.

Abb. 191. Erläuterungsskizze zur Untersuchung der Flächennutzzahlen von Mehrgeschoßbauten. M. 1 : 2000.

In Abb. 192 sind nun eine Anzahl von Bebauungsquerschnitten dargestellt, welche sämtlich den eben gemachten Voraussetzungen entsprechen. Bei jeder Anordnung sind die Flächennutzzahlen f_e für Bau auf ebener Erde und f_k für Bau mit vollständig, auch unter den Hofräumen, durchgeführter Unterkellerung angegeben; f_k ist hierbei stets um 1,00 größer als f_e.

Der Einfluß der Geschoßzahl auf die Geländeausnutzung zeigt sich anschaulich bei Untersuchung der einfachen und oft angewandten Formen von Abb. 192a—d. In allen vier Fällen ist die durchschnittliche Geschoßhöhe zu 5 m angenommen, die Geschoßweite der Längsbauten zu 20 m, die der Querbauten zu 10 m. Es ergeben sich dann die folgenden Werte, die teilweise auch in Schaubild 192e eingetragen sind:

	g							
	1	2	3	4	5	6	7	8
f_e	≤ 1	1,46	1,97	2,40	2,78	3,12	3,43	3,74
f_k	≤ 2	2,46	2,97	3,40	3,78	4,12	4,43	4,74

Hieraus ist zu ersehen, daß die Flächennutzzahl keineswegs verhältnisgleich mit der Geschoßzahl, sondern erheblich langsamer zunimmt, und zwar um so langsamer, je größer die Geschoßzahl wird. Nun machen sich bei höheren Geschoßzahlen einerseits wegen der großen Lasten, die von den Mauern und Stützen der unteren Geschosse und von den Grundwerken aufzunehmen sind, andererseits infolge der starken Winddrucke in steigendem Maße bautechnische Schwierigkeiten geltend, welche die Bauausführung verteuern. Deshalb verlohnt sich die Vermehrung der Geschoßzahl im allgemeinen nur bis zu einer gewissen Grenze (Abb. 140c); bei Werkbauten mit ihren großen Geschoßhöhen und starken Deckenbelastungen wird sich ein Hinausgehen über 4—6 Hauptgeschosse unter durchschnittlichen Verhältnissen nicht empfehlen.

Zur Vermeidung von Mißverständnissen sei noch einmal besonders betont, daß die Flächennutzzahlen der Abb. 192 und der vorstehenden Zahlentafel für die fortlaufende Bebauung eines unendlichen Geländes gelten, und nicht ohne weiteres auf tatsächliche Einzelfälle übertragen werden dürfen. Besteht ein Werk nur aus einem oder wenigen gleichlaufenden Hauptbauten, die an öffentliche Straßen grenzen, so treten an Stelle der sonst aus Belichtungsgründen erforderlichen Werkhöfe zum Teil die Straßen, und die ausschließlich auf das Werkgrundstück bezogenen Flächennutzzahlen stellen sich dann naturgemäß günstiger dar.

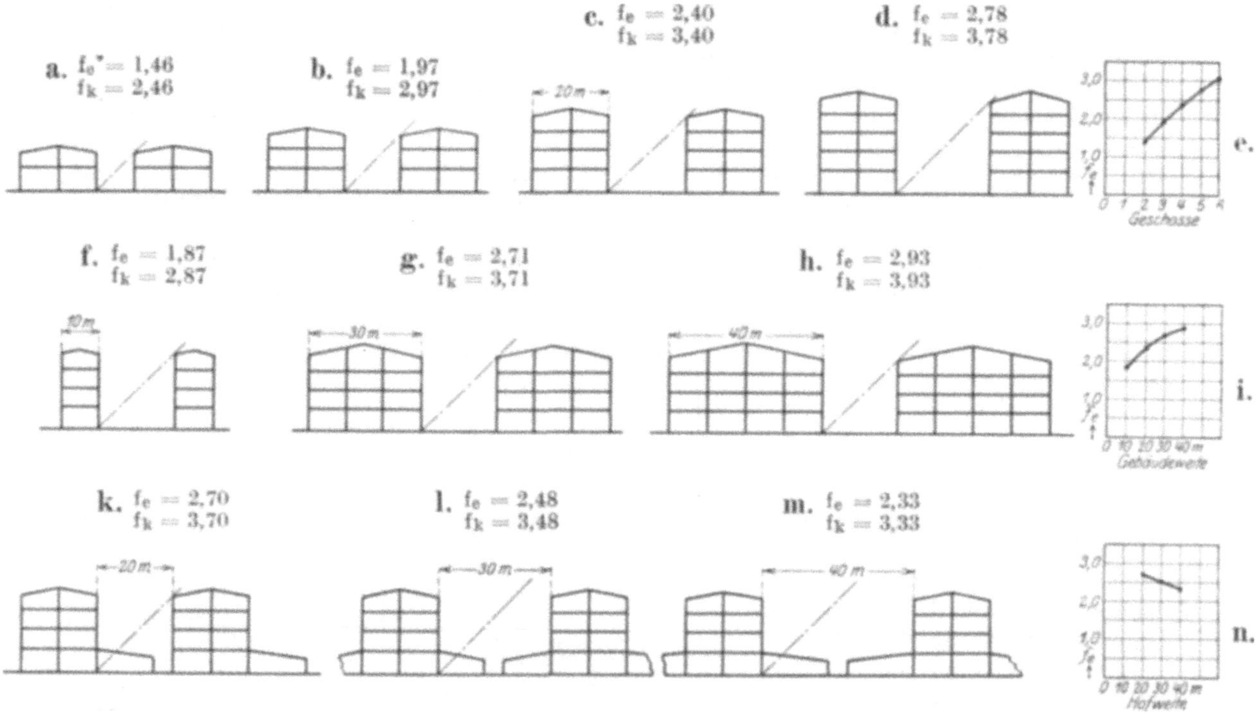

Abb. 192a—n. Abhängigkeit der Flächennutzzahl von der Geschoßzahl (a—e), von der Gebäudeweite der Längsbauten (f—i) und von der Weite der mit Flachbauten überbauten Höfe (k—n). M. 1 : 2000.

Abb. 192g und h zeigen Bebauungsquerschnitte mit drei- und vierschiffigen Werkstattgebäuden, wobei die dunklen Innenschiffe für Lagerzwecke in Frage kommen. Die Flächennutzzahlen nehmen mit steigender Gebäudeweite nicht unwesentlich zu, wie aus dem aus Abb. 192f, c, g und h abgeleiteten Schaubild 192i ersichtlich ist.

In Abb. 192k bis m sind Bebauungsquerschnitte von Mehrgeschoßbauten mit eingegliederten Flachbauten dargestellt. Dabei ist die Lichthofweite zwischen den Hauptgebäuden in Abb. 192k ebenso groß gewählt wie in Abb. 192c, hingegen in Abb. 192l und m größer, wodurch für die Flachbauten mehr Bodenfläche und für die unteren und mittleren Stockwerke der Mehrgeschoß-

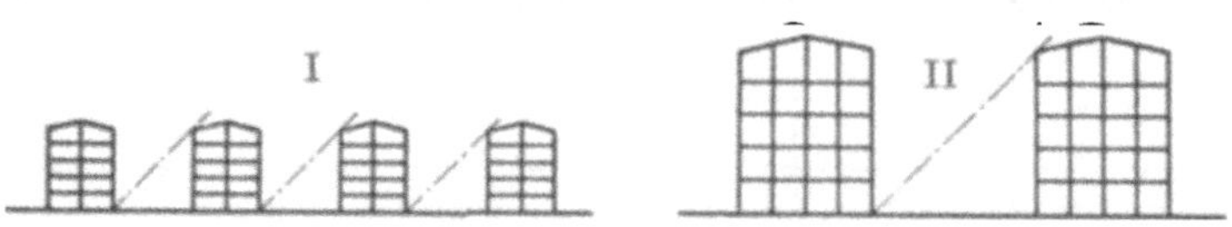

Abb. 192o. Vergleich zweier geometrisch ähnlicher Bebauungsquerschnitte mit verschiedenen Geschoßhöhen.

bauten günstigerer Lichteinfall erzielt wird. Ein vergleichender Blick auf die in Abb. 192c und 192m eingetragenen Flächennutzzahlen zeigt, daß der erhebliche Zuwachs an hochbelichteten Arbeitsräumen im Erdgeschoß ohne wesentliche Verschlechterung der Flächennutzzahl zu erreichen ist.

Weiter sei die Frage erörtert, wie die Geländeausnutzung durch die Wahl der Geschoßhöhen beeinflußt wird. Sofern es sich um die gleichmäßige Bebauung ausgedehnter Flächen mit zusammenhängenden Gebäudeblöcken in der letzthin besprochenen Weise handelt, bleibt diese Wahl ganz ohne Wirkung. Um dies zu veranschaulichen, sind in Abb. 192o zwei Bebauungsquerschnitte von Längsbauten gegenübergestellt, bei welchen wiederum die Faustregeln Weite = 4 × Geschoßhöhe und Dachtraufe in 45°-Ebene des Nachbarbaus zugrunde gelegt sind.

Die Querbauten seien diesmal der Einfachheit wegen außer Betracht gelassen. Querschnitt II ist Querschnitt I geometrisch ähnlich; die Geschoßhöhen wie auch sämtliche übrigen Maße sind bei II — in Übertreibung des tatsächlich vorkommenden Spielraums — doppelt so groß angenommen wie bei I. Auf ein und dieselbe Geländefläche entfallen dann bei I doppelt soviel Gebäude wie bei II; dafür hat bei II jedes einzelne Gebäude doppelt so viel Fußbodenfläche wie bei I. Die gesamte Fußbodenfläche für eine bestimmte Geländefläche ist somit in beiden Fällen gleich. Auch die Summe der Gebäudeoberflächen stimmt bei I und II überein; dementsprechend sind hinsichtlich der Aufwendungen für Wände, Dächer und Fensterflächen sowie für Heizung keine erheblichen Unterschiede zu erwarten. Bei II sind drei Reihen von Innenstützen vorgesehen gegenüber nur einer Reihe bei I, um gleiche Deckenspannweiten und -Gewichte zu erhalten. Kostenerhöhend wirkt dann bei II in der Hauptsache die reichlichere Bemessung der Pfeiler und Stützen, welche doppelt so hoch werden und dementsprechend stärker auf Knikkung beansprucht sind; weiter entstehen noch einige Mehraufwendungen infolge der größeren Treppen- und Aufzugshubhöhen.

Nun sind vom Betriebsstandpunkt im allgemeinen große Geschoßhöhen erwünscht. Wenngleich das Verhältnis Gebäudetiefe zu Geschoßhöhe bei Anordnung I und II übereinstimmend gewählt worden ist, so fällt doch gemäß den Ausführungen an früherer Stelle die Tageslichtwirkung in den höheren Räumen von II günstiger aus. Auch wird bei Anordnung II, da auf die Einheit der Nutzfläche und damit auf jeden Arbeiter doppelt soviel Rauminhalt kommt wie bei I, die Luft weniger schnell verbraucht; außerdem erleichtert die größere Raumhöhe zugfreie Lüftung. Ferner ist reichliche Höhe stets von Vorteil für den Einbau von Hebezeugen. Außerdem werden, da II im Vergleich mit I die halbe Anzahl doppelt so großer Räume hat, die Abteilungen weniger auseinandergerissen, was der Übersicht zugute kommt und zu Personalersparnissen führen kann. Wahl hochgeschossiger Gebäude vermag also manche der grundsätzlichen Nachteile des Geschoßbaues gegenüber dem Flachbau zu mildern. Endlich wird es bei einer gewissen Mindesthöhe der Geschosse, etwa von 5400 mm von Fußboden zu Fußboden an möglich, an einzelnen Stellen der Gebäude Zwischengeschosse einzufügen, z. B. für Werkstoff- und Kleinteillager, für Werkmeisterbuden über Werkzeugausgaben oder für Umkleideräume und Aborte. Ein Beispiel für derartige Anordnungen, welche die Raumausnutzung zu steigern vermögen, gibt Abb. 193. Natürlich läßt sich das Innere mit solchen Zwischengeschossen versehener Gebäudeteile wegen der schwachen Tagesbelichtung nur für Nebenzwecke verwenden. Den Betriebsvorzügen großer Geschoßhöhen wird nach dem Obengesagten eine gewisse Verteuerung des Baues gegenüberstehen. Dieser Kostenunterschied läßt sich aber nicht einfach, wie es oft geschieht, aus einem Einheitspreis für den Würfelmeter umbauten Raumes errechnen, denn hiernach würden die Baukosten in gleichem Verhältnis mit der Geschoßhöhe zunehmen, also im oben betrachteten Falle II doppelt so hoch werden wie im Falle I, was offensichtlich ein für hochgeschossige Bauten viel zu ungünstiges Bild ergibt. Tatsächlich werden nach den weiter oben angestellten Überlegungen die Kosten bedeutend langsamer anwachsen als die Geschoßhöhen, und man hat daher keine Veranlassung hier ängstlich zu sparen, wenn die mit hohen Geschossen erreichbaren Vorteile für die besonderen Verhältnisse wertvoll erscheinen.

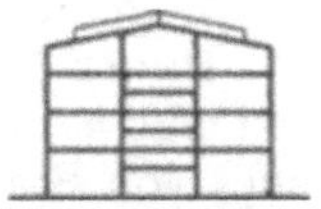

Abb. 193. Dreischiffiges hochgeschossiges Werkstattgebäude mit Zwischengeschossen im Mittelschiff für Nebenräumlichkeiten.

Die Betrachtung der beiden letzten Absätze galt, wie schon eingangs bemerkt, für die Bebauung ausgedehnter Gelände. Bei engen Werkgrundstücken zwischen öffentlichen Straßen oder Nachbarunternehmungen ist die Sachlage anders. Dort wird man in der Regel durch die Fluchtlinienbestimmungen und durch die Notwendigkeit der Anpassung an den verfügbaren Platz gezwungen sein, zunächst die Weite und Traufenhöhe der Gebäude festzulegen und dann möglichst viele Geschosse darin unterzubringen, so daß für die Wahl der Geschoßhöhen nicht mehr volle Freiheit bleibt.

In dem ganzen Unterabschnitt wurde bisher immer mit einer gleichmäßigen Durchschnittshöhe für alle Geschosse gerechnet, um die lediglich auf die Geländeausnutzung im großen abzielenden Untersuchungen zu vereinfachen. Bei der tatsächlichen Ausgestaltung der Gebäude im einzelnen hat man diese Vereinfachung natürlich zu verlassen. Wie an anderen Stellen des Buches näher begründet wurde, wird sich oft eine ungleiche Verteilung der verfügbaren Gesamthöhe auf die verschiedenen Geschosse, namentlich zugunsten des Erdgeschosses, empfehlen.

Eingehende Prüfung aller Möglichkeiten vom Standpunkt der vorstehend gegebenen Hinweise wird über die Brauchbarkeit zur Auswahl stehender wie auch über die beste Ausnutzung bereits erworbener Neubaugelände ein Urteil zu gewinnen helfen. Ist nur teilweise Bebauung eines größeren Grundstücks beabsichtigt, so soll man die Untersuchungen stets auf die verbleibenden Restflächen ausdehnen; ungenügende Voraussicht in dieser Beziehung kann deren spätere Verwertbarkeit stark beeinträchtigen.

Grundstückformen. Bevor man an die Auswahl eines Werkgrundstücks herantritt, soll man sich wenigstens in großen Zügen über den Erzeugungsplan (Art, Größe und Gewicht der Erzeugnisse und Jahresausbringung bei Inbetriebnahme wie auch beim späteren Ausbau), über den entsprechenden Platzbedarf an Gebäuden und Höfen für Arbeits- und Lagerzwecke, und über die voraussichtlich günstigste Bebauungsweise klar geworden sein. Zweckmäßig ist es, einige Möglichkeiten für die allgemeine Gebäudeanordnung auch zeichnerisch etwas auszuarbeiten, um das Für und Wider verschiedener Grundstückformen besser beurteilen zu können.

Vermag man das Grundstück frei auszuwählen, ohne auf bestehende Nachbaranlagen oder vorgeschriebene Bebauungspläne Rücksicht nehmen zu müssen, so kann unter Umständen einer der Versuchsentwürfe ohne weiteres zur Ausführung gebracht werden. In Fällen hoher Bodenpreise hat man einen Entwurf mit gedrängter Anordnung, möglichst mit Mehrgeschoßbauten, zu bevorzugen. Bei billigem Boden wird man eher in der Lage sein, zugunsten vorteilhafter Geleisführung etwas weitläufigere Bebauung und einigen Geländeverschnitt zuzulassen. Für den eigentlichen Arbeitsbereich der Werkanlage kann als durchschnittlich zweckmäßigste und ein Mindestmaß von Grunderwerb erfordernde Form ein Rechteck mit einem Seitenverhältnis von 1 : 1 bis höchstens 2 : 1 angesehen werden; bei schmälerer Form fallen zum Nachteil des Verkehrs die Entfernungen in der einen Richtung zu groß aus. Diese Zahlenangabe soll jedoch nur als allgemeiner Anhalt dienen; die besonderen Umstände können wesentlich andere Größenverhältnisse und Formen günstiger werden lassen. Es sei z. B. an die Vorzüge der Trapez- und Parallelogrammform für die Abzweigung der Werkstätten- und Abstellgeleise von schräg angeordneten Verteilungsgeleisen erinnert, welche diese Formen besonders für den Eisenbahnfahrzeugbau geeignet machen.

In der Mehrzahl der Fälle liegt die Möglichkeit vollkommen freier Platzauswahl nicht vor und man hat sich dann in die gegebenen Verhältnisse zu schicken. Kommt die Inanspruchnahme eines von Staat, Gemeinde oder Unternehmern angelegten Gewerbegeländes in Frage, so sind Größe und Form der Grundstücke durch die Anordnung der Hafenbecken, Eisenbahnstammgeleise, Straßenzüge usw. meist schon ziemlich vorbestimmt, wenn nicht durch bereits vergebene Nachbargrundstücke völlig umgrenzt. Bei Erweiterungen oder Schaffung von Ergänzungsbetrieben zu bestehenden Anlagen ist man auf die Flächen angewiesen, die noch auf dem eigenen Werkgrundstück verfügbar oder in der Nachbarschaft zu erträglichen Preisen käuflich sind. In Fällen dieser Art sind die möglichen Grundstücksabgrenzungen bei Beginn der Verhandlungen oft noch gar nicht zu übersehen. Trotzdem ist auch dann die vorherige Aufstellung von Versuchsentwürfen angebracht. Der Wert dieser Vorarbeit wird dadurch, daß die Entwürfe nachher noch mancherlei Umgestaltungen zu erfahren haben, nicht beeinträchtigt; ihr Nutzen ist vor allem darin zu suchen, daß man von vornherein einen sicheren Beurteilungsstandpunkt gewinnt und sich den Blick für die Ausnutzung aller günstigen Möglichkeiten schärft.

Für die Verwertung von Grundstücken mit Rechteck-, Parallelogramm-, Trapez- und Dreieckform geben die Anordnungsskizzen der Abb. 174, 182a—c und 192 einigen Anhalt. Es sei aber daran erinnert, daß in diesen Abbildungen keine Zugordnungsgeleise (Werkbahnhöfe) eingezeichnet sind; deren Platzansprüche würden also noch besonders zu berücksichtigen sein.

Werkanlagen ohne Vollbahnwagenverkehr im Innern lassen sich auch auf unregelmäßig gestalteten Grundstücken verhältnismäßig leicht unterbringen. Rechteckige Grundstücke sind aber unbedingt vorzuziehen; sie erlauben die höchste Flächenausnutzung und durchweg rechtwinklige Anordnung aller Gebäude, Höfe und Verkehrswege, wodurch die Eingliederung von Innen- und Außenkrananlagen wesentlich begünstigt wird.

Bei Werkanlagen mit Vollbahnwagen-Durchlauf ist die Sachlage verschieden, je nachdem ob Drehscheiben, Schiebebühnen oder Rollbockanlagen angewandt werden dürfen oder nicht. Wenn ja, so wird es möglich sein, sich unregelmäßigen Grundstücken wiederum einigermaßen anzupassen, und bei rechteckigen Grundstücken durch winkelrechte Führung der Hauptgeleise gedrängte Gebäudeanordnung zu erzielen.

Ist man dagegen gezwungen, das ganze Werk mit einem Netz sehr leistungsfähiger und unbedingt betriebssicherer Vollbahngeleise zu durchziehen und infolgedessen ausschließlich Weichengeleise zu verwenden, so können erhebliche Schwierigkeiten auftreten, weil diese Forderung ohne starke Geländezerschneidung und entsprechenden Flächenverlust nicht zu erfüllen ist. In Hauptabschnitt „Beförderungsmittel und Hebezeuge“ und in Unterabschnitt „Zusammengesetzte Flachbauanlagen“ des vorliegenden Hauptabschnittes wurden diese Verhältnisse bereits berührt. Auch wurde schon das Aushilfsmittel erwähnt, die Verteilungsgeleise anstatt senkrecht mit etwa 45° Schräge zu den Werkstattachsen anzuordnen (Abb. 6b und 174), wobei die Umlenkgeleise zwischen den Längs- und Quersträngen anstatt Viertelkreise nur Achtelkreise in Anspruch nehmen. Gute Bodenausnutzung setzt dabei aber voraus, daß die Grundstückgrenzen mit dem Umriß des parallelogramm- oder trapezförmigen Bebauungsplanes einigermaßen übereinstimmen.

Mit diesen Schwierigkeiten und ihren Lösungen hat man sich insbesondere bei der Zuschneidung und beim Erwerb von Grundstücken auf Gewerbegeländen auseinanderzusetzen. Die Erörterung kann sich auf Rechtecke und schiefwinklige Parallelogramme beschränken; stark abweichende Formen wie Trapeze und Dreiecke werden höchstens für Restflächen am Rand in Betracht kommen, weil bei ihrer Anwendung im Innern keine gleichmäßig günstige Grundstückaufteilung zu erhalten wäre. Zur Veranschaulichung der Verhältnisse sind in Abb. 195 mehrere Vergleichsentwürfe für ein Gewerbegelände mit Binnenschiffahrts-Häfen gegenübergestellt. Abb. 195a zeigt einen Entwurf mit Rechteck-Grundstücken unter Zugrundelegung eines kleinsten Geleisehalbmessers von 140 m (Europa), Abb. 195b einen entsprechenden Entwurf mit 72 m Geleishalbmesser (Vereinigte Staaten von Amerika), Abb. 195c einen Entwurf mit 45°-Parallelogramm-Grundstücken und 140 m Geleishalbmesser. Für die Gebäude- und Geleisanordnung auf den einzelnen Grundstücken sind etwa Formen nach Art von Abb. 174 in Betracht zu ziehen; die Darstellung der Werkbahnhöfe und die Einzeichnung der vollständigen Werkstättengeleise ist der Einfachheit wegen unterblieben. Die mit denselben Nummern bezeichneten Grundstücke sind in allen drei Fällen gleich groß; ihr Flächeninhalt bewegt sich zwischen rund 20000 und 120000 qm. Abb. 195a läßt bei Grundstück 5, 6 und 7 den Versuch erkennen, Drehscheiben und Schiebebühnen zu vermeiden; das Ergebnis ist durchaus unbefriedigend und zeigt sehr anschaulich, welche Schwierigkeiten auch bei größeren Rechteckgrundstücken aus der Beschränkung der Geleiskrümmungen auf 140 m Halbmesser entstehen. Bei den entsprechenden Grundstücken von Abb. 195b werden die Verhältnisse wenn auch noch nicht günstig, so doch wenigstens erträglich; es geht daraus hervor, wieviel weniger man bei kleinen Geleishalbmessern auf Zuhilfenahme von Drehscheiben oder Schiebebühnen angewiesen ist. Der Entwurf nach Abb. 195c gestattet bereits

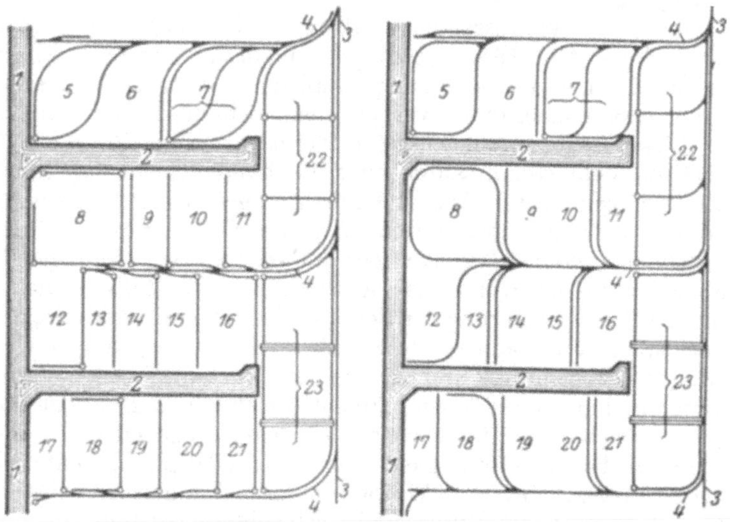

a. b.

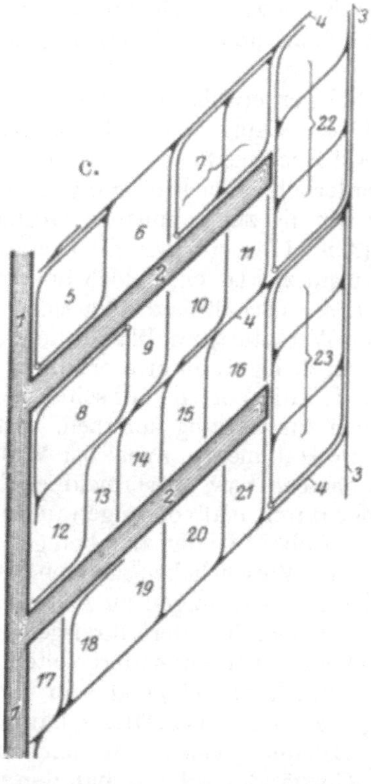

c.

1 Schiffahrtskanal.
2 Gewerbehäfen.
3 Hauptgeleis vom Staatsgüterbahnhof.
4 Bezirksstammgeleise.
5—23 Grundstücke für gewerbliche Anlagen mit Andeutung der Geleisführung.

Entwurf	Grundstücke	Kleinster Geleiskrümmungshalbmesser
a	rechteckig	140 m
b	rechteckig	72 m
c	paralellogrammförmig	140 m

Abb. 195a—c. Vergleichsentwürfe für Gewerbegelände mit rechteckigen und parallelogrammförmigen Grundstücken. M. 1 : 20000.

bei 140 m Geleishalbmesser auch auf den schmäleren Grundstücken eine leidlich zufriedenstellende Geleisführung; ein Vergleichsentwurf hierzu für kleinere Halbmesser war deshalb unnötig. Die Schrägstellung der Hafenbecken zum Schifffahrtskanal, die sich bei der Anordnung von Abb. 195c ergibt, ist insofern nicht unerwünscht, als sie die Einfahrt von Schleppzügen erleichtert.

Unter der Voraussetzung, daß reine Weichengeleise angewandt werden müssen, wird der Entwurf von Abb. 195c unbedingt den Vorzug verdienen. Es handelt sich nun darum festzustellen, ob diese Voraussetzung so allgemein zutrifft, daß sich die Inkaufnahme der mit der Parallelogrammanordnung verbundenen nicht unerheblichen Nachteile rechtfertigt.

Diese Frage sei zunächst für Werke zur Herstellung leichter Erzeugnisse untersucht, die meist als Mehrgeschoßbauten oder Flachsaalanlagen ausgeführt werden. Dort wird die Einleitung einer größeren Anzahl Vollbahnwagen in das Werkinnere selten erforderlich sein; man wird also im allgemeinen mit einem kurzen Geleisstrang für Rohstoffe, Kohlen und Fertigwaren auskommen und den Innenverkehr mit anderen Beförderungsmitteln bewältigen können. Unter diesen Umständen würde eine Abweichung vom Rechteckgrundriß keinerlei Vorteile, sondern nur eine Verschlechterung der Bodenausnutzung mit sich bringen. Ferner verdient das Folgende Beachtung. Für kleinere mehrgeschossige Werke genügen Grundstücke von verhältnismäßig geringem Flächeninhalt und entsprechend kurzen Uferanteilstreifen. Wenn man nun den Anteilstreifen so kurz wie möglich, nämlich gleich der in Betracht kommenden Fahrzeuglänge wählt und als Schmalseite für den Entwurf des Werkgrundstücks benutzt, so wird die Grundstückbreite bei Rechteckform gleich der Streifenlänge, bei Parallelogrammform mit 45°-Winkeln dagegen nur gleich dem 0,7fachen davon. Die geringere Grundstückbreite im letzteren Falle hat den Nachteil, im Durchschnitt schlechtere Bebauungsmöglichkeiten zu bieten. Geht man umgekehrt von einer bestimmten Grundstückbreite aus, wie bei den Vergleichsentwürfen in Abb. 195a—c geschehen, so fällt die Länge der Anteilstreifen an Ufern oder Bahngeleisen bei 45°-Parallelogrammen 1,4 mal so groß aus wie bei Rechtecken, was namentlich bei Hafenanlagen die Baukosten nicht unwesentlich erhöht und die Belastung sämtlicher Anlieger entsprechend steigert.

Handelt es sich dagegen um Schwerbetriebe wie Maschinenbauanstalten, Gießereien usw., so benötigen die meisten Werkstätten Laufkrane und hallenförmige Bauten. In derartigen Werken sind stets eine große Anzahl Rechteckflächen für die Gebäude und die mit Laufkranen zu bestreichenden Lagerhöfe erforderlich. Bei Einfügung dieser Rechteckflächen in parallelogrammförmige oder sonstwie spitzwinklig zugeschnittene Grundstücke würden nun zahlreiche dreieckige Restflächen entstehen (Abb. 174e, g usw.), die sich allenfalls für Nebengebäude oder Lagerplätze mit Handbedienung ausnutzen lassen, jedoch für die Hauptbetriebe wenig geeignet sind. Bei näherer Untersuchung dieser Verhältnisse stellt sich häufig heraus, daß die hierdurch bedingten Verluste an vollwertiger Werkstattgrundfläche den Gewinn, den man aus der Verkürzung der Geleisbogen bei der Parallelogrammform erhoffte, vollständig aufzehren.

Weiter ist darauf hinzuweisen, daß die Vorteile auf seiten der Parallelogrammform auch nur für einen bestimmten Größenbereich zur Geltung kommen. Auf sehr schmalen Grundstücken lassen sich Geleisbogen von 140 m Halbmesser auch bei Wahl der 45°-Parallelogrammform nicht unterbringen, so daß Drehscheiben usw. unvermeidlich bleiben. Andererseits wird bei besonders großen Grundstücken der durch maßvoll angewandte Viertelkreisgeleise entstehende Verlust erträglich sein (vgl. z. B. auf Abb. 174n den ziemlich geringen Verschnitt, den die Geleiskurve am linken Rand verursacht). Wesentlichen Nutzen vermag die Parallelogrammform somit nur für Grundstücke mittlerer Abmessungen zu bieten, welche die Unterbringung von Achtelkreisgeleisen bereits gestatten, jedoch für Viertelkreisgeleise noch zu klein sind (Abb. 195). Bei Anlagen dieser Größe dürften aber die Verkehrsziffern selten so hoch sein, daß die Forderung nur Weichengeleise zu verwenden unbedingt zwingend sein wird. Auch wird man gerade bei Inanspruchnahme zusammenhängenden Gewerbegeländes häufig mit Bodenpreisen zu rechnen haben, die eine möglichst dichte Bebauung erwünscht machen.

Berücksichtigt man alle diese Umstände, so kann man den parallelogrammförmigen Grundstücken eine allgemeine oder auch nur für durchschnittliche Verhältnisse zutreffende Überlegenheit kaum zusprechen. Es wird somit für gewöhnlich richtiger sein, Gewerbegelände rechtwinklig aufzuteilen.

Bei der Festsetzung der Grundstückgrenzen im einzelnen kann durch geeignete Vorsprünge und Abrundungen (siehe z. B. Abb. 195, Grenze zwischen Grundstück 22 und 23) die Geleisführung erleichtert und die Bodenausnutzung gesteigert werden. Derartige Möglichkeiten lassen sich naturgemäß bei der Geländeeinteilung nicht immer von vornherein berücksichtigen, doch wird man unter Umständen eine nachteilige Grenzberichtigung durch unmittelbare Verständigung mit den beteiligten Nachbarn erreichen können.

Anlage neuer Werke.

(Siehe hierzu Quellennachweis 1d, 1m, 2, 3, *4, 29, 103, 119.)

Größenbestimmung. Bei Bestimmung der Größe eines neu anzulegenden Werkes wird in erster Linie die Absatzmöglichkeit für die Erzeugnisse im In- und Ausland zu untersuchen sein. Als fördernde Umstände können Bewertung verdienen, daß man die Nachfrage durch Verbilligung der Herstellung und durch Werbetätigkeit mitunter stark über den ursprünglichen Umfang hinaus zu erhöhen vermag, und daß sich der Vertrieb kostspieligerer Gegenstände und Anlagen durch Kreditgewährung an die Abnehmer mit Hilfe von Banken oder sonstigen Finanzierungsunternehmungen oft wesentlich steigern läßt. Andererseits darf man namentlich in Fällen, wo eine besonders günstige Marktlage den Anstoß zum Bauen gibt, nicht übersehen, daß gleiche Anlässe in der Regel auch bei anderen die gleichen Entschließungen auslösen und daß somit leicht ein allgemeines „Überregeln" der Unternehmungslust eintritt, was dann die Absatzmöglichkeit wieder beschneiden, die Verkaufspreise drücken und die Wirtschaftlichkeit des einzelnen Unternehmens in Frage stellen kann. Eine erhebliche Zahl der letzthin in den währungsschwachen Ländern entstandenen Neugründungen verdankt ihre bisherige Daseinsfähigkeit keineswegs einem durch wirtschaftliche Arbeitsweise und geschäftliche Tüchtigkeit erzielten Einnahmenüberschuß, sondern lediglich dem Umstand, daß die jeweils zwischen Rohstoffeinkauf und Warenverkauf liegende Zeitspanne infolge der dauernden Währungsverschlechterung zu Konjunkturgewinnen Veranlassung gab (die je nach dem Grade des Arbeitens mit eigenen Mitteln oder Bankkredit Scheingewinne oder auch wirkliche Gewinne sein konnten); diese Unternehmungen werden nach Wiedereintreten fester Währungsverhältnisse größtenteils zum Erliegen kommen.

Manche Arten von Betrieben vermögen auch mit verhältnismäßig dürftiger Ausstattung zu arbeiten. Auf anderen Erzeugnisgebieten bildet dagegen die Beschaffung sehr kostspieliger Einrichtungen und Sondermaschinen unerläßliche Voraussetzung für die technische Betriebsfähigkeit (wofür die Werften mit ihren teuren Helgen- und Krananlagen als Beispiel angeführt seien) oder für die wirtschaftliche Lebensfähigkeit (wie bei den auf Massenfertigung angewiesenen Werken des Kleinmaschinen- und Fahrzeugbaus). Unter allen Umständen ist eine gewisse Mindestausbringung Vorbedingung dafür, daß die Einrichtungen und der Beamtenstab richtig ausgenutzt werden und daß der auf den einzelnen Gegensand entfallende Anteil an den Unkosten nicht zu groß wird, und zwar wird diese untere Grenze um so höher liegen, je teurere Ausstattung die Art des Betriebes verlangt. In Zusammenhang mit dem Hinweis am Schlusse des ersten Absatzes ergibt sich hieraus, daß auf jedem Gebiete überhaupt nur eine bestimmte Anzahl von Werken nebeneinander bestehen können. Man hat also bei jeder Neugründung sorgfältig zu prüfen, ob der zu erwartende Anteil am Gesamtabsatz des betreffenden Gewerbezweiges die für wirtschaftliches Arbeiten notwendige Mindesterzeugung gewährleistet; andernfalls ist das Unternehmen von vornherein nicht bestandfähig und sogar als volkswirtschaftlich schädlich anzusprechen, weil es unter Umständen auch die Lebensbedingungen von anderen bestehenden Unternehmungen in Mitleidenschaft ziehen wird. Eine gewisse Regelung dieser Verhältnisse erfolgt übrigens schon durch die Einwirkung der Banken auf die Kapitalbeschaffung. Um von den Schwankungen der Marktlage nicht allzu abhängig zu sein, empfiehlt es sich, Anlage und Einrichtung nicht ausschließlich auf die Bedürfnisse eines einzigen Erzeugnisses zuzuschneiden, sondern die Möglichkeit der Umstellung auf andere Gegenstände offen zu halten; besonders vorteilhaft wird es sein, wenn mehrere, vom Standpunkt der Herstellung betrachtet, verwandte Arbeitsgebiete nebeneinander gepflegt werden, weil sich dann Ungleichmäßigkeiten im Auftragseingang einigermaßen durch Verschiebungen von Arbeiten oder Arbeitskräften zwischen den verschiedenen Betriebsgruppen ausgleichen lassen.

Nimmt die Größe eines Werkes von der vorhin erwähnten mit Rücksicht auf die Lebensfähigkeit nicht unterschreitbaren Grenze ausgehend zu, so wird sich die Wirtschaftlichkeit zunächst erhöhen, weil die Ausgaben für die nicht unmittelbar erzeugenden Bestandteile des Unternehmens, wie technisches Büro, Verwaltung, Lager, Heizkesselhäuser und sonstige Betriebshilfsanlagen nicht im gleichen Maße anwachsen wie die erzeugenden Betriebsabteilungen selbst, und weil Schwankungen im Auftragsbestand in größeren Betrieben meist leichter auszugleichen sind als in kleineren. Von einem gewissen Punkte an beginnt jedoch die sich steigernde Weitläufigkeit und Unübersichtlichkeit des Betriebes störend in Erscheinung zu treten und diese Vorteile aufzuwiegen, so daß mit weiterer Vergrößerung die Wirtschaftlichkeit nicht mehr zunimmt, unter Umständen sogar zurückgeht. Große Unternehmungen pflegen deshalb ihre einzelnen Werke nicht über bestimmte — natürlich je nach der Art der Erzeugung verschiedene — Höchstgrenzen hinaus auszudehnen und bevorzugen bei besonders umfangreicher Erzeugung eine Unterteilung in mehrere in Anlage und Verwaltung ziemlich selbständige Werke.

Überschläglich kann man die Größenverhältnisse eines neu anzulegenden Werkes für bestimmte Ausbringungsziffern daraus ermitteln, daß auf den einzelnen Erzeugungsgebieten ziemlich übereinstimmende Zahlenbeziehungen zwischen Betriebskapital, Jahresumsatz, Jahreslohnsumme und Arbeiterzahl bestehen, so daß also aus dem beabsichtigten Umsatz auf die anderen Werte geschlossen werden kann. Natürlich müssen diese Zahlenbeziehungen von vorhandenen Unternehmungen bekannt sein. Bei vielen Maschinenfabriken war vor 1914 das Verhältnis von Betriebskapital zu Jahresumsatz zu Jahreslohnsumme etwa 1,0 : 4,0 : 1,2. Bei hochentwickelter Massenfertigung mit Sondermaschinen fällt die Verhältniszahl der Lohnsumme gegenüber der des Betriebskapitals kleiner aus, sofern nicht durch mehrschichtige Arbeit die Ausnutzung der Betriebsmittel gesteigert wird. In Werken, die vorwiegend Sonderaufgaben bearbeiten und deshalb eine große Zahl von Beamten beschäftigen, ebenso in solchen, die sehr kostspielige Rohstoffe verwenden, erreicht die Zahl des Umsatzes im Verhältnis zu den beiden übrigen eine beträchtlich größere Höhe als oben angegeben. Einige Durchschnittsziffern über den Grundflächen- und Arbeiterbedarf in einzelnen Werkstätten finden sich in Quellennachweis 1d, 1m, 2 und 103. Bei Benutzung dieser Zahlen und sonstiger Angaben über ausgeführte Werke in Büchern und Zeitschriften ist stets der allgemeine Zuschnitt der betreffenden Betriebe und die Art ihrer Ausstattung und Arbeitsweise zu berücksichtigen. Beispielsweise benötigen bei ein und derselben Ausbringungsziffer in Tonnen Anlagen mit hochwertigen Einrichtungen für Massenherstellung, die gleichmäßig ausgenutzt mit 2 oder 3 Schichten arbeiten, weit weniger Grundfläche und Arbeitskräfte als Maschinenbauanstalten für Einzelfertigung mit wechselndem Auftragsstand und einschichtigem Betrieb.

Was die Bemessung des ersten Ausbaues anbelangt, so wird man von vornherein die besprochene wirtschaftliche Mindestgröße unbedingt erreichen müssen. Allzu zaghaftes Vorgehen im Anfang und bei späteren Ergänzungsbauten würde zur Folge haben, daß die Räume dauernd überfüllt sind, daß nach Fertigstellung der einen Erweiterung sofort mit der nächsten angefangen werden muß, und daß der Betrieb infolge der ständigen Bauarbeiten nie in Ordnung kommt; auch wird eine solche ununterbrochene und stets unter dem Druck des Platzmangels stehende Flickarbeit teurer als durchgreifende Bauten in größeren Zeitabständen. Durch vergleichende Wirtschaftlichkeitsberechnungen unter Rücksichtnahme auf Verzinsung, Tilgung, Abschreibung, Instandhaltung usw. hat man zu überschlagen, welche Abstufungen des Ausbaus am günstigsten sind. Für die Absatzmöglichkeit kann man dabei, sofern nicht die Erfahrungen aus früheren Jahren und die Abwägung der allgemeinen Wirtschaftslage zu anderen Schlüssen führen, eine Entwicklung nach einer geometrischen Reihe annehmen; die Stufen müssen dann so gelegt werden, daß die dem Fortschreiten des Ausbauzustandes entsprechende Treppenlinie der Erzeugungsmöglichkeit einigermaßen mit der Kurve des mutmaßlichen Absatzes übereinstimmt. Anregungen für die Vornahme derartiger Berechnungen gibt das Buch „Wirtschaftlichkeit technischer Entwürfe" von R. Weyrauch. Vom Betriebsstandpunkt ist es erwünscht, daß Erweiterungen ein- und derselben Werkstatt nicht dichter als mit etwa 3—5 Jahren Abstand aufeinander folgen, was aber nur als ungefährer Anhalt aufzufassen ist.

Andererseits darf nicht übersehen werden, wie große Schwierigkeiten bei Inbetriebnahme neuer Werke die Heranbildung des Beamten- und Arbeiterstammes zu machen pflegt. Die Anlernung der Meister und Arbeiter in den Herstellungsverfahren, ihre allgemeine Erziehung zu Fleiß, Sparsamkeit und Ordnungssinn, die Einführung der Beamten in die Organisation und in den Geschäftsgang, die Ausmerzung ungeeigneter Persönlichkeiten und die Ausfindigmachung von Ersatz sind Aufgaben, welche die Arbeitskraft der Werks- und Betriebsleitungen in den ersten Jahren ganz außerordentlich in Anspruch nehmen und sich nur bewältigen lassen, wenn von kleinen Anfängen ausgehend nach und nach aufgebaut werden kann. Die dem neuen Werk zunächst zur Verfügung stehenden Arbeitskräfte werden nur zum kleinen Teil durch Unternehmungsgeist und Schaffensfreude veranlaßt sein sich anzubieten. Die Mehrzahl wird sich aus Leuten zusammensetzen, die wegen ihrer geringen Leistungen in anderen Werken nicht vorwärts gekommen sind, denn die guten Stammarbeiter der am Orte befindlichen älteren Unternehmungen warten die Entwicklung der Dinge in dem neuen Werk in der Regel gern einige Zeit ab, bevor sie sich zum Übertritt entschließen. Neugründungen, die von bestehenden Großbetrieben abgezweigt werden, sind in etwas günstigerer Lage, weil sie einen Teil der vorhandenen Beamten und Stammarbeiter übernehmen können. Leider denken jedoch die maßgeblichen Beamten der älteren Werke selten großzügig genug, um in derartigen Fällen selbstlos die tüchtigsten Kräfte auszuwählen und dadurch die Entwicklung der Neugründung wie auch das Weiterkommen der zum Aufsteigen Berufenen zu fördern; meist benutzen sie vielmehr die Gelegenheit, sich unerwünschter Leute zu entledigen; um im eigenen Betrieb weniger Mühe zu haben. Wenngleich es Sache der obersten Leitung ist dem entgegenzuwirken, so wird doch die Auslese niemals ganz einwandfrei ausfallen, und es werden somit auch bei von vorhandenen Werken abgespalteten

Neugründungen stets Schwierigkeiten im Überfluß auftreten. Allzureichliche Bemessung des ersten Ausbaues wäre also für die Betriebswirtschaftlichkeit ebenfalls nicht von Vorteil.

Wahl des Standortes. Wo es sich um hochwertige Erzeugnisse handelt, bei welchen die Stoffgewinnungs- oder Bearbeitungskosten auf die Gewichtseinheit bezogen sehr groß sind und daher gegenüber den Frachtkosten stark überwiegen, wird die Wirtschaftlichkeit durch die Wahl des Standortes verhältnismäßig wenig beeinflußt. Derartige Werke sind mitunter sogar dann noch wettbewerbsfähig, wenn die Ausgangsstoffe aus anderen Weltteilen eingeführt werden und die fertigen Erzeugnisse dorthin zurückwandern. Wegen dieser geringen Abhängigkeit von den Frachtkosten bilden hochgradige Veredelungsbetriebe, wie z. B. Werke zur Anfertigung von feinmechanischen Geräten, Uhren usw. für von den Rohstoffgebieten weit abgelegene Länder mit rühriger Bevölkerung oft die einzige Möglichkeit zu großgewerblicher Betätigung (Schweiz, Württemberg usw.).

Bei Schwerbetrieben und Werken für Massengüter ist dagegen günstige Lage zu den Rohstoff- und Absatzgebieten wegen des erheblichen Einflusses der Beförderungskosten eine der ersten Voraussetzungen für ihre Lebensfähigkeit. Hüttenwerke sind teils in Nähe der Erzlager, teils in den Kohlengebieten, teils bei Seehafenplätzen angelegt worden und zwar ausschließlich in Hinblick darauf, möglichst niedrige Frachtkostensummen für Erz, Kohlen und Eisenerzeugnisse zu erzielen.

Für Werke mit großem Güterverkehr an Roh-, Betriebs- und Fertigstoffen ist grundsätzlich Anschluß an Wasserstraßen anzustreben. Städte im Bereiche des Seeverkehrs können insofern besonders vorteilhaft sein, als die Kosten des etwaigen Umschlages zwischen Seeschiffen und Binnenfahrzeugen entfallen. Bahnanschluß ist in der Mehrzahl der Fälle unumgänglich notwendig, stets jedoch erwünscht, und zwar auch bei Lage an Wasserstraßen, damit man die fertigen Güter mit der Bahn versenden kann und für die Anfuhr der Roh- und Hilfsstoffe bei Störungen der Schifffahrt durch Eis oder Hochwasser Rückhalt hat. Werke für Feinerzeugnisse, bei denen verhältnismäßig geringe Mengen zu befördern sind, können bisweilen mit Kraftwagenverkehr auskommen. Das gleiche gilt in gewissem Grade für Bauanstalten von Straßenfahrzeugen. Näheres über die in diesem Absatz angedeuteten Verkehrsfragen enthält der Abschnitt „Beförderungsmittel und Hebezeuge".

Ferner verdienen die Erfordernisse der eigentlichen Fertigung und der Betriebsanlagen Beachtung. Besonders wichtig ist oft die Wasserfrage. Manche Arten von Werken benötigen Wasser von außerordentlicher Reinheit, die durch künstliche Maßnahmen nicht erzielt werden kann; für diese kommen nur Orte mit geeignetem Quell- oder Gebirgswasser in Betracht. Bei weniger hohen Ansprüchen wird zu untersuchen sein, ob die Menge und Güte des verfügbaren Wassers ausreicht, oder ob man besondere Gewinnungs- und Reinigungsanlagen vorzusehen hat. Weiter ist darauf zu sehen, ob Abwasserkanalanlagen vorhanden sind und ob Anschluß an Gas- und Eltversorgungen möglich ist. Benutzung der am Ort bestehenden Einrichtungen kann auch in Fällen, wo sie sich weniger wirtschaftlich stellt als Betrieb selbst zu schaffender Anlagen, wegen der geringeren Kapitalfestlegung den Vorzug verdienen.

Mitunter wird die Möglichkeit der Ausnutzung von vorhandenen Energiequellen wie Wasserkräften, Torffeldern und Braunkohlenlagern oder des Anschlusses an die billige Überland-Eltversorgung eines Hüttenbezirks zugunsten bestimmter Gegenden den Ausschlag geben.

Sehr wesentlich ist, ob eine genügende Zahl tüchtiger Facharbeiter zur Verfügung steht, ob besondere Aufwendungen für ihre Unterbringung und sonstigen Lebensbedürfnisse im weitesten Sinne erforderlich werden, und wie die Lohnverhältnisse sind. Für kleine Werke mit geringem Arbeiterbedarf wird mitunter die Wahl ländlicher Gegenden vorteilhaft sein, weil dort damit zu rechnen ist, daß viele für den Landbau nicht benötigte Familienangehörige als Arbeiter eintreten, die dann zu Hause wohnen bleiben, mit mäßigem Lohn auszukommen vermögen und keine besonderen Vorkehrungen für Wohnung und Beköstigung notwendig machen. Allerdings läßt sich die etwas schwerfällige Landbevölkerung nur langsam anlernen und bleibt in ihren Leistungen hinter städtischen Arbeitern zurück, soweit es sich nicht gerade um körperliche Kraft und Ausdauer erfordernde Verrichtungen handelt. Für Unternehmungen mit großem Arbeiterbedarf hingegen entstehen auf dem Lande erhebliche Schwierigkeiten, wenn Leute von auswärts herangezogen werden müssen und Wohngelegenheiten, Speisehallen, Heime usw. auf Werkkosten zu schaffen sind, weil die wenig geldkräftigen Gemeinden dafür nicht aufkommen können. Auch lassen sich die zugezogenen Arbeiter in der ihnen wenig bietenden Landgegend nur durch sehr hohe Löhne halten. Werke im Innern von Städten anzulegen wird sich selten empfehlen, weil die Vorteile, die sich vielleicht aus den kürzeren Wegen nach den Geschäftsvierteln ergeben, mit den hohen Grundstückskosten zu teuer bezahlt werden, und weil sich dort auch selten genügende Erweiterungsmöglichkeit vorsehen läßt. In den meisten Fällen ist Lage in Vororten im Bereich der Straßen- oder Vorortbahnen des städtischen Verkehrs am günstigsten. Die stets erwünschte Gewinnung erfahrener Facharbeiter ist am leichtesten möglich, wenn als Standort der Neugründung ein Platz gewählt werden kann, wo bereits andere Werke der gleichen Art bestehen.

Endlich ist zu prüfen, welche der in Betracht kommenden Länder, Städte und Gemeinden in bezug auf Zoll- und Steuerverhältnisse und hinsichtlich ihres allgemeinen Verhaltens gegenüber gewerblichen Unternehmungen die meisten Vorteile bieten, wobei stets auch die Aussichten für die künftige Entwicklung dieser Umstände voraus zu beurteilen sein werden. Einschneidende Änderungen in diesen Dingen am Orte der Gründung selbst und, was nicht übersehen werden darf, auch an Niederlassungsorten anderer Unternehmungen der gleichen Art können die Voraussetzungen für die Wettbewerbsfähigkeit eines Werkes wesentlich verschieben. Z. B. errichtete man zu der Zeit, als der ganze Bereich des bremischen Staates noch Zollausschlußgebiet war, eine Anzahl von Werken zur Verarbeitung von Übersee eingeführter Güter anstatt in Bremen selbst in seiner Umgebung in kleinen preußischen und oldenburgischen Landstädten, um an den ins Ausland weitergehenden Erzeugnissen den erheblichen Unterschied zwischen Rohstoffzoll und Fertigwarenzoll zu sparen; als dann später das Zollausschlußgebiet auf den Freihafen beschränkt wurde und die Zollschranken zwischen dem bremischen und den umliegenden Gebieten fielen, entstanden in Bremen selbst neue Werke, die weniger unter Arbeiterschwierigkeiten zu leiden hatten und infolgedessen für die älteren Unternehmungen in der Umgebung sehr unbequeme Wettbewerber wurden. Die Steuerlasten können unter Umständen durch Eingemeindungen und dadurch bedingte Erhöhungen des Gemeindesteuerzuschlages stark anwachsen; drückende Mehrbesteuerungen haben schon öfters Veranlassung dafür gebildet, verhältnismäßig neue Werkanlagen aufzugeben und den Betrieb nach einem anderen Orte zu verlegen. Von vorherein hat man sich zu vergewissern, daß Doppelbesteuerungen, z. B. bei Sitz des Unternehmens am einen und Betrieb des Werkes am anderen Orte, vermieden werden. Gemeinden, welche bestrebt sind, Gewerbe an sich zu ziehen, verzichten bisweilen auf die Erhebung des Gemeindesteuerzuschlages und stellen Grundstücke, wie auch Geleis-, Wasser-, Kanal-, Elt- und Fernsprechanschlüsse zu günstigen Bedingungen zur Verfügung. Nach Möglichkeit wird man versuchen, durch langfristige Verträge, welche auch für zunächst noch fernliegende Fälle wie Eingemeindungen und dgl. die Rechte der Unternehmung festlegen und ihre Pflichten begrenzen, den Fortbestand der für die Wirtschaftlichkeit der Anlage wesentlichen Bedingungen zu sichern.

Wahl der Lage. Allgemein wird man die Lage des Werkes so aussuchen, daß die örtlichen Vorzüge, die bei der Wahl des Standortes den Ausschlag gegeben haben, insbesondere gute Anschlußmöglichkeit an Wasserstraßen, Eisenbahn und städtische Verkehrseinrichtungen, wirksam zur Geltung kommen. Mitunter hat man die Auswahl auf Geländeflächen zu treffen, die zur höheren Ausnutzung der kostspieligen Hafenanlagen so tief gemacht sind, daß darauf mehrere Reihen von Werkgrundstücken hintereinander Platz finden. Die weiter landeinwärts gelegenen können dann mit Hilfe von hoch angeordneten Beförderungsmitteln wie Seilbahnen oder Hängebahnen über die anderen hinweg an den Hafenverkehr angeschlossen werden. Soweit es sich um Massengüter wie Kohlen usw. handelt, entstehen hierdurch keine erheblichen Schwierigkeiten und Mehrkosten; ob der Verkehr mit den sonst noch vorkommenden Gegenständen vom Schiff zum Werk oder umgekehrt zufriedenstellend durchzuführen ist, bedarf der Prüfung von Fall zu Fall. Die unmittelbar an Häfen oder Liegeplätze angrenzenden Grundstücke sind natürlich am wertvollsten, aber auch dementsprechend am teuersten.

Im einzelnen erfordert zunächst die Nachbarschaft Beachtung. Nähe feuergefährlicher Betriebe erhöht unter Umständen die Feuerversicherungsgebühren. Durch schwere Dampfhämmer und Kolbenkraftmaschinen können bei fehlerhafter Anlage der Grundwerke und ungünstigen Bodenverhältnissen weitreichende Erschütterungen veranlaßt werden, welche genaue Arbeiten unmöglich machen. Starker Lärm von Kesselschmieden und ähnlichen Werkstätten wirkt bei geistiger Arbeit außerordentlich störend und beeinträchtigt die Leistungen in den Büros. Manche Arten von Betrieben verursachen Unzuträglichkeiten durch Rauch, Staub und Gerüche. Andererseits sind auch die Störungen und Belästigungen in Betracht zu ziehen, welche das eigene Werk für die Nachbarschaft hervorzurufen geeignet ist, und die unter Umständen Entschädigungsansprüche und Klagen auf Betriebseinstellung nach sich ziehen können. § 16 der Reichsgewerbeordnung führt eine Anzahl von Betrieben auf, die zum Schutz der Allgemeinheit gegen Gefahren, Nachteile und Belästigungen genehmigungspflichtig gemacht worden sind. Auch auf die in der Ausführungsanweisung zur Gewerbeordnung enthaltene „Technische Anleitung zur Wahrnehmung der den Kreisausschüssen bzw. Stadtmagistraten hinsichtlich der Genehmigung gewerblicher Anlagen übertragenen Zuständigkeiten" sei verwiesen. Beispielsweise werden Nietarbeiten erst in 30 m Abstand von Straßen und 100 m Entfernung von bewohnten Grundstücken gestattet.

Die Gelände- und Bodenverhältnisse der in Betracht gezogenen Grundstücke sind u. a. daraufhin zu beurteilen, ob Überschwemmungsgefahr besteht, ob die Höhenlage bequemen Anschluß an die öffentlichen Verkehrsanlagen, Wasserleitungen und Entwässerungskanäle gestattet und ob der Baugrund genügend tragfähige Schichten in nicht allzugroßer Tiefe enthält. Etwa notwendig werdende Pumpwerke oder Düker zur Kreuzung von Wasserläufen steigern die Anlagekosten erheblich. Durch hohen Grundwasserspiegel wird die Anlage von Kellergeschossen, größeren Abwässerkanälen und tiefer reichenden Grundwerken für schwere Maschinen wesentlich erschwert und verteuert. Umfangreiche Abtragungen oder Aufschüttungen können sehr kostspielig werden; falls größere Bodenverschiebungen nicht zu vermeiden sind, so ist es erwünscht, daß sie sich innerhalb des Grundstückes selbst oder wenigstens ohne allzulange Beförderungswege vornehmen lassen. Liegt das Grundstück auf einem Hang, so kann in Betracht zu ziehen sein, die Güter am oberen Rande des Werkes zuzuführen und unter Zuhilfenahme der Schwerkraft allmählich von oben nach unten durch die Bearbeitung zu leiten. Besonders günstig gestaltet sich in solchen Fällen die Entladung von Massengütern wie Kohlen, Roheisen, Formsand usw., da kostspielige Hebevorrichtungen, Bunkerausschachtungen usw. erspart werden. Für die Fertigwaren hat man öfters Geleise vom unteren Rande her in 1,2 m tiefen Einschnitten in das Werkgebiet hineingeführt, um die Plattformen der Güterwagen an den Ladestellen in Geländehöhe zu haben. Die zuletzt erwähnte Maßnahme wird mitunter auch für die ankommenden Güter anzuwenden sein, wenn sich das Grundstück oberhalb der Bahnanlagen befindet, so daß eine Zufuhr am oberen Rand unmöglich wird. Obgleich bei Werkanlagen auf geneigtem Gelände durch geschickte Ausnutzung der gegebenen Verhältnisse manche recht zweckmäßige Anordnung entstanden ist, so hat man dabei doch meist aus der Not eine Tugend gemacht; wenn man die Auswahl hat, werden derartige kleine Sondervorteile die Bevorzugung eines abfallenden gegenüber einem ebenen Geländestück kaum rechtfertigen. Einigermaßen ebene Lage ermöglicht für alle Teile des Grundstückes gleichmäßig gute steigungsfreie Zu- und Abbeförderung der Güter in beliebiger Richtung und läßt für die Aufstellung des Bebauungsplans und für künftige Erweiterungen mehr Freiheit.

Auch an dieser Stelle sei auf die in den Abschnitten „Beförderungsmittel und Hebezeuge" und „Gesamtanordnung" betonte Wichtigkeit der Form des Werkgrundstücks für seine Ausnutzbarkeit hingewiesen.

Anpassungsfähigkeit von Werkanlagen. Der Flächenbedarf der einzelnen Werkstätten und Lager hängt von mannigfachen Umständen ab, die keineswegs unveränderlich sind. Von Einfluß ist u. a., inwieweit sich die Bearbeitung von den Rohstoffen bis zu den Fertigerzeugnissen als völlig abgeschlossener Vorgang ohne Bezug oder Verkauf von Durchgangserzeugnissen oder Sonderteilen abspielt, ob Einzel-, Reihen- oder Massenherstellung betrieben wird, in welchem Maße die Fertigung auf Hand- oder Maschinenarbeit beruht usw. Technische Fortschritte, Änderungen der Marktlage und Umstellung des Erzeugungsplanes können innerhalb weniger Jahre durchgreifende Verschiebungen notwendig machen. Als Beispiel sei eine mittlere Maschinenfabrik mit eigener Gießerei und Modelltischlerei betrachtet, die zunächst Reihenbau nach alten Bearbeitungsverfahren betreibt. Dieselbe möge nun Maschinenformerei einführen. Die Folge hiervon ist, daß sich der Bedarf an Arbeitskräften und Platz in der Gießerei im Vergleich zu den anderen Werkstätten vermindert. Später werde sie in die Notwendigkeit versetzt, sich auf Erzeugung weniger Gegenstände in Massenfertigung umzustellen und zu diesem Zweck eine Anzahl von Sonderwerkzeugmaschinen für große Leistungsfähigkeit und hochwertige Genauarbeit anzuschaffen, welche die Nacharbeiten in Zusammenbau und Prüffeld auf ein Mindestmaß zurückführen und es ermöglichen, daß die Bearbeitungsabteilungen mit demselben Bestand an Platz und Leuten ein mehrfaches der früheren Erzeugung herausbringen. In der Gießerei tritt durch diese neue Umstellung der Fertigung eine erhebliche Vereinfachung der Arbeiten nicht ein, und es wird dort nunmehr unter Umständen eine bedeutende Vergrößerung notwendig, damit sie mit der gesteigerten Leistungsfähigkeit des Maschinenbaues Schritt zu halten vermag. Für die Modelltischlerei hingegen hat die Vereinheitlichung der Erzeugnisse eine starke Entlastung zur Folge, so daß es jetzt wirtschaftlich vorteilhaft sein kann, sie ganz still zu setzen, die Modelle von einer Modellbauanstalt zu beziehen und die frei werdenden Räumlichkeiten der Gießerei zuzuschlagen, etwa zur Unterbringung der Gelbgießerei oder Kernmacherei. Solche und ähnliche Verschiebungen, die mehr oder weniger in allen Gewerben vorkommen, lassen sich aber nur dann gut durchführen, wenn die Werkstätten baulich nicht allzu weitgehend an den Sonderzweck angepaßt waren und eine gewisse allgemeine Verwendbarkeit gewahrt wurde.

Mit der Möglichkeit wiederholter einschneidender Umstellungen auf neue Erzeugnisse und neue Arbeitsverfahren muß für die nächsten Jahre immer noch gerechnet werden, weil die frühere Stetigkeit der Marktbedürnisse und Gleichmäßigkeit der wirtschaftlichen Entwicklung gänzlich gestört sind, und die Wellenbewegungen bis zum Wiedereintritt ruhiger Verhältnisse allenfalls in ihrem großen Verlauf für die Weltwirtschaft vermutet, aber unmöglich in ihren Wirkungen für das einzelne Unternehmen vorausbeurteilt werden können. Gute Anpassungsfähigkeit der Anlage wird dazu beitragen, einem Unternehmen über die Schwierigkeiten der Übergangsjahre hinwegzuhelfen.

Billige und hochwertige Ausführung. Eine für die Bearbeitung des Gesamtentwurfs wichtige und bei der Ausstattung der einzelnen Werkabteilungen wie auch bei der Auswahl der Betriebsmittel immer wieder auftauchende Frage ist, ob man eine hochwertige Ausführung wählen soll, um mit geringen laufenden Erzeugungskosten zu arbeiten, oder ob es richtiger ist, billig zu bauen und einzurichten, um wenig Kapital festzulegen. Es seien hierüber einige allgemeine Bemerkungen gemacht.

Um die maßgeblichen Umstände möglichst sinnfällig vor Augen zu führen, ist in Abb. 202 mit Hilfe von Schaulinien die Abhängigkeit des wirtschaftlichen Ergebnisses vom Beschäftigungsgrad das eine Mal bei billiger Anlage (mit B abgekürzt), das andere Mal bei hochwertiger Anlage (mit H abgekürzt) dargestellt. Die verschiedenen Werte entstammen einer ganz willkürlichen Annahme und sollen nur die grundsätzlichen Zusammenhänge zeigen. Die Einnahmen sind als verhältnisgleich mit der Erzeugung wachsend angesetzt; ihre Schaulinie beginnt also im

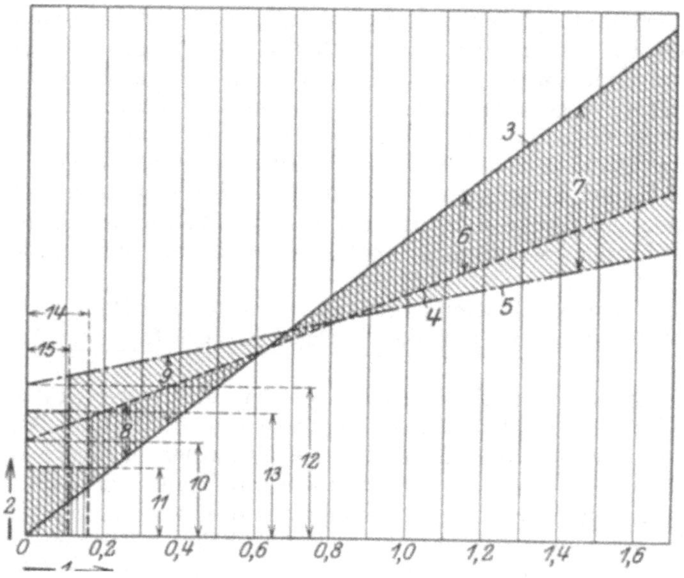

1 Beschäftigungsgrad (volle Beschäftigung mit einer Schicht = 1,0 gesetzt).
2 Kosten.
3 Einnahmen.
4 Ausgaben B.
5 Ausgaben H.
6 Gewinn B (senkrecht geschrafft).
7 Gewinn H (schräg geschrafft).
8 Verlust B (senkrecht geschrafft).
9 Verlust H (schräg geschrafft).
10 Unveränderliche Unkosten B bei Betrieb.
11 Unveränderliche Unkosten B bei Stillegung.
12 Unveränderliche Unkosten H bei Betrieb.
13 Unveränderliche Unkosten H bei Stillegung.
14 Mindestbeschäftigungsgrad, von welchem ab Betrieb wirtschaftlicher ist als Stillegung, für Fall B.
15 Desgl. für Fall H.

Abb. 202. Abhängigkeit des Ergebnisses vom Beschäftigungsgrad bei billig angelegten Werken (B) und hochwertig angelegten Werken (H).

Nullpunkt. Die Ausgaben hängen nur zum Teil von der Erzeugung ab (Werkstoffe, Löhne, Kraftverbrauch usw.) und sind zum anderen Teile unveränderlich (Verzinsung, Abschreibung, Beamtengehälter, Heizung usw.). Die Schaulinien der Ausgaben sinken daher bei der Erzeugung Null nicht ebenfalls auf den Nullpunkt, sondern bleiben erheblich darüber. Die unveränderlichen Kosten fallen in der Regel bei billigen Anlagen geringer aus als bei hochwertigen Anlagen. Dafür steigen die veränderlichen Ausgaben bei hochwertigen Anlagen langsamer an, weil deren leistungsfähigere Bearbeitungsmaschinen, Beförderungsmittel usw. weniger Arbeitskräfte erfordern. Infolgedessen wird die Ausgabenlinie H die Ausgabenlinie B kreuzen. Beiläufig bemerkt entspricht die geradlinige Einzeichnung der Einnahmen und Ausgaben nicht ganz den tatsächlichen Verhältnissen, da bei anziehender Marktlage einerseits höhere Löhne und Einkaufspreise und mehr Überstundenzuschläge bezahlt werden müssen, andererseits aber auch teurer verkauft werden kann; doch darf dies der Einfachheit halber hier unberücksichtigt bleiben. Reingewinn und Reinverlust sind bei B senkrecht, bei H schräg geschrafft. Im Fall H wird bei guter Beschäftigung der Reingewinn, bei schlechter Beschäftigung der Reinverlust größer als im Falle B. Der Schnittpunkt der Einnahmen- und der Ausgabenlinie, der die Grenze zwischen dem Arbeiten mit Gewinn und mit Verlust bedeutet, wird bei hochwertigen Anlagen im allgemeinen bei einem höheren Beschäftigungsgrad liegen als bei billigen Anlagen.

Für Zeiten sehr schwacher Beschäftigung kann daran gedacht werden, die unveränderlichen Kosten durch Stillegung des Betriebes noch ein wenig herabzudrücken, weil dabei durch Entlassung eines Teiles der Angestellten, Einschränkung der Heizung und Beleuchtung usw. verschiedene Ersparnisse zu erzielen sind. Freilich kommt diese Möglichkeit nur in Fällen zwingender Not in Betracht, da — ganz abgesehen von den sozialen Bedenken gegen eine solche Maßnahme — die allgemeinen Schädigungen eines zum Stillstand kommenden Werkes so groß sind, daß man auch um den Preis erheblicher Opfer den Betrieb stets durchzuhalten versuchen wird. Rein rechnungsmäßig betrachtet wäre die Stillegung bei Unterschreitung desjenigen Beschäftigungsgrades gerechtfertigt, bei welchem der Reinverlust im Falle des Weiterbetriebes die verminderten Unkosten im Falle der Stillegung übersteigen würde. Die Abbildung läßt erkennen, daß, wenn der Zwang der Verhältnisse es einmal erfordern sollte, bei billigen Anlagen eine Stillegung eher möglich ist und die Kosten während der Ruhezeit erträglicher ausfallen als bei hochwertigen.

Das Ergebnis der Betrachtung läßt sich dahin zusammenfassen, daß hochwertige Anlagen bei starkem Beschäftigungsgrad erheblich größere Gewinne zu erzielen vermögen, aber dafür bei ungünstiger Geschäftslage auch weit schwereren Verlusten ausgesetzt sind. Sie empfehlen sich deshalb nur dort, wo mit einiger Sicherheit auf langjährigen guten Absatz gerechnet werden kann, während Gewerbebetriebe, bei denen starke Schwankungen der Marktlage vorkommen, sich billig einrichten müssen.

Wenn auch Vergleichsrechnungen im Sinne der vorstehenden Absätze manche wertvollen Anhaltspunkte liefern, so darf man doch nicht übersehen, daß stets auch noch andere nicht zahlenmäßig erfaßbare Gesichtspunkte Beachtung verlangen. Z. B. haben mit hochwertigen Bearbeitungsmaschinen und Beförderungsmitteln ausgestattete Betriebe den Vorteil verhältnismäßig geringer Abhängigkeit von den Arbeitskräften, während billig eingerichtete, die ihre Erzeugung nur unter starker Vermehrung der Arbeiterzahl steigern können, Hochstände der Marktlage häufig wegen Leutemangels nicht auszunutzen vermögen. Andererseits wird die Wahl einer kostspieligen Anlage, auch wenn sie sich als wirtschaftlich weit überlegen nachweisen läßt, oft an der Schwierigkeit der Geldmittelbeschaffung scheitern.

Zweckmäßigste Bauzeit. Im allgemeinen neigt man dazu, Neubauten und Erweiterungen bei günstiger Marktlage in Angriff zu nehmen, um die Zeit des Hochstandes noch auszunutzen und möglichst schnell zu Erträgnissen zu kommen. Der Bau wird dann jedoch teuer und kann sich auch leicht infolge von Arbeitsüberhäufung bei den Lieferern oder von Lohnkämpfen, die vorwiegend in solchen Zeiten zum Austrag kommen, soweit hinauszögern, daß der Hochstand bei Inbetriebnahme der Anlage schon verpaßt ist.

Dafür kann das Bauen in schlechten Zeiten die nachteilige Folge haben, daß die fertiggestellte Anlage unter Umständen mehrere Jahre hindurch Unkosten verursacht, ohne richtig ausgenutzt zu werden, so daß ohne Gewinn oder sogar mit Verlust gearbeitet wird. Trotzdem werden einigermaßen geldkräftige Unternehmungen, die nicht von der Hand in den Mund zu leben brauchen, aus den nachstehend angeführten Gründen besser dabei fahren. In Zeiten des Tiefstandes sind die Beamten durch die laufenden Betriebsarbeiten weniger in Anspruch genommen und daher eher in der Lage, sich eingehend mit den Plänen für die künftige Fertigung zu befassen; auch wird es dann möglich sein, Kräfte aus den der eigentlichen Erzeugung dienenden Entwurfs- und Betriebsbüros herauszuziehen und den Neubaubüros zur Verstärkung zuzuteilen. Außerdem ist die Bearbeitung der Pläne weniger an bestimmte Fristen gebunden; man vermag daher in Ruhe verschiedene Vergleichsentwürfe durchzuarbeiten und auf ihre Anlagekosten und Wirtschaftlichkeit hin zu untersuchen, wodurch sehr viel gespart werden kann. Den Bauunternehmern und den Lieferern der Einrichtung können gleichfalls längere Fristen zugestanden werden. Die Anfuhr der Baustoffe geht gleichmäßiger vor sich und die Arbeiten schreiten in besserer Übereinstimmung mit den zugrunde gelegten Zeitplänen fort, wodurch das kostspielige Warten des einen Lieferers auf den anderen wegfällt; man braucht daher bei der Veranschlagung weniger große Sicherheitszuschläge zu machen. Ferner werden die Baustoffe von den Walzwerken, Ziegeleien usw. billiger geliefert; auch sind die Arbeitslöhne geringer. Infolgedessen vermögen die Bauunternehmer bei Tiefstand bedeutend niedrigere Angebote zu machen als bei Hochstand, und die hierdurch erzielte Ersparnis wird im allgemeinen die Mehrausgaben für Verzinsung usw. bei unvermutet langem Anhalten der schlechten Marktlage wesentlich übertreffen.

Allgemeine Ratschläge.

(Siehe hierzu Quellennachweis 7, 31, 223.)

Organisation der Neubaubearbeitung. Die Zweckmäßigkeit der Lage, der Gesamtanordnung, der Gebäudegestaltung und der Betriebsmittel ist für die Wirtschaftlichkeit eines jeden Werkes von größter Bedeutung. Schwerere Fehlgriffe in diesen Beziehungen wirken lange Jahre nach und lassen sich oft überhaupt nicht wieder gut machen. Es empfiehlt sich deshalb, die bei einem

Bauvorhaben auftretenden wichtigen Fragen von Anfang an durch erste Fachmänner behandeln zu lassen, und zwar sowohl vom baulichen wie vom betrieblichen Standpunkt. Auch hier wäre es falscher Ehrgeiz, alles ohne fremde Hilfe machen zu wollen; die Aufgabe der oberen Leitung eines Unternehmens liegt nicht darin, sich in allen möglichen Dingen selbst zu betätigen, sondern für jedes Sondergebiet die am wirkungsvollsten arbeitenden Kräfte einzusetzen.

Was die baulichen Fragen betrifft, so besteht zunächst die Möglichkeit, sich bei den Vorarbeiten auf die Bauunternehmerfirmen zu stützen, die für die spätere Ausführung in Betracht gezogen sind. Für kleinere Neuanlagen und Erweiterungen, bei denen die Lage gegeben ist und besondere Schwierigkeiten nicht vorliegen, wird dies keine Bedenken haben. Sind dagegen hinsichtlich Lage, Gestaltung, Bauweise usw. zwischen verschiedenen Lösungen Entscheidungen zu treffen, so kann es vorkommen, daß die Belange des Bauherrn und des Bauunternehmers nicht in der gleichen Richtung gehen, und daß der letztere auf Entschließungen hinarbeitet, die für ihn selbst am vorteilhaftesten sind. Man wird also in solchen Fällen besser daran tun, die Bearbeitung in die Hände eines beratenden Bauingenieurs zu legen. Dies ist besonders angebracht, wenn eine größere Anzahl von Punkten wie Bahnanschluß, Zufahrtstraßen, Baugrund, Wasserverhältnisse usw. einer zusammenfassenden Beurteilung bedarf, die oft außerhalb des Erfahrungsbereiches einer einzelnen Unternehmerfirma liegen wird. Dem beratenden Bauingenieur werden dann in der Regel auch die Einholung und Begutachtung der Kostenanschläge sowie die Bauleitung und Abrechnung übertragen.

Doch auch die betriebstechnische Bearbeitung von Neubauangelegenheiten sollte überall als eine Hauptaufgabe aufgefaßt werden, welche die umfassenden Vorkenntnisse und die volle Arbeitskraft von erfahrenen Fachingenieuren in Anspruch nimmt. Das geschieht aber vielfach nicht; sehr häufig wird sie den einzelnen Betriebsleitern, die mit der Inganghaltung der Erzeugung alle Hände voll zu tun haben, zur Erledigung nebenher zugewiesen. Dabei entsteht dann ein fortwährender Widerstreit zwischen den Erfordernissen der Neubaubearbeitung und den laufenden Obliegenheiten. Vernachlässigung der letzteren zieht unmittelbare geschäftliche Nachteile infolge von Lieferfristüberschreitungen, Ausführungsfehlern usw. und dadurch allerlei persönliche Unannehmlichkeiten nach sich, während verzögerte oder flüchtige Erledigung der Neubauangelegenheiten zunächst nicht nach außen in Erscheinung tritt und in ihren Folgen erst viel später erkennbar wird. Da auch in technischen Betrieben das Wort Napoleons gilt, daß die große Mehrzahl der Menschen nur unter dem unmittelbaren Druck der Verhältnisse zu handeln vermag, so werden stets die Arbeiten gefördert, bei denen der fühlbare Druck am stärksten ist, und die anderen kommen in Rückstand. Namentlich bei der heutigen finanzwirtschaftlichen Erschöpfung verdient die Notwendigkeit Beachtung, daß jedes neu bereitgestellte Kapital so bald wie möglich Erträgnisse abwirft; es ist deshalb anzustreben, alle Bauvorhaben, für welche die Mittel beschafft sind, mit sehr kurzen Bauzeiten durchzuführen. Man muß also dafür sorgen, daß die Bearbeiter der Neubauangelegenheiten die Hände genügend frei haben und in erster Linie für dieses Gebiet verantwortlich sind. Zu bedenken ist auch, daß der einzelne Betriebsleiter in seinem Bereiche nur wenig Neubauten und Beschaffungen größerer Einrichtungsstücke durchmachen wird. Er steht daher baulichen Fragen meist ohne genügende Erfahrung gegenüber und vermag die Angemessenheit des Aufwandes für wirkliche und vermeintliche Bedürfnisse nicht immer richtig abzuwägen. Er wird häufig auf Nebendinge übertriebenen Wert legen und dabei wichtige Haupterfordernisse vernachlässigen. Dies ist mit der Grund dafür, daß man in so vielen oft gerade erst fertig gewordenen Werken darüber klagen hört, die ganze Anlage sei „verbaut“. Allerdings darf angesichts derartiger Äußerungen nicht übersehen werden, daß oft eine große Zahl schlechthin unvereinbarer Forderungen vorliegt, die auch der erfahrenste und geschickteste Fachmann nicht restlos zu befriedigen vermag, und daß dann die Nichterfüllung einzelner Ansprüche im Betriebe leicht als Mangel empfunden wird, während die Vorzüge der gewählten Anordnung als selbstverständlich hingenommen oder auch gar nicht einmal bemerkt werden; trotzdem ist unbestreitbar, daß möglichste Zusammenfassung der Erfahrungen die meiste Aussicht auf zweckentsprechende und gleichzeitig sparsame Lösungen bietet.

Für bedeutendere Werke empfiehlt es sich, eine besondere Büroabteilung für Werkbauangelegenheiten zu schaffen. Auch die bautechnischen Fragen selbst zu erledigen, wird sich nur für Großunternehmungen verlohnen, die eine ganze Anzahl in der Entwicklung begriffener Werke besitzen; hier ist in erster Linie an die betriebstechnische Bearbeitung gedacht. Die Einrichtung eines Werkbaubüros wird die Sammlung und Verwertung sämtlicher Erfahrungen, die richtige Abwägung der Bedürfnisse und die Auffindung guter und wirtschaftlicher Anordnungen wesentlich begünstigen. Sie wird ferner die Auswahl der geeignetsten Lieferer und die glatte Abwicklung von Anfragen und Bestellungen jeder Art erleichtern und klarere und einheitlichere Anordnungen für die Lieferungen wie auch für das Handinhandarbeiten der vielen beteiligten Stellen bei Neubauten ermöglichen. Außerdem vermag ein Werkbaubüro im laufenden Betrieb durch gut überlegte zusammengefaßte Erledigung aller Erd-, Pflasterungs- und Bauarbeiten, die aus irgendwelchen Gründen erforderlich werden, manche Ersparnisse zu erzielen und die Häufigkeit von Störungen durch derartige Arbeiten zu vermindern. Bei Bearbeitung der Bau- und Einrichtungsangelegenheiten durch die einzelnen Betriebsleiter werden die Erfahrungen dagegen meist verloren gehen, so daß jedesmal von neuem viel Zeit vergeudet wird und Lehrgeld gezahlt werden muß.

Es kann zweckmäßig sein, dem Werkbaubüro nicht nur die Ausführung der von anderen Stellen beantragten Maßnahmen, sondern auch die dauernde selbständige Fürsorge für die Bereitstellung von Räumen, Betriebsmitteln und allen sonstigen für technische Zwecke und zur persönlichen Wohlfahrt erforderlichen Einrichtungen zu übertragen. Zu seinen Obliegenheiten würde dann z. B. gehören, über die Raumverteilung zu bestimmen, beengten Abteilungen Platz zu verschaffen, bei Aufnahme neuer Erzeugungsgebiete für die erforderlich werdenden Werkstätten und Lager zu sorgen, unwirtschaftliche Beförderungsverfahren zu verbessern, bei mangelhafter Lüftung oder unzureichenden Schutzvorrichtungen Abhilfe zu treffen usw. Die im Werkbaubüro tätigen Ingenieure müssen natürlich mit der Eigenart des Gesamtbetriebes und der einzelnen Werkstätten gut vertraut sein und haben sich durch ständige Fühlungnahme mit den Betriebsleitern über die Bedürfnisse unterrichtet zu halten.

Selbstverständlich muß darauf gesehen werden, daß das Werkbaubüro nicht in den Fehler verfällt, zuviel vom grünen Tisch aus verfügen zu wollen. Es kann seine Aufgabe vielmehr nur in engstem Zusammenarbeiten mit den einzelnen Betrieben und durch verständnisvolles Eingehen auf deren Wünsche und Anregungen erfüllen. Dringend ist anzuraten, auch einzelnen Werkstattangehörigen Einblick in die Entwürfe zu geben und ihre Ansichten zu hören. Man wird dadurch auf manche Gesichtspunkte hingelenkt, die sonst vielleicht unbeachtet geblieben wären, und auf Erfahrungen in anderen Werken aufmerksam gemacht; außerdem pflegt die Zuziehung zu derartigen Besprechungen die Arbeitsfreudigkeit der Meister und Arbeiter und ihre Anteilnahme an der Entwicklung des Werkes zu erhöhen.

Kleinere Unternehmungen, die selten in die Lage kommen zu bauen, und bei denen sich daher die Einrichtung eines ständigen Werkbaubüros nicht lohnt, tun gut daran, wenigstens vorübergehend einen betriebstechnisch geschulten und in Neubau und Einrichtung erfahrenen Fachmann einzustellen, oder auch auf diesem Gebiete die Dienste eines beratenden Ingenieurs in Anspruch zu nehmen. Die Ausgaben hierfür werden vielfach gescheut, wohl aus der unklaren Empfindung heraus, daß ihnen kein handgreiflicher Gegenwert gegenüberstehe, oder auch weil nicht eingesehen wird, weshalb außer der Betriebsleitung und dem bauleitenden Architekten oder Bauingenieur noch ein weiteres Zwischenglied erforderlich sein solle; jedoch spielen die Kosten, für welche die Erfahrungen eines sachkundigen Bearbeiters zu haben sind, in der Regel eine verschwindende Rolle im Vergleich zu den Summen, welche infolge Nichtverwertung dieser Erfahrungen beim Bau selbst und während langer Betriebsjahre nachher vergeudet werden können.

Auf alle Fälle, gleichgültig ob man ein eigenes Werkbaubüro eingerichtet hat oder nicht, sollte man dafür sorgen, daß alle auf Neubauten bezüglichen Unterlagen sorgfältig gesammelt und an einer Stelle verwaltet werden, um jederzeit zur Verfügung zu stehen. Die Gründe, die zur Wahl bestimmter Bebauungspläne, Gebäudeabmessungen, Tragfähigkeiten von Decken, Hebezeugen usw. geführt haben, sind in Aktenvermerken niederzulegen, damit nach einem etwaigen Personenwechsel auch die künftigen Bearbeiter sich darüber zu unterrichten vermögen, und nicht in Unkenntnis der maßgeblich gewesenen Gesichtspunkte einen großzügig angelegten Gesamtplan um kleiner örtlicher Vorteile willen durchkreuzen. In Anbetracht der hohen Kosten, die gerade auf dem Gebiete der Neubauangelegenheiten durch Mißverständnisse auch nur geringfügiger Art entstehen können, sollten alle mit den Betriebsleitern oder den Bauunternehmern mündlich getroffenen Vereinbarungen stets nachher noch schriftlich festgelegt werden. Ferner sind alle schriftlichen Mitteilungen im inneren Werkverkehr regelmäßig mit Durchschrift für die Akten auszufertigen, damit sich gegebenenfalls die Verantwortung einwandfrei feststellen läßt. Erfahrungsgemäß wird hierdurch die Sorgfalt aller beteiligten Stellen sehr günstig beeinflußt.

Zeichnungen von Lieferern sind bei Eingang sofort in die Zeichnungsliste der Plankammer einzutragen und neu zu benummern. Grundsätzlich sollte jede eigene und fremde Zeichnung bei allen noch so geringfügig erscheinenden Änderungen eine neue Nummer oder einen neuen Buchstabenzusatz erhalten, etwa indem man eine Zeichnung 131/43 (die, wie in Abschnitt „Einrichtung von Büros" beschrieben in Schubfach 131 als 43ste zu finden ist) nach der ersten Änderung 131/43a nennt, nach der zweiten 131/43b usw. Wird in dieser Hinsicht nicht vorgesorgt, so können sehr kostspielige Unstimmigkeiten entstehen. Bei Eisenbetonbauten sind genaue Angaben über die Eiseneinlagen während des Baues zu sammeln und für künftige Nacharbeiten (Herstellung von Durchbrüchen für Rohre usw.) aufzubewahren. Nach Fertigstellung eines Baues sollten Zeit und Kosten für die Anfertigung von Schlußzeichnungen (Revisionszeichnungen) nicht gescheut werden; bei Vergebung größerer Aufträge ist ihre Mitlieferung von vornherein zu vereinbaren. Niederschriften über Abnahme von Gebäuden und wichtigeren Betriebsmitteln sind gleichfalls zu den Akten zu nehmen.

Winke für die Entwurfstätigkeit. Damit gute Geländeausnutzung und günstige gegenseitige Lage der Betriebe für jeden Ausbauzustand des Werkes gewährleistet bleibt, muß von vornherein nach einem sorgfältig durchdachten Bebauungsplan gearbeitet werden, der nicht nur die augenblicklichen Bedürfnisse, sondern auch die Erweiterungsmöglichkeiten für eine Reihe von Jahren im voraus berücksichtigt. Vielen ausgeführten Werken ist anzusehen, daß man die Gebäude des ersten Ausbaues wie ein abgeschlossenes Ganzes ausgestaltet und in das Grundstück hineingesetzt hat, ohne sich stark mit der Frage zu beschäftigen, welche Möglichkeiten für die spätere Bebauung der Restflächen übrig bleiben. Ein solcher Mangel an Voraussicht hat dann bei den oft unerwartet früh notwendig werdenden Erweiterungen große Schwierigkeiten und ebenso lästige wie kostspielige Umbauten zur Folge; ferner wird dabei leicht die Ausnutzbarkeit des Geländes wie auch die Verkehrsabwicklung und Übersicht im Betriebe ein für allemal beeinträchtigt. Der Hauptbebauungsplan soll deshalb, von bestimmten Annahmen über die voraussichtliche Entwicklung ausgehend von vornherein das ganze Gelände umfassen und einwandfreie Beförderungsverhältnisse für den gedachten Endzustand sicherstellen; zur tatsächlichen Ausführung sind alsdann aus dem Gesamtplan nach und nach diejenigen Gebäude oder Gebäudeteile, Lagerhöfe, Verkehrswege, Geleise usw. auszuwählen, die für die Inbetriebnahme des Werkes und für die späteren Ausbaustufen jeweils erforderlich scheinen. Damit ist natürlich nicht gesagt, daß sich die künftige Bebauung wirklich in allen Einzelheiten nach diesem Hauptbebauungsplan zu richten braucht; doch wird die Durcharbeitung und das Vorhandensein eines solchen Planes Gewähr dafür geben, daß man sich nicht unbewußt gute Erweiterungsmöglichkeiten verbaut, und es der Werkleitung bzw. dem Werkbaubüro erleichtern, die beschlossenen Richtlinien der Gesamtentwicklung des Werkes gegenüber den Sonderansprüchen der einzelnen Betriebsabteilungen zu wahren.

Voraussetzung für die Wirksamkeit dieser Maßnahme ist selbstverständlich, daß nicht jeder einzelne Betrieb unabhängig bauen darf, sondern daß alle Erweiterungs- und Umbauwünsche im Werkbaubüro bearbeitet, oder bei Nichtvorhandensein eines solchen wenigstens an irgendeiner Stelle einheitlich geprüft werden. Diese Stelle hat dann dafür zu sorgen, daß jede Erweiterung im Rahmen des Bebauungsplanes vorgenommen wird, oder ihn zum mindesten nicht in wesentlichen Punkten durchkreuzt. Stellt die Organisation dies nicht sicher, so kommt es immer wieder vor, daß ein unwichtiger Nebenbau auf einen Platz gesetzt wird, der für eine große Werkstatthalle geeignet gewesen wäre, daß die unüberlegte Anordnung eines Lagergebäudes einem später erforderlich werdenden Hauptgeleisstrang den Weg versperrt und dergl. mehr; ein ursprünglich großzügig angelegtes Werk zeigt dann schon nach wenigen Jahren einen Wirrwarr von kreuz und quer stehenden Baulichkeiten und Schuppen, die sich die einzelnen Abteilungen nach Maßgabe der Unternehmungslust ihrer Betriebsleiter errichtet haben, und alle Möglichkeiten zur Anlage neuer großer Gebäude und zweckmäßiger Verkehrswege sind unterbunden.

Bei der Bemessung von Neuanlagen und Erweiterungen wird man, wenn angängig, Erfahrungsziffern von etwa schon vorhandenen eigenen Betriebsabteilungen oder von fremden Werken ähnlicher Art benutzen. Als Vergleichsmaß verdienen hauptsächlich die Ausbringung nach Gewicht oder Umsatzwert, die Zahl der Arbeiter und Beamten, die Fußbodenfläche für Arbeits- und Lagerzwecke und der Rauminhalt der Gebäude Beachtung; in Ermangelung besserer Anhaltspunkte kann man allenfalls auch aus dem Kraftbedarf oder der Größe des Betriebskapitals Schlüsse ziehen. Für die Beurteilung der verfügbaren Zahlenunterlagen wird es nützlich sein, ihre Verhältniswerte zu errechnen und auf deren Zusammenhang mit Arbeitszeit und Schichtzahl, Fertigungsverfahren, Wertigkeit der Einrichtung, Güte der Arbeitskräfte usw. zu achten.

Laufende Nr.	Abteilung	Arbeiterzahl einer Schicht	Bodenfläche in m²								
			Unter Dach in Erdgeschossen			Unter Dach in beliebigen sonstigen Geschossen			In Hofräumen		
			Für Arbeitszwecke	Für Lagerzwecke	Summe d + e	Für Arbeitszwecke	Für Lagerzwecke	Summe g + h	Für Arbeitszwecke	Für Lagerzwecke	Summe k + l
a	b	c	d	e	f	g	h	j	k	l	m

Den Platzbedarf der verschiedenen Abteilungen stellt man zweckmäßig auf einer Tafel in vorstehender Art zusammen.

Abteilungen für schwere und leichte Erzeugnisse, ebenso solche für Massenarbeiten und Einzelherstellung sind gesondert aufzuführen, weil sie auch bei der Raumzuweisung aus Gründen der Arbeitsteilung und bestmöglichen Ausnutzung der Betriebsmittel tunlichst auseinandergehalten werden sollen. Die Scheidung des Bedarfes an Erdgeschoß- und sonstiger weniger tragfähiger Fußbodenfläche ist wünschenswert in Hinblick auf die Ermittlung der günstigsten Bebauungsweise und Geschoßzahlen. Für einen Überschlag der benötigten Grundstückgröße müssen zu dem Bodenflächenbedarf der Werkstätten und Lager stets noch 50—100 v. H. für Verkehrswege, Geleise, Treppen und Aufzüge, Waschräume usw. zugeschlagen werden. Außerdem hat man in ausgiebigem Maße auf Erweiterungsmöglichkeit Bedacht zu nehmen; bei einem aussichtsreichen Unternehmen wird das Ausdehnungsbedürfnis mit etwa 50 v. H. in 10 Jahren kaum zu hoch eingeschätzt sein, und man tut gut daran, eine gesamte Erweiterbarkeit um mindestens 150—200 v. H. sicherzustellen.

Nunmehr wird man die verschiedenen Betriebsabteilungen mit dem Bodenflächenbedarf des endgültigen Ausbauzustandes in Flachbauten oder Geschoßbauten unterzubringen und in einem Werkplan zusammenzufassen versuchen, wobei namentlich die Gesichtspunkte des Abschnittes „Gesamtanordnung“ Beachtung verdienen. Es ist dann zu prüfen, ob die allgemeinen Verkehrserfordernisse und die Sonderbedürfnisse der einzelnen Werkstätten durch den Entwurf zur Genüge erfüllt werden; besonderes Augenmerk verlangen Fußbodentragfähigkeit, Hebezeuge, Belichtung und die Möglichkeit zweckmäßiger und platznutzender Unterbringung der Betriebsmittel. Letztere läßt sich meist erst bei Durcharbeitung eines Maschinenaufstellungsplanes übersehen. Um die günstigste Anordnung einer Anzahl verschiedenartiger Maschinen herauszufinden, benutzt man gern das Hilfsmittel, maßstäbliche Umrißskizzen derselben auszuschneiden und mit Nadeln auf der Gebäudezeichnung zu befestigen. Die Gebäudeabmessungen sollten stets erst nach gründlicher Durchführung dieser Untersuchungen endgültig festgelegt werden.

Empfehlenswerte Maßstäbe für Entwurfszeichnungen sind:
1 : 1000 für Gesamtpläne (Untersuchung von allgemeiner Anordnung, Geleisanlagen usw.).
1 : 500 für Einzelheiten der Gesamtpläne (Umrisse von Gebäudegruppen, Höfen usw.).
1 : 200 für Entwürfe einzelner Gebäude.
1 : 100 für Einrichtungspläne bei größeren Bearbeitungsmaschinen.
1 : 50 desgl. bei kleineren Bearbeitungsmaschinen.

Neu auftretenden Raumbedarf in einer vorhandenen Werkanlage wird man zunächst durch gesteigerte Ausnutzung der bereits bestehenden Gebäude zu befriedigen suchen. Mitunter läßt sich durch Verschiebung einzelner Betriebsabteilungen ohne größere bauliche Änderungen zum Ziel kommen. Macht die Umstellung dagegen erhebliche Umbauarbeiten erforderlich, so hat man zu prüfen, ob nicht eine Erweiterung den Vorzug verdient. Umbauen ist zwar an sich billiger als Neubauen, doch liefert Neubauen einen größeren Platzgewinn und wirkt auch wertvermehrend auf die Gesamtanlage, was beim Umbauen weniger oder gar nicht der Fall ist; die höheren Kosten beim Neubauen haben also gewissermaßen einen besseren Wirkungsgrad. Hat man sich einmal zum Erweitern entschlossen, so soll man nicht kleinlich vorgehen und auf richtige Ausnutzung des Geländes achten. Stehen beispielsweise für die Verlängerung einer Werkstatthalle 40 m zur Verfügung, so hat es wenig Sinn, zunächst nur 20 m anzubauen und nach ein paar Jahren nochmals zu erweitern; die mehrmalige Inangriffnahme der Bauarbeiten und die wiederholte Verschiebung der Stirnwand würde erhebliche Mehrkosten verschlingen, denen keinerlei Wertsteigerung entspricht. Auch wäre es grundfalsch, etwa auf eine im wertvollen Werkinnern gelegene bebaubare Fläche von 20 m × 30 m ein Gebäude von 15 m × 25 m Seitenlänge zu setzen; mit dem Rest der nur zu 63 v. H. ausgenutzten Fläche vermöchte man dann nichts Rechtes mehr anzufangen, während der bei vollständiger Überbauung zunächst entstehende Raumüberschuß sich wohl stets über kurz oder lang irgendwie mit Vorteil verwerten läßt. Ebenso müßte es als eine unverantwortliche Platzvergeudung bezeichnet werden, eine zur Erweiterung eines Mehrgeschoßbaues geeignete Fläche nur einstöckig zu bebauen, wenn nicht sehr triftige Gründe dafür vorliegen. Das Aussehen vieler Werkanlagen zeigt, daß diese Hinweise keineswegs so überflüssig sind, wie sie vielleicht auf den ersten Blick erscheinen.

Nachdrücklich sei noch vor dem Fehler gewarnt, bei Neuanlagen der Wiederverwertung von alten Einrichtungsstücken zu große Wichtigkeit beizumessen. Wenn man z. B. einen geräumigen Lagerplatz bloß deshalb unvollständig ausnutzt, weil ein alter Laufkran von eigentlich zu geringer Spannweite Verwendung finden soll, so wird man durch erhöhte Beförderungslöhne und sonstige Unkosten in kurzer Zeit mehr zugesetzt haben, als anfänglich gespart wurde. Dem Verfasser ist ein Fall bekannt, wo für ein großes neues Werk die viel zu niedrige Drehstromkraftspannung von 110 Volt lediglich aus dem Grunde gewählt wurde, weil eine geringe Anzahl vorhandener Elttreiber dieser Spannung von einer alten Anlage dorthin übernommen werden sollte; nach Inbetriebnahme stieg die Zahl der Elttreiber infolge des allerdings unerwartet raschen Ausbaus des Werkes auf annähernd 600, und es blieb nach Einsetzen dieser Entwicklung mit Rücksicht auf die Leitungskosten nichts übrig, als nachträglich das ganze Netz und alle Treiber auf 380 Volt umzubauen.

Alle Einzelheiten der Gebäudeausführung und Einrichtung sind nach Möglichkeit vor Baubeginn vollständig zu klären. Läßt sich über Dinge wie Fußbodenbelag, Heizung, Maschinenaufstellung usw. erst während des Bauens entscheiden, so entstehen mindestens unliebsame Aufenthalte durch die Abänderung der Zeichnungen; häufig werden aber auch allerlei kostspielige Nacharbeiten erforderlich, wie z. B. Ausstemmen von tiefen Löchern in Betonfußböden für die Grundanker von Maschinen. Beachtung erfordert in jedem Falle auch die Einbringung der Betriebsmittel. Die Abmessungen der größten hineinzubefördernden Teile der Bearbeitungsmaschinen, Behälter, Büromöbel usw. sind zu ermitteln und zur Berücksichtigung bei den Bauzeichnungen der bautechnischen Stelle bekannt zu geben, die hierdurch für ihren Bereich verantwortlich wird. Bezüglich Krane und Hängebahnen wurden bereits in Abschnitt „Beförderungsmittel und Hebezeuge" verschiedene wichtige Hinweise gegeben.

Wird beabsichtigt, irgendeinen Teil der Einrichtung in einer neuen Ausführungsart selbst herzustellen, so empfiehlt es sich, möglichst schnell eine Probeausführung geringen Umfanges irgendwo versuchsweise in Betrieb zu nehmen; man vermag dadurch etwaige Mängel sofort festzustellen und erspart sich unangenehme Überraschungen bei Inbetriebsetzung der Gesamtanlage. Ebenso kann es nützlich sein, die vorteilhafteste Aufstellung von Werktischen, Bearbeitungsmaschinen usw. noch vor Fertigstellung der Einrichtungspläne in einer älteren Werkstatt auszuproben.

Zeitplan für die Errichtung eines Mehrgeschoßbaus.

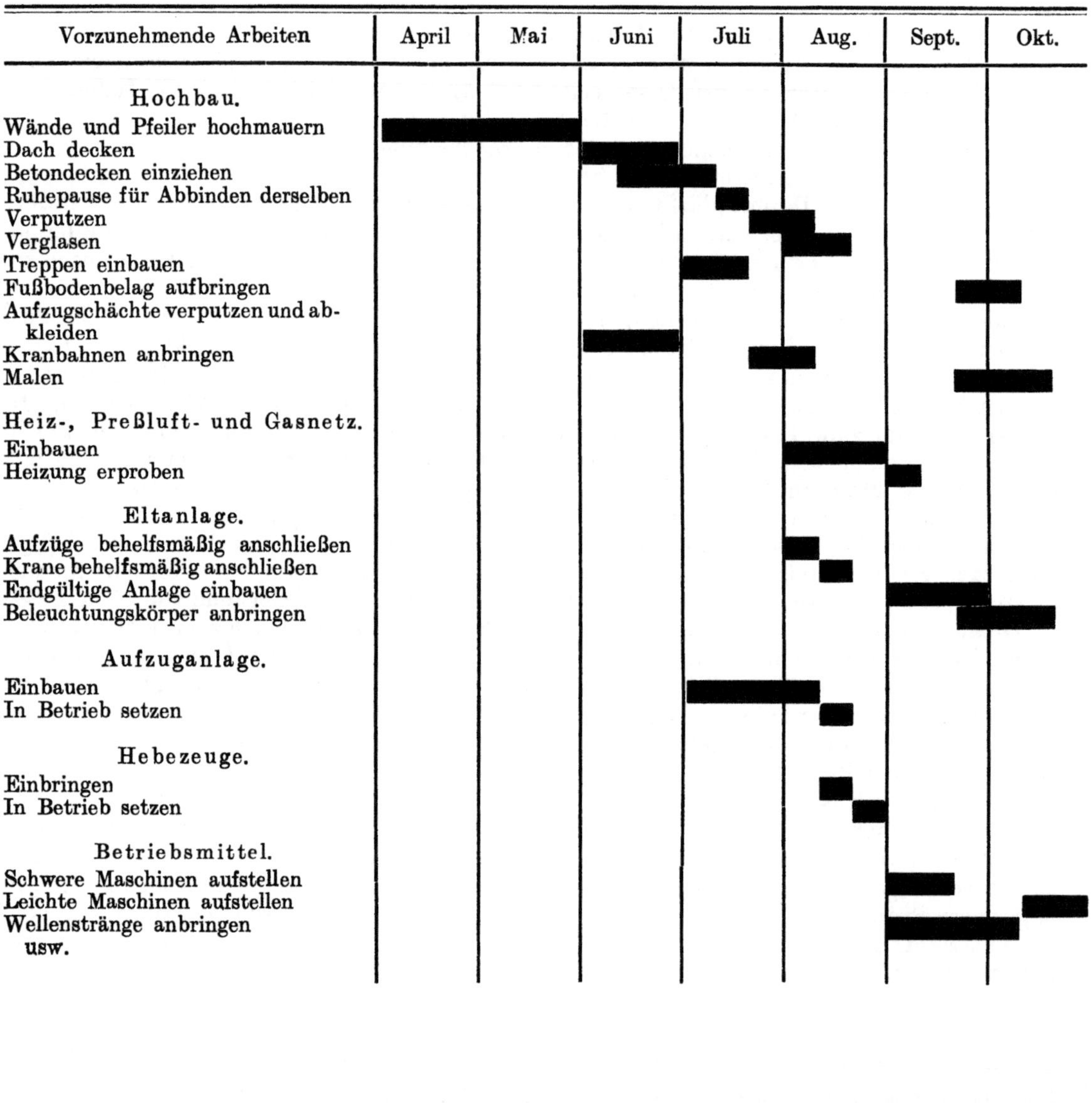

Die Festlegung der Anfangs- und Endzeiten für die verschiedenen Bauarbeiten wie auch der Lieferfristen für die bestellten Einrichtungsstücke geschieht am besten an Hand eines Zeitplanes, in welchem die Abhängigkeit der einzelnen Arbeiten voneinander augenfällig zu erkennen ist. Ein solcher ist vorstehend auszugsweise wiedergegeben.

Anwendung von Normen. Wie auf anderen Gebieten, so kann auch beim Bau und der Einrichtung von Werkstätten die Verwendung von Normen und Einheitsausführungen wesentliche Vorteile ergeben, insbesondere Vereinfachung und Beschleunigung der Entwurfsarbeiten, rasche Erledigung der Bestellungen und schnellere und billigere Anfertigung der im eigenen Betriebe herstellbaren Teile. Als Grundlage für die Normentätigkeit in Werkbaubüros kommen die D I-Normen (Deutsche Industrienormen) in Betracht. Für größere Unternehmungen wird es sich empfehlen, in Anlehnung an dieselben für alle sich häufig wiederholenden Gegenstände wie Türen und Tore, Fenster, Dachbinder, Oberlichter, Gerüste und Tragarme für Wellenleitungen, Ausrückvorrichtungen, Werktische usw. Einheitsausführungen zu schaffen, auf welche stets wieder zurückgegriffen werden kann. Eine Reihe normenmäßiger Maschinenteile sind im Handel zu haben.

Ein für den Betrieb sehr wichtiger Zweig der Normung ist die Festsetzung einheitlicher Steuerbewegungen. Ihr Wert für die Verhütung von Unfällen und Betriebsschäden erweist sich namentlich bei vertretungsweiser Besetzung der Maschinen und Hebezeuge mit Leuten, die ihre Handhabung zwar kennen, aber infolge Mangels an Gewohnheit nicht gefühlsmäßig beherrschen. Bei ungebräuchlicher Anordnung und Bewegungsrichtung der Bedienungsgriffe können in solchen Fällen leicht folgenschwere Irrtümer vorkommen; der Drehstahl, der am Ende

Abb. 209a.

Rechtsdrehung soll bewirken Bewegung nach rechts, vorwärts oder aufwärts.

Abb. 209b.

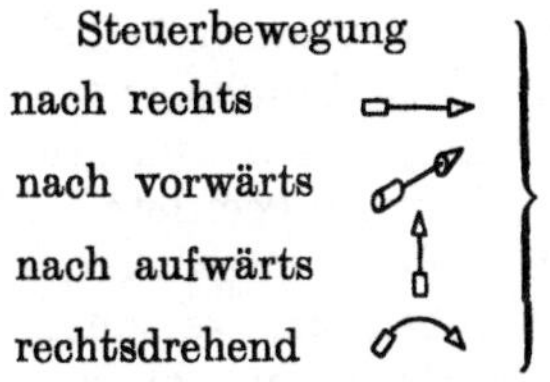

Abb. 209a—b. Normen für Steuerbewegungen.

der Schnittfläche abgesetzt werden soll, wird tief in das Werkstück hineingetrieben, die am Kran hängende Gießpfanne, die während des Gusses gehoben werden soll, stößt infolge versehentlichen Senkens auf die Form auf usw. Auch diese Aufgabe beschäftigt den Normenausschuß der Deutschen Industrie und es empfiehlt sich, bei allen Maschinenbestellungen den Lieferern die Einhaltung der Festsetzungen der D I-Normen aufzuerlegen. Nachstehend sei nur kurz auf eine Reihe von Einzelpunkten hingewiesen.

Bei Hebe- und Beförderungsmitteln ergibt sich die gewünschte Einheitlichkeit durch Wahl sinngemäßer (sympathischer) Steuerbewegungen für die Auslösung der Hauptbeweguugen zwanglos von selbst; Hebelbewegungen nach vorwärts, rechts, aufwärts sollen Fahrt- bzw. Hubbewegungen nach vorwärts, rechts, aufwärts veranlassen, Linksdrehung eines Steuerrades Linksdrehung des Fahrzeuges bewirken usw.

In anderen Fällen ist eine stets gleichbleibende Zusammengehörigkeit von Steuerbewegung und Hauptbewegung nicht ohne weiteres gegeben, sondern Sache willkürlicher Übereinkunft. Z. B. kann man bei Benutzung von Drehbewegungen zur Erzielung von Verschiebebewegungen (Kurbeln zum Verstellen von Drehbankschlitten) die Festsetzung treffen, daß sich bei Rechtsdrehung des steuernden Teiles das zu bewegende Stück nach rechts, vorwärts (d. h. vom Standpunkt des Kurbelnden hinweg) oder aufwärts verschieben soll, wie Abb. 209a veranschaulicht. Dieser Forderung vermag man sich bei Schraubenspindeln durch Wahl von Rechts- oder Linksgewinden, bei Zahnstangen durch Anordnung der Antriebszahnräder darüber oder darunter leicht anzupassen. Wo der räumliche Zusammenhang nicht klar zu übersehen ist, oder wo die Steuerbewegungen überhaupt nichts mit Raumbewegungen zu tun haben, kann man zum Grundsatz machen, daß eine Steigerung des gesteuerten Vorgangs eintreten soll, wenn man bei Steuergeräten mit Verschiebebewegung eine Verschiebung nach rechts, vorwärts oder aufwärts vornimmt, bei solchen mit Drehbewegung nach rechts, d. h. im Uhrzeigersinne dreht; diesen in Abb. 209b gezeigten Steuerbewegungen würde also z. B. bei Schaltern Einschaltung, bei

Elterzeugern Spannungszunahme, bei Elttreibern Anlauf und Geschwindigkeitserhöhung entsprechen. Die soeben erwähnten Festsetzungen führen freilich auch nicht immer zu einer zweifelsfreien Entscheidung, weil mitunter schwächende Einwirkung auf den unmittelbar beeinflußten Vorgang gesteigertes Arbeiten der Gesamteinrichtung hervorrufen kann (z. B. die Verringerung des Feldstromes beim Gleichstrom-Nebenschlußtreiber Zunahme der Geschwindigkeit) oder weil der Antrieb ein und desselben Steuermittels von zwei gegenüberliegenden Seiten einer Maschine einen eindeutigen Zusammenhang ausschließt. Ventile, Schieber und Hähne werden abweichend von dem oben Gesagten fast immer so hergestellt, daß Rechtsdrehung den Abschluß herbeiführt.

Übersichtlichkeit in Rohr- und Leitungsnetzen. Für Rohrleitungen empfehlen sich die Einheitsfarbenbezeichnungen des Vereines deutscher Ingenieure, die in der beigehefteten aus dem „Technischen Hilfsbuch" von Schuchardt & Schütte (Quellennachweis 10) übernommenen Farbentafel wiedergegeben sind. Zur Ergänzung ist vorgeschlagen worden für Wasserstoff gelbe Grundfarbe mit weißen Punkten, für Sauerstoff blaue Grundfarbe mit weißen Punkten. Ausführlichere Angaben für den Gebrauch der Farbentafel enthält die „Zeitschrift des Vereines deutscher Ingenieure", 1911, Heft 48 und 1913, Heft 12. Sofern man Ölfarben sparen und vorwiegend billigere Anstrichmittel wie Teerfirnis usw. verwenden will, genügt es, die Zeichen in der Nähe der Ventile und an sonstigen Stellen der Rohrstränge anzubringen, wo Unkenntnis ihrer Bestimmung Betriebsgefahren und Unfälle nach sich ziehen könnte. Die Bezeichnungen für heiße Rohrleitungen malt man auf in gewissem Abstande befestigte Blechstücke, da sich manche Farben durch Erwärmung verändern.

Für Schalttafeln ist Farbenanstrich der Leitungen zur Kennzeichnung ihrer Zugehörigkeit zu den verschiedenen Polen und Phasen erwünscht, am besten wieder für das ganze Werk einheitlich. Der Verband deutscher Elektrotechniker hat in der „Elektrotechnischen Zeitschrift" 1913 S. 306 Vorschläge veröffentlicht, die bei Neuanlagen Berücksichtigung verdienen. Danach sind bei Gleichstrom + Leitungen rot, — Leitungen blau zu kennzeichnen; geerdete Leiter eines Außenpoles erhalten auf der Polfarbe noch schwarze Ringe. Bei Drehstrom gibt man den drei üblicherweise mit R, S, T benannten Phasenleitungen die Farben gelb, grün, violett und zwar entsprechend der zeitlichen Reihenfolge der Phasen. Bei Einphasenwechselstrom bekommen die Phasenleitungen die Farben gelb und violett. Erdleitungen und geerdete Nulleiter sind bei allen Stromarten schwarz mit weißen Ringen zu bezeichnen, ungeerdete Nulleiter schwarz mit roten Ringen. Die Anschlußklemmen von Eltmaschinen und -geräten werden mit den vom „Verband deutscher Elektrotechniker" vorgeschriebenen Buchstaben versehen. Die angeführten Maßnahmen erleichtern Untersuchungen bei Betriebsstörungen, geben erhöhte Sicherheit für die richtige Wiederherstellung gelöster Verbindungen bei Instandsetzarbeiten und tragen zur Vermeidung von Kurzschlüssen und Unfällen bei.

Über Zweck und Zugehörigkeit von Rohrleitungen und Kabeln, Handrädern, Schaltern usw. müssen, soweit Zweifel möglich sind, Bezeichnungsschilder Aufschluß geben. In Kraftwerken, Schaltstellen usw. sollen übersichtliche Rohr- und Schaltpläne zur Hand sein, aus denen sämtliche Leitungsverbindungen und die Bedeutung aller Ventile, Schalter usw. klar hervorgehen. Für besonders verwickelte Anlagen können zur raschen Behebung von Störungen vorbereitete Anweisungen von Nutzen sein, nach denen sich die in Betracht kommenden Notschaltungen ohne langes Überlegen herstellen lassen. Wenn bei einer sehr großen Zahl von Ventilen und Schaltern die Verwendung ausführlicher Bezeichnungsschilder zu wenig Übersicht ergibt, ist es unter Umständen vorteilhaft, alle zu benummern und in den Plänen und Schaltanweisungen einfach auf die Nummern Bezug zu nehmen. Große und kleine Buchstaben, ebenso arabische und römische Zahlen sollten nirgends nebeneinander benutzt werden, weil sonst bei mündlicher Übermittlung leicht Irrtümer unterlaufen. Kabel in Eltnetzen benennt man am besten mit gut unterscheidbaren Vornamen oder Städtenamen, die an beiden Enden auf Schildern vermerkt werden; hierdurch wird Mißverständnissen am Fernsprecher vorgebeugt.

Bezeichnung der Werkteile, Geschosse und Gebäudefelder. Schon in den Bauplänen sind für die Straßen, Höfe, Gebäude und deren Geschosse und Felder Bezeichnungen festzulegen. Dadurch wird die Ausgabe von Anordnungen jeder Art beim Bau und Einzug vereinfacht und die Verständigung im Betriebe, namentlich bei Störungsfällen, Bränden usw. erleichtert; außerdem können diese Bezeichnungen für alle Wertaufstellungen, Unkostenmeldungen und sonstige Zwecke der Verwaltung einheitlich benutzt werden, was der Übersicht zugute kommt. Die Straßen, Höfe und Gebäude werden zweckmäßig nicht nach ihrer Verwendung benannt, weil sich dieselbe öfters ändert; es bilden sich sonst später allerlei mißverständliche Bezeichnungen heraus, die nebeneinander gebraucht viele Verwechslungen hervorrufen (wie „alte Klempnerei" für eine Werkstatt, die vielleicht längst von der Kleindreherei bezogen worden ist, „behelfsmäßige Klempnerei" für einen Lagerraum, der die Klempnerei vorläufig beherbergt, und „neue

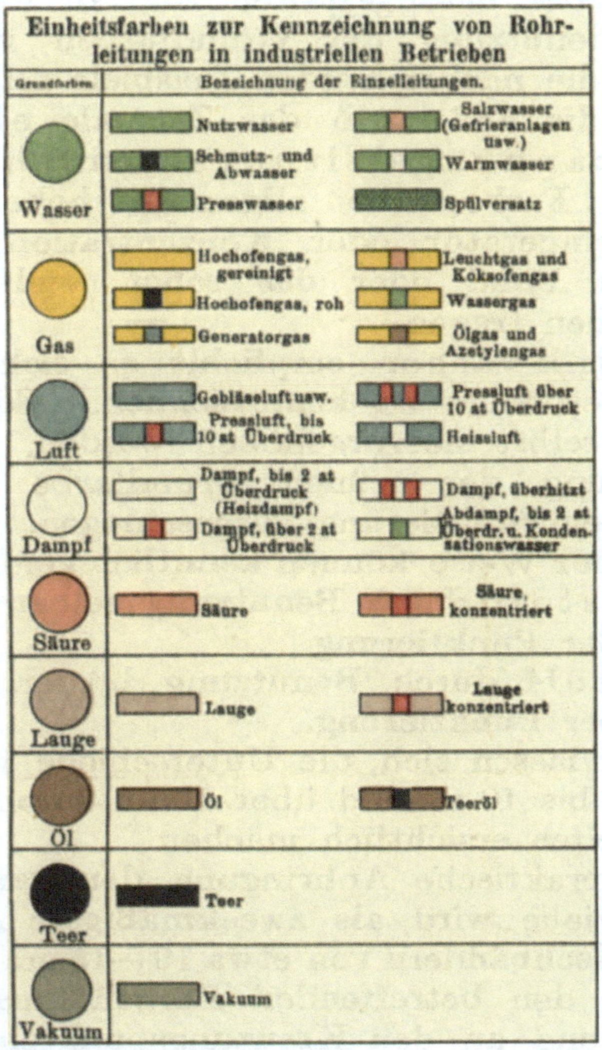
Einheitsfarben zur Kennzeichnung von Rohrleitungen in industriellen Betrieben
Grundfarben
Bezeichnung der Einzelleitungen.
Wasser
Nutzwasser
Salzwasser (Gefrieranlagen usw.)
Schmutz- und Abwasser
Warmwasser
Presswasser
Spülversatz
Gas
Hochofengas, gereinigt
Leuchtgas und Koksofengas
Hochofengas, roh
Wassergas
Generatorgas
Ölgas und Azetylengas
Luft
Gebläseluft usw.
Pressluft über 10 at Überdruck
Pressluft, bis 10 at Überdruck
Heissluft
Dampf
Dampf, bis 2 at Überdruck (Heizdampf)
Dampf, überhitzt
Dampf, über 2 at Überdruck
Abdampf, bis 2 at Überdr. u. Kondensationswasser
Säure
Säure
Säure, konzentriert
Lauge
Lauge
Lauge konzentriert
Öl
Öl
Teeröl
Teer
Teer
Vakuum
Vakuum

Die in der umseitigen Tafel gegebene Farbenübersicht für Rohrleitungen erhebt nicht den Anspruch, ohne weiteres für jeden Betrieb vollständig zu sein. Sie soll vielmehr nur die unveränderliche Grundlage abgeben, die nach den besonderen Verhältnissen und Bedürfnissen weiter auszugestalten ist. In welcher Weise dies unter Benutzung der Grundfarben vorgeschlagen wird, mögen die nachstehenden Beispiele zeigen:

1. Rohre, die außerhalb der Zentrale elektrische Hochspannungsleitungen enthalten, können in roter Farbe, die allgemein hohe Spannung, hohe Temperatur oder Konzentration bezeichnen soll, ein Band oder das schon vielfach übliche Blitzzeichen tragen.
2. Bei Trinkwasser empfiehlt es sich, die Zapfstellen besonders zu kennzeichnen. Soll auch die Leitung selbst hervorgehoben werden, so wird die Verwendung der grünen Grundfarbe für Wasser mit weißer Punktierung vorgeschlagen.

In ähnlicher Weise können kenntlich gemacht werden

3. Wasserstoff durch Benutzung gelber Grundfarbe und weißer Punktierung.
4. Sauerstoff durch Benutzung blauer Grundfarbe und weißer Punktierung.

Auch hier lassen sich die Unterschiede in der Höhe der Spannung bis 10 at und über 10 at durch einen oder zwei rote Streifen ersichtlich machen.

Für die praktische Anbringung der Farbenbezeichnung im Betriebe wird als zweckmäßigste Art die Benutzung von Blechbändern von etwa 10—15 cm Breite empfohlen, die in den betreffenden Farben emailliert oder lackiert sind und an den Kreuzungspunkten der Rohrleitungen oder an andern wichtigen Stellen um die Rohre gelegt werden. Als Ergänzung dazu sei die Anregung gegeben, die Farbenstreifen nicht unmittelbar auf die Rohrleitungen aufzulegen, sondern durch die Anbringung von Rippen einen gewissen Abstand zu schaffen, um dadurch eine schädliche Einwirkung der Rohrtemperatur auf die Farbenstreifen zu verhüten.[1])

---

[1]) Ausführlichere Angaben für den Gebrauch der Farbentafel s. Zeitschrift d. Vereins deutscher Ingenieure 1911, Nr. 48 u. 1913, Nr. 12.

Klempnerei" für den Neubau, in dem sie endgültig unterkommen soll). Richtiger werden bleibende Namen gewählt wie Leipzigerhalle, Siemensbau, Zeppelinstraße, oder auch Nummern, die alle Baulichkeiten und Hofplätze umfassend durch das ganze Werk durchlaufen. Die Geschosse bezeichnet man vorteilhaft mit Buchstaben und zwar Kellergeschosse mit K, Erdgeschosse mit A, die darüber befindlichen Haupt- und Zwischengeschosse mit B, C, D, usw.; Bezeichnung der Geschosse mit Zahlen würde dagegen leicht Unklarheiten verursachen, z. B. wenn ein Zwischengeschoß nur stellenweise durchgeführt ist. Die Grundrisse der Gebäude teilt man in rechteckige Felder ein, etwa von der Breite der Schiffe und von der Länge der Pfeiler- oder Binderteilungen, und benummert dann beispielsweise die Schiffe von Norden nach Süden, die Pfeilerzwischenräume von Westen nach Osten. Ein Ausdruck wie „Siemensbau E 8/14" kennzeichnet alsdann eine bestimmte Stelle des Werkes kurz und eindeutig als im Siemensbau Geschoß E, im 8. Schiff von Norden, im 14. Pfeilerfeld von Westen gelegen. Die Felderbezeichnungen kann man im Rauminnern unter die Decke malen und in feuergefährlichen Betrieben auch an den Außenseiten der Fenster anbringen lassen, um der Feuerwehr das Zurechtfinden zu erleichtern.

Aufschriften und Schilder. Aufschriften sollten einheitlich in senkrechter lateinischer Blockschrift unter Verwendung von großen und kleinen Buchstaben ausgeführt werden. Zweckmäßig beschafft man Schablonensätze für eine Anzahl geometrisch abgestufter Buchstabengrößen; Schablonen für formenschöne und gut leserliche Buchstaben und Zahlen sind namentlich bei süddeutschen kunstgewerblichen Anstalten zu haben. Die in den letzten Jahren von Behörden bevorzugten gotischen Beschriftungen lassen sich auf rauhen Wandflächen nicht so sauber aufmalen, sind schlechter zu lesen und passen sich dem straffen Formgeschmack neuzeitlicher Technik wenig an; da sie außerdem ihrer Herkunft nach kaum als wesentlicher Bestandteil deutscher Eigenart angesehen werden können, wird man auf ihre Anwendung am besten ganz verzichten.

Für die Türen von Büros und sonstigen Räumen, deren Inhaber oder Verwendungszweck gelegentlich wechseln, sind Papierschilder unter Glasschutzplatten zu empfehlen.

Auf Gefahren ist durch Warnungstafeln mit roter Schrift auf weißem Grund aufmerksam zu machen. Ein Übermaß von Verbots- und Strafandrohungstafeln in den Werkstätten sollte vermieden werden. Die zur Aufrechterhaltung der Ordnung erlassenen Vorschriften kennen die Arbeiter aus der Arbeitsordnung; die wesentlichsten können ihnen außerdem auf Schildern in Nähe der Eingänge kurz zusammengefaßt in Erinnerung gebracht werden. Dagegen muß es auf die Leute abstoßend wirken, wenn sie sich an den Arbeitsstätten, die ihnen zum tagtäglichen Aufenthalte dienen, auf Schritt und Tritt mit Verboten und Strafandrohungen umgeben sehen. Manchem Leser mag dies als eine übertriebene Feinfühligkeit erscheinen, die den tatsächlichen Verhältnissen nicht entspricht. Doch müssen wir dahin zu kommen trachten, daß der unfrohe Geist, der auf dem Arbeiterstande lastet, überwunden wird, daß die Werkarbeit nicht mehr widerwillig unter dem Gefühl des Zwanges geleistet wird, sondern im Bewußtsein innerlich freien und bereitwilligen Mitschaffens. Leitende und Ausführende müssen wieder zu der Auffassung gelangen, an einem Strange zu ziehen, und sich als Bestandteile eines Ganzen fühlen, dessen Leistungen ihrem Zusammenwirken entspringen und zu dessen Erfolgen jeder einzelne beigetragen hat. Hand in Hand mit den Bemühungen, durch Fürsorge für Licht, Luft und Sauberkeit gesundheitlich einwandfreie Arbeitsstätten zu schaffen, muß das Bestreben gehen, das seelische Wohlbefinden durch eine gewisse Wohnlichkeit der Räume zu heben.

Vergebung von Aufträgen. Bei Staatsbetrieben erfolgen Beschaffungen fast ausnahmslos auf dem Wege der Verdingung (Submission). An diesem Verfahren wird wohl hauptsächlich deshalb festgehalten, weil es den nicht sachverständigen Überwachungsbehörden und Volksvertretungen die äußerliche Nachprüfung der bestimmungsmäßigen Abwicklung und — vermeintlich — auch der Wirtschaftlichkeit der Beschaffungen erleichtert. Es hat jedoch in vielen Fällen sowohl für die Besteller wie für die Lieferer und damit für die ganze Volkswirtschaft recht erhebliche Nachteile. Um eine einheitliche Grundlage für die Bewertung der Angebote zu haben, ist die beschaffende Behörde genötigt, bei der Ausschreibung entweder alle Einzelheiten starr festzulegen, oder Wahlangebote für eine Reihe von Spielarten (Varianten) zu fordern. Sie muß sich also bereits vor der Ausschreibung über alle wesentlichen Punkte klar geworden sein, und kann das bei schwierigen Gegenständen natürlich nur dadurch erreichen, daß sie mit einzelnen Lieferern Vorverhandlungen führt um sich zu unterrichten. Die hierbei zugezogenen Lieferer haben selbstverständlich das Bestreben, die Ausschreibungsbedingungen sozusagen ihren eigenen Erzeugnissen auf den Leib zu schreiben. Andere Lieferer werden abweichende zweckmäßigere oder billigere Lösungen nach erfolgter Ausschreibung in der Regel nicht mehr anbieten können, weil durch die Vorbereitungen für die Ausschreibung meist so viel Zeit verloren gegangen ist, daß eine nochmalige Durcharbeitung auf Grund neuer Vorschläge nicht mehr angeht; sie werden also die Bedingungen der Ausschreibung als gegeben betrachten und, sofern ihnen am Erhalt des Auftrages liegt, versuchen die Wettbewerber auf dieser Grundlage zu unterbieten. Auf diese Weise kann es leicht dahin kommen, daß der beauftragte Lieferer die Anlage nach Plänen und Gesichtspunkten zu bauen hat, die von einem seiner Wettbewerber herrühren und seinen eigenen Erfahrungen gar nicht entsprechen. Außerdem liegt die Gefahr nahe, daß die für die Begutachtung maßgeblichen technischen Beamten anstatt des preiswertesten einfach das billigste Angebot bevorzugen, um sich die Mühe zu ersparen, den nicht sachkundigen Verwaltungsstellen die Notwendigkeit einer anderen Entscheidung begreiflich zu machen. Es wird also durch das Verdingungswesen häufig sowohl beim Auftraggeber wie bei den Lieferern viel Zeit vergeudet, ohne daß der Auftraggeber eine größere Gewähr dafür erlangt, tatsächlich die zweckmäßigste und preiswürdigste Anlage geliefert zu bekommen.

Bei freien Unternehmungen herrscht deshalb mit Recht die freihändige Vergebung vor, entsprechend der abweichenden Anschauungsweise, die den Ingenieur sachlich für den Erfolg verantwortlich macht und nicht förmlich für die Einhaltung mehr oder weniger veralteter Bestimmungen oder unüberlegt verallgemeinerter Dienstbefehle. Bei Beschaffung von Gegenständen, deren zweckmäßigste Ausführungsformen man noch nicht kennt, setzt man am besten den in Betracht kommenden Lieferern zunächst ganz allgemein auseinander, was beabsichtigt, welcher Leistungsbereich in Aussicht genommen, an was für Lösungen vorläufig gedacht ist, und ersucht um Gegenvorschläge. Die Lieferer werden dann auf Grund ihrer Erfahrungen oft in der Lage sein, eine Herabsetzung oder Erhöhung der Anforderungen oder auch grundsätzliche Änderungen zu empfehlen, durch welche die Verwendung billigerer Maschinen oder wirtschaftlichere Arbeitsweise ermöglicht wird. Dieses Vorteils würde man bei vorzeitiger starrer Festlegung der Lieferungsbedingungen verlustig gehen. Es ist durchaus davon abzuraten, stets dem niedrigsten Angebot den Zuschlag zu geben. Die Herstellung wirklich erstklassiger Maschinen und Anlagen setzt große Erfahrung und sorgfältigste Ausführung bei allen möglichen Einzelheiten voraus, für die sich der Auftraggeber auch durch noch so eingehende Liefervorschriften keine Sicherheit verschaffen kann. Derartige Aufträge sind deshalb stets Vertrauenssache; geringe Ersparnisse durch Vergebung an nicht genügend erfahrene Lieferer können nachher durch Unzuträglichkeiten im Betriebe vielfache Mehrausgaben nach sich ziehen.

Die allermeisten Erzeugnisse des Geräte-, Maschinen- und Eltbaus werden in einheitlichen Bauarten und Baugrößen in Massen- oder Reihenfertigung hergestellt. Sonderwünsche auch geringfügiger Art sind mit diesen Arbeitsweisen schwer in Einklang zu bringen, sofern es sich nicht um erhebliche Bedarfsmengen handelt; sie machen also Einzelherstellung erforderlich, die in dem liefernden Werk die Regelmäßigkeit der Ausbringung empfindlich stören und die Betriebsleitung unverhältnismäßig mehr in Anspruch nehmen kann, was in starken und auch durchaus berechtigten Preisaufschlägen zum Ausdruck kommen wird. Es ist also anzuraten, von den Einheitsbauarten der Lieferer nicht ohne wirklich triftige Gründe abzugehen.

Rückhalt- und Ersatzteile, die in absehbarer Zeit ohnehin erforderlich werden, wie Lagerschalen und Kohlenbürsten für Elttreiber usw., soll man sich immer gleich von vornherein mit anbieten lassen; dasselbe gilt für Zubehörstücke wie Vorrichtungen und Sonderwerkzeuge bei Bearbeitungsmaschinen. Hat man die Maschinen allein bestellt, so ist man bei späterer Nachbeschaffung der erwähnten Teile auf den einen Lieferer angewiesen, der dann die Abhängigkeit des Käufers nicht selten zur Berechnung unangemessen hoher Preise ausnutzt. Unter Umständen wird man mit dem Lieferer ein Abkommen treffen können, wonach er sich für einen bestimmten Zeitraum an gewisse Preise für Rückhalt- und Ersatzteile zu binden hat.

Manche Besteller sind der Meinung, um so preiswertere Maschinen zu erhalten, je weniger an Baustoffen gespart ist, und bevorzugen deshalb Angebote mit hohen Gewichtsangaben. Wenngleich in manchen Fällen, z. B. für die Grundrahmen von Schwingungen und Erschütterungen ausgesetzten Maschinen, große Massen entschieden von Vorteil sind, so wäre es doch durchaus falsch, stets vom Gewicht auf die Güte zu schließen. Mitunter ziehen die Anbieter aus dieser ihnen bekannten Schwäche des Käufers Nutzen, indem sie sich durch Angebote mit hohen Gewichtsangaben den Auftrag verschaffen, und lassen dann irgendwelche Teile mit unnötig großer Wandstärke gießen. Die Knappheit an eigenen Rohstoffen infolge der Gebietsverluste durch den Friedensvertrag zwingt den deutschen Maschinenbau, seine Erzeugnisse viel leichter zu bauen als in früheren Jahren und die Gewichtsverminderung durch gesteigerte Werkstoffgüte und verfeinerte Formgebung auszugleichen. Zweifellos ist auf diesem Wege noch viel zu erreichen, doch müssen die Bemühungen der Hersteller bei den Beziehern das erforderliche Verständnis finden. Eingehende Beachtung bei der Gewichtsfrage erfordern häufig die Zollbestimmungen; manche Länder verzollen die Maschinen nicht allein nach dem Gewicht, sondern auch je nach dem Gewichtsverhältnis der einzelnen Bestandteile wie Eisen, Kupfer usw. verschieden.

Bei größeren Maschinenteilen ist zu prüfen, ob ihre Anfuhr auf den in Frage kommenden Eisenbahnen und sonstigen Verkehrsmitteln nicht durch zu hohes Gewicht oder zu große Abmessungen unmöglich gemacht wird; es empfiehlt sich, Lieferung frei Aufstellungsort zu vereinbaren, damit die Verantwortung bei etwaigen Unstimmigkeiten dem Lieferer zufällt.

Die Kosten für Aufstellung, Zusammenbau und Inbetriebnahme werden gern unterschätzt. Bei diesen Arbeiten treten fast immer irgendwelche Unstimmigkeiten oder Verzögerungen auf, welche den Arbeitskräften des Lieferers erheblichen Aufenthalt verursachen. Der Auftraggeber verfällt leicht in den Fehler, diese Umstände nicht genügend zu würdigen, bei den vermeintlich zu hohen Zusammenbaukosten eine Übervorteilung zu vermuten und daraus auf die Preisstellung des ganzen Angebotes unrichtige Schlüsse zu ziehen. Der Anbieter, welcher in dieser Beziehung Erfahrungen gemacht hat, sucht sich unangenehmen Auseinandersetzungen gern dadurch zu entziehen, daß er ohne Änderung der errechneten Gesamtsumme des Kostenanschlages von dem Posten für Zusammenbau einen gewissen Betrag abzieht und bei den Sachposten zuschlägt. Vergibt dann der Besteller in der Meinung, die Aufstellung der Maschinen ebensogut selbst vornehmen zu können, den Auftrag ohne Zusammenbau, so kauft er die Gegenstände selbst zu teuer und wird nachher die veranschlagten Zusammenbaukosten mit den eigenen Arbeitskräften wesentlich überschreiten. Umgekehrt wird, wenn die Erstellungsarbeiten nach Zeitaufwand berechnet werden sollen, darauf zu achten sein, daß der Lieferer nicht etwa durch zu niedriges Angebot auf die Sachposten den Auftrag hereinholt und sich nachher bei den Erstellungsarbeiten überreichlich entschädigt.

Auf die Ausarbeitnng der Lieferverträge und auch der kleineren Bestellschreiben kann kaum zuviel Sorgfalt verwandt werden. Das Mehrgehalt für einen oder zwei weitere Beamte, die vielleicht notwendig sind, um überhastete Erledigung dieser Arbeiten zu vermeiden, macht sich unter allen Umständen bezahlt. Sehr wichtig ist es, über den Umfang der Lieferungen vollständige Klarheit zu schaffen. Wird beispielsweise eine Maschine beim einen Lieferer und die anzuschließende Rohrleitung beim anderen bestellt und fehlt nachher infolge ungenügender Festsetzung des Lieferumfanges an der Verbindungsstelle auch nur ein Schieber oder Krümmer, so ist die rechtzeitige Inbetriebnahme der ganzen Anlage in Frage gezogen, und abgesehen von den Kosten des Gegenstandes selbst und von dem Leistungsausfall infolge der Verzögerung muß der Auftraggeber auch noch für die Vergütungen aufkommen, welche die Lieferer für den von ihnen unverschuldeten Aufenthalt ihrer Arbeitskräfte beanspruchen werden. Man tut deshalb bei großen Aufträgen gut daran, den Lieferumfang an Hand von Zeichnungen genau zu umgrenzen und die Lieferung einer vollständigen, betriebsfähigen Anlage mit allem zum ordnungsmäßigen Betriebe nötigen Zubehör, mit allen erforderlichen Leitungen, bis zu Teil soundso der Zeichnung einschließlich vorzuschreiben. Als Zubehörstücke, die bisweilen vergessen werden, seien genannt Anker und Ankerplatten zum Festspannen auf den Grundwerken, gemeinsame Grundplatten und Kupplungen zur Verbindung von verschiedenen Seiten bezogener Maschinen, ferner Absperrschieber, Spannschienen, Anlasser, Schaltkästen, Eltleitungen zwischen den zuletzt genannten Teilen und der Maschinenanlage, endlich Unfallschutzvorrichtungen. Wo Teile verschiedener Lieferer zusammentreffen, z. B. bei Kupplungen, hat man stets festzulegen, wer sich nach dem anderen zu richten hat. Grundsätzlich ist zur Vermeidung von Meinungsverschiedenheiten über den Lieferumfang wie auch in Hinblick auf die Gewährpflicht anzustreben, die Bestellungen nicht zu sehr zu zersplittern, sondern jede vollständige Anlage einem Hauptlieferer in Auftrag zu geben, welcher die Gesamtverantwortung übernimmt und sich bei Mängeln mit seinen Unterlieferern auseinander zu setzen hat, ohne daß der Auftraggeber ins Spiel gezogen wird. Weiter muß im Liefervertrag vereinbart werden, wer die Hilfskräfte, Rüst- und Hebezeuge, Betriebsstoffe und die Energie für Zusammenbau und Inbetriebnahme zu stellen und zu bezahlen hat, und wer die Kosten für Verpackung, Fracht und Versicherung wie auch die Gefahr beim Versand trägt. Näheres hierüber ist aus dem Buch Quellennachweis 31 zu ersehen.

Bei Festsetzung der Lieferzeit ab Werk verlangt die Beförderungsdauer Beachtung. Die Anlieferung besonders großer Stücke kann sich durch verspätete Stellung von Sonderwagen stark verzögern. Manche Maschinen werden zweckmäßig in dem herstellenden Werk einer Vorbesichtigung oder vorläufigen Abnahme unterzogen, damit etwaige Mängel gleich dort behoben werden, oder auch weil der Auftraggeber selbst keine Prüfeinrichtung zur Feststellung der Leistungsfähigkeit besitzt. In sonstigen Fällen wird die Lieferzeit besser für den Ankunftsort vereinbart, um den Lieferer zu prompterer Erledigung des Versandes zu veranlassen.

Aufträge ohne Verzugsstrafe werden von den liefernden Werken unweigerlich hinter solche mit Verzugsstrafen zurückgestellt, weshalb es sich nicht empfiehlt, auf die Vereinbarung einer solchen zu verzichten. Allzu große Wirkung darf man sich freilich von Verzugsstrafen in der meist üblichen Höhe von $^1/_2$ v. H. der Kaufsumme für die Woche Überschreitung — höhere

Sätze schließen die Bestimmungen der Liefererverbände in der Regel aus — nicht versprechen. Die Lieferer pflegen Aufträge auch über die Grenze ihrer Leistungsfähigkeit hinaus ohne große Bedenken anzunehmen, da die Betriebsergebnisse durch ungenügende Beschäftigung stärker beeinträchtigt werden, als durch die geringen Verzugsstrafen bei reichlichem Auftragstand. Bei besonderer Dringlichkeit ist auf jeden Fall Vorsicht am Platze. Es kommt nicht selten vor, daß ein Anbieter eine eilige Lieferung in Auftrag nimmt, obwohl er gar nicht daran denken kann, die für den Auftraggeber wichtige kurze Lieferfrist einzuhalten. Er erklärt, wegen der beschleunigten Arbeitsausführung mit Überstunden einen höheren Preis fordern zu müssen, und erhält von dem Auftraggeber, der in seiner Zwangslage die Mehrzahlung auf sich zu nehmen bereit ist, den Zuschlag. Nachher deckt er mit dem erzielten Mehrpreis die von vornherein mitveranschlagte Verzugsstrafe. Nur ausnahmsweise wird es möglich sein, Verzugsstrafen von tatsächlich wirksamer Höhe durchzusetzen. Ein Verfahren, das bei eiligen Aufträgen, insbesondere bei Vergebung von Bauten mitunter Erfolg hat, ist die Vereinbarung von Belohnungen für Unterschreitungen der Fertigstellungszeit. Nach dem Gesagten gilt auch hinsichtlich der Lieferfrist, daß die Ausbedingung noch so weitgehender Sicherheiten beim Vertragsabschluß allein keine genügende Sicherheit gibt, und daß man vor allem auf die Vertrauenswürdigkeit und Zuverlässigkeit des Lieferers zu sehen haben wird.

Besondere Aufmerksamkeit verdient die rechtzeitige Anlieferung der für den Zusammenbau oder die Inbetriebnahme großer Anlagen wesentlichen Hilfseinrichtungen, wie z. B. Hebezeuge, damit sich nicht durch das Ausbleiben verhältnismäßig geringfügiger Teile die Benutzbarkeit der gesamten Anlage mit ihrem viele Male größeren Wert hinauszögert.

Andererseits hat man sich auch dagegen zu sichern, daß man nicht durch pünktliche Anlieferung der Einrichtungsteile in Ungelegenheiten kommt, wenn infolge ungenügenden Fortgangs der Bauarbeiten die erforderlichen Abstellflächen nicht frei gemacht werden können, wenn die Anfuhrgeleise nicht fertig oder die Dächer noch nicht dicht sind. Oft wird es sich deshalb empfehlen, Lieferung auf Abruf zu vereinbaren, weil es der Lieferer sonst bei Platzknappheit im eigenen Werk ablehnen wird, die fertiggestellten Teile auf Lager zu nehmen.

Bei Vergebung großer Anlagen darf man nicht versäumen, auch für die Einsendung wichtiger Zeichnungen und anderer Unterlagen genaue Fristen zu vereinbaren. Dies gilt z. B. für maßgebliche Aufstellungs- und Grundwerkzeichnungen, für Angaben über anzuschließende Teile, die dem Lieferer nicht mit in Auftrag gegeben sind (Rohrleitungen, Elttreiber usw.), ferner für Stichmaße und Keilnutschablonen. Auch hierbei werden mitunter Verzugsstrafen angebracht sein, weil von der Einhaltung dieser Fristen der Fortgang für die Fertigstellung wesentlicher Arbeiten abhängt. Erforderlichenfalls wird man sich das Recht zur Einverständniserklärung mit den erwähnten Zeichnungen vorzubehalten haben.

Bei der Abgabe von Gewährziffern besteht vielfach der Mißbrauch, zur Trübung des tatsächlichen Sachverhaltes Ziffern mit Spielraum (Toleranz) zu nennen. Es kommen Fälle von der Art vor, daß der eine Anbieter den Wirkungsgrad beispielsweise einer Eltmaschine ehrlich zu 93 v. H. angibt, während der andere 93 v. H. mit Spielraum $\pm$ 1 v. H. schreibt und dadurch den Käufer verleitet, mit 93 v. H. zu rechnen und sogar 94 v. H. zu erhoffen, obwohl er tatsächlich nur 92 v. H. zu erreichen vermag. Bei Gewährziffern mit Spielraum darf man also nie mehr als die ungünstigste Möglichkeit erwarten. Im übrigen sollte man bei der Beurteilung von Angeboten geringfügige Wirkungsgradunterschiede von 1 v. H. oder darunter gegenüber anderen wichtigeren Eigenschaften, insbesondere der Betriebssicherheit, zurücktreten lassen. Vor der endgültigen Vergebung des Auftrages muß Klarheit darüber erzielt werden, in welcher Weise der Lieferer die abgegebenen Gewährziffern über Leistungsfähigkeit, Energieverbrauch usw. nachzuweisen hat, welche Berechnungsverfahren anzuwenden sind, und welche Voraussetzungen (Kühlwasserwärmegrade, Zusammensetzung der zu verarbeitenden Stoffe, Art der Werkzeuge und dgl.) erfüllt sein sollen. Die Auseinandersetzung hierüber wird etwaige Verschleierungsversuche rechtzeitig aufdecken. Verbrauchsziffern sind in der Regel für mehrere Belastungszustände zu fordern. Die verschiedenen Begriffe Nennleistung, Dauerhöchstleistung und vorübergehende Höchstleistung bei Dampfmaschinen, Dauerleistung und Stundenleistung bei Elttreibern usw., wie auch die Eigenschaften der verschiedenen Maschinenarten in bezug auf Überlastbarkeit, Regelfähigkeit usw. müssen bei Ausschreibungen und Auftragserteilungen genau beachtet werden; ein Hinweglesen über derartige Unterschiede kann schwerwiegende Folgen haben.

Für Nichteinhaltung der Gewährziffern ist eine Minderungsstrafe festzusetzen, für Mehrleistung und Wenigerverbrauch unter Umständen eine Belohnung, beide mit der v. H.-Zahl der Abweichung einfach oder gestaffelt zunehmend. Für den Fall, daß die Abweichung im ungünstigen Sinne eine bestimmte Größe erreicht, muß sich der Käufer das Recht der Abnahmeerweigerung sichern, sich dabei aber vorbehalten, die Anlage bis zur Schaffung von Ersatz weiter benutzen zu dürfen. Die Entfernung hat dann durch den Lieferer oder zu seinen Lasten zu geschehen; unter Umständen kann auch seine Haftung für weitere Schäden besonders vereinbart werden. Auch die technische Richtigkeit des Entwurfes (z. B. ausreichende Lagerbemessung und Schmierung), wie auch die Güte der Werkstoffe und der Arbeitsausführung sind in die Gewährleistung einzubeziehen; erhebliche Anstände in dieser Hinsicht müssen gleichfalls zur Abnahmeverweigerung berechtigen. Vor Inkrafttreten der Minderungsstrafe oder der Abnahmeverweigerung mit ihren Folgen muß dem Lieferer jedoch eine angemessene Frist zur Beseitigung der gerügten Mängel zugestanden werden.

Bei Eingang jeder Auftragsbestätigung ist zu prüfen, ob der Lieferer sich mit allen Einzelheiten der Bestellung einverstanden erklärt, oder sei es offen, sei es unauffällig irgendwelche Zusätze, Einschränkungen und Vorbehalte aufgenommen hat, welche den Absichten des Bestellers zuwiderlaufen. Die meisten Unternehmungen benutzen für Anfragen, Angebote, Bestellungen, Auftragsbestätigungen usw. Vordrucke mit allgemeinen Bedingungen, die bei flüchtiger Durchsicht leicht unbeachtet bleiben; darin wird oft zum Ausdruck gebracht, daß Abweichungen von diesen allgemeinen Bedingungen nur dann gültig sein sollen, wenn sie ausdrücklich vereinbart worden sind. Geschieht dies sowohl von seiten des Bestellers wie auch des Lieferers, ohne daß eine genaue Abgrenzung der gegenseitigen Rechte und Pflichten erfolgt, so entstehen Widersprüche, die bei Anwendung von Verzugs- und Minderungsstrafen, bei Erledigung der Zahlungen und in anderen Punkten verschiedene Auslegungen offen lassen und die vom Auftraggeber angestrebten Sicherheiten zunichte machen können, weshalb auf diese Punkte sorgfältig geachtet werden muß.

Sehr anzuraten ist, nach erfolgter Bestellung nicht einfach den Liefertag in Ruhe abzuwarten, sondern sich von Zeit zu Zeit die voraussichtliche Einhaltung der Frist bestätigen zu lassen, damit der Auftrag im liefernden Werke nicht so leicht in den Hintergrund tritt. Ferner müssen dem Lieferer bei Zeiten Angaben über den genauen Bestimmungsort der Sendung und über die zu benachrichtigenden Stellen beim Empfänger zugehen. Ungenügende Vorsorge in dieser Beziehung kann bei großen Werken, die zahlreiche Sendungen erhalten, zu einem unentwirrbaren Durcheinander und zu sehr lästigen Verzögerungen führen.

Selbstverständlich haben die Anregungen der vorausgegangenen Absätze geregelte Wirtschaftsverhältnisse zur Voraussetzung und sind unter den jetzigen Zeitumständen nicht durchweg zu verwirklichen.

Umzüge. Viele Unzuträglichkeiten und Kosten werden erspart, wenn neu zu beziehende Gebäude vor der Hineinbeförderung der Maschinen und dem Einzug der Arbeiter baulich vollständig fertig und mit betriebsfertigen Hebezeugen versehen sind. Zum mindesten müssen die Arbeiten an Umwandung, Überdachung, Fußböden und Fenstern beendet und die Türen verschließbar sein, damit Erkrankungen, Rostschäden, Diebstählen und Verschleppungen vorgebeugt ist; nur Heizung und Beleuchtung können bei Einzug im Sommer allenfalls nachträglich fertiggestellt werden. Licht- und Kraftleitungen, ebenso Gas- und Preßluftanschlüsse sollen bis an die einzelnen Bedarfsstellen heran verlegt sein.

Ein größerer Umzug ist sorgfältig zu durchdenken, damit nur geringer Ausfall an Arbeitszeit entsteht. Die Beförderungsmöglichkeit für die verschiedenen Bearbeitungsmaschinen und Geräte, Werktische und Gefächer, Büromöbel usw. muß geklärt sein. Bei Vorkommen vieler gleichartiger Stücke lohnt sich die Anfertigung von Fahrgestellen, Bockkranen oder sonstigen Hilfsmitteln. Für besonders große Teile, die durch die Tore nicht hindurchgehen, muß man einzelne Wandfelder vorläufig offen lassen; dieselben werden dann gewöhnlich zunächst mit Holz abgedeckt und erst nach Einbringung der betreffenden Teile ausgemauert.

Für die Durchführung des Umzuges gibt es verschiedene Möglichkeiten. Entweder man bildet eine besondere Umzugsgruppe, welche die eigentlichen Umzugsarbeiten, Abbau, Überführung und Neuaufstellung von Werktischen und Maschinen, Herstellung von Abkleidungen usw. vorzunehmen hat; man kann dann die in der eigentlichen Erzeugung arbeitenden Leute damit ganz unbehelligt lassen und nimmt sie einfach vom alten Arbeitsplatz auf den neuen herüber. Hierfür spricht, daß die Leute der Umzugsgruppe größere Übung in den Umzugsarbeiten erlangen, daß daher weniger Verzögerungen, Beschädigungen und Unfälle vorkommen werden, und daß der Fortgang der Erzeugungsarbeiten ziemlich ungestört bleibt. Oder man läßt den Umzug durch die Leute der umziehenden Abteilung selbst erledigen; das hat den Vorteil, daß jeder sein Werkzeug und seine Maschine selbst dauernd im Auge behält und dafür zur Verantwortung gezogen werden kann, so daß weniger leicht Verluste entstehen. Am besten ist es, die Vorzüge der beiden Verfahren in der Weise zu vereinigen, daß die Umzugsarbeiten von einer besonderen Umzugsgruppe ausgeführt werden, aber jeder Arbeiter vom Augenblick des Abbrechens bis zum Augenblick der Wiederinbetriebnahme die Beförderung seiner Arbeitseinrichtung mit allem Werkzeug und sonstigem Zubehör verantwortlich überwacht.

In geräumten Werkstätten finden erfahrungsgemäß Entwendungen in großem Maßstabe statt; es muß deshalb sofortige Ablieferung aller nicht mehr gebrauchten Gegenstände, wie Treibriemen, Beleuchtungskörper, Steckerschnüre usw. sichergestellt und überdies für gute Aufsicht gesorgt werden.

Umzüge großer Werkstätten lassen sich nur nach und nach durchführen. Bei Festlegung der Reihenfolge im einzelnen ist anzustreben, daß die an der eigentlichen Erzeugung arbeitenden Leute im neuen Arbeitsraum alle Hilfsmittel wie Werkzeugausgaben, Halbstoff- und Zwischenlager usw. fertig eingerichtet vorfinden. Das Fortschreiten des Umzuges und das Ingangkommen des Betriebes in der neuen Werkstätte wird auch dadurch sehr gefördert, daß man die Betriebsingenieure und Meister vorweg umziehen läßt; die Unbequemlichkeiten, die ihnen und den an der alten Arbeitsstelle zurückgebliebenen Arbeitern die Aufrechterhaltung der Fühlung verursacht, pflegt dann allen Beteiligten vermehrten Antrieb zu geben, bald fertig zu werden.

Schlußbemerkungen.

(Siehe hierzu Quellennachweis 26, 110, 114, 201.)

Schönheit technischer Anlagen. Die Formen, welche höchste Zweckmäßigkeit und geringsten Stoffaufwand in sich vereinigen, werden als schön empfunden. Der Formensinn ist nicht aus sich selbst entstanden, sondern in Anlehnung an die Tätigkeit des urteilenden und Erfahrungen verarbeitenden Verstandes. Um dies an einem Beispiel zu erläutern: Wie erklärt es sich, daß so unterschiedliche Rassen ein und derselben Tiergattung wie ein schlankes Rennpferd und ein schwerer Arbeitsgaul das Schönheitsgefühl zu befriedigen vermögen? Einfach dadurch, daß ihr Bau zwar verschiedene Eigenschaften, aber jede in hoher Vollendung zum Ausdruck bringt, nämlich der des einen die Schnelligkeit, der des anderen die Kraft. Der Formensinn der Menschen, Völker und Zeitalter ist nicht feststehend, sondern verändert sich mit dem Grade des geistigen Eindringens in Wesen und Aufbau der betrachteten Gegenstände; sogar der Geschmack des Einzelnen pflegt

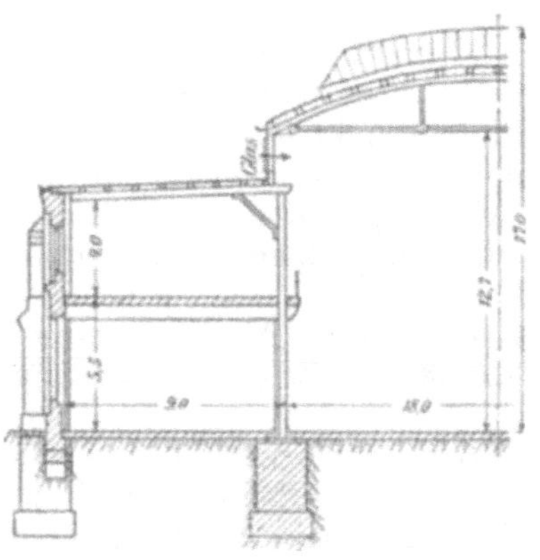

Abb. 216a—c. Querschnitt, ursprüngliche Stirnwand und umgebaute Stirnwand der alten Turbinenbauhalle der A.E.G., Berlin, Werk Huttenstraße. (Die Angabe „jetzige Nordfront" stammt aus der Zeit vor dem Umbau.) (Abb. 216a aus „Hütte", Abschnitt Fabrikanlagen. Q. 1 m. Abb. 216b—c aus Z. 1911, S. 1200, O. Lasche. Q. 110.)

der Entwicklung unterworfen zu sein. Auf die Dauer hält vor dem Schönheitsempfinden nur Lebensfähiges und Echtes stand.

Dies alles gilt auch für technische Dinge. Schön kann auch hier nur eine Formgebung wirken, welche aus voller Erfassung des Geistes der Technik hervorgegangen ist und die nach dem Entwicklungsstande jeweils mögliche Erkenntnis des Wesens ihrer Gegenstände bekundet. In den letzten beiden Jahrzehnten hat der technische Formgeschmack besonders die den Kraftwirkungen angepaßte Linienführung beim einzelnen Gegenstande schätzen gelernt. Es ist sehr wohl denkbar, daß das zunehmende Verständnis für Normung und Massenfertigung dahin führen wird, auch die Kennzeichen sinnreich durchdachter Herstellungsweise als schön zu empfinden. Bei gewerblichen Anlagen beruht der Eindruck des Schönen wesentlich auf der zweckmäßig ausgleichenden Erfüllung der vielen schon besprochenen technischen, wirtschaftlichen und organisatorischen Erfordernisse und der Bedürfnisse des menschlichen Wohlbefindens. Wo der Eindruck des Häßlichen entsteht, kann es keineswegs immer mit sparsamer Bauweise begründet werden; ein genaueres Eingehen läßt vielmehr meist einen Zusammenhang mit irgendwelchen Unvollkommenheiten oder Unsachlichkeiten erkennen. Z. B. ist eine durch übermäßige Rußentwicklung verschmutzte Anlage zugleich wärmewirtschaftlich verbesserungsbedürftig, allzu gedrängte licht- und luftbenehmende Bauweise gesundheitlich nicht einwandfrei, ungenügend durchdachte Gesamtanordnung, die einem Werk ein verworrenes zusammengewürfeltes Aussehen gibt, wegen der Mehrausgaben für Beförderungen und Aufsicht unwirtschaftlich. Auch der in technischen Dingen nicht erfahrene aber eindrucks- und urteilsfähige Laie wird imstande sein, die allgemeinen Merkmale einer glücklichen Lösung, wie Großzügigkeit und Straffheit des Gesamtentwurfes, Ordnung, Lichtfülle usw. herauszufühlen und als schön zu empfinden,

Abb. 217. Außenansicht der Großmaschinenbauhalle der A.E.G. Berlin, Werk Hussitenstraße. (Aus Z. 1913, S. 1200. Q. 116.)

doch muß betont werden, daß die volle Würdigung nur dem die Zusammenhänge ganz durchschauenden Sachkundigen möglich ist.

Das Streben, den vermeintlichen Gegensatz technischen Zwecken dienender Bauten zu den sonstigen Erscheinungen im Städte- und Landschaftsbild durch Masken und ähnliche Künsteleien zu verwischen (steinerne Torbauten vor eisernen Brücken, mittelalterliche Burgformen für Getreidespeicher usw.) scheint glücklicherweise der Vergangenheit anzugehören. Jedoch bedarf es noch eines Hinweises auf zwei andere Fehler, die nach entgegengesetzten Richtungen gehen, aber beide einer unsachlichen Bevorzugung äußerer Stilgesichtspunkte gegenüber den Betriebsbedürfnissen entspringen, nämlich einerseits Hineinzwängung von Werkanlagen in Monumentalbauten, andererseits übertriebene Anschmiegung der Gebäudeformen an die Einzelabteilungen mit ihrem gerade für den Erbauungszeitpunkt ermittelten Platzbedarf zu dem Zweck, durch vielfach gegliederte Außenformen mit allerlei Vorbauten, Dachverlängerungen usw. dem Landhausbau ähnliche malerische Wirkungen zu erreichen. Ersteres kann namentlich in Fällen, wo Werkabteilungen mit stark verschiedenen Ansprüchen vorkommen, eine wirklich vorteilhafte und platznutzende Einordnung wesentlich erschweren. Letzteres dagegen unterbindet die Umstellungsmöglichkeit für die Zukunft; denn wie mehrfach betont, verschieben sich die Bedürfnisse der einzelnen Abteilungen oft in kurzer Zeit so erheblich, daß viele Räume ganz anders verwandt werden müssen, als nach dem Entwurf beabsichtigt war, und in Bauten der eben gekennzeichneten Art wird dann eine zufriedenstellende Neueinteilung völlig undurchführbar sein. Angesichts der großen Bedeutung, die bei allen technischen Betrieben der Forderung nach Entwicklungsfähigkeit zukommt, wiegt der zuletzt erwähnte Fehler besonders schwer.

Abb. 218a. Werk der Nationalen Automobilgesellschaft in Berlin-Oberschöneweide.

Einige Beispiele mögen das eingangs Gesagte erläutern. Der Zusammenhang des Zweckmäßigen mit dem Schönen wird besonders anschaulich durch die Abb. 123b, welche eine von K. Bernhard entworfene Walzwerkhalle aus Eisenbeton darstellt; die äußere Gebäudeform ist einfach das Ergebnis der streng sachlichen Raumumschließung für das aus reinen Zweckgesichtspunkten hervorgegangene Halleninnere von Abb. 122a—c. Das gleiche läßt sich von der in Abb. 217 wiedergegebenen Großmaschinenbauhalle der A.E.G. sagen, die baulich ebenfalls

Abb. 218b. Mechanikerwerkstatt (für Eltanlagen und Funkentelegraphie) des Unterseebootsressorts der Reichswerft Wilhelmshaven. 4 Hauptgeschosse; im Südteil des Kopfbaues außerdem 4 Zwischengeschosse. Inneres siehe Abb. 13.

von K. Bernhard und künstlerisch von P. Behrens durchgebildet ist; die Innenanordnung dieser Halle ist aus Abb. 24a und b ersichtlich. Abb. 216b zeigt die ältere Turbinenbauhalle der A.E.G. mit ihrer ursprünglichen häßlichen Stirnwand, Abb. 216c ihren Umbau nach dem Entwurf von P. Behrens, bei dem eine ebenso zweckentsprechende wie schöne Gestaltung einfach durch Vergrößerung der vordem zu kleinen Fenster und durch Anpassung der Umgrenzungslinien an den Hallenquerschnitt (Abb. 216a) unter Fortlassung aller überflüssigen „Verzierungen“ erreicht worden ist. Abb. 218a gibt den schönen Neubau der Nationalen Automobil-Gesellschaft in Berlin-Oberschöneweide wieder, der gleichfalls auf P. Behrens zurückgeht;

angesichts dieses Entwurfes ist aber der Hinweis nicht überflüssig, daß derartige Monumentalbauten sich nur für Werke mit Massenfertigung eignen, wo die bearbeiteten Einzelteile und die Enderzeugnisse mäßige Abmessungen haben und deshalb keine besonderen Ansprüche an die Höhe, Weite und Kranausstattung der einzelnen Arbeitssäle stellen. Abb. 218b stellt die Mechanikerwerkstatt für Untersee- und Torpedoboote in Rüstringen bei Wilhelmshaven dar, deren Anordnung und Einrichtung vom Verfasser und deren bauliche und künstlerische Ausgestaltung von M. Remges stammt; die beabsichtigte Gesamtwirkung ist bei diesem Gebäude allerdings nicht ganz erreicht worden, da der vorgesehen gewesene Ausbau auf etwa doppelte Länge infolge der Beendigung des Krieges nicht mehr zur Durchführung kam. Weitere Beispiele sachlicher schönwirkender Bauformen geben die Abb. 183b und 187a.

Volkswirtschaftliche Pflichten des Ingenieurs. Alle Technik hat zum Ziel, für die Menschheit und die zu ihrer Befruchtung bestimmte geistige Oberschicht die stofflichen Lebensgrundlagen zu schaffen, welche für Kulturentwicklung und Persönlichkeitsentfaltung unerläßliche Voraussetzung bilden. Zwar hat Wohlstand nicht immer Kultur zur Folge, doch ist Armut ihr hinderlich, weil sie die Kräfte der Menschen sich im Daseinskampfe restlos verzehren läßt. So falsch es ist, in den Dingen der Technik Selbstzweck zu sehen, so unberechtigt wäre es, sie als grobstofflich und darum untergeordnet zu den Gütern der sogenannten Geisteskultur im engeren Sinne in Gegensatz zu bringen. Für die Mühsal und gelegentliche Eintönigkeit technischer Arbeit entschädigt die Freude an der Leistung und am Erfolg; gesunden Menschen und gesunden Völkern ist Arbeiten und Vollbringen Wesensbedürfnis und wichtiger Bestandteil des Lebens, das nur durch Schauen und Schaffen gemeinsam ein Ganzes werden kann.

Grundsatz bei jeder technischen Arbeit muß Streben nach höchstem Ergebnis unter geringstem Aufwand sein. Jedem, der in der Technik arbeitet, gleichgültig an welcher Stelle, ist ein Teil Verantwortlichkeit in dieser Hinsicht auferlegt; nur der Maßstab ändert sich mit der Größe des Wirkungsbereiches. Für die obere Leitung von Werken und Werksverbänden erweitern sich die im engeren Sinne technischen Aufgaben und Pflichten mehr und mehr zu volks- und weltwirtschaftlichen. Endzweck soll letzten Endes nicht der kurzzeitige Einzelvorteil des kleinen Unternehmens im Kraft und Stoff vergeudenden Kampf mit Wettbewerbern sein, sondern die größtmögliche Förderung der Gesamtheit durch höchste Steigerung der Leistungen und gewissenhafteste Sparsamkeit im Verbrauch sowohl der Güter und Energien der Natur, wie der menschlichen Arbeitskraft und Gesundheit.

Diese Auffassung verlangt einerseits strenge Zielbewußtheit, Planmäßigkeit, Sparsamkeit und Ordnung in allen sachlichen Maßnahmen, andererseits die Förderung aller die menschliche Leistungsfähigkeit, Arbeitsfrische und Lebensfreude begünstigenden Einflüsse, Entlastung der Arbeiter von schwerer und gesundheitschädlicher Tätigkeit durch Einführung geeigneter Hilfsmittel, Fürsorge für Licht, Luft, Wärme und Nahrung, Reinlichkeit, Wohlbehagen und Erholung. An diesen Pflichten nimmt der Ingenieur, der auf dem Gebiete des Werkstattbaues tätig ist, teil.

Quellennachweis.

(* Vom Standpunkt des Werkstattbaus besonders lesenswert.)

Selbständige Veröffentlichungen.

1. „Hütte, des Ingenieurs Taschenbuch", herausgegeben vom akademischen Verein „Hütte". Verlag Wilhelm Ernst & Sohn, Berlin. Abschnitte:
   a) Maschinenteile (Riemen- und Seiltriebe).
   b) Kraftmaschinen (Dampfkessel).
   c) Arbeitsmaschinen (Werkzeugmaschinen, Hebemaschinen, Förder- und Lagermittel).
   d) Eisenbahnbetriebsmittel (Werkstättendienst).
   e) Hochbau.
   f) Lüftung und Heizung.
   g) Wasserversorgung.
   h) Städteentwässerung.
   i) Eisenbetonbau.
   k) Eisenbahnbau.
   l) Wasserbau.
   *m) Fabrikanlagen.
2. M. Förster: „Taschenbuch für Bauingenieure". Verlag von Julius Springer, Berlin (Abschnitt „Werkstattbau").
*3. B. Utz: „Moderne Fabrikanlagen". Uhlands Technischer Verlag, Leipzig (vergriffen).
*4. H. G. Tyrrell: „Engineering of shops and factories". Verlag Mc. Graw-Hill Book Co., New York und London.
5. C. Michenfelder: „Kran- und Transportanlagen für Hütten-, Hafen-, Werft- und Werkstattbetriebe". Verlag von Julius Springer, Berlin.
6. G. v. Hanffstengel: „Billig Verladen und Fördern". Verlag von Julius Springer, Berlin.
*7. F. Barth: „Wahl, Projektierung und Betrieb von Kraftanlagen". Verlag von Julius Springer, Berlin.
8. E. v. Rziha und J. Seidener: „Starkstromtechnik". Verlag Wilhelm Ernst & Sohn, Berlin.
9. C. T. Buff: „Die Verwendbarkeit der Drehstromkommutatormotoren". Verlag von Julius Springer, Berlin.
10. Schuchardt & Schütte: „Technisches Hilfsbuch". Verlag von Julius Springer, Berlin.
11. Frankfurter Maschinenbau A.-G. vorm. Pokorny & Wittekind: „Taschenbuch für Preßluftbetrieb". Verlag von Julius Springer, Berlin.
*12. N. Halbertsma: „Fabrikbeleuchtung". Verlag R. Oldenbourg, München und Berlin.
13. H. Rietschel und K. Brabbée: „Leitfaden zum Berechnen und Entwerfen von Lüftungs- und Heizungsanlagen". Verlag von Julius Springer, Berlin.
*14. K. Urbahn und E. Reutlinger: „Ermittlung der billigsten Betriebskraft für Fabriken". Verlag von Julius Springer, Berlin.
15. Maschinenfabrik Augsburg-Nürnberg A.-G.: Werbeschrift „Luftheizungen".
16. „Gewerbeordnung für das Deutsche Reich, nebst Ausführungsbestimmungen". Verlag J. Guttentag, Berlin.
17. „Unfallverhütung und Betriebssicherheit": Denkschrift des Verbandes der Deutschen Berufsgenossenschaften. Carl Heymanns Verlag, Berlin.
18. K. Hartmann: „Unfallverhütung für Industrie und Landwirtschaft". Verlag Ernst Heinrich Moritz, Stuttgart.
19. H. Henne: „Einführung in die Beurteilung der Gefahren bei der Feuerversicherung von Fabriken und gewerblichen Anlagen". Verlag Ernst Siegfried Mittler und Sohn, Berlin.
20. Abteilung Feuerschutz beim Kommandierenden General der Luftstreitkräfte: „Richtlinien für den Feuerschutz von Fabriken", herausgegeben vom Großen Hauptquartier.
21. Siemens & Halske A.-G.: Werbeschriften über Fernsprechämter.
22. C. Weber: „Erläuterungen zu den Vorschriften für Errichtung und Betrieb von Starkstromanlagen und Bahnen", herausgegeben im Auftrage des Verbandes Deutscher Elektrotechniker. Verlag von Julius Springer, Berlin.
23. F. Uppenborn und G. Dettmar: „Deutscher Kalender für Elektrotechniker". Verlag R. Oldenbourg, München und Berlin.
24. E. Josse: „Neuere Kraftanlagen". Verlag R. Oldenbourg, München und Berlin.
*25. M. Gerbel: „Kraft- und Wärmewirtschaft in der Industrie". Verlag von Julius Springer, Berlin.
26. G. Klingenberg: „Bau großer Elektrizitätswerke". Verlag von Julius Springer, Berlin.
27. Technischer Ausschuß für Schmiermittelverwendung, Charlottenburg, „Einrichtungen zur sparsamen Lagerung und Verausgabung von Schmiermitteln", gedruckt bei Breitkopf und Härtel, Leipzig.
28. H. Muthesius: „Wie baue ich mein Haus?" Verlag F. Bruckmann A.-G., München.
29. A. Ballewski und C. Lewin: „Der Fabrikbetrieb". Verlag von Julius Springer, Berlin (Abschnitt Anlage von neuen Fabriken).
30. J. Lilienthal: „Fabrikorganisation, Fabrikbuchführung und Selbstkostenberechnung der Firma Ludwig Loewe & Co. A.-G.". Verlag von Julius Springer, Berlin.

31. R. Blum, „Die Rechtskunde des Ingenieurs". Verlag von Julius Springer, Berlin.
32. Mitteilungen von Kaiser & Co., Maschinenfabrik A.-G., Kassel, über neuere Hängebahnanlagen.
33. Deutsche Maschinenfabrik, A.-G. Duisburg, Werbeschrift „Hebezeuge für Werkstätten, Fabrikhöfe und Lagerplätze".
34. Maschinen- und Armaturenfabrik vorm. H. Breuer & Co., Höchst am Main, Werbeschrift „Lokomotor".
35. Schuchardt & Schütte: Berlin, Werbeschrift „Drehbänke".
36. Verein Deutscher Ingenieure und Vereinigung der Elektrizitätswerke: „Sparsame Wärmewirtschaft", Vortragsreihe. Vertrieb durch Julius Springer, Berlin.
37. Allgemeine Elektrizitätsgesellschaft, Berlin: „Hilfsbuch für elektrische Licht- und Kraftanlagen".

Veröffentlichungen in der „Zeitschrift des Vereins Deutscher Ingenieure".
Kommissionsverlag von Julius Springer, Berlin.

*101. 1903, S. 1205: „Das neue Werk Nürnberg der Vereinigten Maschinenfabrik Augsburg und Maschinenbaugesellschaft Nürnberg A.-G.".
102. 1903, S. 1651: „Werk der British Westinghouse Electric and Manufacturing Co. in Manchester".
*103. 1904, S. 522, P. Möller: „Eine Studienreise in den Vereinigten Staaten von Amerika". Abschnitt: „Anlage und Einrichtung von Werkssätten" (zugleich als Buch erschienen bei Julius Springer, Berlin, vergriffen).
104. 1904, S. 1197, W. Gentsch: „Die neue Anlage der Maschinenfabrik Fr. Gebauer in Berlin".
105. 1909, S. 626: „Werke der Märkischen Maschinenbauanstalt Ludwig Stuckenholz A.-G. in Wetter a. d. Ruhr".
106. 1909, S. 1362, P. Ranft: „Die neue Werft der Stettiner Maschinenbau A.-G. Vulcan in Hamburg".
107. 1910, S. 162, G. Schlesinger: „Betriebseinrichtungen und Arbeitsverfahren bei der deutschen Niles-Werkzeugmaschinen-Fabrik in Oberschöneweide".
108. 1910, S. 501, M. Hottinger: „Eine moderne Fabrikheizung".
109. 1911, S. 43, H. Angerer: „Die Fernheizanlage München-Hauptbahnhof".
110. 1911, S. 1199, O. Lasche: „Die Turbinenfabrikation der A.E.G."
*111. 1912, S. 897, A. Widmaier: „Die Maschinenfabrik Eßlingen in Eßlingen".
112. 1912, S. 986, A. Widmaier: „Die elektrotechnische Fabrik von Robert Bosch in Stuttgart".
113. 1912, S. 1110, G. Rohn: „Das Schimmelwerk in Chemnitz".
*114. 1912, S. 1141, K. Bernhard: „Der moderne Industriebau in technischer und ästhetischer Beziehung".
*115. 1912, S. 1452, O. Knoop: „Der neue Werkstattbau für die mechanischen Werkstätten von Johann Puch A.-G., Graz, Steiermark".
116. 1913, S. 1199: „Die neue Halle der A.E.G. für die Herstellung großer elektrischer Maschinen".
*117. 1914, S. 6, K. Bernhard: „Der Neubau der Seidenweberei Michels & Cie. in Nowawes bei Potsdam".
*118. 1914, S. 281: „Der Fabrikerweiterungsbau der Wanderer-Werke A.-G., Schönau bei Chemnitz".
119. 1915, S. 717, H. Wettich: „Mechanische Förderanlagen und ihr Einfluß auf die Erschließung des Hinterlandes von Häfen".
*120. 1917, S. 585, K. Bernhard: „Ersatz für Eisenbauten".
121. 1918, S. 1, G. Klingenberg: „Die Wirtschaftlichkeit von Nebenproduktenanlagen für Kraftwerke".
122. 1919, S. 109, W. Franz: „Werkspeisungen".
*123. 1919, S. 795, G. Luther: „Der Fabrikneubau der Mühlenbauanstalt und Maschinenfabrik vormals Gebr. Seck in Sporbitz bei Dresden".
124. 1919, S. 849, H. Bonte: „Die Aussichten der verschiedenen Kraftübertragungsmittel".
125. 1919, S. 41, A. Hettler: Rundschaubericht über das „Wernerwerk II" der Siemens & Halske A.-G., Berlin-Siemensstadt.
126. 1920, S. 227, C. Bender: „Über Riemen und Spannrollen".
127. 1920, S. 370, Danneberg & Quandt: „Dampfluftheizung für Fabrikräume und Hallen".
128. 1920, S. 618, Deutsche Beleuchtungstechnische Gesellschaft: „Leitsätze für die Innenbeleuchtung der Gebäude".
129. 1921, S. 85, K. Bernhard: „Dieselmaschinenfabrik in Glasgow".
130. 1921, S. 154, Rundschaubericht: „Umstellung eines Fabrikbetriebes auf zentrale Kraft- und Wärmeversorgung mit Abdampfausnutzung".
131. 1921, S. 376, L. Schneider: „Probleme und Ergebnisse der Abwärmeverwertung".
132. 1921, S. 898, L. Silberberg: „Vakuumdampfheizung".
133. 1921, S. 1164, F. Frenckel: „Heizung, Warmwasserbereitung und Trocknung durch Abfallwärme".

Veröffentlichungen in der Zeitschrift „Werkstattstechnik".
Verlag von Julius Springer, Berlin.

*201. 1913, S. 33, W. Franz: „Über die Schönheit der Nutzbauten".
*202. 1913, S. 128, W. Franz: „Die Gebäudeformen der Fabrik".
203. 1913, S. 351, F. Bock: „Einrichtung und Betrieb einer amerikanischen Werkzeugfabrik".
204. 1913, S. 449, F. Bock: „Cincinnati Bickford Tool Company".
*205. 1913, S. 575, W. Franz: „Die Fabrik der Singer Manufacturing Co. zu Wittenberge, Bezirk Potsdam".
206. 1914, S. 29: „Die Werkstätten der Spiralbohrer- und Werkzeugmaschinenfabrik R. Stock & Co. in Berlin-Marienfelde".
207. 1914, S. 157, L. v. Francheville: „F. G. Dittmann, Fahrzeugfabrik und Gesenkschmiede, Berlin-Wittenau".
208. 1914, S. 227, P. Perls: „Eine den neuesten Erfahrungen entsprechende Metallbeizerei für Massengegenstände".
209. 1914, S. 413, R. Strub: „Torrance, eine Industriegartenstadt in Kalifornien".
210. 1914, S. 477, L. v. Francheville: „Curt von Grueber, Maschinenfabrik, Berlin-Hohenschönhausen".
*211. 1914, S. 555: „Neue Montagehalle für Großwerkzeugmaschinen der Firma Ernst Schieß, Werzkeugmaschinenfabrik A.-G., Düsseldorf".

212. 1915 S. 101 E. Clambus: „Elektromontage an Werkzeugmaschinen".
213. 1915 S. 104 A. Politz: Überwachung der Arbeiter beim Arbeitsbeginn und Arbeitsschluß".
*214. 1915, S. 125: „Die Werkstätten der Aktiengesellschaft Voigt & Haeffner in Frankfurt a. M."
*215. 1915, S. 188: „Das Kleinbauwerk der Siemens-Schuckertwerke".
216. 1915, S. 251: „Werkstättenlaufkrane".
217. 1915, S. 471: „Fabrikgebäude der Firma Jahns Regulatoren G. m. b. H. in Offenbach a. M."
218. 1915, S. 545: „Fabrikanlagen in Siemensstadt".
219. 1918, S. 49, Schneider: „Die Werkshydraulik und ihr Betrieb".
220. 1918, S. 159, F. Zabel: „Transmissions-, Gruppen- oder Einzelantrieb?"
221. 1919, S. 97, C. T. Buff: „Erhöhung der Raumausnutzung in Stückgutlagern".
222. 1919, S. 193, W. Heinemann: „Werkzeugmaschinen für unmittelbaren Transmissionsantrieb".
223. 1919, S. 334, O. Rambuschek: „Sinnfälligkeit der Bewegungen bei Werkzeugmaschinen".
224. 1920, S. 197, H. Hermanns: „Zur Frage der Hebeeinrichtungen in Bearbeitungswerkstätten und Gießereien".
225. 1921, S. 565, K. Meller: „Wirkungsgrad und Brennstoffverbrauch von Fabrikanlagen".

Veröffentlichungen in der Zeitschrift „Der Betrieb".
Selbstverlag des Vereins Deutscher Ingenieure, Berlin.

301. 1919, S. 257, K. Hentschel: „Befestigung von Hängelagern in Betondecken".
302. 1919, S. 405, C. T. Buff: „Sammlung, Ordnung und Verarbeitung wissenschaftlichen Stoffes in Studium und Beruf".
303. 1920, S. 202, K. Hogrefe: „Ist Gruppenantrieb oder Gesamtantrieb wirtschaftlicher?"
304. 1920, S. 385, R. Hänchen: „Der Werkstättentransport".
305. 1920, S. 394, T. Brandt: „Beitrag zur Wirtschaftlichkeit von Handtransportgeräten".
306. 1920, S. 396, A. Pietrkowski: „Die Hängebahnförderer im Werkstätten- und Fabrikbetriebe".
307. 1921, S. 187, W. Dahlheim: „Fahrbare Hebezeuge".
308. 1921, S. 366, E. Zimm: „Betriebsmäßige Messungen an Triebwerken".
309. 1921, S. 371, Schönwald: „Kontrollmessungen und Kontrollformel für den Energieverbrauch".
*310. 1921, S. 717, A. Hettler: „Leitsätze für Fabrikbauten".
311. 1921, S. 723, K. Brabbée: „Fabrikheizung".
312. 1921, S. 725, N. Halbertsma: „Die Beleuchtung als Faktor bei Anlage und Betrieb einer Fabrik".
*313. 1921, S. 728, O. Brandt: „Zeitgemäße gewerbehygienische Einrichtungen für Fabrikbauten".
314. 1921, S. 744, H. Menk: „Verlegung von Rohrleitungen in Fabriken".
315. 1921, S. 747, Baurat O. Hardung: „Fabrikgeleisanschluß an Haupt- oder Nebenbahnen".
316. 1921, S. 751, Ingenieur O. Hardung: „Fabrikbauten und -Umstellungen."
317. 1921, S. 832, Motorenfabrik Deutz: „Kleingaserzeuger".

Veröffentlichungen in der „Elektrotechnischen Zeitschrift".
Verlag von Julius Springer, Berlin.

401. 1919, S. 170: „Gesetzliche Regelung der Fabrikbeleuchtung in den Vereinigten Staaten von Amerika'

Veröffentlichungen in der Zeitschrift „Der Industriebau".
Verlag von C. Scholze, Leipzig.

*501. In einer Anzahl von Jahrgängen Werkbeschreibungen bautechnischen Inhaltes.

Sachverzeichnis.